초단기완성!

가스기능장 필기

노진식 저

preface

머리말....

평생직장이라는 개념이 사라지고 경제적인 불황이 길어지면서 자격증이 필수적인 사회입니다. 특히 가스기능장 자격은 국민생활수준의 향상과 산업의 발달로 연료용 및 산업용 가스의 수급규모가 대형화되고, 가스시설의 복잡·다양화 추세에 따라 그 수요가 더욱 크게 요구될 것입니다.

본 수험서는 한국산업인력공단이 주관 및 시행하고 있는 가스기능장 자격시험에 보다 쉽고 빠르게 대비할 수 있도록 구성하였습니다. 이에 저자는 교단과 현장에서의 경험을 토대로 가스기능장 자격을 취득하고자 하는 수험생 독자들과 현재 이 분야에 종사하는 분들에게 실제 업무를 이해하고, 충분히 활용할 수 있도록 하기 위해 다음과 같은 내용으로 책을 집필하였습니다.

1. 한국산업인력공단의 출제기준과 관련 법규에 따라 핵심적인 이론 내용을 충실하게 수록하였습니다.
2. 관련 법령 및 본문 이해를 돕기 위하여 최대한 알기 쉽게 내용을 서술하였습니다.
3. 과목별 출제 예상문제와 해설을 통해 실제 시험에 대한 적응력을 향상시키고 유사한 출제문제에도 효과적으로 대응할 수 있도록 하였습니다.
4. CBT 변경 이전 한국산업인력공단이 주관하여 시행한 총 20회분의 기출문제를 상세한 해설과 함께 담고 있어 문제은행 방식으로 치러지는 자격시험을 철저하게 준비할 수 있도록 하였습니다.

모쪼록 본 교재를 통해 가스기능장 자격증을 취득하고자 하는 수험생 여러분에게 합격의 영광이 있기를 기원합니다. 끝으로 이 수험서가 나오기까지 도와주신 모든 분께 감사드리며, 본의 아니게 잘못된 내용은 앞으로 철저히 수정 보완하여 나갈 것을 약속드립니다.

저자

검정안내 및 출제기준

1. 검정안내

(1) 개요

사용량이 증가하는 가스와 대형화 복잡화 다양화되는 가스 설비에 대하여 가스제조 작업의 기기안전, 취급안전, 제조 안전에 대한 사항과 고압가스 안전관리, 가스사업 및 도시가스 사업에 대한 지식을 익힘으로써 가스로 인한 폭발, 화재, 독성물질 누출 등의 중대사고(Major Accident)를 예방하기 위하여 각종 규제대책과 제반시설의 검사 등 산업안전관리를 담당할 전문화된 기능인력을 양성하고자 자격제도 제정

(2) 수행직무

고압가스에 관한 최상급 숙련기능을 가지고 산업현장에서 작업관리, 현장 기능자의 지도 및 감독, 현장훈련, 경영층과 생산층을 유기적으로 결합시켜 주는 현장의 중간관리 등의 업무 수행

(3) 취득 방법

① 검정 방법

- 필기 : 객관식 4지 택일형 60문항(60분)
- 실기 : 복합형(필답형 1시간 30분 + 작업형1시간 30분 정도)

② 합격기준

- 필기 : 100점을 만점으로 하여 60점 이상
- 실기 : 100점을 만점으로 하여 60점 이상

(4) 진로 및 전망

- 고압가스 제조업체·저장업체·판매업체에 기타 도시가스 사업소, 용기제조업소, 냉동 기계제조업체 등 전국의 고압가스 관련업체로 진출할 수 있다.
- 최근 국민생활수준의 향상과 산업의 발달로 연료용 및 산업용 가스의 수급규모가 대형화되고, 가스시설의 복잡·다양화됨에 따라 가스사고건수가 급증하고 사고 규모도 대형화되는 추세이다. 한국가스안전공사의 자료에 의하면 가스사고로 인한 인명피해가 증가하고 있으며, 정부의 도시가스 확대방안으로 인천, 평택인수기지에 이어 통영기지 건설을 추진하는 등 가스사용량 증가가 예상 되어 가스기능장의 인력수요는 증가할 것이다.

2. 출제기준 (필기 과목명 : 가스이론, 가스의 제조 및 설비, 가스안전관리 및 공업경영에 관한 사항)

주요항목	세부항목	세세항목
1. 가스이론	1. 가스의 성질	1. 기체의 법칙 2. 기체 이론 3. 기체의 특성 4. 기체의 유동(흐름)현상
	2.. 가스의 연소와 분석	1. 연소 · 폭발 2. 반응속도 및 평형 3. 가스분석 4. 가스계측
2. 가스의 제조 및 설비	1. 가스의 제조 및 용도	1. 고압가스 2. 액화석유가스 3. 도시가스
	2.. 가스설비	1. 가스설비 재료의 성질 2. 가스설비 재료의 강도 3. 가스설비 용접 및 비파괴검사 4. 가스 제조 설비 5. 가스 저장 및 충전 설비 6. 가스 배관 설비 7. 가스용품 및 기기 8. 정압기 9. 펌프 및 압축기 10. 압력용기 및 기화장치 11. 전기방폭 설비 12. 내진설비 및 기술사항
	3. 가스 발생 설비의 구조 및 원리	1. 공기액화 분리장치 2. 저온장치 및 반응기 3. 고온장치 및 반응기 4. 가스 계측 설비 5. 냉동사이클
3. 가스 관련 법규	1. 고압가스관계법규	1. 고압가스안전관리법 및 시행령에 관한 사항 2. 고압가스안전관리법 시행규칙 및 고시에 관한 사항 3. 가스기술기준(KGS Code)에 관한 사항

주요항목	세부항목	세세항목
3. 가스 관련 법규	2.. 도시가스관계법규	1. 도시가스사업법 및 시행령에 관한 사항 2. 도시가스사업법 및 시행규칙 및 고시에 관한 사항 3. 가스기술기준(KGS Code)에 관한 사항
	3. 액화석유가스 관계 법규	1. 액화석유가스의 안전관리 및 사업법, 시행령에 관한 사항 2. 액화석유가스의 안전관리 및 사업법, 시행규칙 및 고시에 관한 사항 3. 가스기술기준(KGS Code)에 관한 사항
	4. 수소경제 육성 및 수소안전관리에 관한 법률 관계법규	1. 수소경제 육성 및 수소 안전관리에 관한 법률에 관한 사항 2. 수소경제 육성 및 수소 안전관리에 관한 법률 및 시행령, 시행규칙 및 고시에 관한 사항 3. 가스기술기준(KGS Code)에 관한 사항
	5. 가스안전관리	1. 가스제조 설비 2. 가스 충전 및 저장 3. 가스 공급 설비 4. 부식 및 방식 5. 가스운반 및 취급 6. 재해시 응급조치 7. 예방대책 8. 위험성 평가
4. 공업경영	1. 품질관리	1. 통계적 방법의 기초 2. 샘플링 검사 3. 관리도
	2.. 생산관리	1. 생산계획 2. 생산통제
	3. 작업관리	1. 작업방법연구 2. 작업시간연구
	4. 기타 공업경영에 관한 사항	1. 기타 공업경영에 관한 사항

CONTENT 이 책의 차례

CONTENT 이 책의 차례

PART 05 가스기능장 기출문제 • 267

PART 01

가스의 이론

CHAPTER 01

기체의 성질

1 가스의 상태에 따른 분류

구분	종류	비고
압축가스	O_2(−183℃), H_2(−252℃), N_2(−196℃), Ar(−186℃) 등과 같이 비등점이 낮아 액화하기 어려운 가스로서 최고충전압력(F_p) = 15MPa로 압축되어 있는 가스	압축가스는 충전압력이 높아서 위험하므로 무이음용기에 충전
액화가스	C_3H_8(−42℃), NH_3(−33.3℃), Cl_2(−33.8℃) 등과 같이 비교적 액화하기 쉬운 가스로 W = 0.9dV, W = 0.85dV 등의 저장능력 산정 기준에 따라 가스를 충전	압축가스보다 용기내 압력이 낮아 용접용기로 충전. 단, CO_2는 하계에 증기압이 4MPa 정도이므로 무이음용기에 충전
용해가스	C_2H_2 가스는 압력을 가하면 분해폭발을 일으키므로 용제에 녹이면서 충전	C_2H_2을 용기에 충전시 용제 · 다공물질을 포함

2 가스의 연소성에 따른 분류

(1) 가연성 가스

C_3H_8, NH_3, H_2, CH_4, C_2H_4O 등(폭발성이 있는 가스 → 연료로 사용)

→ 안전관리 법규상 가연성 가스의 정의 : 폭발한계의 하한이 10% 이하, 상한과 하한의 차가 20% 이상

(2) 지연성(조연성 가스

공기, O_2, O_3, Cl_2 등 불이 타는 것을 도와주는 가스

(3) 불연성 가스

프레온가스, N_2, CO_2 등 불에 타지 않는 가스로 고압장치의 치환용으로 사용

3 가스의 독성에 의한 분류

(1) 독성가스

$COCl_2$, NH_3, Cl_2, CO, HCN, C_2H_4O 등 호흡시 중독의 우려가 있는 가스

(2) 법규상 독성가스의 허용농도기준

구분	정의
LC_{50} (1hr, rdt)	성숙한 흰쥐의 집단에서 1시간 흡입 실험에 의해 14일 이내에 실험동물의 50%가 사망할 수 있는 농도로서 허용농도 100만분의 5000 이하가 독성가스이다. (100만분의 200 이하는 맹독성가스)
TLV-TWA	정상인이 1일 8시간 주 40시간 통상적인 작업을 수행함에 있어 건강상 나쁜 영향을 미치지 아니하는 정도의 공기 중 가스의 농도를 말하며 100만분의 200 이하가 독성가스

4 압력

(1) 표준대기압(0℃, 1atm)

$$1atm = 1.0332kg/cm^2 = 760mmHg = 76cmHg = 30inHg = 14.7Lb/in^2$$
$$= 10.332mH_2O = 1033.2cmH_2O = 10332mmH_2O = 407inH_2O$$
$$= 1.01325bar = 1013.25mbar = 101325N/m^2(Pa) = 101.325kPa$$
$$= 0.101325MPa$$

(2) 관계식

절대압력 = 대기압 + 게이지압력 = 대기압 − 진공압력

5 온도

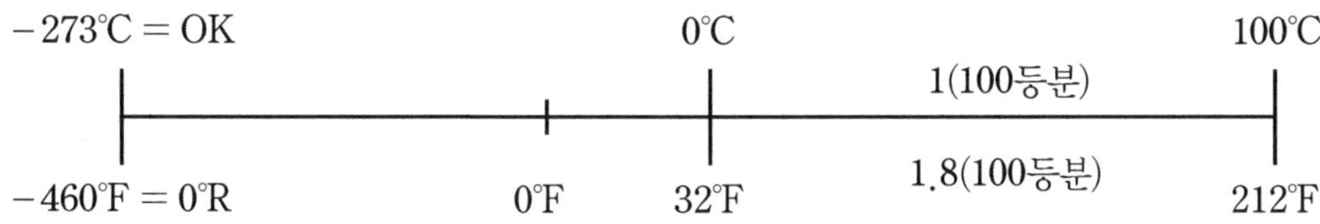

$$℉ = ℃ \times \frac{9}{5} + 32, \quad ℃ = \frac{9}{5}(℉ - 32), \quad K = ℃ + 273, \quad °R = ℉ + 460$$

$$K \times 1.8 = °R, \quad K = \frac{1}{1.8}°R$$

6 중량과 질량

(1) 중량(kgf)

물체가 지니고 있는 고유의 무게에 중력가속도가 가해진 값

1kgf(중) = $1kg \times 9.8m/s^2$

(2) 질량(kg)

물체가 가지고 있는 고유의 무게

예제 1kgf는 몇 N이며, 몇 dyne인가?

풀이

① $1kgf = 1kg \times 9.8m/s^2 = 1 \times 9.8\ (kg \cdot m/s^2) = 9.8N\ (\because 1N = 1kg \times 9.8m/s^2)$

② $1kgf = 1kg \times 9.8m/s^2 = 1 \times 9.8kg \cdot m/s^2 = 1 \times 9.8 \times 10^3 g \times 10^2 cm/s^2$

$= 9.8 \times 10^5 dyne\ (\therefore 1dyne = 1g \cdot cm/s^2)$

7 열량

(1) 단위

단위	정의
1kcal	물 1kg을 1℃(14.5~15.5℃)만큼 높이는 데 필요한 열량
1BTU	물 1lb를 1℉(61.5~62.5℉)만큼 높이는 데 필요한 열량
1CHU	물 1lb를 1℃(14.5~15.5℃)만큼 높이는 데 필요한 열량
1Therm(썸)	BTU의 큰 열량단위 1Therm = 10^5BTU

(2) 열량 환산표

구분	kcal	BTU	CHU
kcal	1	3.968	2.205
BTU	0.252	1	0.5556
CHU	0.454	1.8	1

(3) 현열(감열)과 잠열

종류	정의	공식
현열(감열)	상태변화가 없고, 온도변화가 있는 열량	$Q = GC\triangle t$
잠열	온도변화가 없고, 상태변화가 있는 열량	$Q = G\gamma$

TIP

여기서, Q : 열량(kcal), G : 중량(kg), C : 비열(kcal/kg℃), △t : 온도차, γ : 잠열량(kcal/kg)
비열은 물의 비열 : 1, 얼음의 비열 : 0.5를 암기, γ : 잠열량은 물이 얼음으로 얼음이 물로 변환하는 79.68kcal/kg, 물이 수증기로 변환되는 539kcal/kg을 암기해야 한다.

예제 1. **물 100kg을 10℃에서 50℃로 상승시키는 데 필요한 열량은?**

풀이 $Q = GC\Delta t = 100 \times 1 \times (50-10) = 4000\text{kcal}$

예제 2. **얼음 1000kg이 융해되는 데 필요한 열량은?**

풀이 $Q = G\gamma = 1000 \times 79.68 = 79680\text{kcal}$

예제 3. **−10℃인 얼음 10kg이 수증기로 되는 총 열량을 계산하면?**

풀이
① −10℃ 얼음 → 0℃ 얼음 $10 \times 0.5 \times 10 = 50\text{kcal}$
② 0℃ 얼음 → 0℃ 물 $10 \times 79.68 = 796.8\text{kcal}$
③ 0℃ 물 → 100℃ 물 $10 \times 1 \times 100 = 1000\text{kcal}$
④ 100℃ 물 → 100℃ 수증기 $10 \times 539 = 5390\text{kcal}$
∴ Q = ①+②+③+④ = 7236.8kcal

8 비열

(1) 비열의 종류

① **정압비열(C_p)** : 기체압력을 일정하게 하고 측정한 상태의 비열
② **정적비열(C_v)** : 기체의 체적을 일정하게 하고 측정한 상태의 비열

(2) 비열비(k)

$k=\frac{C_p}{C_v}$, 일반적으로 $C_p > C_v$ 이므로 비열비는 1 이상

∴ $k > 1$(비열비가 클수록 가스압축 후 토출가스 온도가 높다.)

(3) 정압비열과 정적비열의 관계

$C_p=\frac{k}{k-1}AR$, $C_v=\frac{1}{k-1}AR$

여기서, k : 비열비, A : 일의 열당량($\frac{1}{427}$kcal/kg · m), R : 기체상수($\frac{848}{\text{분자량}}$)

9 밀도와 체적

(1) 밀도 : 단위 체적당 질량(kg/m³)=(g/L)

$$\text{가스 밀도} = \frac{M(\text{분자량})g}{22.4L}$$

(2) 비체적 : 단위 중량당 체적(m³/kg)

$$\text{가스 비체적} = \frac{22.4L}{M(\text{분자량})g}$$

예제 1 **어떤 유체 부피가 10m³ 질량이 500kg일 때 이 유체의 밀도는?**

풀이 $\frac{500kg}{10m^3}=50\,(kg/m^3)$ 비체적은 $\frac{1}{50}\,(m^3/kg)$

예제 2 C_3H_8 **가스의 밀도는?**

풀이 $\frac{44g}{22.4L}=\frac{1.96g}{L}=1.96\,(kg/m^3)$ 비체적은 $\frac{1}{1.96}\,(m^3/kg)$

10 비중

(1) 액비중(kg/L)

특정 온도에 있어서 4℃ 순수한 물의 밀도에 대한 액체의 밀도비

$$S = \frac{\text{물질의 질량(또는 무게)}}{\text{같은 체적의 물의 질량(또는 무게)}}$$

- 물 : 1kg/L
- C_3H_8 : 0.5kg/L
- 수은 : 13.6kg/L

(2) 기체비중(단위가 없음)

표준상태(0℃, 1기압 상태)의 공기 일정 부피당 질량과 같은 부피의 기체 질량과의 비

$$\frac{M}{29}$$

- M : 분자량, 29 : 공기의 분자량
- C_3H_8 : $\frac{M}{29}$ = 1.52(프로판 기체비중)
- C_4H_{10} : $\frac{58}{29}$ = 2(부탄 기체비중)

11 보일-샤를 및 이상기체 상태식

(1) 보일-샤를의 법칙

체적, 절대온도, 절대압력의 상관관계식, 기체의 체적은 압력에 반비례하고 온도에 비례한다.

$$\frac{P_1V_1}{T_1} = \frac{P_2V_2}{T_2} \quad \begin{cases} \mathrm{T} : \text{절대온도 K} \\ \mathrm{P} : \text{절대압력} \\ \mathrm{V} : \text{체적} \end{cases}$$

(2) 보일의 법칙

온도가 일정할 때 이상기체의 체적은 압력에 반비례한다. $P_1V_1 = P_2V_2$

(3) 샤를의 법칙

압력이 일정할 때 일정량의 기체의 체적은 온도가 1℃ 오를 때마다 0℃일 때 부피의 1/273 만큼씩 증가한다.

$$\frac{V_1}{T_1} = \frac{V_2}{T_2}$$

참고

게이루삭의 법칙

기체의 압력을 일정하게 유지하면 기체의 체적은 절대온도에 비례하여 증가 또는 감소하게 된다.

(4) 이상기체의 상태방정식

압력 온도 부피와 분자량 및 질량값 계산식

$$PV = nRT \quad \begin{cases} P : \text{압력(atm)} \\ V : \text{체적(L)}(1\mathrm{m}^3 = 1{,}000\mathrm{L}) \\ n : \text{몰수} = \dfrac{\mathrm{W}(\text{질량})}{\mathrm{M}(\text{분자량})} \\ R : 0.082\mathrm{atm} \cdot \mathrm{L/mol} \cdot \mathrm{K} \\ T : \text{절대온도(K)} \end{cases}$$

$$PV = GRT \quad \begin{cases} P : \text{압력}(\mathrm{kgf/m^2}) \\ V : \text{체적}(\mathrm{m^3}) \\ G : \text{질량(kgf)} \\ R : \dfrac{848}{\mathrm{M}}\left(\dfrac{\mathrm{kgf} \cdot \mathrm{m}}{\mathrm{kmol} \cdot \mathrm{K}}\right) \\ T : \text{온도(K)} \end{cases}$$

TIP

$PV = \frac{\mathrm{W}}{\mathrm{M}}RT$ 또는 압축계수(Z)가 주어질 때는 $PV = Z\frac{\mathrm{W}}{\mathrm{M}}RT$

12 엔탈피, 엔트로피

(1) 엔탈피

단위 중량당 열량으로 어떤 물체가 갖는 총 에너지

$H = U + A \cdot P \cdot v$

- H : kcal/kg(엔탈피)
- U : 내부에너지(kcal/kg)
- A : 일의 열당량($\frac{1}{427}$ kcal/kg · m)
- P : 압력(kg/m^2)
- v : 비체적(m^3/kg)

(2) 엔트로피

단위 중량당 열량을 그 때의 절대온도로 나눈 값

$\Delta S = \frac{dQ}{T}$

- ΔS : 엔드로피 변화량
- T : 절대온도(K)
- dQ : 열량변화량

13 열역학의 법칙

(1) 열역학 1법칙(이론적인 법칙=에너지 보존의 법칙)

열은 일로 변환이 가능하며 또한 일도 열로 변환이 가능한 법칙

(2) 열역학 2법칙(실제적인 법칙)

① 일을 열로 변환이 가능하나 열은 일로 변환이 불가능

② 열은 스스로 고온에서 저온으로 흐른다.(효율이 100%인 열기관은 존재하지 않음)

(3) 열역학 0법칙(열평형 법칙)

온도가 서로 다른 물체를 접촉시 높은 것은 내려가고 낮은 것은 올라가 두 물체 사이에 온도차가 없게 된다. 이것은 열평형이라 하며 열역학 0법칙이라 한다.

(4) 열역학 3법칙

어떠한 방법으로도 물체의 온도를 절대 0도로 내릴 수 없으며 균질인 결정체의 엔트로피는 절대 0도 부근에서 0에 접근한다.

14 돌턴의 분압법칙 및 르샤틀리에의 법칙

(1) 돌턴의 분압법칙

$$분압 = 전압 \times \frac{성분몰수}{전몰수} = 전압 \times \frac{성분부피}{전부피}$$

$$전압(P) = \frac{P_1V_1+P_2V_2}{V} \quad \begin{cases} P_1P_2 : 각각의\ 분압 \\ V_1V_2 : 각성분의\ 부피 \\ V : 전부피 \end{cases}$$

(2) 르샤틀리에의 법칙

각 가스가 단독으로 가지고 있는 연소범위가 몇 종류의 가스를 부피 비율로 혼합시 혼합가스의 폭발한계를 구하는 식

$$\frac{100}{L} = \frac{V_1}{L_1} + \frac{V_2}{L_2} + \frac{V_3}{L_3} + \cdots \quad \begin{cases} L : 혼합가스\ 폭발한계(\%) \\ L_1,\ L_2,\ L_3,\ \cdots : 각\ 가스의\ 폭발한계 \\ V_1,\ V_2,\ V_3,\ \cdots : 각\ 가스의\ 부피(\%) \end{cases}$$

15 물질의 상태변화 및 액화

(1) 물질의 상태변화

① **등온변화** : 압축 전후의 온도가 같은 변화(일량 없음)

② **폴리트로픽 변화** : 압축 후 약간의 열손실이 있는 변화(실제 압축 변화)

③ **단열변화** : 외부와 열의 출입이 없는 변화

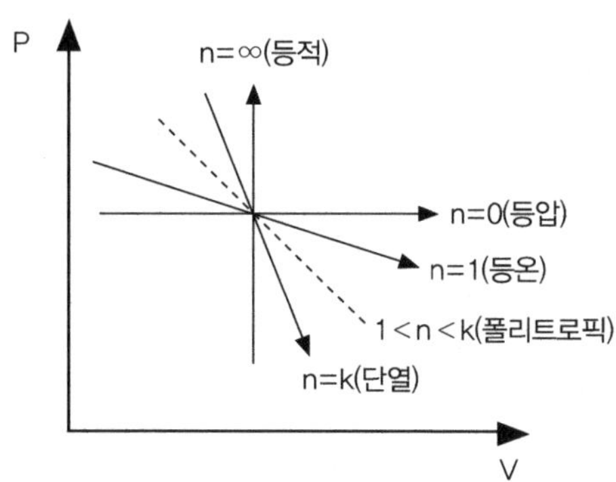

TIP

일량의 대소

단열변화 > 폴리트로픽 변화 > 등온변화

(2) 액화

① **실제기체(액화 가능)** : 저온, 고압

② **이상기체(액화 불가능)** : 고온, 저압

㉮ 이상기체가 실제기체처럼 행동하는 조건 : 저온, 고압 (온도는 낮고 압력은 높은 조건)

㉯ 실제기체가 이상기체처럼 행동하는 조건 : 고온, 저압 (온도는 높고 압력은 낮은 조건)

③ **실제기체 상태식**

$$(P+\frac{n^2a}{V^2})=(V-nb)=nRT$$

$$P=\frac{nRT}{V-nb}-\frac{n^2a}{V^2}\quad\begin{cases}a: \text{기체분자 간의 인력}\\ b: \text{기체분자 자신이 차지하는 부피}\end{cases}$$

CHAPTER 02

가스의 특성

1 연소

(1) 점화원의 종류

타격, 마찰, 충격, 전기불꽃, 단열압축, 정전기, 열복사, 자외선 등(점화원 = 불씨)

(2) 연소의 종류

① **증발연소** : 액체(알코올, 에테르), 고체(황, 나프탈렌)의 연소

② **분해연소** : 종이, 목재, 섬유(고체물질의 연소)

③ **표면연소** : 코크스, 목탄(고체물질의 연소)

④ **확산연소** : 가스의 연소

TIP

물질의 연소

- 고체물질의 연소 : 증발(양초), 분해(종이 목재), 표면(코크스) 연소 등
- 액체물질의 연소 : 증발, 분무연소 등
- 기체물질의 연소 : 확산, 예혼합연소 등

2 발화

(1) 착화온도(발화온도)

① 가연성 물질을 가열시 점화원 없이 스스로 연소하는 최저온도이다.

② 탄화수소의 발화점은 탄소수가 많을수록 낮아진다.

(2) 발화가 생기는 원인

온도, 압력, 조성, 용기의 크기와 형태

(3) 발화점에 영향을 주는 인자

① 가연성 가스와 공기의 혼합비(조성)

② 발화가 생기는 공간의 형태와 크기(용기의 크기와 형태)

③ 가열속도와 지속시간

④ 기벽의 재질과 촉매효과

⑤ 점화원의 종류와 에너지 투여법

3 폭굉(Detonation)

(1) 폭광의 개요

① 가스 중의 음속보다 화염전파속도가 큰 경우로 파면선단에 충격파라는 압력파가 발생, 격렬한 파괴작용을 일으키는 원인이다.(화염전파속도 = 폭발속도)

② **폭굉유도거리 (DID)** : 최초의 완만한 연소가 격렬한 폭굉으로 발전하는 거리

(2) 폭굉유도거리가 짧아지는 조건

① 정상 연소속도가 큰 혼합가스일수록

② 관 속에 방해물이 있거나 관경이 가늘수록

③ 압력이 높을수록

④ 점화원이 에너지가 클수록

(3) 폭굉이 일어날 때

① 파면압력은 폭발시의 2배 정도

② **폭발범위 측정 점화원** : 전기불꽃

③ **가연성 물질의 위험도 기준** : 인화점

TIP

인화점

가연물 가열시 가연성 증기가 연소하한에 달하는 최저온도

4 위험도와 소화기

(1) 위험도

$$\text{위험도(H)} = \frac{U-L}{L} \quad \begin{cases} U : \text{폭발상한값(\%)} \\ L : \text{폭발하한값(\%)} \end{cases}$$

예제 C_2H_2의 **폭발범위가** 2.5~81%**일 때의 위험도는?**

풀이 $\text{위험도 (H)} = \frac{U-L}{L} = \frac{81-2.5}{2.5} = 31.4$

(2) 소화기

① **A급 화재(백색)** : 목재, 종이

② **B급 화재(황색)** : 유류, 가스

③ **C급 화재(청색)** : 전기

④ **D급 화재(없음)** : 금속

5 연소 및 폭발

(1) 연소

① **연소의 정의** : 산소와 가연성 물질이 결합하여 빛과 열을 수반하는 산화반응

② **연소의 3요소** : 가연물, 산소공급원, 점화원

③ **연소파** : 화염의 진행속도

㉮ 가스의 정상연소속도 : 0.03~10m/sec

㉯ 폭굉의 속도 : 1,000~3,500m/sec

㉰ 수소가스의 폭굉속도 : 1,400~3,500m/sec

㉱ 정전기방지대책 : 공기이온화, 접지, 상대습도 70% 이상 유지

(2) 폭발

① **분해폭발** : C_2H_2, C_2H_4O, N_2H_4

② **밀폐공간의 가스폭발** : 가스가 팽창하여 0.7~0.8MPa의 고압이 되어 용기를 파괴

③ **밀폐공간에서 가스가 폭발하여 기물과 건물을 파괴시** : 압력은 1.5~1.6MPa

④ **중합폭발** : 대기중 수분 2% 이상 함유시 일어나는 폭발 : HCN, C_2H_4O

(3) 안전간격 및 폭발등급

① 일반적으로 가연성 가스의 폭발범위는 압력이 높을수록 넓어진다.(CO는 고압일수록 좁아진다.)

② **안전간격** : 8L의 구형용기 안에 폭발성 혼합가스를 채우고 화염전달 여부를 측정, 화염이 전파되지 않는 간격이다.

③ **안전간격에 따른 폭발등급**

㉮ 1등급 : 안전간격 0.6mm 이상(메탄, 에탄, 프로판) (주로 폭발범위가 좁은 가스)

㉯ 2등급 : 안전간격 0.6~0.4mm(에틸렌, 석탄가스)

㉰ 3등급 : 안전간격 0.4mm 이하(수소, 아세틸렌, 수성가스, 이황화탄소 등) (폭발범위가 넓은 가스)

TIP

안전간격

- 안전간격(L)은 화염이 전파되지 않는 한계의 틈을 말한다.
- 안전간격이 넓은 가스는 안전하고, 안전간격이 좁은 가스는 위험하다.

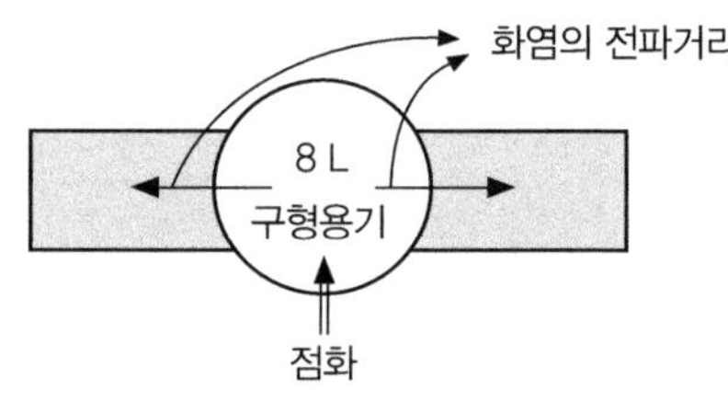

6 계측기기

(1) 계측의 목적 및 계측기의 구비조건

① **계측의 목적** : 조업조건 안정, 설비운영의 효율, 안전관리, 인원 절감

② **계측기기의 구비조건** : 내구성, 신뢰성, 경제성, 연속성, 보수성

(2) 온도계

① **접촉식** : 저온 측정

㉮ 수은(측정범위 : −35~350℃), 알코올(측정범위 : −100℃~100℃)

㉯ 베크만 온도계(초정밀용)

㉰ 바이메탈 온도계(열팽창계수 이용)

㉱ 압력식 온도계(=아네로이드형 온도계)

㉲ 전기저항식 온도계(자동제어에 적합)

㉳ 열전대 온도계(열기전력 이용) : 접촉식 중 가장 고온 측정, 냉접점은 0℃ 유지, 보상도선은 Cu−Ni의 합금선, 현재 많이 사용

② **비접촉식** : 고온측정(광고, 방사, 색, 광전관식)

③ **열전대의 종류와 최고 측정가능 온도**

㉮ CC(동-콘스탄탄) : 400℃

㉯ IC(철-콘스탄탄) : 800℃

㉰ CA(크로멜 알루멜) 1,200℃

㉱ PR(백금-백금로듐) : 1,600℃

(2) 압력계

① **1차 압력계** : 2차 압력계의 눈금교정 및 연구실, 실험실용으로 사용

㉮ 종류 : 액주식(마노미터) 압력계, 자유(부유)피스톤식 압력계

㉯ 게이지 압력(P)= $\dfrac{\text{추와 피스톤 무게}(W)(\text{kg})}{\text{실린더 단면적}(A)(\text{cm}^2)}$

㉰ 오차값(%)= $\dfrac{\text{눈금교정 압력}}{\text{게이지 압력}} \times 100(\%)$

② **2차 압력계**

㉮ 탄성식 : 부르동관 압력계, 벨로우즈 압력계, 다이어프램 압력계

㉯ 전기식 : 전기저항 압력계, 피에조전기 압력계

(3) 유량계

① **직접식** : 습식 가스미터, 건식 가스미터

② **간접식** : 오리피스, 벤츄리, 피토관, 면적식 유량계(로터미터)

③ **차압식 유량계**

㉮ 오리피스, 벤츄리, 플로어노즐

㉯ 차압식 유량계의 압력손실이 큰 순서 : 오리피스 > 플로노즐 > 벤츄리

$Q = AV$
- Q : 유량(m^3/sec)
- A : 단면적($\frac{\pi}{4}d^2$)
- V : 유속(m/s)

$Re = \dfrac{\rho d V}{\mu}$
- Re : 레이놀즈수
- ρ : 밀도(g/cm^3)
- d : 관경(cm)
- V : 유속(cm/s)
- μ : 점성계수(g/cm · s)

$Re < 2,100$ (층류)

$Re < 4,000$ (난류)

(4) 액면계

① **직접식** : 유리관식, 부자식, 검척식

② 간접식, 압력식, 저항전극식, 초음파, 정전용량식, 방사선, 차압식, 다이어프램식 등

TIP

가스용 액면계

- 지상 : 클린카식 액면계
- 지하 : 슬립튜브식 액면계

(5) 가스분석계

① **분석방법에 의한 분류**

㉮ 흡수분석법(오르자트법, 헴펠법, 게겔법)의 분석순서

㉠ 오르자트법 : $CO_2 \rightarrow O_2 \rightarrow CO$

㉡ 헴펠법 : $CO_2 \rightarrow CmHn \rightarrow O_2 \rightarrow CO$

㉢ 게겔법 : $CO_2 \rightarrow C_2H_2 \rightarrow C_3H_6 \rightarrow C_2H_4 \rightarrow O_2 \rightarrow CO$

㉯ 연소분석법 : 폭발법, 완만연소법, 분별연소법

㉰ 화학분석법 : 적정법, 중량법, 흡광광도법

㉱ 기기분석법 : 가스크로마토그래피캐리어 운반가스(H_2, Ar, He, Ne), 질량분석법, 적외선 분광분석법

② **흡수액의 종류**

㉮ CO_2 : KOH용액 (공기중 CO_2 흡수액은 NaOH)

㉯ C_mH_n(탄화수소) : 발연황산

㉰ O_2 : 알칼리성 피로카롤 용액

㉱ CO : 암모니아성 염화제1동 용액

7 반응속도와 화학평형

(1) 반응속도에 영향을 주는 인자

반응속도란 단위시간 내의 반응물이 얼마나 생성물로 되는지를 나타낸 농도의 변화이며 물질의 종류에 따라 달라진다. 화학 반응에서의 반응속도는 여러 가지 요인에 의해 영향을 받는다.

① 반응물질의 성질

② 반응물질의 농도 (기체 물질은 반응물질의 압력)

③ 반응계의 온도

④ 촉매

(2) 농도와 반응속도

① 일정온도에서 반응속도는 반응순간 반응물질의 농도의 곱에 비례한다.

② 물질 A와 B가 반응하여 C와 D가 생기는 반응에서 정반응속도

$aA+bB \rightleftarrows cC+dD$ (a, b, c, d는 계수)

$V=k[A]^a[B]^b$ (k는 속도 상수)

(3) 온도와 반응속도

① 온도가 높아질수록 반응속도는 커져 수용액에서는 10℃ 상승함에 따라 반응속도가 2^1배 빨라진다. 이것은 가열하면 입자들의 에너지가 반응하기 충분한 양 이상으로 되는 것이 많아지므로 반응속도는 증가한다.

② 온도가 10℃ 상승함에 따라 반응속도가 2^1배로 된다면 온도 50℃ 올라갈 때의 반응속도는 2^5배 빨라진다.

(4) 화학평형

① **평형상태** : 정반응속도 = 역반응속도

② **평형상수(K)**

$aA+bB \rightleftarrows cC+dD$

정반응속도 $V_1=k[A]^a[B]^b$, 역반응속도 $V_2=K[C]^c[D]^d$

$V_1 = V_2$ 일 때 화학평형이 성립

$$K(\text{평형상수}) = \frac{\text{생성물질의 몰농도}}{\text{반응물질의 몰농도}} = \frac{[C]^c[D]^d}{[A]^a[B]^b}$$

PART 01 적중 예상문제

01 다음 반응에서 평형을 오른쪽으로 이동시키려면 어떻게 하는가?

$N_2 + 3H_2 \rightleftarrows 2NH_3 + 24kcal$

① 온도를 낮추고 압력을 높인다.
② 온도를 높인다.
③ 압력을 낮추고 온도를 높인다.
④ 온도를 높이고 압력은 낮춘다.

해설

화학평형에서 발열(+Q)이면 온도를 내리며, 반응의 몰수가 생성몰수보다 크면 압력을 높인다.

02 다음 약품 중 유리병에 담지 못하는 것은?

① HCl ② HF
③ KF ④ H_2SO_4

해설

HF(불산) : 유리를 부식시킴

03 고압가스의 상태에 따른 분류 중 틀린 것은?

① 용해가스 ② 액화가스
③ 압축가스 ④ 가연성가스

해설

고압가스를 상태에 따라 분류 시 압축, 액화, 용해가스가 있다.

04 다음 중 용접용기인 것은?

① 수소용기 ② LPG용기
③ 질소용기 ④ 아르곤용기

해설

용접용기는 액화가스용기이며 LPG, NH_3, Cl_2, C_3H_8, C_4H_{10} 등

05 다음 가스 중 상온에서 액화할 수 있는 것은?

① CH_4 ② Cl_2
③ O_2 ④ H_2

해설

비등점 : CH_4(−162℃), Cl_2(−34℃), O_2(−183℃), H_2(−252℃)

06 다음 중 가스의 종류를 연소성에 따라 구분한 것이 아닌 것은?

① 가연성 가스 ② 조연성 가스
③ 액화가스 ④ 불연성 가스

해설

고압가스를 연소성에 따라 분류 시 가연성, 조연성, 불연성으로 구분한다.

07 비열비(k)에 대한 내용중 틀린 것은?

① $C_p - C_v = R$ ② $k > 1$
③ $k = \dfrac{C_v}{C_p}$ ④ $C_p = \dfrac{k}{k-1}R$

해설

$k = \dfrac{C_p}{C_v}$

08 다음 중 가연성 가스인 것은?

① 폭발한계의 하한이 10% 이상인 것
② 폭발한계의 하한이 10% 이하인 것
③ 폭발한계의 하한이 8% 이하인 것
④ 폭발한계의 하한이 8%인 것

해설

가연성 가스 : 폭발한계 하한이 10% 이하, 폭발한계 상한−하한 20% 이상

정답 01 ① 02 ② 03 ④ 04 ② 05 ② 06 ③ 07 ③ 08 ②

09 다음 가스 중 폭발범위가 넓은 것에서 좁은 순서로 나열된 것은?

① CH_4, CO, C_2H_2, H_2
② H_2, C_2H_2, CH_4, CO
③ C_2H_2, H_2, CO, CH_4
④ C_2H_2, CO, H_2, CH_4

해설

C_2H_2(2.5~81%), H_2(4~75%), CO(12.5~74%), CH_4(5~15%)

10 다음 중 지연성 가스(조연성 가스)가 아닌 것은?

① 산소 ② 이산화탄소
③ 염소 ④ 플루오르

해설

CO_2 : 불연성

11 폭발범위(폭발한계)의 설명 중 옳은 것은?

① 폭발한계 내에서만 폭발한다.
② 상한계 이상이면 폭발한다.
③ 하한계 이하에서만 폭발한다.
④ 하한계 이상이면 폭발한다.

12 다음 가스 중 불연성 가스에 해당되지 않는 것은?

① 아르곤 ② 탄산가스
③ 질소 ④ 염소

해설

염소는 독성, 조연성, 액화가스이다.

13 TLV-TWA 기준 건강한 성인 남자(정상인)가 1일 작업장에서 8시간 일을 하였을 때 인체에 아무런 해를 끼치지 않는 독성 가스의 농도를 무엇이라고 하는가?

① 한계농도 ② 안전농도
③ 위험농도 ④ 허용농도

해설

정상인 1일 8시간 또는 1주 40시간 통상적인 작업을 수행함에 있어 건강상 나쁜 영향을 미치지 않는 정도의 공기 중의 가스를 허용농도라 한다.

14 다음 중 공기보다 무거운 것은?

① H_2
② NH_3
③ C_4H_{10}
④ He

해설

$H_2 = 2g$, $NH_3 = 17g$, $C_4H_{10} = 58g$, $He = 4g$, $Air = 29g$

15 표준상태에서 CH_4 32g이 차지하는 몰수와 체적은 몇 L인가?

① 11.2L($\frac{1}{2}$몰)
② 22.4L(1몰)
③ 33.6L(1.5몰)
④ 44.8L(2몰)

해설

몰수(n) = $\frac{W(질량)}{M(분자량)}$, CH_4 분자량은 16g

$n = \frac{32}{16} = 2mol$, 1mol = 22.L이므로 2 × 22.4 = 44.8L

16 모든 기체는 같은 온도와 같은 압력 하에서 같은 체적과 같은 수의 분자를 함유한다는 법칙은?

① 돌턴의 법칙
② 보일-샤를이 법칙
③ 아보가드로 법칙
④ 기체 용해도의 법칙

17 1kgf은 몇 N, 몇 dyne인가?

① 9.8N, 9.8×10^4dyne
② 9.8N, 9.8×10^5dyne
③ 9.8N, 9.8×10^3dyne
④ 9.8N, 9.8×10^2dyne

해설

- $1kgf = 1kg \times 9.8m/s^2 = 1 \times 9.8kg \cdot m/s^2 = 9.8N$
- $9.8kg \cdot m/s^2 = 9.8 \times 10^3 g \times 10^2 cm/s^2$
  $= 9.8 \times 10^5 g \cdot cm/s^2 = 9.8 \times 10^5 dyne$
  $\because 1N = 1kg \cdot m/s^2$, $1dyne = 1g \cdot cm/s^2$

정답 09 ③ 10 ② 11 ① 12 ④ 13 ④ 14 ③ 15 ④ 16 ③ 17 ②

18 C_3H_8 = 70%, C_4H_{10} = 30%인 혼합가스의 밀도는 얼마인가?

① $3.21kg/m^3$ ② $2.15kg/m^3$
③ $2.21kg/m^3$ ④ $4.21kg/m^3$

해설

$$\frac{44g}{22.4L}\times 0.7+\frac{58g}{22.4L}\times 0.3 = 2.15g/L = 2.15kg/m^3$$

19 다음 중 C_3H_8의 기체비중과 액비중이 맞는 것은?

① 1, 0.5 ② 1.5, 0.5
③ 2, 0.5 ④ 2.5, 0.5

해설

- C_3H_8의 액비중 0.5(암기사항)
- C_3H_8의 기체비중은(공기분자량이 29g C_3H_8의 분자량이 44g에서 $\frac{44}{29}=1.52$

20 − 40°F는 몇 ℃인가?

① −10℃ ② −20℃
③ −32℃ ④ −40℃

해설

$$℃ = \frac{F-32}{1.8} = \frac{-40(-32)}{1.8} = -40℃$$

21 0℃는 몇 °F, 몇 °K, 몇 °R인가?

① 30°F, 273°K, 490°R
② 32°F, 273°K, 492°R
③ 30°F, 270°K, 491°R
④ 32°F, 273°K, 493°R

해설

- °F = 0 × 1.8 + 32 = 32°F
- °K = 0 + 273 = 273°K
- °R = 32 + 460 또는 273 × 1.8 ≒ 492

22 직경 4cm의 원관에 300kg의 하중이 작용할 때 압력은 얼마인가?

① $30.8kg/cm^2$ ② $40.8kg/cm^2$
③ $23.8kg/cm^2$ ④ $41.8kg/cm^2$

해설

$$P=\frac{W}{A}=\times\frac{300kg}{\frac{\pi}{4}\times(4cm)^2}=23.8kg/cm^2$$

23 수은주의 높이가 0.38m일 때 압력은?(단, 수은비중은 13.6이다.)

① $1.000kg/cm^2$ ② $0.5168kg/cm^2$
③ $1.053kg/cm^2$ ④ $1.063kg/cm^2$

해설

$P = sh = 13.6(kg/1000cm^3)\times 38cm = 0.5168kg/cm^2$

24 다음 ( ) 안에 알맞은 수치는?

> 1atm = $1.0332kg/cm^2$ = ( )cmHg
> = 760mmHg = ( )PSI
> = ( )inH_2O = 10.332mH_2O
> = 1033.2cmH_2O = 10332mmH_2O
> = 1.01325bar = 101.325KPa = 101325Pa

① 76, 14.7, 407 ② 76, 14.2, 407
③ 65, 14.7, 407 ④ 75, 14.7, 407

25 다음 중 1kcal/kg℃는 몇 BTU/Lb°F인가?

① 3.968BTU/Lb°F
② 2.205BTU/Lb°F
③ 0.252BTU/Lb°F
④ 1BTU/Lb°F

해설

1kcal/kg · ℃ = 3.968BTU/2.205Lb · 1.8°F
= 1BTU/Lb°F

26 다음 중 엔탈피의 단위는?

① kcal/kg℃ ② kcal/kg°K
③ kcal/kg ④ kcal/kgm

해설

- 엔탈피 : kcal/kg
- 엔트로피 : kcal/kg · °K
- 일의 열당량 : kcal/kg · m
- 열의 일당량 : kg · m/kcal

정답 18 ② 19 ② 20 ④ 21 ② 22 ③ 23 ② 24 ① 25 ② 26 ③

27 물 100kg을 30℃에서 100℃까지 높이는 데 필요한 열량은?

① 7,000kcal　② 8,000kcal
③ 9,000kcal　④ 10,000kcal

해설

$Q = GC\Delta t = 100\text{kg} \times 1\text{kcal/kg℃} \times 70\text{℃} = 7{,}000\text{kcal}$

28 얼음의 융해잠열이 80kcal/kg이라 가정시 80000kcal의 열로 얼음 몇 kg을 융해할 수 있는가?

① 100kg　② 1,000kg
③ 10,000kg　④ 100,000kg

해설

$Q = Gr$에서

$G = \frac{Q}{r} = \frac{80000}{80} = 1{,}000\text{kg}$

29 다음 중 열역학 2법칙을 나타내는 것은?

① 열평형의 법칙이다.
② 100% 효율의 열기관은 존재하지 않는다.
③ 열은 고온에서 저온으로 이동한다.
④ 에너지 보존의 법칙이다.

해설

① 0법칙, ② 2법칙, ③ 2법칙, ④ 1법칙

30 100atm의 40L 용기를 25L의 용기로 옮기면 압력이 (atm) 얼마로 변화되는가?

① 25　② 40
③ 80　④ 160

해설

$P_1V_1 = P_2V_2$

$\therefore P_2 = \frac{P_1V_1}{V_2} = \frac{100 \times 40}{25} = 160\text{atm}$

31 50kg · m를 열(kacl)로 환산한 값이 맞는 것은?

① 0.117　② 0.258
③ 0.398　④ 0.569

해설

$50\text{kg} \cdot \text{m} \times \frac{1}{427}\text{kcal/kg} \cdot \text{m}$

32 1kW · 1PS는 몇 kcal/hr인가?

① 632.5,860kcal/hr
② 641,860kcal/hr
③ 750,860kcal/hr
④ 860,632.5kcal/hr

$1\text{kW} = 102\text{kg} \cdot \text{m/s}$이므로

$1\text{kW} = 102\text{kg} \cdot \text{m/s} \times \frac{1}{427}\text{kcal/kg} \cdot \text{m}$

$= \frac{102}{427} \times 3{,}600\text{kcal/hr} = 860\text{kcal/hr}$

같은 방법으로 1PS = 632.5kcal/hr

33 다음 중 열역학 0법칙을 정의한 법칙은?

① 에너지 변환의 방향성을 표시한 법칙
② 일은 열로, 열은 일로 상호변환이 가능한 법칙
③ 두 물체의 온도차가 없어지게 되어 열평형이 되는 법칙
④ 어떤 계를 절대 0도에 이르게 할 수 없는 법칙

열역학 0법칙 = 열평형에 관한 법칙

34 100℃ 물 500kg에 20℃을 300kg을 혼입시 평형온도는 몇℃인가?

① 40℃
② 50℃
③ 60℃
④ 70℃

해설

$\therefore t = \frac{G_1C_1T_1 + G_2C_2T_2}{G_1C_1 + G_2C_2}$

$= \frac{500 \times 1 \times 100 + 300 \times 1 \times 20}{500 \times 1 + 300 \times 1} = 70\text{℃}$

정답 27 ① 28 ② 29 ② 30 ④ 31 ① 32 ④ 33 ③ 34 ④

35 **기체를 액체로 만드는 액화로 조건이 맞는것은?**

① 온도는 내리고 압력은 올린다.
② 온도는 올리고 압력도 올린다.
③ 온도는 올리고 압력은 내린다.
④ 온도도 내리고 압력도 내린다.

해설

- 액화시 임계온도 이하로 내리고 임계압력 이상으로 올린다
- 임계온도 : 가스를 액화할 수 있는 최고온도
- 임계압력 : 가스를 액화할 수 있는 최소압력

36 **다음은 완전가스(Perfect Gas)의 성질을 설명한 것이다. 틀린 것은?**

① 아보가드로 법칙에 따른다.
② 내부 에너지는 주울의 법칙이 성립한다.
③ 분자간의 충돌은 완전탄성체이다.
④ 비열비는 $\left(k=\frac{C_p}{C_v}\right)$온도에 비례한다.

해설

비열비 $k=\frac{C_p}{C_v}$는 온도에 관계없이 일정하다.

37 **물 18kg을 전기분해하여 수소와 산소를 얻었다. 이 중 산소를 20L들이 용기에 150atm으로 충전시켰다. 용기 몇 개가 필요한가?(단, 표준상태에서의 충전이다.)**

① 2개 ② 3개
③ 4개 ④ 5개

해설

$2H_2O \rightarrow 2H_2 + O_2$
36kg : $22.4m^3$
18kg : χm^3

$\chi = \frac{22.4 \times 18}{36} = 11.2m^3$

$\therefore \frac{11.2}{3} \fallingdotseq 3$개

(용기 1개의 충전량 $M = PV = 150 \times 20 = 3{,}000L = 3m^3$)

38 **5L의 탱크에는 6atm의 기체가, 10L의 탱크에는 5atm의 기체가 있다. 이 탱크를 20L의 용기에 담을 때 전압은 얼마인가?**

① 2atm ② 3atm
③ 4atm ④ 5atm

해설

- $P = \frac{P_1V_1+P_2V_2}{V} = \frac{6\times5+5\times10}{20} = 4atm$

39 **압력 5atm 체적 $2m^3$의 가스가 압력이 9atm 체적이 $1m^3$으로 변화되었을 때 내부에너지 변화되지않았을 때 엔탈피 증가량은 얼마인가?(단 1atm = 1kg/cm^{2}으로 가정한다.)**

① 100 ② 123
③ 143 ④ 304

해설

$\Delta H = u + APV$에서
$= u + A(P_2V_2 = P_1V_1)$
$= \frac{1}{427} \times (9\times10^4\times2 - 5\times10^4\times1)$
$= 303.44(kcal/kg)$

40 **기체상수 R은 보통 L · atm/deg, mol로 표시된다. SI 단위로는 그 값이 J/mol°K로 얼마나 되는가?**

① 1.987 ② 62.363
③ 82.05 ④ 8.314

해설

R = 0.082 atm · L/moL · k
= 1.987 kcal/mol · k
= 8.314 J/mol · k
= 848 kg · m/kmol · k

41 **$\left(P+\frac{n^2a}{V^2}\right)(V-nb)=nRT$의 식에서 $\frac{a}{V^2}$가 가지는 의미는?**

① 기체의 압력
② 기체분자의 부피
③ 기체의 체적
④ 기체분자 간의 인력

정답 35 ① 36 ④ 37 ② 38 ③ 39 ④ 40 ④ 41 ④

해설

$$\left(P+\frac{n^2a}{V^2}\right)(V-nb)=nRT$$

- P : 압력(atm)
- n : 몰수
- $\frac{a}{V^2}$: 기체분자간의 인력
- R : 기체분자 자신이 차지하는 부피
- T : 온도
- R : 기체상수(0.082)

42 **최고사용압력이** 5kg/cm^{2}g**인 용기에** 20°C 2kg/cm^{2}g**인 가스가 채워져 있다. 이 가스는 몇** °C**까지 상승할 수 있는가?**

① 300°C ② 310°C
③ 320°C ④ 330°C

해설

$$\frac{P_1}{T_1}=\frac{P_2}{T_2},\ T_2=\frac{T_1P_2}{P_1}$$
$$=\frac{(273+20)\times(5+1.033)}{(2+1.033)}=582.8°K$$

∴ 582.8 − 273 ≒ 310°C

43 **산소** 10g**이** 100°C 740mmHg**의 부피는 몇** L**인가?**

① 0.2 ② 8.5
③ 10.5 ④ 15.7

해설

$$PV=\frac{W}{M}RT,$$
$$V=\frac{WRT}{PM}=\frac{16\times0.082\times(2373+100)}{\frac{740}{760}\times32}=15.7\ \text{L}$$

44 **어떤계에 일량이** 20kcal/kg **이였고 외부의 일량이** 1000kg · m/kg**일 때 내부에너지 증가량**(kcal/kg)**은?**

① 10 ② 11
③ 12 ④ 18

해설

$H=U+APV$ 에서
$U=H-APV$
$=20(\text{kcal/kg})-\frac{1}{427}\ \text{kcal/kg}\cdot\text{n}\times1000\text{kg}\cdot\text{m/kg}$
$=17.66 \doteqdot 18\ \text{kcal/kg}$

45 NH_3 17kg**을** 30°C**에서** 6m^3**으로 압축시 압력** PCkg/cm^2)**는 얼마인가?(단,** R = $\frac{848}{17}$kg · m/kmol · K**이다.)**

① 4.28kg/cm^2 ② 4.89kg/cm^2
③ 5kg/cm^2 ④ 6kg/cm^2

해설

$PV=GRT$

$$P=\frac{GRT}{V}=\frac{17\times\frac{848}{17}\times(273+30)}{6}$$
$=42824(\text{kg/m}^2)=4.28(\text{kg/cm}^2)$

46 **다음 중 엔탈피의 변화가 없는 과정은?**

① 단열압축 ② 교축과정
③ 등온압축 ④ 등온팽창

47 **온도가** 100°C**인 열기관에서** 1kg**당** 200kcal**의 열량이 주어질 때 엔트로피의 변화값**(kcal/kg°K)**은 얼마인가?**

① 0.54 ② 0.64
③ 0.74 ④ 0.84

해설

$$\Delta S=\frac{dQ}{T}=\frac{200}{273+100}=0.536\text{kcal/kg°K}$$

48 **다음 중 연소의 3요소에 해당하는 것은?**

① 가연물, 공기, 조연성
② 가연물, 조연성, 점화원
③ 가연물, 산소, 열
④ 가연물, 탄산가스, 점화원

해설

연소의 3요소 : 가연물, 산소공급원(조연성), 점화원

49 **다음 중 공기가 전혀 없어도 폭발을 일으킬 수 있는 물질이 아닌 것은?**

① C_2H_2 ② C_2H_4O
③ C_3H_8 ④ N_2H_4

정답 42 ② 43 ④ 44 ④ 45 ① 46 ② 47 ① 48 ② 49 ③

해설

분해폭발을 일으키는 물질 : C_2H_2, C_2H_4O, N_2H_4
중합폭발을 일으키는 물질 : HCN, C_2H_4O

50 액체물질의 가장 효과적인 연소는?

① 표면연소 ② 액적(분무)연소
③ 증발연소 ④ 확산연소

51 다음 중 가스의 정상 연소속도는?

① 0.5~10m/s
② 0.03~10m/s
③ 10~20m/s
④ 20~30m/s

해설

- 가스의 정상 연소속도는 0.03~10m/s
- 폭굉의 연소속도는 1,000~3,500m/s

52 연소속도가 빨라지는 조건에 해당되지 않는 것은?

① 온도가 높을수록
② 압력이 높을수록
③ 농도가 클수록
④ 열전도가 빠를수록

해설

열전도가 작을수록 연소속도가 빠르며, 압력이 높을수록 연소속도가 빨라지고 연소범위도 넓어지나 CO는 압력이 높을수록 연소범위가 좁아진다.

53 다음 중 발화가 생기는 요인이 아닌 것은?

① 온도 ② 농도
③ 조성 ④ 압력

해설

- 발화가 생기는 요인 : 온도, 압력, 조성, 용기의 크기와 형태
- 발화점에 영향을 주는 인자
  - 가연성 가스와 공기의 혼합비
  - 발화가 생기는 공간의 형태와 크기
  - 가열속도와 지속시간
  - 기벽의 재질과 촉매효과
  - 점화원의 종류와 에너지 투여법

54 폭굉이란 가스 중의 ( )보다 ( )가 큰 경우로 파면선단에 ( )라는 압력파가 생겨 격렬한 파괴작용을 일으키는 원인이다. 괄호 안에 적당한 단어는?

① 음속, 화염전파속도, 충격파
② 음속, 폭발속도, 화염속도
③ 폭발속도, 음속, 충격파
④ 음속, 충격파, 폭발속도

55 다음 중 폭발의 종류가 아닌 것은?

① 중합폭발
② 분해폭발
③ 산화폭발
④ 증기폭발

해설

폭발의 종류
- 화학적 폭발 : 폭발성 혼합가스에 의한 폭발(산화폭발)
- 압력폭발 : 보일러 폭발, 폭발성 혼합가스에 의한 폭발
- 분해폭발 : C_2H_2 등 분해에 의한 폭발
- 중합폭발 : HCN 등 수분 2% 이상 함유 시 일어나는 폭발
- 촉매폭발 : 수소, 염소 등 혼합가스의 촉매에 의한 폭발

56 다음 중 폭굉유도거리가 짧아지는 조건이 아닌 것은?

① 정상 연소속도가 큰 혼합가스일수록
② 관 속에 방해물이 있거나 관경이 클수록
③ 압력이 높을수록
④ 점화원의 에너지가 클수록

해설

관경이 가늘수록 폭굉유도거리가 짧아진다.

57 다음 중 금속화재는?

① A급화재
② B급화재
③ C급화재
④ D급화재

해설

화재의 종류
- A급(백색) : 목재, 종이
- B급(황색) : 유류 · 가스
- C급(청색) : 전기화재
- D급(색 없음) : 금속화재

정답 50 ② 51 ② 52 ④ 53 ② 54 ① 55 ④ 56 ② 57 ④

58 전부 밀폐되어 내부의 폭발성 가스가 폭발했을 때 그 압력에 견디면서 내부 화염이 외부로 전달되지 않도록 설치하는 방폭구조는?

① 유입방폭구조
② 내압(耐壓)방폭구조
③ 압력방폭구조
④ 본질안전방폭구조

해설

- 내압방폭구조 : 전폐구조물로서 용기 내부에 폭발성 가스가 폭발할 때 그 압력에 견디고 폭발화염이 외부로 전해지지 않도록 한 구조
- 안전증방폭구조 : 상시 운전 중에 불꽃, 아크 또는 과열이 발생하면 안 되는 부분에 이들이 발생되지 않도록 구조상 온도 상승에 대하여, 특히 안정성을 높인 구조
- 압력방폭구조 : 용기 내부에 공기, 질소 등의 보호기체를 압입, 내압을 갖도록 하여 폭발성 가스가 침입하지 않도록 하는 구조
- 본질안전방폭구조 : 상시 운전 중 사고 시(단락, 지락, 단선)에 발생되는 불꽃, 아크열에 의하여 폭발성 가스에 점화될 우려가 없음이 점화시험으로 확인된 구조

59 C_2H_2의 폭발범위는 2.5~81%이다. C_2H_2의 위험도는?

① 10.2 ② 31.4
③ 21.4 ④ 40

해설

위험도(H) $= \dfrac{U-L}{L} = \dfrac{81-2.5}{2.5} = 31.4$

- U : 폭발상한(%)
- L : 폭발하한(%)

60 다음 중 CH_4 및 H_2를 주성분으로 한 기체 연료는?

① 석탄가스
② 고로가스
③ 발생로가스
④ 수성가스

해설

- 고로가스 : 용광로 등에서 쇳물이 녹으면서 발생한 가스
- 수성가스 : $CO + H_2$
- 석탄가스 : $CH_4 + H_2$
- 발생로가스(Producer Gas) : 석탄, 코크스 등을 불완전 연소하여 얻은 기체연료 $CO + H_2 + CH_4$

61 르샤틀리에 식을 이용해 폭발하한계를 구하시오.(단, CH_4 80%, C_2H_6 15%, C_3H_8 4% C_4H_{10} 1%이며, 각 가스의 폭발하한은 메탄 5%, 에탄 3%, 프로판 2.1%, 부탄 1.8%이다.)

① 23.1% ② 10.2%
③ 2.3% ④ 4.26%

해설

$$\frac{100}{L} = \frac{V_1}{L_1} + \frac{V_2}{L_2} + \frac{V_3}{L_3} + \frac{V_4}{L_4}$$

$$\frac{100}{L} = \frac{80}{5} + \frac{15}{3} + \frac{4}{2.1} + \frac{1}{1.8} = 23.46$$

$\therefore L = 4.26\%$

62 프로판가스의 연소과정에서 발생한 열량이 15,000kcal/kg, 연소할 때 발생된 수증기의 잠열이 2,000kcal/kg일 때 프로판가스의 연소효율을 구하여라.(단, 프로판가스의 진발열량은 11,000kcal/kg이다.)

① 1.18 ② 0.85
③ 0.87 ④ 1.15

해설

$$\text{연소효율 } \eta = \frac{\text{가스발열량} - \text{수증기잠열}}{\text{진발열량}} = \frac{15{,}000-2{,}000}{11{,}000} = 1.18$$

63 오토 사이클에서 압축비(ε)가 10일 때 열효율은 몇 %인가?(단, 비열비 $k = 1.4$)

① 52.5% ② 60.2%
③ 58.2% ④ 56.2%

해설

$$\eta = 1-\left(\frac{1}{\varepsilon}\right)^{k-1} = 1-\left(\frac{1}{10}\right)^{1.4-1} = 0.6018 = 60.18\%$$

64 산소 64kg과 질소 14kg의 혼합기체가 나타내는 전압이 10기압이다. 이때 질소의 분압은 얼마인가?

① 2atm ② 8atm
③ 10atm ④ 18atm

정답 58 ② 59 ② 60 ① 61 ④ 62 ① 63 ② 64 ①

해설

$$P_N = \text{전압} \times \frac{\text{성분몰수}}{\text{전몰수}} = 10\text{atm} \times \frac{\frac{14}{28}}{\frac{64}{32} + \frac{14}{28}} = 2\text{atm}$$

65 **연료의 저발열량이 10,000kcal/kg인 중유를 사용하여 연료소비율은 500g/PSh로서 운전하는 터빈엔진의 열효율은 얼마인가?**

① 46.51% ② 30.11%
③ 32.55% ④ 12.65%

해설

1PSh = 632.5kcal/hr이므로

$$\eta = \frac{632.5\text{kcal/hr/PSh}}{0.5\text{kg/PSh} \times 10{,}000\text{kcal/kg}} \times 100 = 12.65\%$$

66 **1atm, 30℃의 공기를 0.1atm으로 단열팽창시키면 온도는 몇 ℃가 되는가?**

① 약 -8℃
② 약 －156℃
③ 약 -116℃
④ 약 -59℃

해설

$$T_2 = T_1 \times \left(\frac{P_2}{P_1}\right)^{\frac{k-1}{k}} = (273+30) \times \left(\frac{0.1}{1}\right)^{\frac{0.4}{1.4}}$$
$$= 156.93\text{K} = -116.06℃$$

67 **아래보기중 Pa(파스칼)과 같은 압력의 단위는?**

① N^2/m ② N/m
③ N/ban ④ N/m^2

68 **완전가스에 대한 설명으로 틀린 것은?**

① 완전가스는 분자 자신이 차지하는 부피를 무시한다.
② 완전가스는 분자상호간의 인력을 무시한다.
③ 완전가스 법칙은 저온고압에서 성립한다.
④ H_2, CO_2 등은 20℃, 1atm에서는 완전가스로 보아도 큰 지장이 없다.

해설

완전가스(이상기체)는 온도가 높을수록, 압력이 낮을수록 성립한다.

69 **다음은 폭굉을 일으킬 수 있는 기체가 파이프 내에 있을 때 폭굉방지 및 방호에 관한 내용이다. 옳지 않은 것은?**

① 파이프라인을 장애물이 있는 곳은 가급적이면 축소한다.
② 파이프의 지름대 길이의 비는 가급적 작도록 한다.
③ 공정라인에서 회전이 가능하면 가급적 완만한 회전을 이루도록 한다.
④ 파이프라인에 오리피스 같은 장애물이 없도록 한다.

해설

① 파이프라인을 축소시 폭굉발생의 가능성이 더 높아진다.

70 **다음 반응 중에서 폭굉(Detonation)속도가 가장 빠른 것은?**

① $C_3H_8 + 6O_2$
② $2H_2 + O_2$
③ $CH_4 + 2O_2$
④ $C_3H_8 + 3O_2$

해설

- 일반 가스의 폭굉속도 : 1,000~3,500m/s
- 수소의 폭굉속도 : 1,400~3,500 (m/s)이므로 수소의 폭굉속도가 가장높다.

71 **( )에 적당한 낱말은 어느것인가?**

보데로 냉각기는 우유 물 등의 냉각용이며 ( ) 팽창형이다. 구조는 ( ) 응축기와 유사하며 작용은 반대이다.

① 건식 대기식
② 공기식 이중관식
③ 습식 대기식
④ 증발식 대기식

정답 65 ④ 66 ③ 67 ④ 68 ③ 69 ① 70 ② 71 ③

72 폭발사고 후의 긴급안전대책과 거리가 먼 항목은?

① 폭발의 위험성이 있는 건물은 방화구조와 내화구조로 한다.
② 타 공장에 파급되지 않도록 가열원, 동력원을 모두 끈다.
③ 모든 위험물질을 다른 곳으로 옮긴다.
④ 장치 내 가연성 기체를 긴급히 비활성 기체로 치환시킨다.

해설

방화구조와 내화구조로 하는 것은 사고전 대책사항이다.

73 가연성 가스의 최소 발화에너지와 영향인자와의 관계에 해당되는 것은?

① 가스의 연소속도가 클수록 최소 발화에너지는 커진다.
② 가스의 전압이 높아지면 최소 발화에너지는 커진다.
③ 가스를 소염거리 이하로 하면 최소 발화에너지는 무한대가 된다.
④ 가스의 열전도율이 낮을수록 최소 발화에너지는 커진다.

해설

• 연소 속도 클수록 발화점은 낮음 가스의 전압이 높다.

74 건조도 0.8의 습증기 10kg이 있다. 이 때 포화증기는 몇 kg인가?

① 5kg
② 6kg
③ 7kg
④ 8kg

해설

$10kg \times 0.8 = 8kg$

75 다음 중 데토네이션의 설명인것은?

① 충격파의 면(面)에 저온이 발생해 혼합기체가 급격히 연소하는 현상이다.
② 긴 관에서 연소파가 갑자기 전해지는 현상이다.
③ 관 내에서 연소파가 일정거리 진행 후 연소속도가 증가하는 현상이다.
④ 연소에 따라 공급된 에너지에 의해 불규칙한 온도 범위에서 연소파가 진행되는 현상이다.

76 가스연료와 공기의 흐름이 난류일 때의 연소상태로 옳은 것은?

① 층류일 때보다 열효율이 저하된다.
② 화염의 윤곽이 명확하게 된다.
③ 층류일 때보다 연소가 어렵다.
④ 층류일 때보다 연소가 잘되며 화염이 짧아진다.

해설

난류 : 화염의 혼합속도가 빠르고 연소가 빠르고 화염이 단염이다.

77 압력이 $20kg/cm^2$, 체적 $0.4m^3$의 기체가 일정한 압력하에서 $0.7m^3$로 되었다. 이 기체가 외부에 한 일은 얼마인가?

① 600kgf · m
② 600,000kgf · m
③ 60,000kgf · m
④ 6,000kgf · m

해설

일량$(W) = P \times (V_2 - V_1)$
$= 20 \times 10^4(kg/m^2) \times (0.7-0.4)m^3$
$= 60{,}000kgf \cdot m$

78 연료 1kg에 대한 이론산소량(Nm^3/kg)을 구하는 식은?

① $1.870C + 5.6(H - \frac{O}{8}) + 0.7S$
② $2.667C + 5.6(H - \frac{O}{8}) + 0.7S$
③ $8.890C + 26.67(H - \frac{O}{8}) + 3.33S$
④ $11.490C + 34.5(H - \frac{O}{8}) + 4.3S$

정답 72 ① 73 ③ 74 ④ 75 ③ 76 ④ 77 ③ 78 ①

79 **다음 중 상온에서 물과 반응하여 가연성 기체를 생성하는 물질로 짝지어진 것은?**

㉮ K	㉯ CO	㉰ NH_3	㉱ CaC_2

① ㉮, ㉰　　② ㉮, ㉱
③ ㉮, ㉯　　④ ㉰, ㉱

해설
- 알칼리금속(Na, K)은 물과 반응 시 가연성 기체를 생성
- $CaC_2+2H_2O \rightarrow C_2H_2+Ca(OH)_2$ 와 같이 아세틸렌 가스를 생성

80 **다음 중 공기 중의 습기를 흡수하거나 수분에 접촉되면 발열을 일으키는 것은?**

① 금속나트륨　　② 질화면
③ 건성유　　④ 활성탄

해설
알칼리금속(Na, K)+수분 → 발열반응

81 **공기 20kg과 증기 5kg이 $10m^3$의 용기 속에 들어 있다. 만약 이 혼합가스의 온도가 50℃라면 혼합가스의 압력은 몇 kg/cm^2이겠는가?(단, 공기와 증기의 가스정수는 각 29.5, 47.0kg/kmol · K이다.)**

① $0.386kg/cm^2$　　② $2.664kg/cm^2$
③ $1.270kg/cm^2$　　④ $0.987kg/cm^2$

해설
$PV=(G_1R_1+G_2R_2)T$ 에서

$$\therefore P=\frac{(G_1R_1+G_2R_2)T}{V}=\frac{(20\times29.5+5\times47.0)\times323}{10}$$

$$=26{,}647kg/m^2=2.6647\times\frac{1}{10^4}=2.664(kg/cm^2)$$

82 **다음 중 연소파와 폭굉파에 대한 설명이 아닌 것은?**

① 연소파와 폭굉파는 연소반응을 일으키는 파이다.
② 가연 조건에 있을 때 기상에서의 연소반응 전파형태이다.
③ 폭굉파는 아음속이고 연소파는 초음속이다.
④ 연소파와 폭굉파는 전파속도, 파면의 구조, 발생압력이 크게 다르다.

해설
- 아음속 : 음속보다 느린 속도
- 초음속 : 음속보다 빠른 속도

83 **다음 중 폭발의 정의를 설명한 내용은?**

① 화염의 전파속도가 음속보다 큰 강한 파괴작용을 하는 흡열반응
② 물질이 산소와 반응하여 열과 빛을 발생하는 현상
③ 물질을 가열하기 시작하여 발화할 때까지의 시간이 극히 짧은 반응
④ 화염이 음속 이하의 속도로 미반응 물질 속으로 전파되어가는 발열반응

84 **다음을 설명하는 법칙은?**

"임의의 화학반응에서 발생(또는 흡수)하는 일은 변화 전과 변화 후의 상태에 의해서 정해지며 그 경로와는 무관하다."

① Hess의 법칙
② Dalton의 법칙
③ Henry의 법칙
④ Avogadro의 법칙

해설
헤스(Hess)의 법칙 : 총열량 불변의 법칙

85 **다음 메탄가스의 설명에 관한 사항 중 옳은 것은?**

① 메탄은 조연성 가스이기 때문에 다른 유기화합물을 연소시킬 때 사용한다.
② 고온에서 수증기와 작용하면 반응하여 일산화탄소와 수소를 생성한다.
③ 공기 중에 메탄가스가 60% 정도 함유되어 있는 기체가 점화되면 폭발한다.
④ 수분을 함유한 메탄은 금속을 급격히 부식시킨다.

정답 79 ② 80 ① 81 ② 82 ③ 83 ④ 84 ① 85 ②

해설

① 메탄은 가연성이다.
② CH_4+H_2O(수증기) → $CO+3H_2$
③ CH_4의 연소범위는 5~15%이므로 60%에서는 폭발하지 않는다.
④ 수분에의해 부식되는가스(Cl_2, COCL2, CO_2, SO_2)

86 **출력 100PS의 기관이 30kg/hr 연료를 소모하고 있다. 발열량이 9,000kcal/kg일 때 열효율은 얼마인가?**

① 27.52%　② 10.35%
③ 19.85%　④ 26.35%

해설

$$\eta = \frac{O}{1} \times 100$$

$$= \frac{100PS \times 632.5\text{kcal/hr}(PS)}{9{,}000(\text{kcal/kg}) \times 30(\text{kg/hr})} = 0.2342 = 24.42\%$$

87 **밀폐된 용기 내에 1atm 27℃로 프로판과 산소의 비율이 2:8로 혼합되어 있으며 그것이 연소하여 아래와 같은 반응을 하고 화염온도는 3,000°K가 되었다면 이 용기 내에 발생하는 압력은 몇 atm인가?**

$2C_3H_8 + 8O_2 \rightarrow 6H_2O + 4CO_2 + 2CO + 2H_2$

① 19.5atm
② 14atm
③ 15.5atm
④ 16.5atm

해설

$PV = \eta RT$에서 내용적 $V_1 = V_2$ 는 동일하므로

$$V_1 = V_2 = \frac{\eta_1 R_1 T_1}{P_1} = \frac{\eta_2 R_2 T_2}{P_2} (R_1 = R_2)$$

$$\therefore P_2 = \frac{P_1 \eta_2 T_2}{\eta_1 T_1} = \frac{1 \times 14 \times 3{,}000}{10 \times 300} = 14\text{atm}$$

88 **20℃ 공기 5kg/m²을 압력이 일정한 조건에서 온도를 상승하여 부피가 5배가 되었다. 이때의 상승한 온도는 몇 ℃일까?**

① 1,561℃　② 1,172℃
③ 1,282℃　④ 1,465℃

해설

$$\frac{V_1}{T_1} = \frac{V_2}{T_2}\text{에서}$$

$$T_2 = \frac{V_2}{T_1} \times T_1 = \frac{5}{1} \times 293 - 273 = 1{,}192℃$$

$\therefore$ 1,192 − 20 = 1,172℃

89 **엔탈피 800kcal/kg의 포화증기를 20,000kg/hr으로 열을 발생 시 출구 엔탈피가 500kcal/kg이면 터빈 출력은 몇 PS인가?**

① 9,486　② 2,342
③ 3,424　④ 5,482

해설

$$\frac{(800-500)\text{kcal/kg} \times 20{,}000\text{kg/hr}}{632.5\text{kcal/hr}(ps)} = 6{,}324\text{PS}$$

90 **어떤 가역 열기관이 300℃에서 500kcal의 열을 흡수하여 일을 하고 100℃에서 열을 방출한다고 한다. 이 때 열기관이 한 일은 몇 kcal인가?**

① 218kcal　② 154kcal
③ 164kcal　④ 174kcal

해설

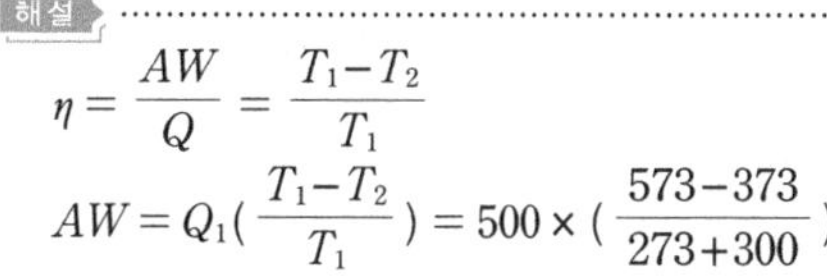

$$\eta = \frac{AW}{Q} = \frac{T_1 - T_2}{T_1}$$

$$AW = Q_1\left(\frac{T_1 - T_2}{T_1}\right) = 500 \times \left(\frac{573-373}{273+300}\right)$$

$$= 174.52 \fallingdotseq 174$$

91 **카르노사이클에서 열 공급은 어느 변화에서 이루어지는가?**

① 등온팽창　② 단열압축
③ 단열팽창　④ 등온압축

해설

카르노사이클의 선도

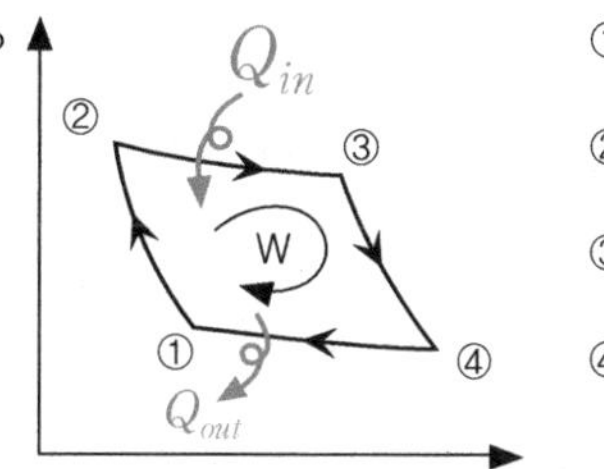

① → ② : 단열압축
② → ③ : 등온팽창
③ → ④ : 단열팽창
④ → ① : 등온압축

정답 86 ④ 87 ② 88 ② 89 ① 90 ④ 91 ①

92 어느 Carnot-cycle이 37℃와 -3℃에서 작동된다면 냉동기의 성적계수 및 열효율은 얼마인가?

① 성적계수 : 약 7.75, 열효율 : 약 0.87
② 성적계수 : 약 0.15, 열효율 : 약 0.13
③ 성적계수 : 약 0.47, 열효율 : 약 0.87
④ 성적계수 : 약 6.75, 열효율 : 약 0.13

해설

• 냉동기 성적계수

$$= \frac{T_2}{T_1 - T_2} = \frac{(273-3)}{(273+37)-(273-3)} = 6.75$$

• 열효율(η)

$$= \frac{T_1 - T_2}{T_1} = \frac{(273+37)-(273-3)}{(273+37)} = 0.13$$

93 N_2 : 14g, H_2 : 4g을 혼합시 내용적이 4000ml의 용기에 충전시 온도가 100℃로 되었다. 용기내 수소의 분압 (atm)을 계산하시오.

① 15.3　　② 16.5
③ 17.2　　④ 18.4

해설

PV = nRT

$$P = \frac{nRT}{V} = \frac{\left(\frac{14}{28} + \frac{4}{2}\right) \times 0.082 \times 373}{4} = 19.116 \text{ atm}$$

$$P_H = 19.116 \times \frac{\frac{4}{2}}{\frac{14}{28} + \frac{4}{2}} = 15.29 \text{ atm}$$

94 가정용 연료가스는 프로판과 부탄가스를 액화한 혼합물이다. 이 액화한 혼합물이 30℃에서 프로판과 부탄의 몰비가 4:1로 되어 있다면 이 용기 내의 압력은 몇 기압(atm)인가?(단, 30℃에서의 증기압은 프로판이 9,000mmHg이고, 부탄이 2,400mmHg이다.)

① 10.1atm　　② 2.6atm
③ 5.5atm　　④ 8.8atm

해설

$P = P_A\eta_A + P_B\eta_B$ (P_A, P_B : 증기압, η_A, η_B : 몰분율)

$$= \frac{9,000 \times \frac{4}{5} + 2,400 \times \frac{1}{5}}{760} = 10.1\text{atm}$$

95 LNG의 유출에 관한 다음 기술 중 옳은 것은?

① 메탄가스의 비중은 공기보다 크므로 증발된 가스는 지상에 체류한다.
② 메탄가스의 비중은 공기보다 작으므로 증발된 가스는 위로 분산되어 지상에 체류하는 일이 없다.
③ 메탄가스의 비중은 상온에서 공기보다 작으나 온도가 낮으면 비중이 공기보다 커지기 때문에 지상에 체류한다.
④ 메탄가스의 비중은 상온에서 공기보다 크나 온도가 낮으면 비중이 공기보다 작아지기 때문에 지상에 체류하는 일이 없다.

96 다음 보기 중 기체연료의 연소형태는 어느 것인가?

① 표면연소　　② 확산연소
③ 증발연소　　④ 분해연소

해설

기체연료의 대표적 연소는 확산연소와 예혼합연소가 있다.

97 연소생성물 중 CO_2, N_2 등의 농도가 높아지면 연소속도에는 어떤 영향이 미치는가?

① 연소속도에는 변화가 없다.
② 연소속도가 저하된다.
③ 처음에는 저하되나 후에는 빨라진다.
④ 연소속도가 빨라진다.

해설

생성물의 농도가 높아지면 연소의 끝단계이므로 연소속도가 저하된다.

98 열전달계수의 단위는 다음 중 어느 것인가?

① kcal/h
② kcal/m · h · ℃
③ kcal/m^2 · h · ℃
④ kcal/℃

해설

• 열전달(kcal/m^2 · h · ℃)
• 열통과 열관류(kcal/m^2 · h · ℃)
• 열전도(kcal/m · h · ℃)

정답 92 ④ 93 ① 94 ① 95 ③ 96 ② 97 ② 98 ③

99 **기체상수 R = 1.99이면 그때의 단위는?**

① Joule/mol · K
② Latm/mol · K
③ cal/mol · K
④ erg/mol · K

해설

R = 0.082atm · L/mol · K
= 1.99cal/mol · K
= 8.314×10^7erg/mol · K
= 8.314J/mol · K
= 82.05atm · mL/mol · K

100 **불꽃의 주위, 특히 불꽃의 기저부에 대한 공기의 움직임이 세어지면 불꽃이 노즐에 정착하지 않고 떨어지게 되어 꺼져버리는 현상을 가르키는 것은?**

① 불완전연소
② 블로우 – 오프(blow – off)
③ 백 – 파이어(back – fire)
④ 리프트(lift)

101 **프로판 1몰을 연소시키기 위하여 공기 812g을 불어넣어 주었다. 과잉공기 %를 계산한 값은?**

① 9.8% ② 58.6%
③ 32.2% ④ 17.74%

해설

과잉공기(%) = $\frac{\text{과잉공기}}{\text{이론공기}} \times 100$ 이므로

$C_3H_8 + 5O_2 \rightarrow 3CO_2 + 4H_2O$

반응식에 의해 1mol에 대한 산소량이 5 × 32g이므로

1몰 : $5 \times 32 \times \frac{1}{0.232} = 689.559$g

$\therefore \frac{812 - 689.655}{689.655} \times 100 = 17.74\%$

102 **수증기와 CO의 몰 혼합물을 반응시켰을 때 반응가스의 1,000℃ 1기압에서의 평형조성이 CO, H_2O가 28mol%, H_2, CO_2가 22mol%라 하면 정압 평형정수(K_p)는 얼마인가?**

① 1.3 ② 0.2
③ 0.6 ④ 0.9

해설

$CO + H_2O \rightarrow CO_2 + H_2$

$K_p = \frac{[CO_2][H_2]}{[CO][H_2O]} = \frac{22 \times 22}{28 \times 28} = 0.6$

103 **다음 중 오르자트(Orsat) 분석기와 관련이 없는 흡수액은?**

① 염화 제1동 ② 과산화수소
③ 수산화칼륨 ④ 피로카롤용액

해설

- 오르잣트 분석 순서 : $CO_2 \rightarrow O_2 \rightarrow CO$ 이므로
- KOH : CO_2 흡수용액
- 피로카롤용액 : 산소 흡수용액
- 염화 제1동 : CO 흡수용액

104 **증기폭발(Vapor Explosion)을 바르게 설명한 것은?**

① 수증기가 갑자기 응축하여 이로 인한 압력 강화로 일어나는 폭발현상
② 가연성 액체가 비점 이상의 온도에서 발생한 증기가 혼합기체가 되어 증발되는 현상
③ 가연성 기체가 상온에서 혼합기체가 되어 발화원에 의하여 폭발하는 현상
④ 뜨거운 액체가 차가운 액체와 접촉할 때 찬 액체가 큰 열을 받아 증기가 발생하여 증기의 압력에 의한 폭발현상

105 **비중이 0.98(60°F/60°F)인 액체연료의 API도는?**

① 12.887 ② 11.357
③ 11.857 ④ 12.857

해설

API도 = $\frac{141.5}{(60°F/60°F)} - 131.5 = \frac{141.5}{0.98} - 131.5 = 12.887$

106 **카바이트 1D/M의 중량은 225kg이며 카바이트 1kg당 발생하는 아세틸렌 가스는 280L이다. 카바이트 1D/M이 발생하는 아세틸렌을 충전하려면 충전용량이 7kg인 용기가 몇 개 필요한가?(단, 아세틸렌 밀도는 1.161g/L이다.)**

① 10개 ② 11개
③ 12개 ④ 13개

정답 99 ③ 100 ② 101 ④ 102 ③ 103 ② 104 ② 105 ① 106 ②

해설

$115 \times 280 \times 1.16 \div 7000 = 10.44$
∴충전용량 7kg인 용기 11개가 필요하다.

107 고압가스 용기에서 안전밸브 분출 시 주의사항이 아닌 것은?

① 분출가스에 피부가 접촉하지 않도록 한다.
② 분출구의 방향은 연소물질이 없는 곳으로 한다.
③ 소리가 커서 위험성이 높으므로 주의한다.
④ 부근에 충전용기를 옮긴다.

해설

안전밸브 분출시 압력이 낮아지므로 소리는 크나 위험성이 없으므로 침착하고 확실하게 대처한다.

108 산소가스의 표준상태 시 가스량은?

- 온도 20℃, 내용적 46L, 압력 $120kg/cm^2G$에서의 부피(m^3)는?
- 이때의 질량은?

① 5.02, 7.4 ② 6.02, 7.4
③ 6.02, 8.2 ④ 6.02, 6.4

해설

- 부피 : $\frac{PV}{T} = \frac{P'V'}{T'}$,
  $V = \frac{PVT'}{TP'} = \frac{121.033 \times 46 \times 273}{293 \times 1.033 \times 1000} = 5.02m^3$
- 질량 : $W = \frac{PVM}{TP}$,
  $W = \frac{121.033 \times 46 \times 32}{0.082 \times 293} = 7.415kg$

109 500℃, 50atm에서 다음 화학반응식의 압력평형상수는 1.50×10^{-5}이다. 이 온도에서의 농도평형상수를 구하면?

$$N_2 + 3H_2 \rightleftarrows 2NH_3$$

① 3.03×10^{-2} ② 6.04×10^{-2}
③ 8.02×10^{-2} ④ 9.02×10^{-2}

해설

$T = 500 + 273 = 773K$
$R = 0.082L \cdot atm/mol \cdot K$
$K_p = 1.50 \times 10^{-5}$
$\Delta n = 2 - (1+3) = -2$
$\therefore K_c = \frac{K_p}{(RT)^{\Delta n}} = \frac{1.50 \times 10^{-5}}{(0.082 \times 773)^{-2}} = 6.04 \times 10^{-2}$

110 다음 괄호 안에 들어갈 알맞은 내용은?

300℃ 이상에서 금속재료로 어떤 일정 하중을 가하여 그대로 방치하면 시간과 더불어 변형이 증대하는 현상을 (   )이라고 한다.

① 산화현상 ② 수소취성
③ 침탄 ④ 크리이프현상

111 프로판 73%, 부탄 27%인 LP가스의 이론공기량(Nm^3/Nm^3)과 이론폐가스량(Nm^3/Nm^3)을 구하면?

① (10.5) (20.7)
② (25.7) (28.3)
③ (30.5) (30.7)
④ (37.2) (39.8)

해설

- 연소반응식 :
  $C_3H_8 + 5O_2 \quad 3CO_2 + 4H_2O$
  $C_4H_{10} + 6.5O_2 \quad 4CO_2 + 5H_2O$ 에서
  산소의 몰수 5, 6.5 생성물질의 몰수가 (3+4), (4+5)이므로
- 이론공기량 :
  $(5 \times 0.73) + (6.5 \times 0.2) \times \frac{100}{21} = 25.74Nm^3/Nm^3$
- 이론폐가스량 :
  $(7 \times 0.73) + (9 \times 0.27) \times \frac{79}{21} = 28.37Nm^3/Nm^3$

112 다음 중 용접용기의 장점과 관계가 없는것은?

① 고압에 견딜 수 있다.
② 경제적이다.
③ 두께 공차가 적다.
④ 모양, 치수가 자유롭다.

해설

① 고압에 견딜수 있다 : 무이음 용기의 장점

정답 107 ③ 108 ① 109 ② 110 ④ 111 ② 112 ①

113 용접용기 동판의 최대 · 최소 두께는 평균 두께의 몇 % 이하인가?

① 10% 이하
② 20% 이하
③ 30% 이하
④ 40% 이하

해설

무이음용기 동판의 최대 · 최소 두께는 평균 두께의 20% 이하, 용접용기 동판의 최대 · 최소 두께는 평균 두께의 10% 이하이다.

114 다음 중 용기 재료의 구비조건과 관계가 없는것은?

① 중량이고 충분한 강도를 가질 것
② 저온, 사용온도에 견디는 연성 · 점성강도를 가질 것
③ 내식성, 내마모성을 가질 것
④ 가공성, 용접성이 좋을 것

해설

경량이고 충분한 강도를 가질 것

115 다음 중 가스충전구 형식이 암나사인 것은?

① A형 ② B형
③ C형 ④ D형

해설

충전구 나사의 형식
- A형 : 충전구가 숫나사
- B형 : 충전구가 암나사
- C형 : 충전구에 나사가 없는 것

116 고압가스 용기밸브의 그랜드 너트에 V자형으로 각인되어 있는 것의 의미는?

① 그랜드 너트 개폐 방향 왼나사
② 충전구 개폐방향
③ 충전구나사 왼나사
④ 액화가스용기

해설

그랜드 너트의 개폐 방향에는 왼나사, 오른나사가 있으며 왼나사인 것은 V형 홈을 각인한다.

117 다음 중 밸브 누설의 종류에 해당이 없는것은?

① 패킹 누설
② 시트 누설
③ 밸브 본체 누설
④ 충전구 누설

해설

밸브의 누설 종류
- 패킹 누설 : 핸들을 열고 충전구를 막은 상태에서 그랜드 너트와 스핀들 사이로 누설
- 시트 누설 : 핸들을 잠근 상태에서 시트로부터 충전구로 누설
- 밸브 본체의 누설 : 밸브 본체의 홈이나 갈라짐으로 인한 누설

118 유체를 한 방향으로 흐르게 하며 역류를 방지하는 밸브로서 스윙식, 리프트식이 있는 밸브는?

① 스톱밸브
② 앵글밸브
③ 역지밸브
④ 안전밸브

해설

역지밸브
- 리프트형 : 수평배관사용
- 스윙형 : 수직 · 수평배관사용

119 안전밸브의 종류에 해당하지 않는 것은?

① 피스톤식
② 가용전식
③ 스프링식
④ 박판식

해설

안전밸브의 종류 : 스프링식, 가용전식, 박판식(파열판식), 중추식

120 안전장치의 종류와 관계가 없는 것은?

① 안전밸브
② 앵글밸브
③ 바이패스 밸브
④ 긴급차단 밸브

정답 113 ① 114 ① 115 ② 116 ① 117 ④ 118 ③ 119 ① 120 ②

121 다음 중 배관재료의 구비조건과 거리가 먼것은?

① 관내 가스 유통이 원활할 것
② 토양, 지하수에 내식성이 있을 것
③ 절단가공이 용이할 것
④ 연소폭발성이 없을 것

해설

배관재료의 구비조건
- 관내 가스 유통이 원활할 것
- 토양, 지하수에 내식성이 있을 것
- 절단가공이 용이할 것
- 내부 가스압과 외부로부터의 하중 및 충격하중에 견디는 강도를 가질 것
- 관의 접합이 용이할 것
- 누설이 방지될 것

122 다음 중 가스배관 경로 선정 4요소에 해당되지 않는 것은?

① 최단거리로 할 것
② 구부러지거나 오르내림이 적을 것
③ 가능한 옥내에 설치할 것
④ 은폐 매설을 피할 것

해설

가스배관 경로 선정 4요소
- 최단거리로 할 것(최단)
- 구부러지거나 오르내림이 적을 것(직선)
- 가능한 옥외에 설치할 것(옥외)
- 은폐 매설을 피할 것(노출)

123 최고 충전압력 150atm의 고압가스용기에 산소를 35°C에서 150atm 충전시켰다. 이 용기가 화재로 용기의 내부온도가 상승하여 안전밸브가 작동하였다면, 이때 산소의 온도는?

① 약 100℃ ② 약 125℃
③ 약 138℃ ④ 약 151℃

해설

안전밸브 작동 압력

$F_p \times \frac{5}{3} \times \frac{8}{10} = 150 \times \frac{5}{3} \times \frac{8}{10} = 200\text{atm}$

안전밸브 작동시 온도 T_2(보일－샤를의 법칙에 의하여)

$T_2 = T_1 \times \frac{P_2}{P_1} = (273+35) \times \frac{201}{151}$

$= 409.986°\text{K} = 136.98℃$

F_p(최고충전압력) 및 안전밸브 작동 압력은 게이지 압력이므로 보일 · 샬 계산시 절대압력으로 변경 하여 계산

124 도시가스 부취제 중 물에 녹지 않고 화학적으로 안정되어 있으며, 다른 부취제와 혼합하여 사용하는 것이 아닌 것은?

① TBM(티셔리 부틸 메르캅탄)
② THT(테트라 하이드로 티오펜)
③ DMS(디메틸 설파이드)
④ DME(디메틸 에테르)

125 밀도가 84.6kg/m³인 유체의 비중량은?

① 8.64N/m^3
② 86.4N/m^3
③ 829N/m^3
④ 82.9N/m^3

해설

비중량 = 밀도 × 중력가속도

$\gamma = \rho g = 84.6\text{kg/m}^3 \times 9.8\text{m/s}^2$
$= 829.08\text{kg} \cdot \text{m/s}^2/\text{m}^3$
$= 829.08\text{N/m}^3$

126 가연성 가스 설비를 수리할 때 가스설비 내를 대기압 이하까지 가스치환을 생략하여도 좋은 것은?

㉮ 가스설비의 내용적이 1m^3 이하인 경우
㉯ 사람이 그 설비의 밖에서 작업하는 경우
㉰ 화기를 사용하지 아니하는 작업인 경우

① ㉮ ② ㉯
③ ㉯, ㉰ ④ ㉮, ㉯, ㉰

해설

치환을 생략
- 가스설비의 내용적이 1m^3 이하인 경우
- 사람이 그 설비의 밖에서 작업하는 경우
- 화기를 사용하지 아니하는 작업인 경우
- 간단한 청소 또는 가스킷 교환 등의 경미한 작업인 경우
- 내용적 5m^3 사이에 밸브가 2개 이상 있을 경우

127 가스홀더 유효가동량이 1일 송출량의 15%이고 송출량이 제조량보다 많아지는 17시~23시의 송출비율이 45%일 때 제조능력(1일 환산)을 구하는 식은?(단, S = 가스 송출량)

① 1.2S ② 1.5S
③ 1.8S ④ 2.1S

정답 121 ④ 122 ③ 123 ③ 124 ② 125 ③ 126 ④ 127 ①

해설

$$S \times a = \frac{t}{24} \times M + \Delta H \quad \therefore M = \frac{24}{t} \times (S \times a - \Delta H)$$

$$= \frac{24}{6} \times (0.45S - 0.15S) = 1.2S$$

128 내용적 30m^{3}인 저장탱크의 기밀시험을 절대압 10kg/cm^{2}로 실시하고자 한다. 이때 토출량 0.6m^3/min의 공기압축기를 사용한다면 기밀시험에 도달하는 데 소요되는 시간은 얼마인가?

① 400분 ② 450분
③ 502분 ④ 550분

전체공기량 M = PV에서
$10 \times 30 = 300\text{m}^3$
내용적만큼의 공기량이 존재하므로
$300 - 30 = 270\text{m}^3 \quad \therefore \frac{270}{0.6} = 450$분

129 체적이 10m^{3}이고 무게가 9,000kgf인 디젤유가 있다. 이 디젤유의 비중량과 비중은?

① 비중량 : 900kgf/m^3, 비중 : 0.9
② 비중량 : 950kgf/m^3, 비중 : 0.09
③ 비중량 : 900kgf/m^3, 비중 : 0.09
④ 비중량 : 950kgf/m^3, 비중 : 0.8

$\gamma = \rho g = 1{,}000S$

$$\gamma = \frac{9{,}000\text{kgf}}{10\text{m}^3} = 900\text{kgf/m}^3$$

$$S = \frac{\gamma}{1{,}000} = \frac{900}{1{,}000} = 0.9$$

130 액화산소용기에 액화산소가 50kg 충전되어 있다. 이때 용기 외부에서 액화산소에 대하여 5kcal/hr의 열량이 주어진다면 액화산소량이 반으로 감소되는데 걸리는 시간은?(단, 산소의 증발잠열은 1.6kcal/mol)

① 2.5시간
② 25시간
③ 125시간
④ 250시간

해설

증발열 1.6kcal/mol
= 1600cal/mol = 1600cal/32g 이므로
= 50cal/g = 50kcal/kg
액화산소 50kg이 반으로 감소되는 양은 25kg
1hr : 5kcal
$x$hr : 25kg × 50kcal/kg

$$x = \frac{1 \times 25 \times 50}{5} = 250\text{hr}$$

131 LPG 용기보관실의 바닥면적이 30m^{2}이라면 통풍구의 크기는?

① 12,000cm^2
② 9,000cm^2
③ 8,000cm^2
④ 4,000cm^2

해설

통풍구는 바닥면적의 3% 이므로
$30 \times 10^4(\text{cm}^2) \times 0.03 = 9{,}000\text{cm}^2$

132 산소 100L가 용기의 구멍을 통해 빠져나오는 데 20분 걸렸다면, 같은 조건에서 이산화탄소 100L가 빠져나오는 데 걸리는 시간은?

① 23.5분
② 33.5분
③ 43.5분
④ 55.5분

해설

기체의 확산속도 u, 분자량 M, 확산시간 T일 때

$$\frac{u_2}{u_1} = \frac{T_1}{T_2} = \sqrt{\frac{M_1}{M_2}} \text{ 에서}$$

$$T_2 = \frac{T_1}{\sqrt{\frac{M_1}{M_2}}} = \frac{20}{\sqrt{\frac{32}{44}}} = 23.45(\text{분})$$

정답 128 ② 129 ① 130 ② 131 ② 132 ①

초단기 가스기능장

PART 02

가스의 제조 및 설비

CHAPTER 01

가스의 제조 및 용도

1 수소(H_2)

(1) 물리적 성질

① 압축가스(비등점 -252℃), 가연성가스(폭발범위 4~75%)

② **모든 가스 중 밀도값이 최소**

가스의 밀도가 $\frac{Mg}{22.4L}$ 이므로, 수소의 밀도는 $\frac{2g}{22.4L}$ 로 계산

③ **분자량 2g으로 확산속도가 가장 빠름**

그레이엄의 법칙에 따라 확산속도는 분자량의 제곱근에 반비례

$$\frac{U_1}{U_2}=\sqrt{\frac{M_2}{M_1}} \qquad \begin{cases} U : \text{확산속도} \\ M : \text{분자량} \end{cases}$$

(2) 연소성, 폭발성

① **폭굉속도** : 1,400~3,500m/s

② **폭명기** : 아무 조건없이 반응이 폭발적으로 일어남

㉮ 수소폭명기 : $2H_2 + O_2 \rightarrow 2H_2O$

㉯ 염소폭명기 : $H_2 + Cl_2 \rightarrow 2HCl$

㉰ 불소폭명기 : $H_2 + F_p \rightarrow 2HF$

(3) 일반적 성질

① 수소가스는 고온 · 고압하에서 탄소강을 사용시 수소취성(강의 탈탄)을 일으킴

$Fe_3 + 2H_2 \rightarrow CH_4 + 3Fe$

② **제조법**

㉮ 물의 전기분해

㉯ 석유의 분해

㉰ 소금물의 전기분해

TIP

▶▶ 수소취성 방지법

고온 · 고압에서 수소 사용 시 5~6% Cr강에 W, Mo등을 첨가

2 산소(O_2)

(1) 물리적 성질

① **공기 중 약 21% 함유**

㉮ 부피(L, m^3) : 21%

㉯ 무게(kg, t, g) : 23.2%

② 액화산소(액비중 1.14)는 담청색을 나타냄

③ 산소는 18~22% 정도 유지되어야 산소 부족현상이 일어나지 않음

(2) 연소성, 폭발성

① 강력한 조연성 가스이지만, 자신은 연소하지 않음

② 산소농도 또는 분압이 높아질 때 나타나는 현상

㉮ 상승 : 연소속도, 화염온도, 발열량, 폭발범위, 화염길이

㉯ 저하 : 발화온도, 발화에너지

③ 산소+녹, 이물질, 석유류(유지류)가 화합하면 연소폭발

(3) 제조법

① **물의 전기분해** : $2H_2O \rightarrow 2H_2 + O_2$

② **공기액화분리법** : 기체 공기를 고압, 저온(임계압력 이상, 임계온도 이하)으로 하여 액으로 만들어 산소, 아르곤, 질소를 제조하는 장치

㉮ 비등점 : 질소(N_2) −195.8℃, 산소(O_2) −183℃, 아르곤(Ar) −186℃

㉯ 액화순서 : $O_2 \rightarrow Ar \rightarrow N_2$

㉰ 기화순서 : $N_2 \rightarrow Ar \rightarrow O_2$

(4) 공기액화분리장치

① **압축기**

㉮ 산소 압축기 : 윤활제로 물 또는 10% 이하의 묽은 글리세린 사용(기름 사용 시 연소폭발 우려가 있음)

㉯ 무급유 작동 압축기 : 카본링, 테프론링, 라비린스피스톤링 등을 채택

② **건조기**

㉮ 소다 건조기 : 입상의 NaOH(수산화나트륨=가성소다)를 이용하여 미량의 수분과 CO_2 제거

㉯ 겔 건조기 : 실리카겔, 활성알루미나, 소바이드 등을 이용하여 수분(H_2O) 제거

③ **공기액화분리장치의 폭발원인**

㉮ 공기 취입로부터 아세틸렌 침입

㉯ 압축기용 윤활유 분해에 따른 탄화수소 생성

㉰ 공기 중에 있는 산화질소(NO), 과산화질소(NO_2) 등의 질소화합물 혼입

㉱ 액체공기 중에 오존(O_3) 혼입

④ **폭발방지 대책**

㉮ 장치 내에 여과기를 설치하여 아세틸렌, 산화질소 등을 제거
㉯ 아세틸렌이 혼입되지 않은 장소에서 공기 흡입구를 설치
㉰ 양질의 압축기 윤활제 사용 및 유분리기 설치
㉱ 사염화탄소(CCl_4) 등의 세척제로 1년에 1회 이상 장치 내부 청소
㉲ 흡입구 부근에서 카바이드 작업 또는 용접작업 금지

3 일산화탄소(CO)

(1) 물리적 성질

① **무색 · 무취의 가연성가스** : 폭발범위 12.5~74%

② **독성** : 허용농도 TLV－TWA 50ppm (LC_{50} 3760ppm)

③ **압력을 올리면 폭발범위가 좁아짐**

㉮ CO 외의 다른 가스는 넓어짐
㉯ 수소는 압력을 올리면 폭발범위가 좁아지다가 계속 압력을 올리면 다시 폭발범위가 넓어짐

(2) 화학적 성질

① **고온 · 고압하에서** Ni, Fe **등과 화합시 카로보닐을 생성하여 부식을 일으킴**

㉮ 고압에서 철과 반응 : $Fe + 5CO \rightarrow Fe(CO)_5$ (철－카르보닐)
㉯ 100℃ 이상의 고온에서 미분상의 니켈과 반응 : $Ni + 4CO \rightarrow Ni(CO)_4$ (니켈－카르보닐)
㉰ CO의 부식방지법 : 고압하에서 Ni－Cr계 스테인리스강을 사용하거나 장치 내면을 구리(Cu)나 알루미늄(Ag) 등으로 피복

② **상온에서 염소(Cl_2)와 반응하여 포스겐($COCl_2$)을 생성**

TIP

- 완전연소시 생성되는 가스 : CO_2, H_2O
- 불완전연소시 생성되는 가스 : CO, H_2

4 이산화탄소(CO_2)

① **허용농도** : TLV－TWA 5,000ppm(독성은 아님)

② **대기 중의 존재량** : 약 0.03%

③ **공기 중에 다량으로 존재하면 산소 부족으로 질식** : 1일 8시간 노동에 있어 허용농도 5,000ppm

④ **드라이아이스 제조법** : CO_2를 100atm까지 압축한 뒤 -25℃까지 냉각시키고 단열팽창시키면 드라이아스가 얻어짐

5 질소(N_2)

① 불연성, 압축가스

② 공기 중에 78.1% 함유

③ 고온 · 고압하에서 수소와 반응하여 암모니아 생성

$N_2 + 3H_2 \rightarrow 2NH_3$

④ 비등점은 -195.8℃

⑤ 불활성이므로 가연성가스로 취급하는 장치의 퍼지용(치환용)으로 사용

⑥ 질소비료로 이용

6 희가스(불활성 가스)

① 주기율표 0족에 속하는 헬륨(He), 네온(Ne), 아르곤(Ar), 크립톤(Kr), 크세논(Xe), 라돈(Rn) 등의 6원소

② 상온에서 불활성 기체

③ **희가스를 충전한 방전관의 발광색**

He	Ne	Ar	Kr	Xe	Rn
황백색	주황색	적색	녹자색	청자색	청록색

④ **용도**

㉮ 가스크로마토그래피 분석용 캐리어 가스로 사용

㉯ 캐리어 가스의 종류 : H_2, N_2, He, Ne(가장 많이 사용되는 것은 N_2, He)

7 메탄(CH_4)

① 가연성(연소범위 5~15%), 압축가스(비등점 -162℃)

② 천연가스의 주성분이며 CH_4를 액화하여 생성된 LNG는 도시가스의 주원료로 사용

③ 분자량 16g으로 공기보다 가벼움

④ 염소(Cl_2)와 반응시 다음의 물질 생성(탈수소 반응)

$CH_4 + Cl_2 \rightarrow HCl + CH_3Cl$(염화메틸) : 냉동제

TIP

염소와의 탈수소 반응

- $CH_4Cl + Cl_2 \rightarrow HCl + CH_3Cl$(염화메탄) : 냉동제
- $CH_3Cl + Cl_2 \rightarrow HCl + CH_2Cl_2$(염화메틸렌) : 소독제
- $CH_2Cl_2 + Cl_2 \rightarrow HCl + CHCl_3$(클로로포름) : 마취제
- $CHCl_3 + Cl_2 \rightarrow HCl + CCl_4$(사염화탄소) : 소화제

8 아세틸렌(C_2H_2)

(1) 일반적 성질

① 용해가스, 가연성

② **폭발범위** : 2.5~81%(공기 중, 가장 넓음), 2.5~93%(산소 중)

③ **C_2H_2에 섞여 있는 불순물** : 황화수소(H_2S), 인화수소(PH_3), 암모니아(NH_3), 규화수소(SiH_4), 질소(N_2), 산소(O_2), 메탄(CH_4)

(2) C_2H_2의 폭발성

① **분해폭발** : $C_2H_2 \rightarrow 2C + H_2$

② **동 아세틸라이트 폭발** : $2Cu + C_2H_2 \rightarrow Cu_2C_2 + H_2$*

Cu와 결합시 폭발성 물질인 CuC_2가 생성되므로 동 함유량이 62% 미만이어야 함

③ **산화폭발** : $C_2H_2 + 2.5O_2 \rightarrow 2CO_2 + H_2O$(2.5~81%)

(3) C_2H_2 충전방법

용제를 용기에 주입 C_2H_2을 충전 후 폭발방지를 위해 다공물질을 넣는다.

① **용제(C_2H_2를 녹일 수 있는 물질)** : 아세톤, DMF

② **다공물질** : 석면, 규조토, 목탄, 석회, 다공성 플라스틱

③ 2.5MPa 이상으로 압축 시(N_2, CH_4, CO, C_2H_4 등의 희석제 첨가)

C_2H_2의 F_p = 15℃, 1.5MPa 이하

TIP

다공도

- 다공도 $\frac{V-E}{V} \times 100$ $\begin{cases} V : \text{다공물질의 용적} \\ E : \text{아세톤 함유 잔용적} \end{cases}$

- 법령상 유지하여야 하는 다공도는 75~92%

(4) 제조법

① **카바이트에서의 제조** : $CaC_2 + 2H_2O \rightarrow C_2H_2 + Ca(OH)_2$

② **카바이트(CaC_2)취급 시 주의사항**

㉮ 우천 시 수송을 금지할 것
㉯ 드럼통은 안전하게 취급할 것
㉰ 저장실은 통풍을 양호하게 유지할 것
㉱ 타 가연물과 혼합 적재하지 말 것

(5) C_2H_2 가스발생기

① **발생기의 종류**

㉮ 발생압력에 따른 분류 : 저압식(7kPa 미만), 중압식(7kPa 이상 0.13MPa 미만), 고압식(0.13MPa 이상)
㉯ 발생형식에 따른 분류 : 주수식, 투입식, 침지식

② **C_2H_2 압축기**

㉮ 윤활유는 양질의 광유
㉯ 냉각수 온도는 20℃ 이하 유지
㉰ 회전수 100rpm(분당 100회 회전) 저속압축기 사용

③ **가스청정기**

㉮ 아세틸렌 중 불순물 존재 : C_2H_2의 순도 저하, 폭발의 원인, 충전 시 C_2H_2이 아세톤에 용해되는 것이 저하됨
㉯ C_2H_2 청정제 : C_2H_2 중 불순물 제거를 위해 사용되는 물질(에퓨렌, 카다리솔, 리가솔)

④ **아세톤 및 DMF 충전량**

구분	용기구분	다공물질의 다공도(%)
아세톤	내용적 10L 이하	41.8% 이하
DMF	내용적 10L 이하	43.5% 이하

TIP

각종 가스에 사용되는 윤활유의 종류

- 염화메탄 : 화이트유
- 산소 : 물, 10% 이하 묽은 글리세린
- 염소 : 진한 황산
- LP가스 : 식물성유
- C_2H_2, H_2, 공기 : 양질의 광유

9 암모니아(NH_3)

(1) 일반적 성질

① 가연성가스(폭발범위 15~28%), 독성가스(허용농도 TLV－TWA 25ppm, LC_{50} 7338ppm)

② 물에 잘 녹는다.

③ 액화가 쉽고(비등점 －33℃), 증발잠열이 커서 냉동기 냉매로 사용한다.

④ 동, 동합금, 알루미늄 합금과 접촉 시 부식 우려가 있어 동 함유량 62% 미만이어야 한다.

⑤ 건조제로 염기성인 소다석회를 사용한다.

(2) 제조법

① **실험적 제조법** : 진한 암모니아수 가열

② 공업적 제조법

㉮ 석회질소법 : 석회질소($CaCN_2$)에 과열증기를 작용하여 제조($CaCN_2 + 3H_2O \rightarrow 2NH_3$)

㉯ 하버보시법 : $N_2 + 3H_2 \rightarrow 2NH_3$

③ **압력에 따른 합성법**

㉮ 60~100MPa : 클로드법, 카자레법(고압합성)

㉯ 30MPa 전후 : IG법, 뉴파우더법, 케미그법, 동공시법, JCI법(중압합성)

㉰ 15MPa 전후 : 구우데법, 케로그법(저압합성)

10 시안화수소(HCN)

① 가연성가스(폭발범위 6~41%), 독성가스(허용농도 TLV－TWA 10ppm, LC_{50} 140ppm)

② 특유의 복숭아 냄새 또는 감 냄새

③ 중합폭발의 위험이 있어 충전 후 60일을 넘지 않게 한다.

④ **중합방지 안정제** : 황산, 염화칼슘, 인산, 동망, 오산화인

TIP

▶▶ **중합폭발 :** 수분 2% 이상 함유 시 일어나는 폭발로 수분 때문에 시안화수소의 순도가 98% 이상이어야 한다.

11 포스겐($COCl_2$)

① 독성가스(허용농도 TLV－TWA 0.1ppm) (LC_{50} 5ppm)

② 건조상태에서는 공업용 금속재료가 거의 부식되지 않으나 수분이 존재하면 가수분해되어 염산이 생성되므로 부식이 일어난다.

$COCl_2 + H_2O \rightarrow CO_2 + 2HCl$

③ 중화제로 가성소다(NaOH), 소석회($Ca(OH)_2$))가 사용된다.

④ 포스겐은 일산화탄소(CO), 염소(Cl_2)와 활성탄 촉매를 사용하면 얻을 수 있다.

$CO + Cl_2 \rightarrow COCl_2$

TIP

활성탄 촉매, 촉매

- 활성탄 촉매 : 촉매로 '활성탄'이 쓰인다는 의미
- 촉매 : 반응을 빠르게(정촉매) 또는 느리게(부촉매)하는 물질

12 산화에틸렌(C_2H_4O)

① 가연성가스(폭발범위 3~80%), 독성가스(허용농도 TLV－TWA 50ppm, LC_{50} 2900ppm)

② 산화에틸렌은 분해 · 중합폭발을 동시에 가지고 있으나 금속염화물과 반응 시는 중합폭발을 일으킨다.

③ **제조법** : 에틸렌의 접촉기상 산화법

$C_2H_4 + \frac{1}{2}O_2 \rightarrow C_2H_4O$

④ C_2H_2 다음으로 폭발성이 강하여 용기 내 충전 시 미리 안정한 가스인 N_2, CO_2 수증기를 0.4MPa 이상되도록 충전한 후 C_2H_4O를 충전한다.(산화에틸렌의 안정제는 N_2, CO_2 수증기)

13 황화수소(H_2S)

① 가연성가스(폭발범위 4.3~45%), 독성가스(허용농도 TLV－TWA 10ppm, LC_{50} 144ppm)

② 화산분출 시 발생하는 가스로 유황온천에서 물에 녹아 용출한다.

③ **공기 중에서 파란 불꽃을 내며 연소하며, 불완전연소 시에는 황을 유리시킨다.**

㉮ 완전연소 반응식 : $2H_2S + 3O_2 \rightarrow 2H_2O + 2SO_2$

㉯ 불완전연소 반응식 : $2H_2S + O_2 \rightarrow 2H_2O + 2S$

④ **누설검지시험지** : 연당지(흑변)

⑤ **중화액** : 가성소다 수용액, 탄산가스 수용액

14 LP가스

(1) LP가스의 성질

① LP가스는 프로판(C_3H_8)과 부탄(C_4H_{10})으로 구성되어 있다.

② 공기 중의 비중은 공기의 약 1.5~2배로 낮은 곳에 체류하기 쉽고 인화폭발의 위험성이 크다.

③ 천연고무를 잘 용해한다. 이에 따라 LP가스 배관의 패킹제로는 합성고무(실리콘 고무)를 사용한다.

(2) 폭발범위(%)

① C_3H_8 : 2.1~9.5%, 비등점 −42, 자연기화방식(가정용)

② C_4H_{10} : 1.8~8.4%, 비등점 −0.5, 강제기화방식(공업용)

(3) LP가스의 특성

① 가스는 공기보다 무겁다.

② 액은 물보다 가볍다.(액비중 0.5)

③ 기화, 액화가 용이하다.

④ 기화 시 체적이 커진다.(액 1L → 기체 250L)

⑤ 증발잠열이 크다.

(4) LP가스의 연소반응시의 특성

① 연소속도가 늦다.

② 연소범위가 좁다.

③ 연소 시 다량의 공기가 필요하다.

④ 발열량이 크다.

⑤ 발화온도가 높다.

(5) 연소반응식에 의한 계산법

① **C_3H_8의 1mol당 발열량** : 530kcal/mol

→ $C_3H_8 + 5O_2 \rightarrow 3CO_2 + 4H_2O + 530kcal/mol$

→ $C_4H_{10} + 6.5O_2 \rightarrow 4CO_2 + 5H_2O + 700kcal/mol$

② **C_3H_8의 $1m^3$당 발열량** : $24,000kcal/m^3$

③ **C_3H_8의 1kg당 발열량** : 12,000kcal/kg

CHAPTER 02

가스 제조 설비

1 LP가스 설비

(1) 공급방식

① **자연기화(C_3H_8)** : 비등점 −42℃ (비등점이 낮아 대기 중 열로 기화가능)

② **강제기화(C_4H_{10})** : 비등점 −0.5℃ (비등점이 높아 기화기를 사용하여야 기화가능)

> TIP
>
> **강제기화방식의 종류**
> - 생가스 공급방식
> - 공기혼합가스 공급방식
> - 변성가스 공급방식

(2) 공기혼합가스의 공급 목적

① 재액화방지 (LP가스에 공기혼합시 공기의 비점이 낮아 재액화가 방지)

② 발열량 조절 (LPG에 공기혼합시 발열량이 낮아짐)

③ 누설 시 손실 감소

④ 연소효율 증대

(3) 기화장치(Vaporizer)

① **기화장치의 개요**

㉮ 기화기는 전열기나 온수에 의해 LPG액을 기화시키는 장치로 열발생부와 열교환부, 기타 각종 제어장치로 구성되어 있다.

㉯ 기화기를 사용했을 때의 이점

㉠ LP가스의 종류에 관계없이 한냉 시에도 충분히 기화시킬 수 있다.

㉡ 공급가스의 조성이 일정하다

㉢ 설치면적이 작아도 되고, 기화량을 가감할 수 있다.

㉣ 설비비 및 인건비가 절감된다.

② **기화장치의 분류**

㉮ 장치구성 형식에 따른 분류 : 단관식, 다관식, 사관식, 열판식

㉯ 증발형식에 따른 분류 : 순간증발식, 유입증발식

㉰ 작동원리에 따른 분류

㉠ 가온감압식 : 열교환기에 의해 액상의 LP가스를 보내 온도를 올리고 기화된 가스를 조정기로 압력을 낮추어 공급하는 방식으로 많이 사용

㉡ 감압가온식 : 액상의 LP가스를 조정기 감압밸브로 압력을 낮추고, 열교환기로 보내 온수 등으로 온도를 올리는 방식

(4) LP가스 이송설비 방법

① 압축기에 의한 방법

② 균압관의 펌프에 의한 방법

③ 균압관이 없는 펌프에 의한 방법

④ 압력차에 의한 방법

(5) 압축기 및 펌프 이송의 장 · 단점

구분	장점	단점
압축기 이송	• 충전시간이 짧다. • 잔가스 회수가 가능하다. • 베이퍼록의 우려가 없다.	• 재액화 발생의 우려가 있다. • 드레인 발생의 우려가 있다.
펌프 이송	• 재액화의 우려가 없다. • 드레인의 우려가 없다.	• 충전시간이 길다. • 잔가스 회수가 불가능하다. • 베이퍼록의 우려가 있다.

(6) 조정기

① **조정기 개요**

㉮ 조정기 사용목적 : 가스의 유출압력을 조절하여 안정된 연소를 시킨다.

㉯ 고장 시 영향 : 불완전연소 및 가스 누설

② **조정기의 종류**

㉮ 1단 감압식 : 한 번에 소요압력으로 감압한다.

㉠ 장점 : 장치 및 조작이 간단하다.

㉡ 단점 : 최종압력 부정확, 배관이 굵어진다.

㉯ 2단 감압식 : 용기 내 압력을 소요압력보다 약간 높게 감압 후 소요압력으로 감압한다.

㉠ 장점 : 공급압력이 일정, 각 연소기구에 알맞은 압력으로 공급 가능, 입상에 의한 압력손실 보정, 중간 배관이 가늘어도 된다.

㉡ 단점 : 설비 및 검사방법 복잡하고 조정기가 많이 든다. 재액화가 우려된다.

③ **자동교체식 조정기의 이점**

㉮ 전체 용기의 수량이 수동보다 적어도 된다.

㉯ 잔액이 없어질 때까지 소비된다.

㉰ 용기 교환 주기의 폭을 넓힐 수 있다.

㉱ 분리형을 사용할 때 배관 압력손실이 커도 된다.

④ **LPG압력조정기의 종류에 따른 입구압력 · 조정압력**

종류	입구압력(MPa)	조정압력(kPa)
1단감압식 저압조정기	0.07～1.56	2.30～3.30
1단감압식 준저압조정기	0.1～1.56	5.0～30.0 이내에서 제조자가 설정한 기준압력의 ±20%
2단감압식 일체형 저압조정기	0.07～1.56	2.30～3.30
2단감압식 일체형 준저압조정기	0.1～1.56	5.0～30.0 이내에서 제조자가 설정한 기준압력의 ±20%
2단감압식 1차용 조정기 (용량 100kg/h 이하)	0.1～1.56	57.0～83.0
2단감압식 1차용 조정기 (용량 100kg/h 초과)	0.3～1.56	57.0～83.0
2단감압식 2차용 저압조정기	0.01～0.1 또는 0.025～0.1	2.3～3.30
2단감압식 2차용 준저압조정기	조정압력 이상～0.1	5.0～30.0 이내에서 제조자가 설정한 기준압력의 ±20%
자동절체식 일체형 저압조정기	0.1～1.56	2.55～3.30
자동절체식 일체형 존저압조정기	0.1～1.56	5.0～30.0 이내에서 제조자가 설정한 기준압력의 ±20%
그 밖의 압력조정기	조정압력 이상～1.56	5kPa를 초과하는 압력범위에서 상기 압력조정기의 종류에 따른 조정압력에 해당하지 않은 것에 한하며, 제조자가 설정한 기준압력의 ±20%일 것

⑤ **조정압력이 3.30kPa 이하인 압력조정기의 안전장치 작동압력**

㉮ 작동표준압력은 7.0kPa

㉯ 작동개시압력은 5.60~8.40kPa

㉰ 작동정지압력은 5.04~8.40kPa

⑥ **조정압력이 3.30kPa 이하인 압력조정기의 안전장치 분출용량**

㉮ 노즐 지름이 3.2mm 이하일 때 140L/h 이상

㉯ 노즐 지름이 3.2mm 초과일 때 다음의 계산식에 의한 값 이상

$Q = 44D$ (Q : 안전장치 분출량(L/h), D : 조정기의 노즐지름(mm))

(7) 가스미터

① **사용목적** : 소비자에게 공급하는 가스체적을 측정, 요금환산의 근거로 삼는다.

② **가스미터 종류**

㉮ 실측식 : 건식, 습식

㉯ 추량식 : 오리피스식, 벤츄리식, 와류식, 터빈식, 선근차식

③ **가스미터 선정 시 주의사항**

㉮ 액화가스용일 것

㉯ 용량에 여유가 있을 것

㉰ 유효기간 이내일 것

㉱ 외관검사를 행할 것

TIP

가스미터의 감도유량 및 검정공차

- 감도유량 : 가정용 LP가스 15L/hr, 막식 3L/hr
- 검정공차 : 사용 최대유량의 20~80% 범위에서 ±1.5%

(8) LP가스 설비의 완성검사 항목

① 내압시험

② 기밀시험

③ 가스치환

④ 기능검사

(9) LP가스 용기수의 결정

① **공동주택에서 사용시**

㉮ 공식

$$용기수 = \frac{Q}{a}$$

$$Q = q \times N \times \eta$$

Q : 피크시사용량(kg/hr), a : 용기 1개당 가스발생량(kg/개)
q : 1일 1호당 평균가스 소비량(kg/d)
N : 세대수, η : 소비율

㉯ 결정의 조건

㉠ 피크시 사용량

㉡ 용기 1개당 가스발생량

㉢ 용기의 질량(크기)

② **식당 등 상업용으로 사용시**

㉮ 공식

$$용기수 = \frac{Q}{a}$$

$$Q = g \times N \times n \quad \begin{cases} Q: 피크시사용량, \quad a: 용기\ 1개당\ 가스발생량 \\ g: 연소시\ 시간당\ 소비량(kg/h) \\ N: 연소기사용수, \quad n: 소비율 \end{cases}$$

㉯ 결정조건

㉠ 피크시 사용량

㉡ 용기 1개당 가스발생량

㉢ 용기 질량

③ 상기의 ①, ② 조건 모두 자동교체 조정기를 사용시는 사용측 예비측을 감안하여 용기수 × 2의 값으로 용기수량을 결정하여야 한다.

(10) LP가스 수입기지 플랜트

수입 LP가스 → [수입 설비] → [저온 저장 설비] → [이송 설비] → [고압 저장 설비] → [출하 설비] → 2차 기지 소비 플랜트

2 도시가스 설비

(1) 도시가스 원료

① **천연가스**(NG, Natural Gas)

㉮ 지하에 발생하는 탄화수소를 주성분으로 한 가연성 가스이다.

㉯ 도시가스로의 사용 시 다음과 같은 공급방법으로 구분된다.

㉠ 천연가스를 그대로 공급

㉡ 천연가스를 공기로 희석해 공급

㉢ 종래의 도시가스에 혼입해 공급

㉣ 종래의 도시가스와 유사한 성질로 개질하여 공급

② **액화천연가스**(LNG, Liquefied Natural Gas)

㉮ 천연가스를 -162℃까지 냉각 · 액화한 것이다.

㉯ 액화 전에 제진, 탈유, 탈탄산, 탈수, 탈습 등의 전처리를 행하여 탄산가스, 황화수소 등이 정제되었기 때문에 기화한 LNG는 불순물이 없는 청정연료이다.

㉰ LNG 제조공정

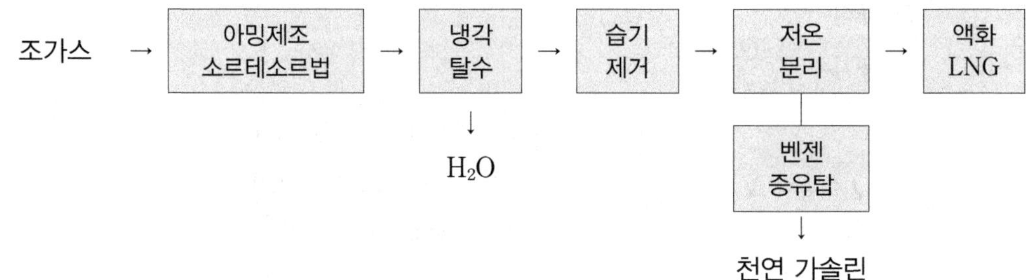

③ **정유가스**(off Gas)

㉮ 석유정제, 석유화학공업의 부산물로 생성되는 가스로 수소(H_2)와 메탄(CH_4)이 주성분이다.

㉯ 9800kcal/m^3 의 발열량을 가진다.

④ **나프타**(Naphtha, **납사**)

㉮ 원유를 상압 증류 시 얻어지는 비점 200℃ 이하의 유분(액체성분)으로 경질의 것을 라이트 나프타, 중질의 것을 헤비 나프타라 한다.

㉯ 나프타의 성분 상태

㉠ P : 파라핀계 탄화수소 ㉡ N : 나프텐계 탄화수소

㉢ O : 올레핀계 탄화수소 ㉣ A : 방향족 탄화수소

TIP

도시가스 원료의 종류

- 기체연료 : 천연가스, 정유가스(업가스)
- 액체연료 : LNG, LPG, 나프타
- 고체연료 : 코크스, 석탄

(2) 부취제

① **부취제의 종류**

㉮ TBM : 양파 썩는 냄새, 내산화성 우수, 냄새가 가장 강함

㉯ THT : 석탄가스 냄새, 산화 · 중합이 일어나지 않음, 안정된 화합물

㉰ DMS : 마늘 냄새, 내산화성 우수, 안정된 화합물

② **착취농도** : 공기 중에 가스가 1/1000(0.1%) 농도 섞였을 때 그 냄새를 느낄 수 있는 농도

③ **부취제의 구비조건**

㉮ 독성이 없을 것

㉯ 보통 존재하는 냄새와 구별될 것

㉰ 가스관 가스미터에 흡착되지 않을 것

㉱ 물에 녹지 않을 것

㉲ 화학적으로 안정할 것

㉳ 경제적일 것

④ **부취제 주입방식**

㉮ 액체주입식 : 펌프 주입식, 적하 주입식, 미터 연결 바이패스 방식

㉯ 증발식 : 바이패스 증발식, 워크 증발식

(3) 가스홀더

구분 ＼ 항목			항목 해설
정의	가스를 제조와 공급 및 사용하지 않을 경우 일시적 저장함으로써 공급설비의 지장이 발생시 어느정도 공급, 피크시에도 공급이 가능함으로 배관의 수용 효율을 상승시키는 도시가스 공장에 설치 되어있는 일종의 저장 탱크이다.		
구분	중 · 고압식 종류		원통형 가스홀더, 구형 가스홀더
	저압식	유수식	다량의 물량이 필요하다. 한냉지에서는 물의 동결방지가 필요하다. 물의 저장으로 인한 기초공사비가 많이든다. 구형에 비해 유효가동량이 크다.
		무수식	• 피스톤과 봉액의 조절로 가스를 제조한다. • 저장시 가스가 건조상태이다. • 기초공사가 간단 • 유수식에 비해 가스압이 일정하다. • 대용량에 적합하다.

(4) 도시가스 제조 프로세스

구분 ＼ 항목			항목 해설
가스화 방식	열분해 프로세스	원료	분자량이 큰 원유, 중유, 나프타 등의 탄화수소
		분해온도	800~900
		제조 열량	1000kacl/Nm^3
	접촉분해 (수증기개질) 프로세스	반응속도	400~800
		사용매체	촉매
		변환가스	CH_4, H_2, CO, CO_2
		종류	(싸이클링식 접촉분해, 고압수증기 개질, 저온수증기개질, 중온수증기개질) 프로세스
	부분연소 프로세스	원료	메탄, 원유 탄화수소
		사용매체	공기 수증기
		변환가스	CH_4, H_2, CO, CO_2

<table>
<tr><td rowspan="3"></td><td>수소화분해
프로세스</td><td colspan="2">수소기류 중 탄화수소를 열분해 CH_4을 주성분으로 하는 고열량의 가스제조</td></tr>
<tr><td rowspan="2">대체
천연가스
프로세스</td><td>원료</td><td>석탄, 원유, 나프타 등의 각종 탄화수소</td></tr>
<tr><td>제조방법</td><td>천연가스와 열량, 조성연소성 등이 동일하게 제조</td></tr>
<tr><td rowspan="4">가열
방식에
의한 분류</td><td>외열식</td><td colspan="2">원료가 들어있는 용기를 외부에서 가열</td></tr>
<tr><td>축열식</td><td colspan="2">반응기내 원료를 연소 원료를 송입해 가스화용 열원으로 사용하는 방법</td></tr>
<tr><td>자열식</td><td colspan="2">가스화에 필요한 열을 한화 수정의 발열반응으로 처리</td></tr>
<tr><td>부분연소식</td><td colspan="2">원료에 소량의 공기를 혼합
가스화용 용기에 넣어 원료를 연소시켜 생긴 열을 나머지 가스화용 열원으로 사용하는법</td></tr>
<tr><td colspan="2">원료송입법에 의한 분류</td><td colspan="2">연속식, 배치식, 싸이클링식</td></tr>
</table>

(5) 나프타 접촉 분해법

① **온도 압력의 변화에 따른 가스량의 변화**

구분 / 온도압력변화	증가하는 가스	감소하는 가스
압력 증가, 온도 감소	CH_4, CO_2	H_2, CO
압력 감소, 온도 증가	H_2, CO	CH_4, CO_2

② **온도**

반응식	방지법
$2CO \rightarrow CO_2 + C$ (발열)	반응온도 높게 한다. 반응압력 낮게 한다.
$CH_4 \rightarrow 2H_2 + C$ (흡열)	반응온도 낮게 한다. 반응압력 높게 한다.

3 배관의 가스설비

(1) 강관의 표시

① **SPP (배관용 탄소 강관)** : 0.98N/mm^2 이하에 사용

② **SPPS (압력 배관용 탄소 강관)** : 0.98~9.8N/mm^2(MPa) 이하에 사용

③ **SPPH (고압 배관용 탄소 강관)** : 9.8N/mm^2(MPa) 이상에 사용

④ **SPHT (고온 배관용 탄소 강관)** : 350℃ 이상의 온도에서 사용

⑤ **SPLT (저온 배관용 탄소 강관)** : 빙점이하의 온도에서 사용

(2) 배관의 신축이음

① **신축이음의 목적** : 관의 온도에 의한 열팽창을 흡수

② **종류** : 슬리브, 스위블, 벨로우즈, 루우프(신축곡관), 상온스프링

③ **신축이음 중 상온(콜드)스프링** : 배관의 온도변화에 의한 열팽창정도를 미리 계산하여 열팽창을 흡수하는 신축이음의 한종류로서 열팽창에 의한 절단길이는 계산값의 1/2정도이다.

예제 **길이 10m 선팽창의 계수가 1.2×10^{-5}/℃인 배관의 온도 차이가 40℃정도 일때 관의 절단길이는 몇 mm인가?**

풀이

$$\lambda = L\ \alpha \Delta t$$

$$= 10 \times 10^3(\text{mm}) \times 1.2 \times 10^{-5}/℃ \times 40℃ = 48.48\text{mm}$$

$$\therefore 48.48 \times \frac{1}{2} = 24.24\text{mm}$$

(3) 배관에서의 발생되는 응력의 원인

(열팽창, 용접, 냉간가공, 내압, 배관 부속물의 중량)에 의한 응력

(4) 배관에서 발생되는 진동의 원인

(바람지진, 안전밸브 분출, 펌프와 압축기 등 관의 굽힘에 의한 힘, 관내를 흐르는 유체의 압력변화) 등에 의한 진동

(5) 배관에 발생되는 압력손실

① **마찰저항(직선배관)에 의한 손실**

$$H = \frac{Q^2 \cdot S \cdot L}{K^2 \cdot D^5}$$

H : 압력손실(mmH_2O), Q : 가스유량(m^3/hr)
S : 가스비중, L : 관길이(m)
K : 유량계수, D : 관 안지름(cm)

㉮ 유량의 제곱에 비례한다.

㉯ 관 길이에 비례한다.

㉰ 관 안지름의 5승에 반비례한다.

㉱ 관 내면의 거칠기와 관계가 있다.

② **입상배관에 의한 손실**

$$H = 1.293(S-1)h \quad \begin{cases} H : \text{압력손실}(mmH_2O) \\ S : \text{가스비중}, \ h : \text{입상높이}(m) \end{cases}$$

③ 가스미터의 의한 손실

④ 밸브, 안전밸브에 의한 손실

(6) 배관재료의 구비조건

① 관내 가스 유통이 원활할 것

② 내식성이 있을 것

③ 절단가공이 용이할 것

④ 충격하중을 견딜만한 강도가 있을 것

⑤ 관의 접합이 용이할 것

⑥ 누설이 방지될 것

(7) 가스배관 시공시 배관 경로의 선정

① 최단거리로 할 것

② 구부러지거나 오르내림이 적을 것

③ 은폐매설을 피할 것

④ 가급적 옥외에 설치할 것

(8) 배관의 유량식

① **저압배관 유량식**

$$Q=K\sqrt{\frac{D^5H}{SL}} \quad \begin{cases} Q : \text{유량}(m^3/hr), \ K : \text{폴의 정수}(0.707) \\ D : \text{관 안지름}(cm), \ \text{허용압력손실}(mmH_2O) \\ S : \text{가스의 비중}, \ L : \text{관 안지름}(cm) \end{cases}$$

② **중 · 고압배관 유량식**

$$Q=K\sqrt{\frac{D^5(P_1^2-P_2^2)}{SL}} \quad \begin{cases} Q : \text{유량}(m^3/hr), \ K : \text{콕의 계수}(52.31) \\ D : \text{처음압력}(kg/cm^2a), \ P_2 : \text{나중압력}(kg/cm^2a) \\ D : \text{관 안지름}(cm), \ S : \text{가스의 비중}, \ L : \text{관의 길이}(cm) \end{cases}$$

4 고압장치

(1) 고압용기

① **용어**

㉮ "비열처리재료"란 용기 제조에 사용되는 재료로서 오스테나이트계 스테인리스강 · 내식 알루미늄 합금판 내식 · 알루미늄합금단조품, 그 밖에 이와 유사한 열처리가 필요 없는 것을 말한다.

㉯ "열처리재료"란 용기 제조에 사용되는 재료로서 비열처리재료 외의 것을 말한다.

㉰ "최고충전압력"

용기의 구분	압력
압축가스를 충전하는 용기	35℃의 온도에서 그 용기에 충전할 수 있는 가스의 압력 중 최고 압력
저온용기	상용압력 중 최고 압력
저온용기 외의 용기로서 액화가스를 충전하는 것	내압시험압력의 5분의 3배의 압력

㉱ 초저온 용기 : −50℃ 이하 액화가스를 충전하기 위한 용기로서 단열재를 씌우거나 냉동설비로 냉각시키는 방법으로 용기 내 가스온도가 상용의 온도를 초과하지 않도록 한 것

② **용접용기와 무이음 용기**

㉮ 용접용기 : 압력이 낮은 액화가스에 사용되는 용기 (NH_3, Cl_2, C_3H_8, C_4H_{10})

㉠ 장점

- 경제적이다.
- 모양치수가 자유롭다.
- 두께 공차가 적다.

㉡ 용접용기의 C, P, S의 함유량

C : 0.33% 이하, P : 0.04% 이하, S : 0.05% 이하

(무이음 용기의 경우는 C : 0.55%, P : 0.04%, S : 0.05%)

㉢ 용접용기의 최대두께와 최소두께의 차이는 평균두께의 10% 이하 (무이음 용기의 경우는 20%이하)

㉯ 무이음 용기 : 고압력이 형성되는 압축가스 및 액화 가스 중 CO_2 용기에 사용

예 H_2, O_2, N_2, Ar 등

㉠ 장점

- 응력분포가 균일하다.
- 고압력에 견딜 수 있다.

㉰ 용기검사의 TP

㉠ 수조식 : 수압으로 내압시험

㉡ $TP = FP \times \frac{5}{3}$ 배 이상

㉢ 수조식 내압시험의 특징

- 소형용기가 대상이다.

• 팽창이 정확하게 측정된다.
• 측정결과의 신뢰성이 크다.

㉣ 비수조식 : 공기 또는 질소로 검사 : 대형용기가 대상
T_P : 최고사용압력의 1.25배(공기 질소로 하지 않을 경우 T_P = 최고사용압력×1.5배)

③ **용기의 각인 사항**

V : 내용적(L)
W : 초저온용기 이외의 용기에 밸브부속품을 포함하지 아니한 용기 질량(kg)
T_W : 아세틸렌 용기 질량에 용제 밸브 부속품을 포함한 질량(kg)
T_P : 내압시험 압력 (MPa)
F_P : 최고충전압력
t : 500t 초과용기의 경우 용기동판두께(mm)

④ **초저온용기의 단열성능시험의 합격기준**

㉮ 내용적이 1000L 이하 : 침입열량 0.0005kcal/hr · ℃ L 이하가 합격
㉯ 내용적이 1000L 초과 : 침입열량 0.002kcal/hr · ℃ L 이하가 합격
㉰ 공식

$$Q = \frac{W \cdot q}{H \cdot V \cdot \Delta t}$$

Q : 침입열량(kcal/hr · ℃ L)
W : 측정 중 기화가스량(kg), q : 기화잠열(kcal/kg)
H : 측정시간(hr), V : 내용적(L), Δt : 온도차(℃)

5 고압용 밸브

(1) 사용 온도에 따른 일반용 밸브

① **글로브 밸브** : 유량조절용
② **앵글밸브** : 직각으로 방향을 전환시 사용
③ **슬루스밸브** : 대형관로에 사용, 개폐에 시간이 소요
④ **체크(액지)밸브**
㉮ 리프트식 : 수평 배관용
㉯ 스윙식 : 수직, 수평배관용

(3) 안전밸브의 종료

① **스프링식 안전밸브** : 용기 내의 압력이 설정압력 이상이 되면 스프링의 힘으로 가스를 외부로 분출시킴
② **가용전식 안전밸브** : 용기 내의 온도가 설정온도 이상이 되면 가용금속이 녹아 가스를 외부로 배출(염소, 아세틸렌의 경우 가용전식을 사용)
③ **파열판식(박판식) 안전밸브** : 용기 내의 압력이 급격히 상승할 때 얇은 금속판이 파열되어 가스를 외부로 배출

④ **중추식(지렛대식) 안전밸브** : 추의 무게를 이용하여 가스압력이 높아질 경우 작동하여 가스를 외부로 배출

> TIP
>
> **파열판식 안전밸브의 특징**
> - 구조가 간단하고, 부식성 유체에 적합하다.
> - 밸브시트의 누설이 없다.
> - 1회용이다.(한 번 작동 시 새로운 박판으로 교체)

(4) 고압밸브의 특징

① 주조품보다 단조품을 깎아서 만든다.

② 밸브시트는 내식성과 경도가 높은 재료를 사용한다.

③ 시트를 교체할 수 있는 구조이다.

④ 스핀들에 패킹을 사용하여 기밀을 유지한다.

6 고압가스 저장설비

(1) 원통형 저장탱크

① 원통형 탱크에는 안전밸브, 압력계, 온도계, 액면계, 긴급차단밸브, 드레인밸브 등이 있다.

② 원통형 저장탱크의 내용적

$$V=\frac{\pi}{4}d^2 \times L \quad \begin{cases} V : \text{탱크내용적}(m^3) \\ d : \text{탱크지름}(m) \\ L : \text{동체의 길이}(m) \end{cases}$$

③ **특징** : 횡형으로 설치시 안정성이 있다.

(2) 구형 저장탱크

① **구형 저장탱크의 특징**

㉮ 구형으로 모양이 보기 좋다.

㉯ 표면적이 작다.

㉰ 강도가 크다.

㉱ 누설이 방지된다.

㉲ 건설비가 저렴하다.

② **구형 저장탱크의 내용적**

$$V=\frac{\pi}{6}d^3=\frac{4}{3}\pi r^3 \quad \begin{cases} V: \text{탱크내용적}(m^3) \\ d: \text{탱크지름}(m) \\ r: \text{탱크 반지름}(m) \end{cases}$$

(3) 가스홀더

도시가스 제조공장에 설치된 것으로 가스의 제조 · 저장 · 공급 등을 할 수 있는 저장탱크

(4) 기타 사항

① **오토클레이브**(Auto Clave)

㉮ 액체를 가열하면 온도 상승과 함께 증기압도 올라가나 액상을 그대로 유지하며 어떤 반응을 일으킬 때 필요한 고압반응 가마솥을 말한다.

㉯ 종류 : 교반형, 진탕형, 회전형, 가스교반형

② **가스액화의 원리 및 종류**

㉮ 주울-톰슨효과 : 압축가스를 단열 · 팽창시키면 온도나 압력이 강하하는 현상

㉯ 액화장치의 종류 : 린데식, 클로드식, 필립스식

③ **진공단열법의 종류** : 고진공단열법, 분말진공단열법, 다층진공단열법

(5) 공기액화 분리장치의 안전밸브 분출면적 계산

$$A=\frac{W}{230P_1\sqrt{\frac{M}{T}}},\quad A=\frac{W}{2345P_2\sqrt{\frac{M}{T}}}$$

- A : 분출면적(cm^2)
- W : 시간당 분출가스량
- P_1 : 분출압력(kg/cm^2), P_2 : 분출압력(MPa)
- M : 분자량
- T : 분출압력에서 절대온도(K)

(6) 공기액화 분리장치의 폭발 원인과 대책

① **폭발의 원인**

㉮ 공기취입구부터 C_2H_2의 혼입

㉯ 액체공기 중 오존의 혼입

㉰ 압축기용 윤활유에 의한 탄화수소의 생성

㉱ 공기 중 질소 산화물의 혼입

② **대책**

㉮ 장치내 여과기 설치

㉯ 양질의 광유를 윤활유로 사용

㉰ 공기취입구를 맑고 청정한 곳에 설치

㉱ 연1회 CCl_4로 장치내를 세척

7 부식

(1) 부식의 원인

① 이종금속의 접촉

② 금속액의 조성, 조직의 불균일

③ 금속재료의 표면 상태의 불균일

(2) 부식의 형태

① **전면부식** : 전면이 균일하게 일어나는 부식, 부식량은 크나 대처가 쉽다.

② **국부부식** : 특정 부분에 집중되므로 위험성이 크다.

③ **선택부식** : 합금 중 특정 성분에만 일어나는 부식

④ **입계부식** : 결정입계가 선택적으로 부식되는 형태

⑤ **응력부식** : 연성재료임에 취성파괴가 일어나는 현상

(3) 방식법

① 부식환경처리에 의한 방식법

② 인비히터(부식억제제)에 의한 방법

③ 피복에 의한 방식법

④ **전기방식법** : 유전(희생)양극, 외부전원, 선택배류, 강제배류법

(4) 부식 속도에 영향을 주는 인자

① **내부인자** : 금속재료의 조성, 조직, 전기 화학적 특징

② **외부인자** : 부식액조성, PH, 온도, 응력 상태

(5) 가스의 부식

① 수소 (강의탈탄, 수소취성)

② 일산화탄소 (카보닐, 침탄)

③ 산소 (산화)

④ 황화수소 (황화)

⑤ 암모니아 (질화와 수소취성)

⑥ 중유, 연료유 (바나듐어택)

⑦ 수분접촉시 부식을 일으키는 가스 (Cl_2, $Cocl_2$, SO_2, H_2S, CO_2)

8 열처리의 종류

(1) 담금질(Quenching, 소입)

경도나 강도를 증가시키기 위해 가열 후 급랭시키는 열처리 방식

(2) 불림(Normalizing, 소준)

소성가공으로 거칠어진 조직을 미세화하거나 정상상태로 하기 위해 가열 후 대기 중에서 냉각처리(공랭)하는 열처리 방식

(3) 뜨임(Tempering, 소려)

담금질에 의해 생성된 조직을 변태 또는 석출을 진행시켜 안정한 조직에 근접시키는 동시에 잔류응력을 감소시켜 적당한 온도로 가열 냉각하는 조작

(4) 풀림(Annealing, 소둔)

강을 적당한 온도로 가열하고 그 온도에서 유지한 후 서냉하는 작업으로 필요한 기계적 및 물리적 성질을 얻을 수 있는 열처리 방식(잔류응력 제거, 강도의 증가)

9 금속

(1) 금속재료의 이상 현상

① **청열취성** : 200~300℃에서 인장강도의 경도가 커지고 연신율이 감소되어 강이 취약하게 되는 성질

② **적열취성** : 900℃ 이상에서 산화철, 황화철이 되는 부작용 현상

③ 탄소량 증가에 따른 강의 변화

㉮ 증가 : 인장강도, 항복점, 경도, 취성

㉯ 감소 : 연신율, 충격치, 단면수축률

(2) 금속침투법

① **정의** : 강의 표면에 타금속을 침투시켜 표면을 경화시키고 내식성, 내산화성을 높이는 것.

② **종류**

㉮ Zn을 침투시키는 세다라이징법

㉯ Cr을 침투시키는 크로마이징법

㉰ Al을 침투시키는 칼로라이징법

㉱ Si을 침투시키는 실리코나이징법

CHAPTER 03

압축기 및 펌프

1 압축기

(1) 작동압력에 따른 분류

① **압축기** : 토출압력 0.1MPa(1kgf/cm^2) 이상

② **송풍기** : 토출압력 10kPa 이상 0.1MPa(1,000mmH_2O~1kg/cm^2) 미만

③ **통풍기** : 토출압력 10kPa(1,000mmH_2O) 미만

(2) 압축방식에 의한 분류

① **터보형**

㉮ 원심식 : 원심력에 의해 가스를 압축

㉯ 축류식 : 축 방향으로 흡입, 축 방향으로 토출

㉰ 사류식 : 축 방향으로 흡입, 경사지게 토출

② **용적형**

㉮ 왕복식 : 피스톤의 왕복운동으로 압축

㉯ 회전식 : 임펠러의 회전운동으로 압축

㉰ 나사식 : 암수 한 쌍의 나사가 맞물려 돌아가면서 압축

(3) 압축기의 안전장치

① **안전두** : 정상압력+0.3~0.4MPa(3~4kgf/cm^2)

② **고압차단 스위치(HPS)** : 정상압력+0.4~0.5MPa(4~5kgf/cm^2)

③ **안전밸브** : 정상압력+0.5~0.6MPa(5~6kgf/cm^2)

(4) 왕복동식 압축기

① **왕복동식 압축기의 특징**

㉮ 오일윤활식, 무급유식

㉯ 용량조절이 쉽다.

㉰ 압축효율이 높다.

㉱ 소음, 진동이 발생하고 설치면적이 크다.

② **왕복동식 압축기의 용량제어 방법**

㉮ 연속적 용량제어 방법

㉠ 타임드 밸브에 의한 방법

㉡ 바이패스 밸브에 의한 방법

㉢ 회전수 변경에 의한 방법

㉣ 흡입 주밸브를 폐쇄시키는 방법

㉯ 단속적 용량제어 방법

㉠ 흡입밸브 강제 개방법

㉡ 클리어런스 증대법(실린더 상부 클리어런스 조절)

③ **피스톤 압출량**

$$V = \frac{\pi}{4} d^2 \times L \times N \times n \times \eta_v$$

- V : 피스톤압출량(m^3/min)
- L : 행정(m), n : 기통수, d : 내경(m)
- N : 회전수(rpm), η_v : 체적효율

④ **고속다기통 압축기의 특징**

㉮ 체적효율이 낮다.

㉯ 부품교환이 간단하다.

㉰ 용량제어가 용이하다.

㉱ 소형 · 경량이며, 동적 · 정적 밸런스가 양호하다.

㉲ 고장 발견이 어렵다.

㉳ 실린더 직경이 행정보다 크거나 같다.

⑤ **밸브의 구비조건**

㉮ 개폐가 확실할 것

㉯ 작동이 양호할 것

㉰ 충분한 통과단면을 가질 것

㉱ 유체저항이 적을 것

⑥ **압축기 효율**

㉮ 체적효율(η_v) $= \dfrac{\text{실제가스 흡입량}}{\text{이론가스 흡입량}} \times 100$

㉯ 압축효율(η_c) $= \dfrac{\text{이론동력}}{\text{지시동력(실제소요동력)}} \times 100$

㉰ 기계효율(η_m) $= \dfrac{\text{지시동력(실제소요동력)}}{\text{축동력}} \times 100$ (축동력 $= \dfrac{\text{이론동력}}{\eta_c \times \eta_m}$)

⑦ **압축비**

$$a = \sqrt[n]{\frac{P_2}{P_1}}$$

- n : 단수
- P_1 : 흡입압력
- P_2 : 토출압력

⑧ **압축비 증대시 영향**

㉮ 체적효율 저하
㉯ 소요동력 증대
㉰ 실린더 내 온도 상승
㉱ 토출량 감소
㉲ 윤활유 열화 · 탄화
㉳ 윤활기능 저하

⑨ **다단 압축의 목적**

㉮ 일량 절약
㉯ 온도 상승의 방지
㉰ 힘의 평형 양호
㉱ 효율 증가

⑩ **실린더 냉각의 목적**

㉮ 체적효율 및 압축효율 증가
㉯ 윤활기능의 유지 및 향상
㉰ 소요동력의 감소
㉱ 습동 부품의 수명 유지
㉲ 윤활유 열화 및 탄화 방지

(5) 원심식 압축기

① **원심식 압축기의 특징**

㉮ 무급유식이다.
㉯ 용량조정 범위가 좁고 어렵다.
㉰ 소음, 진동이 없다.
㉱ 압축이 연속적이다.
㉲ 설치면적이 적다.

② **원심용량 조정방법**

㉮ 속도제어에 의한 방법
㉯ 바이패스에 의한 방법
㉰ 베인 컨트롤에 의한 방법(안내깃 각도 조정 방법)
㉱ 흡입 밸브에 의한 방법
㉲ 토출 밸브에 의한 방법

③ **임펠러깃 각도**

㉮ 다익형 : 90°보다 클 때
㉯ 레이디얼형 : 90°
㉰ 터보형 : 90°보다 작을 때

④ **서징 방지법**

㉮ 우상(右上)이 없는 특성으로 하는 방법
㉯ 컨트롤 베인을 통한 방법
㉰ 방출 밸브에 의한 방법
㉱ 회전수를 변화시키는 방법
㉲ 교축 밸브를 기계에 가까이 설치하는 방법

TIP

▶ **서징(Surging) :** 압축기와 송풍기 사이 토출 측 저항이 커지면 유량이 감소하고 맥동과 진동이 발생하여 불완전 운전이 되는 현상

(6) 윤활유

① **윤활유의 사용목적**

㉮ 원활한 운전
㉯ 과열압축 방지
㉰ 가스누설 방지
㉱ 마찰저항 감소
㉲ 기계수명 연장

② **윤활유의 구비조건**

㉮ 경제적일 것
㉯ 화학적으로 안정되고 사용가스와 반응하지 않을 것
㉰ 인화점이 높고 응고점이 낮을 것
㉱ 수분 및 산 등의 불순물이 적을 것
㉲ 점도가 적당하고 항유화성이 클 것
㉳ 저온(왁스분)이 분리되지 않을 것
㉴ 고온(슬러지)이 생기지 않을 것

③ **압축기 운전, 관리 및 이상현상**

㉮ 운전 중 점검사항 : 입력, 온도, 누설, 전동, 소음, 윤활유, 냉각수 이상유무
㉯ 가연성 압축기 정지 시 작업순서
㉠ 전동기 스위치를 내린다.
㉡ 최종 스톱밸브를 닫는다.
㉢ 드레인밸브를 열어둔다.
㉣ 각 단의 압력 저하를 확인 후 흡입밸브를 닫는다.
㉤ 냉각수를 배출한다.
㉰ 일반 압축기 정지 시 작업순서
㉠ 드레인밸브 조정 밸브를 열어 응축수 및 기름을 배출한다.
㉡ 각 단의 압력을 0으로 하여 정지시킨다.
㉢ 주 밸브를 잠근다.
㉣ 냉각수 밸브를 잠근다.

2 펌프

〈 펌프의 종류 〉

(1) 펌프의 구비조건

① 고온 · 고압에 견딜 것

② 작동이 확실하고 조작이 간편할 것

③ 부하변동에 대응할 수 있을 것

④ 병렬운전에 지장이 없을 것

(2) 원심펌프의 운전 특징

① **직렬운전** : 양정 증가, 유량 불변

② **병렬운전** : 유량 증가, 양정 불변

(3) 펌프의 정지순서

① **원심펌프** : 토출밸브 차단 → 모터를 정지 → 흡입밸브를 차단 → 펌프 내 액을 드레인시킨다

② **왕복펌프** : 모터를 정지 → 토출밸브를 차단 → 흡입밸브를 차단 → 펌프 내 액을 드레인시킨다

③ **기어펌프** : 모터를 정지 → 흡입밸브를 차단 → 토출밸브를 차단 → 펌프 내 액을 드레인시킨다

TIP

▶ 회전펌프

진공펌프로 사용하는 펌프로 1~3개의 회전자의 회전에 의해 액체를 압송하며, 구조가 간단하고 취급이 용이하다.

(4) 펌프에서 일어나는 현상

① 캐비테이션(공동현상)

㉮ 개요 : 유수 중에 그 수온의 증기압력보다 낮은 부분이 생기면 물이 증발을 일으키고 기포를 발생시키는 현상

㉯ 발생조건 및 방지대책

㉠ 회전수가 빠를 때 → 회전수를 낮춤

㉡ 흡입관경이 좁을 때 → 흡입관경을 넓히거나 양 흡입펌프 사용

㉢ 설치 위치가 높을 때 → 설치 위치를 낮추거나 두 대 이상의 펌프 사용

㉰ 발생에 따른 현상 : 소음, 진동, 깃의 침식, 양정효율곡선 저하

② 베이퍼록 현상

㉮ 개요 : 저비점 액체 이송 시 펌프 입구에서 발생하는 현상으로 액의 끓음에 의한 동요

㉯ 방지대책

㉠ 실린더 라이너 외부를 냉각시킨다.

㉡ 단열 조치한다.

㉢ 흡입관경을 넓힌다.

㉣ 펌프의 설치 위치를 낮춘다.

③ 수격작용(워터 햄머링)

㉮ 개요 : 펌프 운전 중 정전 등에 의해 펌프가 멈춰 관 내의 속도가 급변하면 따라 심한 압력 변화가 생기는 현상

㉯ 방지대책

㉠ 관 내 유속을 낮춘다.

㉡ 펌프에 플라이휠을 설치한다.

㉢ 조압수조(압력조절용 탱크)를 설치한다.

㉣ 밸브를 송출구에 설치하고 적당히 제어한다.

(5) 펌프의 계산식

① 축마력 및 축동력

$$L_{PS}=\frac{\gamma \cdot Q \cdot H}{75\eta},\quad L_{kW}=\frac{\gamma \cdot Q \cdot H}{102\eta}$$

- γ : 비중량(kgf/m^3)
- Q : 유량(m^3/sec)
- H : 양정(m)
- η : 효율($\eta<1$)

② **마찰손실수두**

$$h_f=\lambda\frac{L}{d}\cdot\frac{V^2}{2g}$$

- h_f : 마찰손실수두(m), λ : 관마찰계수
- d : 관경(m), L : 관길이(m)
- g : 중력가속도(9.8m/s²), V : 유속(m/s)

③ **비교회전도**

$$N_S=\frac{N\sqrt{Q}}{\left(\frac{H}{n}\right)^{\frac{3}{4}}}$$

- N_S : 비교회전도,
- n : 단수, H : 양정(m)
- N : 회전수(rpm), Q : 유량(m³/min)

④ **전동기 직결식 원심펌프의 회전수**

$$N=\frac{120f}{P}\left(1-\frac{s}{100}\right)$$

- N : 전동기 직결식 원심펌프 회전수(rpm)
- f : 전기주파수(60Hz)
- P : 모터극수
- s : 슬립율(미끄럼률)

(6) 펌프 회전수 변경 시 및 상사로 운전 시 변경(송수량, 양정, 동력)

구 분		내 용
회전수를 $N_1 \to N_2$로 변경한 경우	송수량(Q_2)	$Q_2=Q_1\left(\frac{N_2}{N_1}\right)^1$
	양정(H_2)	$H_2=H_1\left(\frac{N_2}{N_1}\right)^2$
	동력(P_2)	$P_2=P_1\left(\frac{N_2}{N_1}\right)^3$
회전수를 $N_1 \to N_2$로 변경과 상사로 운전 시 $D_1 \to D_2$로 변경	송수량(Q_2)	$Q_2=Q_1\left(\frac{N_2}{N_1}\right)^1\left(\frac{D_2}{D_1}\right)^3$
	양정(H_2)	$H_2=H_1\left(\frac{N_2}{N_1}\right)^2\left(\frac{D_2}{D_1}\right)^2$
	동력(P_2)	$P_2=P_1\left(\frac{N_2}{N_1}\right)^3\left(\frac{D_2}{D_1}\right)^5$

- Q_1, Q_2 : 처음 및 변경된 송수량
- H_1, H_2 : 처음 및 변경된 양정
- P_1, P_2 : 처음 및 변경된 동력
- N_1, N_2 : 처음 및 변경된 회전수

PART 02 적중 예상문제

01 H_2의 실험적 제법은 어느것인가?

① 물의 전기분해법
② 석유 및 석탄에서 만드는 법
③ 천연가스에서 만드는 법
④ 금속을 산에 반응시키는 법

해설
금속에 산을 반응시키는 법은 실험적 제법에 해당한다.

02 고온 · 고압 하에서 수소 사용시 사용가능한 재료는?

① 탄소강 ② 크롬강
③ 아연강 ④ 실리콘강

해설
수소는 고온 고압하에서 수소취성을 일으키므로 이것을 방지하기 위하여 Cr강, W, Ti, Mo, V 등을 첨가한다

03 수소가스 제조시 가장 높은 순도가 제조되는 제조방법은?

① 염산의 전해법
② 물의 전기분해법
③ 석유의 분해
④ 천연가스의 분해

해설
$2H_2O \rightarrow 2H_2 + O_2$
물의 전기분해법은 수소 산소의 순도가 가장 높으나 비경제적이다.

04 다음 설명에 해당하는 가스검지경보장치의 종류는?

> 금속산화물(SnO_2, ZnO 등) 소결체에 2개의 전극을 밀봉 · 가열한 것으로 되어 있으며 자유전자의 이용으로 전기 전도가 증대한다.

① 접촉연소 방식
② 반도체 방식
③ 격막 갈바닉전지 방식
④ 격막전극 방식

05 다음 보기는 압축기 실린더부의 내부 윤활제에 대하여 설명한 것이다. 이 중 옳은 번호로만 된 것은?

> ㉮ 산소 압축기에는 양질의 광유를 사용한다.
> ㉯ 염소 압축기에는 농황산을 사용한다.
> ㉰ 아세틸렌 압축기에는 양질의 광유(鑛油)를 사용한다.
> ㉱ 공기 압축기에는 식물성유를 사용한다.

① ㉮, ㉯ ② ㉮, ㉰
③ ㉮, ㉯, ㉰ ④ ㉯, ㉰

06 산소를 제조하는 설비에서 산소 배관과 이에 접촉하는 압축기 사이에는 수취기를 설치 하여야 하는 이유는?

① 역류 방지를 위하여
② 여과로 불순물을 제거하기 위하여
③ 순도를 높이기 위하여
④ 수분제거를 위하여

07 산소(O_2)가스의 위험성에 대한 보기는?

① 가연성 가스이다.
② 유지류에 접촉하면 발화한다.
③ 가스로서 용기에 충전할 때는 25MPa로 충전한다.
④ 액화 가스이다.

해설
산소(O_2)
① 조연성
③ 충전압력 15MPa 이하
④ 압축가스 산소는 유지류와 접촉시 발화하므로 유지류 접촉에 주의하여야 한다.

정답 01 ④ 02 ② 03 ② 04 ① 05 ④ 06 ④ 07 ②

08 **수소와 산소는 600℃ 이상에서 폭발적으로 반응한다. 이때의 반응식은?**

① $H_2 + O \rightarrow H_2O + 136.6kcal$
② $H_2 + O \rightarrow H_2O + 83.3kcal$
③ $2H_2 + O \rightarrow 2H_2O + 136.6kcal$
④ $H_2 + O \rightarrow \frac{1}{2}H_2O + 83.3kcal$

09 **공기의 액화분리에 의하여 제조하는 가스가 아닌 것은?**

① 산소 ② 프로판
③ 질소 ④ 아르곤

공기 액화시 −183℃에서 O_2, −186℃에서 Ar, −196℃ 에서 N_2가 액화된다.

10 **산소제조장치의 건조제로 사용되는 것이 아닌 것은?**

① Al_2O_3 ② NaOH
③ CCl_4 ④ SiO_2

해설

상기 항목 이외에 소바비드, 몰러쿨러시브 등이 있다.

11 **아세틸렌에 관한 설명으로 틀린 것은?**

① 연소범위는 공기 중에서 약 2.5~81%이다
② 용기 속에 아세톤만 다공물질을 채운 뒤 가스를 충전하여야 한다.
③ 용기 밸브는 동(銅)이 62% 미만 함유된 것은 사용하면 안 된다.
④ 용접 시 편리하도록 충전압력을 산소와 10:1로 하는 것이 좋다.

해설

아세틸렌(C_2H_2)
- 가연성 가스로 모든 가연성 중에서 폭발범위(2.5~81%)가 가장 넓다.
- 용해가스로 용제로는 아세톤, DMF 등이 있으며 분해폭발을 방지하기 위해 다공물질을 넣는다.
- 동, 은, 수은 등과 화합(아세틸라이트) 폭발을 일으키므로 동 함유량 62% 미만의 동합금을 사용한다.

12 **암모니아가 공기 중에서 완전연소됨을 나타내는 식은?**

① $4NH_3 + 3O_2 \rightarrow 2N_2 + 6H_2O$
② $4NH_3 + 5O_2 \rightarrow 4NO + 6H_2O$
③ $4NH_3 + 7O_2 \rightarrow 4NO + 6H_2O$
④ $2NH_3 + 2O_2 \rightarrow 4NO + 6H_2O$

13 **다음 기체 중 헨리의 법칙에 적용되지 않는 것은 어느 것인가?**

① N_2 ② O_2
③ H_2 ④ NH_3

해설

헨리의 법칙 적용 가스는 물에 거의 녹지 않는 H_2, O_2, N_2, CO_2 등이며 헨리의 법칙이 성립하지 않는 기체는 NH_3 등이다.

14 **습식 아세틸렌가스 발생기의 표면 유지 온도는?**

① 110℃ 이하 ② 100℃ 이하
③ 90℃ 이하 ④ 70℃ 이하

해설

습식 C_2H_2 발생기의 표면온도는 70℃ 이하이며, 최적온도는 50~60℃이다.

15 **염소가스에 대한 틀린 보기가 바르게 고친 것은?**

㉮ 건조제 : 탄산소다 ㉯ 압축기용 윤활유 : 묽은 염산 ㉰ 용기의 안전밸브 종류 : 스프링식 ㉱ 용기의 도색 : 주황색

① ㉮ 진한 염산
② ㉯ 묽은 황산
③ ㉰ 가용전식
④ ㉱ 녹색

해설

염소가스
- 건조제 및 압축기용 윤활유 : 진한 황산(H_2SO_4)
- 용기의 안전밸브 종류 : 가용전식
- 용기 및 저장탱크의 재료 : 탄소강
- 용기의 도색 : 갈색

정답 08 ③ 09 ② 10 ③ 11 ③ 12 ① 13 ④ 14 ④

16 수소용기가 파열 되었을 때 그 원인에 해당되지 않는 것은?

① 과잉충전
② 안전밸브 작동
③ 폭발성가스 혼입
④ 난폭한 취급

해설

용기파열 사고원인 ①③④ 이외에 타격 마찰충격 용기내 압력 상승등

17 다공물질의 용적이 $100m^3$ 침윤잔용적이 $30m^3$ 일 때 다공도는 몇%인가?

① 60 ② 70
③ 80 ④ 90

해설

다공도 $= \frac{100-30}{100} \times 100 = 70\%$

다공도는 75%이상 95%미만 이어야 한다.

18 1kg의 카바이드(CaC_2)로 얻을 수 있는 아세틸렌의 체적은 표준상태에서 약 몇 리터(L)가 되겠는가?(단, 카바이드의 순도는 85%이고, CaC_2의 분자량은 64이다.)

① 180L ② 300L
③ 380L ④ 440L

해설

$CaC_2 + 2H_2O \rightarrow C_2H_2 + Ca(OH)_2$
$1kg \times 0.85$: xm^3
$64kg$: $22.4m^3$
$\therefore x = \frac{1 \times 0.85 \times 22.4}{64} = 0.2975m^3 = 297.5L \fallingdotseq 300L$

19 다음 염소에 대한 설명이 아닌 것은?

① 허용농도(TLV-TWA) 1ppm (LC_{50})은 293ppm이다.
② 표백작용을 한다.
③ 독성이 강하다.
④ 가스누설시 누설가스는 상부로 향한다.

해설

분자량은 71g로 기체는 공기보다 2.5배 무겁다.

20 공기액화분리장치에 들어가는 공기 중 아세틸렌가스가 혼합되면 안 되는 이유는?

① 산소와 반응하여 산소의 증발을 방해한다.
② 응고되어 돌아다니다가 산소 중에서 폭발할 수 있다.
③ 파이프 내에서 동결되어 파이프가 막힐 수 있다.
④ 질소와 산소의 분리작용을 방해한다.

해설

공기액화분리장치의 폭발 원인은 공기 취입구로부터 C_2H_2 혼입이 원인이다.

21 어느 가스용기에 구리관을 연결시켜 사용하고 있다. 사용 도중 구리관에 충격을 가하였더니 폭발사고가 발생하였다. 이 용기에 충전된 가스 명칭은?

① 황화수소 ② 아세틸렌
③ 암모니아 ④ 염소

해설

CuC_2(동아세틸라이트) 생성으로 폭발을 일으킨다.

22 암모니아 합성법 중 특수한 촉매를 사용하여 낮은 압력 하에서 합성하는 방법은?

① 하버-보시법
② 클로드법
③ 카자레법
④ 구우데법

해설

반응압력에 따른 NH_3 합성법
- 고압합성(60~100MPa) : 클로드법, 카자레법
- 중압합성(30MPa 전후) : IG법, 뉴파우더법, 케미그법, 동공시법, JCI법
- 저압합성(15MPa 전후) : 구우데법, 케로그법

23 암모니아의 제법으로 맞는 것은?

① 격막법 ② 수은법
③ 하버보시법 ④ 액분리법

해설

암모니아의 제법
- 석회질소법 : $CaCN_2 + 3H_2O \rightarrow 2NH_3$
- 하버보시법 : $N_2 + 3H_2 \rightarrow 2NH_3$

정답 15 ③ 16 ② 17 ② 18 ② 19 ④ 20 ② 21 ② 22 ④ 23 ③

24 시안화수소를 장기간 저장하지 못하는 일수는?

① 60일 ② 50일
③ 40일 ④ 30일

해설

HCN은 수분에 의한 중합폭발 때문에 충전 후 60일을 경과하지 못한다.

25 다음의 성질을 만족하는 기체는 다음 중 어느 것인가?

- 독성 가연성 가스이다.
- 물에 잘 녹아 기체용해도의 법칙이 적용되지 않는다.
- Cu를 재료로 사용할 수 없다.

① HCl ② NH_3
③ CO ④ C_2H_2

26 용기에 충전한 시안화수소는 충전 후 ( )을 초과하지 아니할 것, 다만 순도 ( ) 이상으로서 착색되지 않은 것에 대하여는 그렇지 않다. ( ) 안에 알맞은 것은 어느 것인가?

① 30일, 90%
② 30일, 95%
③ 60일, 98%
④ 60일, 90%

27 시안화수소를 저장할 때는 1일 1회 이상 충전용기의 가스누설검사를 해야 한다. 이때 쓰이는 시험지명은?

① 질산구리벤젠지
② 연당지
③ KI전분지
④ 리트머스지

28 구리와 접촉하면 심한 반응으로 구리사용이 금지 되어 있는 가스가 아닌 것은?

① 암모니아
② 아세틸렌
③ 수소
④ 황화수소

29 시안화수소(HCN) 제법 중 앤드류소오(Andrussow)법에서 사용되는 주원료는?

① 일산화탄소와 메탄
② 포름아미드와 물
③ 에틸렌과 염소
④ 암모니아와 메탄

해설

앤드류소오(Andrussow)법은 메탄, 공기 및 암모니아를 백금-로듐 촉매하에 반응시키는 제법이다.

30 다음 가스 중 공기와 혼합된 가스가 압력이 높아지면 폭발범위가 좁아지는 것은 어느 것인가?

① 암모니아 ② 프로판
③ 일산화탄소 ④ 메탄

31 다음 중 산화 방지하는 금속이 아닌 것은?

① Cr ② Fe
③ Al ④ Si

32 LP가스의 성질 중 옳지 않은 것은?

① 상온 상압에서 기체이다.
② 프로판이 부탄보다 무겁다.
③ 무색 투명하다.
④ 패킹제로는 실리콘고무가 사용된다.

해설

LP가스의 비중은 공기의 1.5~2배 정도로 무겁다.
$C_3H_8 = 44g$ $C_4H_{10} = 58g$

33 액화석유가스가 누설된 상태를 설명한 것이 아닌 것은?

① 공기보다 무거우므로 바닥에 체류한다.
② 누설된 부분의 온도가 급격히 내려가므로 서리가 생겨 누설 개소가 발견될 수 있다.
③ 빛의 굴절률이 공기와 달라 아지랑이와 같은 현상이 나타나므로 발견될 수 있다.
④ 대량 누설시 기화하여 액체로 존재하는 일이 없다.

정답 24 ① 25 ② 26 ③ 27 ① 28 ③ 29 ④ 30 ③ 31 ② 32 ② 33 ④

34 가스 크래마토그래프에서 운반용 가스(캐리어가스)로 사용하지 않는 것은?

① H_2　② He
③ N_2　④ O_2

해설

알칸족 탄화수소는 탄소와 수소만으로 구성되고 탄소－수소 원자간의 결합이 모두 단일결합이며 탄소원자의 나머지 원자가가 모두 수소원자와 결합한 지방족 포화화합물을 말하며, 구조식은은 C_nH_{2n+2}이다.

35 C_3H_8 1mol당 발열량은 530kcal이다. 1kg당 $1m^3$의 발열량은 얼마인가?

① 10,000kcal/kg, 20000
② 11,000kcal/kg, 22000
③ 12,000kcal/kg, 24000
④ 13,000kcal/kg, 26000

해설

$C_3H_8 + 5O_2 \rightarrow 3CO_2 + 4H_2O + 530kcal/kg$
44g : 530kcal
1kg(1000g) : x

$\therefore x = \dfrac{1000 \times 530}{44} = 12045kcal/kg \fallingdotseq 12000kcal/kg$

같은 방법으로 $1m^3$당 발열량은 23660 ≒ 24000kcal/m^3 이다.

36 C_3H_8 액체 1L는 기체로 250L가 된다. 10kg의 C_3H_8을 기화하면 몇 m^3가 되는가?(단, 액비중은 0.5이다.)

① $1m^3$　② $2m^3$
③ $3m^3$　④ $5m^3$

해설

$\dfrac{10kg}{0.5kg/L} = 20L$

$\therefore 20 \times 250 = 5000L = 5m^3$

37 LP가스 수송관의 연결부에 사용되는 패킹으로 적당한 것은?

① 납
② 석면
③ 합성고무
④ 실리콘고무

38 알칸족 탄화수소의 일반식은?

① C_nH_{2n}　② C_nH_{2n-2}
③ C_nH_{2n+1}　④ C_nH_{2n+2}

39 C_3H_8 10kg 연소시 필요한 산소, 공기는 몇 m^3인가?

① $20m^3$, $80m^3$
② $21m^3$, $100m^3$
③ $22m^3$, $110m^3$
④ $25m^3$, $121m^3$

해설

$C_3H_8 + 5O_2 \rightarrow 3CO_2 + 4H_2O$
44kg : $5 \times 22.40m^3$
10kg : xm^3

$\therefore x = \dfrac{10 \times 5 \times 22.4}{44} = 25.45m^3$

공기량 $= 25.45 \times \dfrac{1}{0.21} = 121.19m^3$

40 다음 반응식 중 아세틸렌의 분해폭발에 해당하는 반응식은?

① $C_2H_2 \rightarrow 2C + H_2$
② $C_2H_2 + 2.5O_2 \rightarrow 2CO_2 + H_2O$
③ $C_2H_2 + 2Cu \rightarrow Cu_2C_2 + H_2$
④ $C_2H_2 + 2Ag \rightarrow Ag_2C_2 + H_2$

해설

② 산화, ③④ 화합폭발

41 메탄(CH_4) 가스에 대한 다음 사항 중 틀린 것은?

① 고온에서 수증기와 작용하면 일산화탄소와 수소의 혼합가스를 생성한다.
② 무색, 무취의 기체로서 잘 연소하며 분자량은 16.04이다.
③ 폭발범위는 5~15% 정도이다
④ 비등점은 －42℃

해설

메탄(CH_4) 가스의 비등점은 －162℃ 이다.

정답 34 ④ 35 ③ 36 ④ 37 ④ 38 ④ 39 ④ 40 ① 41 ④

42 나프타에 수증기를 사용하여 수소와 일산화탄소의 제조시 다음 반응식에서 수소의 몰수는?

$$CnHm + nH_2O \rightleftarrows nCO + (\quad)H_2$$

① m+n　② $\frac{m}{2}+n$
③ 2m+n　④ $m+\frac{n}{2}$

43 다음 비활성 기체 중 1L의 중량이 제일 큰 것은 어느 것인가?

① He　② Ne
③ Kr　④ Rn

44 1단 감압식 준저압 조정기의 조정압력이 25KPa일 때 최대 폐쇄압력은?(단, 입구 압력은 0.1~1.56MPa 이다.)

① 20.75KPa　② 27.50KPa
③ 31.25KPa　④ 37.50KPa

해설

1단 감압식 준저압조정기 최대 폐쇄압력 = 조정압력 × 1.25배
∴ 25 × 1.25 = 31.25KPa

45 프로판 $1Nm^3$을 이론공기량을 사용하여 완전연소 시킬 때 배출되는 습배기가스량은 몇 Nm^3인가? (단, 공기 중 산소 함량은 21% 이다.)

① 7.0　② 12.7
③ 21.8　④ 25.8

해설

습배기량 = N_2 + CO_2 + H_2O 양
$C_3H_8 + 5O_2 \rightarrow 3CO_2 + 4H_2O$
1 : 5 : 7
$\therefore 5 \times \frac{0.79}{0.21} + 7 = 25.8Nm^3$

46 비중이 0.8인 액체의 절대압이 $2kg/cm^2$이다. 이것을 수두(Head)로 환산하면 얼마인가?

① 16m　② 40m
③ 25m　④ 32m

해설

$P = \gamma H$
$\therefore H = \frac{P}{\gamma} = \frac{2 \times 10^4}{0.8 \times 10^3} = 25m$

47 압력이 $10kg/cm^2$, 체적이 $0.1m^3$의 기체가 일정한 압력 하에 팽창하여 체적이 $0.3m^3$로 되었다. 이 기체가 한 일은 얼마인가?

① 20,000kg · m　② 30,000kg · m
③ 40,000kg · m　④ 50,000kg · m

$10 \times 10^4 \times (0.3 - 0.1) = 20,000kg \cdot m$

48 마노미터(Manometer)에서 어느액체 50mm와 물 32.5mm가 평형을 이루었을 때 이 액체의 비중은?

① 0.65　② 1.52
③ 2.0　④ 0.8

해설

$s_1h_1 = s_2h_2$
$\therefore s_2 = \frac{s_1h_1}{h_2} = \frac{1 \times 32.5}{50} = 0.65$

49 연소파와 폭굉파에 관한 설명 중 옳은 것은?

① 연소파 - 반응 후 온도 감소
② 폭굉파 - 반응 후 온도 상승
③ 연소파 - 반응 후 압력 감소
④ 폭굉파 - 반응 후 온도 감소

50 오르자트 가스분석계로 가스분석 시 적당한 온도는?

① 10~15℃　② 15~25℃
③ 16~20℃　④ 20~28℃

51 가로, 세로, 높이가 각각 3m, 4m, 3m인 방에 몇 리터(L)의 프로판 가스가 누출되면 폭발할 수 있는가?(단, 프로판 가스의 폭발범위는 2.2~9.5%이다.)

① 500　② 600
③ 700　④ 800

정답　42 ②　43 ④　44 ③　45 ④　46 ③　47 ①　48 ①　49 ②　50 ③　51 ④

해설

방의 체적 즉 공기량($3 \times 4 \times 3 = 36m^3$)에 프로판 가스 폭발범위의 하한값을 대입하면,
$36m^3 \times 0.022 = 0.792m^3 = 792L$
∴ 폭발범위 하한값 아래서는 폭발할 수 없으므로 정답은 ④번이다.

52 고압가스 제조시설에서 안전밸브를 설치하려 할 때 안전밸브의 최소구경은 몇 mm로 하여야 하는가?(단, 배관의 외경은 100mm, 내경은 50mm이다.)

① 31.62mm
② 28.6mm
③ 36.52mm
④ 42.2mm

해설

안전밸브 분출면적 = 배관 최대 지름부는 단면적의 1/10

$\frac{\pi}{4} \times 100^2 \times \frac{1}{10} = \frac{\pi}{4} D^2$

$D = \sqrt{100^2 \times \frac{1}{10}} = 31.62mm$

53 증기압축냉동기에서 등엔트로피 (㉠) 과정이 이루어지는 곳과 등엔탈피 (㉡) 과정이 이루어지는 곳으로 옳게 짝지어진 것은?

① ㉠ 팽창밸브, ㉡ 압축기
② ㉠ 압축기, ㉡ 팽창밸브
③ ㉠ 응축기, ㉡ 증발기
④ ㉠ 증발기, ㉡ 응축기

54 아래 설명 중 틀린 것은?

① 가스도매사업자가 소유하는 배관은 내진 특등급으로 적용한다.
② 일반도시가스사업자가 소유하는 최고사용 0.5MPa 이상 배관은 내진1 등급으로 적용한다.
③ 일반도시가스사업자가 소유하는 최고사용 0.5MPa 미만 배관은 내진2 등급으로 적용한다.
④ 가스도매사업자가 소유하는 0.5MPa 미만의 배관은 내진 1등급이 적용된다.

해설

가스도매사업자의 배관은 압력에 관계없이 내진 특등급이 적용된다.

55 배관연장 225m의 본관에 200m³/h의 가스를 흐르게 하려면 관경을 얼마로 하면 좋은가?(단, 기점과 종점 간의 압력강하는 15mmH₂O, 가스비중은 0.64, 유량계수는 0.707로 한다.)

① 약 10cm ② 약 15cm
③ 약 25cm ④ 약 30cm

해설

$Q = k\sqrt{\frac{D^5 H}{SL}}$

$D^5 = \frac{Q^2 \cdot S \cdot L}{K^2 \cdot H} = \frac{200^2 \times 0.64 \times 225}{0.707^2 \times 15} = 768232$

$\therefore D = 15.34cm$

56 냉동기를 사용하여 0℃ 물 1ton을 0℃ 얼음으로 만드는 데 30시간이 걸렸다면 이 냉동기의 용량은?(단, 1냉동톤 = 3,320kcal/hr)

① 약 0.3냉동톤
② 약 0.8냉동톤
③ 약 1.3냉동톤
④ 약 1.8냉동톤

해설

증발잠열이 79.68kcal/kg 이므로

$RT = \frac{1000 \times 79.68}{30 \times 3320} = 0.8$

57 그림과 같은 U자관으로 탱크 내 압력을 측정하였더니 U자 유체인 수은의 높이차가 38cm였다. 탱크 내 P_2의 절대압력은 몇 기압인가?

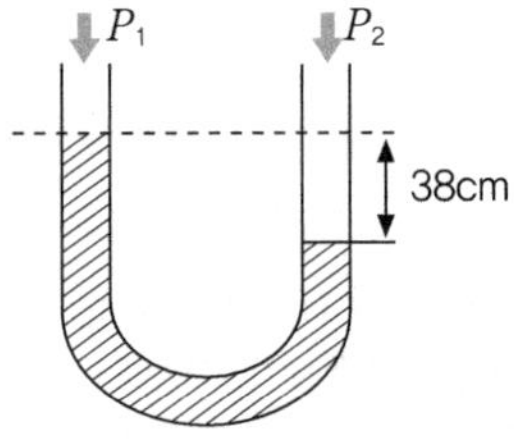

① 0.5기압 ② 1기압
③ 1.5기압 ④ 2기압

해설

$P = P_0 + sh$

$= 1\text{기압} + 13.6(kg/10^3cm^3) \times 38cm$

$= 1\text{기압} + \frac{0.5168}{1.033}(\text{기압}) = 1.5\text{기압}$

정답 52 ① 53 ② 54 ④ 55 ② 56 ② 57 ③

58 액주식 압력계에서 액체의 구비조건이 아닌 것은?

① 화학적으로 안정할 것
② 열팽창 계수가 작을 것
③ 표면장력이 작을 것
④ 밀도가 클 것

해설

액주식 압력계 내부액의 구비조건
- 점성이 적을 것
- 열팽창 계수가 작을 것
- 액면은 수평을 유지할 것
- 화학적으로 안정할 것
- 모세관 표면장력이 적을 것
- 밀도 변화가 적을 것

59 통풍계로 널리 사용되며 부식성 가스에 사용되는 압력계는?

① 자유피스톤 압력계
② 벨로우즈 압력계
③ 다이어프램 압력계
④ 링밸런스 압력계

60 부유피스톤형 압력계에서 실린더의 지름 2cm, 추와 피스톤 무게의 합계가 20kg일 때 이 압력계에 접촉된 부르동관 압력계의 읽음이 $7kg/cm^2$를 나타냈다. 이 부르동관 압력계의 오차는 얼마인가?

① 0.5% ② 1.0%
③ 5.0% ④ 10%

해설

$P=\frac{F}{A}$, $A=\frac{\pi}{4}d^2=\frac{\pi}{4}(2cm)^2=3.14cm^2$

$P=\frac{20kgf}{3.14cm^2}=6.37kgf/cm^2$

$\therefore$오차 $=\frac{\text{측정값}-\text{실제값}}{\text{실제값}}\times 100=\frac{7-6.36}{6.36}100=10\%$

61 다음 온도계 중 비접촉식에 해당하는 것은?

① 유리 온도계
② 바이메탈 온도계
③ 압력식 온도계
④ 광고 온도계

해설

- 접촉식 온도계 : 유리 온도계, 바이메탈 온도계, 압력식 온도계, 저항 온도계, 열전대 온도계
- 비접촉식 온도계 : 광고 온도계, 광전관 온도계, 방사 온도계, 색 온도계

62 압력계에 관한 다음 설명 중에서 맞는 것은?

㉮ 압력계는 상용압력의 1.5~2배의 최고 눈금인 것을 사용한다.
㉯ 공기용의 압력계는 산소에 사용하더라도 좋다.
㉰ 아세틸렌 압력계의 부르동관은 청동제가 좋다.
㉱ 압력계는 눈의 높이보다 높은 위치에 부착시킨다.

① ㉮, ㉯ ② ㉮, ㉱
③ ㉰, ㉱ ④ ㉯, ㉰

해설

산소압력계는 금유(Use no oil)표시 전용 압력계를 사용하고 아세틸렌 가스에는 동함유량 62% 이상의 동합금을 사용이 금지 되어 있다.

63 다음의 사항 중에서 압력계에 관한 설명으로 옳은 것을 모두 나열한 것은?

㉮ 부르동관 압력계는 중추형 압력계의 검정에 사용된다.
㉯ 전기식 압력계에는 망간선에 사용된다.
㉰ U자관식 압력계는 저압의 차압 측정에 적합하다.

① ㉮, ㉯, ㉰ ② ㉰
③ ㉯ ④ ㉮

64 가스미터에 공기가 통과 시 유량이 $100m^3/h$라면 프로판 가스를 통과하면 유량은 몇 kg/h로 환산되겠는가?(단, 프로판의 비중은 1.52, 밀도는 $1.86kg/m^3$이다.)

① 80.8 ② 100.1
③ 150.8 ④ 173.2

해설

$Q=K\sqrt{\frac{D^5H}{SL}}$ 에서 유량 Q는 비중 제곱근의 역수에 비례

$Q:\frac{1}{\sqrt{s}}$이 성립

정답 58 ④ 59 ③ 60 ④ 61 ④ 62 ② 63 ② 64 ③

$100 : \frac{1}{\sqrt{1}} = x(m^3/hr) : \frac{1}{\sqrt{1.52}}$

$x = \frac{100 \times \frac{1}{\sqrt{1.52}}}{1} = 81.1m^3/hr$

$\therefore 81.1 \times 1.86 = 150.8kg/hr$

65 관경이 2cm의 관내를 유속 4m/s로 흐르는 유체의 유량은 몇 m^3/hr 인가?

① 350
② 452
③ 552
④ 760

해설

$Q = AV$에서

$= \frac{\pi}{4} \times (0.2m)^2 \times 4(m/s) \times 3600s/hr$

$= 452.38 \fallingdotseq 452m^3/hr$

66 다음 중 온도의 기본단위와 물의 삼중점 온도가 알맞게 표현된 것은?

① ℃, 273.15K
② K, 273.16K
③ °R, 460°R
④ °F, 273.16°R

67 차압식 유량계에서 교축 상류 및 하류에서의 압력이 P1, P2일 때 체적유량이 Q_1이라고 한다. 압력이 처음보다 2배만큼씩 증가했을 때의 유량 Q_2는 얼마인가?

① $Q_2 = \sqrt{2}Q_1$
② $Q_2 = 2Q_1$
③ $Q_2 = \frac{1}{2}Q_1$
④ $Q_2 = \frac{1}{\sqrt{2}}Q_1$

해설

$Q_1 = \sqrt{2gH}$, $Q_2 = A\sqrt{2g2H}$ 이므로

$\frac{Q_2}{Q_1} = \frac{A\sqrt{2g2H}}{A\sqrt{2gH}}$ $\quad \therefore Q_2 = \sqrt{2}Q_1$

68 다음 피토관의 유량계에 대한 설명으로 틀린 것은?

① 피토관의 두부는 유체의 흐름방향과 평행하게 부착해야 한다.
② 유속 5m/s 이상에는 적용할 수 없다.
③ 유속식 유량계이다.
④ 간접식 유량계이다.

69 차압식 유량계의 압력손실 크기가 맞는 것은?

① 벤츄리 〉 오리피스 〉 노즐
② 노즐 〉 벤츄리 〉 오리피스
③ 오리피스 〉 노즐 〉 벤츄리
④ 노즐 〉 오리피스 〉 벤츄리

70 어떤 유관의 기체속도를 알기 위하여 피토관으로 측정하여 차압이 $50kg/m^2$임을 알았다. 피토관 계수가 1일 때 유속은 몇 m/s인가?(단, 유체의 비중량은 $1.5kg/m^3$이다.)

① 27.47m/s
② 25.56m/s
③ 30.09m/s
④ 24.67m/s

해설

$V = C\sqrt{2g\frac{\Delta P}{r}} = 1 \times \sqrt{2 \times 9.8 \times \frac{50}{1.5}} = 25.56m/s$

71 다음 중 염화파라듐지로 검지하는 가스는?

① Cl_2 ② NH_3
③ CO ④ C_2H_2

해설

시험지법 : 가스 접촉시 검지가스와 반응 변색되는 시약을 시험지 등에 침투시키는 것을 이용

검지가스	시험지	변색	감도
NH_3	적색 리트머스지	청변	0.0007(mg/L)
C_2H_2	염화 제1동 착염지	적변	2.5(mg/L)
$COCl_2$	하리슨 시험지	심등색	1(mg/L)
CO	염화파라듐지	흑변	0.01(mg/L)
H_2S	연당지	황갈색(흑색)	0.001(mg/L)
HCN	초산 벤젠지	청변	0.001(mg/L)

정답 65 ② 66 ② 67 ① 68 ② 69 ③ 70 ② 71 ③

72 시료가스와 공기를 각각 작은 구멍으로 유출시키고 이들의 시간비로서 가스의 비중을 측정하는 방법은?

① 분젠 – 실링법
② 속도측정법
③ 압력측정법
④ 비중병법

해설

분젠 – 실링법

비중$(S)=\left(\frac{Ts}{Ta}\right)^2$

(Ts : 시료가스 유출시간, Ts : 공기의 유출시간)

73 분젠실링법 비중계에서 가스의 유출시간 5sec, 공기의 유출시간이 2.5sec일 때 비중은 얼마인가?

① 1
② 2
③ 3
④ 4

해설

$S=\left(\frac{Ts}{Ta}\right)^2=\left(\frac{5}{2.5}\right)^2=4$

74 무이음용기의 제조방법과 관계없는 항목은?

① 만네스만식(Mannes – man)
② 웰딩식
③ 딥드로잉식(Deep drawing)
④ 에르하르트식(Ehrhardt)

해설

무이음용기의 제조법

- 에르하르트식 : 각재 강관을 적열상태에서 단접 성형하는 방식
- 딥드로잉식 : 강판을 재료로 하는 방식
- 만네스만식 : 이음매 없는 강관을 단접 성형하는 방식

75 무이음용기의 화학성분이 맞는 것은?

① C : 0.22%, P : 0.04%, S : 0.05% 이하
② C : 0.33%, P : 0.04%, S : 0.05% 이하
③ C : 0.55%, P : 0.04%, S : 0.05% 이하
④ C : 0.66%, P : 0.04%, S : 0.05% 이하

해설

용기의 종류에 따른 화학성분

항목 / 용기부분	C	P	S
용접용기	0.33% 이하	0.04% 이하	0.05% 이하
무이음용기	0.55% 이하	0.04% 이하	0.05% 이하

76 배관에서 응력의 원인과 관계없는 항목은?

① 열팽창에 의한 응력
② 펌프압축기에 의한 응력
③ 용접에 의한 응력
④ 내압에 의한 응력

해설

응력의 원인으로 ①, ③, ④항 외에 냉간가공에 의한 응력, 배관부속물의 중량에 의한 응력 등이 있다.

77 안전밸브 분출면적을 구하는 식을 고르시오.(단, 압력 P : (MPa)이다.)

① $H=1293(S-1)h$
② $Q=K\sqrt{\frac{D^5h}{SL}}$
③ $A=230H\sqrt{\frac{M}{T}}$
④ $A=\frac{W}{2345P\sqrt{\frac{M}{T}}}$

해설

안전밸브 분출면적

$A=\frac{W}{230P\sqrt{\frac{M}{T}}}(P:\mathrm{kg/cm^2})$, $A=\frac{W}{2345P\sqrt{\frac{M}{T}}}$

- A : 분출면적(cm^2)
- W : 시간당 분출가스량
- P : 분출압력(MPa)
- M : 분자량
- T : 분출압력에서 절대온도(K)

78 다음 배관이음 중 분해할 수 있는 이음이 아닌 것은?

① 나사이음
② 플랜지이음
③ 용접이음
④ 유니언

정답 72 ① 73 ④ 74 ② 75 ③ 76 ② 77 ④ 78 ③

해설

관이음

- 영구이음 : 용접이음, 납땜이음
- 분해이음 : 나사이음, 플랜지이음, 유니언이음, 소켓(턱걸이)이음 등

79 C_3H_8 **입상 30m 지점의 압력손실은?**

① 18mmH_2O
② 19mmH_2O
③ 19.39mmH_2O
④ 20.39mmH_2O

해설

$H = 1.293(S-1)h$

- H : 압력손실(mmH_2O)
- S : 가스비중
- h : 입상높이(m)

$\therefore H = 1.293(1.5-1) \times 30 = 19.395mmH_2O$

80 **액체산소탱크에 20℃ 산소가 200kg이 있다. 이 용기 내용적이 100L일 때 10시간 방치 시 산소가 100kg 남아 있었다. 이 탱크가 단열성능시험에 합격할 수 있는지 계산으로 판별하시오.(단, 증발잠열은 51kcal/kg 이며, 산소의 비점은 -183℃이다.)**

① 0.05kcal/hr℃L(합격)
② 0.026kcal/hr℃L(불합격)
③ 0.02kcal/hr℃L(합격)
④ 0.005kcal/hr℃L(불합격)

해설

$$Q = \frac{W \cdot q}{H \cdot \Delta t \cdot V} = \frac{100\text{kg} \times 51\text{kcal/kg}}{10 \times (20+183) \times 100} = 0.025\text{kcal/hr℃ L}$$

내용적이 1000L 이하 침입 열량값이 0.0005kcal/kg℃ L을 초과하므로 불합격이다.

81 **다음 중 저압배관 유량식을 고르시오.**

① $Q = K\sqrt{\frac{D^5H}{SL}}$

② $Q = K\sqrt{\frac{SL}{D^5H}}$

③ $Q = K\sqrt{\frac{D^5L}{SH}}$

④ $Q = \sqrt{\frac{DH}{SL}}$

해설

■ 저압배관 유량식

$$Q = K\sqrt{\frac{D^5H}{SL}}$$

- Q : 유량(m^3/hr)
- K : 폴의 정수(0.707)
- D : 관의 안지름(cm)
- H : 허용압력손실(mmH_2O)
- S : 가스의 비중
- L : 관의 길이(m)

■ 중 · 고압배관 유량식

$$Q = K\sqrt{\frac{D^5(P_1^2-P_2^2)}{SL}}$$

- Q : 유량(m^3/hr)
- K : 콕의 계수(52.31)
- P_1 : 처음압력(kg/cm^2a)
- P_2 : 나중압력(kg/cm^2a)
- D : 관의 안지름(cm)
- S : 가스의 비중
- L : 관의 길이(m)

82 **사용압력이 1MPa, 인장강도가 40N/mm^2인 배관의 SCH NO는?**

① 100 ② 200
③ 300 ④ 400

해설

$$SCH = 1000 \times \frac{P}{S} = 1000 \times \frac{1}{\frac{40}{4}} = 100$$

- 허용응력 : 인장강도$\times \frac{1}{4}$

83 C_2H_2**가스를 사용시 압력은 몇 MPa 정도 인가?**

① 1 ② 0.5
③ 0.1 ④ 0.1

해설

아세틸렌은 0.15MPa 정도 사용시 위험 하므로 사용압력은 0.1MPa 정도이다.

84 **아세틸렌용기의 내압시험압력은 얼마인가?**

① 1.55MPa ② 2.7MPa
③ 4.5MPa ④ 5MPa

해설

$F_P = 1.5$MPa, $\therefore 1.5 \times 3 = 4.5$MPa

정답 79 ③ 80 ② 81 ① 82 ① 83 ③ 84 ③

85 **다음 중 구형 탱크의 특징이 아닌 것은?**

① 공사비가 저렴하다.
② 표면적이 크다.
③ 압력에 대한 강도가 높다.
④ 누설이 방지 된다.

해설

② 표면적이 적다.
구형 탱크의 특징
- 모양이 아름답다.
- 동일 용량의 가스 액체를 저장 시 표면적이 작고 강도가 높다.
- 누설이 방지된다.
- 건설비가 저렴하다.
- 구조가 단순하고 공사가 용이하다.

86 **직경 7m의 구형 탱크에 5kg/cm²로 기밀시험을 할 때 8000L/min 압축기를 사용 시 기밀시험을 완료하는데 몇 시간이 걸리는가?**

① 1.87hr　② 2.85hr
③ 3.42hr　④ 4.51hr

해설

$V=\frac{\pi}{6}d^3$
$=\frac{\pi}{6}\times(7\text{m})^3=179.59438\text{m}^3$
$\therefore\ M = 5\times179.594 = 897.97\text{m}^3$
$\therefore\ 897.97\div8(\text{m}^3/\text{min}) = 112.246\text{min} = 1.87\text{hr}$

87 **원통형 저장탱크의 부속품에 해당하지 않는 것은?**

① 압력계　② 유량계
③ 액면계　④ 안전밸브

원통형 용기의 부속품 : ①③④ 및 온도계, 액면계, 긴급차단밸브, 드레인밸브

88 **고온고압하에서 화학적인 합성이나 반응을 하기 위한 고압 반응기는 무엇인가?**

① 반응기
② 합성관
③ 교반기
④ 오토클레이브

해설

오토클레이브(Autoclave)의 종류
- 진탕형 : 수평이나 전후운동을 함으로써 내용물을 교반시키는 형식
- 회전형 : 오토클레이브 자체를 회전시키는 방식
- 가스교반형 : 가늘고 긴 수직형 반응기로서 유체가 순환되어 교반되는 형식으로 화학공장 등에서 이용
- 교반형 : 전자코일을 이용하거나 모터에 연결 베인을 회전하는 형식

89 **다음 중 석유화학장치에서 사용되는 반응장치 중 아세틸렌, 에틸렌 등에서 사용되는 반응기는?**

① 탱크식 반응기
② 관식 반응기
③ 탑식 반응기
④ 축열식 반응기

해설

석유화학 반응장치의 종류
- 탱크식 반응기 : 아크릴로라이드 합성, 디클로로에탄 합성
- 관식 반응기 : 에틸렌의 제조, 염화비닐의 제조
- 탑식 반응기 : 에틸벤젠의 제조, 벤졸의 염소화
- 축열식 : 에틸렌, 아세틸렌 제조

90 **고압식 공기액화분리장치의 왕복압축기에서 압축되는 최대압력은?**

① 50~100atm
② 100~150atm
③ 150~200atm
④ 200~250atm

91 **내용적 50L 용기에 3MPa 수압을 가하였더니 50.5L가 되었고, 수압을 제거했을 때 50.025가 되었다. 이때 항구증가율은 몇 % 인가?**

① 5%　② 3%
③ 0.3%　④ 0.5%

해설

$$항구증가율 = \frac{항구증가량}{전증가량}\times100(\%)$$
$$= \frac{50.025-50}{50.5-50}\times100(\%) = 5\%$$

정답　85 ②　86 ①　87 ②　88 ④　89 ④　90 ③　91 ①

92 용량 500L인 액화산소탱크에 액화산소를 넣어 방출 밸브를 개방하여 20시간 방치 시 10kg 방출되었다. 증발잠열이 50kcal/kg일 때 시간당 탱크에 침입하는 열량은 얼마인가?

① 20kcal/hr
② 25kcal/hr
③ 30kcal/hr
④ 40kcal/hr

해설

$$\frac{10kg \times 50kcal/kg}{20hr} = 25kcal/hr$$

93 고압가스용기 재료에 사용되는 강의 성분 중 탄소, 인, 황의 함유량이 제한되어 있다. 다음 중 틀린 것은?

① 인은 상온취성이 생긴다.
② 황은 적열취성의 원인이 된다.
③ Mn은 황의 악영향을 가속시킨다.
④ Ni은 저온취성을 개선시킨다.

해설

S : 적열취성, P : 상온취성, Mn : 황의 악영향을 개선시킨다,
Ni : 저온취성을 개선시킨다

94 내용적 50000L인 액화산소탱크에 충전하는 가스량은 몇 톤인가?(단, 산소의 비중은 1.14이다.)

① 36톤
② 37톤
③ 39톤
④ 51톤

해설

G = 0.9dv
= 0.9 × 1.14 × 50000 = 513000L = 51.3t

95 압축가스를 단열팽창하면 온도와 압력이 강하하는 현상을 무엇이라 하는가?

① 열역학 1법칙
② 주울 톰슨 효과
③ 르샤틀리에의 법칙
④ 돌턴의 분압법칙

96 다음 중 액화장치의 종류와 관계가 없는 것은?

① 린데식
② 클로드식
③ 필립스식
④ 백시트식

해설

액화장치의 종류 : 린데식, 클로드식, 필립스식

97 다음 중 공기액화분리장치의 폭발원인이 아닌 것은?

① 공기 취입구로부터 C_2H_2 혼입
② 압축기용 윤활유 분해에 대한 탄화수소 생성
③ 액체 공기 중 O_3 혼입
④ 공기 중 CO_2, N_2 혼입

해설

공기액화분리장치의 폭발원인
- 공기 취입구로부터 아세틸렌 혼입
- 압축기용 윤활유 분해에 따른 탄화수소의 생성
- 공기 중 질소화합물(NO, NO_2)의 혼입
- 액체 공기 중 오존(의 혼입)

98 공기액화분리장치에서 CO_2 1g 제거에 필요한 가성소다는 몇 g인가?

① 1g
② 1.82g
③ 2g
④ 2.82g

해설

$2NaOH + CO_2 \rightarrow Na_2CO_3 + H_2O$
2 × 40g : 44g
xg : 1g

$$\therefore x = \frac{2 \times 40 \times 1}{44} = 1.82g$$

99 공기액화분리장치에서 CO_2와 수분 혼입 시 미치는 영향이 아닌 것은?

① 배관 및 장치를 동결시킨다.
② 드라이아이스 얼음이 된다.
③ 액체 공기의 흐름을 방해한다.
④ 질소, 산소 순도가 증가한다.

정답 92 ② 93 ③ 94 ④ 95 ② 96 ④ 97 ④ 98 ② 99 ④

해설

공기액화분리장치에서 CO_2는 드라이아이스, 수분은 얼음이 되어 장치 흐름을 방해 및 폐쇄시키므로 CO_2는 NaOH로, 수분은 건조제(NaOH, SiO_2, Al_2O_3, 소바비드)로 제거하여야 한다.

100 한국 1냉동톤의 시간당 열량은 얼마인가?

① 632kcal
② 641kcal
③ 860kcal
④ 3320kcal

해설

한국 1냉동톤(1RT)
- 0℃ 물 1톤을 0℃ 얼음으로 만드는 데 하루 동안 제거하여야 할 열량으로 융해잠열이 79.68kcal 이므로
- $Q = Gr = 1000\text{kg} \times 79.68\text{kcal/kg/24hr}$
  $= 3320\text{kcal/hr}$

101 공기액화분리장치에서 액산 35L 중 CH_4 2g, C_4H_{10} 4g 혼입 시 5L 중 탄소의 양은 몇 mg인가?

① 500mg　② 600mg
③ 687mg　④ 787mg

해설

2g = 2000mg, 4g = 4000mg 이므로
$\frac{12}{16} \times 2000(\text{mg}) + \frac{48}{58} \times 4000(\text{mg}) = 4810.3\text{mg}$
$\therefore 4810.3 \times \frac{5}{35} = 687.19\text{mg}$
액화산소 5L 중 C_2H_2의 질량이 5mg 이상 탄화수소 중 탄소의 양이 500mg 이상 시 폭발위험이 있으므로 즉시 운전을 중지하고 액화산소를 방출하여야 한다.

102 증기압축식 냉동의 4대 주기의 순서가 올바르게 된 것은?

① 압축기 – 증발기 – 팽창밸브 – 응축기
② 증발기 – 압축기 – 응축기 – 팽창밸브
③ 증발기 – 응축기 – 팽창밸브 – 압축기
④ 압축기 – 응축기 – 증발기 – 팽창밸브

해설

(참고) 흡수식 냉동기 : 흡수기 – 발생기 – 응축기 – 증발기

103 고압가스용기의 재료에 사용되는 강의 성분 중 탄소, 인, 황의 함유량이 제한되어 있다. 그 이유는?

① 탄소량이 증가하면 인장강도 감소, 충격치는 증가한다.
② 황은 적열취성, 인은 상온취성의 원인이다.
③ 인은 많은 것이 좋다.
④ 탄소량이 많으면 인장강도는 감소하나 충격치는 증가한다.

해설

C : 인장강도 증가, 경도 증가, 연신율 충격치 감소
P : 상온취성의 유발
S : 적열취성의 원인

104 단면적이 300mm^2인 봉을 매달고 300kg 추를 자유단에 달았더니 허용응력이 되었다. 인장강도가 100kg/cm^2일 때 안전율은?

① 1　② 2
③ 3　④ 4

해설

- $100\text{mm}^2 = 1\text{cm}^2$이며

$\text{안전율}(\%) = \frac{\text{인장강도}}{\text{허용능력}} = \frac{300\text{kg/cm}^2}{\frac{300\text{kg}}{1\text{cm}^2}} = 1$

105 길이 500mm의 재료를 인장 시 505mm일 때 이 재료의 연신율(%)은 얼마인가?

① 1　② 2
③ 3　④ 4

해설

- 연신율 $= \frac{\lambda}{L} \times 100(\%) = \frac{505-500}{500} \times 100 = 1\%$

106 액산 500L 용기에 액산이 24시간 이후 500kg에서 480kg로 감소하였다. 액산의 증발잠열이 213526J/kg 일 때 침입열량을 계산하여라.

① 1.35　② 3.55
③ 5.55　④ 1.75

정답 100 ④ 101 ③ 102 ② 103 ② 104 ① 105 ① 106 ④

해설

$$Q = \frac{w \cdot g}{H \cdot vot} = \frac{(500-480) \times 213526}{24 \times 500 \times (20+183)}$$

$= 1.75 J/L \cdot Chr$

(참고) 단열 성능시험 합격기준

- V : 1000L 미만
  침입열량 2.09 J/h·c·L 이하가 합격
- V : 1000L 이상
  침입열량 8.37 J/h·c·L 이하가 합격

107 용기의 제조시 방청도장전 용기의 이물질을 제거하는 작업은?

① 쇼트브라스팅 ② 조도시험
③ 충격시험 ④ 질량시험

해설

쇼트 브라스팅의 목적은 용기에 존재하는 녹이나 이물질을 제거하여 방청도장이 용이하도록 하기 위하여 실시한다.

108 열처리의 일종인 풀림을 하는 목적이 아닌항목은?

① 기계적 성질 개선
② 금속재료의 인성 증가
③ 금속재료의 조직 개선
④ 잔류응력 제거

해설

풀림의 목적

- 강도의 증가 및 잔류응력 제거
- 기계적 성질 및 조직의 개선

109 다음 중 전기방식법의 종류가 아닌 것은?

① 희생양극법 ② 외부전원법
③ 강제배류법 ④ 인히비터법

해설

전기방식법에는 ①②③ 이외에 선택배류법이 있다.

110 다음 항목중 부식방지법에 해당하지 않는 것은?

① 부식억제제에 의한 방법
② 광명단 도료법
③ 피복에 의한 방법
④ 전기방식법

111 LPG 연소 특성이 아닌 것은?

① 연소 범위가 좁다.
② 발열량이 크다.
③ 연소 시 다량의 공기가 필요하다.
④ 발화온도가 낮다.

해설

LPG의 연소 특성

- 연소 시 발열량이 크다.
- 연소범위(폭발범위)가 좁다.
- 연소속도가 느리다.
- 착화온도(발화온도)가 높다.
- 연소 시 많은 공기가 필요하다.

112 LPG의 특성이 아닌 것은?

① 주성분은 C_3H_8, C_4H_{10}이다.
② 액은 물보다 무겁다.
③ 기체는 공기보다 무겁다.
④ 기화 시 체적이 커진다.

해설

LP가스의 일반적 특성

- 가스는 공기보다 무겁다.(비중 1.5~2)
- 액은 물보다 가볍다.(비중 0.5)
- 기화 액화가 용이하다.
- 기화 시 체적이 커진다.(C_3H_8 250배, C_4H_{10} 230배)
- 기화잠열이 크다.
- 천연고무를 용해하므로 패킹제는 실리콘고무를 사용한다.

113 LNG를 원료로 사용하는 도시가스를 LPG와 비교시 장점이 아닌 것은?

① 안전성이 높다.
② 공기보다 가볍다.
③ 연소 시 다량의 공기가 필요하다.
④ 연소효율이 높다.

해설

LP가스의 특성

- 열량이 높아 작은 관경으로 공급이 가능하다.
- LP가스 특유의 증기압을 이용하므로 특별한 가압장치가 필요 없다.
- 발열량이 높아 최소의 연소장치로 단시간 온도 상승이 가능하다.

LNG 특성

- 폭발하한이 낮고 안정성이 높다.
- 공기보다 가벼워 누설시 바닥에 체류하지 않는다.

정답 107 ① 108 ② 109 ④ 110 ② 111 ④ 112 ② 113 ③

114 **LP가스를 자동차 연료로 사용 시 장점이 아닌 것은?**

① 완전연소된다.
② 공해가 적다.
③ 급속한 가속이 가능하다.
④ 엔진 수명이 연장된다.

해설

LP가스를 가솔린과 비교한 자동차용 연료로 사용 시 특징
- 발열량이 높고 기체로 되기 때문에 완전연소한다.
- 완전연소에 의해 탄소의 퇴적이 적어 점화전(Spark plug) 및 엔진의 수명이 연장된다.
- 경제적이다.
- 공해가 적고, 열효율이 높다.

115 **강제기화방식의 종류에 해당하지 않는 것은?**

① 생가스 공급방식
② 직접 공급방식
③ 공기혼합가스 공급방식
④ 변성가스 공급방식

해설

- LP가스를 도시가스로 공급하는 형식 : 직접 혼입식, 변성 혼입식, 공기 혼입식
- 강제기화방식 : 생가스 · 공기혼합 · 변성가스 공급방식

116 **LP가스 강제기화식의 장점이 아닌 것은?**

① 공급가스 조성이 일정하다.
② 기화량을 가감할 수 있다.
③ 설치면적이 커진다.
④ 한랭 시 가스공급이 가능하다.

해설

강제 기화 방식 : 기화기 사용시의 장점
③ 설치면적이 커진다 → 설치면적이 작아진다

117 **LP가스를 공급 시 공기 희석의 목적이 아닌 것은?**

① 재액화 촉진
② 발열량 조절
③ 연소효율 증대
④ 누설 시 손실 감소

해설

재액화가 방지된다.

118 **흡수제가 물일때 흡수식 냉동기의 냉매는?**

① R－12
② 리듐브로마이트
③ 물
④ 암모니아

해설

- 냉매가 암모니아일 때 흡수제는 물
- 냉매가 물일 때 흡수제는 리듐브로마이트

119 **아래 내용은 LP가스 이송시의 특징이다. 어떠한 이송 방법에 해당이 되는가?**

- 충전시간이 길다.
- 잔가스 회수가 불가능하다.

① 압축기에 의한 이송
② 펌프에 의한 이송
③ 차압에 의한 이송
④ 균압관에 의한 이송

120 **LP가스 관이 동결에 대비 보온이 되어 있을 경우의 공급 방식은?**

① 생가스 공급방식
② 개질가스 공급방식
③ 공기혼합가스 공급방식
④ 직접 공급방식

121 **탱크로리에서 저장탱크로 LPG를 이송하는 방법이 아닌 것은?**

① 차압에 의한 방법
② 압축기에 의한 방법
③ 압축가스용기에 의한 방법
④ 펌프에 의한 방법

122 **LP가스를 펌프로 이송시 충전이 빨리 이루어 지기 위해 탱크상부에 설치되는 것은?**

① 긴급차단밸브 ② 체크밸브
③ 기화기 ④ 균압관

정답 114 ③ 115 ② 116 ③ 117 ① 118 ④ 119 ② 120 ① 121 ① 122 ④

해설

펌프로 LP가스 이송시 충전이 될수록 저장탱크 상부의 기체를 탱크로리로 보내기 위하여 균압관을 설치한다.

123 다음 중 기화기의 구성요소에 해당하지 않는 것은?

① 온도제어장치 ② 과열방지장치
③ 긴급차단장치 ④ 안전밸브

해설

긴급차단 장치는 저장탱크 가스배관 및 정압기실에 설치된다.

124 부탄을 고온의 촉매로서 분해하여 메탄, 수소 등의 가스로 변성시켜 공급하는 강제기화방식의 종류는?

① 생가스 공급방식
② 공기혼합 공급방식
③ 변성가스 공급방식
④ 직접 공급방식

125 어느 식당에서 가스 소비량이 0.8kg/hr이며 5시간 계속 사용하고 테이블 수가 8대일 때 용기 교환주기는 며칠인가?(단, 잔액이 20%일 때 교환하고, 용기 1개당 가스 발생능력은 850g/hr이며 용기는 20kg이다.)

① 1일 ② 2일
③ 3일 ④ 4일

해설

- 최저용기수 $= \dfrac{\text{피크시사용량}}{\text{용기1개당가스발생능력}} = \dfrac{0.8 \times 8}{0.85} = 6.4 = 7\text{개}$
- 용기교환주기 $= \dfrac{\text{사용가스량}}{\text{1일사용량}} = \dfrac{20 \times 7 \times 0.8}{0.8 \times 8 \times 5} = 3.5 = 3\text{일}$

참고로 용기수 계산에서 자동교체 조정기 사용 시는 계산값에서 산출된 용기수에 ×2를 한다.

126 가스 중 비등점이 낮은 순서대로 나열된 항목은?

① $O_2 \rightarrow Ar \rightarrow N_2$
② $Ar \rightarrow N_2 \rightarrow O_2$
③ $O_2 \rightarrow N_2 \rightarrow Ar$
④ $N_2 \rightarrow O_2 \rightarrow Ar$

해설

비등점
O_2(−183℃), Ar(−186℃), N_2(−186℃)

127 어느 집단 공급 아파트에서 1일 1호당 평균 가스 소비량이 1.33kg/day, 가구수가 60이며 피크 시 평균가스 소비율이 80%일 때 평균가스 소비량은 몇 kg/hr인가?

① 40.24 ② 50.84
③ 55.80 ④ 63.84

해설

$Q = q \times N \times n$
- Q : 피크시사용량(kg/hr)
- q : 1일 1호당 평균가스 소비량(kg/hr)
- N : 세대수, n : 소비율

$\therefore Q = 1.33 \times 60 \times 0.8 = 63.74\text{kg/hr}$

128 급배기방식에 따른 연소기구 중 실내에서 연소 공기를 흡입하여 폐가스를 옥외로 배출하는 형식은?

① 개방형
② 반밀폐형
③ 밀폐형
④ 반개방형

해설

- 개방형 : 실내의 공기를 흡입하여 연소 폐가스를 실내에 배출한다.
- 반밀폐형 : 연소용 공기를 실내에서 취하며 폐가스는 옥외로 방출한다.
- 밀폐형 : 연소용 공기를 옥외에서 취하고 폐가스도 옥외로 배출한다.

129 압력계의 눈금이 1.2MPa 대기압 750mmHg인 경우 절대압력(KPa) 값은?

① 10atm
② 10.3atm
③ 10.5atm
④ 10.7atm

해설

절대압력 = 대기압력 + 게이지 압력

$= \dfrac{750}{760} \times 101.325 + 1.2 \times 10^3 = 10.67 \div 10.7$

정답 123 ② 124 ③ 125 ③ 126 ① 127 ④ 128 ② 129 ④

130 다음 중 LP가스 연소기구가 갖추어야 할 구비조건이 아닌 것은?

① 가스를 완전연소시킬 수 있어야 한다.
② 전가스 소비량은 표시치의 ±5% 이내이어야 한다.
③ 열을 유효하게 이용할 수 있어야 한다.
④ 취급이 간단하고 안정성이 높아야 한다.

해설

전가스 소비량 ±10% 이내이어야 한다.

131 LP가스 연소방식 중 연소용 공기를 1차 공기만 취하는 방식은?

① 적화식
② 분젠식
③ 세미분젠식
④ 전1차 공기식

해설

- 분젠식 : 1차 및 2차 공기를 취한다.
- 세미분젠식 : 적화식과 분젠식의 중간형태이다.
- 전1차 공기식 : 2차 공기를 취하지 않고 모두 1차 공기로 취한다.
- 적화식 : 2차 공기만을 취하는 방식

132 긴급차단장치에 대한 설명이다. 잘못된 것은?

① 작동하는 동력원은 액압, 기압, 전기압 등이다.
② 긴급차단밸브는 주 밸브와 겸용할 수 있다
③ 원격조작 온도는 110℃이다.
④ 긴급차단밸브는 역류방지밸브로 갈음할 수 있다.

해설

긴급차단밸브는 주 밸브와 겸용할 수 없다.

133 LP가스 탱크로리에서 저장탱크로 가스 이송이 끝난 다음의 작업순서로 올바른 것은?

> ㉮ 차량 및 설비의 각 밸브를 잠근다.
> ㉯ 밸브에 캡을 부착한다.
> ㉰ 호스를 제거한다.
> ㉱ 어스선을 제거한다.

① ㉮ → ㉯ → ㉰ → ㉱
② ㉮ → ㉰ → ㉯ → ㉱
③ ㉯ → ㉰ → ㉮ → ㉱
④ ㉯ → ㉮ → ㉰ → ㉱

134 도시가스 원료 중 기체연료인 것은?

① LPG
② LNG
③ 나프타
④ 업가스

해설

도시가스의 원료
- 액체 : LNG, LPG, 나프타
- 기체 : 천연가스, 업가스

135 다음 중 연소기에서 일어나는 리프팅의 원인이 아닌 것은?

① 염공이 작아질 때
② 노즐구경이 클 때
③ 공기조절장치가 많이 열렸을 때
④ 가스공급압력이 높을 때

해설

선화(리프팅) : 가스의 유출속도가 연소속도보다 빨라 버너 노즐에서 떠나 연소하는 현상
(원인) ①③④ 및 노즐구경이 작을 때 배기 · 환기 불량시

136 다음 중 백파이어의 원인에 해당되지 않는 것은?

① 1차 공기량이 적을 때
② 노즐구경이 클 때
③ 가스압력이 높을 때
④ 콕 개방이 불충분할 때

해설

역화(백파이어)
가스의 연소속도가 유출속도보다 빨라 연소기 내부 혼합관에서 연소되는 현상 (원인) ①②④ 및 가스압력이 낮을 때 염공이 클 때

정답 130 ② 131 ④ 132 ② 133 ② 134 ④ 135 ② 136 ③

137 **다음 접촉분해 프로세스에서 카본생성을 방지하는 방법은?**

$$CH_4 \rightleftarrows 2H_2 + C$$

① 반응온도 : 높게, 반응압력 : 높게
② 반응온도 : 낮게, 반응압력 : 낮게
③ 반응온도 : 높게, 반응압력 : 낮게
④ 반응온도 : 낮게, 반응압력 : 높게

해설

$CH_4 \rightleftarrows 2H_2 + C$
카본(C)의 생성 방지를 위하여 반응이 좌측으로 진행되어야 하므로 일반적 반응 A+B → AB+Q, AB → A+B−Q에서 (+Q)발열 (−Q)흡열이면 압력↑몰수가 적은쪽으로 온도↑ −Q로 진행, 압력↓몰수가 큰쪽으로 온도↓ +Q로 진행 단, C는 몰수를 계산하지 않는다. 따라서 좌측 CH_4 1몰 우측 $2H_2$ 2몰 이므로 압력은 올려야 하고 온도는 우측이 −Q 좌측이 +Q 이므로 온도는 내려야 +Q 방향으로 진행
* 보통의 경우 압력을↑ 온도는↓, 압력을↓ 온도는↑ 경우이고 좌우측 몰수가 동수일때는 압력의 영향이 없다고 하면 된다.

138 **비열이 0.6인 액체 7000kg을 30°C에서 80°C까지 상승 시 몇 m^3의 C_3H_8이 소비되는가?(단, 열효율은 90%, 발열량은 24000kcal/m^3이다.)**

① $5.6m^3$ ② $6.6m^3$
③ $8.7m^3$ ④ $9.7m^3$

해설

(7000 × 0.6 × 50)kcal : xm^3
24000kcal × 0.9 : $1m^3$
$\therefore x = \frac{7000 \times 0.6 \times 50 \times 1}{24000 \times 0.9} = 9.72m^3 \fallingdotseq 9.7m^3$

139 **다음 접촉분해 반응에서 카본생성을 방지하는 방법은?**

$$2CO \rightleftarrows CO_2 + C$$

① 반응온도 : 낮게, 반응압력 : 높게
② 반응온도 : 높게, 반응압력 : 낮게
③ 반응온도 : 낮게, 반응압력 : 낮게
④ 반응온도 : 높게, 반응압력 : 높게

해설

$2CO \rightarrow CO_2 + C$
카본(C)의 생성 방지를 위해 반응이 2CO 편으로 진행 우측 2몰 좌측1몰 압력 내려야 하므로 온도는 올려야 한다.

140 **다음 부취제의 주입 농도는?**

① $\frac{1}{100}$ ② $\frac{1}{1000}$
③ $\frac{1}{10000}$ ④ $\frac{1}{100000}$

해설

(1) 부취제 주입농도 : $\frac{1}{1000} = 0.1\%$
(2) 부취제 주입방식
① 액체주입식 : 펌프 주입식, 적하 주입식, 미터 연결 바이패스 방식
② 증발식 : 바이패스 증발식, 워크 증발식

141 **도시가스공장에서 사용 중인 가스홀더 중 유수식의 특징이 아닌 것은?**

① 기초공사비가 많이 든다.
② 유효 가동량이 구형에 비해 적다.
③ 제조설비가 저압인 경우에 사용된다.
④ 한랭지에서 물의 동결방지가 필요하다.

해설

유수식 가스홀더의 특징
• 한랭지에서 물의 동결방지 대책이 필요하다.
• 유효 가동량이 구형보다 크다.
• 다량의 물이 필요하다.
• 제조설비가 저압인 경우에 사용된다.
• 기초공사비가 많이 든다.

142 **무수식 가스홀더의 설명 중 해당되지 않는 항목은?**

① 물탱크가 필요없다.
② 중고압용이다.
③ 가스중 수분의 성분은 없다.
④ 피스톤과 봉액에 의해 가스의 제조량이 결정된다.

해설

• 무수식 : 저압용

정답 137 ④ 138 ④ 139 ② 140 ② 141 ② 142 ②

143 정압기의 특성 중 응답의 신속성 안정성의 관계를 말하는 특성은 어느 것인가?

① 사용 최대차압 및 작동 최소차압
② 유량특성
③ 동특성
④ 정특성

해설

정압기 특성
- 정특성 : 유량과 2차 압력과의 관계
- 동특성 : 부하변화가 큰 곳에 사용되는 정압기이며 부하변동에 대한 응답의 신속성과 안정성
- 유량특성 : 메인밸브의 열림과 유량과의 관계
- 사용 최대차압 : 1차 압력과 2차 압력의 차압이 작용하여 정압 성능에 영향을 주나 이것이 실용적으로 사용할 수 있는 범위에서 최대로 되었을 때 차압
- 작동 최소차압 : 정압기가 작동할 수 있는 최소차압

144 원유 중유 나프타 등 분자량이 큰 탄화수소를 원료로 하여 800~900℃로 분해 10000 kcal/Nm^3 정도의 고열량의 가스를 제조하는 제조공정은?

① 열분해공정　② 부분연소공정
③ 접촉분해공정　④ SNG 공정

해설

열분해공정 : 원유, 중유, 나프타 등의 분자량이 큰 탄화수소 원료를 고온 800~900℃으로 분해하여 10000kcal/Nm^3 정도의 고열량의 가스를 제조하는 방식

145 아래 보기 설명에 해당되는 가스가 틀린 항목은?

① LPG (액화석유가스
② LNG (액화천연가스)
③ CNG (압축천연가스)
④ SNG (배관천연가스)

해설

SNG : CH_4이 주성분인 합성 또는 대체 천연가스

146 LNG에 대한 내용 중 맞지 않는 것은?

① 액화 천연가스이다.
② 주성분은 CH_4이다.
③ 발열량은 9000kcal/m^3 정도이다.
④ 제조법은 수소와 탄소를 첨가하는 방법이 있다.

147 오조작으로 인한 사고를 미연에 방지하기 위하여 긴급 운전 시 자동으로 정지되게 하는 장치는?

① 인터록기구　② 수봉기
③ 압송기　④ 플레어스택

148 방폭구조의 종류 중 특수방폭구조(Exs)의 종류에 해당되지 않는 것은?

① Exn　② Exg
③ Exm　④ Exd

해설

특수방폭구조의 종류에는 Exn(비점화형), Exg(충전형), Exm(몰드형) 등이 있다.

149 안전밸브 작동시험에서 검사하는 항목에 들지 않는 것은?

① 안전밸브작동 압력
② 안전밸브작동 개시압력
③ 안전밸브작동 정지압력
④ 안전밸브 기밀시험 압력

해설

(참고) 작동시험가스는 공기, 질소 등의 불활성가스를 사용한다.

150 가스탱크 화재 시 냉각을 위해 물을 살수하는 살수장치는 배관에 구멍을 천공하여 살수하도록 되어 있다. 이때 배관에 천공하는 직경은 몇 mm 이상이어야 하는가?

① 1　② 2
③ 3　④ 4

해설

- 살수장치 : 4mm 이상 구멍을 천공 살수 노즐을 부착하여 가스탱크 표면에 물을 뿌리는 장치
- 물분무장치 : 물을 안개식으로 분무, 수막을 형성하는 노즐을 사용하여 물을 미세한 입자로 분산시키는 장치

151 인화점보다 5~10℃ 높은 온도를 무엇이라 하는가?

① 발화점　② 점화점
③ 자연연소점　④ 연소점

정답 143 ③ 144 ① 145 ④ 146 ④ 147 ① 148 ④ 149 ④ 150 ④ 151 ④

152 **산소농도를 어떤 농도 이하로 유지하여 폭발의 발생을 방지하는 한계 산소농도를 뜻하는 용어는?**

① BOC ② NOC
③ FOC ④ MOC

해설

한계산소농도(MOC) = 산소몰수 × 폭발하한값

153 **다음 보기의 양극금속 중 희생양극법에 주로 사용되는 금속이 아닌 것은?**

① Pt ② Mg
③ Zn ④ Al

해설

희생양극법 : 피방식체보다 이온화경향이 큰 Mg, Al, Zn 등의 금속(양극, anode)을 연결하여 방식전류를 발생, 부식을 억제하는 방법

154 **전형적인 가스배관에 매우 잘 일어나는 부식으로 토양 중에 매설된 가스 배관이 가스압력, 전기 · 화학적 요인으로 인하여 배관의 다른 부분 사이에 부식전지가 형성되어 일어나는 것은?**

① 전식
② 마크로셀(Macro Cell)
③ 농담전지부식
④ 바나듐어택

해설

마크로셀(Macro Cell) 부식의 예
- 토질(토양의 산소농도차가 원인)
- 콘크리트(콘크리트 내 철근과 배관접촉으로 인한 부식)
- 이종금속(철과 다른 금속의 전위차에 의한 부식)

155 **다음 특수한 독성가스 중 분해폭발의 우려가 있는 것을 모두 고르시오.**

> ㉮ 디보란(B_2H_6)
> ㉯ 액화알진(AsH_3)
> ㉰ 포스핀(PH_3)
> ㉱ 모노실란(SiH_4)

① ㉮, ㉯ ② ㉯, ㉰
③ ㉰, ㉱ ④ ㉯, ㉱

해설

디보란 – 산화폭발, 액화알진 – 흡열화합물 분해폭발, 포스핀 – 산화폭발, 모노실란 – 자연발화성 분해폭발)

156 **아래 설명에 해당되는 도시가스의 제조공정에 해당되는 것은?**

> 탄화수소와 수증기를 반응시킨
> H_2, CO, CO_2, CH_4, C_2H_4, C_2H_6, C_3H_6 등의
> 저급 탄화수소로 변화시키는 제조공정

① 열분해 제조공정
② 대체천연가스 제조공정
③ 접촉분해 제조공정
④ 부분연소 제조공정

157 **다음 보기 중 고압장치용 금속재료에 해당하지 않는 것은?**

① 5% Cr강
② 탄소강
③ 18 – 8STS
④ Ni – Cr – Mo

158 **다음은 고온의 재료가 갖추어야 하는 구비조건이 아닌 항목은?**

① 크리프 강도가 클 것
② 경제적이고 가공성이 좋을 것
③ 접촉유체의 내식성과 냉각 시 열화에 견딜 것
④ 내산성, 내알칼리성이 있을 것

159 **전기방식의 개념 중 방식전위의 내림이 과하여 강의 표면에 수소가스가 발생, 강의 조직 속에 확산하여 도복장 등이 벗겨지는 현상을 무엇이라 정의하는가?**

① 절연
② 접지
③ 과방식
④ 본딩

정답 152 ④ 153 ① 154 ② 155 ④ 156 ③ 157 ② 158 ④ 159 ③

160 다음에서 설명하는 폭발의 종류에 해당하는 항목은?

압력이 낮을 때는 화염전파가 매우 어려우며 압력을 올리면 위험성이 극도로 증대되는 폭발의 종류

① 산화폭발
② 중합폭발
③ 분해폭발
④ 압력폭발

161 반도체 공업에 주로 사용되는 가스 중 자연발화성 가스에 해당되지 않는 것은?

① 실란
② 디실란
③ 포스핀
④ 포스겐

해설

자연발화
- 정의 : 상온 이하에서 공기와 접촉 시 자연적으로 발화되는 현상, 실란, 디실란, 포스핀 등이 있음
- 자연발화온도(A/T)의 영향인자 : 환경적 영향, 증기 온도, 발화지연, 압력 산소량, 가스흐름 상태 등

162 C_3H_8 연소 시 MOC(한계산소농도)는 얼마인가?

① 10.5 ② 11.5
③ 12.5 ④ 15.5

해설

5 × 2.1 = 10.5%

163 다음 중 가스폭발을 예방하기 위한 대책으로 부적당한 것은?

① 시설 중 환기가 불량한 장소에 필히 자연환기장치를 한다.
② 가연성 가스 액체 통기관에는 화염방지기를 설치한다.
③ 장치가 노후되기 전 교체하여 사용한다.
④ 전기기기는 방폭기기를 사용한다.

해설

환기가 불량한 장소에는 강제환기장치를 설치한다.

164 분진의 위험을 표시하는(S)폭발지수가 올바른 것은? (단, I : 발화강도, E : 폭발강도이다.)

① $S = E \times I$ ② $S = \frac{E}{I}$
③ $S = \frac{I}{E}$ ④ $S = E - I$

165 다음 보기 중 자연발화온도가 가장 낮은 물질은?

① C_2H_4 ② C_2H_6
③ C_3H_8 ④ C_4H_{10}

해설

자연발화온도는 분자량이 클수록 낮아진다.

166 가연성가스 시설에서 방전에너지를 구하는 식은 다음과 같다. 여기서, Q가 뜻하는 기호는?

$$E = \frac{1}{2}CV^2 = \frac{1}{2}QV$$

① 전기용량(패러데이)
② 전하량(쿨롱)
③ 전압(볼트)
④ 전류(암페어)

167 다음 가스 누설 자동차단장치에서 연소 감시 안전장치 중 연소화염을 검출하여 신호를 전달하는 기능을 가진 기구를 무엇이라 하는가?

① 화염검출기 ② 화염제어기
③ 화염방사기 ④ 화염측정기

해설

화염검출기의 방식 ① 플레임로드식 ② 자외선식

168 가스용 나프타의 성상 중 PONA값이 있다. 다음 중 틀린 것은?

① P : 파라핀계 탄화수소
② O : 올레핀계 탄화수소
③ N : 나프텐계 탄화수소
④ A : 알칸족 탄화수소

해설

A : 방향족 탄화수소

정답 160 ③ 161 ④ 162 ① 163 ① 164 ① 165 ④ 166 ② 167 ① 168 ④

169 도시가스의 연소성은 표준 웨버지수의 얼마를 유지해야 하는가?

① ±4.5%
② ±5%
③ ±5.5%
④ ±6%

해설

웨버지수는 표준 웨버지수의 ±4.5% 이내를 유지해야 한다.

$WI=\frac{H}{\sqrt{d}}$
- WI : 웨버지수
- d : 비중
- H : 발열량(kal/m^3)

170 2단감압식 조정기의 단점이 아닌것은?

① 설비가 복잡하다.
② 조정기가 많이든다.
③ 최종압력이 부정확하다.
④ 검사방법이 복잡하다.

해설

③ 최종압력이 정확하다.

171 총발열량이 9,000kcal/m^3이며 비중이 0.5일 때 웨버지수는?

① 9,000
② 10,000
③ 12,727
④ 23,050

해설

$WI=\frac{H}{\sqrt{d}}=\frac{9000}{\sqrt{0.5}}=12,727$

172 일정높이 이상의 건물로서 가스압력 상승으로 연소기에 실제 공급되는 가스의 압력이 연소기의 최고사용압력을 초과할 우려가 있는 건물은 가스의 압력 상승으로 인한 가스누출 이상 연소등을 방지하기 위하여 어떠한 장치를 설치하여야 하는가?

① 승압방지 장치
② 압송 장치
③ 재승압장치
④ 압력상승방지 장치

173 정압기용 압력 조정기의 전단과 후단에 설치되는 안전장치의 명칭은?

① 전단 : 안전밸브, 후단 : 긴급차단장치
② 전단 : 긴급차단장치, 후단 : 릴리트밸브
③ 전단 : 릴리트밸브, 후단 : 긴급차단장치
④ 전단 : 긴급차단장치, 후단 : 안전밸브

174 용기부속품 검사기준의 안전장치 작동시험에서 파열판을 동판으로 사용한 것의 시험온도는 몇 ℃ 인가?

① 30±5℃　② 40±5℃
③ 50±5℃　④ 60±5℃

해설

파열판을 동판으로 사용하지 않은 그 밖의 것의 시험온도는 40±5℃이다.

175 신규검사 또는 재검사를 받은 고압가스용기는 다음 항목의 전처리를 실시한다. 이 항목 중 특히 내용적 10L 이상 125L 미만 LPG용기 검사에서 반드시 실시하여야 하는 전처리 검사항목은?

㉮ 탈지, 피막화성처리	㉯ 산세척
㉰ 쇼트브라스팅	㉱ 에칭 프라이머

① ㉮　② ㉯
③ ㉰　④ ㉱

해설

쇼트 브라스팅의 목적은 용기에 존재하는 녹이나 이물질을 제거하여 방청도장이 용이하도록 하기 위하여 실시한다.

176 위험장소 구분에 따른 방폭기기 선정 시 0종, 1종, 2종의 구분 없이 모두에 설치가능한 방폭구조의 종류는?

① 본질안전 방폭구조
② 내압 방폭구조
③ 유입 방폭구조
④ 안전증 방폭구조

해설

위험장소에 따른 방폭구조의 종류
- 0종 : (ia, ib)
- 1종 : (ia, ib, d, p, o)
- 2종 : (ia, ib, d, p, o, e)

※ 안전증 방폭구조는 2종 장소에만 해당됨

정답 169 ① 170 ③ 171 ③ 172 ① 173 ④ 174 ④ 175 ③ 176 ①

177 전기방식시설의 유지관리를 위한 전위측정용 터미널(T/B)에 대한 내용중 맞는 보기는?

> ㉮ 희생양극, 배류법의 경우 몇 m의 간격으로 설치하는가?
> ㉯ 외부전원법에 의한 배관에는 몇 m의 간격으로 설치하는가?

① 100, 200 ② 200, 300
③ 300, 400 ④ 300, 500

178 다음 중 LP가스 충전소 내 설치 가능한 건축물이 아닌 항목은?

① 충전사업자가 운영하는 용기재검사시설
② 충전소 종사자가 이용하는 연면적 $500m^2$ 이하 식당
③ 공구보관장소로서 연면적 $100m^2$ 이하
④ 기타 안전관리상 지장이 없는 건축물

해설

충전소 종사자가 이용하는 연면적 $100m^2$ 이하 식당에 설치 가능하다.

179 다음은 LP가스의 소형저장탱크에 대한 내용 중 빈 칸에 맞는 것을 고르면?

> • 소형저장탱크와 토지경계와 안전거리는 탱크외면에서 ( )m 이상 안전공지를 유지한다.
> • 충전질량 1000kg 이상 소형저장탱크의 경우 안전거리 유지할 수 없는 경우 설치하는 방호벽의 높이는 소형저장탱크 정상부보다 ( )cm 높게 한다.

① 0.5, 50 ② 1, 50
③ 0.5, 100 ④ 0.5, 200

해설

상기 항목 이외에 소형저장탱크에 관한 규정
- 소형저장탱크에 설치하는 가스방출관은 지면에서 2.5m 이상 탱크 정상부에서 1m 이상 중 높은 위치에 설치
- 동일 장소에 설치하는 소형저장탱크 수는 6기 이하로 하고 충전질량 합계는 5000kg 미만
- 소형저장탱크는 바닥이 지면 5cm 이상 높은 콘크리트 바닥 위에 설치
- 1000kg 소형저장탱크는 높이 1m 이상 경계책 설치
- 소형저장탱크 기화장치 출구측 압력은 1MPa 미만으로 사용할 것
- 소형저장탱크와 기화장치는 3m 이상 우회거리를 유지
- 1000kg 이상 소형저장탱크 부근에 ABC용 B－12 이상 분말소화기 2개 이상 비치
- 소형저장탱크 기화장치 5m 이내 화기사용금지

180 다음은 기화장치의 가열방식에 대한 설명이다. 빈 칸에 알맞은 것을 고르면?

> • 온수가열방식의 온수 온도는 ( )℃
> • 증기가열방식의 온수 온도는 ( )℃
> • 가연성가스용 기화장치 접지저항치는 ( )Ω

① 80, 100, 10 ② 80, 120, 10
③ 80, 100, 20 ④ 80, 80, 10

181 다음은 자동차용 CNG 완속충전설비의 압축가스의 양(m^3/hr)을 구하는 공식이다. 이때 처리능력은 공식에서 산출된 값이 몇 m^3/hr 미만이어야 하는가?

> $V=\frac{\pi}{4}\times D^2\times L\times N\times 60\times 10^{-9}$
> • V : 상태압축가스양(m^3/hr)
> • D : 1단실린더 내경(mm)
> • L : 1단 실린더 행정(mm)
> • N : 회전수(rpm)

① 10.5 ② 15.5
③ 18.5 ④ 20.5

해설

완속충전설비의 처리능력은 식에서 계산한 값이 $18.5m^3/h$ 미만이 되도록 한다.

182 다음은 가스누출경보기의 설치 개수에 관한 설명이다. 괄호에 알맞은 수치를 고르면?

> • 설비가 건축물 내에 설치된 경우 설비군의 바닥면 둘레 ( )m 마다 1개 이상
> • 설비가 용기보관장소, 용기저장실 지하에 설치된 전용저장탱크실 등 건축물 밖에 설치된 경우 바닥면 둘레 ( )m 마다 1개 이상

① 10m, 10m ② 10m, 15m
③ 10m, 20m ④ 10m, 25m

정답 177 ④ 178 ② 179 ① 180 ② 181 ③ 182 ③

183 **LP가스 저장탱크 침하에 따른 조치 중 벤치마크는 당해 사업소 면적 몇 m^2당 1개소 이상 설치하여야 하는가?**

① 10만m^2
② 20만m^2
③ 30만m^2
④ 50만m^2

해설

벤치마크(bench mark : 수준점) 설치
- 벤치마크는 해당 사업소 안의 면적 50만m^2당 1개소 이상 설치한다.
- 벤치마크 또는 임시 벤치마크는 차량의 통행 등으로 파손되지 않는 위치이며 관측하기 쉬운 위치에 설치한다.

184 **액화 석유가스 안전관리법 기준 중 방류둑의 내측 및 외면으로부터 10m 이내에는 안전상 필요한 시설물 이외에 설치할 수 없다. 다음 중 방류둑 외부에는 설치할 수 없는 설비는?**

㉮ 당해 저장탱크에 속하는 송액설비 ㉯ 불활성 저장탱크 ㉰ 가스누출검지 경보설비 ㉱ 물분무, 살수장치 ㉲ 재해조명설비

① ㉮　② ㉯, ㉰
③ ㉱　④ ㉲

185 **소형저장탱크와 기화장치의 우회거리는 몇 m 이상인가?**

① 1m　② 2m
③ 3m　④ 4m

186 **LPG 도시가스설비의 내진설계기준 중 지반은 S_A ~ S_F 까지 분류할 수 있다. 여기서 S_A가 뜻하는 지반의 호칭은 무엇인가?**

① 경암지반
② 보통암지반
③ 단단한 토사지반
④ 연약한 토사지반

해설

S_A : 경암지반
S_B : 보통암지반
S_C : 매우 조밀한 토사지반(연암지반)
S_D : 단단단 토사지반
S_E : 연약한 토사지반
S_F : 부지고유 특성평가가 요구되는 지반

187 **LPG, 도시가스 사용시설에 설치되는 가스계량기 중 이상유량차단 가스누출차단 기능이 있는 가스계량기의 명칭은 무엇인가?**

① 자동차단 계량기
② 막식 가스계량기
③ 터빈형 가스계량기
④ 다기능 가스안전계량기

188 **도시가스 배관에 보호판을 설치 시 보호판에는 구멍을 뚫어 누출된 가스가 지면으로 확산되도록 하여야 한다. 몇 m 간격으로 구멍을 뚫어야 하는가?**

① 1　② 2
③ 3　④ 4

해설

- 보호판에는 직경 30mm 이상 50mm 이하의 구멍을 3m 이하의 간격으로 뚫어 누출된 가스가 지면으로 확산이 되도록 한다.
- 보호판은 배관의 정상부에서 0.3m 이상 높이에 설치한다.

189 **어느 분리관의 보유시간이 25min, 피크 좌우 변곡점에서 접선이 자르는 바탕선 길이 w = 10mm, 기록지 이동속도가 4mm/min일 때 이론단수 N은?**

① 80
② 160
③ 1600
④ 2400

해설

- $N=16\times\left(\frac{tR}{w}\right)^2$에서 $16\times\left(\frac{100}{10}\right)^2=1600$
- tR = 보유시간 × 기록지 이동속도
  = 25mm × 4mm/min = 100mm
- w = 피크의 좌우 변곡점에서 접선이 자르는 바탕선의 길이
  = 10mm

정답 183 ④ 184 ③ 185 ③ 186 ① 187 ④ 188 ③ 189 ③

190 가스용 폴리에틸렌관을 지하에 매설 시 매설위치를 지상에서 탐지할 수 있는 로케팅와이어의 면적은 몇 mm^2 이상인가?

① 2　② 4
③ 6　④ 8

해설

PE배관의 매설 위치를 지상에서 탐지할 수 있는 탐지형 보호포 · 로케팅와이어[전선(나전선은 제외한다)의 굵기는 $6mm^2$ 이상] 등을 설치한다.

191 $N_2 + 3H_2 \rightarrow 2NH_3$의 화학반응 시 N_2, H_2의 농도를 N_2 2배, H_2 3배로 증가 시 반응속도는 몇 배가 증가되는가?

① 2　② 4
③ 8　④ 54

해설

- 처음의 반응속도 $V_1=k(N_2)^1(H_2)^3$
- 2배 증가 시 반응속도 $V_2=k(2N_2)^1(3H_2)^3$

$\therefore 2^1 \times 2^3 = 54$

192 아래의 조건으로 승압방지장치의 최초 설치높이는 몇 (m)인지 계산하여라

- 연소기명판의 최고사용압력 : 2.5KPa
- 수직배관 최초시작 지점의 가스압력 2.1KPa
- 공기의 밀도는 1.293(kg/m^3) 비중은 0.62(단, 압력 손실값 1Pa당 0.21m이고 가산높이의 가스압력은 20Pa을 적용한다.)

① 80.3m
② 82.5m
③ 85.5m
④ 87.3m

해설

(1) $H=\dfrac{Pn-Po}{\rho(1-s)\times g}$

$=\dfrac{(2.5-2.1)\times 10^3 Pa}{1.293\,(kg/m^3)\times(1-0.62)\times 9.8\,(m/s^2)}$

$=83.1m$

(2) $20 \times 0.21 = 4.2m$

$\therefore 83.1 + 4.2 = 87.3m$

(참고) 승압방지장치의 전후단에는 차단 밸브를 설치한다.

193 다음 설명의 정의는?

가연물과 조연성 물질이 착화원을 가지고 폭발할 수 있는 최소한의 에너지

① 블래브(BLEVE)
② 최소발화에너지(MIE)
③ 역화(Back Fire)
④ 선화(Lifting)

194 가스화재로 인하여 발생한 화염 중 대형 석유화학공장에서 일어나는 화염의 종류에 해당하는 보기는?

① 층류확산화염
② 난류확산화염
③ 층류분무화염
④ 난류증발화염

해설

가스화재로 인한 연소의 종류는 층류와 난류로 구분되며 대형화재의 경우 대부분 난류에 해당된다.

195 다음 보기 중 증기운폭발의 특성이 아닌 것은?

① 공기와 증기가 층류혼합시 폭발력은 수십 배가 된다.
② 증기운 크기 증가시 점화 폭발의 우려가 높다.
③ 증기운의 위험성은 폭발보다 화재의 우려가 높다.
④ 증기운의 누출시 누출원으로부터 약간 떨어진 거리가 가까운 부분보다 폭발의 충격이 크다.

해설

난류혼합 시 폭발력이 증대된다.

- UVCE(증기운폭발) : 대형 화학정유공장 등에서 영하의 비등점이나 임계온도가 낮은 독성 가연성 가스 등의 증기가 누출 시 그 증기운에 의해 일으키는 폭발
- 대상물질 : 비등점이 영하를 유지하거나 임계온도가 낮은 독성 가연성 가스 또는 화합합성물질
- UVCE(증기운폭발) 방지대책
  - 대상물질이 누출되지 않도록 유의한다.
  - 누설 시 누설가스를 차단할 수 있는 장치를 설치한다.
  - 실시간 누설유무를 검지기 시험지 취기 등으로 점검한다.
  - 비축량을 적게 유지한다.

정답 190 ③ 191 ④ 192 ④ 193 ② 194 ② 195 ①

196 **압축기를 작동압력에 따라 분류 시 압축기의 압력에 해당하는 것은?**

① 0.1MPa
② 10KPa 이상 0.1MPa 미만
③ 10KPa
④ 15KPa

해설

압축기의 작동압력에 따른 분류
- 압축기 : 토출압력 0.1MPa 이상
- 송풍기 : 토출압력 10kPa 이상 0.1MPa 미만
- 통풍기 : 토출압력 10kPa 미만

197 **보기 중 압축기에 사용되는 안전장치가 아닌것은?**

① LPS
② 흡입 토출밸브
③ HPS
④ 안전두

해설

- LPS : 저압 차단 스위치
- HPS : 고압 차단 스위치

198 **압축기 운전중 회전수 및 소요동력을 감소시켜 압축기를 보호하기 위하여 하는 운전방법은?**

① 분해점검 ② 외부냉각
③ 정기점검 ④ 용량조정

해설

용량조정의 목적 : 경부하 운전(경제적 운전), 기계수명 연장, 소요동력 절감, 압축기 보호, 수요와 공급의 균형유지

199 **다음 중 왕복압축기의 용량조정방법인 것은?**

① 흡입밸브 조정법
② 토출밸브 조정법
③ 안내깃 각도 조정법
④ 회전수 가감법

해설

①②③은 원심 압축기의 용량조정 방법

200 **압축기의 이론동력이 20kW, 압축효율 및 기계효율이 각각 80%일 때 축동력은 얼마인가?**

① 18.25kW
② 20kW
③ 31.25kW
④ 40kW

해설

$$\text{축동력} = \frac{\text{이론동력}}{\text{압축효율} \times \text{기계효율}} = \frac{20}{0.8 \times 0.8} = 31.2$$

201 **다음 중 일량이 가장 작은 압축방식은?**

① 등온압축
② 폴리트로픽압축
③ 다단압축
④ 단열압축

해설

일량이 작은 것에서 큰순서
등온압축(소), 폴리트로픽압축(중), 단열압축(대)

202 **피스톤 행정량 0.00248m³, 회전수 163rpm으로 시간당 토출량이 90kg/hr이며 토출가스 1kg의 체적이 0.189m³일 때 토출효율은 몇 %인가?**

① 70.13% ② 71.7%
③ 7.17% ④ 65.2%

해설

$$\text{토출효율} = \frac{90\,(\text{kg/hr}) \times 0.189\,(\text{m}^3/\text{kg})}{0.00248\,(\text{m}^3) \times 163 \times 60\,(\frac{1}{\text{hr}})}$$

$$= 0.7013 = 70.13\%$$

203 **왕복동압축기에서 실린더 내경이 300mm, 행정 100mm, 회전수 500rpm, 효율이 60%일 때 토출량은 몇 m³/hr인가?**

① 50.60m³/hr
② 60.50m³/hr
③ 127m³/hr
④ 130m³/hr

정답 196 ① 197 ② 198 ④ 199 ④ 200 ③ 201 ① 202 ① 203 ③

해설

$Q=\frac{\pi}{4}d^2\times L\times N\times \eta_v$

$=\frac{\pi}{4}(0.3)^2\times 0.1\times 500\times 0.6$

$=2.1205(m^3/min)$

$=2.1205\times 60=127.23(m^3/hr)$

- Q : 피스톤압출량(m^3/hr)
- d : 실린더내경(m)
- N : 회전수(rpm)(분당회전수이므로 시간당으로 계산시 60을 곱한다.)
- η_v : 체적효율(이 수치가 없으면 효율이 100%이므로 그때를 이론적인 피스톤압출량이라 한다.)

204 1단 압축으로 하지 않고 고압을 얻기 위하여 다단압축으로 하는 목적이 아닌 것은?

① 일량이 증가한다.
② 힘의 평형이 양호하게 된다.
③ 이용효율이 증가된다.
④ 가스 온도 상승이 작게 된다.

해설

다단압축의 목적
- 일량이 절약된다.
- 힘의 평형이 양호하다.
- 효율이 증가된다.
- 가스 온도상승을 피한다.

205 흡입압력이 대기압과 같으며 토출압력이 $26kg/cm^2g$인 3단 압축기의 압축비는?

① 1　　② 2
③ 3　　④ 4

해설

$a=\sqrt[n]{\frac{P_2}{P_1}}$

- n : 단수
- P_1 : 흡입압력
- P_2 : 토출압력

$\therefore a=\sqrt[3]{\frac{(26+1.0332)}{1.0332}}=2.96\doteqdot 3$

206 다음 왕복압축기를 운전시 압축비가 상승시의 영향으로 옳은 것은?

① 소요동력이 증대한다.
② 체적효율이 상승한다.
③ 실린더 내 온도가 저하한다.
④ 윤활유의 기능이 증대한다.

207 다음 중 원심압축기가 왕복압축기와 비교한 장점이 아닌것은?

① 무급유식이다.
② 압출효율이 높다.
③ 소음 · 진동이 작다.
④ 기체에 맥동이 없고 연속 송출된다.

해설

원심의 특징 ①③④ 및 효율이 낮다. 토출압력 변화에 따른 용량 변화가 크다.

208 흡입압력이 $1kg/cm^2g$ 일 때 토출압력 $7kg/cm^2g$까지 2단 압축 시 중간압력은 몇 kg/cm^2g이 되는가?(단, $1atm = 1kg/cm^2$로 한다.)

① 1
② 2
③ 3
④ 4

해설

$P_0=\sqrt{P_1\times P_2}=\sqrt{2\times 8}=4kg/cm^2a$

$\therefore 4-1=3kg/cm^2g$

209 "PV^n = 일정"일 때 틀린 보기는?

① 등적압축 (n = ∞)
② 등온압축 (n = 1)
③ 폴리트로픽압축 (n = 0)
④ 단열압축 (n = k)

해설

폴리트로픽 $1<n<k$

210 흡입압력이 $1kg/cm^2g$인 3단 압축기에서 압축비를 3으로 하면 각 단의 토출압력은 몇 kg/cm^2g인가?(단, 대기압은 $1kg/cm^2$이다.)

① 10 – 40 – 130
② 11 – 41 – 131
③ 13 – 43 – 134
④ 2 – 8 – 26

정답 204 ① 205 ③ 206 ① 207 ② 208 ③ 209 ③ 210 ④

해설

각 단의 토출압력

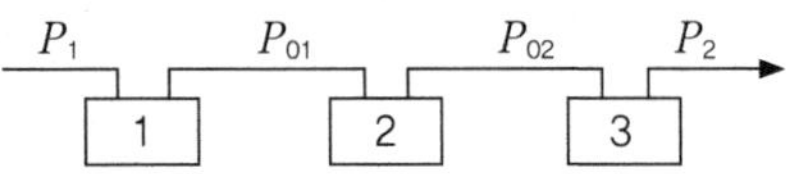

- 1단 $a=\frac{P_{01}}{P_1}$
  $\therefore P_{01}=a\times P_1=3\times 1=3kg/cm^2a-1=2kg/cm^2g$
- 2단 $a=\frac{P_{02}}{P_{01}}$
  $\therefore P_{02}=a\times P_1=3\times 3=9kg/cm^2a-1=8kg/cm^2g$
- 3단 $a=\frac{P_2}{P_{02}}$
  $\therefore P_{03}=a\times P_2=3\times 9=27kg/cm^2a-1=26kg/cm^2g$

211 압축기에서 실린더를 냉각시 얻어지는 효과가 아닌 것은?

① 압축기 수명연장
② 소요동력 증대
③ 윤활기능 향상
④ 효율 증대

해설

실린더 냉각시 소요동력이 감소한다.

212 실린더 내경이 200mm, 피스톤 외경이 150mm, 두께가 100mm인 회전베인형 압축기의 회전수가 200rpm일 때 피스톤 압출량은 몇 m^3/hr인가?

① $15m^3/hr$
② $16.49m^3/hr$
③ $17m^3/hr$
④ $18.54m^3/hr$

해설

회전 베인형 압축기의 피스톤 압출량

$Q=\frac{\pi}{4}\times(D^2-d^2)\times t\times N\times 60$

$=\frac{\pi}{4}\times(0.2^2-0.15^2)\times 0.1\times 200\times 60=16.49m^3/hr$

213 흡입-압축-토출의 3행정으로 용적형에 해당되는 압축기는?

① 축류 ② 베인형
③ 회전 ④ 나사

해설

나사(스크류)압축기는 암수 나사가 맞물려 돌면서 연속적인 압축을 행하는 방식으로 무급유 또는 급유식이며, 흡입, 압축, 토출의 3행정이다.

214 다음 중 윤활유의 구비조건이 아닌 것은?

① 인화점이 낮을 것
② 화학적으로 안정될 것
③ 응고점이 낮을 것
④ 항유화성이 클 것

해설

윤활유의 구비조건
- 경제적일 것
- 화학적으로 안정되고 사용가스와 반응하지 않을 것
- 인화점이 높고 응고점이 낮을 것
- 수분 및 산 등의 불순물이 적을 것
- 점도가 적당하고 항유화성이 클 것
- 저온(왁스분)이 분리되지 않을 것
- 고온(슬러지)이 생기지 않을 것

215 원심펌프를 직렬로 운전 시 유량과 양정은 어떻게 변화하는가?

① 유량 증가, 양정 일정
② 유량 증가, 양정 증가
③ 유량 일정, 양정 증가
④ 유량 증가, 양정 감소

해설

- 원심펌프 직렬 운전 : 양정 증가, 유량 일정
- 원심펌프 병렬 운전 : 유량 증가, 양정 일정

216 다음 중 압축기 운전 중 점검사항이 아닌 것은?

① 압력 온도이상 유무
② 누설이 있는가 점검
③ 볼트 너트 조임상태 확인
④ 소음과 진동점검

해설

운전전 점검사항
- 볼트너트 조임상태 확인
- 압력계 온도계 점검 등

정답 211 ② 212 ② 213 ④ 214 ① 215 ③ 216 ③

217 토출 측 저항이 증대하면 풍량이 감소하고 불안정한 운전이 되는 원심 압축기에 발생하는 이상현상은?

① 베이퍼록　　② 서징
③ 공동　　④ 바이패스

해설

원심압축기의 서어징 : 운정 중 우상특성이 발생 풍량감소로인한 진동 · 소음의 발생

218 원심 압축기에서 임펠러깃 각도에 따른 분류가 아닌 것은?

① 앵글형　　② 다익형
③ 레디얼형　　④ 터보형

해설

임펠러깃 각도에 따른 분류
- 터보형 : 90°보다 작음
- 레이디얼형 : 90°
- 다익형 : 90°보다 큼

219 다음 중 터보형 펌프에 속하는 항목이 아닌 것은?

① 원심　　② 축류
③ 사류　　④ 다이어프램

해설

① 왕복형 펌프 : 피스톤, 플런저, 다이어프램
② 터보형 : 원심, 축류, 사류이며 원심형에는 벌류트, 터빈 펌 등이 있다.

220 다음 원심압축기의 정지에서 마지막에 작업하는 항목은?

㉠ 드레인을 개방한다.
㉡ 토출밸브를 서서히 닫는다.
㉢ 전동기 스위치를 내린다.
㉣ 흡입밸브를 닫는다.

① ㉠　　② ㉡
③ ㉢　　④ ㉣

해설

압축기 정지순서
- 원심압축기 : 토출밸브 서서히 닫음 → 전동기 스위치 내림 → 흡입밸브 닫음 → 드레인 개방
- 왕복압축기 : 전동기 스위치 내림 → 토출밸브 서서히 닫음 → 흡입밸브 닫음 → 드레인 개방

221 다음 괄호 안에 알맞은 수치 또는 단어를 기입하면?

공기압축기 내부 윤활유는 재생유 이외의 것으로 잔류탄소의 질량이 전 질량의 1% 이하인 것은 인화점이 ( )℃ 이상으로 170℃에서 ( )시간 교반하여 분해되지 않아야 한다.

① 200, 8　　② 230, 12
③ 250, 15　　④ 300, 18

해설

산업자원부 고시에 규정된 공기압축기 내부 윤활유 규격 재생유 이외의 윤활유로서 잔류 탄소질량이 전 질량의 1% 이하이며, 인화점이 200℃ 이상으로서 170℃에서 8시간 이상 교반하여 분해되지 않을 것. 또는 잔류 탄소질량이 1%를 초과하고 1.5% 이하이며 인화점이 230℃ 이상으로써 170°C에서 12시간 이상 교반하여 분해되지 않을 것.

222 다음은 압축기 관리상 주의사항이다. 맞는 항목은?

① 운전 정지시에는 동력소모를 피하기 위해 운전하지 않는다.
② 장기 정지 시 깨끗이 청소, 점검을 하지 않아도 된다.
③ 정지시에는 부품의 점검이 필요없다.
④ 냉각수관은 무게를 재어 10% 이상 감소 시 교환한다.

해설

① 정지시에도 1일 1회정도 시운전
② 장기정지시에 청소점검 부품교환

223 가연성 압축기 운전 정지 시 순서가 맞는것은?

가. 전동기 스위치를 내린다
나. 최종스톱 밸브를 닫는다.
다. 드레인을 개방한다.
라. 각단의 압력저하시 흡입밸브를 닫는다.
마. 냉각수를 뺀다.

① 가 – 나 – 다 – 라 – 마
② 나 – 가 – 다 – 라 – 마
③ 다 – 가 – 나 – 라 – 마
④ 마 – 다 – 나 – 라 – 가

정답 217 ② 218 ① 219 ④ 220 ① 221 ① 222 ④ 223 ①

224 **원심펌프의 특성에 해당하지 않는 것은?**

① 소형이고 맥동이 없다.
② 설치면적이 크고 소용량에 적합하다.
③ 프라이밍의 작업이 필요하다.
④ 수송원리는 원심력으로 이송된다.

해설

원심펌프의 특징
- 원심력에 의해 유체를 압송한다.
- 용량에 비해 소형이고, 설치면적이 작다.
- 흡입 및 토출밸브가 없고 액의 맥동이 없다.
- 고양정에 적합하다.
- 서징 및 캐비테이션 현상이 발생하기 쉽다.

225 **실린더 내경 200mm, 행정 100mm, 회전수 300rpm의 압축기에서 지시압력이 2kg/cm²일 때 전동기는 몇 kW인가?(단, 효율은 80%이다.)**

① 3.2kW ② 3.85kW
③ 4.54kW ④ 5.45kW

해설

$Pc(\omega)$

$$=\frac{2\times10^4(\text{kg/m}^2)\times\frac{\pi}{4}\times(0.2\text{m})^2\times0.1\text{m}\times300}{102\times60\times0.8}$$

$= 3.849 \doteqdot 3.85\text{kW}$

226 **펌프 운전 시 공회전을 방지하기 위하여 액을 채워 넣는 작업프라이밍은 어떠한 펌프에 필요한 작업인가?**

① 왕복펌프 ② 원심펌프
③ 나사펌프 ④ 제트펌프

해설

프라이밍(Priming)은 펌프 운전 시 공회전을 방지하기 위하여 운전 전 미리 액을 채우는 작업이며 원심펌프에 필요하다.

227 **물의 압력 1MPa는 수두로 몇 m인가?**
(단, 1MPa = 10kg/cm²로 간주한다.)

① 20m ② 30m
③ 40m ④ 100m

해설

- 압력수두 $=\frac{P}{\gamma}=\frac{10\times10^4(\text{kg/m}^2)}{1000\text{kg/m}^3}=100$

228 **어떤유체의 속도수두가 1.5m일 때 이 유체의 유속(m/s)은 얼마인가?**

① 2.1m ② 4.2m
③ 5.4m ④ 7.2m

해설

- $V=\sqrt{2gh}=\sqrt{2\times9.8\times1.5}=5.42m/s$

229 **비교회전도 175, 회전수 3000rpm, 양정 210m, 3단 원심펌프에서 유량은 몇 m³/min 인가?**

① 1.99 ② 2.32
③ 3.45 ④ 4.45

해설

$$\therefore Q=\left\{\frac{Ns\times\left(\frac{H}{n}\right)^{\frac{3}{4}}}{N}\right\}^2=\left\{\frac{175\times\left(\frac{210}{3}\right)^{\frac{3}{4}}}{3000}\right\}^2$$
$$=1.99\text{m}^3/\min$$

$$N_S=\frac{N\sqrt{Q}}{\left(\frac{H}{n}\right)^{\frac{3}{4}}}$$

- N_S : 비교회전도
- n : 단수
- H : 양정(m)
- N : 회전수(rpm)
- Q : 유량(m³/min)

230 **전동기 직렬식 원심펌프에서 모터 극수가 4극이고 주파수가 60Hz일 때 모터의 분당 회전수를 구하여라.(단, 슬립율은 30%이다.)**

① 1,000rpm
② 1,500rpm
③ 1,794rpm
④ 2,000rpm

해설

$$\therefore N=\frac{120\times60}{4}\left(1-\frac{0.3}{100}\right)=1794\text{rpm}$$

$$N=\frac{120f}{P}\left(1-\frac{s'}{100}\right)$$

- N : 전동기 직결식 원심펌프 회전수(rpm)
- f : 전기주파수(60Hz)
- P : 모터극수
- s : 슬립율(미끄럼율)

정답 224 ② 225 ② 226 ② 227 ④ 228 ③ 229 ③ 230 ③

231 **관경 10cm인 관에 어떤 유체가 5m/s로 흐를 때 50m 지점의 손실수두는 얼마인가?(단, 손실계수는 0.03이다.)**

① 1.1m ② 1.2m
③ 1.3m ④ 19m

해설

$\therefore h_f=0.03\times\frac{50}{0.1}\times\frac{5^2}{2\times9.8}=19.13 \doteqdot 19\text{m}$

$h_5=5\frac{l}{d}\cdot\frac{V^2}{2g}$

- h_f : 마찰손실수두(m)
- 5 : 관마찰계수
- d : 관경(m)
- L : 관길이(m)
- g : 중력가속도(9.8m/s²)
- V : 유속(m/s)

232 **원심펌프의 송수량 5000L/min, 전양정 50m, 회전수 1000rpm, 효율이 70%일 때 소요마력은 몇 PS인가?**

① 70 ② 72
③ 74 ④ 79

해설

$L_{PS}=\frac{1000(\text{kg/m}^3)\times\frac{5}{60}\times50}{75\times0.7}=79.36\text{m}\doteqdot79$

$L_{PS}=\frac{\gamma\cdot Q\cdot H}{75\eta}$, $L_{kW}=\frac{\gamma\cdot Q\cdot H}{102\eta}$

- γ : 비중량(kgf/m³)
- Q : 유량(m³/sec)
- H : 양정(m)
- η : 효율($\eta<1$)

233 **원심압축기의 서징현상 방지법이 아닌 것은?**

① 우상특성이 없게 하는 방법
② 방출 밸브에 의한 방법
③ 흡입 밸브에 의한 방법
④ 회전수를 변화시키는 방법

해설

원심압축기의 서징 방지법
- 우상(右上)이 없는 특성으로 하는 방법
- 컨트롤 베인을 통한 방법
- 방출 밸브에 의한 방법
- 회전수를 변화시키는 방법
- 교축 밸브를 기계에 가까이 설치하는 방법

234 **양정 10m, 유량 5m³/s인 펌프의 효율이 70%일 때 소요동력은 몇 kW인가?**

① 60.52kW
② 63.72kW
③ 64.56kW
④ 700kW

해설

$L_{kW}=\frac{1000\times5\times10}{102\times0.7}=700(\text{kW})$

235 **송수량 6000L/min, 전양정 50m, 축동력 100ps일 때 이 펌프의 회전수를 1000rpm에서 1100rpm으로 변경 시 변경된 유량(m³/min), 양정(m), 축동력(PS)은?**

① 3.6, 30.5, 90
② 4.6, 40.5, 100
③ 5.6, 50.5, 110
④ 6.6, 60.5, 133

해설

$Q'=Q\times\left(\frac{N'}{N}\right)^1=6\text{m}^3/\min\times\left(\frac{1100}{1000}\right)^1=6.6\text{m}^3/\min$

$H'=H\times\left(\frac{N'}{N}\right)^2=50(\text{m})\times\left(\frac{1100}{1000}\right)^2=60.5\text{m}$

$P'=P\times\left(\frac{N'}{N}\right)^3=100\times\left(\frac{1100}{1000}\right)^3=133PS$

236 **캐비테이션 발생에 따른 현상이 아닌것은?**

① 소음발생
② 효율증가
③ 진동발생
④ 깃의침식

해설

② 효율감소
캐비테이션은 유수 중에 그 수온의 증기압력보다 낮은 부분이 생기면 물이 증발을 일으키고 기포를 발생시키는 현상으로 펌프의 회전수가 빠를 때, 흡입관경이 좁을 때, 설치 위치가 높을 때 나타나며 방지법으로는 관경을 넓히고 두대이상의 펌프를 사용 회전수를 낮춘다. 양흡입펌프를 사용한다.

정답 231 ④ 232 ④ 233 ③ 234 ④ 235 ④ 236 ②

237 비등점이 낮은 액화가스를 이송시 발생되는 현상은?

① 캐비테이션
② 수격현상
③ 서징현상
④ 베이퍼록 현상

해설

베이퍼록 현상 : 저비점 액화가스를 이송시 펌프입구에서 발생 일명 액체가 끓음에 의한 소요(동요)를 말한다.

238 다음 중 수격작용을 방지하기 위한 관의 유속(m/s)은?

① 관의 직경을 줄인다. 1m/s 이하
② 관내 유속을 낮춘다. 2m/s 이하
③ 조압수조를 관선에 설치한다. 3m/s 이하
④ 펌프에 플라이 휠을 설치한다. 5m/s 이하

해설

수격작용 방지대책

- 관 내 유속을 낮춘다.(1m/s 이하)
- 펌프에 플라이휠을 설치한다.
- 조압수조(압력조절용 탱크)를 설치한다.
- 밸브를 송출구에 설치하고 적당히 제어한다.

239 이상기체(폴리트로픽 지수 $n = 1$인 상태)를 압축시 열량과 엔탈피는 어떻게 변하는가?

① 방열 증가
② 방열 일정
③ 흡열 감소
④ 흡열 증가

해설

폴리트로픽 $n = 1$: 등온압축

240 축류펌프에서 날개 수를 증가 시킬 때의 변화로 올바른 것은?

① 양정 증가, 유량 증가
② 양정 증가, 유량 일정
③ 양정 일정, 유량 일정
④ 양정 감소, 유량 감소

정답 237 ④ 238 ① 239 ② 240 ②

PART 03

가스 관련 법규

CHAPTER 01

도시가스 안전관리 및 법규

1 도시가스사업법 개요

(1) 주요 용어의 정의

① **도시가스** : 천연가스(액화한 것을 포함), 배관(配管)을 통하여 공급되는 석유가스, 나프타부생(副生)가스, 바이오가스 또는 합성천연가스로서 대통령령으로 정하는 것

② **가스도매사업** : 일반도시가스사업자 및 나프타부생가스·바이오가스제조사업자 외의 자가 일반도시가스사업자, 도시가스충전사업자, 선박용천연가스사업자 또는 산업통상자원부령으로 정하는 대량수요자에게 도시가스를 공급하는 사업

(2) 배관의 종류

① 본관 ② 공급관 ③ 사용자공급관 ④ 내관

(3) 배관공사 시 노출배관의 길이

노출배관 길이 15m 이상 시 점검통로 및 조명시설을 갖추어야 한다.

① **조명시설** : 가스배관 수평거리 1m 이내, 70Lux 이상

② **점검통로의 폭** : 80cm 이상

2 가스도매사업(고압가스 특정제조기준과 동일)

(1) 안전거리

① LNG 저장·처리설비(1일 처리능력 52,500m^3 이하인 펌프·압축기·응축기·기화장치 제외)는 그 외면으로부터 사업소경계까지 다음 계산식에 따라 얻은 거리(그 거리가 50m 미만의 경우에는 50m) 이상을 유지할 것

$$L = C \times \sqrt[3]{143,000W}$$

- L : 유지하여야 하는 거리(m)
- C : 저압지하식 저장탱크는 0.240, 그밖의 저장·처리설비는 0.576
- W : 저장탱크는 저장능력(톤)의 제곱근, 그밖의 것은 시설내 액화천연가스의 질량(톤)

② LPG 저장·처리설비는 그 외면으로부터 보호시설까지 30m 이상의 거리를 유지할 것

(2) 설비 사이의 거리

① 고압인 가스공급시설의 안전구역 면적은 20,000m^2 미만일 것

② 안전구역 안의 고압인 가스공급시설은 그 외면으로부터 다른 안전구역 안에 있는 고압인 가스공급시설의 외면까지 30m 이상의 거리를 유지할 것

③ 두 개 이상의 제조소가 인접하여 있는 경우의 가스공급시설은 그 외면으로부터 다른 제조소의 경계까지 20m 이상의 거리를 유지할 것

④ LNG 저장탱크는 그 외면으로부터 처리능력이 200,000m^3 이상인 압축기까지 30m 이상의 거리를 유지할 것

(3) 검지부 설치

① **검지부를 설치하는 장소**

㉮ 긴급 차단장치 부분

㉯ 슬리브관, 이중관 방호구조물 등의 밀폐 설치된 부분

㉰ 누설가스가 체류하기 쉬운 부분

② **검지부를 설치하지 않는 장소**

㉮ 연기 등의 접촉 우려가 있는 곳

㉯ 누설가스 유통이 원활하지 못한 곳

㉰ 40℃ 이상인 곳

㉱ 경보기 파손의 우려가 있는 곳

㉲ 방호구조물에 의하여 개방되어 설치된 배관의 부분

TIP

가스도매사업의 긴급차단장치 조작 위치

저장탱크의 외면으로부터 10m 이상 떨어진 위치에서 조작할 수 있는 곳에 설치

3 일반도시가스사업

(1) 안전거리

① **인구밀집지역 이외의 배관 설치 시** : 500m 간격으로 표지판 설치

② **가스발생기, 가스홀더** : 고압 20m 이상, 중앙 10m 이상, 저압 5m 이상 유지

③ **가스혼합기, 가스정제설비, 배송기, 압송기** : 사업장 경계까지 3m 이상 유지(단, 최고사용압력이 고압인 경우 20m 이상, 제1종보호시설까지 30m 이상 유지)

(2) 압력 및 기밀시험

① **고압 · 중압 가스공급시설 중 내압시험을 생략하는 경우**

㉮ 용접배관에 방사선투과시험 합격 시

㉯ 15m 미만 고압 · 중압배관으로 최고압력이 1.5배로 합격 시

㉰ 배송기 · 압송기 · 압축기 · 송풍기 · 액화가스용 펌프, 정압기

② **기밀시험**

㉮ 가스공급시설 중 가스가 통하는 부분의 최고사용압력의 1.1배의 기밀시험 시 이상이 없을 것

㉯ 기밀시험 생략

㉠ 최고압력이 0Pa 이하

㉡ 항상 대기에 개방된 시설

㉰ 도시가스 사용시설의 배관, 호스의 기밀시험압력 : 최고사용압력의 1.1배 또는 8.4kPa 중 높은 압력

(3) 안전밸브 등

① **안전밸브 분출압력**

㉮ 안전변 1개 : 최고사용압력 이하

㉯ 안전변 2개 : 1개는 최고사용압력, 다른 것은 최고사용압력의 1.03배

② **안전밸브 분출량을 결정하는 압력**

㉮ 고압 · 중압가스 공급시설 : 최고사용압력의 1.1배 이하

㉯ 액화가스가 통하는 가스공급시설 : 최고사용압력의 1.2배 이상

③ **가스차단장치, 액면계, 경보장치 설치** : 가스발생설비, 가스정제설비, 배송기, 압송기 등

④ **가스공급시설의 조명도** : 150Lux 이상

(4) 비상공급시설

① **고압 · 중압 비상공급시설**

㉮ T_P = 최고사용압력 × 1.5배

㉯ A_P = 최고사용압력 × 1.1배

② **안전거리** : 1종 15m, 2종 10m 유지

③ 비상공급시설에는 정전기제거조치를 한다.

④ 비상공급시설에는 원동기에서 불씨가 방출되지 않도록 한다.

(5) 가스발생설비 및 기화장치

① **가스발생설비(기화장치 제외)**

㉮ 압력상승방지장치를 설치한다.

㉯ 역류방지장치를 설치한다.

㉰ 사이클론식 가스발생설비에는 자동조정장치를 설치한다.

② 기화장치

㉮ 직화식 가열구조가 아닐 것

③ 온수가열 시 동결방지장치

④ 액화가스의 넘쳐 흐름을 방지하는 액유출방지장치를 설치

(6) 정압기

① 정압기의 입구와 출구에는 가스차단장치를 설치할 것(지하에 설치되는 정압기의 경우 정압기실 외부의 가까운 곳에 가스차단장치를 추가로 설치)

② 정압기의 입구에는 수분 및 불순물 제거장치를 설치할 것

③ 정압기 출구의 배관에는 경보장치를 설치할 것

④ 도시가스 중 수분의 동결로 정압 기능을 해칠 우려가 있는 정압기에는 동결방지조치를 할 것

⑤ 정압기에는 비상전력, 압력기록장치 등 그 정압기의 기능을 유지하는데 필요한 설비를 설치할 것

⑥ 정압기의 분해점검과 고장에 대비하여 예비정압기를 설치하고, 이상 압력이 발생할 때에는 자동으로 기능이 전환되는 구조일 것

⑦ **정압기의 기밀시험**

㉮ 입구 측 : 최고사용압력의 1.1배

㉯ 출구 측 : 최고사용압력의 1.1배 또는 8.4kPa 중 높은 압력

⑧ **정압기의 점검**

㉮ 정압기와 필터의 경우에는 설치 후 3년까지는 1회 이상, 그 이후에는 4년에 1회 이상 분해점검을 실시

㉯ 1주일에 1회 이상 작동상황 점검

(7) 배관 및 배관설비

① 도로와 평행하여 매설되어 있는 배관으로 호칭지름 65mm를 초과하는 것에는 가스를 신속히 차단할 수 있는 장치를 설치할 것

② 중압 이하의 배관(호칭지름 100mm 미만 저압배관 제외)으로 노출된 부분의 길이가 100m 이상인 것은 위급한 때에 그 부분에 유입되는 도시가스를 신속히 차단할 수 있도록 노출부분 양 끝으로부터 300m 이내에 차단장치를 설치하거나 500m 이내에 원격조작이 가능한 차단장치를 설치할 것

③ 굴착으로 인하여 20m 이상 노출된 배관에 대하여는 20m마다 누출된 도시가스가 체류하기 쉬운 장소에 가스누출경보기를 설치할 것

④ 입상관이 화기가 있을 가능성이 있는 주위를 통과할 경우에는 불연성재료로 차단조치를 하고, 입상관의 밸브는 바닥으로부터 1.6m 이상 2m 이내에 설치할 것

⑤ 배관을 옥외의 공동구(전기 · 가스 · 수도 등의 공급설비, 통신시설, 하수도시설 등 지하매설물을 공동 수용하는 지하 설치 시설물)에 설치하는 경우에는 다음 기준에 따를 것

㉮ 환기장치가 있을 것

㉯ 전기설비가 있는 것은 그 전기설비가 방폭구조일 것

㉰ 배관은 벨로즈형 신축이음매나 주름관 등으로 온도변화에 따른 신축을 흡수하는 조치를 할 것

㉱ 옥외 공동구벽을 관통하는 배관의 관통부와 그 부근에는 배관의 손상방지를 위한 조치를 할 것

(8) 가스사용시설 기준

① **연소기의 설치**

㉮ 개방형 연소기 : 환풍기, 환기구 설치

㉯ 반밀폐형 연소기 : 급기구, 배기통 설치

㉰ 배기통 재료 : 스테인리스강이나 내열 · 내식성이 있는 것일 것

② **가스계량기**

㉮ 가스계량기와 화기 사이에 유지하여야 하는 거리 : 2m 이상

㉯ 용량 $30m^3/hr$ 미만인 가스계량기 설치 높이 : 바닥으로부터 1.6m 이상 2m 이내

㉰ 가스계량기의 설치높이를 제한하지 않는 경우

㉠ 격납상자에 설치하는 경우

㉡ 기계실에 설치하는 경우

㉣ 보일러실(가정에 설치된 보일러실은 제외)에 설치하는 경우

㉤ 문이 달린 파이프 덕트 안에 설치하는 경우

③ **월 사용예정량의 산정기준**

$$Q = \frac{(A \times 240) + (B \times 90)}{11,000}$$

- Q : 월 사용예정량(m^3)
- A : 산업용 가스소비량 합계(kcal/hr)
- B : 산업용이 아닌 가스소비량 합계(kcal/hr)

④ **가스누출차단장치**

㉮ 가스누출차단장치 또는 가스누출차단기 설치 대상 : 영업장의 면적이 $100m^2$ 이상인 가스사용시설이나 지하에 있는 가스사용시설(가정용 가스사용시설은 제외)

㉯ 가스누출경보차단장치나 가스누출자동차단기를 설치하지 않아도 되는 경우

㉠ 월 사용예정량 $2000m^3$ 미만 연소기로 퓨즈콕 · 상자콕 또는 이와 같은 수준 이상의 성능을 가지는 안전장치가 설치되어 있고, 각 연소기에 소화안전장치가 부착되어 있는 경우

㉡ 도시가스의 공급이 불시에 차단될 경우 재해와 손실이 막대하게 발생될 우려가 있는 도시가스사용시설

㉢ 가스누출경보기 연동차단기능의 다기능가스안전계량기를 설치하는 경우

TIP

▶ 퓨즈콕 대신 배관용 밸브를 설치할 수 있는 경우

- 연소기가 배관에 연결된 경우
- 가스소비량이 19400kcal/hr를 초과하거나 사용압력이 3.3kPa을 초과하는 연소기가 연결된 배관인 경우

4 기타 사항

(1) 도시가스사업자의 공급규정 승인 요건

① 요금이 적절할 것

② 요금이 정률(定率)이나 정액(定額)으로 명확하게 규정되어 있을 것

③ 가스공급자와 공급을 받는 자 또는 가스사용자 간의 책임과 가스공급시설 및 가스사용시설에 대한 비용의 부담액이 적절하고 명확하게 정하여질 것

④ 특정사업자나 특정인을 부당하게 차별하는 것이 아닐 것

(2) 가스공급계획 작성 및 제출

① **일반도시가스사업자** : 다음 연도 이후 5년간의 가스공급계획을 작성하여 매년 11월 말일까지 시·도지사에게 제출(가스도매사업자와 협의)

② **가스도매사업자 및 합성천연가스제조사업자** : 다음 연도 이후 5년간의 가스공급계획을 작성하여 매년 12월 말일까지 산업통상자원부장관에게 제출(합성천연가스제조사업자는 가스도매사업자와 협의)

③ **나프타부생가스·바이오가스제조사업자** : 다음 연도 이후 5년간의 가스공급계획을 작성하여 매년 11월 말일까지 시·도지사에게 제출(가스도매사업자 또는 일반도시가스사업자와 협의)

(3) 가스의 수급계획

① **시·도지사가 산업통상자원부장관에게 제출하여야 하는 가스수급계획에 포함되어야 하는 사항**

㉮ 지역별·연도별·사업자별 수요·공급계획

㉯ 가스공급시설의 확충 및 시설투자 계획

㉰ 사업자별 일반사업현황 및 육성에 관한 사항

㉱ 대량 가스사용시설의 공사 및 지원에 관한 사항

㉲ 도시가스의 보급 촉진을 위한 지원

② **산업통상자원부장관이 전국을 대상으로 수립하는 5년간의 가스수급계획에 포함되어야 하는 사항**

㉮ 도시가스의 수요·공급 계획(지역별 수급계획을 포함)

㉯ 가스공급시설의 확충 및 시설투자 계획

㉰ 도시가스의 수입 및 비상대비 비축계획
㉱ 도시가스사업의 현황 및 육성계획(재원확보 계획을 포함)
㉲ 도시가스의 보급촉진을 위한 대책
㉳ 도시가스의 수요관리에 관한 사항

③ **산업통상자원부장관이 수립하는 장기 천연가스 수급계획에 포함되어야 하는 사항**
㉮ 천연가스의 수급에 관한 장기 전망
㉯ 천연가스의 공급설비계획
㉰ 천연가스의 투자계획

(4) 도시가스 비상공급시설의 설치신고

① 도시가스사업자는 가스공급시설이 멸실 · 손괴되거나 재해, 그 밖의 긴급한 사유로 시설공사계획의 승인을 받을 수 없거나 공사계획의 신고를 할 수 없으면 비상공급시설을 설치한 후 산업통상자원부장관 또는 시장 · 군수 · 구청장에게 그 사실을 신고하여야 한다.

② 비상공급시설을 설치한 도시가스사업자는 지체없이 비상공급시설 설치신고서에 다음의 서류를 첨부하여 산업통상자원부장관 또는 시장 · 군수 · 구청장에게 제출해야 한다.
㉮ 비상공급시설의 설치사유서
㉯ 비상공급시설에 의한 공급권역을 명시한 도면
㉰ 설치위치 및 주위 상황도
㉱ 안전관리자의 배치 현황

CHAPTER 02

LPG 안전관리 및 법규

1 LPG 판매

(1) 용어의 정의

① **저장설비** : 액화석유가스를 저장하기 위한 설비로서 저장탱크, 마운드형 저장탱크, 소형저장탱크 및 용기(용기집합설비와 충전용기보관실을 포함)를 말한다.

② **소형저장탱크** : 액화석유가스를 저장하기 위하여 지상 또는 지하에 고정 설치된 탱크로서 그 저장능력이 3톤 미만인 탱크를 말한다.

③ **벌크로리** : 소형저장탱크에 액화석유가스를 공급하기 위하여 펌프 또는 압축기가 부착된 자동차에 고정된 탱크를 말한다.

(2) LPG 판매 시설기준

① 사업소의 부지는 그 한 면이 폭 4m 이상의 도로에 접할 것

② 용기보관실은 그 바깥 면으로부터 화기를 취급하는 장소까지 2m 이상의 우회거리를 둘 것

(3) 저장설비

① **용기보관실**

㉮ 재료 : 불연성재료 사용(지붕은 불연성재료를 사용한 가벼운 지붕)

㉯ 벽 : 방호벽으로 할 것

㉰ 면적 : $19m^2$ 이상으로 할 것(용기보관실 주위 $11.5m^2$ 이상의 부지 확보)

② 용기보관실과 사무실은 동일한 부지에 구분하여 설치

③ 용기보관실은 폭발위험장소 1종 장소로 할 것

(4) 환기설비

① **자연환기설비**

㉮ 통풍가능면적의 합계 : 바닥면적 $1m^2$ 마다 $300cm^2$의 비율로 계산한 면적 이상

㉯ 환기구 1개의 면적 : $2400cm^2$ 이하

㉰ 사방을 방호벽등으로 설치할 경우 환기구의 방향은 2방향 이상으로 분산하여 설치

② **강제환기설비**

㉮ 통풍능력 : 바닥면적 $1m^2$ 마다 $0.5m^3/min$ 이상

㉯ 흡입구 : 바닥면 가까이에 설치

㉰ 배기가스 방출구 : 지면에서 5m 이상의 높이에 설치

(5) 경계책

① 저장설비를 설치한 장소 주위에 높이 1.5m 이상의 철책 또는 철망등의 경계책 설치

② 경계책 주위의 보기 쉬운 장소에 외부사람의 무단출입을 금하는 내용의 경계표지 부착

(6) 용기 유지관리

① 충전용기는 항상 40℃ 이하를 유지

② 충전용기와 잔가스용기를 구분하여 용기보관실에 저장(수요자의 주문에 따라 운반 중인 경우는 예외)

③ 충전용기 이동 시 필요한 경우에는 손수레를 이용

2 LPG 집단공급시설

(1) 용어의 정의

① **일반집단공급시설** : 저장설비에서 가스 사용자가 소유하거나 점유하고 있는 건축물의 외벽(외벽에 가스계량기가 설치된 경우에는 그 계량기의 전단밸브)까지의 배관과 그 밖의 공급시설을 말한다.

② **폭발방지장치** : 액화석유가스 저장탱크 외벽이 화염으로 국부적으로 가열될 경우 그 저장탱크 벽면의 열을 신속히 흡수 · 분산함으로써 탱크 벽면의 국부적인 온도상승에 따른 저장탱크의 파열을 방지하기 위하여 저장탱크 내벽에 설치하는 다공성 벌집형 알루미늄 합금 박판을 말한다.

TIP

▶ 폭발방지장치의 설치

주거지역이나 상업지역에 설치하는 저장능력 10톤 이상의 저장탱크에 설치(단, 안전조치를 한 저장탱크의 경우 및 지하에 매몰하여 설치한 저장탱크의 경우는 예외)

(2) 사업소 경계와의 거리 및 보호시설과의 거리

① **충전시설 중 충전설비 외면에서 사업소 경계까지 유지거리** : 24m 이상

② 충전시설 중 저장설비 외면에서 사업소 경계까지 유지거리(단, 저장설비를 지하에 설치하거나 지하에 설치된 저장설비 안에 액중펌프를 설치하는 경우 다음 표에 따른 경계거리에 0.7을 곱한 거리 이상)

저장능력	사업소 경계와의 거리
10톤 이하	24m
10톤 초과 20톤 이하	27m
20톤 초과 30톤 이하	30m
30톤 초과 40톤 이하	33m
40톤 초과 200톤 이하	36m
200톤 초과	39m

③ **집단공급시설, 저장시설의 저장설비에 따른 사업소 경계와의 유지거리**(단, 지하에 저장설비를 설치하는 경우 다음 표에 따른 거리의 2분의 1로 할 수 있음)

저장능력	사업소 경계와의 거리
10톤 이하	17m
10톤 초과 20톤 이하	21m
20톤 초과 30톤 이하	24m
30톤 초과 40톤 이하	27m
40톤 초과	30m

③ **저장능력에 따른 보호시설과의 안전거리**

저장능력	제1종보호시설	제2종보호시설
10톤 이하	17m	12m
10톤 초과 20톤 이하	21m	14m
20톤 초과 30톤 이하	24m	16m
30톤 초과 40톤 이하	27m	18m
40톤 초과	30m	20m

(3) 배관설비 접합 및 비파괴시험

① 배관의 접합은 용접시공 방법으로 접합한다.

② 압력 0.1MPa 이상인 액화석유가스가 통하는 배관의 용접부와 압력 0.1MPa 미만인 액화석유가스가 통하는 호칭지름 80A 이상의 배관의 용접부는 비파괴시험을 한다.

③ 지하 매설 배관과 호칭지름이 50A를 초과하는 노출배관의 접합부는 맞대기용접으로 하되, 접합부 중 계기류 등의 설치를 위한 이음쇠 접합부, 플랜지 접합부 또는 나사 타입 제품과의 연결부는 제외한다.

④ **용접부 결함자분 모양의 길이에 따른 등급 분류**

등급 분류	결함자분 모양의 길이
1급	1mm 이하
2급	1mm 초과 2mm 이하
3급	2mm 초과 4mm 이하
4급	4mm를 초과한 것

(4) 긴급차단장치

① **긴급차단장치 설치**

㉮ 내용적 5000L 이상의 탱크 배관에 설치한다.

㉯ 저장탱크 주 밸브의 외측에 가능하면 저장탱크에 가까운 위치 또는 저장탱크의 내부에 설치하되, 저장탱크 주밸브와 겸용하지 않는다.

㉰ 저장탱크의 침하 또는 부상, 배관의 열팽창, 지진, 그 밖의 외력에 따른 영향을 고려하여 설치위치를 선정한다.

② **긴급차단장치 차단조작기구 설치**

㉮ 동력원은 차단밸브의 구조에 따라 액압, 기압, 전기(어느 것이든 정전 시 비상전력 등으로 사용할 수 있는 것) 또는 스프링 등을 사용

㉯ 저장탱크로부터 5m 이상 떨어진 곳으로서 다음 장소마다 1개 이상 설치

㉠ 자동차에 고정된 탱크 이입 · 충전 장소 주변

㉡ 액화석유가스의 대량 유출에 대비하여 충분히 안전이 확보되고 조작이 용이한 곳

③ **기타 사항**

㉮ 긴급차단장치를 설치한 배관에는 그 긴급차단장치에 따르는 밸브 외에 2개 이상의 밸브를 설치하고, 그중 1개는 그 배관에 속하는 저장탱크의 가장 가까운 부근에 설치. 이 경우 그 저장탱크의 가장 가까운 부근에 설치한 밸브는 가스를 송출 또는 이입하는 때 외에는 닫아둔다.

㉯ 긴급차단장치 또는 역류방지밸브에는 그 차단에 따라 그 긴급차단장치 또는 역류방지밸브 및 접속하는 배관 등에서 워터해머(water hammer)가 발생하지 않는 조치를 강구한다.

(5) 충전시설

① 충전설비 중 충전기는 사업소 경계가 도로에 접한 경우에는 충전기 바깥 면으로부터 가장 가까운 도로 경계선까지 4m 이상을 유지할 것

② 탱크로리 이입 · 충전장소(지면에 표시하는 정차위치 크기는 길이 13m 이상, 폭 3m 이상)의 중심(지면에 표시하는 정차위치의 중심)으로부터 사업소 경계까지 유지해야 할 거리는 24m 이상

③ **소형저장탱크** : 저장능력 3톤 미만의 탱크

㉮ 동일 장소에 설치하는 소형저장탱크의 수는 6기 이하, 충전질량 합계는 5000kg 미만이 되도록 한다. 화기와는 5m 이상 이격

㉯ 충전질량 합계 1000kg 이상 소형저장탱크에는 높이 1m 이상의 경계책을 설치

㉰ 용기의 저장능력 500kg 이상 시 소형저장탱크 설치

④ **로딩암 설치**

㉮ 충전시설에는 자동차에 고정된 탱크에서 가스를 이입할 수 있도록 로딩암을 설치한다. 다만, 로딩암을 건축물 내부에 설치하는 경우 건축물 바닥면에 접하여 환기구를 2방향 이상 설치하고, 환기구 면적의 합계는 바닥면적의 6% 이상으로 한다.

㉯ 충전기 외면에서 가스설비실 외면까지의 거리가 8m 이하일 경우에는 로딩암을 충전기와 가스설비실 사이에 설치하지 않는다. 다만, 충전기와 가스설비실 사이에 로딩암의 설치가 불가피한 경우에는 규정된 안전조치를 한다.

⑤ **충전기, 충전호스**

㉮ 충전기 상부에는 캐노피(기둥으로 받치거나 매달아 놓은 덮개)를 설치하고 그 면적은 공지면적의 1/2 이하로 한다.

㉯ 충천호스 설치

㉠ 충전기의 충전호스의 길이는 5m 이내(자동차 제조공정 중에 설치된 것은 제외)로 하고, 그 끝에 축적되는 정전기를 유효하게 제거할 수 있는 정전기제거장치를 설치한다.

㉡ 충전호스에 과도한 인장력이 가해졌을 때 충전기와 가스주입기가 분리될 수 있는 안전장치를 설치한다.

㉢ 충전호스에 부착하는 가스주입기는 원터치형으로 한다.

⑥ **저장탱크**

㉮ 자동차에 고정된 탱크는 저장탱크의 바깥 면으로부터 3m 이상 떨어져 정지한다. 다만, 저장탱크와 자동차에 고정된 탱크의 사이에 방호 울타리 등을 설치한 경우에는 그렇지 않다.

㉯ 자동차에 고정된 탱크(내용적이 5000L 이상인 것만을 말한다)로부터 가스를 이입받을 때는 자동차가 고정되도록 자동차 정지목 등을 설치한다.

⑦ **충전시설의 표시**

㉮ 충전중 엔진정지 : 황색 바탕에 검정 글씨

㉯ 화기엄금 : 흰색 바탕에 적색 글씨

⑧ **주 · 정차선 표시**

㉮ 충전장의 충전기앞(옆) 노면에 충전할 자동차용 주 · 정차선과 입구 및 출구 방향을 표시할 것

㉯ 주 · 정차선의 표시는 다음과 같이 한다.

㉠ 국내에 운행하고 있는 충전차량 중 가장 큰 차량이 주 · 정차선 안에 들어갈 수 있는 크기로 표시

㉡ 충전기와 주 · 정차선이 1m 이상 이격되도록 표시

⑨ **정전기 제거설비 기능 확인**(다음 기준에 따라 검사를 하여 기능 확인)

㉮ 지상에서 접지저항치

㉯ 지상에서의 접속부의 접속 상태

㉰ 지상에서의 절선 및 그 밖에 손상 부분의 유무

⑩ **점검 주기**

㉮ 물부분장치, 살수장치 및 소화전 : 매월 1회 이상 작동상황 점검

㉯ 충전용 주관의 압력계 : 매월 1회 이상 기능검사

㉰ 충전용 주관 압력계 외의 압력계 : 1년에 1회 이상 기능검사

⑪ **저장탱크 및 설비의 수리 · 청소**

㉮ 치환 결과를 가스검지기등으로 측정하고 액화석유가스의 농도가 폭발하한계의 1/4 이하가 될 때까지 치환을 계속한다.

㉯ 공기로 재치환한 결과를 산소측정기 등으로 측정하고, 산소의 농도가 18%부터 22%까지로 된 것이 확인될 때까지 공기로 반복하여 치환한다.

⑫ **가스치환을 생략할 수 있는 경우**

㉮ 해당 가스설비의 내용적이 $1m^3$ 이하인 것

㉯ 출입구의 밸브가 확실히 폐지되어 있고 내용적이 $5m^3$ 이상의 가스설비에 이르는 사이에 2개 이상의 밸브를 설치한 것

㉰ 사람이 그 설비의 밖에서 작업하는 것

㉱ 화기를 사용하지 않는 작업인 것

㉲ 설비의 간단한 청소 또는 개스킷의 교환과 그 밖에 이들에 준하는 경미한 작업인 것

⑬ **폭발방지장치**

㉮ 설치 : 주거지역이나 상업지역에 설치하는 저장능력 10톤 이상의 저장탱크 및 차량에 고정된 탱크(단, 지하에 매몰하여 설치한 저장탱크의 경우는 예외)

㉯ 재료 : 다공성 벌집형 알루미늄 합금 박판

⑭ **방파판**

㉮ 설치 목적 : 탱크 내 액면 요동을 방지하기 위하여 설치

㉯ 면적 : 탱크 횡단면적의 40% 이상

㉰ 설치 위치 : 원호부 면적이 탱크 횡단면적의 20% 이하가 되는 위치

㉱ 설치 개수 : 탱크 내용적 $5m^3$ 마다 1개씩 설치

(6) 판매시설

① 용기저장소 시설기준

㉮ 사업소의 부지는 그 한 면이 폭 4m 이상의 도로에 접할 것

㉯ 용기보관실은 그 바깥 면으로부터 화기를 취급하는 장소까지 2m 이상의 우회거리를 두거나, 용기보관실과 화기를 취급하는 장소의 사이에는 그 용기보관실로부터 누출된 가스가 유동(流動)하는 것을 방지하기 위한 적절한 조치를 할 것

㉰ 용기보관실은 불연성재료를 사용하고, 그 지붕은 불연성재료를 사용한 가벼운 지붕을 설치할 것

㉱ 판매업소의 용기보관실 벽은 방호벽으로 할 것

㉲ 용기보관실의 면적은 19m^2 이상으로 할 것(용기보관실 주의 11.5m^2 이상의 부지 확보)

㉳ 용기보관실에는 분리형 가스누출경보기를 설치할 것

② 용기보관 방법

㉮ 저장능력 100kg 이하 시 : 직사광선 노출 및 빗물을 받지 않도록 조치

㉯ 저장능력 100kg 초과 시

㉠ 용기보관실 설치(용기보관실 벽 및 문은 불연재료, 지붕은 가벼운 불연재료, 구조는 단층구조)

㉡ 용기집합설비의 양단 마감 조치는 캡 또는 플랜지 설치

㉢ 용기를 3개 이상 집합하여 사용 시 용기집합장치 설치

㉣ 용기와 연결된 측도관 트윈호스 조정기 연결부는 조정기 이외의 설비와는 연결을 금할 것

㉤ 용기보관실 설치 곤란 시 외부인 출입방지용 출입문을 설치하고 경계표시

CHAPTER 03

고압가스 안전관리 및 법규

1 고압가스 특정제조

(1) 고압가스의 적용을 받는 가스의 종류

① 35℃에서 1MPa(g) 이상 압축가스

② 15℃에서 0Pa(g)을 초과하는 아세틸렌가스

③ 상용온도에서 0.2MPa(g) 이상 액화가스로서 실제 그 압력이 0.2MPa(g) 이상 되는 것 또는 0.2MPa(g) 되는 경우 35℃ 이하인 액화가스

④ 35℃에서 0Pa를 초과하는 액화가스 중 액화시안화수소, 액화브롬화메탄 및 액화산화에틸렌가스

(2) 가연성가스

① **가연성가스의 정의**

㉮ 폭발한계의 하한이 10% 이하인 것

㉯ 폭발한계의 상한과 하한의 차이가 20% 이상인 것

② **가연성가스의 폭발범위**

가스명	폭발범위(%)	가스명	폭발범위(%)
아세틸렌(C_2H_2)	2.5~81	메탄(CH_4)	5~15
산화에틸렌(C_2H_4O)	3~80	에탄(C_2H_6)	3~12.5
수소(H_2)	4~75	에틸렌(C_2H_4)	2.7~36
일산화탄소(CO)	12.5~74	프로판(C_3H_8)	2.1~9.5
시안화수소(HCN)	6~41	부탄(C_4H_{10})	1.8~8.4
암모니아(NH_3)	15~28	브롬화메탄(CH_3Br)	13.5~14.5

※ NH_3, CH_3Br은 하한 10% 이하, 상한과 하한의 차이가 20% 이상이 되지 않으나 법규상 가연성가스로 정하고 있음 (이유 : 폭발범위가 좁고 폭발하한이 높아 다른 가연성가스에 비하여 위험성이 낮음)

(3) 독성가스

① **고압가스 안전관리법령상 독성가스의 정의 및 종류(LC_{50})**

㉮ 독성가스는 허용농도(성숙한 흰쥐 집단에게 대기 중에서 1시간 동안 계속하여 노출시킨 경우 14일 이내에 그 흰쥐의 2분의 1 이상이 죽게 되는 가스의 농도) 100만분의 5000 이하인 가스(5000ppm 이하)

㉯ LC_{50} 기준 맹독성가스(200ppm 이하) : 포스겐(5ppm), 디보레인(80ppm), 포스핀(20ppm), 불소(185ppm), 오존(9ppm)

② TLV－TWA

㉮ 정상인이 1일 8시간 주 40시간의 통상적인 작업을 수행함에 있어 건강상 나쁜 영향을 미치지 아니하는 정도의 공기 중 가스의 농도

㉯ 100만분의 200 이하가 독성가스에 해당(200ppm 이하)

③ **독성가스의 허용농도**

가스명	허용농도(ppm)		가스명	허용농도(ppm)	
	LC_{50}	TLV－TWA		LC_{50}	TLV－TWA
벤젠	13700	1	암모니아(NH_3)	7338	25
오존(O_3)	9	0.1	일산화탄소(CO)	3760	50
포스겐($COCl_2$)	5	0.1	이산화황	2520	10
요오드화수소	2860	0.1	브롬화수소	2860	3
트리메틸아민	7000	5	염소(Cl_2)	293	1
알진	20	0.05	불소	185	0.1
포스핀	20	0.3	디보레인	80	0.1
브롬화메탄(CH_3Br)	850	20	산화에틸렌(C_2H_4O)	2900	1
황화수소(H_2S)	444	10	시안화수소(HCN)	140	10

TIP

TLV－TWA의 적용

가스누설경보기, 벤트스택 착지농도, 0종 및 1종 독성가스 종류 등 일부에만 적용

(4) 용어의 정의

① **액화가스** : 가압(加壓)·냉각 등의 방법에 의하여 액체상태로 되어 있는 것으로서 대기압에서의 끓는 점이 40℃ 이하 또는 상용 온도 이하인 것

② **압축가스** : 일정한 압력에 의하여 압축되어 있는 가스

③ **저장설비** : 고압가스를 충전·저장하기 위한 설비로서 저장탱크 및 충전용기보관설비

④ **저장탱크** : 고압가스를 충전 · 저장하기 위하여 지상 또는 지하에 고정 설치된 탱크

⑤ **충전용기** : 고압가스의 충전질량 또는 충전압력의 2분의 1 이상이 충전되어 있는 상태의 용기

⑥ **잔가스용기** : 고압가스의 충전질량 또는 충전압력의 2분의 1 미만이 충전되어 있는 상태의 용기

⑦ **가스설비** : 고압가스의 제조 · 저장 · 사용 설비(제조 · 저장 · 사용 설비에 부착된 배관을 포함하며, 사업소 밖에 있는 배관은 제외) 중 가스(제조 · 저장되거나 사용 중인 고압가스, 제조공정 중에 있는 고압가스가 아닌 상태의 가스, 해당 고압가스제조의 원료가 되는 가스 및 고압가스가 아닌 상태의 수소를 말한다)가 통하는 설비

⑧ **처리능력** : 공정흐름도(P&I)의 물질지수를 기준으로 액화가스는 무게(kg)로 압축가스는 용적(온도 0℃, 게이지압력 0Pa의 상태를 기준으로 한 m^3)으로 계산

(5) 보호시설

① **제1종보호시설**

㉮ 학교 · 유치원 · 어린이집 · 놀이방 · 어린이놀이터 · 학원 · 병원(의원을 포함) · 도서관 · 청소년수련시설 · 경로당 · 시장 · 공중목욕탕 · 호텔 · 여관 · 극장 · 교회 및 공회당(公會堂)

㉯ 사람을 수용하는 건축물(가설건축물은 제외)로서 사실상 독립된 부분의 연면적이 $1000m^2$ 이상인 것

㉰ 예식장 · 장례식장 및 전시장, 그 밖에 이와 유사한 시설로서 300명 이상 수용할 수 있는 건축물

㉱ 아동복지시설 또는 장애인복지시설로서 20명 이상 수용할 수 있는 건축물

㉲ 「문화재보호법」에 따라 지정문화재로 지정된 건축물

② **제2종보호시설**

㉮ 주택

㉯ 사람을 수용하는 건축물(가설건축물은 제외)로서 사실상 독립된 부분의 연면적이 $100m^2$ 이상 $1000m^2$ 미만인 것

(6) 저장능력 산정기준

① **압축가스 저장탱크 및 용기**

$$Q = (10P+1)V$$

- Q : 저장능력(m^3)
- P : 35℃(아세틸렌가스는 15℃에서 최고충전압력MPa)
- V : 내용적(m^3)

② **액화가스의 저장탱크**

$$W = 0.9d \cdot V$$

- W : 저장능력(kg)
- d : 상용온도에서 액화가스의 비중(kg/L)
- V : 내용적(L)

※ 단, 소형 저장탱크(액화석유가스를 저장하기 위하여 지상 또는 지하에 고정 설치된 탱크로서, 그 저장능력이 3톤 이상인 탱크)의 경우 0.9 대신 0.85를 적용한다.

③ **액화가스의 용기 및 및 차량에 고정된 탱크**

$$W = \frac{V}{C} \quad \begin{cases} W : \text{저장능력(kg)} \\ d : \text{상용온도에서 액화가스의 비중(kg/L)} \\ C : \text{가스종류에 따른 충전상수} \end{cases}$$

TIP

용기에 따른 충전상수

- 액화프로판(C_3H_8) : 2.35
- 액화부탄(C_4H_{10}) : 2.05
- 액화암모니아(NH_3) : 1.86
- 액화탄산가스(CO_2) : 1.47
- 액화염소(Cl_2) : 0.8

(7) 냉동능력 산정기준

① **원심식 압축기를 사용하는 냉동설비** : 원동기 정격출력 1.2kW가 1일의 냉동능력 1톤

② **흡수식 냉동설비** : 발생기를 가열하는 입열량 6640kcal/hr이 1일의 냉동능력 1톤

③ 그 밖의 것은 다음의 산식에 따름

$$R = \frac{V}{C} \quad \begin{cases} R : \text{1일의 냉동능력(톤)} \\ V : \text{피스톤압출량(m}^3\text{/hr)} \\ C : \text{냉매가스종류에 따른 상수} \end{cases}$$

(8) 처리 및 저장능력에 따른 안전거리

구분	처리능력 및 저장능력	제1종보호시설	제2종보호시설
산소의 처리설비 및 저장설비	1만 이하	12m	8m
	1만 초과 2만 이하	14m	9m
	2만 초과 3만 이하	16m	11m
	3만 초과 4만 이하	18m	13m
	4만 초과	20m	14m
독성가스 또는 가연성가스의 처리설비 및 저장설비	1만 이하	17m	12m
	1만 초과 2만 이하	21m	14m
	2만 초과 3만 이하	24m	16m
	3만 초과 4만 이하	27m	18m
	4만 초과 5만 이하	30m	20m

독성가스 또는 가연성가스의 처리설비 및 저장설비	5만 초과 99만 이하	30m(가연성가스 저온저장탱크는 $\frac{3}{25}\sqrt{x+10,000}$m)	20m(가연성가스 저온저장탱크는 $\frac{2}{25}\sqrt{x+10,000}$m)
	99만 초과	30m(가연성가스 저온저장탱크는 120m)	20m(가연성가스 저온저장탱크는 80m)
그 밖의 가스의 처리설비 및 저장설비	1만 이하	8m	5m
	1만 초과 2만 이하	9m	7m
	2만 초과 3만 이하	11m	8m
	3만 초과 4만 이하	13m	9m
	4만 초과	14m	10m

※ 처리능력 및 저장능력은 압축가스의 경우애는 m^3, 액화가스의 경우에는 kg으로 한다.

※ 한 사업소에 2개 이상의 처리설비 또는 저장설비가 있는 경우에는 그 처리능력별 또는 저장능력별로 각각 안전거리를 유지하여야 한다.

(9) 화기와의 우회거리

① **가연성가스, 산소의 가스설비 또는 저장설비** : 8m 이상

② **그 밖의 가스의 가스설비 또는 저장설비** : 2m 이상

③ **가스설비와 화기를 취급하는 장소 사이**

㉮ 누출된 가스가 유동하는 것을 방지하기 유동방지시설을 설치할 것

㉯ 유동방지시설은 높이 2m 이상의 내화성의 벽, 화기 취급장소와 8m 이상의 우회 수평거리 유지

(10) 다른 설비와의 거리

설비	안전거리
1. 다른 안전구역의 고압가스 설비(배관 제외) 외면까지의 거리	30m 이상
2. 가연성가스 저장탱크 외면 ↔ 압축기(처리능력 20만m^3 이상)	30m 이상
3. 가연성가스 제조시설 고압가스설비 외면 ↔ 가연성가스 제조시설 고압가스설비	5m 이상
4. 가연성가스 제조시설 고압가스설비 외면 ↔ 산소 제조시설 고압가스설비	10m 이상
5. 제조설비의 외면 ↔ 그 제조소의 경계	20m 이상
6. 위 5항의 20m를 이격하지 않아도 되는 경우 – 제조소와 제조설비간의 거리가 40m 이격되고 그 안에 다른 설비가 들어오지 않는 것이 보장되는 경우 – 비가연성, 비독성가스 제조설비인 경우 – 비독성인 가연성가스 제조설비로써 연소열량이 3.4×10^6 미만인 경우	–

(11) 방호벽

① **방호벽 설치기준**

구분 \ 종류	높이	두께
철근콘크리트	2m 이상	12cm 이상
콘크리트블럭	2m 이상	15cm 이상
박강판	2m 이상	3.2mm 이상
후강판	2m 이상	6mm 이상

② **방호벽 적용시설**

㉮ 일반 제조 중 C_2H_2 가스 또는 압력 9.8MPa 이상 압축가스 충전 시

㉠ 압축기와 그 충전장소 사이의 공간

㉡ 압축기와 그 가스충전용기 보관장소 사이의 공간

㉢ 충전장소와 그 가스충전용기 보관장소 사이의 공간

㉣ 충전장소와 그 충전용 주관밸브 조작밸브 사이의 공간

㉯ 특정고압가스 300kg, $60m^3$ 이상 사용시설의 용기보관실 벽(단, 안전거리 유지 시 제외)

㉰ 저장탱크 : 사업소 내 보호시설

㉱ 고압가스용기 보관실 벽(판매)

㉲ 저장탱크와 가스충전장소(충전)

(12) 고압가스 특정제조 시설 · 누출확산 방지조치

① 시가지 · 하천 · 터널 · 도로 · 수로 및 사질토 등의 특수성지반(해저는 제외) 중에 배관을 설치하는 경우에는 고압가스의 종류에 따라 안전한 방법으로 누출된 가스의 확산방지조치를 한다.

② 이 경우 고압가스의 종류 및 압력과 배관의 주위상황에 따라 배관을 2중관으로 하고, 가스누출 검지경보장치를 설치한다.

(13) 2중관 설치 독성가스 및 방호구조물 설치 대상 독성가스

① **2중관으로 하여야 하는 가스** : 암모니아, 아황산가스, 염소, 염화메탄, 산화에틸렌, 시안화수소, 포스겐, 황화수소

② **하천 또는 수로를 횡단 시**

㉮ 2중관 설치 대상 독성가스 : 염소, 포스겐, 불소, 아크릴알데히드, 아황산가스, 시안화수소, 황화수소

㉯ 방호구조물 설치 대상 : 위 ㉮항 외의 독성가스 또는 가연성가스

③ **2중관의 규격** : 바깥층관 안지름은 안층관 바깥지름의 1.2배 이상

(13) 산업통상자원부령으로 정하는 고압가스 관련 설비(특정설비)

① 저장탱크(액화천연가스저장탱크 제외) 및 차량에 고정된 탱크 · 압력용기(복합재료 압력용기 제외)

② 긴급차단장치, 역화방지장치, 기화장치, 고압가스용 실린더캐비닛, 액화석유가스용 용기잔류가스회수장치, 액화천연가스저장탱크, 냉동용 특정설비

③ 독성가스 배관용 밸브, 자동차용 압축천연가스 완속충전설비, 압축천연가스 자동차용 가스자동주입기 및 복합재료 압력용기

④ 안전밸브, 액화석유가스 자동차용 가스자동주입기

(14) 특정고압가스와 특수고압가스

① **특정고압가스의 종류**

㉮ 고압가스 안전관리법상 : 수소, 산소, 액화암모니아, 아세틸렌, 액화염소, 천연가스, 압축모노실란, 압축디보레인, 액화알진

㉯ 고압가스 안전관리법 시행령상 : 포스핀, 셀렌화수소, 게르만, 디실란, 오불화비소, 오불화인, 삼불화인, 삼불화질소, 삼불화붕소, 사불화유황, 사불화규소

② 특정고압가스 사용신고를 하여야 하는 자

㉮ 저장능력 500kg 이상인 액화가스저장설비를 갖추고 특정고압가스를 사용하려는 자

㉯ 저장능력 $50m^3$ 이상인 압축가스저장설비를 갖추고 특정고압가스를 사용하려는 자

㉰ 배관으로 특정고압가스(천연가스 제외)를 공급받아 사용하려는 자

㉱ 압축모노실란, 압축디보레인, 액화알진, 포스핀, 셀렌화수소, 게르만, 디실란, 오불화비소, 오불화인, 삼불화인, 삼불화질소, 삼불화붕소, 사불화유황, 사불화규소, 액화염소 또는 액화암모니아를 사용하려는 자. 다만, 해당 고압가스를 직접 시험용으로 사용하려 하거나 시장 · 군수 또는 구청장이 지정하는 지역에서 사료용으로 볏짚 등을 발효하기 위하여 액화암모니아를 사용하려는 경우는 제외

㉲ 자동차 연료용으로 특정고압가스를 공급받아 사용하려는 자

③ **특수고압가스의 종류** : 압축모노실란, 압축디보레인, 액화알진, 포스핀, 세렌화수소, 게르만, 디실란 및 그 밖에 반도체의 세정 등 산업통상자원부장관이 인정하는 특수한 용도에 사용되는 고압가스

(15) 가스누출경보 및 자동차단장치

① **설치 대상** : 독성가스 및 공기보다 무거운 가연성가스의 제조시설에는 가스가 누출될 경우 이를 신속히 검지하여 효과적으로 대응할 수 있도록 하기 위하여 가스누출검지경보장치를 설치

② **설치 목적** : 가스누출 시 신속하게 검지, 효과적으로 대응하기 위함

③ **기능 및 작동**

㉮ 검지엘리먼트의 변화를 전기적 신호에 따라 이미 설정하여 놓은 가스농도(경보농도)에서 자동적으로 울림

㉯ 경보를 발신한 후에는 원칙적으로 분위기 중 가스농도가 변화해도 계속 경보를 울리고, 그 확인 또는 대책을 강구함에 따라 경보가 정지되는 것으로 함

④ **형식** : 접촉연소 방식, 격막갈바닉전지 방식, 반도체 방식

⑤ **경보농도 및 경보기 정밀도**

구분	경보농도	경보기 정밀도
가연성가스	폭발 하한계의 1/4 이하	±25% 이하
독성가스	TLV-TWA 기준 농도 이하 (단, 암모니아를 실내에서 사용하는 경우는 50ppm)	±30% 이하

⑥ **검지에서 발신까지 걸리는 시간**

㉮ 경보농도의 1.6배 농도에서 보통 30초 이내

㉯ 다만, 검지경보장치의 구조상 또는 이론상 30초가 넘게 걸리는 가스(암모니아, 일산화탄소 또는 이와 유사한 가스)에서는 1분 이내로 할 수 있다.

⑦ 지시계의 눈금은 가연성가스용은 0~폭발 하한계 값, 독성가스는 0~TLV-TWA 기준농도의 3배 값(암모니아를 실내에서 사용하는 경우에는 150ppm)을 명확하게 지시하는 것으로 한다.

⑧ **배관 중 경보장치의 검출부를 설치하는 곳**

㉮ 긴급차단 장치의 부분(밸브피트를 설치한 곳에는 해당 밸브 피트 안)

㉯ 슬리브관, 2중관 또는 방호구조물 등으로 밀폐되어 설치(매설을 포함)되는 부분

㉰ 누출된 가스가 체류하기 쉬운 구조인 부분

⑨ **검출부를 설치하지 않는 장소**

㉮ 연기 등의 접촉 우려가 있는 곳

㉯ 누출가스 유동이 원활히 못한 곳

㉰ 40℃ 이상인 곳

(16) 가스누출검지경보장치의 검출부 설치장소 및 개수

① **바닥면 둘레 10m 마다 1개 이상의 비율로 설치하는 곳**

㉮ 건축물 내

㉯ 특수반응설비

② **바닥면 둘레 20m 마다 1개 이상의 비율로 설치하는 곳**

㉮ 액화석유가스 용기보관 장소, 용기저장실

㉯ 도시가스 지하정압기실을 포함한 정압기실

㉰ 그 밖의 건축물 밖

③ **검출부를 1개 이상 설치하여야 하는 장소**

㉮ 계기실 내부

㉯ 방류둑 내 저장탱크마다

㉰ 독성가스 충정용접속구 주위

(17) 경보장치와 이상사태

① **경보가 울리는 경우**

㉮ 배관 내 압력이 상용압력의 1.05배 초과 시
㉯ 정상압력보다 15% 이상 강하 시
㉰ 정상유량보다 7% 이상 변동 시
㉱ 긴급차단밸브 고장 시

② **이상상태가 발생한 경우**

㉮ 상용압력의 1.1배 초과 시
㉯ 유량이 15% 이상 증가 시
㉰ 압력이 30% 이상 강하 시
㉱ 가스누출경보기 작동 시

(18) 저장탱크

① **저장탱크간 거리**

가연성가스의 저장탱크(저장능력이 $300m^3$ 또는 3톤 이상의 것에 한정한다)와 다른 가연성가스 또는 산소의 저장탱크와의 사이에는 두 저장탱크의 최대지름을 합산한 길이의 4분의 1 이상에 해당하는 거리(두 저장탱크의 최대지름을 합산한 길이의 4분의 1이 1m 미만인 경우에는 1m 이상의 거리)를 유지한다.

② **저장탱크의 지하설치(지하에 설치하는 저장탱크는 다음 기준에 따라 설치)**

㉮ 저장탱크의 외면에는 부식방지코팅과 전기적 부식방지를 위한 조치를 한다.
㉯ 저장탱크는 천장·벽 및 바닥의 두께가 각각 30cm 이상인 방수조치를 한 철근콘크리트로 만든 곳(이하 "저장탱크실"이라 한다)에 설치한다.
㉰ 저장탱크실은 아래의 표에 따른 규격을 가진 레디믹스콘크리트(ready-mixed concreate)를 사용해 수밀(水密)콘크리트로 시공한다.
㉱ 저장탱크의 주위에는 마른모래를 채운다.
㉲ 지면으로부터 저장탱크의 정상부까지의 깊이는 60cm 이상으로 한다.
㉳ 저장탱크를 2개 이상 인접해 설치하는 경우에는 상호간에 1m 이상의 거리를 유지한다.
㉴ 저장탱크를 매설한 곳의 주위에는 지상에 경계표지를 설치한다.
㉵ 저장탱크에 설치한 안전밸브에는 지면에서 5m 이상의 높이에 방출구가 있는 가스방출관을 설치한다.

항목	규격
굵은 골재의 최대치수	25mm
설계강도	20.6~23.5MPa(LPG탱크 21MPa)
슬럼프(slump)	12~15cm
공기량	4%

물－시멘트 비	53% 이하(LPG탱크 50% 이하)
기타	KS F 4009(레디믹스드트 콘크리트)에 따른 규격

[저장탱크실 재료 규격]

③ **저장탱크 및 처리설비의 실내 설치**

㉮ 저장탱크실과 처리설비실은 각각 구분하여 설치하고 강제환기시설을 갖춘다.

㉯ 저장탱크실 및 처리설비실은 천장 · 벽 및 바닥의 두께가 30cm 이상인 철근콘크리트로 만들고, 방수처리가 된 것으로 한다.

㉰ 가연성가스 또는 독성가스의 저장탱크실과 처리설비실에는 가스누출검지경보장치를 설치한다.

㉱ 저장탱크의 정상부와 저장탱크실 천장과의 거리는 60cm 이상으로 한다.

㉲ 저장탱크를 2개 이상 설치하는 경우에는 저장탱크실을 각각 구분하여 설치한다.

㉳ 저장탱크 및 그 부속시설에는 부식방지도장을 한다.

㉴ 저장탱크실 및 처리설비실을 설치한 주위에는 경계표지를 한다.

㉵ 저장탱크에 설치한 안전밸브는 지상 5m 이상의 높이에 방출구가 있는 가스방출관을 설치한다.

④ **저장탱크의 형식**

㉮ 단일방호형식 : 내부탱크는 액상 및 기상의 가스를 모두 저장하며, 내부탱크가 파괴될 경우 누출된 액상의 가스를 방류둑에서 충분히 담을 수 있는 구조

㉯ 이중방호형식 : 내부탱크는 액상 및 기상의 가스를 모두 저장하며, 내부탱크가 파괴되어 액상의 가스가 누출되는 경우 방류둑 또는 외부탱크에서 누출된 액상의 가스를 담을 수 있는 구조

㉰ 완전방호형식 : 정상운전 시 내부탱크는 액상의 가스를 저장할 수 있고, 외부탱크는 기상의 가스를 저장할 수 있는 구조로서 내부탱크가 파괴되어 누출되는 경우 외부탱크가 누출된 액상 및 기상의 가스를 담을 수 있으며, 증발가스(boil-off gas)는 안전밸브를 통해 방출될 수 있는 구조

⑤ **저장실 설치**

㉮ 저장실은 그 저장실에서 고압가스가 누출되는 경우 재해 확대를 방지할 수 있도록 설치한다.

㉯ 가연성가스, 산소 및 독성가스의 용기보관실은 각각 구분하여 설치한다.

㉰ 가연성가스의 용기보관실은 그 가스가 누출된 때에 체류하지 않도록 환기구를 갖추고, 환기가 잘되지 않는 곳에는 강제환기시설을 설치하며, 독성가스의 용기보관실은 누출되는 가스의 확산을 적절하게 방지할 수 있는 구조로 한다.

⑥ **저장탱크 부압파괴 방지조치**

㉮ 부압파괴방지설비 : 가연성가스저온저장탱크의 내부압력이 외부압력보다 낮아짐에 따라 그 저장탱크가 파괴되는 것을 방지

㉯ 설치하여야 할 부압파괴방지설비

㉠ 압력계

㉡ 압력경보설비

㉢ 그 밖에 진공안전밸브, 다른 저장탱크 또는 시설로부터의 가스도입배관(균압관), 압력과 연동하는 긴급차단장치를 설치한 냉동제어설비, 압력과 연동하는 긴급차단장치를 설치한 송액설비 중 어느 하나 이상의 설비

(19) 용기의 내압시험 시 항구증가율(%)

① 항구증가율(%) $= \dfrac{\text{항구증가량}}{\text{전증가량}} \times 100(\%)$

② **합격기준**

㉮ 신규검사 : 항구증가율 10% 이하

㉯ 재검사

㉠ 질량검사 95% 이상 시 항구증가율 10% 이하

㉡ 질량검사 90% 이상 95% 미만 시 항구증가율 10% 이하

(20) 물분무장치

① **물분무장치 분무량**

시설별 \ 구분	저장탱크 전 표면	단열재구조의 준내화구조 저장탱크	단열재구조의 내화구조 저장탱크	비고
가연성 가스 저장탱크가 상호인접한 경우 또는 산소저장탱크가 인접한 경우로서 인접한 탱크의 거리가 1m 또는 인접한 저장탱크 최대지름의 1/4미터 단위로 표시한 거리 중 큰쪽 거리를 유지하지 못한경우	8 L/min	6.5 L/min	4 L/min	〈물분무장치〉 • 조작위치 : 15m, 30분 연속 분무 가능 〈소화전〉 • 호스끝 수압 : 0.3MPa 이상 • 방수능력 : 400L/min
가연성저장탱크가 상호인접한 경우 또는 산소저장탱크가 인접한 경우로서 저장 탱크간의 거리가 두저장 탱크의 최대직경을 합산한 길이의 1/4을 유지하지 못한 경우	7 L/min	4.5 L/min	2 L/min	

② **탱크의 이격거리 등**

구분	내용	
물분무장치가 없을 경우 탱크의 이격거리 (탱크의 직경을 각각 A_1, A_2라 했을 때)	$(A_1+A_2)\times\frac{1}{4}>1\text{m}$일 때	그 길이 이상 유지
	$(A_1+A_2)\times\frac{1}{4}<1\text{m}$일 때	1m 이상 유지
저장탱크를 지하에 설치 시	상호간 1m 이상 유지	

(21) 살수장치

조작위치	저장탱크 전 표면	준내화구조의 저장탱크	비고
탱크의 이입 · 충전장소인 경우 탱크 외면으로부터 5m 이상 떨어진 위치	5L/min (표면적 $1m^2$당)	2.5L/min (표면적 $1m^2$당)	• 소화전 호스 끝 수압 0.3MPa • 방수능력 400L/min

(22) 벤트스택

벤트스택은 가스를 연소시키지 않고 대기 중에 방출시키는 파이프 또는 탑으로 가스 확산 촉진을 위하여 150m/s 이상의 속도가 되도록 지름을 결정한다.

① **착지농도**

㉮ 가연성가스 : 폭발하한계 값 미만

㉯ 독성가스 : TLV−TWA 기준농도 값 미만

② **방출구의 위치**

㉮ 긴급용 벤트스택 : 작업원이 정상작업을 하는데 필요한 장소 및 작업원이 항시 통행하는 장소로부터 10m 이상 떨어진 곳

㉯ 그 밖의 벤트스택 : 작업원이 정상작업을 하는데 필요한 장소 및 작업원이 항시 통행하는 장소로부터 5m 이상 떨어진 곳

③ **기액분리기 설치** : 액화가스가 함께 방출되거나 급랭될 우려가 있는 벤트스택에는 그 벤트스택과 연결된 가스공급시설의 가장 가까운 곳에 설치

(23) 플레어스택

플레어스택은 가연성가스를 연소에 의하여 처리하는 파이프 또는 탑을 말하며, 긴급이송설비로부터 이송되는 가스를 연소시켜 대기로 안전하게 방출할 수 있도록 한다.

① **설치위치 및 높이** : 플레어스택 바로 밑의 지표면에 미치는 복사열이 $4000kcal/m^2 \cdot h$ 이하가 되도록 한다.(단, $4000kcal/m^2 \cdot h$를 초과하는 경우로서 출입이 통제되어 있는 지역은 예외)

② **플레어스택에 필요한 시설**

㉮ 파일럿버너 또는 항상 작동할 수 있는 자동점화장치

㉯ 역화 및 공기 등과의 혼합폭발을 방지하기 위하여 갖추는 시설

㉠ liquid seal 설치

㉡ flame arrestor 설치

㉢ vapor seal 설치

㉣ purge gas(N_2, off gas 등)의 지속적인 주입 등

㉤ molecular seal 설치

(24) 방류둑

방류둑은 주위에 액상의 가스가 누출된 경우 그 유출을 방지하기 위하여 액화가스 저장탱크 주위에 둘러쌓는 제방을 말한다.

① **방류둑 적용시설**

㉮ 고압가스 특정제조 : 독성 5톤 이상, 가연성 500톤 이상, 산소 1000톤 이상

㉯ 고압가스 일반제조 : 독성 5톤 이상, 가연성 1000톤 이상, 산소 1000톤 이상

㉰ 액화석유가스(LPG) : 1000톤 이상

㉱ 냉동제조시설 : 수액기 내용적 10000L 이상

㉲ 일반도시가스사업 : 1000톤 이상

㉳ 가스도매사업 : 500톤 이상

② **방류둑 용량**

㉮ 독성 · 가연성가스 : 저장탱크의 저장능력에 상당하는 용적(상당용적)

㉯ 액화산소 저장탱크 : 저장능력 상당용적의 60% 이상

③ **방류둑의 구조**

㉮ 성토는 45°이하의 기울기로 다져 쌓고, 그 표면에 콘크리트 등으로 보호

㉯ 성토 윗부분의 폭은 0.3m 이상

㉰ 방류둑은 그 높이에 상당하는 해당 액화가스의 액두압에 견딜 수 있을 것

㉱ 출입구는 계단, 사다리 또는 토사를 높이 쌓아 올린 형태 등으로 둘레 50m마다 1개 이상씩 설치하되, 그 둘레가 50m 미만일 경우에는 2개 이상을 분산하여 설치

㉲ 방류둑 내측 및 그 외면으로부터 10m 이내에는 그 저장탱크의 부속설비 외의 것을 설치하지 말 것

(25) 긴급차단장치

긴급차단장치는 긴급 시 가스의 누출을 효과적으로 차단하기 위하여 설치하는 사고예방설비를 말한다.

① **적용시설**

㉮ 내용적이 5000L 이상인 저장탱크

㉯ 액상의 가연성가스 또는 독성가스를 이입하기 위하여 설치된 배관에는 역류방지밸브로 대신할 수 있음

② **설치위치**

㉮ 고압가스 일반제조 및 일반도시가스사업 LPG : 저장탱크의 외면으로부터 5m 이상 떨어진 위치에서 조작할 수 있는 곳에 설치

㉯ 고압가스 특정제조 및 가스도매사업 : 저장탱크의 외면으로부터 10m 이상 떨어진 위치에서 조작할 수 있는 곳에 설치

③ **장치의 동력원** : 액압, 기압, 전기(어느 것이나 정전 시에 비상전력 등으로 사용 가능하게 한 것) 또는 스프링 등

(26) 배관의 설치

① **사업소 밖의 지하매설**

㉮ 건축물과 1.5m 이상의 거리를 유지

㉯ 지하도로 및 터널과 10m 이상의 거리를 유지

㉰ 독성가스의 배관은 그 가스가 혼입될 우려가 있는 수도시설과는 300m 이상의 거리를 유지

㉱ 그 외면으로부터 지하의 다른 시설물과 0.3m 이상의 거리를 유지

② **배관 도로매설**

㉮ 도로 밑 매설 : 도로의 경계와 1m 이상의 수평거리 유지

㉯ 시가지의 도로노면 밑 : 노면에서 배관 외면까지의 깊이 1.5m 이상 유지(단, 방호구조물 안에 설치하는 경우 1.2m 이상)

㉰ 시가지 외의 도로노면 밑 : 노면에서 배관 외면까지의 깊이 1.2m 이상 유지

③ **배관 철도부지 매설**

㉮ 배관 외면으로부터 궤도 중심까지 4m 이상, 그 철도부지의 경계까지는 1m 이상의 거리를 유지

㉯ 지표면으로부터 배관 외면까지의 깊이 1.2m 이상

④ 배관 지상설치 시 유지하는 공지 폭

상용압력	공지의 폭
0.2MPa 미만	5m
0.2MPa 이상 1MPa 미만	9m
1MPa 이상	15m

⑤ **배관 수중설치 및 해저설치**

㉮ 하천설치 : 흐르는 물로 인하여 토사가 유실되지 않는 깊이 이상의 곳에 매설

㉯ 수로가 불안정한 강바닥에 매설 : 수로가 얕은 부분에서도 깊은 부분의 배관과 수평으로 되도록 매설

㉰ 해저설치

㉠ 원칙적으로 다른 배관과 교차하지 않도록 할 것

㉡ 다른 배관과 30m 이상의 수평거리를 유지

2 고압가스 일반제조

(1) 배치기준

① **다른 설비와의 거리**

㉮ 가연성가스제조시설의 고압가스설비 외면으로부터 다른 가연성가스제조시설의 고압가스설비까지의 거리 : 5m 이상

㉯ 가연성가스제조시설의 고압가스설비 외면으로부터 산소제조시설의 고압가스설비까지의 거리 : 10m 이상

② **화기와의 거리**

㉮ 가스설비 및 저장설비 외면으로부터 화기를 취급하는 장소 사이 : 우회거리 2m 이상

㉯ 가연성가스 및 산소의 가스설비 또는 저장설비 외면으로부터 화기를 취급하는 장소 사이 : 우회거리 8m 이상

㉯ 불연성 건축물 안에서 화기를 사용하는 경우에는 가스설비 등으로부터 수평거리 8m 이내에 있는 건축물 개구부 : 방화문 또는 망입유리로 폐쇄하고, 사람이 출입하는 출입문은 2중문으로 구성

③ **경계책**

㉮ 경계책의 높이 : 1.5m 이상

㉯ 경계책의 재료 : 철책, 철망 등

(2) 독성가스의 표지

① 식별표지 및 위험표지

표지 구분 \ 항목	바탕색	글자색	적색으로 표시	글자크기	식별거리
식별표지	백색	흑색	가스의 명칭	가로 · 세로 10cm 이상	30m 이상
위험표지	백색	흑색	'주의'	가로 · 세로 5cm 이상	10m 이상

② **위험표지 설치장소** : 펌프 · 밸브 및 이음부분 그 밖에 독성가스가 누출될 수 있는 장소

TIP

독성가스의 보호구 장착훈련

작업원은 3개월에 1회 이상 보호구의 사용훈련을 받아 사용법을 숙지하여야 한다.

(3) 저장설비 기준

① **저장설비 구조**

㉮ 저장탱크 및 가스홀더 : 가스가 누출하지 아니하는 구조로 설치

㉯ 가스방출장치 : $5m^3$(5000L) 이상의 가스를 저장하는 것에는 가스방출장치를 설치

② **지반침하방지 탱크의 용량**

㉮ 압축가스 : 저장능력 $100m^3$ 이상

㉯ 액화가스 : 1톤 이상(단, LPG는 3톤 이상)

③ **고압가스설비 및 압력계**

㉮ 고압가스설비

㉠ 항복 : 상용압력의 2배 이상의 압력에서 항복을 일으키지 아니하는 두께를 가지고, 상용의 압력에 견디는 충분한 강도를 가지는 것

㉡ 내압시험 : 상용압력의 1.5배(공기 · 질소 등의 기체로 내압시험을 실시하는 경우 및 압력

용기 및 그 압력용기에 직접 연결되어 있는 배관의 경우는 1.25배) 이상의 압력으로 실시하여 이상이 없을 것

㉯ 압력계

㉠ 눈금범위 : 상용압력의 1.5배 이상 2배 이하의 최고눈금이 있는 것이어야 함

㉡ 2개 이상 비치하여야 하는 곳 : 압축 · 액화 그 밖의 방법으로 처리할 수 있는 가스의 용적이 1일 100m^3 이상인 사업소

(4) 사고예방설비 기준

① **가스방출관**

㉮ 과압안전장치 중 안전밸브 또는 파열판에는 가스방출관을 설치하고 개구부는 빗물 등이 고이지 않는 구조로 할 것

㉯ 가스방출관의 방출구 위치

㉠ 가연성가스의 저장탱크에 설치하는 경우 : 지상으로부터 5m 이상의 높이 또는 저장탱크의 정상부로부터 2m의 높이 중 높은 위치

㉡ 독성가스의 설비에 설치하는 경우 : 그 독성가스의 중화를 위한 설비 안에 설치

② **안전밸브**

㉮ 작동압력 : $T_P \times \dfrac{8}{10}$배(단, 액화산소탱크의 경우에는 상용압력의 1.5배) 이하

※ 내압시험압력(T_P) = 상용압력 × 1.5

㉯ 안전밸브의 분출유량식

$$Q = 0.0278PW \quad \begin{cases} Q : \text{분출유량}(m^3/min) \\ P : \text{작동절대압력}(MPa) \\ W : \text{용기내용적}(L) \end{cases}$$

③ **정전기 제거설비**

㉮ 접지저항치 총합 : 100Ω 이하(피뢰설비를 설치한 것은 10Ω 이하)

㉯ 접지접속선 단면적 : 5.5mm^2 이상(단선은 제외)

㉰ 단독으로 접지해야 하는 것 : 탑류, 저장탱크, 열교환기, 회전기계, 벤트스택 등

(5) 배관설비 기준

① **배관의 표지판 설치**

㉮ 지하에 설치된 배관 : 500m 이하의 간격으로 설치

㉯ 지상에 설치된 배관 : 1000m 이하의 간격으로 설치

② **압력계 및 온도계 설치**

㉮ 압축가스배관 : 압력계 설치

㉯ 액화가스배관 : 압력계 및 온도계 설치(단, 초저온 또는 저온의 액화가스배관의 경우 온도계 설치 생략 가능)

(6) 여과기 설치

① **여과기 기능** : 석유류 · 유지류 그 밖의 탄화수소를 여과 · 분리

② **설치 대상** : 공기압축량이 1000m^3/hr 초과하는 공기액화분리기

③ **설치 위치** : 액화공기탱크와 액화산소증발기와의 사이에 설치

(7) 에어졸 제조

① **에어졸 제조 용기** : 내용적 1L 이하, 내용적이 100cm^3를 초과하는 용기의 재료는 강 또는 경금속 사용

② **금속제 용기 두께** : 0.125mm 이상이고 내용물로 인한 부식을 방지할 수 있는 조치

③ **시험압력 및 누설시험온도**

㉮ 시험압력 : 내압시험압력 0.8MPa, 가압시험압력 1.3MPa, 파열시험압력 1.5MPa

㉯ 누설시험온도 : 46~50℃ 미만(불꽃길이 시험온도 24℃ 이상 26℃ 이하)

㉰ 시료채취 : 같은 로트에서 에어졸을 충전한 용기를 1조로 하여 그 조에서 임의로 3개를 채취

④ **에어졸제품 기재사항**

에어졸의 종류	용기에 기재할 사항	
	연소성	주의사항
1. 불꽃길이 시험에 따른 화염이 인지되지 아니하는 것으로서 가연성가스를 사용하지 않는 것	–	고압가스를 사용하여 위험하므로 다음의 주의를 지킬 것 1. 온도가 40℃ 이상되는 장소에 보관하지 말 것 2. 불 속에 버리지 말 것 3. 사용 후 잔 가스를 없도록 해 버릴 것 4. 밀폐된 장소에 보관하지 말 것
2. 제1호 이외의 것	가연성 (화기주의)	고압가스를 사용한 가연성제품으로 위험하므로 다음의 주의를 지킬 것 1. 불꽃을 향해 사용하지 말 것 2. 난로, 풍로 등 화기부근에서 사용하지 말 것 3. 화기를 사용하고 있는 실내에서 사용하지 말 것 4. 온도 40℃ 이상의 장소에 보관하지 말 것 5. 밀폐된 실내에서 사용한 후에는 반드시 환기를 실시할 것 6. 불 속에 버리지 말 것 7. 사용 후 잔 가스를 없도록 해 버릴 것 8. 밀폐된 장소에 보관하지 말 것

⑤ **기타사항**

㉮ 에어졸 제조시설에는 정량을 충전할 수 있는 자동충전기를 설치

㉯ 인체에 사용하거나 가정에서 사용하는 에어졸의 제조시설에는 불꽃길이 시험장치를 설치

㉰ 에어졸의 분사제는 독성가스를 사용하지 않을 것

㉱ 인체에 사용 시 가능한 20cm 이상 떨어져서 사용할 것

㉲ 특정 부위에 장시간 사용하지 말 것

(8) 독성가스 제독제의 종류 및 보유량

가스별	제독제	보유량
염소	가성소다수용액	670kg
	탄산소다수용액	870kg
	소석회	620kg
포스겐	가성소다수용액	390kg
	소석회	360kg
황화수소	가성소다수용액	1140kg
	탄산소다수용액	1500kg
시안화수소	가성소다수용액	250kg
아황산가스	가성소다수용액	530kg
	탄산소다수용액	700kg
	물	다량
암모니아, 산화에틸렌, 염화메탄	물	다량

CHAPTER 04

도시가스 · LPG · 고압가스 공통분야

1 방폭구조

(1) 설치개요

가연성가스 또는 증기가 존재하는 장소에서 전기기기의 사용 중에 발생할 수 있는 전기불꽃, 아크 또는 고온에 의하여 가연성가스 및 증기가 폭발하는 것을 방지할 수 있는 구조로 특수하게 설계 제작된 기기를 방폭형 전기기계 · 기구라 하는데, 방폭구조는 전기적인 점화원에 의한 폭발을 예방하기 위한 여러 방법으로 전기설비의 안전성을 확보하기 위한 구조이다.

(2) 방폭구조의 종류와 표시기호

종류	내용	기호
내압방폭구조	방폭전기기기의 용기 내부에서 가연성가스의 폭발이 발생할 경우 그 용기가 폭발압력에 견디고, 접합면, 개구부 등을 통해 외부의 가연성가스에 인화되지 않도록 한 구조	d
유입방폭구조	용기 내부에 절연유를 주입하여 불꽃 · 아아크 또는 고온발생 부분이 기름 속에 잠기게 함으로써 기름면 위에 존재하는 가연성가스에 인화되지 않도록 한 구조	o
압력방폭구조	용기 내부에 보호가스(신선한 공기 또는 불활성가스)를 압입하여 내부압력을 유지함으로써 가연성가스가 용기 내부로 유입되지 않도록 한 구조	p
안전증방폭구조	정상운전 중에 가연성가스의 점화원이 될 전기불꽃 · 아아크 또는 고온부분 등의 발생을 방지하기 위해 기계적 · 전기적 구조상 또는 온도상승에 대해 특히 안전도를 증가시킨 구조	e
본질안전방폭구조	정상 시 및 사고(단선, 단락, 지락 등) 시에 발생하는 전기불꽃 · 아아크 또는 고온부로 인하여 가연성가스가 점화되지 않는 것이 점화시험, 그 밖의 방법에 의해 확인된 구조	ia, ib
특수방폭구조	위에서 설명한 방폭구조 이외의 방폭구조로서 가연성가스에 점화를 방지할 수 있다는 것이 시험, 그 밖의 방법으로 확인된 구조	s

(3) 위험장소 분류와 사용 방폭구조

가연성가스가 폭발할 위험이 있는 농도에 도달할 우려가 있는 장소를 위험장소라 하며, 등급에 따른 분류와 사용 방폭구조는 다음과 같다.

등급 분류	내용	사용 방폭구조
0종장소	• 상용의 상태에서 가연성가스의 농도가 연속해서 폭발하한계 이상으로 되는 장소(폭발상한계를 넘는 경우에는 폭발한계 이내로 들어갈 우려가 있는 경우를 포함)	본질안전방폭구조
1종장소	• 상용상태에서 가연성가스가 체류해 위험하게 될 우려가 있는 장소, 정비보수 또는 누출 등으로 인하여 종종 가연성가스가 체류하여 위험하게 될 우려가 있는 장소	본질안전 · 유입 · 압력 · 내압방폭구조
2종장소	• 밀폐된 용기 또는 설비 안에 밀봉된 가연성가스가 그 용기 또는 설비의 사고로 인하여 파손되거나 오조작의 경우에만 누출할 위험이 있는 장소 • 확실한 기계적 환기조치에 따라 가연성가스가 체류하지 아니하도록 되어 있으나 환기장치에 이상이나 사고가 발생한 경우에는 가연성가스가 체류해 위험하게 될 우려가 있는 장소 • 1종장소의 주변 또는 인접한 실내에서 위험한 농도의 가연성가스가 종종 침입할 우려가 있는 장소	본질안전 · 유입 · 내압 · 압력 · 안전증방폭구조

(4) 방폭구조에 따른 폭발등급

① 가연성가스의 폭발등급 및 이에 대응하는 내압방폭구조의 폭발등급

최대안전틈새 범위(mm)	0.9 이상	0.5 초과 0.9 미만	0.5 이하
가연성가스의 폭발등급	A	B	C
방폭전기기의 폭발등급	ⅡA	ⅡB	ⅡC

(비고) 최대안전틈새는 내용적이 8L이고 틈새깊이가 25mm인 표준용기 안에서 가스가 폭발할 때 발생한 화염이 용기 밖으로 전파하여 가연성가스에 점화되지 않는 최대값

② 가연성가스의 폭발등급 및 이에 대응하는 본질안전방폭구조의 폭발등급

최소점화전류비의 범위(mm)	0.8 초과	0.45 이상 0.8 이하	0.45 미만
가연성가스의 폭발등급	A	B	C
방폭전기기의 폭발등급	ⅡA	ⅡB	ⅡC

(비고) 최소점화전류비는 메탄가스의 최조점화전류를 기준으로 나타낸다.

③ 가연성가스의 발화도 범위에 따른 방폭전기기기의 온도등급

가연성가스의 발화도 범위	방폭전기기기의 온도등급	가연성가스의 발화도 범위	방폭전기기기의 온도등급
450 초과	T1	135 초과 200 이하	T4
300 초과 450 이하	T2	100 초과 135 이하	T5
200 초과 300 이하	T3	85 초과 100 이하	T6

(5) 방폭전기기기의 설치기준

① 용기에는 방폭성능을 손상시킬 우려가 있는 유해한 흠, 부식, 균열 또는 기름 등의 누출부위가 없도록 한다.

② 방폭전기기기 결합부의 나사류를 외부에서 쉽게 조작함으로써 방폭성능을 손상시킬 우려가 있는 것은 드라이버, 스패너, 플라이어 등의 일반 공구로 조작할 수 없도록 한 자물쇠식 죄임 구조로 한다. 다만, 분해 · 조립의 경우 이외에는 늦출 필요가 없으며, 책임자 이외의 자가 나사를 늦출 우려가 없는 것으로 방폭성능의 보전에 영향이 적은 것은 자물쇠식 죄임을 생략할 수 있다.

③ 방폭전기기기 배선에 사용되는 전선, 케이블, 금속관공사용 전선관 및 케이블보호관 등은 방폭전기기기의 성능을 떨어뜨리지 않는 것으로 한다.

④ 방폭전기기기 설치에 사용되는 정션박스(junc tion box), 푸울박스(pull box), 접속함 등은 내압방폭구조 또는 안전증방폭구조의 것으로 한다.

⑤ 방폭전기기기 설비의 부속품은 내압방폭구조 또는 안전증방폭구조의 것으로 한다.

2 과압안전장치

(1) 과압안전장치 설치

고압가스설비에는 그 고압가스설비내의 압력이 상용의 압력을 초과하는 경우 즉시 상용의 압력 이하로 되돌릴 수 있도록 하기 위하여 과압안전장치를 설치한다.

(2) 과압안전장치 선정

종류	설치 개요
안전밸브	기체 및 증기의 압력상승을 방지하기 위하여 설치
파열판	급격한 압력상승, 독성가스의 누출, 유체의 부식성 또는 반응생성물의 성상 등에 따라 안전밸브를 설치하는 것이 부적당한 경우에 설치
릴리프 밸브 또는 안전밸브	펌프 및 배관에서 액체의 압력상승을 방지하기 위하여 설치
자동압력제어장치	상기 항목의 안전장치와 병행 설치할 수 있는 장치로 고압가스설비 등의 내압이 상용의 압력을 초과한 경우 그 고압가스설비 등으로의 가스유입량을 감소시키는 방법 등으로 그 고압가스설비 등 안의 압력을 자동적으로 제어하는 장치

3 고압가스의 운반

(1) 차량에 고정된 탱크(탱크로리)의 운반기준

① **2개 이상의 탱크를 동일한 차량에 고정하여 운반 시 조치사항**

㉮ 탱크마다 탱크의 주 밸브를 설치한다.

㉯ 탱크 상호 간 또는 탱크와 차량과의 사이를 단단하게 부착하는 조치를 한다.

㉰ 충전관에는 안전밸브 · 압력계 및 긴급탈압밸브를 설치한다.

② **운반금지 내용적 기준**

㉮ 가연성가스(LPG 제외), 산소 : 탱크 내용적 18,000L 초과 운반금지

㉯ 독성가스(NH_3 제외) : 탱크 내용적 12,000L 초과 운반금지

㉰ 철도차량 또는 견인되어 운반되는 차량에 고정하여 운반하는 탱크 제외

③ **온도계 설치 및 액면 요동 방지 조치**

㉮ 충전탱크는 그 온도(가스온도를 계측할 수 있는 용기의 경우에는 가스의 온도)를 항상 40℃ 이하로 유지한다. 이 경우 액화가스가 충전된 탱크에는 온도계 또는 온도를 적절히 측정할 수 있는 장치를 설치한다.

㉯ 액화가스를 충전하는 탱크에는 그 내부에 액면 요동을 방지하기 위한 방파판 등을 설치한다.

④ **돌출 부속품의 보호조치**

㉮ 후부취출식탱크 : 주밸브 및 긴급차단장치에 속하는 밸브와 차량의 뒷범퍼와의 수평거리를 40cm 이상 이격

㉯ 후부취출식탱크 외의 탱크 : 후면과 차량의 뒷범퍼와의 수평거리가 30cm 이상이 되도록 탱크를 차량에 고정

㉰ 조작상자와 차량의 뒷범퍼와의 수평거리 : 20cm 이상 이격

⑤ **차량에 고정된 탱크 운행 시 휴대해야 하는 서류**

㉮ 고압가스 이동계획서

㉯ 고압가스 관련 자격증(양성교육 및 정기교육 이수증)

㉰ 운전면허증

㉱ 탱크 테이블(용량 환산표)

㉲ 차량운행일지

㉳ 차량등록증

㉴ 그 밖에 필요한 서류

(2) 고압가스 용기의 운반

① **경계표지 및 보호장비**

㉮ 독성가스 용기의 운반

㉠ 차량의 앞뒤 보기 쉬운 곳에 각각 붉은 글씨로 "위험고압가스", "독성가스"라는 경계표지와 위험을 알리는 도형, 상호, 전화번호, 등록관청의 전화번호 등이 표시된 안내문을 부착한다.

㉡ 경계표지는 차량의 앞뒤에서 명확하게 볼 수 있도록 표시하고, 삼각기를 운전석 외부의 보기 쉬운 곳에 게시한다. 다만, RTC(rail tank car)의 경우는 좌우에서 볼 수 있도록 한다.

㉢ 비치해야 할 보호장비 : 독성가스의 종류에 따른 방독면, 고무장갑, 고무장화, 그 밖의 보호구와 재해 발생 방지를 위한 응급조치에 필요한 제독제, 자재 및 공구

㉯ 독성가스 이외의 용기의 운반

㉠ 차량의 앞뒤 보기 쉬운 곳에 각각 붉은 글씨로 "위험고압가스"라는 경계표지와 위험을 알리는 도형, 상호, 전화번호, 등록관청의 전화번호 등이 표시된 안내문을 부착한다.

㉡ 경계표지는 차량의 앞뒤에서 명확하게 볼 수 있도록 표시하고, 삼각기를 운전석 외부의 보기 쉬운 곳에 게시한다. 다만, RTC(rail tank car)의 경우는 좌우에서 볼 수 있도록 한다.

㉢ 비치해야 할 보호장비 : 가연성가스 또는 산소 운반 시 소화설비와 재해발생 방지를 위한 자재 및 공구

② **경계표지 규격**

㉮ 경계표지 크기의 가로 치수는 차체 폭의 30% 이상, 세로 치수는 가로 치수의 20% 이상으로 된 직사각형으로 한다.

㉯ 삼각기는 적색 바탕에 황색 글자로 표시하며, 가로 40cm 이상, 세로 30cm 이상으로 한다.

㉰ 차량 구조상 정사각형이나 이에 가까운 형상으로 표시하여야 할 경우에는 그 면적을 600cm^2 이상으로 한다.

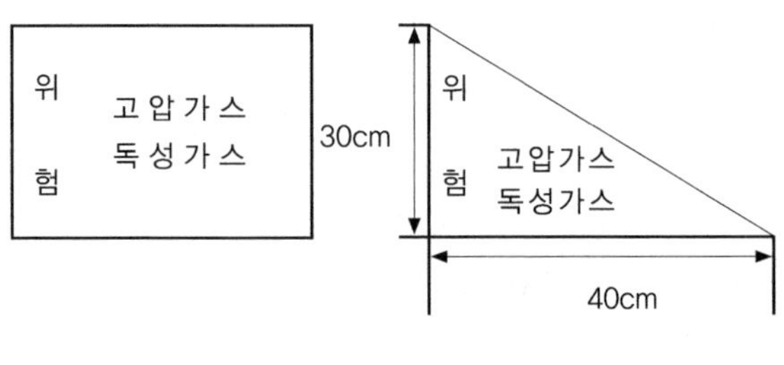

〈 경계표지 예시 〉

③ **용기의 적재운반 시 주의사항**

㉮ 충전용기를 차량에 적재하는 때에는 고압가스 전용 운반차량에 세워야 한다.

㉯ 충전용기는 이륜차에 적재하여 운반하지 않는다. 다만, 차량이 통행하기 곤란한 지역이나 그 밖에 시·도지사가 지정하는 경우에는 다음 기준에 적합한 경우에만 액화석유가스 충전용기를 이륜차(자전거 제외)에 적재하여 운반할 수 있다.

㉮ 넘어질 경우 용기에 손상이 가지 않도록 제작된 용기 운반 전용 적재함이 장착된 것인 경우

㉯ 적재하는 충전용기는 충전량이 20kg 이하이고, 적재수가 2개를 초과하지 않은 경우

㉰ 독성가스 중 가연성가스와 조연성가스는 동일 차량 적재함에 운반하지 않는다.

㉱ 충전용기 상·하차 시 충격을 최소한으로 방지하기 위하여 완충판을 차량 등에 갖추고 이를 사용한다.

㉲ 염소와 아세틸렌·암모니아 또는 수소는 동일 차량에 적재하여 운반하지 않는다.

㉵ 가연성가스와 산소를 동일 차량에 적재하여 운반하는 때에는 그 충전용기의 밸브가 서로 마주보지 않도록 적재한다.

㉶ 충전용기와 「위험물 안전관리법」에서 정하는 위험물은 동일 차량에 적재하여 운반하지 않는다.

④ **독성가스 용기 운반 시 제독제(소석회) 보유량**

응급조치에 필요한 제독제(소석회)는 다음의 표에서 정한 것으로 하고, 비를 맞지 않도록 조치를 한 상자에 넣어 둔다.

품명	운반하는 독성가스의 양(액화가스 질량)		비고
	1000kg 미만인 경우	1000kg 이상인 경우	
소석회	20kg 이상	40kg 이상	염소, 염화수소, 포스겐, 아황산가스 등 효과가 있는 액화가스에 적용

⑤ **독성가스 운반 시 보호장비**

㉮ 독성가스 100m^3 또는 액화가스 질량 1000kg 이상 운반 시 : 공기호흡기, 방독마스크, 보호의, 보호장갑, 보호장화

㉯ 독성가스 100m^3 또는 액화가스 질량 1000kg 미만 운반 시 : 방독마스크, 보호의, 보호장갑, 보호장화

(3) 운반 책임자 동승의 기준

다음 표에서 정하는 기준 이상의 고압가스를 운반하는 때에는 운반자 외에 운반 책임자(운전자가 운반 책임자의 자격을 가진 경우에는 운반 책임자의 자격이 없는 자로 할 수 있다)를 동승시켜 운반에 대한 감독 또는 지원을 하도록 한다.

운반형태 구분	가스 종류		독성 허용농도(ppm) 기준 및 비독성의 가연성 · 조연성가스	기준 (압축 m^3, 액화 kg)
용기운반	독성	압축가스	200ppm 초과 5000ppm 이하	100m^3 이상
			200ppm 이하	10m^3 이상
		액화가스	200ppm 초과 5000ppm 이하	1000kg 이상
			200ppm 이하	100kg 이상
	비독성	압축가스	가연성가스	300m^3 이상
			조연성가스	600m^3 이상
		액화가스	가연성가스	3000kg 이상
			조연성가스	6000kg 이상

운반형태 구분	가스 종류	독성 허용농도(ppm) 기준 및 비독성의 가연성 · 조연성가스	기준 (압축 m^3, 액화 kg)
차량고정탱크 (운행거리 200km 이상 시에만 운반책임자 동승)	압축가스	독성가스	1000kg 이상
		가연성가스	3000kg 이상
		조연성가스	6000kg 이상
	액화가스	독성가스	100m^3 이상
		가연성가스	300m^3 이상
		조연성가스	600m^3 이상

(4) 보호대(LPG 탱크 · 자동차 충전시설, 압축도시가스 충전시설)

① **재질** : 철근콘크리트 또는 강관재

② **높이** : 0.8m 이상

③ **두께**

㉮ 철근콘크리트 : 0.12m 이상

㉯ 강관재 : 호칭지름 100A 이상

4 위험성평가 기법

(1) 정성적평가 기법

① **체크리스트(Checklist)기법** : 공정 및 설비의 오류, 결함상태, 위험상황 등을 목록화한 형태로 작성하여 경험적으로 비교함으로써 위험성을 파악하는 방법

② **상대위험순위결정(DAMI)기법** : 공정 및 설비에 존재하는 위험에 대하여 상대위험 순위를 수치로 지표화하여 그 피해정도를 나타내는 방법

③ **사고예상질문분석(What-if)기법** : 공정에 잠재하고 있는 위험요소에 의해 야기될 수 있는 사고를 사전에 예상 · 질문을 통하여 확인 · 예측하여 공정의 위험성 및 사고의 영향을 최소화하기 위한 대책을 제시하는 방법

④ **위험과 운전분석(HAZOP)기법** : 공정에 존재하는 위험 요소들과 공정의 효율을 떨어뜨릴 수 있는 운전상의 문제점을 찾아내어 그 원인을 제거하는 방법

⑤ **이상위험도분석(FMECA)기법** : 공정 및 설비의 고장의 형태 및 영향, 고장형태별 위험도 순위 등을 결정하는 방법

(2) 정량적평가 기법

① **작업자실수분석(HEA)기법** : 설비의 운전원, 보수반원, 기술자 등의 실수에 의해 작업에 영향을 미칠 수 있는 요소를 평가하고 그 실수의 원인을 파악 · 추적하여 정량(定量)적으로 실수의 상대적 순위를 결정하는 방법

② **결함수분석(FTA)기법** : 사고의 원인이 되는 장치의 이상이나 고장의 다양한 조합 및 작업자 실수 원인을 연역적으로 분석하는 방법

③ **사건수분석(ETA)기법** : 초기사건으로 알려진 특정한 장치의 이상 또는 운전자의 실수에 의해 발생되는 잠재적인 사고결과를 정량적으로 평가 · 분석하는 방법

④ **원인결과분석(CCA)기법** : 잠재된 사고의 결과 및 사고의 근본적인 원인을 찾아내고 사고결과와 원인 사이의 상호 관계를 예측하여 위험성을 정량(定量)적으로 평가하는 방법

5 배관 설치

(1) PE배관의 접합

① PE배관은 수분, 먼지 등의 이물질을 제거한 후 접합한다.

② 금속관과의 접합은 T/F(transition fitting, 이형질이음관)를 사용한다.

③ 공칭 외경이 상이할 경우의 접합은 관 이음매(fitting)를 사용하여 접합한다.

④ PE배관의 접합은 열융착 또는 전기융착의 방법으로 하고, 모든 융착은 융착기를 사용하도록 한다.

㉮ 열융착 이음의 종류 : 맞대기융착(공칭직경 90mm 이상의 직관과 이음관 연결에 적용), 소켓융착, 새들융착

㉯ 전기융착 이음의 종류 : 소켓융착, 새들융착

⑤ PE배관 설치 장소 제한

㉮ PE배관은 온도가 40℃ 이상이 되는 장소에 설치하지 않는다.

㉯ 다만, 파이프슬리브 등을 이용하여 단열조치를 한 경우에는 온도가 40℃이상이 되는 장소에 설치할 수 있다.

⑥ 기타 사항

㉮ PE배관의 굴곡허용반경은 외경의 20배 이상으로 한다. 다만, 굴곡반경이 외경의 20배 미만일 경우에는 엘보를 사용한다.

㉯ PE배관의 매설 위치를 지상에서 탐지할 수 있는 탐지형 보호포 · 로케이팅와이어〔전선(나전선은 제외)의 굵기는 $6mm^2$ 이상)〕등을 설치한다.

(2) 배관 노출 설치

① 배관의 이음매(용접이음매는 제외)와의 유지거리

㉮ 전기계량기 및 전기개폐기와의 거리 : 0.6m 이상

㉯ 단열조치 하지 않은 굴뚝 · 전기점멸기 · 전기접속기 및 절연조치를 하지 않은 전선과의 거리 : 0.3m 이상

㉰ 절연조치를 한 전선과의 거리 : 0.1m 이상의 거리를 유지한다.

② 입상관이 화기 등이 있을 우려가 있는 주위를 통과할 경우에는 화기 등과 차단조치를 하고, 이에 부착된 밸브는 바닥으로부터 1.6m 이상 2m 이내(단단한 상자 안에 설치하는 경우는 제외)에 설치한다.

③ 건축물의 벽을 관통하는 부분의 배관에는 보호관과 부식방지 피복을 한다.

④ 배관은 그 배관을 움직이지 않도록 그 호칭지름이 13mm 미만의 것은 1m마다, 13mm 이상 33mm 미만인 것은 2m마다, 33mm 이상의 것은 3m마다 고정한다. 다만, 호칭지름 100mm 이상의 것에는 3m를 초과하여 설치할 수 있다.

⑤ 지지대, U볼트 등의 고정장치와 배관 사이에는 고무판, 플라스틱 등 절연물질을 삽입한다.

⑥ 배관의 고정 및 지지를 위한 지지대의 최대 지지간격은 다음의 표를 기준으로 하되, 호칭지름 600A를 초과하는 배관은 배관 처짐량의 500배 미만이 되는 지점마다 지지한다.

호칭지름(A)	지지간격(m)	호칭지름(A)	지지간격(m)
100	8	400	19
150	10	500	22
200	12	600	25
300	16		

6 기타 사항

(1) 정전기 제거조치

① 탑류, 저장탱크, 열교환기, 회전기계, 벤트스택 등은 단독으로 되어 있도록 한다. 다만, 기계가 복잡하게 연결되어 있는 경우 및 배관 등으로 연속되어 있는 경우에는 본딩용 접속선으로 접속하여 접지한다.

② 본딩용 접속선 및 접지접속선은 단면적 5.5mm^2 이상의 것(단선은 제외한다)을 사용하고 경납붙임, 용접, 접속금구 등을 사용하여 확실히 접속한다.

③ 접지저항치의 총합은 100Ω(피뢰설비를 설치한 것은 총합 10Ω) 이하로 한다.

④ 차량에 고정된 탱크 및 충전에 사용하는 배관은 반드시 충전하기 전에 다음에 따라 확실하게 접지한다.

㉮ 접속금구 등 접지시설은 차량에 고정된 탱크, 저장탱크, 가스설비, 기계실 개구부 등의 외면으로부터 수평거리 8m 이상 거리를 두고 설치한다. 다만, 방폭형 접속금구의 경우에는 8m 이내에 설치할 수 있다.

㉯ 접지선은 절연전선(비닐절연전선은 제외) · 캡타이어케이블 또는 케이블(통신케이블은 제외)로서 단면적 5.5mm^2 이상의 것(단선은 제외)을 사용하고 접속금구를 사용하여 확실하게 접속한다.

(2) 통신설비

사업소의 긴급사태가 발생하였을 경우 이를 신속히 전파할 수 있도록 다음 기준에 따라 통신설비를 갖춘다.

사항별(통신 범위)	설치(구비)하여야 할 통신설비	비고
1. 안전관리자가 상주하는 사업소와 현장사업소와의 사이 또는 현장사무소 상호 간	1. 구내전화 2. 구내방송설비 3. 인터폰 4. 페이징설비	• 통신설비는 사업소의 규모에 적합하도록 1가지 이상 구비한다. • 메가폰은 해당 사업소의 면적이 1500m^2 이하의 경우에 한정한다.
2. 사업소 안 전체	1. 구내방송설비 2. 사이렌 3. 휴대용 확성기 4. 페이징설비 5. 메가폰	
3. 종업원 상호 간 (사업소 안 임의의 장소)	1. 페이징설비 2. 휴대용 확성기 3. 트랜시버(계기 등에 영향이 없는 경우에 한정) 4. 메가폰	

(3) 보호판 설치

① 도로 밑에 최고사용압력이 0.1MPa 이상인 배관을 매설하는 때 배관을 보호할 수 있는 보호판을 설치하여야 한다.

② **보호판 설치 기준**

㉮ 보호판에는 직경 30mm 이상 50mm 이하의 구멍을 3m 이하의 간격으로 뚫어 누출된 가스가 지면으로 확산되도록 한다.

㉯ 보호판은 배관의 정상부에서 0.3m 이상 높이에 설치한다.

㉰ 보호판의 두께는 4mm 이상으로 하고 고압 배관일 경우 6mm 이상으로 한다.

(4) 보호포

① **보호포의 종류** : 일반형 보호포, 탐지형 보호포

② **보호포의 바탕색**

㉮ 최고사용압력 0.1MPa 이상(중압 이상)인 관 : 적색

㉯ 최고사용압력 0.1MPa 미만(저압)인 관 : 황색

③ **보호포의 설치 위치**

㉮ 최고사용압력 0.1MPa 이상인 배관 : 보호판의 상부로부터 0.3m 이상 떨어진 곳

㉯ 최고사용압력 0.1MPa 미만인 배관 : 매설깊이가 1.0m 이상인 경우 배관 정상부로부터 0.6m 이상, 매설깊이가 1.0m 미만인 경우 배관 정상부로부터 0.4m 이상 떨어진 곳

㉰ 공동주택 등의 부지 안에 설치하는 배관 : 배관 정상부로부터 0.4m 떨어진 곳

(5) 라인마크(linemark) 및 표지판

① **라인마크**

㉮ 라인마크는 배관 길이 50m마다 1개 이상 설치하되, 주요 분기점 · 굴곡지점 · 관말지점 및 그 주위 50m 안에 설치한다.

㉯ 다만, 단독주택 분기점은 제외하며, 밸브박스 또는 배관 직상부에 전위측정용 터미널(T/B) · 검지공 · 로케이팅와이어 측정함(L/B) 등이 라인마크 기능을 갖도록 적합하게 설치된 경우에는 라인마크로 볼 수 있다.

② **배관의 표지판**

㉮ 표지판은 배관을 따라 50m 간격으로 1개 이상으로 설치하되, 교통 등의 장애가 없는 장소를 선택해 일반인이 쉽게 볼 수 있도록 설치한다.

㉯ 표지판의 가로 200mm, 세로 150mm 이상의 직사각형으로 하고, 황색 바탕에 검정색 글씨로 배관임을 알리는 내용과 연락처 등을 표기한다.

CHAPTER 05

수소 안전관리 및 법규

1 수소추출설비

(1) 수소추출설비의 개요

① **수소추출설비에 해당하는 연료**

㉮ 도시가스사업법에 따른 도시가스

㉯ 액화석유가스의 안전관리 및 사업법에 따른 액화석유가스

㉰ 탄화수소 및 메탄올, 에탄올 등 알콜류

② **수소추출설비** : 위 ①항의 각 항목에 해당하는 연료로부터 수소를 추출하는 설비

③ **소소추출설비의 기하학적 범위**

㉮ 연료공급설비, 개질기, 버너, 수소정제장치 등 수소추출에 필요한 설비 및 부대설비와 이를 연결하는 배관으로 인입밸브 전단에 설치된 필터부터 수소정제장치 후단의 정제수소 수송 배관의 첫 번째 연결부까지

㉯ 위 ㉮항에 해당하는 수소추출설비가 하나의 외함으로 둘러싸인 구조의 경우에는 외함 외부에 노출되는 각 장치의 접속부까지

④ **수소추출설비의 사용금지 재료** : 폴리염화비닐(PCB), 석면, 카드뮴

(2) 페일-세이프(fail-safe)

연료가스 배관에 구동원 상실 시 통로가 자동차단되는 구조. 즉, 고장발생 시 안전한 상태에 도달하는 것

(3) 압력부

① 가스홀더, 압축기, 펌프 및 배관 등 압력을 받는 부분

② 압력부 내의 압력이 상용압력을 초과할 우려가 있는 구역에는 과압안전장치(안전밸브, 릴리프 밸브) 설치

(4) 유지보수

유지보수를 위해 사람이 외함 내부로 들어갈 수 있는 구조를 가진 수소추출설비의 환기구 면적은 $0.003m^2/m^3$ 이상

(5) 비상정지 제어

① **비상정지 제어 기능이 작동해야 하는 경우**

㉮ 연료가스 및 개질가스의 압력 또는 온도가 현저하게 상승하였을 경우

㉯ 연료가스 및 개질가스의 누출이 검지된 경우

㉰ 버너(개질기 및 그 외의 버너를 포함)의 불이 꺼졌을 경우

㉱ 제어 전원 전압이 현저하게 저하하는 등 제어장치에 이상이 생겼을 경우

㉲ 수소추출설비 안의 온도가 현저하게 상승하였을 경우

㉳ 수소추출설비 안의 환기장치에 이상이 생겼을 경우

㉴ 배열회수계통 출구부 온수의 온도가 100℃를 초과하는 경우

㉵ 압축기로 공급되는 개질가스 중 산소의 농도가 2%를 초과하는 경우

② 비상정지 후에는 로크아웃 상태로 전환되어야 하며, 수동으로 로크아웃을 해제하는 경우에만 정상운전하는 구조로 한다.

(6) 열관리장치

① 독성의 유체가 통하는 열교환기는 이중벽으로 하고 이중벽 사이는 공극으로 대기 중으로 개방된 구조로 하여야 함

② 독성유체 압력이 냉각유체보다 70kPa 이상 낮은 경우 이중벽 설치 제외

(7) 수소정제장치 운전이 정지되어야 하는 경우

① 공급가스의 압력, 온도, 조성 또는 유량이 경보 기준 수치를 초과한 경우

② 프로세스 제어 밸브가 작동 중에 장애를 일으키는 경우

③ 수소정제장치에 전원 공급이 차단된 경우

④ 흡착 및 탈착 공정이 수행되는 배관의 산소 함유량이 허용한계를 초과하는 경우

⑤ 버퍼 탱크의 압력이 허용 최대 설정치를 초과하는 경우

(8) 압축장치

① **압축기 전단** : 기액분리기 또는 필터 등을 설치(액압축에 따른 압축기 손상 방지)

② **급유식 압축기의 후단** : 유분리기와 필터 설치(토출 가스에 혼입된 윤활유를 제거)

③ **압축기의 전단 및 후단** : 역류방지밸브 설치(압축된 가스 역류로 인한 압축기의 구동계 및 저압부의 설비손상 방지)

(9) 수소추출설비 성능

① **재료 성능**

㉮ 내가스 성능

㉠ 탄화수소계 연료가스가 통하는 배관의 패킹류 및 금속 이외의 기밀유지 : n-펜탄 속에 72시간 담근 후 24시간 방치, 무게 변화율 20% 이내

㉡ 수소가 통하는 배관의 패킹류 및 금속 이외의 기밀유지부 : 수소가스를 상용압력으로 72시간 인가 후 24시간 방치, 무게 변화율 20% 이내

㉯ 투과성 시험 : 0.9m 길이 비금속 배관 안에 순도 98% 이상 프로판을 담은 상태로 24시간 유지, 이후 6시간 동안 측정한 가스 투과량 3mℓ/h 이하

② **연소상태 성능**

㉮ 배기가스 중 CO 농도 : 정격운전 상태에서 30분 동안 5초 이하의 간격으로 측정된 이론건조연소가스 중 CO%의 평균값 0.03% 이하

㉯ 배기가스 중 NOx 제한 농도(mg/kWh)

등급	1	2	3	4	5
제한 농도	70	100	150	200	260

㉰ 배기구 및 급기구 막힘 시 안전성능 : 배기가스 중 CO%의 평균값 0.06% 이하

③ **정격 수소생산량 성능** : 수소추출설비의 정격운전 상태에서 측정된 수소생산량은 제조사가 표시한 값의 ±5% 이내인 것

2 수전해설비

(1) 수전해설비의 개요

① **수전해설비의 정의** : 물을 전기분해하여 수소를 생산하는 설비

② **수전해설비의 기하학적 범위**

㉮ 급수 밸브로부터 스택, 전력변환장치, 기액분리기, 열교환기, 수분제거장치, 산소제거장치 등을 통해 토출되는 수소배관의 첫 번째 연결부까지

㉯ 위 ㉮항에 해당하는 수전해설비가 하나의 외함으로 둘러싸인 구조의 경우에는 외함 외부에 노출되는 각 장치의 접속부까지

③ **수전해설비의 종류**

㉮ 산성 및 염기성 수용액을 이용하는 설비

㉯ AEM(음이온교환막) 전해질을 이용하는 설비

㉰ PEM(양이온교환막) 전해질을 이용하는 설비

(2) 차단밸브의 조건

① 차단밸브(설비의 유지보수, 긴급정디 등을 위해 유체의 흐름을 차단하는 밸브)는 최고사용압력 및 온도 및 유체특성 등 사용조건에 적합할 것

② 차단밸브의 가동부(actuator)는 밸브 몸통으로부터 전해지는 열을 견딜 수 있을 것

③ 자동차단밸브는 공인인증기관의 인증품 또는 성능시험을 만족하는 것을 사용할 럿

④ 자동차단밸브는 구동원이 상실되었을 경우 안전한 가동이 이루어질 수 있는 구조(fail－safe) 일 것

(3) 수소가 통하는 배관의 접지

① 직선 배관은 80m 이내의 간격으로 접지

② 서로 교차하지 않는 배관 사이의 거리가 100mm 미만인 경우, 배관 사이에서 발생될 수 있는 스파크 점프를 방지하기 위해 20m 이내의 간격으로 점퍼 설치

③ 서로 교차하는 배관 사이의 거리가 100mm 미만인 경우, 배관이 교차하는 곳에는 점퍼 설치

(4) 과압안전장치 설치

압력부(가스홀더, 펌프 및 배관 등 압력을 받는 부분)에는 그 압력부 내의 압력이 상용압력을 초과할 우려가 있는 다음 중 어느 하나에 해당하는 구역에 안전밸브, 릴리프밸브 등의 과압안전장치를 설치

① 내 · 외부 요인으로 압력상승이 설계압력을 초과할 우려가 있는 압력용기 등

② 펌프의 출구측

③ 배관 안의 액체가 2개 이상의 밸브로 차단되어 외부열원으로 인한 액체의 열팽창으로 파열이 우려되는 배관

④ 위 ①항부터 ③항까지 이외에 압력조절실패, 이상반응, 밸브의 막힘 등으로 인해 상용압력을 초과할 우려가 있는 압력부

(5) 외함 구조

① 외함 상부는 누출된 수소가 체류하지 않는 구조로 할 것

② 외함에 설치된 패널, 커버, 출입문 등은 외부에서 열쇠 또는 전용공구 등을 통해 개방할 수 있는 구조로 하고, 개폐상태를 유지할 수 있는 구조를 갖출 것

③ 작업자가 통과할 정도로 큰 외함의 점검구, 출입문 등은 바깥쪽으로 열리는 구조이어야 하며, 열쇠 또는 전용공구 없이 안에서 쉽게 개방할 수 있는 구조일 것

④ 수전해설비가 수산화칼륨(KOH) 등 유해한 액체를 포함하는 경우, 수전해설비의 외함은 유해한 액체가 외부로 누출되지 않도록 안전한 격납수단을 갖출 것

(6) 수소품질 성능

① **산소농도** : 50μmol/mol 이하

② **수분농도** : 5μmol/mol 이하(정격수소생산압력이 5MPa 이하인 경우 50μmol/mol 이하)

(7) 수전해설비 안전 규정

① 수전해설비를 실내에 설치할 경우 산소 농도가 23.5% 이하가 되도록 유지할 것

② **수소 및 산소 방출관 방출구**

㉮ 방출구 위치 : 수소 및 산소 방출관의 방출구는 방출된 수소 및 산소가 체류할 우려가 없는 통풍이 양호한 장소에 설치

㉯ 방출구 높이 : 수소의 방출관 방출구는 지면에서 5m 이상 또는 설비 상부에서 2m 이상의 높이 중 높은 위치로 설치하며, 화기를 취급하는 장소와 6m 이상 떨어진 장소에 위치

㉰ 방출구간 이격 : 산소의 방출관 방출구는 수소의 방출관 방출구 높이보다 낮은 높이에 위치

③ 산소를 대기로 방출하는 경우 농도가 23.5% 이하가 될 때까지 공기 또는 불활성가스와 혼합하여 방출

④ 수전해설비의 동결로 인한 파손을 방지하기 위하여 해당 설비의 온도가 5℃ 이하인 경우에는 설비의 운전을 자동으로 차단하는 조치를 할 것

3 수소연료사용시설

(1) 수소연료사용시설의 개요

① **수소제조설비** : 수전해설비, 수소추출설비

② **수소저장설비** : 수소를 충전 · 저장하기 위하여 지상 또는 지하에 고정 설치하는 저장탱크

③ **수소가스설비** : 수소제조설비, 수소저장설비 및 연료전지와 이들 설비를 연결하는 배관 및 그 부속설비 중 수소가 통하는 부분

④ **수소용품**

㉮ 연료전지(자동차에 장착되는 연료전지 제외) : 수소와 산소의 전기화학적 반응을 통하여 전기와 열을 생산하는 고정형(연료소비량이 232.6kW 이하인 것) 및 이동형 설비와 그 부대설비

㉯ 수전해설비

㉰ 수소추출설비

(2) 화기와의 거리

① **수소가스설비 외면으로부터 화기(그 설비 안의 화기는 제외)를 취급하는 장소 사이** : 우회거리 8m(산소의 저장설비는 5m) 이상

② **유동방지시설** : 2m 이상의 내화성 벽

③ **연료전지가 설치된 건축물 내에 위치하는 연료전지와 배관 및 그 부속설비의 경우** : 우회거리 2m 이상

④ **입상관과 화기 사이** : 우회거리 2m 이상

(3) 수소제조설비 및 수소저장설비

① **실내에 설치하는 경우 설치실 재료**

㉮ 실의 벽 : 불연재료 사용

㉯ 지붕 : 불연 또는 난연의 가벼운 재료 사용

② **수소저장설비 구조**

㉮ 가스가 누출되지 않는 구조, 5m^3 이상의 가스를 저장하는 것에는 가스방출장치를 설치

㉯ 설비 중량 5ton 이상인 수소저장설비는 내진설계로 시공

(4) 수소가스설비 기준

① **수소추출설비를 실내에 설치하는 경우**

㉮ 수소추출설비 캐비닛 내 또는 수소추출설비실 내에 일산화탄소(CO)를 검지하기 위한 검지부 설치

㉯ 수소추출설비실 내의 산소농도가 19.5% 미만이 되는 경우 수소추출설비의 운전이 정지되도록 할 것

② **배관용 밸브 설치**

㉮ 연료전지 각각에 대하여 배관용 밸브 설치

㉯ 배관이 분기되는 경우 주배관에 배관용 밸브 설치

㉰ 2개 이상의 실로 분기되는 경우 각 실의 주배관마다 배관용 밸브 설치

(5) 배관설비

① **입상관 밸브**

㉮ 설치 높이 1.6m 이상 2m 이내

㉯ 2m 초과 설치 시 조건

㉠ 밸브 차단을 위한 전용계단(튼튼하게 고정) 설치

㉡ 원격 차단 가능한 전동밸브 설치(이때, 차단장치의 제어부는 1.6m 이상 2m 이내에 설치)

② **안전제어장치의 종류**

㉮ 압력안전장치

㉯ 가스누출검지경보장치

㉰ 긴급차단장치

③ **압력안전장치 기준**

㉮ 배관 안의 압력이 상용압력을 초과하지 않고, 또한 수격(water hammer)현상으로 인하여 생기는 압력이 상용압력의 1.1배를 초과하지 않도록 하는 제어기능을 갖춘 것

㉯ 재질 및 강도는 가스의 성질, 상태, 온도 및 압력 등에 상응되는 적절한 것

㉰ 배관장치의 압력변동을 충분히 흡수할 수 있는 용량을 갖춘 것

④ **배관설비 성능**

㉮ 상용압력 0.1MPa 이상 배관의 내압성능 : 상용압력의 1.5배 이상

㉯ 기밀성능 : 상용압력의 1.1배 이상 또는 8.4kPa 중 높은 압력

(6) 과압안전장치

① **선정 기준**

㉮ 안전밸브 : 기체 및 증기의 압력상승을 방지하기 위하여 설치

㉯ 파열판 : 급격한 압력상승, 독성가스의 누출, 유체의 부식성 또는 반응생성물의 성상 등에 따라 안전밸브를 설치하는 것이 부적당한 경우에 설치

㉰ 릴리프밸브 또는 안전밸브 : 펌프 및 배관에서 액체의 압력상승을 방지하기 위하여 설치

㉱ 자동압력제어장치 : 위 ㉮항에서 ㉰항까지의 안전장치와 병행하여 설치할 수 있음

② **설치 위치(다음의 구역마다 설치)**

㉮ 내 · 외부 요인으로 압력상승이 설계압력을 초과할 우려가 있는 압력용기 등

㉯ 토출측의 막힘으로 인한 압력상승이 설계압력을 초과할 우려가 있는 압축기의 최종단(다단 압축기의 경우에는 각 단) 또는 펌프의 출구측

㉰ 위의 경우 이외에 압력조절 실패, 이상반응, 밸브의 막힘 등으로 인한 압력상승이 설계압력을 초과할 우려가 있는 수소가스설비 또는 배관 등

CHAPTER 1 도시가스 안전관리 및 법규

가스도매사업

01 도시가스에서 고압이란?

① 0.1MPa(g) 이상
② 0.2MPa(g) 이상
③ 1MPa(g) 이상
④ 1.5MPa(g) 이상

해설

- 중압 : 0.1MPa(g) 이상 1MPa(g) 미만
  (단, 액화가스가 기화되고 다른물질과 혼합되지 않은 경우 0.01MPa(g) 이상 0.2MPa(g) 미만)
- 저압 : 0.1MPa(g) 미만
  (단, 액화가스가 기화되고 다른물질과 혼합되지 않은 경우 0.01MPa(g) 미만)

02 라인마크의 직경 × 두께(mm)가 맞는 것은?

① 50 × 7 ② 60 × 7
③ 70 × 7 ④ 90 × 7

해설

라인마크의 관의길이 × 직경(140mm × 20mm)
라인마크의 종류는 직선방향, 양방향, 삼방향, 일방향

03 가스도매사업의 기준에서 액화석유가스 저장설비 처리설비는 보호시설까지 유지거리는?

① 10m ② 20m
③ 30m ④ 40m

04 도시가스 제조소 공급소와 화기와의 우회거리는 몇 m 이상인가?

① 3m ② 5m
③ 8m ④ 100m

05 가스도매사업의 다른설비와의 거리 중 ( )에 맞는 숫자를 보기에 고르시오.

(1) 고압인 가스공급시설은 통로 · 공지 등으로 구획된 안전구역 안에 설치하되 그 안전구역의 면적은 ( )m^2 미만으로 한다.
(2) 안전구역 안의 고압인 가스공급시설은 그 외면으로부터 다른 안전구역 안에 있는 고압인 가스공급시설의 외면까지 ( )m 이상의 거리를 유지한다.
(3) 둘 이상의 제조소가 인접하여 있는 경우의 가스공급시설은 그 외면으로부터 그 제조소와 다른 제조소의 경계까지 ( )m 이상의 거리를 유지한다.
(4) 액화천연가스의 저장탱크는 그 외면으로부터 처리능력이 200000m^3 이상인 압축기까지 ( )m 이상의 거리를 유지한다.

① 20000, 30, 20, 30
② 20000, 20, 20, 30
③ 20000, 10, 20, 30
④ 20000, 30, 20, 20

06 액화천연가스 저장설비의 안전거리 계산식은?(단, L : 유지거리, C : 상수, W : 저장능력 제곱근 또는 질량)

① $L=C\sqrt[3]{143000W}$
② $L=W\sqrt[2]{143000W}$
③ $L=C\sqrt[2]{143000W}$
④ $L=W\sqrt[3]{143000W}$

해설

안전거리
- LNG 저장 · 처리설비(1일 처리능력 52,500m^3 이하인 펌프 · 압축기 · 응축기 · 기화장치 제외)는 그 외면으로부터 사업소경계까지 다음 계산식에 따라 얻은 거리(그 거리가 50m 미만의 경우에는 50m) 이상을 유지할 것
  $L=C\times\sqrt[3]{143,000W}$
  - L : 유지하여야 하는 거리(m)

정답 01 ③ 02 ④ 03 ③ 04 ③ 05 ① 06 ①

- C : 저압지하식 저장탱크는 0.240, 그밖의 저장 · 처리설비는 0.576
- W : 저장탱크는 저장능력(톤)의 제곱근, 그밖의 것은 시설내 액화천연가스의 질량(톤)

• LPG 저장 · 처리설비는 그 외면으로부터 보호시설까지 30m 이상의 거리를 유지할 것

07 도시가스사업의 가스도매사업에 있어 액화천연가스 저장설비 및 처리설비는 그 외면으로부터 사업소 경계 및 연못에 인접되어 있는 경우 몇 m 이상의 거리를 유지하여야 하는가?

① 50m ② 40m
③ 30m ④ 20m

08 다음 중 가스홀더 내부에 압축가스를 저장하는 계산식은?

① $W=0.9dV$
② $W=\frac{V}{C}$
③ $Q=(P+1)V$
④ $Q=(10P+1)V$

해설

Q : 저장능력(m^3)
P : 가스홀더의 최고사용압력(MPa)
V : 내용적(m^3)

09 저온저장탱크에 내부의 압력이 외부의 압력보다 낮아지는 것을 방지하기 위해 하는 조치는?

① 진공장치
② 부압파괴 방지조치
③ 폭발방지 장치
④ 긴급차단 장치

10 아래 보기중 저장탱크에 폭발방지 장치를 설치하여야 하는 경우는?

① 물분무장치(살수장치가 설치된 저장탱크)
② 저온저장탱크(2중각 단열구조의 것을 말한다)로서 그 단열재의 두께가 해당 저장탱크 주변의 화재를 고려하여 설계 · 시공된 저장탱크
③ 지하에 매몰하여 설치하는 저장탱크
④ 저장능력이 10t인 저장 탱크

11 액화천연가스의 탱크중 외부 손상이 발생시 도미노 효과를 방지하고 내부 탱크의 건전성이 상실되지 않도록 설계 하여야 하는 탱크는?

① 단일방호 형식의 탱크
② 이중방호 형식의 탱크
③ 완전방호 형식의 탱크
④ 이중방호 및 완전방호 형식의 탱크

12 도시 가스배관을 용접이음시 용접이음매의 간격은 최소 몇 mm 정도인가?

① 20 ② 30
③ 40 ④ 50

13 도시가스 배관을 플렌지 접합시 Pd = Peg + P에서 기호의 설명이 틀린것은?

① Pd : 안전확보에 필요한 강도를 갖는 플렌지의 계산에 사용되는 설계압력(MPa)
② P : 배관내의 설계 외압(MPa)
③ Peg : 규정의 계산식에 따라 구한 상당압력(MPa)
④ $Peg=\frac{0.6M}{\pi G^3}+\frac{0.04F}{\pi G^2}$

해설

$Peg=\frac{0.16M}{\pi G^3}+\frac{0.04F}{\pi G^2}$

여기서 M : 주하중 등에 따라 생기는 합성 굽힘 모멘트
F : 주하중에 따라 생기는 축방향의 힘(N)
G : 개스킷 반력에 걸리는 위치를 통과하는 원의 지름(cm)

14 배관을 매설시 침상재료는 배관정상부에서 몇 cm 이상으로 다짐을 하여야 하는가?

① 10cm ② 20cm
③ 30cm ④ 40cm

해설

• 기초재료 : 배관 하부에 10cm 정도
• 침상재료 : 배관정상부에서 30cm 정도 다짐

정답 07 ① 08 ④ 09 ② 10 ④ 11 ④ 12 ④ 13 ④ 14 ③

15 **지하 배관을 다짐시 인력으로 다짐하여야 하는 도로의 폭은 몇m 이하인가?**

① 1m ② 2m
③ 3m ④ 4m

16 **배관의 도로 기울기로 올바른 것은?**

① $\frac{1}{200} \sim \frac{1}{300}$ ② $\frac{1}{300} \sim \frac{1}{400}$
③ $\frac{1}{400} \sim \frac{1}{500}$ ④ $\frac{1}{500} \sim \frac{1}{1000}$

17 **배관을 옥외 공동구 안에 설치에 대한 내용이 아닌 것은?**

① 공동구 안밖으로 환기장치를 설치한다.
② 전기설비가 있는 공동구에는 그 전기설비를 방폭 구조로 한다.
③ 배관은 벨로즈형 신축이음매나 주름관 등으로 온도 변화에 따른 신축을 흡수하는 조치를 한다.
④ 옥외 공동구 벽을 관통하는 배관의 관통부와 그 부근에는 배관의 손상 방지를 위한 조치를 한다.

해설

공동구 안에 환기장치를 한다.
그 밖에 배관에는 가스 유입을 차단하는 장치를 설치하되 그 장치를 옥외 공동구 안에 설치하는 경우에는 격벽을 설치한다.

18 **배관에 내용물 제거장치 설치시 장치의 설치 높이는 방출된 가스의 착지농도가 어느정도 되도록 설치하는가?**

① 폭발 상한계 미만
② 폭발 하한계 미만
③ 폭발 하한의 1/2 미만
④ 폭발 하한의 1/4 미만

해설

그 밖에 내용물제거장치 설치시 기준
• 가스방출 시작 압력에서부터 대기압까지의 방출 소요 시간은 방출 시작으로부터 60분 이내가 되도록 한다.
• 내용물 제거장치는 방출된 가스로 주변 건축물 등에 착화할 위험이 없는 장소에 설치한다.
• 가스방출구 위치는 작업원이 정상 작업을 하는 데 필요한 장소 및 작업원이 통행하는 장소에서 10m 이상 떨어진 곳에 설치한다.
• 내용물 제거장치에는 정전기 낙뢰에 착화되지 않도록 방지설비를 하고 착화시 불활성으로 퍼지할 수 있도록 조치를 한다.

19 **배관 외부에 표시하는 사항이 아닌것은?**

① 사용가스명 ② 최고사용압력
③ 가스흐름방향 ④ 기밀시험압력

20 **중압 이상인 지하매설 배관의 색상은?**

① 황색 ② 적색
③ 주황색 ④ 회색

해설

• 지상배관 : 황색
• 지하배관 – 저압 : 황색
  – 중압 : 적색

21 **보호포에 표시하지 않는 항목은?**

① 가스명 ② 사용압력
③ 가스흐름방향 ④ 공급자명

해설

보호포
보호포는 일반형 보호포와 탐지형 보호포(지면에서 매설된 보호포의 설치 위치를 탐지할 수 있도록 제조된 것을 말한다.)로 구분하고 재질 · 규격 및 설치는 다음과 같이 한다.
(1) 보호포는 폴리에틸렌수지 · 폴리프로필렌수지 등 잘 끊어지지 않는 재질로 직조한 것으로서 두께는 0.2mm 이상으로 한다.
(2) 보호포의 폭은 0.15m~0.35m로 한다.
(3) 보호포의 바탕색은 최고사용압력이 저압인 배관은 황색으로, 중압 이상인 배관은 적색으로 하고 보호포에는 가스명 사용압력 공급자명을 표시한다.

22 **제조소 공급소 밖의 가스도매 사업기준의 표지판 설치 간격은?**

① 100m ② 200m
③ 300m ④ 500m

해설

표지판의 규격(가로 × 세로) 200 × 150mm

정답 15 ④ 16 ④ 17 ① 18 ② 19 ④ 20 ② 21 ③ 22 ④

23 **도시가스 제조소 공급소에 설치되는 가스누출 검지 경보장치 기능에서 잘못된 보기는?**

① 가스의 누출을 검지하여 그 농도를 지시함과 동시에 경보를 울리는 것으로 한다.
② 미리 설정된 가스 농도(폭발하한계의 2분의 1 이하 값)에서 자동적으로 경보를 울리는 것으로 한다.
③ 경보를 울린 후에는 주위의 가스 농도가 변화되어도 계속 경보가 울리며, 그 확인 또는 대책을 강구했을 때 경보가 정지되도록 한다.
④ 담배연기 등 잡가스에 경보를 울리지 않는 것으로 한다.

해설

경보농도 : 폭발하한의 1/4이하

24 **도시가스 제조소 공급소의 가스누출 경보장치구조에 대한 내용중(　　)의 내용이 틀린 보기는?**

(1) 가스공급시설에는 「소방시설 설치 유지 및 안전에 관한 법률」에 따라 (　①　)공업용 가스 누출 경보기를 설치한다.
(2) 충분한 강도가 있고, 취급과 정비 특히 (　②　)의 교체가 용이한 것으로 한다.
(3) 가스누출검지경보장치의 경보부와 (　③　)는 분리하여 설치할 수 있는 것으로 한다.
(4) 검지부가 (　④　)인 경우에는 경보가 울릴 때 경보부에서 가스의 검지 장소를 알 수 있는 구조인 것으로 한다.
(5) 경보는 램프의 점등 또는 점멸과 동시에 경보를 울리는 것으로 한다.

① 고정형
② 엘리먼트
③ 검지부
④ 다점식

해설

고정형 → 분리형

25 **가스도시가스 도매사업의 제조소 공급소에 설치되는 (　　)에 맞는 보기는?**

액화가스 저장탱크 중 내용적 (　　)L 이상의 것에 설치한 배관(송출 또는 이입하기 위한 저장탱크만을 말하며 저장탱크와 배관과의 접속부를 포함한다)에는 그 저장탱크의 외면으로부터 (　　)m 이상 떨어진 위치에서 조작할 수 있는 긴급 차단장치를 설치한다.

① 2000, 5　　② 5000, 10
③ 2000, 10　　④ 5000, 5

해설

일반도시가스의 긴급차단장치의 조작위치는 탱크외면 5m 이상(가스도매사업의 경우는 10m 이상)
긴급 차단장치의 부착 위치는 다음 기준을 따른다.
(1) 긴급 차단장치는 저장탱크 주밸브의 외측에서 가능한 한 저장탱크와 가까운 위치에 설치하거나 저장탱크의 내부에 설치하되, 저장탱크 주밸브와 겸용하지 않도록 한다.
(2) 긴급 차단장치는 저장탱크의 침하 또는 부상, 배관의 열팽창, 지진, 그 밖의 외력에 따른 영향을 고려하여 설치한다.

26 **긴급차단밸브의 차단성능에서 공기 질소를 사용 누출 검사시 누출량이 차압 몇(MPa)에서 50mL × (호칭경 mm/25mm)(330mL를 초과하는 경우에는 300mL)를 초과하지 않도록 한다.**

① 0.2~0.3　　② 0.3~0.4
③ 0.4~0.5　　④ 0.5~0.6

27 **도시가스 배관에 긴급차단장치를 설치시 횡단거리 몇 m 이상의 교량에 횡단부의 양끝으로부터 가까운거리에 설치하여야 하는가?**

① 200m　　② 300m
③ 400m　　④ 500m

28 **도시가스 배관에 설치되는 장치와 관계 없는 것은?**

① 냉각살수장치
② 운전 감시장치
③ 압력계 – 유량계, 온도계
④ 이상사태 경보장치

정답　23 ②　24 ①　25 ②　26 ④　27 ④　28 ①

해설

상기항목이외에 안전제어장치 등을 설치

29 **가스도매 사업에 방류둑을 설치 하여야 하는 탱크의 저장능력은 몇ton 이상인가?**

① 400 ② 500
③ 8000 ④ 1000

해설

일반도시가스사업의 경우 방류둑 설치 저장능력은 1000톤 이상

30 **저장탱크 방류둑의 칸막이 높이는 방류둑보다 몇m 낮게 하는가?**

① 0.1m ② 0.2m
③ 0.3m ④ 0.4m

참고

저장탱크의 방류둑 칸막이
계산된 용량의 집합 방류둑안에 설치된 저장탱크의 저장능력 상당용적 합계의 10%용량을 더하여 얻은 용량 이상을 전용 수용할 수 있도록 한다.

31 **비상전력 설비에서 긴급차단 장치에 필요없는 비상전력 설비는?**

① 타처공급전력
② 자가발전
③ 축전지장치
④ 엔진구동발전

해설

비상전력 등 / 설비	타처공급전력	자가발전	축전지장치	엔진구동발전	스팀터빈구동발전	공기 또는 질소설비
자동제어장치	○	○	○			△
긴급차단장치	○	○	○			△
살수장치	○	○	○	○	○	
방소화설비	○	○	○	○	○	
냉각수펌프	○	○	○	○	○	
물분무장치	○	○	○	○	○	
독성가스재해설비	○	○	○	○	○	
비상조명설비	○	○	○			
가스누출검지경보설비	○	○	○			
통신시설	○	○	○			

32 **다음 통신 설비중 사업소 전체에 필요한 통신설비가 아닌것은?**

① 구내방송설비
② 사이렌
③ 구내전화
④ 페이징설비

해설

사항별(통신범위)	설치(구비)하여야 할 통신설비	비고
1. 안전관리자가 상주하는 사업소와 현장사업소와의 사이 또는 현장사무소 상호간	1. 구내전화 2. 구내방송설비 3. 인터폰 4. 페이징설비	통신설비는 사업소의 규모에 적합하도록 하나 이상을 갖춘다.
2. 사업소 안 전체	1. 구내방송설비 2. 사이렌 3. 휴대용 확성기 4. 페이징설비 5. 메가폰	메가폰은 해당 사업소의 면적이 1500m^2 이하의 경우에만 적용한다.
3. 종업원 상호간(사업소 안 임의의 장소)	1. 페이징설비 2. 휴대용 확성기 3. 트랜시버(계기 등에 영향이 없는 경우만을 말한다) 4. 메가폰	

33 **가스공급시설에서 발생할 우려가 있는 장소에 계기실을 설치하는 규정에서 도시가스 공급시설의 외면으로부터 계기실 외벽 가장가까운 위치까지 몇m 이상의 거리를 유지하여야 하는가?(단, 계기실 연소열량은 1.2×10^7kcal이상으로 한다.)**

① 10m ② 15m
③ 20m ④ 25m

정답 29 ② 30 ① 31 ④ 32 ③ 33 ②

34 가스공급시설의 손상이나 재해발생으로 설치되는 비상공급시설에 대한 내용이 아닌 것은?

① 고압이나 중압의 비상공급시설은 최고사용압력의 1.5배(고압의 비상공급시설로서 공기 · 질소 등의 기체로 내압시험을 실시하는 경우에는 1.25배) 이상의 압력으로 내압시험을 실시하여 이상이 없는 것으로 한다.

② 비상공급시설 중 가스가 통하는 부분은 최고사용압력의 1.1배 이상의 압력으로 기밀시험이나 누출검사를 실시하여 이상이 없는 것으로 한다.

③ 비상공급시설은 그 외면으로부터 제1종보호시설까지의 거리가 10m 이상, 제2종보호시설까지의 거리가 5m 이상이 되도록 한다.

④ 비상공급시설의 원동기에는 불씨가 방출되지 않도록 하는 조치를 한다.

해설

비상공급시설은 1종 15m 이상, 2종 10m 이상
그 밖에
- 비상공급시설의 설치는 인화성 물질이나 발화성 물질을 저장 · 취급하는 장소가 아닌곳으로 한다.
- 비상공급시설에는 접근을 금지하는 내용의 경계표지를 설치한다.
- 비상공급시설에는 정전기 제거 장치를 설치한다.

35 가스도매사업 도시가스 내용물 제거장치에 대한 설명이 아닌 보기는?

① 내용물 제거장치의 설치 높이는 방출된 가스의 착지 농도가 폭발하한계값 미만이 되도록 한다.

② 가스 방출 시작 압력에서부터 대기압까지의 방출 소요 시간은 방출 시작으로부터 60분 이내가 되도록 한다.

③ 내용물 제거장치는 방출된 가스로 인하여 주변 건축물 등에 착화할 위험이 없는 장소에 설치한다.

④ 가스방출구 위치는 작업원이 정상 작업을 하는데 필요한 장소 및 작업원이 통행하는 장소로부터 5m 이상 떨어진 곳에 설치한다.

④ 5m → 10m
그밖에 내용물 제거장치에는 정전기 및 낙뢰 등으로 착화하지 않도록 정전기 및 낙뢰방지설비를 설치하고 착화된 경우에는 불활성가스 퍼지 등으로 소화할 수 있는 조치를 한다.

36 LNG탱크의 인터록 바이패스 인터록장치가 정상작동 되도록 조작 하는 행위에 해당하지 않는 보기는?

① 인터록 관련 계기의 작동이 불량하나 별도 계기에 의해 운전 상태 감시가 불가능하고 사업소의 운전절차에 따른 안전성이 확보 되지 않은 경우

② 예측이 가능한 인터록 관련 계기의 오작동(주변에서 방사선 검사 시 화염감지기의 오작동 등)을 방지하기 위한 경우

③ 공정의 정상운전 중에 인터록 관련 계기의 일시적인 수리를 위해 공정의 정상운전과 기기 및 설비의 보호를 위하여 필요하다고 인정된 경우

④ 운전 중에 실시되는 예비 장치 및 설비를 교체 · 수리할 경우

해설

① 운전상태의 감시가 가능하고 안전성이 확보된 경우

37 아래 보기의 도시가스제조시설의 점검주기로 맞는 것은?

① 저장탱크 침하상태 2년 1회
② 물분무장치는 1월 1회
③ 긴급차단장치 6월 1회
④ 안전밸브 정상작동 여부 1년 1회

해설

저장탱크 침하 1년 1회
긴급차단장치 1년 1회
안전밸브 정상작동 여부 2년 1회
그 밖에 가스누출검지 경보장치
1주일 1회 이상 육안점검
6월 1회 이상 표준가스로 작동 상황점검

정답 34 ③ 35 ④ 36 ① 37 ②

38 **아래 보기중 고압 중압인 가스공급시설 중 내압시험을 생략 할 수 있는 가스공급시설인 것은?**

① 내압시험을 위하여 구분된 구간과 구간을 연결하는 이음관으로서 그 관의 용접부가 초음파 탐상시험에 합격한 경우
② 길이가 15m 이상으로 최고사용압력이 중압 이상인 배관 및 그 부대설비로서 최고사용압력이 1.5배 이상의 압력으로 시험시 합격한 경우
③ 길이가 15m 이상으로 미리 그 용접 부위를 공기 질소로 시험시 최고사용압력의 1.25배 이상의 압력의 시험에 합격한 경우
④ 배송기, 압송기, 압축기, 송풍기, 액화가스용 펌프등의 설비

해설

내압시험 생략 길이 15m미만, 방사선 투과시험 및 최고사용압력 1.5배 (공기 또는 질소로 시험시 1.25배에 합격한 경우)

39 **도시가스 제조시설에 기밀시험하는 방법이 아닌 것은?**

① 발포액을 이음부에 도포하여 거품의 발생 여부로 판정하는 방법
② 시험에 사용하는 가스 농도가 0.2% 이하에서 작동하는 가스검지기를 사용하여 해당 검지기가 작동되지 않는 것으로 판정하는 방법
③ 최고사용압력이 저압인 경우 기밀시험은 최고사용압력의 1.1배 또는 8.4kPa 중 높은 압력 이상으로 실시한다. 다만, 최고사용압력이 저압인 가스홀더, 배관 및 그 부대설비 이외의 것 중 최고사용압력이 30kPa 이하인 것은 시험압력을 최고사용압력으로 할 수 있다.
④ 매설된 배관은 시험가스를 넣어서 24시간 경과한 후에 판정한다.

해설

④ 24시간 → 12시간 후에 판정하다.

40 **도시가스 배관의 내용적이 $300m^3$ 이상시 기밀시험 유지시간이 틀린항목은?**

① $5000m^3$ 미만, 48시간
② $5000m^3$ 이상 $10000m^3$ 미만, 96시간
③ $10000m^3$ 이상 $25000m^3$ 미만, 110시간
④ $25000m^3$ 이상, 144시간

해설

$10000m^3$ 이상 $25000m^3$ 미만, 120시간

41 **도시가스 제조시설의 가스의 성분 및 냄새첨가장치에서 확인하여야 할 사항이 아닌것은?**

① 공급가스의 조성 열량을 확인한다.
② 공급가스의 비중 연소성을 확인한다.
③ 냄새가 나는 물질의 적정 농도주입 매월 1회 이상측정 여부를 확인한다.
④ 측정여부 및 그 기록은 1년간 보존 여부를 확인한다.

해설

측정여부 그 기록은 2년간 보존한다.

42 **LNG저장 탱크의 정밀진단 안전방법에 강관말뚝의 부식방지 조치에 대한 기준 전극의 방식 전위 값이 맞는 것은?**

① 포화황산동 – 850mV 이하
② 아연 – 250mV 이하
③ 염화은 – 700mV 이하
④ 황산염 – 300mV 이하

해설

아 연 : +280mV 이하
염화은 : – 800mV 이하
황산염 : 규정없음

43 **LNG 저장탱크의 정밀안전진단 평가위원회의 외부 전문가의 구성인원수는?**

① 1~2인
② 2~3인
③ 3~5인
④ 4~5인

정답 38 ④ 39 ④ 40 ③ 41 ④ 42 ① 43 ③

44 **LNG 저장탱크의 평가위원회 외부전문가의 자격으로 틀린 항목은?**

① 4년제 대학교 교수
② 해당 박사학위소지자
③ 해당 기술사 자격소지자
④ LNG 탱크 제작 기술 연구원

45 **아래 ( )에 맞는 수치는?**

> PE배관은 온도가 ( )℃ 이상의 장소에 설치하지 않는 다 단 파이프 슬리브등을 이용 단열조치를 한 경우 ( )℃ 이상의 장소에 설치할 수 있다.

① 10 ② 20
③ 30 ④ 40

46 **배관을 맞대기 용접시 용접이음매 간격 $D=2.5\sqrt{(Rm \cdot t)}$ 이다. 아래 기호설명에서 Rm은 무엇인가?**

① 배관두께 중심까지 반경
② 배관 중심 직경
③ 배관 내측 직경
④ 배관 외측 직경

해설

D : 용접이음매 간격
Rm : 배관 두께 중심까지 반경
t : 배관의 두께

47 **PE관의 융착시 이음부의 연결오차는 배관두께의 몇% 이하로 하여야 하는가?**

① 10% ② 20%
③ 30% ④ 40%

48 **배관의 두께가 5mm 일때 비드폭의 최소의 값(mm)은 얼마인가?**

① 5.5 ② 6.5
③ 7.5 ④ 8.5

해설

④ 최소 3+0.5t 이므로
$3+0.5\times5=5.5$mm
최대값은 5+0.75t 이므로
$5+0.75\times5=8.75$mm

49 **배관의 신축흡수조치에서 벤트파이프를 사용하는데 벨로우즈나 슬라이드형을 사용할 수 있는 배관의 압력 기준은 몇 MPa이하인가?**

① 1MPa ② 2MPa
③ 3MPa ④ 4MPa

50 **배관의 매설깊이는 산들에는 ( )m 이상 그 밖의 지역에서는 ( )m 이상으로 한다. ( )m에 알맞는 숫자는?**

① 1, 1 ② 1, 1.2
③ 1, 1.5 ④ 1, 2

51 **배관은 외면으로 부터 도로의 경계까지 ( )m 이상의 수평거리를 유지 다른 시설물과는 ( )m 이상의 거리를 유지하여야 한다. ( )에 알맞는 숫자는?**

① 1, 0.3 ② 1, 0.5
③ 1, 0.8 ④ 1, 2

52 **배관을 설치시 보호판의 설치 위치는 배관정상부에서 몇m 이상의 높이에 설치하여야 하는가?**

① 0.1m ② 0.2m
③ 0.3m ④ 0.5m

53 **보호판에는 직경 30mm 이상 50mm 이하 구멍을 몇 m의 간격으로 뚫어 누출된 가스가 지면으로 확산되어야 하는가?**

① 1m ② 2m
③ 3m ④ 5m

54 **고압배관에 설치되는 보호판의 두께는 몇mm 이상이어야 하는가?**

① 1mm ② 2mm
③ 3mm ④ 6mm

정답 44 ④ 45 ④ 46 ① 47 ① 48 ① 49 ② 50 ② 51 ① 52 ③ 53 ① 54 ④

해설

중압배관일 경우는 4mm이상

55 **도시가스 배관이 유지하여야 할 수평거리가 틀린항목은?**

① 철도 : 40m
② 학교 유치원 : 30m
③ 아동복지시설 수용능력 20명이상 건축물 : 30m
④ 병원 : 30m

해설

철도 : 30m
그 밖에 문화재로 지정된 건축물 : 70m

56 **도시가스 배관을 보호하기 위한 방호파이프의 호칭지름은 몇 A이상인가?**

① 20A ② 30A
③ 40A ④ 50A

57 **옥외공동구 안에 설치 되는 배관에 대한 내용이 아닌 것은?**

① 환기장치가 있도록 한다.
② 전기설비가 있는 경우 그 전기설비는 단열구조로 한다.
③ 배관은 벨로즈형 신축이음매나 주름관 등으로 온도 변화에 따른 신축을 흡수하는 조치를 한다.
④ 배관에 가스 유입을 차단하는 장치를 설치하되, 그 장치를 옥외 공동구 안에 설치하는 경우에는 격벽을 설치한다.

해설

전기설비는 방폭구조로한다.

58 **굴착으로 노출된 배관길이가 몇m 이상일 때 배관손상으로 인한 가스누출 위급발생시 신속히 차단할 수 있도록 노출배관 양 끝에 차단 장치를 설치 하여야 하는가?**

① 40 ② 50
③ 80 ④ 100

59 **아래 도시가스 배관에 대한 ( )에 알맞는 숫자는?**

> 중압 이하의 배관(호칭지름이 100mm 미만인 저압배관은 제외한다)으로서 노출된 부분의 길이가 100m 이상인 것은 위급한 때에 그 부분에 유입되는 도시가스를 신속히 차단할 수 있도록 노출 부분 양 끝으로부터 ( )m 이내에 차단장치를 설치하거나 ( )m 이내에 원격조작이 가능한 차단장치를 설치한다.

① 100, 300 ② 200, 300
③ 300, 500 ④ 500, 1000

60 **주요하천 호수를 횡단하는 배관을 교량에 설치시 횡단거리가 몇m 이상인 경우 긴급차단장치를 설치하여야 하는가?**

① 300 ② 500
③ 700 ④ 1000

61 **고압이나 중압배관에서 분기되는 배관에 설치되어야 하는 장치는?**

① 가스차단장치
② 안전밸브
③ 바이패스밸브
④ 경보장치

62 **중압이상의 배관에 설치되는 수취기의 입관에 설치되는 것은?**

① 플러그 ② 캡
③ 밸브 ④ 여과기

해설

중압이 아닌경우 수취기의 입관에는 플러그나 캡을 설치

63 **배관의 정밀 안전진단에서 기계분야의 진단항목이 아닌것은?**

① 가스의 누출여부
② 긴급차단장치의 정상작동여부
③ 계측기기의 유지관리 실태
④ 배관 피폭 손상여부

정답 55 ① 56 ④ 57 ② 58 ④ 59 ③ 60 ② 61 ① 62 ③ 63 ③

해설

진단 분야	진단 항목
가. 기계 분야	가스 누출 여부, 긴급 차단장치의 정상 작동 여부, 배관 피복 손상 여부, 배관 취약 부분의 두께 감소량 측정
나. 전기 · 계장 분야	방식 전위 측정, 측정단자의 적정 관리 여부, 계측기기의 유지관리 실태
다. 그 밖의 분야	라인마크 · 표지판의 적정 설치 여부, 도면의 정확성

64 일반도시가스사업에서 보호시설과의 거리 중 ( )에 맞는 숫자는?

> 가스혼합기 · 가스정제설비 · 배송비 · 압송기 그 밖에 가스공급시설의 부대설비(배관은 제외한다)는 그 외면으로 부터 사업장의 경계까지의 거리를 ( )m 이상 유지한다. 다만, 최고사용압력이 고압인 것은 그 외면으로부터 사업장의 경계까지의 거리를 ( )m 이상, 제1종보호시설(사업소 안에 있는 시설은 제외한다)까지의 거리를 ( )m 이상 유지할 수 있다.

① 5, 20, 30
② 3, 20, 30
③ 3, 30, 20
④ 3, 20, 50

일반도시가스 사업법

65 일반도시가스 저장탱크의 직경이 각각 6m, 4m 일 때 저장탱크 간의 거리는?

① 1m　　② 2m
③ 2.5m　　④ 3m

해설

두 저장탱크 최대직경의 1/4이 1m 보다 크면 그 길이를, 1m 보다 작으면 1m를 유지한다.

$(6+4) \times \frac{1}{4} = 2.5\text{m}$

저장탱크와 가스홀더의 유지거리는 저장탱크 최대직경의 1/2(지하저장탱크는 저장탱크 최대직경의 1/2 또는 그 가스홀더 최대직경의 1/4)의 길이 중 큰것과 동등 이상의 길이를 유지

66 일반도시가스 사업의 가스발생기 가스홀더와 사업장 경계의 거리가 틀린 것은?

① 최가사용압력 고압은 20m 이상
② 최고사용압력이 중압은 10m 이상
③ 최고사용압력이 저압인 것은 5m 이상
④ 최고사용 압력이 초고압은 30m 이상

해설

초고압의 규정은 없음

67 가스공급시설의 부등침하에 대하여 틀린항목은?

① 제1차 지반조사는 해당 장소에서 과거의 부등침하 등의 실적조사, 보링 등의 방법으로 실시한다.
② 제1차 지반조사 결과 그 장소가 습윤한 토지, 매립지역으로서 지반이 연약한 토지, 급경사지역으로서 붕괴의 우려가 있는 토지, 그 밖에 사태(沙汰), 부등침하 등이 일어나기 쉬운 토지인 경우에는 그 정도에 따라 2차 지반조사를 한다.
③ 1차 지반조사 후 성토 및 옹벽설치의 조치를 강구한 후 필요할 경우에는 그 지반의 허용지지력도 또는 기초파일첨단(尖端)의 지반허용지지력을 구하기 위하여 주로 다음 방법으로 제2차 지반 조사를 한다.
④ 보링(boring)조사를 하여 지반의 종류에 따라 필요한 깊이까지 굴착한다.

해설

② 2차지반조사를 한다.
→ 성토 지반개량 옹벽 설치등의 조치를 강구한다.

68 지반의 종류에 따른 허용응력 지지도가 틀린 것은?

① 암반 : 1
② 단단히 응결된 모래층 : 0.5
③ 황토흙 : 0.3
④ 조밀한 자갈층 : 0.5

해설

지반의 종류에 따른 허용응력 지지도

암반	1

정답 64 ② 65 ③ 66 ④ 67 ② 68 ④

단단히 응결된 모래층	0.5
황토흙	0.3
조밀한 자갈층	0.3
모래질 지반	0.05
조밀한 모래질 지반	0.2
단단한 점토질 지반	0.1
점토질 지반	0.02
단단한 롬(loam)층	0.1
롬(loam)층	0.05

69 도시가스 시설물의 내진설계 대상인 것은?

① 저장능력 3ton 및 $300m^3$ 이상의 저장탱크 가스홀더
② 2.5ton의 저장탱크
③ 저장능력 3ton 및 $200m^3$ 이상의 가스홀더
④ 지하에 설치되는 저장탱크 및 가스홀더

70 도시가스 제조시설에서 탱크를 지하에 설치시 레디믹스콘크리트의 설계 강도는?

① 10~15MPa ② 15~20MPa
③ 21~24MPa ④ 25MPa

해설

레디믹스트 콘크리트

항목	규격
굵은 골재의 최대지수	25mm
설계강도	(21~24)MPa
슬럼프(slump)	(120~150)mm
공기량	4%
물-결합재비	50% 이하

- LPG 관련 탱크 설계강도 : 21MPa 이상
- 고압가스 관련 탱크 설계강도 : 20.6~23.5MPa

71 저온저장탱크에 내부의 압력이 외부의 압력보다 낮아져 파손 되지 않도록 하는 부압파괴 방지조치에 해당되는 설비가 아닌것은?

① 압력계 ② 압력경보설비
③ 진공안전밸브 ④ 긴급차단장치

해설

부압파괴 방지조치 ①②③ 및 균압관
긴급차단장치를 설치한 냉동제어설비 및 송액설비

72 폭발방지 장치를 설치하지 않아도 되는 경우가 아닌 항목은?

① 물분무 장치를 설치한 저장탱크
② 2중막 단열구조의 저온저장탱크
③ 지하에 매몰되는 15t 이상의 저장탱크
④ 저장능력, 10t이상의 주거지역 상업지역에 설치된 저장탱크

해설

주거지역·상업지역 10톤 이상 저장탱크에 폭발방지장치 설치 (단, 안전조치를 한 탱크 및 지하에 설치하는 경우는 예외)

73 고압 또는 중압의 가스홀더에 대한 아래 내용중 틀린 보기는?

가. 관의 입구와 출구에는 온도나 압력의 변화에 따른 신축을 흡수하는 조치를 한다.
나. 응축액을 외부로 뽑을 수 있는 장치를 설치한다.
다. 응축액의 동결을 방지하는 조치를 한다.
라. 맨홀이나 검사구를 설치한다.
마. 저장능력이 $300m^3$ 이상인 고압 또는 중압의 가스홀더와 다른 가스홀더와의 사이에는 두 가스홀더의 최대지름을 합산한 길이의 4분의 1 이상에 해당하는 거리(두 가스홀더의 최대지름을 합산한 길이의 1/4이 1m 미만인 경우에는 1m 미만)를 유지한다.

① 가 ② 나
③ 다, 라 ④ 마

해설

마 : 두 가스홀더의 최대지름을 합산한 길이의 1/4이 1m 미만인 경우 1m 이상의 거리 유지

74 최고사용압력이 저압인 가스홀더에 대한 아래 내용 중 틀린 것은?

- 유수식은
  가. 원활하게 작동하도록 한다.
  가스방출장치를 설치한다.
  수조에 물 공급관과 물이 넘칠 때 빠지는 구멍을 설치한다.
- 무수식은
  나. 봉수의 동결방지조치를 한다.

정답 69 ① 70 ③ 71 ④ 72 ④ 73 ④ 74 ②

다. 피스톤이 원활히 작동 하도록 설치한다.
라. 봉액을 사용 하는 것에는 봉액공급용 예비펌프를 설치한다.

① 가 ② 나
③ 다 ④ 라

해설
동결방지장치는 유수식 가스홀더에 대한 내용

75 기화장치의 구조에 해당되지 않는 보기는?

① 직화식 가열구조이어야 한다.
② 온수식인 경우 온수의 온도는 80C 이하 이어야 한다.
③ 증기가 열식인 경우 증기온도는 120C 이하 이어야 한다.
④ 기화장치에는 물이 넘쳐 흐르는 것을 방지하는 장치를 설치하여야 한다.

해설
기화장치는 직화식 가열구조가 아니여야 한다.

76 도시가스 공급시설 중 가스가 통하는 부분의 내면에 몇 Pa을 초과하는 압력을 받는 부분의 용접부에 용접 결함이 생기지 않는 용접 강도를 유치하여야 하는가?

① 0Pa ② 1Pa
③ 2Pa ④ 3Pa

해설
용접결함의 종류
갈라짐, 언더컷, 오버랩, 크레이터, 슬러그혼입, 블로홀

77 아래배관 중 지하매설 배관의 종류가 아닌 것은?

① 폴리에틸렌 피복강관
② 분말용착식 폴리에틸렌 피복강관
③ 가스용 폴리에틸렌관
④ 압력배관용 탄소강관

78 아래 PE 배관 중 틀린 보기를 고르시오.

① PE배관은 매몰하여 시공한다. 다만, 지상 배관의 연결을 위하여 금속관으로 보호조치를 한 경우에는 지면에서 0.3m 이하로 노출하여 시공할 수 있다.
② PE배관의 굴곡 허용 반경은 외경의 20배 이상으로 한다. 다만, 굴곡 반경이 외경의 20배 미만일 경우에는 엘보를 사용한다.
③ PE배관의 매설위치를 지상에서 탐지할 수 있는 탐지형보호포 로케팅와이어 등을 설치 이때 전선의 굵기는 $8mm^2$ 이상으로 한다.
④ PE배관은 온도가 40C 이상이 되는 장소에 설치하지 않는다. 다만, 파이프슬리브 등을 이용하여 단열조치를 한 경우에는 이를 제한하지 않는다.

해설
로케팅와이어의 전선의 굵기 : $6mm^2$ 이상

79 PE관과 금속관의 접합에는 무엇을 사용하는가?

① T/F ② 신축관
③ 슬리브관 ④ 엘보

80 배관을 교량에 설치시 호칭경 지지간격이 틀린 것은?

① 100A : 8m
② 150A : 10m
③ 200A : 12m
④ 300A : 15m

해설
300A : 16m 400A : 19m
500A : 22m 600A : 25m

81 제조소 공급소의 도시가스 배관의 이음매와 아래설비의 유지 간격이 틀린 것은?

① 전기계량기, 개폐기 : 0.6m 이상
② 단열조치하지 않은 굴뚝, 전기점멸기, 전기접속기 0.3m 이상
③ 전열 전선과 0.1m 이상
④ 절연 조치하지 않은 전선 : 0.3m 이상

해설
절연조치하지 않은 전선 : 0.15m 이상

정답 75 ① 76 ① 77 ④ 78 ③ 79 ① 80 ④ 81 ④

82 **제조소 공급소 내에 설치하는 일반도시가스 배관의 표지판의 간격은?**

① 100m ② 200m
③ 500m ④ 1000m

참고

제조소 공급소 밖의 일반 도시가스 배관의 표지판은 200m 마다 설치

83 **액화가스가 통하는 가스공급시설의 접지저항치의 총합은 몇 Ω이하인가?**

① 50 ② 70
③ 80 ④ 100

해설

피뢰설비가 설치된 것은 10Ω 이하

84 **아래 정전기 재거설비를 하여야 할 시설물 중 단독으로 하여야 할 설비가 아닌 것은?**

① 탑류
② 저장탱크
③ 열교환기, 플레어 스택
④ 회전기계 벤드스택

해설

단독접지 시설에 플레어스택은 해당 사항이 없음

85 **본딩용 접지 접속선의 단면적은 몇 mm^2 이상 이어야 하는가?(단, 단선은 제외한다.)**

① $3mm^2$ ② $4mm^2$
③ $5.5mm^2$ ④ $7mm^2$

86 **일반도시가스 사업의 액화가스 저장탱크가 몇 톤 이상인 경우 방류둑을 설치하여야 하는가?**

① 500 ② 1000
③ 1500 ④ 2000

87 **공기 등의 기체의 압력으로 고압인 도시가스 공급시설을 방사선 투과로 내압 시험시 그 등급분류는 몇급 이상이어야 하는가?**

① 1급 ② 2급
③ 3급 ④ 4급

해설

중압이하의 배관인 경우는 3급이상

88 **가스공급시설을 공기로 내압시험시 사용압력의 몇% 까지 승압을 하는가?**

① 10% ② 20%
③ 30% ④ 50%

해설

처음에는 50%까지 승압후 그 다음에는 상용압력의 10%씩 단계적으로 승압을 한다.

89 **도시가스 시설의 현대화에 해당되지 않는 항목은?**

① 배관망 전산화
② 관리대상 시설의 개선
③ 노후배관의 교체 실적
④ 근무자의 자격현황

해설

상기 항목이외에 가스사고 발생빈도 등이 있다.

90 **안전성 제고를 위한 과학화의 항목이 아닌 것은?**

① 시공감리실시 배관
② 안전점검원 3인당 1대를 기준한 배관 순찰차량 보유대수
③ 노출 배관의 길이
④ 주민모니터링제 실시 및 선정인원

해설

$$배관순찰차량 = \frac{보유순찰차량}{안전점검선임인원 \times \frac{1}{2}} \times 1$$

91 **가스배관에 의한 사고를 예방하기 위해 장비와 기술을 이용 장기사용 배관의 잠재된 위험요소와 원인을 찾아내고 적절한 조치 방안을 제시하는 것을 무엇이라 하는가?**

① 정밀 안전진단 ② 사고예방계획
③ 현장조사 ④ 종합평가

정답 82 ③ 83 ④ 84 ③ 85 ③ 86 ② 87 ② 88 ④ 89 ④ 90 ② 91 ①

92 **제조소 공급소 밖 일반도시가스 사업자의 배관은 ( ) 이하일 것 단, 법의 규정에 의한 기준에 적합하고 한국가스안전공사가 실시하는 안전성평가 결과에 따라 안전관리 조치를 하여 설치하는 배관의 경우 ( )MPa 이하로 할 수 있다. ( )에 적당한 숫자와 단어는?**

① 저압, 1 ② 중압, 2
③ 고압, 3 ④ 중압, 4

93 **도시가스의 압력 조정기의 설치 위치는 지면으로 부터 몇m 인가?**

① 1.6m이상, 2m 이내
② 1.5m이상, 2m 이내
③ 1m이상, 2m 이내
④ 1.5m이상, 2.5m 이내

94 **압력조정기나 충전기의 보호대 설치에 관하여 틀린 것은?**

① 두께 12cm이상 철근콘크리트재일 것
② 높이는 100cm 이상일 것
③ 강관제는 100A 이상 배관용 탄소강관 등의 기계적 강도가 있는 것 일것
④ 보호대가 말뚝형일 때 말뚝은 2개 이상을 설치 간격은 1.5m 이하로 한다.

해설

보호대의 높이 80cm 이상

95 **도시가스 압력이 비정상적으로 상승시 구역압력조정기에 설치되는 긴급차단장치의 설정압력이 맞는것은?**

① 1KPa 이하
② 2KPa 이하
③ 3KPa 이하
④ 4KPa 이하

해설

설정압력
긴급차단장치 3KPa 이하
인진벨브 3.4KPa 이하
구역압력조정기에 설치되는 가스방출관의 방출구는 지면에서 3m 이상에 설치한다.

96 **도시가스 배관의 용접부에 바파괴 시험을 하여야 하는 대상인 것은?**

① 저압으로 노출된 사용자 공급관
② 호칭지름 80mm 미만 저압 배관
③ PE배관
④ 최고사용압력이 저압으로 호칭지름 50A 이상의 노출배관

해설

상기항목이외에 용접부의 비파괴시험배관
• 지하매설배관(PE관은 제외)
• 최고사용압력이 중압이상인 노출배관

97 **중압 이하 배관과 고압의 배관을 매설시 이격거리는?**

① 1m 이상 ② 2m 이상
③ 3m 이상 ④ 4m 이상

98 **호칭지름이 80mm 이상의 배관접합부에 실시하는 비파괴검사 방법은?**

① 방사선 투과시험
② 초음파 탐상시험
③ 자분 탐상시험
④ 침투 탐상시험

해설

호칭지름 80mm미만의 배관 접합부에는 RT(방사선), UT(초음파), MT(자분탐상), PT(침투탐상) 중 한가지를 한다.

99 **높이 80m 이상 고층의 공동주택에 연소기 설치시 고려하여야 할 설치 장치는?**

① 안전장치 ② 긴급차단장치
③ 승압방지장치 ④ 열량조정장치

100 **제조소 공급소 밖 공급권역에 설치하는 배관에 긴급사태에 대비 긴급차단 장치를 설치하여야 하는데 긴급차단장치설치를 하지 않아도 되는 경우가 아닌것은?**

① 긴급차단장치가 설치된 가스도매사업자의 배관이 일반도시가스사업자에게 전용으로 공급하기 위한 것으로서, 긴급차단장치로 차단되는 구역의 수요가 수가 30만 미만일 것

정답 92 ④ 93 ① 94 ② 95 ③ 96 ④ 97 ② 98 ① 99 ③ 100 ①

② 가스누출 등으로 인한 긴급차단시 사업자 상호간에 공용으로 긴급차단장치를 사용할 수 있도록 사용계약과 상호협의체제가 구축(문서로 증명)되어 있을 것
③ 양 사간 유.무선으로 2개 이상의 통신망을 통해 상시 연락이 가능할 것
④ 6개월에 1회 이상 비상시 상호 협조체제에 따른 비상훈련 및 작동상황 점검 등을 합동으로 실시할 것

해설

① 20만 미만인 경우 긴급차단장치 설치에서 제외

101 **일반도시가스사업자의 배관은 긴급차단장치에 의하여 가스공급을 차단할 수 있는 구역의 설정은 수요가구 20만 이하가 되도록 하여야 한다. 단 구역을 설정 후 수요가구가 증가 20만 초과시에는 수요가구 몇만 이어야 차단 구역의 설정이 가능한가?**

① 21만 미만
② 22만 미만
③ 25만 미만
④ 30만 미만

102 **제조소 공급소 밖 고압 중압 배관에서 분기되는 배관에 설치되어야 하는 장치는?**

① 바이패스 밸브
② 가스차단 장치
③ 안전제어 장치
④ 릴리프 밸브

103 **일반도시가스 배관에 도로와 평행하여 매설되어 있는 배관으로 가스의 사용자가 소유 점유한 토지에 이르는 배관으로 호칭경 몇mm 초과시 신속히 도시가스를 차단할 수 있는 장치를 설치하여야 하는가?**

① 50mm ② 60mm
③ 65mm ④ 70mm

해설

위급시 신속히 도시가스차단 장치 설치 관경
호칭지름 65mm 초과 또는 공칭외경 75mm 초과 배관

104 **제조소 공급소 밖의 일반도시가스 배관에 설치하는 표지판의 가격은?**

① 100m 마다 ② 200m 마다
③ 300m 마다 ④ 400m 마다

105 **제조소 공급소 밖 일반도시가스 배관이 노출시 노출부분 길이가 몇m 이상시 가스차단 장치를 설치하여야 하는가?**

① 30m ② 50m
③ 100m ④ 200m

해설

배관(호칭지름이 100mm 미만인 저압배관은 제외한다)으로서 노출된 부분의 길이가 100m 이상인 것은 위급한 때에 그 부분에 유입되는 도시가스를 신속히 차단할 수 있도록 노출부분 양끝으로부터 300m 이내에 차단장치를 설치하거나 500m이내에 원격조작이 가능한 차단장치를 설치한다.

106 **노출된 가스배관의 길이가 몇m 이상시 점검통로와 조명시설을 갖추어야 하는가?**

① 5m ② 10m
③ 15m ④ 20m

해설

(1) 점검통로의 폭은 점검자의 통행이 가능한 80cm 이상으로 하고 발판은 사람의 통행에 지장이 없는 각목 등으로 설치한다.
(2) 가드레일은 0.9m 이상의 높이로 설치한다.
(3) 점검통로는 가스배관에 가능한 한 가깝게 설치하되 원칙적으로 가스배관으로부터 수평거리 1m 이내에 설치한다.
(4) 가스배관 양끝단부 및 곡관은 항상 관찰이 가능하도록 점검통로를 설치한다.
(5) 조명은 70Lux 이상을 원칙적으로 유지한다.

107 **도시가스 공급시설에 설치된 압력조정기의 안전점검 주기는?**

① 6월 1회 이상
② 1월 1회 이상
③ 3월 1회 이상
④ 1년 1회 이상

해설

도시가스 공급시설에 설치된 압력 조정기는 6월 1회 이상(필터 스트레나 청소는 2년 1회 이상) 안전점검을 실시

정답 101 ③ 102 ② 103 ③ 104 ② 105 ③ 106 ③ 107 ①

108 도시가스 공급시설에 설치된 구역 압력조정기의 안전 점검 내용중 틀린 것은?

① 설치후 2년 1회 이상 분해점검
② 3월 1회 이상 정상작동 유무
③ 가스공급 개시 후 1월 이내 공급 개시후 1년 1회 이상 필터 점검
④ 출구압력을 측정하고 출구압력이 명판에 표시된 출구압력 범위 이내로 공급되는지 여부 확인

해설

① 설치 후 3년 1회이상 분해점검

109 수동으로 작동되는 가스차단 장치의 작동상태는 개폐 조작에 의하여 확인을 하여야 하는데 ( )에 맞는 숫자는?

> 매몰형 밸브는 20개소 또는 전체 매몰형밸브 설치 수량의 ( )% 중 많은수 이상
> 박스형밸브는 20개소 또는 전체 박스형 밸브 설치 수량의 ( )%중 많은 수 이상

① 10, 20
② 20, 30
③ 20, 40
④ 20, 50

110 배관의 현장조사 중 직류전압 구배법에 의한 조사는 정밀안전진단 대사 배관 전체의 몇% 이상에 대하여 조사를 실시하는가?

① 5% ② 10%
③ 15% ④ 20%

해설

교류전압구배법도 10%에 대하여 조사

111 배관의 정밀안전진단의 1일 조사 또는 작업 범위는 3일 4인 1조로 배관길이가 몇 이상으로 조사하여야 하는가?

① 50m ② 100m
③ 200m ④ 300m

112 도시가스 배관의 종류가 아닌것은?

① 본관
② 공급관
③ 내관
④ 외관

113 정압기의 이상으로 출구측 압력이 설정압력보다 이상 상승시 입구측으로 유입 되는 가스를 자동차단하는 장치는?

① 이상압력상승방지 장치
② 경보장치
③ 긴급차단장치
④ 안전밸브

114 정압기의 압력이 상승시 가스를 대기중으로 방출하여 안전을 위한 장치는?

① 이상압력 상승방지 장치
② 경보장치
③ 긴급차단장치
④ 안전밸브

115 배기가스를 건축물 바깥의 공기중으로 배출하기 위하여 배기시스템 말단에 설치하는 부속품을 무엇이라 하는가?

① 터미널
② 연통
③ 캐스케이트연통
④ 은폐배관

116 아래보기중 가스계량기를 설치 할 수 있는 장소는?

① 진동의 영향을 받는 장소
② 석유류등 위험물을 저장할 수 있는 장소
③ 수전실 변전실 등 고압전기설비가 있는 장소
④ 지면으로부터 1.8m 높이의 장소

정답 108 ① 109 ④ 110 ② 111 ④ 112 ④ 113 ③ 114 ④ 115 ① 116 ④

도시가스 사용시설

117 아래의 가스 사용량으로 이회사의 월소비 예정량을 계산하시오.

> (1) 제품생산에 필요한 가스량 30000kcal/h
> (2) 직원 식당에서 사용되는 가스량 10000kcal/h
> (3) 회사에 연결된 사택에서 사용되는 가정용 가스량 8000kcal/h

① $530m^3$ ② $640.56m^3$
③ $736.36m^3$ ④ $900.56m^3$

해설

$$Q=\frac{(A\times 240)+(B\times 90)}{11000}$$

$$=\frac{(30000\times 240)+(10000\times 90)}{11000}=736.363m^3$$

여기서 Q : 월사용 예정량(m^3)
A : 산업용으로 사용하는 연소기 명판에 기재된 가스소비량 합계(kcal/hr)
B : 산업용이 아닌 연소기 명판에 기재된 가스 소비량의 합계(kcal/h)
단, 가정용으로 사용하는 연소기의 가스 소비량은 합산 대상에서 제외한다.

118 다음 보기의 연소기 중 비산업용에 해당되지 않는 보기는?

① 공장등의 직원 취사용으로 사용되는 연소기
② 제과 공장에서 빵을 만드는데 사용되는 연소기
③ 세탁소 방아간 등에서 사용되는 연소기
④ 자동차 정비업체의 도장 부스에 사용되는 연소기

해설

제품생산에 사용되는 연소기 : 산업용 제품 생산에 사용되지 않은 자동차 정비업체의 수리 · 도장 세탁소 방아간 등은 고정적인 기업 활동으로 보지 않으므로 비산업용으로 간주하나 세탁소가 아닌 세탁공장은 기업활동의 의미로 보므로 산업용으로 간주한다.

119 아래보기 중 가정용 연소기에 해당되지 않는 항목은?

① 여관 종업원의 취사및 냉난방의 연소기
② 고시원의 개별 취사 연소기
③ 생활숙박 시설의 연소기
④ 공동주택 등에서 공동으로 사용되는 중앙 난방형 연소기

해설

비가정용 연소기 : 개인이 사용하지 않고 공동으로 사용되는 연소기

120 기술 검토당시 연소기가 설치 되지 않았거나 일부 설치 계획인 경우 가스계량기의 월 사용예정량을 산출하는 방법은?

① 가스계량기 최대유량 × 0.5
② 가스계량기 최대유량 × 0.8
③ 가스계량기 최대유량
④ 가스계량기 최대유량 × 1.2

121 정압기 실에 설치되는 보호대의 높이는, 경계책의 높이는?

① 80cm, 1.5m 이상
② 60cm, 1.5m 이상
③ 40cm, 1.5m 이상
④ 40cm, 1.2m 이상

122 지하층에 설치된 가스사용시설을 지상에서 가스의 공급을 용이하게 차단할 수 있는 장치를 설치한다. 단, 지하층에 설치된 가스사용시설의 외벽으로 부터 몇m 이내에 그 지하실로의 가스공급을 지상에서 차단할 수 있는 장치가 있는 경우에는 설치하지 않아도 되는가?

① 10m 이내 ② 15m 이내
③ 30m 이내 ④ 50m 이내

123 도시가스 사용시설에서 가스계량기와 아래설비의 이격거리가 틀린것은?

> (1) 전기계량기 전기개폐기 0.6m 이상
> (2) 전기 점멸기 전기 접속기 0.3m 이상
> (3) 전열 조치를 하지 않는 전선과 0.3m 이상

① (1) ② (2)
③ (3) ④ (3), (4)

해설

절연조치를 하지 않은 전선과 0.15m 이상

정답 117 ③ 118 ② 119 ④ 120 ② 121 ① 122 ④ 123 ③

124 도시가스 사용시설에 대한 배관용 밸브에 호스에 대한 내용이다. ( )에 들어갈 적당한 숫자가 맞는 보기는?

> 가스사용시설에는 연소기 각각에 퓨즈콕 등을 설치한다. 다만, 연소기가 배관(가스용금속플렉시블호스를 포함한다)에 연결된 경우 또는 가스소비량이 ( )kcal/h을 초과하거나 사용압력이 3.3kPa을 초과하는 연소기가 연결된 배관(가스용금속플렉시블호스를 포함한다)에는 배관용 밸브를 설치할 수 있다.
> 2개 이상의 실로 분기되는 경우에는 각 실의 주 배관마다 배관용 밸브를 설치한다.
> 호스의 길이는 연소기까지 ( )m 이내로 하되, 호스는 "T" 형으로 연결하지 않는다.

① 10000, 5 ② 15000, 3
③ 19400, 3 ④ 20400, 3

125 도시가스 사용시설의 온압 보정장치와 화기와의 우회거리는 몇m 이상인가?

① 1m ② 2m
③ 3m ④ 4m

126 도시가스사용시설의 온압보정장치와 연결된 배관의 기밀 시험 압력은?

① 최고사용 압력의 1.1배 또는 8.4KPa 중 높은 압력
② 최고사용 압력의 1.2배 또는 8.4KPa 중 높은 압력
③ 최고사용 압력의 1.5배 또는 8.4KPa 중 높은 압력
④ 최고사용 압력의 1.8배 또는 8.4KPa 중 높은 압력

127 도시가스 사용시설의 접합을 용접으로 하지 않고 플렌지, 나사 접합으로 할 수 있는 경우가 아닌 것은?

① 입상밸브를 접합하는 경우
② 가스계량기를 집단으로 설치시 각 사용회별 가스계량기로 분기되는 보조배관의 경우
③ 입상관의 드레인 캡 마감부의 경우
④ 노출배관으로 용접접합이 곤란한 경우

해설

④ 가스계량기로 분기되는 주배관의 경우에 플렌지 나사접합이 해당

128 도시가스 사용시설의 입상관 밸브를 1.6m 이상 2m 이내에 설치하여야 한다. 입상관 밸브를 1.6m 미만으로 설치시 조치사항은?

① 보호상자내에 설치한다.
② ㄷ자 강판을 설치한다.
③ 강판제로 보호 조치한다.
④ 보호대를 설치한다.

129 상자콕을 매립하여 설치하는 경우 3중안전장치가 내장된 상자콕을 설치하여야 하는데 3중 안전장치에 해당되지 않는 항목은?

① 상자콕에서 호스가 빠진 상태인 경우 가스흐름 차단
② 상자콕에 호스연결 후 상자콕 작동시에만 가스사용가능
③ 상자콕에 호스연결 후 가스흐름 상태에서 불리 불가
④ 상자콕에 연결된 배관용 차단밸브의 가스차단

130 저압의 내관을 환기가 불량한 곳에 은폐설치하는 경우 설치기준이 틀린 항목은?

① 은폐 가능한 배관의 재료는 스테인리스강관, 동관, 배관용 금속플렉시블호스로 한다.
② 은폐되는 부분의 배관은 이음매(용접이음매는 제외한다) 없이 설치한다.
③ 은폐부분에 연결되어 노출되는 배관용 금속플렉시블호스의 길이는 1m 이내로 하고, 배관용 금속플렉시블호스가 노출되는 부분은 손상을 방지할 수 있도록 2중 보호관 등으로 보호조치를 한다.
④ 격막식 가스계량기를 설치하여 안전조치를 한다.

해설

④ 다기능 가스안전계량기를 설치하여야 한다.

정답 124 ③ 125 ② 126 ① 127 ② 128 ① 129 ④ 130 ④

131 **도시가스 사용시설의 가스누출자동차단장치와 검지부의 확인교체가 가능한 점검구의 면적은?**

① $900cm^2$ 이상
② $1000cm^2$ 이상
③ $1500cm^2$ 이상
④ $2000cm^2$ 이상

132 **도시가스 사용시설의 배관이 설치될 장소인 것은?**

① 환기구 환기용 덕트내
② 연소가스 배기구 내부
③ 매립 은폐된 수도관과 0.2m 초과한 장소
④ 전기 통신선로 구조물 내부

해설

매립 은폐수도관과 0.2m 이내가 설치부적당한장소

133 **아래도시가스 사용시설에서 배관 이음매와의 유지거리가 맞지 않는 것은?**

① 전기계량기 전기개폐기 0.6m 이상
② 전기점멸기 전기접속기 : 0.15m 이상
③ 절연전선과 0.1m 이상
④ 절연조치하지 않은 전선, 단열조치하지 않은 굴뚝 0.3m 이상

해설

④ 절연조치하지 않은 전선 : 0.15m 이상

134 **도시가스 사용시설에 설치하는 금속플렉시블 호스의 사용압력은?**

① 3KPa 이하
② 3.3KPa 이하
③ 8.4KPa 이하
④ 10KPa 이하

135 **도시가스를 원료로 하는 연료전지를 설치 그 시공표지판의 보존기간은?**

① 1년 ② 2년
③ 3년 ④ 5년

136 **도시가스 보일러 단독 배기통 방식의 배기통 터미날에는 새, 쥐 등이 통과할 수 없도록 설치되는 방조망의 직경은?**

① 10mm 미만
② 15mm 미만
③ 16mm 미만
④ 20mm 미만

해설

방조망 직경 16mm 이상의 새, 쥐 등이 통과할 수 없는 방호망을 설치

137 **도시가스 사용시설의 연료전지 공동배기 방식의 공동배기구 유효 단면적의 공식이 맞는 것은?**

① $A = Q \times 1 \times K \times F \times P$
② $A = Q \times 0.8 \times K \times F \times P$
③ $A = Q \times 0.6 \times K \times F \times P$
④ $A = Q \times 0.4 \times K \times F \times P$

해설

$A = Q \times 0.6 \times K \times F \times P$
A : 공동배기구 유효단면적(cm^2)
Q : 연료전지의 가스소비량 합계(kcal/h)
K : 형상계수
F : 연료전지의 동시사용율
P : 배기통의 수평투영 면적(mm^2)

138 **도시가스 연소기 설치기준에서 틀린 보기는?**

① 밀폐형 연소기를 설치한 실에는 환풍기 또는 환기구를 설치한다.
② 반밀폐형 연소기는 급기구 및 배기통을 설치한다.
③ 밀폐형 연소기는 급기통 · 배기통과 벽과의 사이에 배기가스가 실내로 들어올 수 없도록 밀폐하여 설치한다.
④ 배기통이 가연성물질로 된 벽 또는 천장 등을 통과하는 때에는 급속 외의 불연성재료로 단열조치를 한다.

해설

① 개방형 연소기를 설치한 실에 환풍기 환기구를 설치

정답 131 ① 132 ③ 133 ④ 134 ② 135 ④ 136 ③ 137 ③ 138 ①

139 도시가스 사용시설에 가스누출 자동차단 장치를 설치하지 않아도 되는 장소가 아닌 항목은?

① 월 사용 예정량이 $2000m^2$ 미만으로서 연소기가 연결된 각 배관에 퓨즈콕·상자콕 또는 이와 같은 수준 이상의 성능을 가지는 안전장치(이하 "퓨즈콕 등"이라 한다)가 설치되어 있고 각 연소기에 소화안전장치가 부착되어 있는 경우
② 가스의 공급이 불시에 차단될 경우 재해 및 손실이 막대하게 발생될 우려가 있는 가스 사용시설
③ 가스누출경보기 연동차단기능의 다기능 가스안전계량기를 설치하는 경우
④ 영업장의 면적 $100m^2$ 이상 가스 사용시설

해설

가스누출차단장치를 설치하여야 하는 장소
④ 항목 및 지하에 설치되는 가스사용시설

140 도시가스 정압기실에 경보장치가 설치되는 위치는?

① 정압기 입구배관
② 긴급차단장치후단
③ 안전밸브전단
④ 정압기출구배관

141 도시가스 배관은 실내의 벽 바닥 천장 등에 매립시 상시안전점이 불가능 한 배관의 경우에 설치되는 시설물은?

① 가스누출 경보장치
② 다기능 가스안전 계량기
③ 긴급차단장치
④ 안전밸브

해설

다기능 안전가스 계량기 및 가스공급을 차단시키는 안전장치 설치

142 공기보다 무거운 도시가스 사용시설의 기계환기설비를 지하설치시 기준이 아닌 것은?

① 통풍 능력은 바닥 면적 $1m^3$마다 $0.5m^3$/분 이상으로 한다.
② 배기구는 바닥면 가까이에 설치한다.
③ 배기가스 방출구는 지면에서 5m 이상의 높이에 설치한다.
④ 배기가스 방출구가 전기 시설물의 접촉 우려가 있는 경우 지면에서 2m 이상의 높이에 설치한다.

해설

④ 전기시설물의 접촉우려가 있는 경우 방출구는 지면에서 3m 이상의 높이에 설치한다.

143 가스 사용시설에 설치전 압력 조정기에 대하여 틀린 것은?

① 1년 1회 이상 안전점검을 실시한다.
② 필터 스트레나 청소는 3년에 1회 이상한다.
③ 3년 1회 이상 필터 스트레나 청소 후에는 4년 1회 이상한다.
④ 2년 1회 이상 분해 점검을 실시한다.

해설

도시가스 용압력 조정기 분해점검주기
• 공급시설 : 6월 1회이상
• 사용시설 : 1년 1회이상

144 고압가스 특정 제조시설내 특정가스 사용시설에서 기체로 내압시험시 강관 용접부원추 이음매 전길이의 28% 이상에서 방사선 투과시험시의 등급은 몇급 이상 이어야 하는가?

① 1급
② 2급
③ 3급
④ 4급

145 고압가스 특정가스 사용시설내 공기로 내압시험시 시험유지 시간은?

① 1~5분
② 5~10분
③ 5분에서 20분
④ 10분에서 20분

정답 139 ④ 140 ④ 141 ② 142 ④ 143 ④ 144 ② 145 ③

146 고압가스 특정제조시설내 특정가스 사용시설내 공기로 내압시험시 방사선 투과시험을 못할경우 비파괴 시험방법은?

① 음향검사
② 초음파검사, 자분검사
③ 초음파검사, 침투탐상검사
④ 자분탐상검사, 침투탐상검사

147 고압가스 특정제조 시설내 특정가스 사용시설의 기밀시험은 상용압력 이상으로 하는데 상용압력이 0.7MPa를 초과시 기밀시험압력은?

① 0.5MPa ② 0.6MPa
③ 0.7MPa ④ 0.9MPa

148 도시가스 사용시설의 기밀시험압력은?

① 최고사용압력의 1.1배 또는 8KPa 중 높은 압력
② 최고사용압력
③ 최고사용압력의 1.1배 이상
④ 최고사용압력의 1.5배 이상

149 도시가스 사용시설 배관의 내용적에 따른 기밀시험압력으로 틀린것은?

① 10L 이하 5분
② 10L 초과 20L 이하 7분
③ 10L 초과 50L 이하 10분
④ 50L 초과 24분

150 도시가스 사용시설의 설치공사 변경공사중 완성검사 대상이 아닌 공사는?

① 도시가스 사용량의 증가로 특정 가스사용시설로 전환되는 가스사용시설의 변경공사
② 특정 가스사용시설로서 호칭지름 50mm 이상인 배관을 증설 · 교체 또는 이설(移設)하는 것중 그 전체 길이가 10m 이상인 변경공사
③ 특정 가스사용시설의 배관을 변경하는 공사로서 월 사용 예정량을 500m^3 이상 증설하거나 월 사용 예정량이 500m^3 이상인 시설을 이설하는 변경공사.
④ 특정 가스사용시설의 정압기나 압력조정기를 증설 · 교체(동일 유량으로 교체하는 경우는 제외한다) 또는 이설하는 변경공사

해설

② 호칭지름 50mm 이상시 그 길이가 20m 이상인 변경공사가 완성검사의 대상임

151 압축도시가스 자동차연료장치의 시설기술 검사기준에서 가스충전구는 배기관의 출구방향에 설치하지 않고 배기관 출구와 몇cm 이상의 간격을 유지하여 부착 하는가?

① 10cm ② 20cm
③ 30cm ④ 40cm

152 압축도시가스의 가스충전구는 노출된 전기단자 전기개폐기와 몇 cm 이상 간격을 유지하여 부착하는가?

① 10cm ② 20cm
③ 30cm ④ 40cm

153 압축도시가스의 충전구에 설치하는 역류방지 밸브는 상용의 압력에서 몇 Pa 까지의 압력에 대하여 역류를 방지할 수 있도록 하여야 하는가?

① 0Pa ② 1Pa
③ 2Pa ④ 3Pa

154 자동차용 압축천연가스 완속충전설비에서 안전장치의 방출구는 화기와의 취급장소까지 유지하여야 하는 직선거리는 몇 m 이상인가?

① 1m ② 2m
③ 3m ④ 5m

155 자동차용 압축 천연가스의 완속충전전기설비로부터 검지부의 설치 위치는 수평거리로 몇 m 이내인가?

① 3m ② 5m
③ 8m ④ 10m

정답 146 ④ 147 ③ 148 ① 149 ② 150 ② 151 ③ 152 ② 153 ① 154 ④ 155 ③

156 **자동차용 압축천연가스의 완속충전설비로부터 몇 m 이상 떨어져야 하는가?**

① 1m ② 1.5m
③ 2m ④ 2.5m

157 **액화도시가스 충전시설의 과충전방지장치의 내압, 기밀시험 압력은 몇 MPa 이상인가?**

① 1MPa, 2MPa
② 2MPa, 1.5MPa
③ 2.6MPa, 1.7MPa
④ 3MPa, 2MPa

158 **액화도시가스의 가스충전소의 주밸브 충족기준이 아닌것은?**

① 운전석에서 조작이 가능한 것으로 한다.
② 작동 동력원이 상실된 경우 자동적으로 닫히는 것으로 한다.
③ 엔진이 정지된 경우 자동적으로 닫히는 것으로 한다.
④ 엔진이 가동되면 닫힌 부분이 복원되어야 한다.

159 **액화도시가스의 가스누출경보장치의 경보농도는 액화도시가스 폭발하한계의 몇 % 이하로 하며, 가스누출경보장치의 정밀도는 가연성의 경우 경보농도 설정치의 ±몇 % 이하로 하여야 하는가?**

① 10, 15 ② 15, 20
③ 25, 25 ④ 20, 30

160 **고정형 연료전지의 제조시설 기술검사 기준 배기가스 중 질소 산화물(NO_4)등급별 제한농도 기준으로 틀린 것은?**

① 1등급 60 ② 2등급 100
③ 3등급 150 ④ 4등급 200

해설

1등급 : 70
그밖에 5등급 : 260

161 **고정형 연료전지의 제조시설 기준에서 배기가스 중 수소의 농도를 정격 상태에서 5초이하의 간격으로 3시간 동안 연속 측정 후 측정농도의 30분 이동평균값은 몇% 이하이어야 하는가?**

① 0.1 ② 0.2
③ 0.4 ④ 0.5

162 **고정형 연료전지의 공기감시장치의 성능기준에서 배기구 급기구 막힘에 의한 안전성능 시험시 배기가스 평균 CO농도 몇% 이하 이어야 하는가?**

① 0.01 ② 0.02
③ 0.03 ④ 0.04

163 **수소경제육성 및 수소안전관리에 관한 시행규칙에서 말하는 수전해설비에 해당되지 않는 것은?**

① 산성 및 염기성 수용액을 이용하는 수전해설비
② AEM(음이온교환막) 전해질을 이용하는 수전해설비
③ PEM(양이온교환막) 전해질을 이용하는 수전해설비
④ NH_3의 분해에 따른 수전해설비

164 **수전해 설비란 ( )을 전기분해하여 ( )를 생산하는 설비를 말한다. 에서 ( )에 적당한 단어는?**

① 물, 산소 ② 물, 수소
③ 산소, 물 ④ 수소, 물

165 **수전해 설비의 비상정지 등이 발생하여 수전해 설비를 안전하게 정지하고 수동으로만 복귀시킬 수 있도록 하는 개념의 정의는?**

① 록아웃 ② 인터록
③ 안전복귀 ④ 비상정지

166 **수소의 안전관리에 의한 위험부분의 접근 외부분진의 침투 또는 물의 침투에 의한 외함의 방진 보호 및 방수 보호등급이란?**

① I등급 ② P등급
③ IP등급 ④ LP등급

정답 156 ② 157 ③ 158 ④ 159 ③ 160 ① 161 ④ 162 ④ 163 ④ 164 ② 165 ① 166 ③

167 수소의 안전관리에 의한 수전해 설비에 사용 할 수 없는 재료가 아닌것은?

① 석면
② STS
③ PCB(폴리염화비닐)
④ 카드뮴

168 수전해설비의 비상정지제어 기능이 작동 하여야 하는 경우가 아닌것은?

① 외함 내 수소농도가 1%를 초과할 때
② 발생 수소 중 산소 농도가 2%를 초과할 때
③ 발생 수소 중 수소 농도가 2%를 초과할 때
④ 수용액, 산소, 수소가 통하는 부분의 압력이 현저하게 상승하였을 경우

해설

② 발생 수소중 산소의 농도가 3% 초과시 비상정지제어 기능이 작동하여야 함

169 수소의 안전관리에 관한 수소의 추출설비에 해당되지 않는것은?

① 도시가스 사업법의 규정에 따른 도시가스
② 액화석유가스사업법의 규정에 따른 액화석유가스
③ 탄화수소 메탄올 에탄올 등의 알콜류
④ 산소와 질소

170 수소의 안전관리에 대한 배관재료로 사용 가능한 보기가 아닌것은?

① 상용압력이 90MPa 이상인 배관
② 최고사용온도가 815℃를 초과하는 배관
③ 직접화기를 받는배관
④ 이동 제조설비용 배관

해설

① 상용압력이 98MPa 이상인 배관은 배관재료로 사용하지 않음

171 수소의 안전관리에 대한 연료전지의 정의이다 ( )에 알맞는 단어는?

연료전지란 ( )와 ( )의 전기화학적 반응을 통하여 전기와 열을 생산하는 설비와 그 부대설비를 말한다.

① 산소, 일산화탄소 ② 산소, 질소
③ 질소, 수소 ④ 수소, 산소

172 아래 보기중 정압기의 기능의 아닌것은?

① 감압기능
② 정압기능
③ 폐쇄기능
④ 원활한 가스공급기능

해설

"정압기(governor)"란 도시가스 압력을 사용처에 맞게 낮추는 감압기능, 2차 측의 압력을 허용범위 내의 압력으로 유지되는 정압기능 및 가스의 흐름이 없을 때는 밸브를 완전히 폐쇄하여 압력상승을 방지하는 폐쇄기능을 가진 기기로서, "정압기용 압력조정기(regulator)"와 그 부속설비를 말한다.

173 아래의 예중 정압기의 부속설비에 해당하지 않는것은?

가. 가스차단장치
나. 정압기용필터
다. 긴급차단장치
라. 안전밸브
마. 다기능 가스 안전계량기
바. 압력 기록장치
사. 절연조인트

① 가, 다 ② 다, 라
③ 마, 사 ④ 바, 사

해설

"정압기 부속설비"란 정압기실 내부의 1차 측(inlet) 최초 밸브(밸브가 없는 경우 플랜지 또는 절연조인트)로부터 2차 측(outlet) 말단 밸브(밸브가 없는 경우 플랜지 또는 절연조인트) 사이에 설치된 배관, "가스차단장치(valve)", "정압기용 필터(gas filter)", "긴급차단장치(slam shut valve)", "안전밸브(safety valve)", "압력기록장치(pressure recorder)", 각종 통보 설비 및 이들과 연결된 배관과 전선을 말한다.

정답 167 ② 168 ② 169 ④ 170 ① 171 ④ 172 ④ 173 ③

174 아래의 정압기실에 대한 정의가 틀린보기는?

① "지구정압기(city gate governor)"란 일반도시가스사업자의 소유 시설로서 가스 도매 사업자로부터 공급받은 도시가스의 압력을 1차적으로 낮추기 위해 설치하는 정압기를 말한다.
② "지역정압기(district governor)"란 일반도시가스사업자의 소유 시설로서 지구정압기 또는 가스 도매 사업자로부터 공급받은 도시가스의 압력을 낮추어 다수의 사용자에게 가스를 공급하기 위해 설치하는 정압기를 말한다.
③ "철근콘크리트 구조의 정압기실"이란 정압기실의 벽과 기초가 철근콘크리트인 정압기실을 말한다.
④ "실린더형 구조의 정압기실"이란 정압기, 배관 및 안전장치 등이 일체로 구성된 정압기에 한정하여 사용할 수 있는 정압기실로, 내식성 재료의 캐비닛과 철근콘크리트 기초로 구성된 정압기실을 말한다.

해설

④ 실린더형 구조의 정압기 → 캐비닛형 구조의 정압기

175 캐비닛형 정압기의 철근콘크리트의 두께는?

① 100mm이상 ② 200mm이상
③ 300mm이상 ④ 400mm이상

해설

철근콘크리트 구조의 정압기의 철근콘크리트의 두께는 120mm 이상

176 아래의 ( )에 공통으로 들어가야할 단어는?

> 정압기의 분해점검에 대비하여 ( )를 설치 · 이상압력 발생시에는 자동으로 전환되는 구조로 한다. 단, 단독사용자에게 공급하는 경우에는 ( )를 설치하지 않아도 된다.

① 긴급차단장치
② 이상압력 통보설비
③ 주정압기
④ 예비정압기

177 정압기 입구 측 기밀시험압력은?

① 최고사용압력의 1.1배 또는 8.4KPa 중 높은압력
② 최고사용압력의 1.1배
③ 8.4KPa
④ 상용압력

해설

입구 : 최고사용압력의 1.1배
출구 : 최고사용압력의 1.1배 또는 8.4KPa 중 높은 압력

178 정압기실의 안전밸브가스방출관의 높이는 지면에서 몇m 이상이어야 하는가?

① 2m 이상 ② 3m 이상
③ 5m 이상 ④ 8m 이상

해설

안전밸브는 가스방출관이 설치된 것으로 하고, 그 방출관의 방출구는 주위에 불 등이 없는 안전한 위치로서 지면으로부터 5m 이상의 높이에 설치한다. 다만, 전기시설물과의 접촉 등으로 사고의 우려가 있는 장소에서는 3m 이상으로 할 수 있다.

179 정압기실에 설치되는 가스누출검지 경보장치의 검지부는 바닥면 둘레 몇m 마다 1개 이상 설치하여야 하는가?

① 10m ② 20m
③ 30m ④ 35m

180 정압기지에 설치되는 장치의 종류가 아닌것은?

① 압력기록 장치
② 불순물제거 장치
③ 자동제어 장치
④ 동결방지 조치

해설

상기 항목이외에 예비정압기 설치

181 일반도시가스사업의 가스공급시설 설비 중 기화장치에서 액화가스가 넘쳐흐름을 방지하는 장치는?

① 수봉기 ② 액유출방지장치
③ 역류방지밸브 ④ 역화장지장치

정답 174 ④ 175 ③ 176 ④ 177 ② 178 ③ 179 ② 180 ③ 181 ②

182 **일반도시가스사업의 가스공급시설의 설비에는 수봉기를 설치하여야 한다. 수봉기를 설치하여야 할 설비는 다음 중 어느 것인가?**

① 부대설비
② 저압가스 정제설비
③ 가스발생설비
④ 일반 안전설비

CHAPTER 2 LPG 안전관리 및 법규

183 **액화석유가스 저장탱크 저장능력이 몇 ton 이상시 주위에는 방류둑을 설치해야 하는가?**

① 3000톤 ② 1000톤
③ 500톤 ④ 100톤

해설

방류둑 적용
- 고압가스 특정제조 : 독성 5톤 이상, 가연성 500톤 이상, 산소 1000톤 이상
- 고압가스 일반제조 : 독성 5톤 이상, 가연성 1000톤 이상, 산소 1000톤 이상
- 액화석유가스(LPG) : 1000톤 이상
- 냉동제조시설 : 수액기 내용적 10000L 이상
- 일반도시가스사업 : 1000톤 이상
- 가스도매사업 : 500톤 이상

184 **LPG 도시가스의 냄새나는 물질을 첨가시 시료기체의 희석배수가 아닌것은?**

① 500배 ② 900배
③ 1000배 ④ 2000배

해설

상기항목 이외에 4000배

185 **LPG탱크의 지반침하를 방지 조치를 하여야 하는 저장능력은?**

① 4톤 이상 ② 3톤 이상
③ 2톤 이상 ④ 1톤 이상

참고

고압가스저장탱크의 지반침하 방지 용량
1톤 이상, $100m^3$ 이상

186 **액화석유가스 충전설비가 갖추어야 할 사항에 해당하지 않는 것은?**

① 자동계량기 ② 잔량측정기
③ 충전기 ④ 물 분무장치

해설

액화석유가스 충전사업 중 충전설비에는 충전기, 잔량측정기, 자동계량기를 구비하여야 한다.

187 **액화석유가스 충전사업의 시설기준에서 지상에 설치된 저장탱크와 가스 충전소 사이에 어느 것을 설치해야 하는가?**

① 살수장치 ② 표지판
③ 방호벽 ④ 경계표시

188 **온도상승방지를 위한 냉각 살수장치의 조작 위치는 탱크외면에서 몇 m이상 떨어진 장소에 설치하여야 하는가?**

① 10m ② 5m
③ 3m ④ 2m

189 **LPG 저장설비의 강제 통풍 장치에 대한 설명은?**

① 통풍능력이 바닥면적 $1m^2$ 마다 $0.8m^3/min$ 이상
② 배기가스 방출구를 지면에서 0.5m 이상의 높이에 설치
③ 배기가스 방출구를 지면에서 0.2m 이상의 높이에 설치
④ 통풍능력이 바닥면적 $1m^2$ 마다 $0.5m^3/min$ 이상

해설

- 자연 통풍장치 : 바닥면적의 3% ($1m^2$당 $300cm^2$ 이상)
- 강제 통풍장치 : $1m^2$당 $0.5m^3/min$ 이상

190 **LP가스의 용기보관실 바닥면적이 $5m^2$라면 통풍구의 크기는 얼마로 하여야 하는가?**

① $1000cm^2$ ② $1500cm^2$
③ $2000cm^2$ ④ $3000cm^2$

해설

바닥면적 $1m^2$ 마다 $300cm^2$의 비율로 계산한 면적 이상 (바닥면적의 3% 이상)
$\therefore 5 \times 300 = 1500cm^2$

정답 182 ② 183 ② 184 ② 185 ② 186 ④ 187 ③ 188 ② 189 ④ 190 ②

191 LP가스 집단공급시설 중 저장능력이 25000kg 이하의 저장설비가 1종 보호시설과 유지하여야 할 안전거리는?

① 12m ② 24m
③ 16m ④ 17m

해설

LPG가스 저장능력에 따른 보호시설과의 안전거리

저장능력	제1종보호시설	제2종보호시설
10톤 이하	17m	12m
10톤 초과 20톤 이하	21m	14m
20톤 초과 30톤 이하	24m	16m
30톤 초과 40톤 이하	27m	18m
40톤 초과	30m	20m

192 저장능력에 따른 액화석유가스 사용시설과 화기와의 우회거리가 틀린 것은?

① 1톤미만 : 1m 이상
② 1톤이상 3톤미만 : 5m 이상
③ 3톤이상 : 8m 이상
④ 2톤 : 5m 이상

해설

1톤미만 : 2m

193 액화석유가스사업에는 표준이 되는 압력계를 몇 개 이상 보유해야 하는가?

① 5개 이상 ② 3개 이상
③ 2개 이상 ④ 1개 이상

해설

- 고압가스 일반제조기준 : 1일 100m^3 이상 처리 시 국가표준기본법에 의한 압력계 2개 이상 보유
- 액화석유가스 충전사업기술기준 : 표준압력계 2개 이상 보유

194 LP가스가 충전된 납붙임용기 또는 접합용기는 몇 도의 온도에서 가스누설시험을 할 수 있는 온수시험탱크를 갖추어야 하는가?

① 52~60℃ ② 46~50℃
③ 35~45℃ ④ 20~32℃

해설

누설시험 온도 46~50℃

195 LP가스 충전사업시설의 배관에는 적당한 곳에 안전밸브를 설치하여야 한다. 안전밸브의 분출면적은 배관 최대지름부의 단면적을 기준으로 얼마 이상이어야 하는가?

① 1/10 이상 ② 1/8 이상
③ 1/4 이상 ④ 1/2 이상

196 액화석유가스 충전시설은 연간 몇 톤 이상의 액화석유가스를 처리할 수 있는 규모인가?

① 4만톤 이상
② 3만톤 이상
③ 2만톤 이상
④ 1만톤 이상

197 LP가스 충전시설의 저장탱크 저장능력은 1만톤을 기준으로 얼마 이상인가?

① 1/200 이상
② 1/100이상
③ 1/20 이상
④ 1/10 이상

198 다음과 같은 LPG 용기보관소 경계표지의 표시의 색상은?

LPG용기보관소 ㊊

① 흰색 ② 노란색
③ 적색 ④ 흑색

199 다음 중 LPG 용기보관소에 설치해야 하는 것은?

① 역화방지장치
② 자동차단밸브
③ 가스누출경보기
④ 긴급차단장치

해설

공기보다 무거운 독 · 가연성 저장설비실 가스설비실에 가스누출 경보기설치

정답 191 ② 192 ① 193 ③ 194 ② 195 ① 196 ④ 197 ② 198 ③ 199 ③

200 액화석유가스 충전시설의 배관에 대한 설명 중 적합하지 않은 것은?

① 지상에 설치한 배관에는 온도변화에 의한 길이의 변화에 따른 신축을 흡수하는 조치를 할 것
② 배관에는 진동을 방지하는 장치를 설치할 것
③ 배관의 적당한 곳에는 안전밸브를 설치할 것
④ 배관의 적당한 곳에는 압력계 및 온도계를 설치할 것

201 액화석유가스 공급시설에 설치된 압력조정기의 점검주기는?

① 3년 1회 이상 ② 1년 1회 이상
③ 6월 1회 이상 ④ 3월 1회 이상

해설
- 필터 스트레나의 청소는 2년 1회 이상
- 사용시설의 경우 1년 1회이상 점검
- 필터 스트레나 청소는 3년 1회 이상

202 액화석유가스 충전사업의 주거 · 상업지역에는 저장능력 몇 톤 이상의 저장탱크에 폭발방지장치를 설치하는가?

① 100톤 ② 10톤
③ 1톤 ④ 0.5톤

203 자동차 충전용 호스의 길이는 몇 m이며 어떠한 장치를 설치하는가?

① 7m 이내, 인터록장치
② 5m 이내, 정전기제거장치
③ 3m 이내, 인터록장치
④ 1m 이내, 정전기제거장치

해설
충전기 호스길이 : 5m 이내, 가연성가스인 경우 정전기제거조치

204 다음 중 자동차 충전용 액화석유가스 제조시설 및 기술상 기준을 설명한 것으로 틀린 것은?

① 주입기와 가스충전기 사이의 호스배관에는 안전장치를 설치할 것
② 가스를 충전 받은 자동차는 자동차의 연료용기와 가스충전기의 접속부를 완전히 뗀 후 발차할 것
③ 자동차용 가스충전기를 설치할 것
④ 주입기는 투터치형으로 할 것

해설
주입기는 원터치형

205 자동차용기 충전시설기준에서 충전소에는 보기 쉬운 위치에 '화기 엄금'라고 표시해야 하는데 게시판의 색상으로 맞는 것은?

① 황색 바탕에 적색 글씨
② 황색 바탕에 검정 글씨
③ 흰색 바탕에 적색 글씨
④ 흰색 바탕에 검정 글씨

해설
충전시설의 표시
- 충전 중 엔진정지 : 황색 바탕에 검정 글씨
- 화기엄금 : 흰색 바탕에 적색 글씨

206 자동차용기 충전시설기준에서 충전기 상부에는 캐노피를 설치하고 그 면적은 공지면적의 얼마로 하는가?

① 1/10 이상 ② 1/5 이상
③ 1/4 이상 ④ 1/2 이상

해설
- 충전기 상부에는 캐노피를 설치하고, 그 면적은 공지면적의 2분의 1 이하
- 배관이 캐노피 내부를 통과하는 경우에는 1개 이상의 점검구를 설치

207 자동차용기 충전시설기준에서 충전기 주위에는 무엇을 설치하는가?

① 압력계 ② 가스누출경보기
③ 온도계 ④ 계량기

208 최고사용압력이 고압인 배관과 중압인 배관의 이격거리는?

① 2m 이상 ② 3m 이상
③ 5m 이상 ④ 8m 이상

정답 200 ② 201 ③ 202 ② 203 ② 204 ④ 205 ③ 206 ④ 207 ② 208 ①

209 **액화석유가스가 공기 중에서 누설 시 그 농도가 몇 % 일 때 감지할 수 있도록 부취제를 섞는가?**

① 2% ② 1%
③ 0.5% ④ 0.1%

해설

$\frac{1}{1000}$ 상태 = 0.1%

210 **액화석유가스를 충전 받는 차량은 지상에 설치된 저장탱크의 외면으로부터 몇m 이상 떨어져 정차하여야 하는가?**

① 8m ② 5m
③ 3m ④ 1m

해설

자동차에 고정 탱크는 저장탱크외면과 3m 이격

211 **액화석유가스를 충전하거나 가스를 이입받는 차량에 고정된 탱크에 설치 되는 차량 정지목을 설치하는 탱크 내용적은?**

① 12000L 이상
② 10000L 이상
③ 5000L 이상
④ 1000L 이상

참고

고압가스의 차량 고정된 탱크의 경우는 내용적 2000L 이상이 차량 정지목 설치

212 **액화석유가스 용기보관장소에 충전용기를 보관할 때 기준이 아닌 것은?**

① 용기보관장소에는 계량기 등 작업에 필요한 물건 외의 물건을 두지 않을 것
② 용기보관장소에는 휴대용 손전등 외의 등화를 휴대하지 않을 것
③ 용기보관장소의 주위 2m(우회거리) 이내에는 화기 또는 인화성 물질이나 발화성 물질을 두지 않을 것
④ 용기보관장소에는 충전용기와 잔가스용기를 구분할 것

해설

(1) 화기와의 직선거리 2m
(2) 가연성 산소 에어졸 설비의 우회거리 : 8m 이상
(3) 그 밖의 가스 가정용 시설의 우회거리 : 2m 이상

213 **(1)LPG용기보관실의 면적**
(2) 부지확보면적
(3)사무실의 면적이 맞는것은?

① $10m^2$, $10.5m^2$, $9m^2$
② $10m^2$, $11.5m^2$, $9m^2$
③ $19m^2$, $11.5m^2$, $9m^2$
④ $15m^2$, $11.5m^2$, $9m^2$

214 **액화석유가스의 집단공급시설 저장설비의 경계책의 높이는?**

① 2m ② 3m
③ 1.5m ④ 1m

215 **액화석유가스 집단공급사업의 시설기준에서 저장설비의 기준이 아닌것은?**

① 저장설비의 벽을 설치하는 경우에는 불연성 재료로 하고 지붕은 가벼운 불연성 재료로 할 것
② 소형저장탱크의 저장설비는 그 외면으로부터 보호시설까지 안전거리를 유지하지 않아도 된다.
③ 기화장치는 저장설비와 구분하지 않아도 된다.
④ 저장설비는 저장탱크 또는 산업통상자원부장관이 정하여 고시하는 바에 따라 소형저장탱크로 설치할 것

해설

기화장치는 저장설비와 구분설치

216 **LPG 용기보관실의 규정중 틀린 것은?**

① 전기 스위치는 저장실 안에 설치 할 것
② 가스누출 경보기를 설치 할 것
③ 전기 설비는 방폭성능을 갖출 것
④ 환기구를 갖추고 환기불량시 강제 통풍장치를 설치할 것

정답 209 ④ 210 ③ 211 ③ 212 ③ 213 ③ 214 ③ 215 ③ 216 ①

217 **LPG의 판매사업자시설 중 용기보관실에 설치하여야 할 설비로서 적합한 것은?**

① 공업용 가스누출경보기
② 가스누출 자동차단기
③ 분리형 가스누출경보기
④ 일체형 가스누출경보기

218 **액화석유가스의 용기의 조정기의 역할로 맞는 것은?**

① 사용량을 조정한다.
② 입구의 압력을 조정한다.
③ 유출압력을 조정한다.
④ 누설시 가스를 차단시킨다.

해설

조정기 : 용기에서 분출되는 유출압력을 조정 가스사용에 안정성을 기한다.

219 **LPG를 가정에 용기로 판매시 기준이 아닌것은?**

① 용기연결전 이음부분의 누설을 확인 할 것
② 내용적 5L 미만의 충전용기에도 전도, 전락 등에 의한 충격 및 밸브의 손상을 방지하는 조치를 할 것
③ 충전용기 주변 화기와 차단 조치를 할 것
④ 충전용기는 옥외에 설치 직사광선 빗물을 받지 않는 조치를 할 것

해설

전도전락 밸브 손상방지하여야 하는 원리의 내용적은 5L 이상의 용기에 해당

220 **LP가스 누출자동차단장치에서 검지부의 설치 위치는 바닥면에서 검지부 상단까지 거리는?**

① 1m ② 0.6m
③ 0.3m ④ 0.1m

해설

가스누출자동차단장치 검지부
• 검지부는 바닥면으로부터 검지부 상단까지의 거리가 0.3m 이하
• 검지부 설치제외장소
(1) 출입구의 부근 등으로서 외부의 기류가 통하는 곳
(2) 환기구 등 공기가 들어오는 곳으로부터 1.5m 이내의 곳
(3) 연소기의 폐가스에 접촉하기 쉬운 곳

221 **액화석유가스 집단공급시설기준에서 지상배관의 색상과 지하 매설배관의 색상으로 적합한 것은?**

① 흰색이나 검정색, 붉은색
② 푸른색이나 붉은색, 노란색
③ 붉은색이나 검정색, 노란색
④ 붉은색이나 노란색, 노란색

해설

액화석유가스 배관
(1) 지하 매설배관 : 저압관 : 황색,
중압이상 : 적색
(2) 지상배관 : 방청 도장 후 황색으로 표시한다. 다만, 건물의 내 · 외벽에 노출된 것으로서, 바닥(2층 이상의 건물의 경우에는 각 층의 바닥을 말한다)에서 1m의 높이에 폭 30mm의 노란색 띠를 2중으로 표시한 경우에는 황색으로 표시하지 않을 수 있다.

222 **LPG 집단공급사업에서 차량이 통행하는 폭 8m 이상의 도로에서의 배관 매설 깊이는?**

① 2m 이상 ② 1.5m 이상
③ 1.2m 이상 ④ 1m 이상

해설

집단공급시설 배관 매설깊이
(1) 집단공급사업 허가 대상 지역 부지 내 : 0.6m 이상
(2) 차량이 통행하는 폭 8m 이상의 도로 : 1.2m 이상
(3) 차량이 통행하는 폭 4m 이상 8m 미만의 도로 : 1m 이상
• 그외의 장소 : 0.8m 이상

223 **배관을 움직이지 아니하도록 고정부착하는 조치의 규정이 틀린 것은?**

① 호칭지름이 30mm 이상의 것에는 3m마다 고정부착하는 조치를 해야 한다.
② 호칭지름이 13mm 이상 33mm 미만의 것에는 2m마다 고정부착하는 고치를 해야 한다.
③ 호칭지름이 33mm 이상의 것에는 3m마다 고정부착하는 조치를 해야 한다.
④ 호칭지름이 13mm 미만의 것에는 1m마다 고정부착하는 조치를 해야 한다.

해설

배관의 고정부착조치
(1) 관경 13mm 미만 : 1m마다
(2) 관경 13mm 이상 33mm 미만 : 2m마다
(3) 관경 33mm 이상 : 3m마다

정답 217 ③ 218 ③ 219 ② 220 ③ 221 ④ 222 ③ 223 ①

224 소형저장탱크의 저장능력은?

① 1톤 미만　② 2톤 미만
③ 3톤 미만　④ 4톤 미만

해설

소형저장탱크 : 저장능력이 3톤 미만

225 소형저장탱크의 저장능력을 구하는 식은?

① $W=\frac{V}{C}$　② $W=0.85dV$
③ $W=0.9dV$　④ $Q=(10P+1)V$

226 LPG 공급시설의 배관이음부와 절연조치하지 않은 전선과의 이격거리는?

① 30cm 이상　② 25cm 이상
③ 15cm 이상　④ 10cm 이상

227 LPG사용시설의 배관이음부와 절연조치 하지않은 전선과의 이격거리는?

① 10cm 이상　② 15cm 이상
③ 25cm 이상　④ 30cm 이상

228 가정용 LP가스 저압조정기의 폐쇄압력은 몇 KPa인가?

① 0.85KPa　② 10KPa
③ 15KPa　④ 3.5KPa

해설

LP가스조정기의 최대폐쇄압력
- 1단감압식저압, 2단감압식 2차용저압
- 자동절체식일체형저압 : 3.5KPa 이하
- 2단감압식 1차용 : 95.1KPa 이하

229 조정압력이 3.3KPa 이하인 조정기 안전장치의 작동압력에 적합하지 않은 것은?

① 작동개시 후 압력은 7.5~8.5KPa
② 작동정지압력은 5.04~8.4KPa
③ 작동개시압력은 5.6~8.4KPa
④ 작동표준압력은 7KPa

해설

조정압력이 3.3KPa 이하인 조정기의 안전장치
- 작동표준압력 : 7KPa
- 작동개시압력 : 5.6~8KPa
- 작동정지압력 : 5.04~8.4KPa

230 압력조정기에 표시하는 사항 중에서 옳지 않은 것은?

① 사용압력
② 품질보증기간
③ 입구압력
④ 조정압력

해설

조정기의 표시사항
②③④ 및 용량, 품명, 제조자명, 약호, 제조년월

231 1단 감압식 저압조정기의 권장 사용시간은?

① 6년　② 4년
③ 2년　④ 1년

232 액화석유가스의 배관용 밸브에 대한 설명으로 틀린 것은?

① 볼밸브의 볼은 진원도가 양호하고 양쪽 구멍 모서리는 모나지 않도록 할 것
② 표면은 매끄럽고 사용상 지장이 있는 부식, 균열, 주름, 흠, 단조결함 및 슬래그 혼입 등이 없을 것
③ 개폐용 핸들휠은 열림 방향이 시계바늘 방향일 것
④ 유로의 크기는 구멍지름 이상일 것

해설

③ 열림 방향이 시계바늘 반대방향

233 액화석유가스저장소의 시설기준 중 경계책과 용기보관장소 사이에는 몇 m 이상 거리를 유지하는가?

① 50m　② 20m
③ 15m　④ 5m

해설

경계책과 용기보관장소 사이는 20m 유지

정답 224 ③ 225 ② 226 ① 227 ② 228 ④ 229 ① 230 ① 231 ① 232 ③ 233 ②

234 일반 소비자의 가정용 이외의 용도(음식점 등)로 공급하는 고압가스조정기의 조정압력이 5KPa 이상 30KPa 까지인 조정기는?

① 1단 감압식 저압조정기
② 2단 감압식 1차 조정기
③ 1단 감압식 준저압조정기
④ 2단 감압식 2차 조정기

해설

① 2.3~3.3KPa, ② 0.057~0.083MPa, ③ 5~30KPa, ④ 2.3~3.3KPa

235 주거 상업지역에 설치하는 LPG 저장탱크의 폭발방지 장치 재료와 형태는?

① 다공성 오각형 동판
② 다공성 벌집형 알미늄
③ 다공성 벌집형 실리콘
④ 다공성 벌집형 강판

236 액화석유가스의 설비에 사용되는 콕의 종류가 아닌 것은?

① 볼콕 ② 상자콕
③ 퓨즈콕 ④ 호스콕

237 염화비닐호스의 안지름이 1종이라 함은 몇 mm인가?

① 10mm ② 6.3mm
③ 8.5mm ④ 9.0mm

해설

염화비닐호스
- 1종 : 안지름 6.3mm
- 2종 : 안지름 9.5mm
- 3종 : 안지름 12.7mm

238 액화석유가스 저장소의 시설기준에서 충전용기와 잔가스용기의 보관장소는 몇 m 이상의 거리를 두어 구분하는가?

① 2.5m 이상 ② 1m 이상
③ 2m 이상 ④ 1.5m 이상

239 액화석유가스 집단공급사업자는 안전점검을 위해 수용가 몇 개소마다 1인 이상 안전점검자를 채용하는가?

① 5000가구 ② 3000가구
③ 2000가구 ④ 1500가구

해설

안전점검자의 자격 : 안전관리 책임자로 부터 10시간 이상의 안전교육을 받은자

240 태양광 발전설비 중 틀린 보기는?

① 집광판은 지면에서 2m 이내에 설치한다.
② 전기설비는 위험장소가 아닌곳에 설치한다.
③ 에너지 저장장치는 설치하지 않는다.
④ 집광판은 충전소 운영에 지장이 없는 장소에 설치한다.

해설

집광판은 지면에서 1.5m 이내에 설치

241 다음 중 액화석유가스 저장탱크에 반드시 설치해야 할 것은?

① 가스분석기
② 누출시험장치
③ 안전장치(안전밸브)
④ 온압보정장치

242 다음 중 액화석유가스를 사용할 때의 시설기준 및 기술기준에 적합한 것은?

① 기화장치는 직화식 구조가 아닐 것
② 가스사용시설의 저압부분의 배관은 1MPa 이상 내압시험에 합격할 것
③ 반밀폐형 연소기는 급기구 및 환기통을 설치할 것
④ 소형저장탱크와 충전용기는 40℃ 이하를 유지할 것

해설

- 기화장치는 직화식 가열구조가 아닐 것
- 반밀폐형 연소기는 급기구 배기통을 설치
- 소형저장탱크와 충전용기는 40℃ 이하 유지
- 가스사용시설 저압부분 배관의 내압시험 0.8MPa

정답 234 ③ 235 ② 236 ① 237 ② 238 ④ 239 ② 240 ① 241 ③ 242 ①

243 고압가스를 사용할 때 시설 및 기술상 기준에 적합한 것은?

① 액화석유가스 사용할 때 시설 중 배관과 절연전선 사이에는 10cm 이상의 간격을 유지한다.
② 액화석유가스 사용할 때 시설의 배관 중 호스의 길이는 5m 이내로 한다.
③ 고압가스의 충전용기는 항상 50℃ 이하를 유지한다.
④ 산소의 저장설비 주위 8m 이내에서는 화기를 취급하여서는 안 된다.

해설

(1) 배관 중 호스길이 3m 이내(LPG 충전기 호스길이 5m 이내)
(2) 충전용기는 40℃ 이하
(3) 산소와 화기와의 거리 5m

244 LPG용기의 각인 사항이 다음과 같을 때 틀린 것은?

$V = 30$, $T_P = 3$

① 이 용기의 기밀시험압력은 1.8MPa이다.
② 내압시험압력이 3MPa, 내용적이 30L이다.
③ 용기도색은 황색이고, 충전가스명 표시색은 적색이다.
④ 안전밸브에서 가스 누출 시 비눗물을 사용하여 검사한다.

해설

- 용기도색은 밝은회색이다.
- T_P=3MPa, $F_P = A_P = 3 \times \frac{3}{5}$=1.8MPa

245 다음 중 LPG 사용 시 시설의 압력이 3.3~30KPa의 경우 기밀시험압력은?

① 0.3kPa 이상 ② 35kPa 이상
③ 8.4kPa 이상 ④ 4.2kPa 이상

해설

LPG사용시의 AP(기밀)압력
(1) 고압부 : 상용압력이상
(2) 저압부 : 조정압력 3.3KPa 미만은 8.4KPa
(3) 삼용압력이 3.3~30KPa초과는 최고사용압력의 1.1배 또는 35KPa 중 높은압력

246 LPG 사용 시 시설의 가스계량기에 대한 설치기준이 잘못 기술된 것은?

① 가스계량기와 단열조치하지 않은 굴뚝과의 거리는 30cm 이상 거리를 유지
② 가스계량기의 설치높이는 바닥으로부터 1.6m 이상 2m 이내에 수직 · 수평으로 설치하여 고정할 것
③ 가스계량기는 화기와 2m 이상의 우회거리를 유지
④ 전기계량기 및 전기개폐기와의 거리는 50cm 이상의 거리를 유지할 것

해설

가스계량기와 전기계량기 및 전기개폐기와의 거리는 60cm 이상, 단열조치를 하지 않는 굴뚝 · 전기점멸기 및 전기접속기와의 거리는 30cm, 절연조치를 하지 아니한 전선과의 거리는 15cm 이상의 거리를 유지할 것

247 영업장의 면적 몇 m^2 이상인 가스시설에 가스계량기를 설치하는가?

① 150m^2 ② 100m^2
③ 50m^2 ④ 10m^2

248 LPG 사용 시 시설에서 저압부분의 배관은 몇 MPa 이상의 내압시험에 합격한 것을 사용해야 하는가?

① 0.8MPa 이상
② 0.5MPa 이상
③ 0.4MPa 이상
④ 0.2MPa 이상

249 액화석유가스의 공급시설 중 배관과 전기접속기와 이격하여야 할 거리는?

① 90cm 이상 ② 60cm 이상
③ 30cm 이상 ④ 15cm 이상

해설

이격거리
- 배관의 이음매(용접이음매 제외)와 전기계량기 및 전기개폐기와의 거리는 0.6m 이상
- 단열조치하지 않은 굴뚝 · 전기점멸기 · 전기접속기 및 절연조치를 하지 않은 전선과의 거리는 0.3m 이상
- 절연조치를 한 전선과의 거리는 0.1m 이상의 거리

정답 243 ① 244 ③ 245 ② 246 ④ 247 ② 248 ① 249 ③

250 **다음 중 액화석유가스 사용할 때 시설의 기밀시험압력으로 옳은 것은 어느 것인가?**

① 10kKPa 이상
② 8.4kPa 이상
③ 6kPa 이상
④ 4.2kPa 이상

251 **차량에 고정된 탱크내용적이 $10m^3$일 때 방파판의 설치 개수는?**

① 1개　② 2개
③ 3개　④ 4개

해설

탱크내용적 $5m^3$당 방파판 설치 수가 1개이므로 $10m^3$일 때 방파판은 2개 설치해야 한다.

252 **마운드형 저장탱크 주위에는 당해 저장탱크로부터 누출되는 가스를 검지할 수 있는 관을 바닥면 둘레 몇 m마다 1개 이상을 설치하는가?**

① 5m　② 10m
③ 15m　④ 20m

해설

(1) 마운드형 저장탱크 : 원통형 저장탱크에 흙, 모래 등으로 덮은 저장탱크
(2) 마운드형 저장탱크 외면
- 부식방지코팅, 전기방식조치
- 높이 1m 이상 견고하게 다진 모래 기반 위에 설치
- 50cm 이상 철근콘크리트옹벽 설치
- 저장탱크에 20cm 이상 모래를 덮고 두께 1m 이상 흙으로 덮음
- 바닥면 둘레 20m에 대하여 1개 이상 검지관 설치

253 **LPG의 차량에 고정된 탱크에서 폭발방지제의 두께는 몇 mm 이상인가?**

① 50mm
② 100mm
③ 110mm
④ 114mm

해설

폭발방지제의 두께는 114mm 이상으로 하고, 설치 시에는 2~3% 압축하여 설치한다.

254 **LPG 자동차용기의 액면표시장치(T_P(MPa), A_P(MPa))값은 각각 얼마인가?**

① 2, 1　② 2, 1.8
③ 3, 1.8　④ 4, 1.8

255 **LP가스 찜질방에 용기를 설치 시 최대소비량이 3.5(kg/hr)이고 1일 평균사용시간이 4hr인 용기 1개당 가스발생량이 2.3kg/hr일 때 다음에 해당되는 것은?**

㉠ 자연기화방식에 의한 용기 수량은? ㉡ 강제기화방식에 의한 용기 수량은?(각각 예비용기를 포함하여 계산하여라.)

① 1, 10　② 2, 10
③ 3, 14　④ 4, 14

해설

- 자연기화방식 $\left(\frac{\text{최대소비량}}{\text{용기1개당가스발생량}}\right)$

$\frac{3.5}{2.3} = 1.52 = 2$개 $\therefore 2 \times 2 = 4$개

- 강제기화방식 $\left(\frac{\text{최대소비량} \times \text{1일평균사용시간}}{\text{용기1개당가스발생량}}\right)$

$\frac{3.5 \times 4}{2.3} = 6.08 = 7$개 $\therefore 7 \times 2 = 14$개

256 **LP가스의 냄새측정에 있어 판넬후각의 안정을 위해 유지하는 실내온도와 습도는?**

① 18~25℃, 60~80%
② 15~16℃, 60~80%
③ 18~25℃, 50~60%
④ 18~25℃, 70~90%

257 **LPG 소형저장탱크를 한장소에 설치시 충전질량의 합계는 몇 kg미만인가?**

① 500　② 1000
③ 2000　④ 5000

해설

소형저장탱크를 동일 장소에 설치시 6기 이하 충전질량 합계 5000kg 미만

정답 250 ② 251 ② 252 ④ 253 ④ 254 ③ 255 ④ 256 ① 257 ④

258 아래 보기 중 고압가스인 것은?

① 15℃에서 0Pa을 넘는 아세틸렌
② 상용의 온도에서 액화브롬메탄의 절대압력이 0Pa 이상이 되는 것
③ 섭씨 35℃의 온도에서 게이지압력이 0.1MPa 이상이 되는 액화가스
④ 상용의 온도에서 게이지압력이 0.5MPa 이상이 되는 압축가스

해설

고압가스
(1) 상용 35℃에서 1MPa 이상 압축가스 / 0.2MPa 이상 액화가스
(2) 15℃에서 0Pa를 넘은 C_2H_2
(3) 35℃ 온도에서 0Pa를 넘는 액화가스(HCN, C_2H_4O, CH_3Br)

259 가연성가스의 정의에 해당되지 않는 것은?

① 폭발한계의 상한과 하한의 차가 20% 이상의 것
② 폭발한계의 하한이 10% 이하의 것
③ 폭발한계의 하한이 10% 이하의 것과 폭발한계의 상한과 하한의 차가 20% 이상의 것
④ 허용농도가 100만분의 300 이하의 것

해설

가연성가스
- 폭발한계 하한이 10% 이하
- 폭발한계 상한과 하한의 차가 20% 이상

260 아래 보기중 가장 위험한 보기는?

① 온도나 압력이 낮게 유지하였다.
② 폭발한계가 좁고 하한이 높은 가스는 위험하다.
③ 폭발한계 밖에 있는 가스가 위험하다.
④ 아세틸렌 가스에 고압력을 가하였다.

해설

가연성가스는 폭발하한이 낮고 폭발범위가 넓을수록 폭발한계 내에서 가장위험.
C_2H_2은 압력을 올리면 분해폭발의 위험이 있다.

261 다음의 가스 중 폭발범위에 대한 위험도의 큰 순서가 맞는 것은?

① C_3H_8, C_2H_2, H_2, C_4H_{10}
② C_2H_2, H_2, C_4H_{10}, C_3H_8
③ H_2, C_2H_2, C_3H_8, C_4H_{10}
④ C_4H_{10}, C_3H_8, C_2H_2, H_2

해설

아세틸렌(C_2H_2)

위험도 $= \dfrac{81-2.5}{2.5} = 31.4$(폭발범위 2.5~81%)

같은 방법으로 $H_2 = 17.75$, $C_4H_{10} = 3.67$, $C_3H_8 = 3.52$

262 고압가스 안전관리법에서 처리능력은 어느 상태를 기준으로 하는가?

① 0℃, 0Pa · g
② 15℃, 0Pa abs
③ 0℃, 0Pa abs
④ 20℃, 1Pa · g

해설

처리능력 : 처리 강압설비에 의해 압축 액화 그밖의 방법으로 1일 처리하는 가스의 양으로 0℃, 0Pa(g)상태를 기준으로 하는능력

263 독성가스의 정의로 허용농도가 올바른 것은?

① 10만분의 100 이하
② 100만분의 100 이하
③ 10만분의 200 이하
④ 100만분의 5000 이하

해설

독성가스 기준
- LC_{50} 기준(고압가스 안전관리법상 기준) : 100만분의 5000 이하인 가스(5000ppm 이하)
- TLV－TWA 기준 : 100만분의 200 이하(200ppm 이하)

264 다음 용어의 설명 중 틀린 것은?

① 잔가스용기란 고압가스의 충전질량 또는 충전압력의 1/2 미만 충전되어 있는 상태의 용기를 말한다.

정답 258 ① 259 ④ 260 ④ 261 ② 262 ① 263 ④ 264 ③

② 충전용기란 고압가스 충전질량 충전압력의 1/2이상 충전되어 있는 용기이다.

③ 용기란 고압가스를 충전 · 저장하기 위하여 지상 또는 지하에 고정 · 설치된 것을 말한다.

④ 저장설비라 함은 고압가스를 충전 · 저장하기 위한 설비로서 저장탱크 및 충전용기 보관설비를 말한다.

해설

- 저장탱크 : 고압가스를 충전 · 저장하기 위하여 지상 또는 지하에 고정 설치된 탱크
- 용기 : 이동할 수 있는 것(차량에 고정된 탱크, 탱크로리는 이동이 가능하므로 용기에 해당)

265 다음 가스 중 독성이 강한 순서로 나열된 것은 어느 것인가?

㉠ Cl_2	㉡ HCN	㉢ $COCl_2$	㉣ NH_3

① ㉡－㉣－㉢－㉠　② ㉡－㉠－㉢－㉣

③ ㉢－㉠－㉡－㉣　④ ㉣－㉢－㉡－㉠

해설

유독가스 허용한도(ppm)

가스명 \ 구분	TLV-TWA	LC_{50}
NH_3	25	7338
HCN	10	140
$COCl_2$	0.1	5
Cl_2	1	293

266 방호벽의 종류가 아닌 것은?

① 높이 2m, 두께 12cm 이상의 콘크리트블록 또는 그 이상의 강도를 가지는 구조물

② 높이 2m, 두께 12cm 이상의 철근콘크리트벽 또는 그 이상의 강도를 가지는 구조물

③ 높이 2m, 두께 15cm 이상의 콘크리트블록 또는 그 이상의 강도를 가지는 구조물

④ 높이 2m, 두께 3.2mm 이상의 얇은강판제

해설

방호벽 설치기준

- 철근콘크리트 : 높이 2m 이상, 두께 12cm 이상
- 콘크리트블록 : 높이 2m 이상, 두께 15cm 이상
- 얇은강판제 : 높이 2m 이상, 두께 3.2mm 이상
- 굵은강판제 : 높이 2m 이상, 두께 6mm 이상

267 가스폭발에 따른 충격완화를 위하여 방호벽을 설치하는데 아세틸렌 가스 및 9.8MPa 이상인 압축가스용기에 설치되어야 하는 방호벽의 장소가 아닌 것은?

① 저장 설비와 사업소안 보호시설 사이의 공간

② 압축기와 그 충전장소 사이의 공간

③ 충전장소와 그 가스충전용기 보관장소 사이의 공간

④ 압축기와 그 가스 충전용기 보관장소 사이의 공간

해설

①은 일반적인 방호벽의 설치장소
아세틸렌 및, 9.8MPa 이상의 방호벽 설치장소는 ②③④ 및 충전장소와 그 충전용주관밸브 사이의 공간

268 다음 중 제2종 보호시설인 것은?

① 호텔

② 학원

③ 학교

④ 연면적 $800m^2$ 미만의 장소

해설

제2종 보호시설 : 주택 또는 사람을 수용하는 건축물(가설건축물은 제외)로서 사실상 독립된 부분의 연면적이 $100m^2$ 이상 $1000m^2$ 미만인 것

269 1일 처리능력 3800kg의 NH_3 제조공장과 1종, 2종의 안전거리가 맞는 것은?

① 27m, 18m

② 24m, 10m

③ 21m, 16m

④ 17m, 13m

해설

독성, 가연성의 안전거리
(1) 1만 이하 (1종)17m, (2종)12m
(2) 1만초과 2만 이하(1종)21m, (2종)14m
(3) 2만초과 3만 이하(1종)24m, (2종)16m
(4) 3만초과 4만 이하(1종)27m, (2종)18m
(5) 4만초과 5만 이하(1종)30m, (2종)20m

정답 265 ③ 266 ① 267 ① 268 ④ 269 ①

270 **고압가스 저장능력 계산식이다. 이 잘못된 항목은?**

V_1 : 내용적(m^3) Q : 저장능력(m^3) V_2 : 내용적(L) d : 상용온도에서 액화가스비중(kg/L) W : 저장능력(kg) P : 35℃에서의 최고충전압력(MPa) C : 가스 정수

① 압축가스의 저장탱크 : $Q=(P+1)/V_2$
② 압축가스의 저장탱크 및 용기 : $V_1=Q/(10P+1)$
③ 액화가스의 용기 및 차량에 고정된 탱크 : $W=V_2/C$
④ 3톤미만 액화가스의 저장탱크 : $W=0.85dV_2$

해설

저장능력 산정 기준
- 압축가스 저장탱크 및 용기 : $Q=(10P+1)V_1$
- 액화가스 저장탱크 : $W=0.9dV_2$ [단, 소형 저장탱크(저장능력 3톤 미만)의 경우 0.9 대신 0.85 적용]

271 **내용적이 25,000L인 액화염소 저장탱크의 저장능력은 얼마인가?(단, 액비중은 1.5이다.)**

① 33,750kg ② 27,520kg
③ 24,780kg ④ 26,460kg

해설

$W=0.9dV=0.9\times1.5\times25000=33,750\text{kg}$

272 **내용적이 2.9ton인 LPG소형 저장탱크가 있다. 이 탱크의 최대저장능력은 몇 kg인가?(단, 비중은 0.5이다.)**

① 592 ② 1232.5
③ 1535.2 ④ 2000

해설

$W=0.85dV=0.85\times0.5\times2.9=1.232$톤 $=1232.5\text{kg}$

273 **능력이 240kW 능력을 가진 원심압축기의 법정 냉동능력은 얼마인가?**

① 250냉동톤 ② 100냉동톤
③ 150냉동톤 ④ 200냉동톤

해설

1.2kW가 냉동능력 1ton 이므로
$240\div1.2=200\text{ton}$

274 **3320kcal의 열을 흡수하는 흡수식 냉동설비의 냉동능력은 몇 ton인가?**

① 0.5 ② 1
③ 1.5 ④ 2

해설

1시간당 입열량 6640kcal가 냉동능력 1톤이므로
$3320\div6640=0.5$톤

275 **고압가스 특정제조시설 기준 및 기술기준에서 설비와 설비 사이의 거리가 틀린 것은?**

① 가연성가스의 저장탱크는 그 외면으로부터 처리능력이 20m^3 이상인 압축기까지 30m 거리를 유지할 것
② 다른 저장탱크와의 사이에 두 저장탱크의 외경 지름을 합한 길이의 1/4이 1m 이상인 경우 그 길이를 유지할 것
③ 안전구역 내의 고압가스설비(배관을 제외한다)는 그 외면으로부터 다른 안전구역 안에 있는 고압가스설비의 외면까지 20m 이상의 거리를 유지할 것
④ 제조설비는 그 외면으로부터 그 제조소의 경계까지 20m 유지할 것

해설

③ 고압가스설비와 고압가스설비 사이는 30m 이상은 유지할 것

276 **가연성가스의 저장탱크 상호간의 거리가 1m 또는 두 저장탱크의 최대 지름을 합산한 길이의 1/4 길이 중 큰 쪽의 거리를 유지하지 못한 경우, 물분무장치에서 방사되는 탱크전표면의 분무량은?**

① 7L/m^2 · min
② 6L/m^2 · min
③ 5L/m^2 · min
④ 8L/m^2 · min

정답 270 ① 271 ① 272 ② 273 ④ 274 ① 275 ③ 276 ④

해설

탱크 상호 1m 또는 최대 직경 1/4 길이 중 큰 쪽의 거리를 유지하지 못한 경우
물분무장치의 분무량
① 내화구조 일 때 : 4L/min
② 준내화구조 일 때 : 6.5L/min
③ 저장탱크 전 표면 일 때 : 8L/min

277 최대직경이 4m, 8m인 2개의 저장탱크에 있어서 물분무장치가 없을 때 유지되어야 할 거리는?

① 3m
② 2m
③ 1m
④ 0.6m

해설

$4+8=12m$

$12=\frac{1}{4}=3m$

∴3m는 1m보다 큰 길이므로 3m가 해당된다.

278 가연성 또는 산소의 저장탱크가 상호인접 두저장탱크 최대직경을 합산한 길이 1/4을 유지하지 못한경우 준내화구조의 물분무장치 분무량은?

① $2L/m^2 \cdot min$
② $4.5L/m^2 \cdot min$
③ $4L/m^2 \cdot min$
④ $87L/m^2 \cdot min$

해설

최대직경을 합산한 길이 1/4을 유지하지 못한 경우 물분무장치 분무량
① 내화구조 : 2L/min
② 준내화구조 : 4.5L/min
③ 전표면 : 7L/min

279 물분무장치는 방사량이 몇 분이상 방사가 가능 하여야 하는가?

① 30분 이상
② 2시간 이상
③ 1시간 이상
④ 1시간 20분 이상

280 고압가스 설비 중 내부반응감시 장치가 아닌 것은?

① 온도 감시장치
② 액면 감시장치
③ 압력 감시장치
④ 유량 감시장치

281 다음 고압가스설비 중 반응기의 사용이 잘못된 것은?

① 조식 반응기 - 아크릴로라이드의 합성, 디클로로에탄의 합성
② 이동상식 반응기 - 석유개질
③ 탑식 반응기 - 에틸벤젠의 제조, 벤졸의 염소화
④ 관식 반응기 - 에틸렌의 제조, 염화비닐의 제조

해설

이동상식 반응기 : 에틸렌의 제조

282 저장탱크 A의 최대직경이 4m, 저장탱크 B의 최대직경이 2m인 탱크를 지하에 설치시 탱크간의 이격거리는?

① 3m　② 2m
③ 1.5m　④ 1m

해설

두탱크를 지하에 설치시 탱크직경 내 관계없이 상호간 1m 이상을 유지

283 방류둑에는 승강을 위한 계단 사다리를 출입구 둘레 몇 m마다 1개 이상 두어야 하는가?

① 60m　② 50m
③ 40m　④ 30m

해설

방류둑의 정상부의 폭은 : 30cm 이상, 성토의 각도 : 45°
출입구는 50m마다

284 가연성가스 또는 독성가스의 제조시설에서 사용되는 가스누출검지경보 장치가 아닌 것은?

① 기계감응 방식
② 격막갈바니전지 방식
③ 반도체 방식
④ 접촉연소 방식

정답 277 ① 278 ② 279 ① 280 ② 281 ② 282 ④ 283 ② 284 ①

해설

가스누출검지경보장치
- 설치 목적 : 가스누출 시 신속하게 검지, 효과적으로 대응하기 위함
- 형식 : 접촉연소 방식, 격막갈바닉전지 방식, 반도체 방식

285 다음은 가스누출경보기의 기능에 대하여 서술한 것이다. 옳지 않은 것은?

① 경보농도는 가연성가스의 경우 폭발하한계의 1/4 이하에서 경보하여야 한다.
② 경보가 울린 후에 가스농도가 변하더라도 계속 경보를 한다.
③ 폭발하한계의 1/2 이하에서 자동적으로 경보를 울린다.
④ 독성가스의 경우 TLV－TWA 기준농도 이하에서 경보한다.

해설

경보 농도
- 가연성가스 : 폭발하한계의 1/4 이하
- 독성가스 : TLV－TWA 기준농도 이하
- NH_3를 실내에서 사용하는 경우 : 50ppm
- 담배연기 등 잡가스 등에는 경보하지 않아야 한다.
- 경보가 울린 후 가스농도가 변화 하더라도 계속 경보를 하여야 한다.

286 암모니아를 실내에서 사용하는 경우 가스누출검지경보장치의 경보농도는 얼마인가?

① 50ppm ② 25ppm
③ 150ppm ④ 1000

해설

NH_3 : 경보농도 50ppm, 지시계 눈금 150ppm

287 가스누출검지경보기에 대한 내용이 맞지 않는 것은?

① 전원 전압변동이 ±10%일 때에도 경보기의 성능에 영향이 없어야 한다.
② 지시계의 눈금은 가연성가스는 0~폭발하한계값을 명확하게 지시하는 것으로 한다.
③ 검지경보장치의 검지에서 발신까지 걸리는 시간은 암모니아인 경우 1분 이내로 한다.
④ 경보기의 정밀도는 경보농도 설정치에 대하여 가연성가스용은 ±30% 이하로 한다.

해설

경보기의 정밀도는 경보농도 설정치에 대하여 가연성가스용은 ±25% 이하, 독성가스는 ±30% 이하로 한다.

288 NH_3 CO를 제외한 가스 암모니아 누출 시 검지경보장치의 검지에서 발신까지 걸리는 시간은?

① 30초 ② 20초
③ 1분 ④ 10초

해설

검지에서 발신까지 소요시간 : 30초(단 NH_3 CO는 폭발하한이 높아서 60초)

289 도시가스 사용시설의 가스누출 자동차단장치의 검지부를 설치하면 안되는 장소가 아닌 것은?

① 출입구의 부근 등으로 외부의 기류가 통하는 곳
② 연소기의 폐가스 접촉이 쉬운 곳
③ 온도 40℃ 이상인 장소
④ 환기구등 공기가 들어오는 곳으로부터 2m 이내의 곳

해설

④환기구 등 공기가 들어오는 곳으로 부터 1.5m 이내의 곳
- 상기 이외에 누출가스 유통이 원할하지 못한 곳
- 경보기 파손의 우려가 있는 곳

290 도시가스의 공급시설 및 긴급용으로 설치되는 벤트스택의 방출구는 작업원이 정상통행하는 장소로부터의 이격거리는 몇 m이상인가?

① 10m ② 20m
③ 5m ④ 15m

해설

긴급용 벤트스택의 방출구는 10m 이상, 일반 벤트스택의 방출구는 5m 이상 작업원의 통행장소로 부터 이격

291 액화가스 방출 우려가 있는 긴급용 벤트스택의 가장 가까운 장소에 설치하여야 하는것은?

① 역류방지밸브
② 드레인장치
③ 역화방지기
④ 기액분리기

정답 285 ③ 286 ① 287 ④ 288 ① 289 ④ 290 ① 291 ④

292 독성 가연성 제조설비에 정상제조가 불가능시 자동으로 원재료의 공급을 차단 시키는 장치는?

① 벤트스택
② 긴급차단장치
③ 인터로크기구
④ 긴급이송설비

293 아래 보기에 해당하는 설비의 명칭으로 올바른 것은?

> (1) 가연성을 대기 중으로 방출시 가연성과 대기와 폭발성 혼합기체를 형성치 않게 하기 위해 연소시켜 폐기하는 탑
> (2) 가연성 및 독성가스를 대기로 방출시 가연성은 폭발하한계 TLV-TWA 미만으로 독성은 농도 미만으로 버리는 탑

① (가)플레어스택, (나)벤트스택
② (가)벤트스택, (나)플레어스택
③ (가)플레어스택, (나)긴급이송설비
④ (가)벤트스택, (나)긴급차단장치

294 내압시험시 물로 시험이 불가능시 사용되는 시험매체는?

① N_2, O_2　② N_2, 공기
③ CO_2, H_2　④ O_2, H_2

해설

(1) T_P : 수압으로 실시 : 상용압력×1.5배 이상
(2) 공기 · 질소로 하는 경우 : 상용압력×1.25배 이상

295 특정고압가스로 이루어진 항목은?

① 수소, 산소, 액화염소, 액화암모니아, 프로판
② 수소, 산소, 아세틸렌, 액화염소, 액화아르곤
③ 수소, 질소, 아세틸렌, 프로판, 부탄
④ 오불화비소, 압축디보레인, 게르만, 포스핀

해설

특정고압가스의 종류
- 고압가스 안전관리법상 : 수소, 산소, 액화암모니아, 아세틸렌, 액화염소, 천연가스, 압축모노실란, 압축디보레인, 액화알진
- 고압가스 안전관리법 시행령상 : 포스핀, 셀렌화수소, 게르만, 디실란, 오불화비소, 오불화인, 삼불화인, 삼불화질소, 삼불화붕소, 사불화유황, 사불화규소

296 특정고압가스 사용시설에서 고압가스설비에 안전밸브를 설치해야 하는 액화가스의 저장능력은?

① 300kg 이상
② 400kg 이상
③ 500kg 이상
④ 600kg 이상

297 아래 설명에 해당되는 고압가스 설비의 명칭은?

> (1) 파일럿 버너를 항상 점화하여 두어야 한다.
> (2) 해당 설비에 발생하는 최대열량에 장시간 견딜 수 있는 재료 및 구조로 되어 있어야 한다
> (3) 해당설비에서 발생하는 복사열이 다른제조설비에 악영향이 없게 안전한 높이 및 위치에 설치되어야 한다.

① 벤트스택
② 내부반응감시장치
③ 긴급차단장치
④ 플레어스택

298 플레어스택의 복사열은 얼마인가?

① 4,000 $kcal/m^2h$ 이하
② 12,000 $kcal/m^2h$ 이하
③ 5,000 $kcal/m^2h$ 이하
④ 8,000 $kcal/m^2h$ 이하

299 고압가스제조시설에 대한 아래 내용 (　)에 알맞는 숫자는?

> 방류둑의 내측 및 외면으로 부터 (　　) 이내에는 저장탱크의 부속설비 이외의 것을 설치하지 아니 한다.

① 8　② 9
③ 10　④ 12

정답 292 ③ 293 ① 294 ② 295 ④ 296 ① 297 ④ 298 ① 299 ③

300 아래설비 중 방류둑의 내부 또는 그외면으로 부터 10m 이내에 설치 할 수 있는 시설 및 설비에 해당하지 않는 것은?

① 해당 탱크의 송액설비
② 불활성가스의 저장 탱크
③ 지면에서 3m 이상의 높이를 가진 배관
④ 냉동설비 열교환기 기화기

해설

③신축이음매 부분을 제외한 4m 이상 높이를 가진 배관
상기항목 이외에 가스누출 검지 경보설비, 재해설비, 조명설비 등

301 독성가스 저장탱크가 가연성의 성질을 가지고 있는 능력이 1000톤 이상일 때의 안전거리는 몇 m 이상인가?

① 10m ② 8m
③ 5m ④ 3m

해설

독성가스 종류에 따른 안전거리

독성가스 종류	저장 능력	안전거리(m)
가연성	5톤이상 1000톤 미만	$\frac{4(x-5)}{995+6}$
	1000톤 이상	10
가연성 아닌것	5톤이상 1000톤 미만	$\frac{4(x-5)}{995+4}$
	1000톤 이상	8

302 방류둑의 용량에 대한 아래 내용 중 틀린 것은?

① 독성 : 저장능력 상당용적
② 산소 : 저장능력 상당용적의 70%
③ 가연성 : 저장능력 상당용적
④ 불활성 : 방류둑의 설치 규정이 없음

해설

②산소 : 저장능력 상당용적의 60%이상

303 아세틸렌 가스를 용기에 충전하는 장소에 용기파열을 방지하기 위해 설치하는 장치는?

① 살수장치
② 물분무장치
③ 긴급차단장치
④ 안전제어장치

304 독성가스 제조설비 중 제독설비를 설치하여야 하는 가스의 종류에 해당 되지 않는 것은?

① 아황산 ② 암모니아
③ 염소 ④ 일산화탄소

해설

상기 이외에 염화메탄, 산화에틸렌, 시안화수소, 포스겐, 황화수소 등

305 저장 탱크에 설치된 안전밸브에 가스방출 장치를 설치하는 탱크의 능력은 얼마인가?

① $6m^3$ 이상 ② $5m^3$ 이상
③ $4m^3$ 이상 ④ $3m^3$ 이상

306 고압가스 저장탱크를 지하에 매설시 기준이 아닌 것은?

① 저장탱크를 매설한 곳의 주위에는 지상에 경계표지를 할 것
② 저장탱크를 2개 이상 인접하여 설치하는 경우에는 최대 직경의 1/4보다 큰쪽을 유지할 것
③ 지면으로부터 저장탱크의 정상부까지의 깊이는 60cm 이상으로 할 것
④ 저장탱크 외면에는 부식방지 코팅과 전기적 부식방지를 할 것

해설

저장탱크의 지하설치(지하에 설치하는 저장탱크는 다음 기준에 따라 설치)

- 저장탱크의 외면에는 부식방지코팅과 전기적 부식방지를 위한 조치를 한다.
- 저장탱크는 천장 · 벽 및 바닥의 두께가 각각 30cm 이상인 방수조치를 한 철근콘크리트로 만든 곳(이하 "저장탱크실"이라 한다)에 설치한다.
- 저장탱크실은 아래의 표에 따른 규격을 가진 레디믹스콘크리트(ready-mixed concreate)를 사용해 수밀(水密)콘크리트로 시공한다.
- 저장탱크의 주위에는 마른모래를 채운다.
- 지면으로부터 저장탱크의 정상부까지의 깊이는 60cm 이상으로 한다.

저장탱크를 2개 이상 인접해 설치하는 경우에는 상호간에 1m 이상의 거리를 유지한다.

- 저장탱크를 매설한 곳의 주위에는 지상에 경계표지를 설치한다.
- 저장탱크에 설치한 안전밸브에는 지면에서 5m 이상의 높이에 방출구가 있는 가스방출관을 설치한다.

정답 300 ③ 301 ① 302 ② 303 ① 304 ④ 305 ② 306 ②

307 긴급차단장치가 원활하게 작동하는 점검 주기는?

① 매년 3회 이상
② 매년 2회 이상
③ 매년 1회 이상
④ 6월 1회 이상

308 방류둑을 설치한 가연성가스의 저장탱크에 있어서 해당 저장탱크 외면으로부터 몇 m 이내에 온도상승 방지조치를 해야 하는가?

① 20m ② 15m
③ 10m ④ 5m

해설

온도상승방지장치를 설치하여야 하는 저장탱크
㉮ 방류둑을 설치한 가연성가스저장탱크의 경우 해당 방류둑 외면으로부터 10m 이내
㉯ 방류둑을 설치하지 않은 가연성가스저장탱크의 경우 해당 저장탱크 외면으로부터 20m 이내
㉰ 가연성물질을 취급하는 설비의 경우 그 외면으로부터 20m 이내

309 다음은 방류둑의 구조에 대하여 틀린 항목은?

① 방류둑은 액밀한 구조로 한다..
② 성토는 수평에 대하여 30°이하의 기울기로 하여 다져 쌓는다.
③ 철근 콘크리트는 수밀성 콘크리트를 사용한다.
④ 방류둑의 재료는 철근 콘크리트, 철골, 흙 또는 이들을 조합하여 만든다.

해설

방류둑의 성토의 각도는 45° 이하

310 다음은 고압가스 시설의 긴급차단장치의 조작위치에 관한 설명이다. 옳지 않은 것은?

① 일반제조시설의 경우 탱크외면에서 5m 이상의 장소.
② 특정제조시설 가스도매사업의 경우 탱크의 몇 10m 이상의 장소
③ 긴급차단장치는 저장탱크의 주밸브와 겸용할 수 있다.
④ 작동 동력원은 전기압 · 스프링압 공기압 등으로 작동한다.

해설

긴급차단장치 또는 역류방지밸브는 저장탱크 주밸브(main valve)외측으로서 가능한 한 저장탱크에 가까운 위치 또는 저장탱크의 내부에 설치하되, 저장탱크의 주밸브(main valve)와 겸용하지 아니한다.

311 탱크주변 화재 발생시 작동되는 긴급차단 장치의 원격 조작온도는?

① 110℃ ② 105℃
③ 100℃ ④ 80℃

312 독성 · 가연성의 배관에 관의 연장길이 몇 km마다 긴급차단장치를 설치하여야 하는가?

① 2km ② 3km
③ 4km ④ 6km

313 기밀시험압력은 아세틸렌 용기에 있어서 최고충전압력의 ( )압력을 말한다. ( ) 안에 맞는 것은?

① 0.8배 ② 1.1배
③ 1.5배 ④ 1.8배

해설

기밀시험
• 아세틸렌 용기 : $F_P \times 1.8$
• 초저온저온 용기 : $F_P \times 1.1$
• 그밖의 용기 : F_P

314 고압가스 저장탱크의 규정이 틀린 항목은?

① 저장탱크에 역류방지 밸브가 설치 되어 있어도 반드시 긴급차단 장치를 설치 하여야 한다.
② 탱크 내용적이 5000L 이상에 긴급차단 장치를 설치 한다.
③ 방류둑은 저장탱크용량이 산소 1000t 독성 5t 이상의 탱크에 설치한다.
④ 방류둑은 가연성의 탱크 경우 특정제조 가스도매사업은 500t 일반제조 LPG탱크는 1000t 이상에 설치한다.

정답 307 ③ 308 ③ 309 ② 310 ③ 311 ① 312 ③ 313 ④ 314 ①

해설

고압가스 일반제조의 긴급차단장치
저장탱크에 부착된 배관(액상의 가스를 송출 또는 이입하는 것만을 말하며, 저장탱크와 배관과의 접속부분을 포함)에는 그 저장탱크의 외면으로부터 5m 이상 떨어진 위치에서 조작할 수 있는 긴급차단장치를 설치한다. 다만, 액상의 가연성가스 또는 독성가스를 이입하기 위하여 설치된 배관에 역류방지밸브를 설치한 경우에는 긴급차단장치를 설치한 것으로 볼 수 있다.(특정 제조의 경우는 10m 이상)

315 고압가스 특정제조시설에서 배관을 지상에 설치하는 가스배관 양측에 상용압력 구분에 따른 폭 이상의 공지를 유지해야 하는 기준이 아닌 것은?

① 산업통상자원부장관이 정하여 고시하는 지역에 설치하는 경우에는 규정폭의 1/3로 할 것
② 상용압력 1MPa 이상 : 15m
③ 상용압력 0.2~1MPa 미만 : 10m
④ 상용압력 0.2MPa 미만 : 5m

해설

③9m

상용압력	공지의 폭	비고
0.2MPa 미만	5m	산업통상자원부장관이 정하여 고시하는 지역에 설치하는 경우에는 위 표에서 정한 폭의 1/3로 할 수 있다.
0.2~1MPa 미만	9m	
1MPa 이상	15m	

316 아래 배관 중 지하매설용 배관이 아닌 것은?

① KS D 3589 (폴리에틸렌 피복강관)
② KS D 3607 (분말용착식 폴리에틸렌 피복강관)
③ KS M 3514 (가스용 폴리에틸렌관)
④ SPP (배관용 탄소강관)

317 고압가스 특정제조시설의 배관에 대한 내용이 맞지 않는 항목은?

① 배관의 외면과 그 철도부지의 경계까지는 1m 이상 유지한다.
② 배관의 외면으로부터 궤도 중심까지 4m 이상 유지한다.
③ 배관의 외면과 지면과의 거리는 1.2m 이상으로 한다.
④ 배관은 그 외면으로부터 다른 시설물과 60cm 이상의 거리를 유지한다.

해설

배관의 철도부지 및 매설 중 ④다른 시설물과 30cm 이상

318 고압가스 제조시설 중 배관장치의 안전을 위한 설비에 해당하지 않는 것은?

① 위험표지
② 운전상태 감시장치
③ 제독설비
④ 비상조명설비

해설

배관장치의 안전을 위한 설비
②③④ 및 안전제어장치, 가스누출 검지통보설비, 제독설비, 통신시설 등

319 사업소 밖의 배관장치에는 압력 또는 유량의 이상 변동 등 이상 상태가 발생한 경우 그 상황을 경보하는 장치를 설치해야 한다. 다음 중 해당하지 않는 것은?

① 긴급 차단밸브가 폐쇄되었을 때
② 배관 내의 유량이 정상운전 시의 유량보다 7% 이상 변동한 경우
③ 배관 내의 압력이 정상운전 시의 유량보다 20% 이상 증가 하였을 때
④ 배관 내의 압력이 상용압력의 1.05배를 초과한 경우

해설

경보장치는 다음의 경우에 경보가 울리는 것
- 배관 내의 압력이 상용압력의 1.05배(상용압력이 4MPa 이상인 경우에는 상용압력에 0.2MPa를 더한 압력)를 초과한 때
- 배관 안의 압력이 정상운전 시의 압력보다 15% 이상 강하한 경우
- 배관 안의 유량이 정상운전 시의 유량보다 7% 이상 변동한 경우(고압가스 제조시설에 한함)
- 긴급 차단밸브의 조작회로가 고장난 때 또는 긴급 차단밸브가 폐쇄된 때

정답 315 ③ 316 ④ 317 ④ 318 ① 319 ③

320 배관장치에서 이상상태가 발생한 경우 재해의 발생방지를 위하여 압축기 펌프 긴급차단장치 등을 신속하게 정지 또는 폐쇄하는 제어기능의 안전제어장치를 설치하여야 하는 이상사태에 해당되지 않는 항목은?

① 가스누출경보기가 작동했을 때
② 압력이 정상운전 시의 압력보다 30% 이상 강하했을 때
③ 유량계로 측정한 유량이 정상운전 시의 유량보다 15% 이상 증가했을 때
④ 압력계로 측정한 압력이 상용압력의 1.5배를 초과했을 때

해설

이상상태가 발생한 경우
- 압력이 상용압력의 1.1배를 초과했을 때
- 유량이 정상운전 시의 유량보다 15% 이상 증가했을 때
- 압력이 정상운전 시의 압력보다 30% 이상 강하했을 때
- 가스누출경보기가 작동했을 때

321 배관을 해저에 설치하는 기준이 아닌 것은?

① 배관은 해저면 밑에 매설할 것
② 배관은 다른 배관과 40m 이상의 수평거리를 유지할 것
③ 배관은 다른 배관과 교차하지 아니할 것
④ 배관의 입상부에는 방호시설물을 설치할 것

해설

배관 해저 설치 기준
- 배관은 해저면 밑에 매설할 것
- 배관은 다른 배관과 교차하지 아니할 것
- 배관은 다른 배관과 30m 이상의 수평거리를 유지할 것
- 2개 이상의 배관을 동시에 설치하는 경우에는 배관이 서로 접촉하지 아니하도록 필요한 조치를 할 것
- 배관의 입상부에는 방호시설물을 설치할 것

322 고압가스 특정제조시설에서 소하천 · 수로 밑을 횡단하여 배관을 매설하는 경우 수로 밑 몇 m 이상 깊이에 매설하는가?

① 10m ② 4m
③ 2.5m ④ 1.2m

해설

배관을 교량에 설치할 수 없어 하천 밑을 횡단하여 매설하는 경우, 배관의 외면과 계획하상높이와의 거리는 원칙적으로 4.0m 이상, 소하천 · 수로를 횡단하여 배관을 매설하는 경우에는 배관의 외면과 계획하상 높이와의 거리는 2.5m 이상, 그 밖의 좁은 수로(용수로, 개천 또는 이와 유사한 것을 제외)를 횡단하여 배관을 매설하는 경우에는 배관의 외면과 계획하상 높이와 거리는 1.2m 이상으로 하고, 아울러 제방 그 밖에 하천관리시설의 기존 또는 계획 중인 기초시설물에 지장을 주지 않으며 하상변동 · 패임 · 닻내림 등의 영향을 받지 않는 깊이에 매설한다.

323 고압가스 특정제조시설에서 배관을 해면 위에 설치하는 기준이 아닌 것은?

① 배관은 지진, 풍압, 파도압 등에 대하여 안전한 구조의 지지물로 지지할 것
② 선박의 충돌 등에 의하여 배관 또는 그 지지물이 손상을 받을 우려가 있는 경우에는 방호설비를 설치할 것
③ 배관은 선박에 의하여 손상을 받지 아니하도록 해면과의 사이에 필요한 공간을 두지 아니할 것
④ 배관은 다른 시설물과 배관의 유지관리에 필요한 거리를 유지할 것

해설

배관은 선박의 항해에 의하여 손상을 받지 아니하도록 해면과의 사이에 필요한 공간을 확보하여 설치할 것

324 고압가스설비는 상용압력의 몇 배 이상의 압력에서 항복을 일으키지 않는 두께를 가져야 하는가?

① 2.5배 ② 2배
③ 1.5배 ④ 1배

325 고압가스설비에 장치하는 압력계의 최고눈금에 대하여 옳은 것은?

① 최고압력의 2배 이상 2.5배 이하
② 상용압력의 1.5배 이상 2배 이하
③ 상용압력의 2.5배 이하
④ 설계압력의 1.5배 이하

326 고압가스설비에 압력계를 설치하려고 한다. 상용압력이 5MPa라면 게이지의 최고눈금은 얼마인가(MPa)?

① 5 ② 7.5
③ 10 ④ 15

정답 320 ④ 321 ② 322 ③ 323 ③ 324 ② 325 ② 326 ③

해설

$5 \times 1.5 \sim 5 \times 2 = 7.5 \sim 10$MPa 이므로 최고는 10MPa

327 가연성가스의 가스설비는 그 외면으로부터 화기를 취급하는 장소까지 몇 m 이상의 우회거리를 두어야 하는가?

① 10m ② 8m
③ 5m ④ 2m

해설

화기와 설비와의 거리
• 규정
(1)직선 거리
 – 가연성 : 2m 이상
 – 산소 : 5m 이상
(2)우회 거리
 – 가연성, 산소, 에어졸 8m 이상
 – 그 밖의 가스 : 2m 이상
 – 가스계량기 가정용 가스시설 : 2m 이상

328 가연성가스의 저장탱크에 설치되는 안전밸브에 연결된 방출관의 방출구 위치는 탱크정상부에서 몇 m 이상의 높이에 설치 하여야 하는가?

① 15m ② 10m
③ 5m ④ 2m

해설

방출관의 방출구 위치
• 지상탱크 : 지면에서 5m 이상 또는 탱크 정상부에서 2m 이상 중 높은 위치
• 지하탱크 : 지면에서 5m 이상
• 소형저장탱크 : 지면에서 2.5m 이상 또는 탱크 정상부에서 1m 이상 중 높은 위치

329 가연성의 제조시설의 설비와 같은 가연성 제조설비와의 이격거리는 몇 m이상인가?

① 3m ② 5m
③ 8m ④ 10m

해설

설비와의 거리
• 가연성과 가연성 5m 이상
• 가연성과 산소 : 10m 이상

330 압축기의 최종단의 안전밸브 점검주기는?

① 1년에 1회 이상
② 2년에 1회 이상
③ 6월에 1회 이상
④ 3월에 1회 이상

331 독성가스의 제독작업에 필요한 보호구의 장착훈련의 실시기준은?

① 6개월마다 1회 이상
② 3개월마다 1회 이상
③ 2개월마다 1회 이상
④ 1개월마다 1회 이상

해설

작업원은 3개월에 1회 이상 보호구의 사용훈련을 받아 사용법을 숙지하여야 한다.

332 액화가스가 통하는 가스공급시설에서 발생하는 정전기를 제거하기 위한 접지접속선의 단면적은 얼마 이상인가?

① 5.5mm^2 ② 5mm^2
③ 1.5mm^2 ④ 2mm^2

해설

정전기 제거설비
• 접지저항치 총합 : 100Ω 이하(피뢰설비를 설치한 것은 10Ω 이하)
• 접지접속선 단면적 : 5.5mm^2 이상(단선은 제외)
• 단독으로 접지해야 하는 것 : 탑류, 저장탱크, 열교환기, 회전기계, 벤트스택 등

333 고압장치의 상용압력이 10MPa일 때 안전밸브의 작동압력은?

① 22.5MPa ② 18MPa
③ 16.5MPa ④ 12MPa

해설

안전밸브 작동압력

$\therefore 10 \times 1.5 \times \frac{8}{10} = 12$MPa

정답 327 ② 328 ④ 329 ② 330 ① 331 ② 332 ① 333 ④

334 **다음 공식은 안전밸브 분출유량식이다. 틀린 사항은?**

$$Q=0.0278PW$$

① P : 작동절대압력(kg/cm^2)
② Q : 분출유량(m^3/min)
③ W : 용기내용적(L)
④ 안전밸브 분출정지는 1.7MPa 이상이다.

해설

$Q=0.0278PW$
- Q : 분출유량(m^3/min)
- P : 작동절대압력(MPa)
- W : 용기내용적(L)

335 **고압가스 안전관리법규에 규정된 역화방지장치에 대한 설명이다. 틀린 것은?**

① 가연성가스를 압축하는 압축기와 충전용 주관 사이의 배관
② 가연성가스를 압축하는 압축기와 오토클레이브와의 사이 배관
③ 아세틸렌의 고압건조기와 충전용교체밸브 사이의 배관
④ 아세틸렌 충전용 지관

해설

- 역화방지장치의 설치
  - 가연성가스를 압축하는 압축기와 오토클레이브와의 사이의 배관
  - 아세틸렌의 고압건조기와 충전용교체밸브 사이의 배관
  - 아세틸렌충전용 지관
- 역류방지밸브의 설치
  - 가연성가스를 압축하는 압축기와 충전용주관과의 사이의 배관
  - 아세틸렌을 압축하는 압축기의 유분리기와 고압건조기와의 사이의 배관
  - 암모니아 또는 메탄올의 합성탑 및 정제탑과 압축기와의 사이의 배관

336 **독성가스 식별표지의 글자색은?**

① 백색 ② 청색
③ 노란색 ④ 흑색

해설

독성가스의 표지
- 바탕색 : 백색
- 글자색 : 흑색

337 **독성가스의 가스설비에 관한 배관 중 이중관으로 하여야 하는 대상 가스로만 된 것은?**

① $COCl_2$, Cl_2, CO, NH_3
② C_2H_4O, NH_3, CH_3Br
③ N_2S, SO_2, CH_3Cl, CO
④ Cl_2, NH_3, $COCl_2$, HCN

해설

2중관으로 하여야 하는 가스의 대상은 암모니아, 아황산가스, 염소, 염화메탄, 산화에틸렌, 시안화수소, 포스겐 및 황화수소로 한다.

338 **독성가스 배관 중 2중관의 규격으로 옳은 것은?**

① 외층관 외경은 내층관 외경의 1.2배 이상
② 외층관 외경은 내층관 내경의 1.2배 이상
③ 외층관 내경은 내층관 외경의 1.2배 이상
④ 외층관 내경은 내층관 내경의 1.2배 이상

해설

2중관의 외층관 내경은 내층관 외경의 1.2배 이상을 표준으로 하고, 내층관과 외층관 사이에는 가스누출검지경보설비의 검지부를 설치하여 가스누출을 검지하는 조치를 강구한다.

339 **불합격 용기 및 특정설비의 파기방법 중 맞는 것은?**

① 절단 등의 방법으로 파기하여 원형으로 가공이 가능하도록 할 것
② 잔가스 정도는 남아있어도 파기는 가능
③ 파기하는 때에는 검사신청인이 검사장소에서 직접 파기할 것
④ 파기는 검사 신청인에게 파기사유, 일시, 장소 등을 통지하고 파기할 것

해설

불합격 용기 및 특정설비의 파기방법
- 절단 등의 방법으로 파기하여 원형으로 가공할 수 없도록 할 것
- 잔가스를 전부 제거한 후 절단할 것
- 검사신청인에게 파기의 사유 · 일시 · 장소 및 인수시한 등을 통지하고 파기할 것
- 파기하는 때에는 검사장소에서 검사원으로 하여금 직접 실시하게 하거나 검사원 참관하에 용기 및 특정설비의 사용자로 하여금 실시하게 할 것
- 파기한 물품은 검사신청인이 인수시한(통지한 날부터 1개월 이내)내에 인수하지 아니하는 때에는 검사기관으로 하여금 임의로 매각 처분하게 할 것

정답 334 ① 335 ① 336 ④ 337 ④ 338 ③ 339 ④

340 **공기액화 분리장치에 여과기를 설치하여야 하는 공기의 압축량은?**

① 공기압축량이 500m^3/hr 초과
② 공기압축량이 800m^3/hr 이하
③ 공기압축량이 900m^3/hr 초과
④ 공기압축량이 1000m^3/hr 초과

해설

여과기 설치 : 공기액화분리장치의 공기압축량 1000m^3/h 이하인 것은 제외

341 **가연성가스 또는 독성가스 배관 설치기준이 잘못된 것은?**

① 환기가 양호한 곳에 설치
② 건축물 내에 배관을 밀폐하여 설치
③ 건축물 내의 배관은 단독 피트 내에 설치
④ 건축물의 기초의 밑에는 설치하지 않는다.

해설

건축물 내 배관은 노출하여 설치

342 **일반 고압가스 제조시설 중 배관을 지하에 매설할 경우 기술상 기준의 설명으로 틀린 것은?**

① 고압가스 배관을 매설하였음을 잘 보이는 곳에 표시한다.
② 이상을 발견한 경우 연락을 부탁하는 표지판을 설치한다.
③ 배관에는 온도변화에 의한 길이 변화에 대비한 완충장치를 설치한다.
④ 지면으로부터 50cm 이하에 매설한다.

343 **고압가스 일반제조시설에서 액화가스배관에 설치해야 하는 장치는?**

① 온도계, 압력계
② 안전밸브
③ 수취기
④ 압력계, 액면계

해설

압력계 및 온도계 설치
- 압축가스배관 : 압력계 설치
- 액화가스배관 : 압력계 및 온도계 설치(단, 초저온 또는 저온의 액화가스배관의 경우 온도계 설치 생략 가능)

344 **고압가스를 제조하는 경우 가스를 압축할 수 있는 것은?**

① 아세틸렌, 에틸렌 또는 수소 중의 산소용량이 전용량의 1%인 것
② 산소 중의 아세틸렌, 에틸렌 및 수소의 용량 합계가 전용량의 2% 이상의 것
③ 산소 중의 가연성가스의 용량이 전용량의 4% 이상의 것
④ 가연성가스(아세틸렌, 에틸렌 및 수소는 제외) 중 산소용량이 전용량의 4% 이상의 것

해설

고압가스 제조 시 압축금지
- 가연성가스(아세틸렌 · 에틸렌 및 수소 제외) 중 산소용량이 전체 용량의 4% 이상인 것
- 산소 중의 가연성가스(아세틸렌 · 에틸렌 및 수소 제외)의 용량이 전체 용량의 4% 이상인 것
- 아세틸렌 · 에틸렌 또는 수소 중의 산소용량이 전체 용량의 2% 이상인 것
- 산소 중의 아세틸렌 · 에틸렌 및 수소의 용량 합계가 전체 용량의 2% 이상인 것

345 **공기액화분리기(공기압축량이 1000m^3/hr 이하 제외) 내에 설치된 액화산소통 내의 액화산소 분석주기는?**

① 1년에 1회 이상
② 1월 1회 이상
③ 1주일에 1회 이상
④ 1일 1회 이상

해설

가연성가스 또는 산소(물을 전기분해하여 제조하는 것)를 제조(용기에 충전하는 것은 제외)할 때에는 발생장치 · 정제장치 및 저장탱크의 출구에서 1일 1회 이상 그 가스를 채취하여 지체 없이 분석하고, 공기액화분리기(1시간의 공기압축량이 1천m^3 이하의 것은 제외) 안에 설치된 액화산소통 안의 액화산소는 1일 1회 이상 분석한다.

346 **공기액화장치의 안전에 관한 보기의 설명 중 옳은 것을 모두 고르면?**

㉠ 원료공기 중 C_2H_2의 혼입은 폭발원인이다. ㉡ 윤활류는 묽은 글리세린이다. ㉢ 내부를 CCl_4로 세척하여야 한다.

① ㉠, ㉢　　② ㉠, ㉡, ㉢
③ ㉠, ㉡　　④ ㉡, ㉢

정답 340 ④ 341 ② 342 ④ 343 ① 344 ① 345 ④ 346 ①

347 용기에 표기된 각인 기호 중 서로 연결이 잘못된 것은 어느 것인가?

① F_P : 최고충전압력(MPa)
② T_P : 내압시험압력(MPa)
③ V : 내용적(m^3)
④ W : 질량(kg)

해설

용기의 각인 또는 표시방법
- 용기 제조업자의 명칭 또는 약호
- 충전하는 가스의 명칭
- 용기의 번호
- 내용적(기호 : V, 단위 : L) (액화석유가스용기는 제외)
- 초저온용기 외의 용기는 밸브 및 부속품(분리할 수 있는 것에 한한다)을 포함하지 아니한 용기의 질량(기호 : W, 단위 : kg)
- 아세틸렌 가스 충전용기는 위 5)의 질량에 용기의 다공질물, 용제 및 밸브의 질량을 포함한 질량(기호 : T_W, 단위 : kg)
- 내압시험에 합격한 연월
- 내압시험압력(기호 : T_P, 단위 : MPa) (액화석유가스용기 및 초저온용기는 제외)
- 최고충전압력(기호 F_P, 단위 : MPa) (압축가스를 충전하는 용기 및 초저온용기에 한정)
- 내용적이 500L를 초과하는 용기에는 동판의 두께(기호 : t, 단위 : mm)
- 충전량(g)(납붙임 또는 접합용기에 한정)

348 공기액화분리기장치 내의 C_2H_2 흡착기에서 C_2H_2 제거의 가장 큰 목적은 무엇인가?

① 장치 내 부식
② 장치 내 폐쇄
③ 저온장치 내에서의 우선 응축으로 인한 액햄머링 발생
④ 장치 내 폭발 방지

349 공기를 액화분리하여 가스제조의 순서가 맞는 것은?

① $N_2 \rightarrow Ar \rightarrow O_2$
② $O_2 \rightarrow N_2 \rightarrow Ar$
③ $Ar \rightarrow O_2 \rightarrow N_2$
④ $O_2 \rightarrow Ar \rightarrow N_2$

350 고압가스 일반제조시설의 충전용 주관압력계는 매월 ( )회 이상, 기타의 압력계는 3월에 ( )회 이상 표준압력계로 그 기능을 검사하여야 한다. ( ) 안에 들어갈 올바른 것은?

① 1, 1
② 1,3
③ 2, 6
④ 1, 2

351 안전밸브점검 주기가 맞는 것은?

① 압축기 최종단은 2년에 1회 이상, 그 밖의 안전밸브는 1년에 1회 이상
② 압축기 최종단은 1년에 1회 이상, 그 밖의 안전밸브는 6월에 1회 이상
③ 압축기 최종단은 1년에 1회 이상, 그 밖의 안전밸브는 2년에 1회 이상
④ 압축기 최종단은 6월에 1회 이상, 그 밖의 안전밸브는 1년에 1회 이상

해설

안전밸브(액화산소저장탱크의 경우에는 안전장치를 말하며, 액체의 열팽창으로 인한 배관의 파열방지용 안전밸브는 제외) 중 압축기의 최종단에 설치한 것은 1년에 1회 이상, 그 밖의 안전밸브는 2년에 1회 이상 점검

352 액화산소탱크에 설치할 안전밸브의 작동압력은 어느 것인가?

① 최고시험압력 × 1.5배 이하
② 상용압력 × 0.8배 이하
③ 내압시험압력 × 0.8배 이하
④ 상용압력 × 1.5배 이하

해설

안전밸브 작동압력

작동압력 $= T_P \times \frac{8}{10}$배

(단, 액화산소탱크의 경우에는 상용압력의 1.5배) 이하

※ 내압시험압력(T_P) = 상용압력 × 1.5

정답 347 ③ 348 ④ 349 ④ 350 ① 351 ③ 352 ④

353 고압가스 일반제조의 기술기준이다. 잘못된 것은?

① C_2H_2의 윤활제는 양질의 광유이다.
② 습식 아세틸렌가스 발생기의 표면은 100℃ 이하의 온도를 유지할 것
③ 용기에 충전하는 시안화수소는 순도가 98% 이상이고, 아황산가스 등의 안정제를 첨가한 것일 것
④ 충전용 주관의 압력계는 매월 1회 이상 표준이 되는 압력계로 그 기능을 검사할 것

해설

습식아세틸렌발생기의 표면은 70℃ 이하의 온도로 유지하고, 그 부근에서는 불꽃이 튀는 작업을 하지 아니한다.

354 아래 보기중 잘못된 항목은?

① 아세틸렌가스를 2.5MPa 이상으로는 충전하지 않는다.
② 아세틸렌을 2.5MPa 이상 압축시 N_2를 희석제로 사용하였다.
③ 산소를 3% 함유한 메탄가스를 4MPa까지 압축하였다.
④ 시안화수소를 고압가스 용기에 충전하는 경우에 수분을 안정제로 첨가했다.

해설

시안화수소에 수분 2% 이상 함유 시 중합폭발이 일어난다.

355 산화에틸렌 충전시 몇 ℃에서 내부가스의 압력이 몇 MPa가 되도록 질소가스 또는 탄산가스를 충전하여야 하는가?

① 70℃, 0.5MPa
② 60℃, 0.54MPa
③ 45℃, 0.4MPa
④ 40℃, 0.4MPa

해설

산화에틸렌(C_2H_4O) 충전
- 산화에틸렌의 저장탱크는 그 내부의 질소가스 · 탄산가스 및 산화에틸렌가스의 분위기가스를 질소가스 또는 탄산가스로 치환하고 5℃ 이하로 유지한다.
- 산화에틸렌을 저장탱크 또는 용기에 충전하는 때에는 미리 그 내부가스를 질소가스 또는 탄산가스로 바꾼 후에 산 또는 알칼리를 함유하지 아니하는 상태로 충전한다.
- 산화에틸렌의 저장탱크 및 충전용기에는 45℃에서 그 내부가스의 압력이 0.4MPa 이상이 되도록 질소가스 또는 탄산가스를 충전한다.

356 용기검사 중 음향검사 불량시 내부조명 검사를 하여야 하는 가스가 아닌 것은?

① LPG
② 액화염소
③ 액화탄산가스
④ 액화암모니아

해설

음향 불량 시 내부 조명검사를 하는 가스 : 액화염소, 액화탄산가스, 액화암모니아

357 고압가스 기술기준에서 차량이 고정되도록 그 차량에 차량정지목을 설치하는 기준의 차량 내용적은?

① 4000L 이상
② 3000L 이상
③ 2000L 이상
④ 1000L 이상

해설

- 고압가스 안전관리법의 차량에 고정된 탱크의 차량정지목 설치기준 : 2000L 이상
- 액화석유가스 사업법의 차량에 고정된 탱크의 차량정지목 설치기준 : 5000L 이상

358 다음 가스 중 품질검사 시 O_2, C_2H_2, H_2의 순도가 잘 기술된 것은?

① 산소 98.5%, 아세틸렌 98.5%, 수소 99.5%
② 산소 98.5%, 아세틸렌 98%, 수소 98.5%
③ 산소 99.5%, 아세틸렌 98%, 수소 98.5%
④ 산소 98%, 아세틸렌 99.5%, 수소 98.5%

해설

품질검사결과 판정기준
- 산소 : 순도 99.5% 이상, 용기 안 가스충전압력이 35℃에서 11.8MPa 이상
- 아세틸렌 : 순도 98% 이상, 질산은시약을 사용한 정성시험에서 합격한 것
- 수소 : 순도 98.5% 이상, 용기 안 가스충전압력이 35℃에서 11.8MPa 이상

정답 353 ② 354 ④ 355 ③ 356 ① 357 ③ 358 ③

359 설비 내 청소수리를 위한 O_2의 유지농도는?

① 16~22%　② 18~22%
③ 20~25%　④ 30~35%

360 품질검사기준 중 C_2H_2의 순도 측정에 사용되는 시약은?

① 하이드로설파이드 시약
② 피로카롤 시약
③ 발연황산 시약
④ 동 · 암모니아 시약

해설

순도 측정
- 산소 : 동 · 암모니아시약을 사용한 오르잣드법
- 아세틸렌 : 발연황산시약을 사용한 오르잣드법 또는 브롬시약을 사용한 뷰렛법
- 수소 : 피로카롤 또는 하이드로썰파이드시약을 사용한 오르잣드법

361 고압가스 일반제조의 기술기준이다. 에어졸 제조기준이 아닌 것은?

① 에어졸을 충전하기 위한 충전용기를 가열할 때는 열습포 또는 40℃ 이하의 더운 물을 사용할 것
② 에어졸 제조설비의 주위 4m 이내에는 인화성 물질을 두지 말 것
③ 에어졸 제조는 35℃에서 그 용기의 내압을 0.8MPa 이하로 할 것
④ 불꽃길이 시험을 위한 시료온도는 24~26℃이다.

해설

에어졸 제조설비 및 에어졸 충전용기 저장소는 화기 또는 인화성물질과 8m 이상의 우회거리를 유지한다.

362 에어졸 제조시설의 온수시험 탱크에서 충전용기의 가스누출시험 온수 온도는?

① 56℃ 이상 60℃ 미만
② 46℃ 이상 50℃ 미만
③ 36℃ 이상 40℃ 미만
④ 25℃ 이상 30℃ 미만

해설

- 에어졸을 충전하기 위한 충전용기 · 밸브 또는 충전용 지관을 가열하는 때에는 열습포 또는 40℃ 이하의 더운 물을 사용한다.
- 에어졸이 충전된 용기는 그 전수에 대하여 온수시험탱크에서 그 에어졸의 온도를 46℃ 이상 50℃ 미만으로 하는 때에 그 에어졸이 누출되지 않도록 한다.

363 인체용 에어졸 제품의 용기에 기재할 사항 중 틀린 것은?

① 사용 후 불 속에 버리지 말 것
② 온도 40℃ 이상의 장소에 보관하지 말 것
③ 가능한 한 인체에서 40cm 이상 떨어져서 사용할 것
④ 특정 부위에 계속하여 장시간 사용하지 말 것

해설

인체용 에어졸 제품의 용기에는 "인체용"이라는 표시와 다음의 주의사항을 추가로 표시한다.
- 특정 부위에 계속하여 장기간 사용하지 말 것
- 가능한 한 인체에서 20cm 이상 떨어져서 사용할 것

364 아세틸렌의 정성시험에 사용되는 시약은?

① 발연황산 시약
② 발연황산 시약
③ 질산은 시약
④ 동 · 암모니아 시약

해설

아세틸렌은 발연황산시약을 사용한 오르잣드법 또는 브롬시약을 사용한 뷰렛법에 의한 시험에서 순도가 98% 이상이고, 질산은시약을 사용한 정성시험에서 합격한 것으로 한다.

365 다음 냉동제조시설 기준 중 틀린 항목은?

① 냉매설비에는 압력계를 달아야 한다.
② 독성가스를 사용하는 냉동제조설비에는 흡수장치가 되어 있으며 안전거리 유지가 필요 없다.
③ 방호벽이나 자동제어장치를 설치한 경우 보호거리는 20m 이상이다.
④ 압축기, 유분리기와 이들 사이에 배관은 화기를 취급하는 곳에 인접 설치하지 않는다.

정답 359 ② 360 ③ 361 ② 362 ② 363 ③ 364 ③ 365 ③

해설

방호벽이나 자동제어장치가 있을 때 안전거리는 유지하지 않아도 된다.

366 독성가스를 사용하는 냉동설비의 방류둑을 설치하여야 하는 수액기의 용량은?

① 1000L　　② 2000L
③ 5000L　　④ 10000L

367 냉동설비 수액기의 방류둑 용량을 결정하는데 있어서 수액기 내의 압력이 2.1MPa일 경우 내용적은?

① 방류둑에 설치된 수액기 내용적의 90%
② 방류둑에 설치된 수액기 내용적의 80%
③ 방류둑에 설치된 수액기 내용적의 70%
④ 방류둑에 설치된 수액기 내용적의 60%

해설

냉동설비 수액기의 방류둑 용량
(1) 수액기 내의 압력(MPa) : 0.7~2.1MPa 미만 : 90%
(2) 수액기 압력 2.1MPa 이상 : 80%

368 냉동제조의 시설기준 및 기술기준이 아닌 것은?

① 제조설비는 진동, 충격, 부식 등으로 냉매가스가 누출되지 아니할 것
② 냉동제조설비 중 냉매설비는 인터록장치를 설치할 것
③ 냉동제조설비 중 특정설비는 검사에 합격한 것일 것
④ 압축기 최종단에 설치한 안전장치는 1년 1회 이상 압력시험을 할 것

해설

(1) 압축기 최종단에 설치한 안전장치는 1년에 1회, 그 밖의 안전장치는 2년에 1회, 내압시험압력이 8/10 이하의 압력에서 작동할 것
(2) 냉동제조시설 중 냉매설비는 자동제어 장치를 설치

369 다음 중 고압가스 저장시설기준 및 기술기준에 대한 설명이 아닌 것은?

① 공기보다 무거운 가연성가스 및 독성가스의 저장설비에는 가스누출검지경보장치를 할 것
② 저장탱크에는 가스용량이 그 저장탱크의 사용온도에서 내용적 90%를 초과하지 아니하도록 할 것
③ 저장실 주위 5m 이내에는 화기 또는 인화성 물질이나 발화성 물질을 두지 아니할 것
④ 가연성가스 저장실과 조연성가스 저장실은 각각 구분하여 설치할 것

해설

저장실 주위 2m 이내에는 화기 또는 인화성 물질이나 발화성 물질을 두지 아니할 것

370 냉매설비에서 내압시험은 얼마 이상이어야 하는가?

① 설계압력의 1.5배 이상
② 상용압력의 1.5배 이상
③ 설계압력 이상
④ 상용압력 이상

해설

냉동제조의 기밀시험 및 내압시험
(1) 기밀시험 : 설계압력이상
(2) 내압시험 : 설계압력 × 1.5배 이상

371 고압가스 판매 및 수입업소시설의 시설기준 및 기술기준이다. 잘못된 것은?

① 용기보관실은 방호벽일 것
② 가연성 용기보관실의 전기설비는 방폭성능일 것
③ 판매시설 및 고압가스 수입업소시설에는 압력계 및 계량기를 갖출 것
④ 공기보다 가벼운 가연성가스의 보관실에는 가스누출검지경보장치를 설치할 것

해설

④ 공기보다 무거운 경우 가스누출검지 경보장치

372 아세틸렌 용기의 제조시설기준 설비가 아닌것은?

① 원료혼합기　　② 공작기계설비
③ 건조로　　④ 원료충전기

해설

고압가스 일반제조 중 아세틸렌 용기 제조시설기준 : 원료혼합기, 건조로, 원료충전기, 자동부식방지도장설비, 아세톤 DMF의 충전설비 등

정답 366 ④ 367 ② 368 ② 369 ③ 370 ① 371 ④ 372 ②

373 다음 중 용기제조에 사용되는 비열처리재료에 해당하지 않는 것은?

① 내식 합금단조품
② 내식 알루미늄 합금단조품
③ 내식 알루미늄 합금판
④ 오스테나이트계 스테인리스강

해설

비열처리재료 : 오스테나이트계 스테인리스강, 내식 알루미늄 합금판, 내식 알루미늄 합금단조품 등과 같이 열처리가 필요 없는 것

374 이음매 없는 용기는 얼마의 압력시험으로 시험했을 때 항복을 일으키지 않아야 하는가?

① 상용압력의 1.8배 이하
② 최고충전압력의 1.7배 이상
③ 상용압력의 1.5배 이하
④ 상용압력의 1.7배 이상

375 고압가스설비 중 상용압력이 98MPa 미만인 원통형 저장탱크의 경우 접시형 경판 두께 계산공식은 다음 중 어느 것인가?(단, P는 상용압력, D는 내경, W 및 V는 계수, f는 인장강도의 수치, η는 이음매의 효율, C는 부식여유치)

① $\dfrac{PDW}{f\eta-P}+C$

② $\dfrac{D}{2}\sqrt{\left(\dfrac{0.25f\eta+P}{0.25f\eta-P}\right)}-1+C$

③ $\dfrac{PD}{50}+\eta-F+C$

④ $\dfrac{PDV}{100}f\eta+P+C$

해설

• 원통형의 것

고압가스 설비의 구분	동체 내경과 외경의 비가 1.2 미만인 것	동체 내경과 외경의 비가 1.2 이상인 것
동판	$t=\dfrac{PD}{0.5f\eta-C}+C$	$t=\dfrac{D}{2}\sqrt{\left(\dfrac{0.25f\eta+P}{0.25f\eta-P}\right)}-1+C$

고압가스 설비의 구분		동체 내경과 외경의 비가 1.2 미만인 것	동체 내경과 외경의 비가 1.2 이상인 것
경판	경판접시형의 경우	$t=\dfrac{PDW}{f\eta-P}+C$	
	반타원체의 경우	$t=\dfrac{PDV}{f\eta-P}+C$	
	원추형의 경우	$t=\dfrac{PD}{0.5f\eta\cos\alpha-P}+C$	
	기타의 경우	$t=D\sqrt{\dfrac{KP}{0.25f\eta}}+C$	

• 구형의 것 : $t=\dfrac{PD}{f\eta-P}+C$

376 냉동기를 제조하고자 하는 자가 갖추어야 할 설비가 아닌 것은?

① 세척설비 ② 용접설비
③ 제관설비 ④ 프레스설비

해설

세척설비는 압력용기 제조에 필요한 설비이다.

377 고압가스 공급자의 안전점검 방법 중 맞지 않는 것은?

① 사용자 교육 수료여부 점검
② 정기점검의 실시기록을 작성하여 2년간 보존
③ 2년에 1회 이상 정기점검
④ 가스 공급시마다 점검

해설

• 점검방법
 – 가스 공급 시마다 점검
 – 2년에 1회 이상 정기점검
• 점검기록은 2년간 보존

378 고압가스 안전관리자가 공급자 안전점검 시 갖추지 않아도 되는 장비는 어느 것인가?

① 가스누출검지액 ② 가스누출시험지
③ 가스누출차단기 ④ 가스누출점검기

379 용기 검사기준에 관한 사항 중 옳지 않은 것은?

① 수입용기에 대하여는 신규검사기준을 준용한다.
② 파열시험을 한 용기에 대하여는 인장시험 및 압궤시험을 생략할 수 있다.
③ 압궤시험이 부적당한 용기는 시험편에 대한 굴곡시험으로 대신할 수 있다.
④ 인장시험은 용기에서 채취한 시험편에 대하여 실시한다.

정답 373 ① 374 ② 375 ① 376 ① 377 ① 378 ③ 379 ①

해설

수입용기는 재검사 기준을 적용

380 고압설비와 배관의 기밀시험 압력 기준에서 상용압력이 0.7MPa를 초과시 기밀시험압력은 얼마인가?

① 0.7MPa ② 0.8MPa
③ 0.9MPa ④ 상용압력

해설

기밀시험압력은 상용압력 이상으로 하되 0.7MPa를 초과시 0.7MPa 이상으로 한다.

381 고압가스 설비의 측정기구가 자기압력 기록계일 때 내용적이 $5m^3$인 경우 기밀유지 시간은?

① 48분 ② 480분
③ 2880분 ④ 3000분

해설

압력계 또는 자기압력기로계의 기밀시험유지시간

- 내용적 $1m^3$ 미만 : 48분
- $1m^3$ 이상 $10m^3$ 미만 : 480분
- $10m^3$ 이상 48×V분 (V : 내용적)

382 다음 내용 중 맞는 것은?

① O_2와 H_2의 용기는 용접용기를 주로 사용한다.
② 용기의 최고충전압력은 내압시험압력의 3/5배이다.
③ 아세틸렌용기의 내압시험압력은 최고충전압력의 1/3배이다.
④ 납붙임용기 및 접합용기의 고압가압시험은 용기에 최고충전압력의 2.5배 이상의 압력으로 실시한다.

해설

고압가압시험

- 에어졸 제조용 접합용기 및 이동식 부탄연소기용 접합용기는 50℃에서 용기 안의 가스압력의 1.5배의 압력을 가할 때 변형되지 않고, 용기 안의 가스압력의 1.8배 압력을 가할 때 파열되지 않을 것, 그 밖의 용기는 최고충전압력의 4배 이상
- 아세틸렌용기의 내압시험압력은 최고충전압력의 3배
- 용기의 최고충전압력은 내압시험압력의 3/5배이다.

383 다음 일반 공업용기의 도색 중 잘못된 것은?

① LPG : 밝은 회색
② H_2 : 주황색
③ 아세틸렌 : 황색
④ NH_3 : 회색

해설

NH_3 : 백색

384 산업통상자원부령에서 정하는 고압가스 관련 설비에 해당하지 않는 것은?

① 기화장치
② 조정기
③ 긴급 차단장치
④ 안전밸브

해설

고압가스 관련 (특정)설비 : 안전밸브, 긴급차단장치, 기화기, 역류방지밸브, 자동차용 가스자동주입기, 역화방지장치, 압력용기

385 용기 종류별 부속품의 기호표시가 틀린 것은?

① AG : 아세틸렌가스를 충전하는 용기의 부속품
② PG : 압축가스를 충전하는 용기의 부속품
③ LPG : 액화가스를 충전하는 용기의 부속품
④ LT : 초저온용기 및 저온용기의 부속품

해설

- LPG : 액화석유가스를 충전하는 용기의 부속품
- LG : 액화석유가스 외의 액화가스를 충전하는 용기의 부속품

386 다음 중 고압가스와 그 충전용기의 도색이 알맞게 짝지어진 것은?

① 액화염소 – 회색
② 아세틸렌 – 주황색
③ 수소 – 주황색
④ 액화암모니아 – 황색

해설

액화염소 – 갈색, 아세틸렌 – 황색, 수소 – 주황색

정답 380 ① 381 ② 382 ② 383 ④ 384 ② 385 ③ 386 ③

387 의료용 가스용기 중 헬륨 도색은 다음 중 어느 것인가?

① 주황색 ② 흑색
③ 백색 ④ 갈색

해설

의료용가스 용기 외면 도색 : 산소－백색, 액화탄산가스－회색, 헬륨－갈색, 에틸렌－자색, 질소－흑색, 아산화질소－청색, 사이클로프로판－주황색, 그밖의 가스－회색

388 고압가스 배관의 용접 접합부분에 비파괴시험을 실시하지 않는 배관은?

① PE관
② 지하매설배관
③ 최고사용압력 0.01MPa이상 노출배관
④ 최고사용압력 0.01MPa미만으로서 호칭지름 50mm 이상의 노출배관

해설

PE관은 비파괴시험을 하지 않는다.

389 가연성가스 저장실에는 사용되는 소화약제는?

① 중탄산 ② 질산나트륨
③ 모래 ④ 물

390 가연성가스 운반 시 응급조치에 필요한 용품은?

① 제독제 ② 고무장갑
③ 소화기 ④ 방독면

해설

- 가연성 산소 운반시 : 소화기
- 독성운반시 : 제독제밀 보호장구

391 운반하는 독성가스의 양에 따라 20kg 이상 또는 40kg 이상의 소석회를 보유하여야 하는 대상 독성가스가 아닌 것은?

① 염소 ② 포스겐
③ 암모니아 ④ 아황산가스

해설

소석회 보유 대상 독성가스 : 염소, 염화수소, 포스켄, 아황산가스

392 독성가스 1000kg 또는 $100m^3$ 미만 운반 시 비치하여야 할 보호장비가 아닌 것은?

① 공기호흡기 ② 방독마스크
③ 보호의 ④ 보호장갑

해설

운반하는 독성가스 양에 따른 보호구 비치 기준

품명	기준 1000kg 또는 $100m^3$	
	미만인 경우	이상인 경우
방독마스크	○	○
공기호흡기	–	○
보호의	○	○
보호장갑	○	○
보호장화	○	○

393 차량에 고정된 탱크를 운행할 경우 구비해야 할 서류가 아닌 것은?(단, 그 밖에 필요한 서류는 제외한다)

① 가스의 종류 ② 관련자격증
③ 운전면허증 ④ 용량환산표

해설

차량에 고정된 탱크를 운행할 경우 휴대 서류 : 고압가스 이동계획서, 고압가스 관련 자격증(양성교육 및 정기교육 이수증), 운전면허증, 탱크 테이블(용량 환산표), 차량운행일지, 차량등록증, 그 밖에 필요한 서류

394 노즐에서의 가스분출량 $Q = 0.009D^2\sqrt{\frac{h}{d}}$ 에서 틀린 항목은?

① Q : 가스분출량(m^3/hr)
② D : 노즐직경(mm)
③ d : 가스비중
④ h : 분출온도(℃K)

해설

h : 분출압력(mmH_2O)

395 고압가스 충전용기를 차량에 적재할 때 경계표지는 보기 쉬운 곳에 어떤 색으로 어떻게 표시하는가?

① '청색'으로 '위험고압가스'
② '적색'으로 '위험고압가스'
③ '적색'으로 '위험'
④ '황색'으로 '고압가스'

정답 387 ④ 388 ① 389 ① 390 ③ 391 ③ 392 ① 393 ① 394 ④ 395 ②

해설

충전용기 차량 적재 운반 시 경계표지
- 독성가스 용기의 운반 : 차량의 앞뒤 보기 쉬운 곳에 각각 붉은 글씨로 "위험고압가스", "독성가스"라는 경계표지와 위험을 알리는 도형, 상호, 전화번호, 등록관청의 전화번호 등이 표시된 안내문을 부착
- 독성가스 이외의 용기의 운반 : 차량의 앞뒤 보기 쉬운 곳에 각각 붉은 글씨로 "위험고압가스"라는 경계표지와 위험을 알리는 도형, 상호, 전화번호, 등록관청의 전화번호 등이 표시된 안내문을 부착

396 다음 고압가스 운반차량의 경계표지에 대한 설명이 아닌것은?

① 경계표지의 크기는 가로 치수는 차체 폭의 40% 이상으로 한다.
② 경계표지는 KSM 5334 적색 발광도료를 사용한다.
③ 차량의 전후에서 명료하게 볼 수 있도록 '위험고압가스'라 표시하고, '적색 삼각기'를 운전석 외부의 보기 쉬운 곳에 게시한다.
④ RTC의 차량의 경우는 좌우에서 볼 수 있도록 한다.

해설

경계표지 크기의 가로 치수는 차체 폭의 30% 이상, 세로 치수는 가로 치수의 20% 이상으로 된 직사각형으로 삼각기는 적색 바탕에 황색 글자, 경계표지는 적색으로 표시한다. 다만, 차량 구조상 정사각형이나 이에 가까운 형상으로 표시하여야 할 경우에는 그 면적을 $600cm^2$ 이상으로 한다.

397 고압가스 충전용기의 운반기준으로 옳지 않은 것은?

① 가연성가스 충전용기 운반 시에는 소화설비를 갖출 것
② 차량통행이 가능한 지역에서 오토바이로 적재하여 운반할 것
③ 운반 중의 충전용기는 항상 40℃ 이하를 유지할 것
④ 독성가스운반시 목재칸막이 패킹으로 용기의 유동을 방지할 것

해설

충전용기는 이륜차에 적재하여 운반하지 않는다. 다만, 차량이 통행하기 곤란한 지역이나 그 밖에 시 · 도지사가 지정하는 경우에는 다음 기준에 적합한 경우에만 액화석유가스 충전용기를 이륜차(자전거는 제외한)에 적재하여 운반할 수 있다.
- 넘어질 경우 용기에 손상이 가지 않도록 제작된 용기 운반 전용 적재함이 장착된 것인 경우
- 적재하는 충전용기는 충전량이 20kg 이하이고, 적재수가 2개를 초과하지 않은 경우

398 충전된 용기를 운반할 때에 용기 사이에 목재 칸막이 또는 고무패킹을 사용하여야 할 가스는?

① 액화석유가스　② 염소가스
③ 산소　④ 가연성가스

399 차량에 고정된 2개 이상을 상호 연결한 이음매 없는 용기에 운반 시 충전관에 설치하는 것이 아닌 것은?

① 긴급 탈압밸브　② 압력계
③ 안전밸브　④ 온도계

해설

2개 이상의 탱크를 동일한 차량에 고정하여 운반하는 경우에는 다음 기준에 적합해야 한다.
- 탱크마다 탱크의 주밸브를 설치할 것
- 탱크상호간 또는 탱크와 차량의 사이를 단단하게 부착하는 조치를 할 것
- 충전관에는 안전밸브, 압력계 및 긴급 탈압밸브를 설치할 것

400 차량 고정탱크로 가스를 운반시 독성의 내용적 한계는?

① 10000L 초과금지　② 12000L 초과금지
③ 15000L 초과금지　④ 18000L 초과금지

해설

차량 고정탱크 운반시
독성(암모니아 제외) 12000L 초과금지
가연성(LPG 제외) 산도 18000L 초과금지

401 고압가스 충전용기의 운반기준이 맞는 것은?

① 아세틸렌과 암모니아는 동일 차량에 적재 운반하지 않는다.
② 가연성가스와 산소는 동일 차량에 적재 운반하지 않는다.
③ 암모니아와 수소는 동일 차량에 적재 운반하지 않는다.
④ 염소와 아세틸렌은 동일 차량에 적재 운반하지 않는다.

정답 396 ① 397 ② 398 ② 399 ④ 400 ② 401 ④

해설

혼합적재의 금지
- 염소와 아세틸렌 · 암모니아 또는 수소는 동일 차량에 적재하여 운반하지 않을 것
- 가연성가스와 산소를 동일 차량에 적재하여 운반하는 때에는 그 충전용기의 밸브가 서로 마주보지 않도록 적재할 것
- 충전용기와 소방법이 정하는 위험물과는 동일 차량에 적재하여 운반하지 않을 것

402 충전용기 등을 적재하여 운반책임자를 동승하는 차량의 운행시 몇 km 거리 초과 시마다 충분한 휴식을 취하여야 하는가?

① 300km ② 250km
③ 200km ④ 100km

해설

200km 이상의 거리를 운행하는 경우에는 중간에 충분한 휴식을 취한 후 운행한다.

403 차량에 고정된 탱크에 가연성가스는 얼마나 적재할 수 있는가?

① 16000L 이하
② 15000L 이하
③ 18000L 이하
④ 12000L 이하

해설

차량에 고정된 탱크의 내용적 제한
- 가연성가스(액화석유가스 제외), 산소 탱크 : 18000L 초과 금지
- 독성가스(액화암모니아 제외) : 12000L 초과 금지

404 고압가스 운반시 액화가스를 충전하는 용기에 액면 요동을 방지하기 위하여 설치하는 것은?

① 액면장치
② 액면정지장치
③ 방파판
④ 안전칸막이

해설

액화가스를 충전하는 탱크에는 그 내부에 액면 요동을 방지하기 위한 방파판 등을 설치한다.

405 고압가스 운반기준 중 후부취출식 용기 이외의 용기에 있어서는 용기의 후면 및 차량의 후면과 후범퍼와의 수평거리가 몇 cm 이상이 되도록 용기를 차량에 고정시켜야 하는가?

① 40cm ② 30cm
③ 20cm ④ 10cm

해설

돌출 부속품의 보호조치
- 후부취출식탱크 : 탱크주밸브 및 긴급차단장치에 속하는 밸브와 차량의 뒷범퍼와의 수평거리를 0.4m 이상 이격
- 후부취출식탱크 외의 탱크 : 후면과 차량의 뒷범퍼와의 수평거리가 0.3m 이상이 되도록 탱크를 차량에 고정

406 한국가스안전공사는 교육 신청이 있을 때 교육 며칠 전까지 교육대상자에게 교육장소와 교육일시를 통보하여야 하는가?

① 30일 전 ② 15일 전
③ 10일 전 ④ 3일 전

해설

한국가스안전공사는 교육신청이 있을 때 교육일 10일 전까지 교육대상자에게 교육장소와 교육일시를 통보하여야 한다.

407 충전용기 등을 적재하여 운반책임자를 동승하는 차량의 운행거리가 3km일 때 현저하게 우회하는 도로의 경우 이동거리는?

① 12km 이상 ② 9km 이상
③ 6km 이상 ④ 3km 이상

해설

- 현저하게 우회하는 도로 : 이동거리가 2배 이상이 되는 경우
- 번화가 : 도시의 중심부나 번화한 상점을 말하며, 차량의 너비에 3.5m를 더한 너비 이하인 통로의 주위
- 사람이 붐비는 장소 : 축제 시의 행렬, 집회 등으로 사람이 밀집된 장소

408 다음 용량의 고압가스를 차량에 적재하여 운반할 때 운반책임자를 동승시키지 않아도 되는 것은?

① 액화암모니아 6000kg
② 액화석유가스 2000kg
③ 산화에틸렌 2000kg
④ 수소가스 400m^3

정답 402 ③ 403 ③ 404 ③ 405 ② 406 ③ 407 ③ 408 ②

해설

LPG : 3000kg 이상 운반책임자 동승

409 다음의 차량에 고정된 탱크 중 폭발방지장치를 설치해야 하는 것은?

① 액화석유가스용 차량에 고정된 탱크
② 액화질소용 차량에 고정된 탱크
③ 액화산소용 차량에 고정된 탱크
④ 액화탄산가스용 차량에 고정된 탱크

해설

폭발방지장치 설치 : 액화석유가스용 차량에 고정된 탱크에는 그 탱크의 외벽이 화염으로 인하여 국부적으로 가열될 경우 그 탱크 벽면의 열을 신속히 흡수 · 분산함으로써 탱크 벽면의 국부적인 온도상승으로 인한 탱크의 파열을 방지하기 위하여 탱크 내 벽에 다공성 벌집형 알루미늄 합금 박판(폭발방지제)을 설치해야 한다.

410 차량에 고정된 용기의 운반기준으로 독성가스는 질량 ( ) 이상의 고압가스를 운반할 때에는 운반책임자를 동승시켜 운반에 대한 감독을 하도록 한다. 다음 중 ( ) 안에 맞는 것은?

① 100㎥
② 300㎥
③ 1000kg
④ 3000kg

해설

독성가스 용적 $100m^3$, 질량 1000kg 이상 운반 시 운반책임자 동승

CHAPTER 4 고압가스 · LPG · 도시가스 종합 문제

411 고압가스를 제조하고자 하는 자는 누구의 허가를 받아야 하는가?

① 대통령
② 국무총리
③ 산업통상자원부장관
④ 시장 · 군수 · 구청장

412 다음 중 산업통상자원부령이 정하는 일정량에 해당하는 항목이 아닌 것은?

① 액화가스 3톤 이상
② 독성액화가스 1톤
③ 압축가스 $500m^3$(독성가스 $100m^3$) 이상
④ 허용농도 1ppm 미만 독성가스(액화가스 100kg, 압축가스 $10m^3$) 이상

해설

액화가스 5톤 이상(일정량)

413 다음 중 산업통상자원부령이 정하는 고압가스 관련 설비에 해당하지 않는 항목은?

① LPG용 용기 잔류회수장치
② 처리능력 $19.5m^3$ 미만인 CNG 완속충전설비
③ 압력용기, 자동차용 가스자동주입기, 냉동설비
④ 안전밸브, 긴급차단장치, 역화방지장치

해설

처리능력 $18.5m^3$ 미만 CNG 완속충전설비이다. 상기 항목 이외 독성가스 배관용 밸브, 기화장치 등이 있다.

414 다음 중 변경허가를 받거나 변경신고를 하여야 하는 사항이 아닌 것은?

① 사업소의 위치 변경
② 제조하는 고압가스의 종류 변경
③ 고압가스용 실린더캐비닛의 저장능력 증가 없는 설치
④ 저장설비 위치, 저장능력 변경 및 교체

해설

변경허가를 받거나 변경신고를 해야 하는 사항
- 사업소의 위치 변경
- 제조 · 저장 또는 판매하는 고압가스의 종류 변경
- 제조 · 저장 또는 판매하는 고압가스의 압력 변경
- 저장설비의 교체 설치, 저장설비의 위치 또는 능력의 변경. 다만, 고압가스용 실린더캐비닛을 저장능력의 증가 없이 교체 설치 또는 설치하거나 철거하는 경우는 제외한다.
- 처리설비의 위치 또는 능력의 변경
- 가연성가스 또는 독성가스를 냉매로 사용하는 냉동설비 중 압축기 · 응축기 · 증발기 · 수액기(냉매저장기)의 교체 설치 또는 위치 변경
- 위치를 변경하거나 수량 또는 용량을 증가시키는 압축가스설비의 교체 설치

정답 409 ① 410 ③ 411 ④ 412 ① 413 ② 414 ③

- 상호의 변경
- 대표자의 변경(국가, 지방자치단체, 공공기관을 제외한 법인인 경우만 해당한다)

415 다음 중 고압가스제조의 신고대상이 아닌 항목은?

① 1일 처리능력 $10m^3$ 미만의 충전시설
② 냉동능력 3톤 이상 20톤 미만의 설비에서 고압가스 제조
③ 도시가스사업허가를 받은 자의 냉동제조
④ 저장능력 3톤 미만의 충전시설

해설

고압가스제조의 신고대상
- 1일 처리능력이 $10m^3$ 미만이거나 저장능력이 3톤 미만인 충전시설
- 냉동제조 냉동능력이 3톤 이상 20톤 미만의 설비에서 고압가스 제조. 다만, 다음의 어느 하나에 해당하는 자가 그 허가받은 내용에 따라 냉동 제조를 하는 것은 제외
  - 고압가스 특정제조, 고압가스 일반제조 또는 고압가스 저장소 설치의 허가를 받은 자
  - 도시가스사업의 허가를 받은 자

416 용기 · 냉동기, 특정설비를 제조하고자 하는 자가 받아야 할 법적 사항은?

① 시장의 허가
② 군수의 허가
③ 시장 · 군수 · 구청장에 등록
④ 시장 · 군수 · 구청장에 신고

해설

용기 · 냉동기 또는 특정설비(이하 "용기등"이라 한다)를 제조하려는 자는 시장 · 군수 또는 구청장에게 등록하여야 한다. 등록한 사항 중 산업통상자원부령으로 정하는 중요 사항을 변경하려는 경우에도 또한 같다.

417 다음은 고압가스 운반 시 운반자의 등록 대상범위에 관한 내용이다. 틀린 것은?

① 허용농도 1ppm 미만인 독성가스를 운반하는 차량
② 차량에 고정된 탱크에 의하여 고압가스를 운반하는 차량
③ 차량에 고정된 2개 이상을 상호연결한 용접한 용기에 의하여 고압가스를 운반하는 차량
④ 고압가스의 운반차량이 밸브의 손상방지조치, 액면요동방지조치 등 고압가스를 안전하게 운반하는 필요시설이 설치된 것 등이 운반등록의 기준이 된다.

해설

차량에 고정된 2개 이상을 상호연결한 이음매 없는 용기에 의하여 고압가스를 운반하는 차량이 운반자의 등록 대상범위에 해당된다.

418 다음 항목 중 고압가스 안전관리법상의 결격사유에 해당하여 제조 또는 등록을 할 수 없는 자가 아닌 것은?

① 파산선고를 받고 복권되지 아니한 자
② 피성년후견인
③ 고압가스 안전관리법을 위반하여 벌금형을 선고받은 자
④ 등록이 취소된 후 2년이 지나지 아니한 자

해설

결격사유
- 피성년후견인
- 파산선고를 받고 복권되지 아니한 자
- 형법 및 액화석유가스의 안전관리 및 사업법, 도시가스사업법, 고압가스 안전관리법을 위반하여 징역 이상의 실형을 선고받고 그 집행이 끝나거나 집행이 면제된 날부터 2년이 지나지 아니한 자
- 형법 및 액화석유가스의 안전관리 및 사업법, 도시가스사업법, 고압가스 안전관리법을 위반하여 징역 이상의 형의 집행유예를 선고받고 그 유예 기간 중에 있는 자
- 허가나 등록이 취소된 후 2년이 지나지 아니한 자
- 대표자가 위의 5가지 항목 중 어느 하나에 해당하는 법인

419 다음 중 1회의 위반만으로 고압가스 안전관리법상의 허가나 등록을 취소하거나 영업장 폐쇄를 명해야 하는 사항이 아닌 것은?

① 거짓이나 그 밖의 부정한 방법으로 허가나 등록을 받은 경우
② 고의나 과실로 공중이나 사용자에게 현저히 위해를 미치게 한 경우
③ 사업의 정지 기간 중에 사업을 한 경우
④ 법인의 대표자가 결격사유에 해당하여 3개월 이내 대표자를 바꾸어 임명한 경우

해설

1회 위반으로 허가 · 등록을 취소하거나 영업장 폐쇄를 명할 수 있는 위반 사항

정답 415 ③ 416 ③ 417 ③ 418 ③ 419 ④

- 거짓이나 그 밖의 부정한 방법으로 허가 · 신고 · 등록을 한 경우
- 고의나 과실로 공중이나 사용자에게 현저히 위해를 미치게 한 경우
- 법인의 대표자가 결격사유에 해당하게 된 경우(단, 법인의 대표자가 그 사유에 해당하게 된 경우로서 3개월 이내에 대표자를 바꾸어 임명한 경우와 피상속인이 사망한 날부터 6개월 이내에 상속인이 다른 사람에게 그 사업을 양도하는 경우는 제외)
- 사업의 정지나 제한 또는 저장소의 사용 정지나 사용 제한 기간 중에 사업을 하거나 저장소를 사용한 경우

420 다음 중 석유화학공업자에 해당하지 않는 항목은?

① 정유폐가스를 화학적으로 처리하여 방향족탄화수소류를 제조하는 공업자
② 천연가스를 화학적으로 처리하여 고급 탄화수소류를 제조하는 공업자
③ 석유를 주원료로 하여 석유화학제품의 원료를 제조하는 공업자
④ 천연가스, 정유폐가스를 주원료로 하여 합성수지, 합성고무, 가소제 등을 제조하는 공업자

해설

석유화학공업자에 해당하는 자
- 석유 · 천연가스 또는 정유폐가스를 화학적으로 처리하여 저급탄화수소류 또는 방향족탄화수소류를 제조하는 공업자
- 저급탄화수소류 · 방향족탄화수소류 · 석유 · 천연가스 또는 정유폐가스를 주원료로 하여 합성수지 · 합성고무 · 합성세제 · 가소제(可塑劑) 등 석유화학제품의 원료를 제조하는 공업자

421 고압가스 공급자의 의무 중 잘못된 것은?

① 가스공급 시 수요자의 시설에 대하여 안전점검을 실시한다.
② 수요자의 시설이 부적합 시 시설개선을 권고한다.
③ 수요자가 부적합 시설을 개선하지 않을 때는 즉시 한국가스안전공사에 신고하여야 한다.
④ 안전점검에 필요한 점검자의 자격, 인원, 점검장비 등은 산업통상자원부령으로 정한다.

해설

공급자(고압가스제조자 및 고압가스판매자)는 고압가스의 수요자가 그 시설을 개선하지 아니하면 그 수요자에 대한 고압가스의 공급을 중지하고 지체없이 그 사실을 시장 · 군수 또는 구청장에게 신고하여야 한다.

422 다음 중 고압가스 안전관리법 시행령이 정하는 종합적 안전관리대상자에 해당하지 않는 항목은?

① 저장능력 100톤 이상의 석유정제사업자의 고압가스시설
② 1일 처리능력 1만m^3 이상, 또는 저장능력 100톤 이상의 석유화학공업자의 고압가스시설
③ 1일 처리능력 1만m^3 이상의 비료생산업자의 고압가스시설
④ 저장능력 100톤 이상의 비료생산업자의 고압가스시설

해설

종합적 안전관리대상자
- 석유정제사업자의 고압가스시설로서 저장능력이 100톤 이상인 것
- 석유화학공업자 또는 지원사업을 하는 자의 고압가스시설로서 1일 처리능력이 1만m^3 이상 또는 저장능력이 100톤 이상인 것
- 비료생산업자의 고압가스시설로서 1일 처리능력이 10만m^3 이상 또는 저장능력이 100톤 이상인 것

423 고압가스사업자가 작성한 안전관리규정의 준수 여부 확인평가는 최초확인평가를 실시한 날로부터 몇 년 주기로 실시하는가?

① 5년 ② 4년
③ 3년 ④ 2년

해설

안전관리규정 준수 여부의 확인 · 평가
- 최초의 확인 · 평가 : 사업개시 신고를 한 날부터 6개월이 되는 날의 전후 30일 이내
- 정기 확인 · 평가 : 최초 확인 · 평가를 한 날을 기준으로 매 5년 주기

424 고압가스 안전관리법상의 안정성향상계획서에 포함되는 사항이 아닌 것은?

① 안전관리규정의 준수 여부
② 안전운전계획
③ 비상조치계획
④ 공정안전 자료

해설

안전성향상계획서 포함 사항
- 공정안전 자료
- 안전성 평가서

정답 420 ② 421 ③ 422 ③ 423 ① 424 ①

- 안전운전계획
- 비상조치계획
- 그 밖에 안전성 향상을 위하여 산업통상자원부장관이 필요하다고 인정하여 고시하는 사항

425 다음 중 안전관리자의 업무범위에 해당하지 않는 것은?

① 사용신고시설의 용기 등 또는 작업과정의 안전유지
② 용기 등의 재검사 · 완성검사 실시
③ 사업소 · 사용신고시설의 종사자의 안전관리를 위한 지휘 · 감독
④ 안전관리규정의 시행 및 그 기록의 작성 · 보존

해설

안전관리자의 업무
- 사업소 또는 사용신고시설의 시설 · 용기등 또는 작업과정의 안전유지
- 용기등의 제조공정관리
- 공급자의 의무이행 확인
- 안전관리규정의 시행 및 그 기록의 작성 · 보존
- 사업소 또는 사용신고시설의 종사자에 대한 안전관리를 위하여 필요한 지휘 · 감독
- 그 밖의 위해방지 조치

426 다음의 공정 중 중간검사를 받아야 하는 공정이 아닌 것은?

① 지상에 저장탱크를 설치하기 전의 공정
② 설비 · 배관의 설치도 기밀 내압시험을 할 수 있는 상태의 공정
③ 한국가스안전공사가 지정하는 부분의 비파괴시험을 하는 공정
④ 내진설계 대상 설비의 기초설치 공정

해설

중간검사를 받아야 하는 공정
- 가스설비 또는 배관의 설치가 완료되어 기밀시험 또는 내압시험을 할 수 있는 상태의 공정
- 저장탱크를 지하에 매설하기 직전의 공정
- 배관을 지하에 설치하는 경우 한국가스안전공사가 지정하는 부분을 매몰하기 직전의 공정
- 한국가스안전공사가 지정하는 부분의 비파괴시험을 하는 공정
- 방호벽 또는 저장탱크의 기초설치 공정
- 내진설계 대상 설비의 기초설치 공정

427 고압가스 제조자는 다음 항목에 해당하는 시공기록을 몇 년간 보존해야 하는가? 또한 완공도면은 몇 년간 보존하는가?

- 비파괴검사 성적서 · 도면 및 필름
- 전기부식방지시설의 전위 측정에 관한 결과서
- 지장물 암반 등 특별관리가 필요한 지점의 공사시행에 관한 사진

① 5년, 10년
② 10년, 15년
③ 10년, 20년
④ 5년, 영구보존

해설

고압가스제조자는 보기에 해당하는 시공기록을 작성하여 5년간 보존하여야 하며, 완공된 도면을 작성하여 영구히 보존하여야 한다.

428 시중 유통 중인 용기에 중대한 결함이 발생한 경우 용기 제조자에게 회수, 교환 등을 명할 수 있는 자는?

① 시 · 도지사
② 한국가스안전공사 이사장
③ 한국소비자원장
④ 시장 · 군수 · 구청장

해설

산업통상자원부장관과 시장 · 군수 또는 구청장은 용기등의 안전관리를 위하여 필요하다고 인정하면 산업통상자원부령으로 정하는 유통 중인 용기등을 수집하여 검사를 하고, 검사 결과 중대한 결함이 있다고 인정되면 그 용기등의 제조자 또는 수입자에게 회수 · 교환 · 환불 및 그 사실의 공표를 명할 수 있다.

429 용기의 품질보장을 위하여 한국산업규격을 표시하여 판매하게 할 수 있는 관련 법규는?

① 고압가스 안전관리법
② 산업표준화법
③ 고압가스 안전관리법 시행규칙
④ 한국산업안전공단 내규

정답 425 ② 426 ① 427 ④ 428 ④ 429 ②

430 **다음에 나열된 가스를 보고 (1)~(3)의 물음에 적절한 답이 짝지어져 있는 것을 고르시오.**

> 수소, 산소, 액화암모니아, 아세틸렌, 액화염소, 천연가스, 압축모노실란, 압축디보레인, 액화알진
> (1) 상기 항목에 나열된 가스는 안전관리법규상 어떠한 가스인가?
> (2) 상기 가스를 일정 규모 이상 사용 시 신고관청은?
> (3) 신고를 받은 허가관청은 관할소방서장에게 며칠 이내에 신고사항을 통보하여야 하는가?

① 특수가스, 시장 · 군소 · 구청장, 3일
② 특수고압가스, 시장 · 군수 · 구청장 5일
③ 특정고압가스, 시장 · 군수 · 구청장, 7일
④ 특정고압가스, 시장 · 군수 · 구청장, 10일

431 **다음 중 특정고압가스의 사용신고 대상이 아닌 항목은?**

① 저장능력 500kg 이상인 액화가스저장설비를 갖추고 특정고압가스를 사용하려는 자
② 배관으로 천연가스를 공급받아 사용하려는 자
③ 자동차 연료용으로 특정고압가스를 공급받아 사용하려는 자
④ 저장능력 $50m^3$ 이상인 압축가스저장설비를 갖추고 특정고압가스를 사용하려는 자

해설

특정고압가스 사용신고 대상
- 저장능력 500kg 이상인 액화가스저장설비를 갖추고 특정고압가스를 사용하려는 자
- 저장능력 $50m^3$ 이상인 압축가스저장설비를 갖추고 특정고압가스를 사용하려는 자
- 배관으로 특정고압가스(천연가스는 제외한다)를 공급받아 사용하려는 자
- 압축모노실란 · 압축디보레인 · 액화알진 · 포스핀 · 셀렌화수소 · 게르만 · 디실란 · 오불화비소 · 오불화인 · 삼불화인 또는 액화암모니아를 사용하려는 자. 다만, 시험용으로 사용하려 하거나 시장 · 군수 또는 구청장이 지정하는 지역에서 사료용으로 볏짚 등을 발효하기 위하여 액화암모니아를 사용하려는 경우는 제외한다.
- 자동차 연료용으로 특정고압가스를 공급받아 사용하려는 자

432 **액화석유가스 안전관리법상 다음 설명에 해당하는 용어는?**

> 저장설비에서 가스사용자가 소유하거나 점유하고 있는 건축물의 외벽(외벽에 가스계량기가 설치된 경우에는 그 계량기의 전단밸브)까지의 배관과 그 밖의 공급시설

① 대량공급시설
② 다중이용공급시설
③ 집단저장시설
④ 일반집단공급시설

해설

"일반집단공급시설"이란 저장설비에서 가스사용자가 소유하거나 점유하고 있는 건축물의 외벽(외벽에 가스계량기가 설치된 경우에는 그 계량기의 전단밸브를 말한다)까지의 배관과 그 밖의 공급시설을 말한다.

433 **액화석유가스의 안전관리 및 사업법상 액화석유가스 판매사업은 산업통상자원부령이 정하는 기준에 적합한 저장능력 몇 톤 이하의 탱크를 말하는가?**

① 3톤　　② 5톤
③ 10톤　　④ 20톤

해설

"액화석유가스 판매사업"이란 용기에 충전된 액화석유가스를 판매하거나 자동차에 고정된 저장능력 10톤 이하인 탱크에 충전된 액화석유가스를 소형저장탱크 및 저장능력이 10톤 이하인 저장탱크에 공급하는 사업을 말한다.

434 **액화석유가스의 안전관리 및 사업법의 산업통상자원부령이 정하는 일정량에 해당하는 항목은?**

① 내용적 1L 미만 용기 충전 시 250kg 이상
② 내용적 1L 미만 용기 충전 시 500kg 이상
③ 기타 저장설비의 경우 저장능력 3톤
④ 기타 저장설비의 경우 저장능력 10톤

해설

산업통상자원부령으로 정하는 일정량
- 내용적 1L 미만의 용기에 충전하는 액화석유가스의 경우에는 500kg. 다만, 내용적 1L터 미만의 용기 중 안전밸브가 부착된 이동식 부탄연소기용 용기 및 이동식 프로판연소기용 용접용기의 경우에는 1톤으로 한다.
- 위 저장설비(관리주체가 있는 공동주택의 저장설비는 제외)의 경우에는 저장능력 5톤

정답 430 ③ 431 ② 432 ④ 433 ③ 434 ②

435 LPG충전, 집단공급 사업자는 수요자의 시설에 대하여 안전점검을 실시한 안전관리 실시대장을 몇 년간 보존하는가?

① 1년　　② 2년
③ 3년　　④ 4년

해설

안전점검을 실시하는 가스공급자는 안전관리 실시대장을 작성하여 2년간 보존해야 한다.

436 다음 중 액화석유가스 충전, 집단판매사업자가 실시하는 공급자의 의무에 해당하지 않는 것은?

① 가스 사용시설의 안전관리 계도물 배포 : 6개월 1회 이상
② 수요자의 시설 안전점검 실시 : 6개월 1회 이상
③ 체적판매방법에 의하여 공급하는 수요자 시설의 안전점검 : 1년 1회
④ 체적판매방법에 의하여 공급하는 다기능가스 안전계량기가 설치된 시설의 안전점검 : 2년 1회

해설

다기능가스안전계량기가 설치된 시설에 공급하는 경우에는 3년에 1회 이상 실시해야 한다.

437 다음 중 액화석유가스의 안전관리 및 사업법령에 의해 완성검사를 받아야 하는 시설의 변경공사에 해당하지 않는 것을 모두 고르시오.(단, 일반집단공급시설이 아닌 경우이다.)

㉠ 판매시설, 영업소의 저장설비를 교체하거나 용량을 증가하는 공사
㉡ 길이 15m 이상의 배관 교체 및 설치공사
㉢ 길이 20m 이상의 배관 연장(증설)공사
㉣ 가스 종류를 변경함으로써 저장설비의 용량이 변경되는 공사

① ㉠, ㉡　　② ㉡
③ ㉢　　④ ㉢, ㉣

해설

길이 20m 이상의 배관을 교체 설치하거나 그 호칭지름을 변경하는 공사와 배관길이를 20m 이상 증설하는 공사(일반집단공급시설의 경우에는 길이 50m)가 완성검사를 받아야 하는 시설의 변경공사에 해당된다.

438 액화석유가스를 다음과 같이 사용 시 시장 · 군수 · 구청장의 검사를 받지 않아도 되는 것은?

① 액화석유가스를 사용하는 제1종 보호시설
② 액화석유가스를 사용하는 식품위생법에 따른 집단급식소
③ 자동절체기를 사용 저장능력 250kg 이상의 저장설비를 갖추고 액화석유가스를 사용하는 공동주택의 관리주체
④ 관리주체가 없는 250kg 이상 5톤 미만의 저장설비를 갖추고 액화석유가스를 사용하는 공동주택

해설

공동으로 저장능력 250kg(자동절체기를 사용하여 용기를 집합하는 경우에는 500kg으로 한다.) 이상의 저장설비를 갖추고 액화석유가스를 사용하는 공동주택의 관리주체. 다만, 관리주체가 없는 경우에는 공동으로 저장능력 250kg 이상 5톤 미만의 저장설비를 갖추고 액화석유가스를 사용하는 공동주택의 사용자의 대표는 검사를 받아야 한다.

439 다음 중 공급관에 해당하지 않는 것은?

① 공동주택의 경우 정압기에서 가스사용자가 구분하여 소유 · 점유하는 건축물의 외벽 계량기의 전단밸브까지 배관
② 공동주택이 아닌 건축물에 가스공급 시 정압기에서 가스사용자가 소유 · 점유하고 있는 토지경계까지 배관
③ 가스도매사업의 경우 정압기에서 일반도시가스사업자의 가스공급시설이나 대량수요자의 가스사용시설에 이르는 배관
④ 일반도시가스사업의 경우 정압기에서 가스도매사업자의 가스공급시설까지 이르는 배관

해설

공급관

- 공동주택, 오피스텔, 콘도미니엄, 그 밖에 안전관리를 위하여 공통주택등에 도시가스를 공급하는 경우에는 정압기에서 가스사용자가 구분하여 소유하거나 점유하는 건축물의 외벽에 설치하는 계량기의 전단밸브(계량기가 건축물의 내부에 설치된 경우에는 건축물의 외벽)까지 이르는 배관
- 공동주택등 외의 건축물 등에 도시가스를 공급하는 경우에는 정압기에서 가스사용자가 소유하거나 점유하고 있는 토지의 경계까지 이르는 배관

정답 435 ② 436 ④ 437 ② 438 ③ 439 ④

- 가스도매사업의 경우에는 정압기지에서 일반도시가스사업자의 가스공급시설이나 대량수요자의 가스사용시설까지 이르는 배관
- 나프타부생가스 · 바이오가스제조사업 및 합성천연가스제조사업의 경우에는 해당 사업소의 본관 또는 부지 경계에서 가스사용자가 소유하거나 점유하고 있는 토지의 경계까지 이르는 배관

440 다음 중 산업통상자원부령이 정하는 대량수요자란 월 몇 m^3 이상의 천연가스를 배관을 통하여 공급받아 사용하는 자인가?

① 10,000m^3
② 30,000m^3
③ 50,000m^3
④ 100,000m^3

441 다음 중 도시가스의 비상공급시설 설치 신고 시 첨부서류가 아닌 것은?

① 비상공급시설의 설치사유서
② 비상공급시설에 의한 공급권역을 명시한 도면
③ 안전관리자의 배치현황
④ 비상공급시설의 기술검토서

해설

비상공급시설 설치신고서 첨부서류
- 비상공급시설의 설치사유서
- 비상공급시설에 의한 공급권역을 명시한 도면
- 설치위치 및 주위 상황도
- 안전관리자의 배치 현황

442 다음 중 도시가스사업법에 의한 특정 가스사용시설에 해당하지 않는 것은?

① 월 사용예정량 2000m^3 이상 가스사용시설
② 제1종 보호시설 안에 있는 500m^3 이상 가스사용시설
③ 월 사용예정량 2000m^3 미만의 다중이용 가스사용시설
④ 제1종 보호시설 안에 있는 1000m^3 미만의 다중이용 가스사용시설

해설

제1종 보호시설 안에 있는 경우 1000m^3 이상 가스사용시설이 해당된다.

443 도시가스사업법령상 일반도시가스사업 안전점검원은 배관 길이 몇 km를 기준으로 1명인가?

① 15km ② 20km
③ 30km ④ 50km

해설

일반조시가스사업 안전점검원은 배관 길이 15km를 기준으로 1명이며, 가스기능사 이상의 자격을 가진 사람, 안전관리자 양성교육을 이수한 사람 또는 안전점검원 양성교육을 이수한 사람이어야 한다.

444 일반도시가스사업자가 시장 · 군수 · 구청장에게 보고하여야 할 사항이 아닌 것은?

① 가스공급업무의 운영에 관한 사항
② 가스공급시설의 공사 · 유지 및 운용상 안전에 관한 사항
③ 재무 · 회계에 관한 사항
④ 안전관리자의 채용에 관한 사항

해설

시 · 도지사 또는 시장 · 군수 · 구청장이 일반도시가스사업자 및 나프타부생가스 · 바이오가스제조사업자에게 보고하게 할 수 있는 사항은 다음과 같다.
- 가스공급업무의 운영에 관한 사항
- 가스공급시설의 공사 · 유지 및 운용상 안전에 관한 사항
- 재무 · 회계에 관한 사항
- 가스사용시설에 대한 안전조치업무의 운영에 관한 사항

445 굴착공사에 대한 도시가스사업자가 할 수 있는 안전조치 사항이 아닌 것은?

① 굴착공사 시 주변차량 통제
② 굴착공사별 안전관리전담자 지정 운영
③ 굴착공사지에 대한 배관의 매설위치 등이 표시된 도면의 제공
④ 가스배관 매설상황 확인, 가스배관보호를 위한 자문

446 산업통상자원부장관이 도시가스사업자에게 할 수 있는 조정명령 사항에 해당하지 않는 것은?

① 가스공급시설 공사계획의 조정
② 가스의 온도, 유량 등의 조정
③ 가스요금, 공급조건의 조정

정답 440 ④ 441 ④ 442 ② 443 ① 444 ④ 445 ① 446 ②

④ 2 이상의시 · 도를 공급지역으로 하는 경우 공급지역의 조정

해설

도시가스사업자에 대한 조정명령 사항
- 가스공급시설 공사계획의 조정
- 가스공급계획의 조정
- 둘 이상의 특별시 · 광역시 · 특별자치시 · 도 및 특별자치도를 공급지역으로 하는 경우 공급지역의 조정
- 도시가스 요금 등 공급조건의 조정
- 도시가스의 열량 · 압력 및 연소성의 조정
- 가스공급시설의 공동이용에 관한 조정
- 천연가스 수출입 물량의 규모 · 시기 등의 조정

447 고압가스 저장처리 감압설비를 설치한 장소에서 철책, 철망 등의 경계책 높이는?

① 1m　　② 1.5m
③ 2m　　④ 2.5m

448 다음은 누출가연성가스의 유동방지시설기준에 관한 내용이다. 괄호 안에 알맞게 순서대로 짝지어진 것을 고르시오.

> 가스설비 등에서 누출된 가연성가스가 화기를 취급하는 장소로 유동하는 것을 방지하기 위한 시설은 높이 ( )m 내화성의 벽으로 하여야 한다. 가스설비와 화기를 취급하는 장소 사이는 우회 수평거리 ( )m 이상으로 한다. 화기취급장소가 불연성 건축물 내에 있는 경우 가스설비로부터 수평거리 8m 이내의 건축물 개구부는 ( ) 또는 망입유리를 사용하고 출입문은 ( )으로 한다.

① 2m, 8m, 이중문, 방화문
② 1m, 5m, 이중문, 방화문
③ 2m, 8m, 방화문, 이중문
④ 1m, 5m, 방화문, 이중문

449 동체 높이가 5m 이상인 독성 · 가연성가스의 압력용기, 저장탱크의 내진설계시공을 하여야 하는 저장능력의 기준으로 올바른 것은?

① 1톤($100m^3$)　　② 2톤($200m^3$)
③ 3톤($300m^3$)　　④ 5톤($500m^3$)

해설

- 독성 · 가연성가스 : 5톤($500m^3$)
- 비독성 · 비가연성 : 10톤($1000m^3$)

450 다음 중 다기능 가스계량기의 검사항목에 속하지 않는 것은?

① 구조검사
② 치수검사
③ 기밀성능
④ 내압성능

해설

보기 ①, ②, ③항 외에 표기의 적합성, 유량차단성능, 통신기능 등이 있다.

451 가스압력을 매몰형 정압기의 출구압력에 따라 구분 시 그 값으로 틀린 것은?

① 중압 : (0.1~1)MPa 미만
② 준저압 : (4~100)KPa 미만
③ 저압 : (1~4) KPa 미만
④ 중압A : (0.1~0.5)MPa 미만

452 도시가스 배관 설치 시 라인마크는 배관길이 몇 m마다 설치하는가?

① 10m　　② 20m
③ 40m　　④ 50m

해설

라인마크는 배관길이 50m마다 1개 이상 설치하되, 주요분기점 · 굴곡지점 · 관말지점 및 그 주위 50m 안에 설치한다. 다만, 단독주택 분기점은 제외하며, 밸브박스 또는 배관 직상부에 전위측정용 터미널(T/B) · 검지공 · 로케이팅와이어 측정함(L/B) 등이 라인마크 기능을 갖도록 적합하게 설치된 경우에는 라인마크로 볼 수 있다.

453 도시가스 배관의 매설 위치 확인에 있어 가스배관 주위 몇 m 이내에 인력굴착을 실시하는가?

① 1m　　② 2m
③ 3m　　④ 4m

해설

가스배관 주위 1m 이내에는 인력으로 굴착한다.

정답 447 ② 448 ③ 449 ④ 450 ④ 451 ④ 452 ④ 453 ①

454 **도시가스 배관의 노출길이가 15m 이상일 경우 유지하여야 할 조명도는?**

① 60Lux ② 70Lux
③ 100Lux ④ 150Lux

해설

노출된 가스배관 길이가 15m 이상인 경우 점검통로 및 조명시설을 설치해야 하며, 조명은 70Lux이상을 원칙적으로 유지한다.

455 **굴착으로 노출된 도시가스배관의 길이가 몇 m 이상일 때 가스누출경보기를 설치하여야 하는가?**

① 10m ② 15m
③ 20m ④ 25m

해설

노출된 가스배관 길이가 20m이상인 경우에는 매 20m 마다에 가스누출경보기를 설치하고 현장관계자가 상주하는 장소에 경보음이 전달되도록 설치한다.

456 **다음 중 내진설계 시 내진성능평가항목에 해당하지 않는 것은?**

① 내진설계 구조물에 발생한 응력과 변형 상태
② 내진설계 구조물의 변위
③ 저장탱크 탑류 및 기초와 지지 구조물의 연결부에 대한 취성 파괴
④ 내진설계 지반의 기초상태

해설

보기 ①, ②, ③항 외에 액체표면 요동, 사면의 안정성, 액상화잠재성, 기초의 안정성 등이 있다.

457 **고압설비의 내부반응 감시장치에 해당하지 않는 것은?**

① 체적감시장치
② 온도감시장치
③ 유량감시장치
④ 압력감시장치

해설

보기 ②, ③, ④항 외에 가스의 밀도, 조성 등의 감시장치가 있다.

458 **특수반응설비와 배관을 제외한 계기실 외벽과의 이격거리는 얼마인가?**

① 10m ② 12m
③ 15m ④ 20m

459 **가스누출검지경보장치의 설치수에 대하여 틀린 것은?**

① 건축물 내에 설치되어 압축기, 펌프반응설비, 저장탱크 등의 고압설비에는 바닥면 둘레 10m당 1개
② 건축물 밖에 설치되어 있는 고압설비 등에는 바닥면 둘레 20m당 1개
③ 특수반응설비에는 설비권 바닥면 둘레 10m당 1개
④ 가열로 발화원이 있는 제조설비에는 바닥면 둘레 10m당 1개

해설

가열로 발화원이 있는 제조설비 바닥면 둘레 20m마다 1개

460 **방폭전기기기 설치에 사용되는 정션박스, 푸울박스, 접속함에 사용되는 방폭구조의 종류는?**

① p, d ② d, e
③ o, e ④ ia, s

해설

방폭전기기기 설치에 사용되는 정션박스(junc tion box), 푸울박스(pull box), 접속함 등은 내압방폭구조(d) 또는 안전증방폭구조(e)의 것으로 한다.

461 **다음 보기에서 설명하는 방폭구조의 표시방법은?**

> 정상 시 및 사고(단선, 단락, 지락 등) 시에 발생하는 전기불꽃 · 아아크 또는 고온부로 인하여 가연성가스가 점화되지 않는 것이 점화시험, 그 밖의 방법에 의해 확인된 구조를 말한다.

① d ② e
③ ia, ib ④ p

해설

보기는 본질안전방폭구조에 대한 설명으로 본질안전방폭구조의 표시방법은 ia 또는 ib이다.

정답 454 ② 455 ③ 456 ④ 457 ① 458 ③ 459 ④ 460 ② 461 ③

462 상용의 상태에서 가연성가스의 농도가 연속해서 폭발하한계 이상으로 되는 장소의 위험장소 분류는?

① 0종 ② 1종
③ 2종 ④ 3종

해설

위험장소의 분류
- 0종 장소 : 상용의 상태에서 가연성가스의 농도가 연속해서 폭발하한계 이상으로 되는 장소(폭발상한계를 넘는 경우에는 폭발한계 이내로 들어갈 우려가 있는 경우를 포함)
- 1종장소 : 상용상태에서 가연성가스가 체류해 위험하게 될 우려가 있는 장소, 정비보수 또는 누출 등으로 인하여 종종 가연성가스가 체류하여 위험하게 될 우려가 있는 장소
- 2종장소
  - 밀폐된 용기 또는 설비 안에 밀봉된 가연성가스가 그 용기 또는 설비의 사고로 인하여 파손되거나 오조작의 경우에만 누출할 위험이 있는 장소
  - 확실한 기계적 환기조치에 따라 가연성가스가 체류하지 아니하도록 되어 있으나 환기장치에 이상이나 사고가 발생한 경우에는 가연성가스가 체류해 위험하게 될 우려가 있는 장소
  - 1종장소의 주변 또는 인접한 실내에서 위험한 농도의 가연성가스가 종종 침입할 우려가 있는 장소

463 내압방폭구조의 최대안전틈새 범위가 0.9mm 이상 시 가연성가스의 폭발등급은?

① A ② B
③ C ④ D

해설

가연성가스의 폭발등급

최대안전틈새 범위(mm)	0.9 이상	0.5 초과 0.9 미만	0.5 이하
가연성가스의 폭발등급	A	B	C

464 최소점화전류비는 어떤 가스의 최소점화전류를 기준으로 나타내는가?

① C_3H_8 ② C_2H_6
③ CH_4 ④ C_2H_2

해설

최소점화전류비는 메탄가스(CH_4)의 최소점화전류를 기준으로 나타낸다.

465 가연성가스의 발화도 범위가 200℃ 초과 300℃ 이하인 경우 방폭전기기기의 온도등급은?

① T1 ② T2
③ T3 ④ T4

해설

가연성가스의 발화도범위에 따른 온도등급

가연성가스의 발화도(℃) 범위	방폭전기기기의 온도등급
450 초과	T1
300 초과 450 이하	T2
200 초과 300 이하	T3
135 초과 200 이하	T4
100 초과 135 이하	T5
85 초과 100 이하	T6

466 방폭전기기기 결합부의 나사류를 일반 공구로 조작할 수 없도록 한 구조를 말하는 것은?

① 방폭구조
② 시건장치
③ 보호구조
④ 자물쇠식 죄임구조

해설

방폭전기기기 결합부의 나사류를 외부에서 쉽게조작함으로써 방폭성능을 손상시킬 우려가 있는 것은 드라이버, 스패너, 플라이어 등의 일반 공구로 조작할 수 없도록 한 자물쇠식 죄임구조로 한다.

467 다음 중 과압안전장치의 종류가 아닌 것은?

① 안전밸브
② 릴리프밸브
③ 자동압력제어장치
④ 도피밸브

해설

과압안전장치의 종류 : 안전밸브, 파열판, 릴리프밸브, 자동압력제어장치, 통기설비, 충전용기안전장치

468 독성가스 누출 시 제동작업에 필요한 보호구의 수량은 상시작업에 종사하는 작업원 10인당 몇 개 이상인가?

① 1개 ② 2개
③ 3개 ④ 4개

정답 462 ① 463 ① 464 ③ 465 ③ 466 ④ 467 ④ 468 ③

해설

보호구 수량은 긴급작업에 종사하는 작업원에게 적절하게 배부할 수 있는 수량에 예비개수를 더한 수량 또는 상시 작업에 종사하는 작업원 10인당 3개의 비율로 계산한 수량(3개 미만인 경우 3개로 한다) 중 많은 수량으로 한다.

469 독성가스 배관을 접합 시 용접으로 접합하지 않아도 되는 부분은?

① 압력계 부착부분
② 액면계 부착부분
③ 시료가스 채취용 배관
④ 호칭경 20A의 독성가스 연결배관

해설

독성가스 용접접합에서 호칭 지름 25mm 이하는 제외

470 고압가스 밸브 조작 시 관련 설비에 안전상 중대한 영향을 미치는 밸브에 대한 작업원의 조치 항목으로 거리가 먼 것은?

① 긴급차단밸브 조작위치가 1곳 이상 시 보통 사용하지 않는 밸브임을 표시할 것
② 밸브에 개폐방향 표시 및 개도계를 설치할 것
③ 자주 사용하지 않는 밸브에 함부로 조작할 수 없는 자물쇠 채움 봉인 핸들제거 조치를 할 것
④ 내압 기밀시험용 밸브에는 이중차단 조치를 할 것

해설

긴급차단밸브의 조작 위치가 2곳 이상일 경우 보통 사용하지 않는 밸브등에는 함부로 조작하여서는 안 된다는 뜻과 그것을 조작할 때의 주의사항을 표시한다.

471 냉동기의 제조설비에서 냉동능력이 2ton일 경우 환기구 면적이 부족하다면 강제환기장치의 능력은 몇 m^3/min 이상이어야 하는가?

① 2 ② 4
③ 6 ④ 8

해설

냉동능력 1톤당 $2m^3$/min의 강제환기장치를 설치하여야 한다.

472 다음은 폭발방지제에 대한 후프링의 접촉압력에 대한 공식이다. 여기서 C는 안전율이다. 그 값은 얼마인가?

$$P=\frac{0.01W_h}{D\times b}\times C$$

① 1 ② 2
③ 3 ④ 4

해설

- P : 접촉압력(MPa)
- W_h : 폭발방지제의 중량+지지봉의 중량+후프링의 자중(N)
- D : 통제내경(cm)
- b : 후프링 접촉폭(cm)
- C : 안전율로서 4로 함

473 고압설비와 배관의 상용압력이 0.8MPa일 때 기밀시험압력은?

① 0.5MPa
② 0.6MPa
③ 0.7MPa
④ 0.8MPa

해설

고압설비가스배관의 기밀시험압력은 상용압력 이상으로 하되 상용압력이 0.7MPa를 초과 시는 기밀시험압력을 0.7MPa로 할 수 있다.

474 고압설비배관에 자기압력기록계를 이용하여 기밀시험을 할 때 배관 내용적이 $5m^3$이면 기밀시험시간은?

① 10분
② 30분
③ 48분
④ 480분

해설

기밀시험

압력측정기구	배관내용적	기밀유지시간
압력계	$1m^3$ 미만	48분
자기압력기록계	$1m^3$ 이상 $10m^3$ 미만	480분
	$10m^3$ 이상	480×V분 (단, 2880분 초과 시 2880분으로 한다.)

정답 469 ④ 470 ① 471 ② 472 ④ 473 ③ 474 ④

475 안전밸브 작동시험에서 분출개시압력으로 알맞은 항목은?

① 1 이상 2MPa 이하
② 1.5 이상 2MPa 이하
③ 2.0 이상 2.2MPa 이하
④ 2.0 이상 2.5MPa 이하

해설

- 분출개시압력 : 2.0～2.2MPa
- 분출정지압력 : 1.7MPa
- 안전밸브작동압력 : $T_P = \frac{8}{10}$
  (단, 산소용 안전밸브작동압력 = 상용압력 × 1.5)

476 안전밸브에 사용되는 파열판을 동판으로 사용 시 용융온도는?

① 30±5℃ ② 40±5℃
③ 50±5℃ ④ 60±5℃

해설

파열판을 동판으로 사용 시 60±5℃, 그 밖의 것은 40±5℃

477 다음은 고압가스용 기화장치의 내압 성능에 대한 내용이다, 괄호 안에 들어갈 내용이 순서대로 알맞은 것은?

> 기화장치의 내압시험 시 물을 사용할 때는 설계압력의 (㉠)배 이상의 압력으로 하고, 질소 또는 공기 등의 불활성기체를 사용할 때는 설계압력의 (㉡)배 압력을 실시할 수 있다.

① ㉠ 1.5, ㉡ 1.25
② ㉠ 1.3, ㉡ 1.1
③ ㉠ 1.2, ㉡ 1.1
④ ㉠ 1.1, ㉡ 1.1

해설

내압시험은 물을 사용하는 것을 원칙으로 하고, 물을 사용하여 가스·온수 및 증기 통과부분에 대하여 설계압력의 1.3배 이상의 압력으로 내압시험을 실시하였을 때 각 부분에 누수·변형·이상팽창이 없는 것으로 한다. 다만, 기화장치의 구조상 물을 사용하는 것이 곤란한 경우에는 질소 또는 공기 등의 불활성기체를 사용하여 설계압력의 1.1배의 압력으로 실시할 수 있다.

478 아래의 도시가스 압력의 구분에 틀린 항목은?

① 고압이란 1MPa 이상의 압력을 말한다.
② 중압이란 0.1MPa 이상 1MPa 미만의 압력을 말한다.
③ 저압이란 0.1MPa 미만의 압력을 말한다.
④ 액화가스란 상용의 온도에서 압력이 0.3MPa 이상이 되는 것을 말한다.

해설

- 고압 : 1MPa 이상의 압력(게이지압력을 말함. 이하 동일)을 말한다. 다만, 액체상태의 액화가스는 고압으로 본다.
- 중압 : 0.1MPa 이상 1MPa 미만의 압력을 말한다. 다만, 액화가스가 기화되고 다른 물질과 혼합되지 아니한 경우에는 0.01MPa 이상 0.2MPa 미만의 압력을 말한다.
- 저압 : 0.1MPa 미만의 압력을 말한다. 다만, 액화가스가 기화(氣化)되고 다른 물질과 혼합되지 아니한 경우에는 0.01MPa 미만의 압력을 말한다.
- 액화가스 : 상용의 온도 또는 35℃의 온도에서 압력이 0.2MPa 이상이 되는 것을 말한다.

479 고압가스제조시설에서 재해가 발생할 경우 그 재해의 확대를 방지하기 위하여 설정하는 안전구역의 면적은 몇 m^2 이하로 구획한 단위인가?

① 1만m^2 ② 2만m^2
③ 3만m^2 ④ 4만m^2

해설

안전구역 면적은 2만㎡ 이하로 하며, 하나의 안전구역 면적은 하나 또는 둘 이상의 안전분구 면적의 합계로 한다.

480 레이저 메탄가스 디텍터 등 누출검사감시장비는 최대 150m 거리에서 ( )ppm의 메탄가스를 ( )초 이내에 검출할 수 있으며 진단기간 동안 가스누출을 자동으로 상시 감시할 수 있는 장비를 말한다. 괄호 안에 들어갈 내용이 순서대로 옳은 것은?

① 100, 0.2 ② 200, 0.2
③ 300, 0.2 ④ 400, 0.2

481 저장탱크의 직경이 6m, 가스홀더의 직경이 4m인 경우 저장탱크와 가스홀더 사이의 유지거리로 옳은 것은?

① 1m 이상 ② 2m 이상
③ 2.5m 이상 ④ 3m 이상

정답 475 ③ 476 ④ 477 ② 478 ④ 479 ② 480 ③ 481 ④

해설

저장탱크와 가스홀더 사이에는 저장탱크 최대직경의 1/2(지하저장탱크는 1/4 또는 그 가스홀더 최대직경의 1/4)의 길이 중 큰 것과 동등 이상의 길이를 유지

$\therefore 6 \times \frac{1}{2} = 3\text{m}$ 이상

482 액화천연가스 저장탱크의 형식이 아닌 것은?

① 단일방호형식 ② 이중방호형식
③ 완전방호형식 ④ 격벽방호형식

해설

저장탱크의 형식
- 단일방호형식 : 내부탱크는 액상 및 기상의 가스를 모두 저장하며, 내부탱크가 파괴될 경우 누출된 액상의 가스를 방류둑에서 충분히 담을 수 있는 구조
- 이중방호형식 : 내부탱크는 액상 및 기상의 가스를 모두 저장하며, 내부탱크가 파괴되어 액상의 가스가 누출되는 경우 방류둑 또는 외부탱크에서 누출된 액상의 가스를 담을 수 있는 구조
- 완전방호형식 : 정상운전 시 내부탱크는 액상의 가스를 저장할 수 있고, 외부탱크는 기상의 가스를 저장할 수 있는 구조로서 내부탱크가 파괴되어 누출되는 경우 외부탱크가 누출된 액상 및 기상의 가스를 담을 수 있으며, 증발가스(boil－off gas)는 안전밸브를 통해 방출될 수 있는 구조

483 벤트스택의 착지농도 규정으로 맞는 것은?

① 가연성의 경우 폭발하한의 1/4 미만이 되도록 한다.
② 독성의 경우 LC_{50} 기준농도 미만이 되도록 한다.
③ 가연성의 경우 폭발하한계값 미만이 되도록 하여야 한다.
④ 독성의 경우 경보농도 미만이어야 한다.

해설

벤트스택의 착지농도
- 가연성가스 : 폭발하한계값 미만
- 독성가스 : TLV－TWA 기준농도 값 미만

484 가스누출검지경보장치의 육안 점검주기로 옳은 것은?

① 1일 1회 ② 1주일 1회
③ 3주일 1회 ④ 1개월 1회

해설

육안 점검주기는 1주일 1회, 표준가스를 사용하여 점검하는 경우는 6개월에 1회 작동상황점검

485 PE배관의 압력범위에 따른 관의 두께와 관련하여 SDR이 21 이하인 경우 압력은?

① 0.4MPa 이하
② 0.25MPa 이하
③ 0.2MPa 이하
④ 0.15MPa 이하

해설

압력 범위에 따른 관의 두께(PE배관)

SDR	압력
11 이하	0.4MPa 이하
17 이하	0.25MPa 이하
21 이하	0.2MPa 이하

여기서, SDR = D(외경)/t(최소두께)

486 특별한 조치가 없는 경우 고압과 중압의 배관을 매설 시 서로간의 거리는 몇 m 이상으로 설치하여야 하는가?

① 1m ② 2m
③ 3m ④ 4m

해설

중압 이하의 배관과 고압배관을 매설하는 경우 서로간의 거리를 2m 이상으로 설치한다. 다만, 기존에 설치된 배관의 지반침하 · 손상 등을 방지하기 위하여 철근콘크리트 방호구조물 안에 설치하는 경우에는 1m 이상으로, 중압 이하의 배관과 고압배관의 관리주체가 같은 경우에는 0.3m 이상으로 할 수 있다.

487 공기보다 가벼운 도시가스공급시설의 지하 통풍구조에 대한 설명으로 틀린 것은?

① 통풍구조는 환기구를 2방향 이상 분산하여 설치한다.
② 배기구는 천장면으로부터 0.3m 이내에 설치한다.
③ 흡입구 및 배기구의 관경은 100mm 이상으로 하되, 통풍이 양호하도록 한다.
④ 배기가스 방출구는 지면에서 5m 이상의 높이에 설치하되, 화기가 없는 안전한 장소에 설치한다.

해설

배기가스 방출구는 지면에서 3m 이상의 높이에 설치하되, 화기가 없는 안전한 장소에 설치한다.

정답 482 ④ 483 ③ 484 ② 485 ③ 486 ② 487 ④

488 **사용시설의 정압기와 필터는 설치 후 몇 년 까지 1회 이상 분해 점검을 실시하여야 하는가?**

① 1년 ② 2년
③ 3년 ④ 4년

해설

정압기와 필터의 경우에는 설치 후 3년까지는 1회 이상, 그 이후에는 4년에 1회 이상 분해 점검을 실시하고, 사고예방설비 중 도시가스의 안전 확보에 필요한 시설이나 설비는 작동 상황을 1주일에 1회 이상 점검하고, 이상이 있을 경우에 그 시설이나 설비가 정상적으로 작동될 수 있도록 필요한 조치를 한다.

489 **정압기 이상압력 통보설비의 경보음은 얼마 이상 되어야 하는가?**

① 70dB ② 80dB
③ 90dB ④ 100dB

490 **상용압력이란 통상의 사용 상태에서 사용하는 최고압력으로서, 정압기 출구측 압력이 ( ) 이하인 경우에는 ( )을 말하며, 그 외의 것은 일반도시가스사업자가 설정한 정압기의 최대 출구 압력을 말한다. 괄호 안에 공통으로 들어갈 내용은?**

① 1kPa ② 1MPa
③ 2.5kPa ④ 2.5MPa

491 **정압기에 설치되는 안전밸브 분출부의 크기에 대한 내용 중 옳은 것은?**

① 입구쪽 압력이 0.5MPa 이상인 것은 호칭지름 50A 이상으로 한다.
② 입구쪽 압력이 0.5MPa 미만으로 설계유량이 $1000Nm^3/h$ 이상인 것은 호칭지름 40A 이상으로 한다.
③ 입구쪽 압력이 0.5MPa 미만으로 설계유량이 $1000Nm^3/h$ 미만인 것은 호칭지름 20A 이상으로 한다.
④ 입구쪽 압력이 0.5MPa 이상인 것은 호칭지름 100A 이상으로 한다.

해설

정압기 입구쪽 압력과 호칭지름
- 0.5MPa 이상 : 50A 이상
- 0.5MPa 미만 : 설계유량 $1000Nm^3/h$ 이상은 호칭지름 50A 이상, 설계유량 $1000Nm^3/h$ 미만은 호칭지름 25A 이상

492 **정압기에 설치하는 가스 방출관의 방출구는 지면으로부터 몇 m 이상의 높이에 설치하여야 하는가?(단, 전기시설물과의 접촉 우려가 없는 장소이다.)**

① 5m ② 3m
③ 2m ④ 1m

해설

정압기에는 안전밸브와 가스 방출관을 설치하고, 가스 방출관의 방출구는 주위에 불 등이 없는 안전한 위치로서 지면으로부터 5m 이상의 높이에 설치한다. 다만, 전기시설물과의 접촉 등으로 사고의 우려가 있는 장소에서는 3m 이상으로 할 수 있다.

493 **정압기 안전장치 설정압력에서 상용압력 2.5kPa 이하인 경우 주정압기에 설치하는 긴급차단장치의 설정 압력은?**

① 2.5kPa 이하
② 3.6kPa 이하
③ 4.0a 이하
④ 4.4kPa 이하

해설

안전장치의 설정압력

구분		상용압력이 2.5kPa인 경우	그 밖의 경우
이상압력 통보설비	상한값	3.2kPa 이하	상용압력의 1.1배 이하
	하한값	1.2kPa 이상	상용압력의 0.7배 이상
주정압기에 설치하는 긴급차단장치		3.6kPa 이하	상용압력의 1.2배 이하
안전밸브		4.0kPa 이하	상용압력의 1.4배 이하
예비정압기에 설치하는 긴급차단장치		4.4kPa 이하	상용압력의 1.5배 이하

494 **아래 보기 중 정압기실 안내문에 필요가 없는 항목은?**

① 시설명
② 공급자
③ 안전관리자
④ 연락처

정답 488 ③ 489 ① 490 ③ 491 ① 492 ① 493 ② 494 ③

495 **정압기실 주위에 설치하여야 하는 경계책의 설치 높이는?**

① 1m 이상　② 1.5m 이상
③ 2m 이상　④ 4m 이상

해설

정압기실 주위에는 높이 1.5m 이상의 경계책을 설치하여 일반인의 출입이 통제되도록 하여야 한다.

496 **아래 보기는 고압 또는 중압의 가스홀더에 조치하여야 하는 내용 중 일부이다. ( ) 안에 공통으로 들어갈 내용으로 옳은 것은?**

> 저장능력이 300m^3 이상인 고압 또는 중압의 가스홀더와 다른 가스홀더와의 사이에는 두 가스홀더의 최대지름을 합산한 길이의 ( ) 이상에 해당하는 거리(두 가스홀더의 최대지름을 합산한 길이의 ( )이 1m 미만인 경우에는 1m 이상의 거리)를 유지한다.

① $\frac{1}{2}$　② $\frac{1}{4}$
③ 1.5배　④ 2배

해설

고압 또는 중압의 가스홀더
- 관의 입구와 출구에는 온도나 압력의 변화에 따른 신축을 흡수하는 조치를 한다.
- 응축액을 외부로 뽑을 수 있는 장치를 설치한다.
- 응축액의 동결을 방지하는 조치를 한다.
- 맨홀이나 검사구를 설치한다.
- 저장능력이 300m^3 이상인 고압 또는 중압의 가스홀더와 다른 가스홀더와의 사이에는 두 가스홀더의 최대지름을 합산한 길이의 1/4 이상에 해당하는 거리(두 가스홀더의 최대지름을 합산한 길이의 1/4이 1m 미만인 경우에는 1m 이상의 거리)를 유지한다.

497 **공동주택에 설치되는 압력조정기에 대한 내용 중 ( )에 들어갈 알맞은 숫자는?**

> ㉠ 공통주택등에 공급되는 가스압력이 중압 이상으로서 전체세대수가 ( )세대 미만인 경우
> ㉡ 공통주택등에 공급되는 가스압력이 저압로서 전체세대수가 ( )세대 미만인 경우

① ㉠ 150, ㉡ 200　② ㉠ 150, ㉡ 250
③ ㉠ 100, ㉡ 200　④ ㉠ 150, ㉡ 300

해설

중압 이상으로 전체세대수 150세대 미만인 경우, 저압으로 전체세대수 250세대 미만인 경우 압력조정기를 설치한다.

498 **고압가스용 기화장치의 안전장치 작동 성능에서 최고 허용압력을 뜻하는 용어는?**

① NAPW　② MAWP
③ AWMP　④ WAMP

해설

기화장치의 안전장치 작동 성능 : 안전장치는 최고 허용압력(MAWP : maximum allowable working pressure) 이하의 압력에서 작동하는 것으로 한다.

499 **배관의 내진 등급 분류와 관련된 다음 설명 중 옳은 것을 모두 고르면?**

> ㉠ 독성가스를 수송하는 고압가스 배관은 내진 1등급이다.
> ㉡ 독성가스나 가연성가스 이외의 가스를 수송하는 고압가스 배관은 내진 1등급이다.
> ㉢ 가연성가스를 수송하는 고압가스 배관은 내진 1등급이다.

① ㉠　② ㉡, ㉢
③ ㉢　④ ㉠, ㉡, ㉢

해설

- 독성가스를 수송하는 고압가스 배관은 내진 특등급으로 분류한다.
- 가연성가스를 수송하는 고압가스 배관은 내진 1등급으로 분류한다.
- 독성가스나 가연성가스 이외의 가스를 수송하는 고압가스 배관은 내진 2등급으로 분류한다.

500 **다음 중 내진 설계 대상 항목이 아닌 것은?**

① 도시가스 제조시설의 경우 3톤 또는 300m^3 이상의 저장탱크와 가스홀더
② 도시가스 충전시설의 경우 5톤 또는 500m^3 이상의 저장탱크와 가스홀더
③ 설비 중량 5톤 이상인 수소저장설비와 수소저장설비의 지지구조물 및 기초
④ 비가연성이나 비독성가스의 경우 5톤 또는 500m^3 이상의 지상 저장탱크

정답 495 ② 496 ② 497 ② 498 ② 499 ③ 500 ④

해설

10톤 또는 1000m^3 이상의 비가연성 또는 비독성가스 저장탱크는 내진 성능을 확보할 수 있도록 내진 설계를 해야 한다.

501 저장탱크 외의 설비에 긴급차단장치를 설치함에 있어 다음 ( )에 알맞은 내용을 순서대로 고르면?

> (1) 시가지 · 주요하천 · 호수 등을 횡단하는 배관(불활성가스에 속하는 가스는 제외한다)으로서 횡단거리가 ( ) 이상인 배관에는 그 배관 횡단부의 양 끝으로부터 가까운 거리에 설치한다.
> (2) (1)의 배관 중 독성 또는 가연성가스 배관에 대하여 배관이 ( ) 연장되는 구간마다 긴급차단장치를 추가로 설치한다.

① 500m, 4km　② 500m, 2km
③ 100m, 4km　④ 1000m, 2km

502 소형저장탱크가 손상을 받을 우려가 있는 경우 사용되는 보호대의 규격으로 틀린 것은?

① 재질은 철근콘크리트 또는 강관재를 사용한다.
② 높이는 100cm 이상으로 한다.
③ 철근콘크리트 사용 시 두께는 12cm 이상이어야 한다.
④ 강관재는 호칭 지름 100A 이상이어야 한다.

해설

보호대의 높이는 80cm 이상으로 한다.

503 위험성평가 기법 중 정량적평가 기법이 아닌 것은?

① HEA(작업자실수분석)
② FTA(결함수분석)
③ ETA(사건수분석)
④ HAZOP(위험과 운전분석)

해설

위험성평가 기법
- 정성성평가 : 체크리스트, 상대위험순위결정(DMI), 사고예상질문분석(What-if), 위험과 운전분석(HAZOP), 이상위험도분석(FMECA)
- 정량적평가 : 작업자실수분석(HEA), 결함수분석(FTA), 사건수분석(ETA), 원인결과분석(CCA)

504 위험성평가 기법 중 공정에 존재하는 위험 요소들과 공정의 효율을 떨어뜨릴 수 있는 운전상의 문제점을 찾아내어 그 원인을 제거하는 정성적평가 기법은?

① 체크리스트(Checklist)기법
② 이상위험도분석(FMECA)기법
③ 위험과 운전분석(HAZOP)기법
④ 사고예상질문분석(What-if)기법

505 열융착 이음의 종류가 아닌 것은?

① 맞대기융착　② 소켓융착
③ 새들융착　④ 유니온융착

해설

- 열융착 이음의 종류 : 맞대기융착(공칭직경 90mm 이상의 직관과 이음관 연결에 적용), 소켓융착, 새들융착
- 전기융착이음 : 소켓융착, 새들융착

506 맞대기융착은 공칭직경 몇 mm 이상의 연결에 적용할 수 있는가?

① 50　② 65
③ 80　④ 90

해설

맞대기융착은 공칭직경 90mm 이상의 직관과 이음관 연결에 적용된다.

507 PE배관의 굴곡허용반경은 공칭 외경의 20배 이상이어야 한다. 20배 미만인 경우 사용되는 배관의 부속품은?

① 플랜지　② 유니온
③ 엘보　④ 소켓

해설

PE배관의 굴곡허용반경은 외경의 20배 이상으로 한다. 다만, 굴곡반경이 외경의 20배 미만일 경우에는 엘보를 사용한다.

508 PE배관의 매설 위치를 지상에서 탐지할 수 있는 탐지형 보호포 · 로케이팅와이어의 굵기는 얼마 이상이어야 하는가?

① 3mm^2　② 4mm^2
③ 5mm^2　④ 6mm^2

정답 501 ① 502 ② 503 ④ 504 ③ 505 ④ 506 ④ 507 ③ 508 ④

509 배관을 교량에 설치 시 지지대, U볼트 등의 고정장치와 배관 사이에 삽입하는 물질은?

① 패킹 ② 가스켓
③ 절연물질 ④ 단열재

해설

지지대, U볼트 등의 고정장치와 배관 사이에는 고무판, 플라스틱 등 절연물질을 삽입한다.

510 정전기 제거 장치에 본딩용 접속선 및 접지접속선은 단면적이 얼마 이상이어야 하는가?

① $2.5mm^2$ ② $3mm^2$
③ $5.5mm^2$ ④ $6.5mm^2$

본딩용 접속선 및 접지접속선은 단면적 $5.5mm^2$ 이상의 것(단선은 제외한다)을 사용하고 경납붙임, 용접, 접속금구 등을 사용하여 확실히 접속한다.

511 지하 매설 배관에 보호포를 설치 시 중압 이상의 배관인 경우 그 색상은?

① 황색 ② 흑색
③ 적색 ④ 흰색

보호포의 바탕색
- 최고사용압력 0.1MPa 이상(중압 이상)인 관 : 적색
- 최고사용압력 0.1MPa 미만(저압)인 관 : 황색

512 사업소에 긴급사태 발생 시 사업소 안 전체에 필요한 통신설비가 아닌 것은?

① 인터폰
② 구내방송설비
③ 사이렌
④ 휴대용 확성기

해설

긴급사태 대비 통신설비

사항별(통신 범위)	설치(구비)하여야 할 통신설비
1. 안전관리자가 상주하는 사업소와 현장사업소와의 사이 또는 현장사무소 상호 간	1. 구내전화 2. 구내방송설비 3. 인터폰 4. 페이징설비
2. 사업소 안 전체	1. 구내방송설비 2. 사이렌 3. 휴대용 확성기 4. 페이징설비 5. 메가폰
3. 종업원 상호 간(사업소 안 임의의 장소)	1. 페이징설비 2. 휴대용 확성기 3. 트랜시버(계기 등에 영향이 없는 경우에 한정) 4. 메가폰

CHAPTER 5 수소 안전관리 및 법규

513 수소경제 육성 및 수소 안전관리에 관한 법률상 청정수소에 해당하지 않는 것은?

① 무탄소수소
② 저탄소수소
③ 저탄소수소화합물
④ 고탄소수소

해설

청정수소
- 무탄소수소 : 수소의 생산 · 수입 등의 과정에서 온실가스를 배출하지 아니하는 수소
- 저탄소수소 : 수소의 생산 · 수입 등의 과정에서 온실가스를 대통령령으로 정하는 기준 이하로 배출하는 수소
- 저탄소수소화합물 : 수소의 운송 등을 위하여 생산된 수소화합물로서 생산 · 수입 등의 과정에서 온실가스를 대통령령으로 정하는 기준 이하로 배출하는 수소화합물

514 수소경제 육성 및 수소 안전관리에 관한 법률상 용어의 정의가 틀린 것은?

① 연료전지란 신에너지의 하나로서 수소와 산소의 전기화학적 반응을 통하여 전기와 열을 생산하는 설비와 그 부대설비를 말한다.
② 수소발전이란 수소 또는 수소화합물을 연료로 전기 또는 전기와 열을 생산하는 것을 말한다.
③ 수소산업이란 수소의 생산 · 저장 · 운송과 관련된 산업을 말한다.
④ 수소연료사용시설이란 연료전지, 수소가스터빈 등을 설치하여 전기 또는 열을 사용하기 위한 시설로서 산업통상자원부령으로 정하는 시설을 말한다.

정답 509 ③ 510 ③ 511 ③ 512 ① 513 ④ 514 ③

해설

"수소산업"이란 수소의 생산 · 저장 · 운송 · 충전 · 판매 및 연료전지, 수소가스터빈 등 수소를 활용하는 장비와 이에 사용되는 제품 · 부품 · 소재 및 장비의 제조 등 수소와 관련한 산업을 말한다.

515 수소 판매가격 보고 대상 수소의 보고내용과 거리가 먼 항목은?

① 보고방법은 전자보고 등으로 한다.
② 보고기한은 판매가격 결정 또는 변경 후 48시간 이내이다.
③ 보고내용은 수소의 종류별 중량 단위(kg) 정상 판매가격이다.
④ 전자보고란 인터넷 부가가치통신망(VAN)을 이용한 보고를 말한다.

해설

보고기한은 판매가격 경정 또는 변경 후 24시간 이내이다.

516 연료전지 설치계획서와 관계없는 항목은?(단, 그 밖에 수소경제 이행을 촉진하기 위하여 필요한 사항은 제외한다.)

① 연료전지 설치계획
② 연료전지로 충당하는 전력 및 열 비중
③ 자금조달 방안
④ 연료전지에 필요한 연료의 사용방법

해설

연료전지 설계획서에 포함되어야 하는 사항
- 연료전지 설치계획
- 연료전지로 충당하는 전력 및 열 비중
- 연료전지에 필요한 연료공급 방식
- 자금조달 방안
- 그 밖에 수소경제 이행을 촉진하기 위하여 필요한 사항

517 수소경제 육성 및 수소 안전관리에 관한 법률상 수소사업자가 금지하여야 하는 금지행위와 거리가 먼 것은?(단. 그 밖에 수소의 건전한 유통질서를 해치는 행위로서 대통령령으로 정하는 행위는 제외한다.)

① 정당한 사유 없이 수소의 생산을 중단 · 감축하거나 출고 · 판매를 제한하는 행위
② 수소를 산업자원통상부령으로 정하는 검정공차를 벗어나 정량에 미달되게 판매하는 행위
③ 인위적으로 열을 가하는 등 부당하게 수소의 부피를 증가시켜 판매하는 행위
④ 정량 미달 판매 또는 부당 부피 증가 판매를 목적으로 영업시설을 설치 · 개조하는 행위

해설

수소사업자 금지행위
- 수소를 대통령령으로 정하는 사용공차(使用公差)를 벗어나 정량에 미달되게 판매하는 행위
- 인위적으로 열을 가하는 등 부당하게 수소의 부피를 증가시켜 판매하는 행위
- 정량 미달 판매 또는 부당 부피 증가 판매를 목적으로 영업시설을 설치 · 개조하거나 그 설치 · 개조한 영업시설을 양수 · 임차하여 사용하는 행위
- 정당한 사유 없이 수소의 생산을 중단 · 감축하거나 출고 · 판매를 제한하는 행위
- 그 밖에 수소의 건전한 유통질서를 해치는 행위로서 대통령령으로 정하는 행위

518 수소용품 제조사업자는 수소용품 등의 안전 확보와 위해 방지에 관한 직무를 수행하기 위하여 사업을 시작하기 전에 안전관리자를 선임하여야 한다. 다음 중 안전관리책임자로 선임될 수 있는 상시 사용 근로자 수 기준은?

① 5명 미만
② 5명 이상
③ 10명 미만
④ 10명 이상

해설

안전관리자의 자격과 선임 인원

안전관리자의 구분	자격	선임 인원
안전관리 총괄자	해당 사업자(법인인 경우에는 그 대표자를 말한다)	1명
안전관리 부총괄자	해당 사업자의 수소용품 제조시설을 직접 관리하는 최고 책임자	1명
안전관리 책임자	일반기계기사 · 화공기사 · 금속기사 · 가스산업기사 이상의 자격을 가진 사람 또는 일반시설 안전관리자 양성교육 이수자(「근로기준법」에 따른 상시 사용하는 근로자 수가 10명 미만인 시설로 한정한다)	1명 이상
안전관리원	가스기능사 이상의 자격을 가진 사람 또는 일반시설 안전관리자 양성교육 이수자	1명 이상

정답 515 ② 516 ④ 517 ② 518 ③

519 수소경제 육성 및 수소 안전관리에 관한 법률상 수소특화단지의 지정 대상 설비는?

① 수소전기차 및 연료전지
② 수소저장시설
③ 수소차량 충전시설
④ 수소배관시설

해설

수소특화단지의 지정 등
- 산업통상자원부장관은 수소사업자와 그 지원시설을 유치하여 집적화를 추진하고, 수소전기차 및 연료전지 등의 개발 · 보급을 지원하기 위하여 수소특화단지를 지정하여 자금 및 설비 제공 등 필요한 지원을 할 수 있다.
- 수소특화단지로 지정받으려는 자는 대통령령으로 정하는 바에 따라 산업통상자원부장관에게 그 지정을 신청하여야 한다.

520 수소전문투자회사가 수소전문기업에 투자하는 금액은 자본금의 얼마 이상을 초과하는 범위에서 이루어져야 하는가?

① 100분의 50　② 100분의 70
③ 100분의 80　④ 100분의 120

해설

소전문투자회사는 자본금의 100분의 50을 초과하는 범위에서 대통령령으로 정하는 비율 이상의 금액을 수소전문기업에 투자하여야 한다.

521 아래 보기 중 수소경제 이행 기본계획의 수립과 관계없는 것을 모두 고르면?(단, 그 밖에 산업통산자원부령으로 정하는 수소경제 이행에 필요한 사항은 제외한다.)

㉠ 정책의 기본방향에 관한 사항
㉡ 제도의 수립 및 정비에 관한 사항
㉢ 기반조성에 관한 사항
㉣ 재원조달 계획에 관한 사항
㉤ 생산시설 및 수소연료사용시설의 설치계획에 관한 사항
㉥ 수소의 수급계획에 관한 사항

① ㉠, ㉡　② ㉠, ㉢
③ ㉤　④ ㉥

해설

수소경제 이행 기본계획에 포함될 사항
- 수소경제 이행을 위한 정책의 기본방향에 관한 사항
- 수소경제 이행을 위한 제도의 수립 및 정비에 관한 사항
- 수소경제 이행을 촉진하기 위한 기반조성에 관한 사항
- 수소경제 이행에 필요한 재원조달 계획에 관한 사항
- 수소의 생산시설 및 수소연료공급시설의 설치계획에 관한 사항
- 수소의 수급계획에 관한 사항
- 청정수소의 개발 · 생산 · 보급 촉진에 관한 사항
- 산업부문의 탄소중립[대기중에 배출 · 방출 또는 누출되는 온실가스의 양에서 흡수되는 온실가스의 양을 상쇄한 순배출량이 영(零)이 되는 상태를 말한다] 실현을 위한 수소경제로의 전환에 관한 사항
- 수소의 안전한 활용에 관한 사항
- 그 밖에 산업통상자원부령으로 정하는 수소경제 이행에 필요한 사항

522 수소추출설비의 연료로 해당하지 않는 것은?

① 고압가스안전관리법에 따른 압축가스 중의 수소가스
② 도시가스사업업에 따른 도시가스
③ 액화석유가스의 안전관리 및 사업법에 따른 액화석유가스
④ 탄화수소 및 메탄올, 에탄올 등 알콜류

해설

수소추출설비의 연료
- 「도시가스사업법」에 따른 "도시가스"
- 「액화석유가스의 안전관리 및 사업법」에 따른 "액화석유가스"
- 그 밖에 "탄화수소"및 메탄올, 에탄올 등 "알콜류"

523 다음에 설명하는 용어의 정의가 틀린 보기를 고르면?

- (①)란 연료가스를 수증기 개질, 자열 개질, 부분 산화 등 개질반응을 통해 생성된 것으로서 수소가 주성분인 가스를 말한다.
- (②)시간이란 화염이 있다는 신호가 오지 않는 상태에서 연소안전제어기가 가스의 공급을 허용하는 최대의 시간을 말한다.
- (③)장치란 연소안전제어기와 화염감시기로 구성된 장치를 말한다.
- (④)란 수소가 주성분인 가스를 생산하기 위한 연료 또는 버너 내 점화 및 연소를 위한 에너지원으로 사용되기 위해 수소추출설비로 공급되는 가스를 말한다.

정답 519 ① 520 ① 521 ③ 522 ① 523 ③

① 개질가스　② 안전차단
③ 소화안전　④ 연료가스

해설

화염감시장치란 연소안전제어기와 화염감시기(화염의 유무를 검지하여 연소안전제어기에 알리는 것을 말한다)로 구성된 장치를 말한다.

524 수소추출설비의 비상정지 등이 발생하여 수소추출설비를 안전하게 정지하고, 이후 수동으로만 운전을 복귀시킬 수 있도록 하는 것을 말하는 용어는?

① 로크아웃
② 블랙아웃
③ 화이트아웃
④ 원격단말감시 아웃

해설

로크아웃(lockout)이란 수소추출설비의 비상정지 또는 화염검지실패 등이 발생하여 수소추출설비를 안전하게 정지하고, 이후 수동으로만 운전을 복귀시킬 수 있도록 하는 것을 말한다.

525 위험 부분으로의 접근, 외부 분진의 침투 또는 물의 침투에 대한 외함의 방진보호 및 방수보호 등급을 일컫는 용어는?

① P 등급　② I 등급
③ S 등급　④ IP 등급

526 다음 중 수소추출설비에 대한 내용으로 틀린 것은?

① 개질가스가 통하는 배관은 금속재료로서 내식성이 있는 재료 또는 코팅된 재료를 사용해야 한다.
② 배기가스 통로, 외함 및 수분 접촉에 따른 부식의 우려가 있는 부분에는 스테인리스강 등 내식성이 있는 재료를 사용해야 하며, 탄소강을 사용해서는 안 된다.
③ 고무 또는 플라스틱의 비금속성 재료는 단기간에 열화(劣化)되지 않도록 사용 조건에 적합한 것으로 한다.
④ 도전재료는 동, 동합금, 스테인리스강 또는 이와 동등 이상의 전기적·열적 및 기계적인 안전성이 있는 것으로 한다.

해설

배기가스 통로, 외함 및 수분 접촉에 따른 부식의 우려가 있는 부분에 사용되는 금속은 스테인리스강 등 내식성이 있는 재료를 사용해야 하며, 탄소강을 사용하는 경우에는 부식에 강한 코팅을 한다.

527 수소추출설비의 운전 및 조작에 대한 기준으로 틀린 것은?

① 수소추출설비는 본체에 설치된 스위치 또는 컨트롤러의 조작을 통해서만 운전을 시작하거나 정지할 수 있는 구조로 한다.
② 본체에서 원격조작으로 운전을 시작할 수 있도록 허용하는 경우에는 원격조작으로 운전 또는 정지되게 할 수 있어야 한다.
③ 급격한 압력 및 온도 상승 등 위험이 생길 우려가 있어 수소추출설비를 정지해야 하는 경우 원격으로 정지되게 할 수 있어야 한다.
④ 자동운전정지제어 시스템을 적용하는 경우 원격으로 운전 또는 정지되게 할 수 있어야 한다.

해설

수소추출설비는 본체에 설치된 스위치 또는 컨트롤러의 조작을 통해서만 운전을 시작하거나 정지할 수 있는 구조로 한다. 다만, 다음의 경우에는 원격조작이 가능한 구조로 한다.
- 본체에서 원격조작으로 운전을 시작할 수 있도록 허용하는 경우
- 급격한 압력 및 온도 상승 등 위험이 생길 우려가 있어 수소추출설비를 정지해야 하는 경우

528 수소추출설비에서 연료가스 배관에는 독립적으로 작동하는 연료인입 자동차단 밸브를 직렬로 몇 개 이상 설치하여야 하는가?

① 1개　② 2개
③ 3개　④ 4개

해설

연료가스 배관에는 독립적으로 작동하는 연료인입(引入) 자동차단밸브(이하 "인입밸브"라 한다)를 직렬로 2개 이상 설치한다. 이 경우, 인입밸브는 구동원이 상실되었을 경우 연료가스의 통로가 자동으로 차단되는 구조(fail-safe)로 하고, 배관을 접속하기 위한 수소추출설비 외함의 접속부는 다음의 기준을 충족하는 것으로 한다.
- 배관의 구경에 적합해야 한다.
- 접속부는 외부에 노출되어 있거나 외부에서 쉽게 확인할 수 있는 위치에 설치한다.
- 접속부는 진동, 자중, 내압력, 열하중 등으로 인하여 발생하는 응력에 견딜 수 있는 것으로 한다.

정답 524 ① 525 ④ 526 ② 527 ④ 528 ②

529 수소추출설비에서 개질가스가 통하는 배관의 접지 기준으로 적합하지 않은 것은?

① 직선 배관은 80m 이내의 간격으로 접지를 한다.
② 서로 교차하지 않는 배관 사이의 거리가 100mm 미만인 경우, 배관 사이에서 발생될 수 있는 스파크 점프를 방지하기 위해 30m 이내의 간격으로 점퍼를 설치한다.
③ 서로 교차하는 배관 사이의 거리가 100mm 미만인 경우, 배관이 교차하는 곳에는 점퍼를 설치한다.
④ 금속 볼트 또는 클램프로 고정된 금속 플랜지에는 추가적인 정전기 와이어가 장착되지 않지만, 최소한 4개의 볼트 또는 클램프들마다에는 양호한 전도성 접촉점이 있도록 해야 한다.

해설

서로 교차하지 않는 배관 사이의 거리가 100mm 미만인 경우, 배관 사이에서 발생될 수 있는 스파크 점프를 방지하기 위해 20m 이내의 간격으로 점퍼를 설치한다.

530 다음은 수소정제장치의 접지기준이다. 기준에 적합하지 않은 것은?

① 수소정제장치의 입구 및 출구단에는 각각 접지부가 있어야 한다.
② 직경이 2.5m 이상이고, 부피가 $50m^3$ 이상인 수소정제장치에는 3개 이상의 접지부가 있어야 한다.
③ 접지부의 간격은 30m 이내로 하여야 한다.
④ 접지부의 간격은 장치의 둘레를 따라 균등하게 분포되어야 한다.

해설

직경이 2.5m 이상이고, 부피가 $50m^3$ 이상인 수소정제장치에는 두 개 이상의 접지부가 있어야 한다.

531 수소추출설비 급 · 배기통 접속부의 구조에 대한 설명 중 틀린 것은?

① 수소추출설비가 급 · 배기통과 연결되는 접속부는 기밀을 유지할 수 있는 구조로 한다.
② 급 · 배기통(전이중 및 분리형 급 · 배기통을 제외한다)의 접속부는 급 · 배기통을 확실하게 접속할 수 있고, 이탈방지를 위해 리브타입 또는 유니언이음 방식으로 한다.
③ 리브타입 접속부의 길이는 40mm 이상으로 한다.
④ 급 · 배기통이 수소추출설비 접속부의 바깥쪽으로 체결되는 형식의 경우, 접속부 바깥지름의 허용공차는 $\pm\,^{0}_{0.4}$ mm 이내로 한다.

해설

급 · 배기통(전이중 및 분리형 급 · 배기통을 제외한다)의 접속부는 급 · 배기통을 확실하게 접속할 수 있고, 쉽게 이탈되지 않도록 리브타입 또는 플랜지이음, 나사이음 방식으로 한다.

532 수소추출설비의 유지보수를 위하여 사람이 외함 내부로 들어갈 수 있는 환기구 면적은 몇 m^2/m^3 이상으로 하여야 하는가?

① 0.001　② 0.002
③ 0.003　④ 0.005

해설

외함 환기구 설치 기준
- 환기구는 먼지, 눈, 식물 등에 의해 방해받지 않도록 설계되어야 한다.
- 유지보수를 위해 사람이 외함 내부로 들어갈 수 있는 구조를 가진 수소추출설비의 환기구 면적은 $0.003m^2/m^3$ 이상으로 한다.

533 수소추출설비에 있는 수소정제장치의 흡착 및 탈착 공정이 수행되는 배관에 산소농도 측정 설비를 설치하는 이유는 무엇인가?

① 산소의 순도를 높이기 위하여
② 산소흡입 시 가연성 혼합물, 폭발성 혼합물 생성을 방지하기 위하여
③ 수소의 순도를 높이기 위하여
④ 수소, 산소제조 시 위험성을 방지하기 위하여

해설

수소정제장치의 흡착 및 탈착 공정이 수행되는 배관에는 산소농도 측정설비를 설치하여, 산소 혼입에 따른 가연성 혼합물 또는 폭발성 혼합물이 생성되지 않도록 한다. 다만, 개질기에서 산소가 발생될 우려가 없는 개질 방식의 경우에는 그렇지 않다.

정답 529 ② 530 ② 531 ② 532 ③ 533 ②

534 압력 또는 온도의 변화를 이용하여 개질가스를 정제하는 방식의 경우 수소정제장치 및 장치의 연결 배관에 흡착과 탈착공정의 압력 또는 온도를 측정할 수 있는 장치를 갖추어야 한다. 이 장치는 무엇인가?

① 비상제어장치
② 모니터링장치
③ 긴급차단장치
④ 물분무장치

해설

압력 또는 온도의 변화를 이용하여 개질가스를 정제하는 방식의 수소정제장치에는, 장치가 정상적으로 작동되는지 확인할 수 있도록 수소정제장치 및 장치의 연결 배관에는 흡착과 탈착공정의 압력 또는 온도를 측정할 수 있는 모니터링장치를 갖추어야 한다.

535 수소정제장치는 시스템의 안전한 작동을 보장하기 위해 장치를 안전하게 정지시킬 수 있도록 제어되어야 한다. 이에 해당하는 정지제어의 경우가 아닌 것은?

① 공급가스의 압력, 온도, 조성 또는 유량이 경보 기준 수치를 초과한 경우
② 프로세스 제어 밸브가 작동 중에 장애를 일으키는 경우
③ 수소정제장치에 전원 공급이 차단된 경우
④ 버퍼 탱크의 압력이 허용 최대 설정치의 90%를 초과하는 경우

해설

장치를 안전하게 정지시킬 수 있도록 제어되는 경우
- 공급가스의 압력, 온도, 조성 또는 유량이 경보 기준 수치를 초과한 경우
- 프로세스 제어 밸브가 작동 중에 장애를 일으키는 경우
- 수소정제장치에 전원 공급이 차단된 경우
- 흡착 및 탈착 공정이 수행되는 배관의 산소 함유량이 허용 한계를 초과하는 경우
- 버퍼 탱크의 압력이 허용 최대 설정치를 초과하는 경우

536 수소추출설비의 압축장치에서 압축기의 전단 및 후단에 모두 설치해야 하는 것은?

① 역류방지밸브
② 기액분리기
③ 유분리기
④ 필터

해설

압축장치에 설치해야 하는 것
- 압축기의 전단 : 기액분리기 또는 필터 설치
- 급유식 압축기의 후단 : 유분리기와 필터 설치
- 압축기의 전단 및 후단 : 역류방지밸브를 각각 설치

537 옥외식 및 강제배기식 수소추출설비의 살수성능시험 방법으로 살수 시 항목별 점화 성능기준에 해당하지 않는 항목은?

① 점화
② 불 옮김
③ 연소상태
④ 소화

해설

옥외식 및 강제배기식 수소추출설비의 살수성능시험 점검 항목
- 점화 : 취급설명서 등에 나타난 점화방법에 따라 점화조작을 되풀이하여 확인한다.
- 불 옮김 : 착화동작을 할 때 확실히 불이 옮겨지는지 폭발적으로 착화하지 않는지 확인한다.
- 연소상태 : 연소 및 운전 상태에 대하여는 정격출력 도달 후 30분 이상 경과한 후 옥외식의 경우 기기의 정면에, 강제급배기식의 경우 배기통 톱의 정면에 살수하면서 노내에 설치한 연소검지수단 등에 따라 사용상 지장 및 이상정지의 유무를 확인한다.

538 수소추출설비의 버너(촉매버너는 제외)는 가스공급을 개시 시 안전차단밸브는 4가지 조건을 모두 만족될 경우에만 작동하여야 한다. 이 조건에 해당되지 않는 것은?

① 규정에 따른 프리퍼지가 완료되고, 공기압력감시장치로부터 압축기가 작동되고 있다는 신호가 올 것
② 가스압력감시장치로부터 가스압력이 적정하다는 신호가 올 것
③ 점화장치가 켜질 것
④ 파일럿화염으로 버너가 점화되는 경우에는 파일럿화염이 있다는 신호가 올 것

해설

규정에 따른 프리퍼지가 완료되고, 공기압력감시장치로부터 송풍기가 작동되고 있다는 신호가 올 것

정답 534 ② 535 ④ 536 ① 537 ④ 538 ①

539 **수소추출설비의 화염감시장치에서 시동시 안전차단 시간 내에 화염이 검지되지 않는 경우 자동 폐쇄되어야 하는 버너는 표시가스 소비량이 몇 kW를 초과하는 버너인가?**

① 10kW ② 20kW
③ 30kW ④ 50kW

해설

화염감시
- 표시가스 소비량이 50kW 이하인 버너 : 시동시 안전차단시간 이내에 화염이 검지되지 않으면 재점화 또는 재시동을 시도 할 수 있으며, 해당 시도 횟수 안에 점화가 실패되면 자동 폐쇄되는 것으로 한다.
- 표시가스 소비량이 50kW를 초과하는 버너 : 시동시 안전차단시간 이내에 화염이 검지되지 않는 경우 버너는 자동 폐쇄되는 것으로 한다.

540 **수소추출설비의 화염감시에서 불꺼짐시 안전장치 작동의 주된 역할은 무엇인가?**

① 누출시 화재위험방지
② 누출시 검지장치 작동
③ 누출시 퓨즈콕 폐쇄
④ 생가스 누출방지

해설

운전 중 화염이 블로우오프(blow－off)된 경우에는 안전차단시간 이내에 버너의 작동이 정지되고 가스통로가 차단되도록 한다. 이러한 불꺼짐시 안잔장치 작동은 생가스 누출방지가 주 역할이다.

541 **수소추출설비 운전 중 이상상태 시 버너의 안전장치가 작동하여 가스공급이 차단되어야 하는 경우가 아닌 것은?**

① 제어에너지가 단절된 경우 또는 조절장치나 감시 장치로부터 신호가 온 경우
② 가스압력감시장치로부터 버너에 대한 가스의 공급압력이 소정의 압력 이하로 강하하였다고 신호가 온 경우
③ 가스압력감시장치로부터 버너에 대한 가스의 공급압력이 소정의 압력 이상으로 상승하였다고 신호가 온 경우
④ 공기압력감시장치로부터 연소용 공기압력이 소정의 압력 이상으로 상승하였다고 신호가 온 경우

해설

보기 중 ①, ②, ③항 외에 공기압력감시장치로부터 연소용 공기압력이 소정의 압력 이하로 강하하였다고 신호가 온 경우 또는 송풍기의 작동상태에 이상이 있다고 신호가 온 경우 버너의 안전장치가 작동하여 가스공급이 차단되도록 한다.

542 **정상운전상태에서 수소추출설비 버너의 운전을 정지시키고자 하는 경우 최대연료소비량이 350kW를 초과하는 버너는 최대가스소비량의 몇 % 미만에서 이루어져야 하는가?**

① 10% ② 20%
③ 30% ④ 50%

해설

안전한 작동정지(역화 및 소화음 방지) : 정상운전상태에서 버너의 운전을 정지시키고자 하는 경우 최대연료소비량이 350kW를 초과하는 버너는 최대가스소비량의 50% 미만에서 이루어지는 것으로 한다.

543 **수소추출설비의 촉매버너 성능 중 반응실패 잠김 시간과 관련한 설명이다. ( ) 안에 들어갈 내용으로 옳은 것은?**

> 정격가스소비량으로 가동 중 반응 실패를 모의하기 위해 반응기 온도를 모니터링 하는 온도센서를 분리한 시점부터 공기과잉 시스템의 경우 연료차단 시점, 연료과잉 시스템의 경우 공기 및 연료공급차단 시점까지 ( )를 초과하지 않도록 한다.

① 1초 ② 3초
③ 5초 ④ 7초

해설

정격가스소비량으로 가동 중 반응 실패를 모의하기 위해 반응기 온도를 모니터링하는 온도센서를 분리한 시점부터 공기과잉 시스템의 경우 연료차단 시점, 연료과잉 시스템의 경우 공기 및 연료공급차단 시점까지 3초를 초과하지 않도록 한다.

544 **수소추출설비의 연소상태 성능에 대한 내용으로 틀린 것은?**

① 정격운전 상태에서 30분 동안 5초 이하의 간격으로 측정된 이론건조 연소가스 중 CO 농도의 평균값은 0.03 % 이하로 한다.

정답 539 ④ 540 ④ 541 ④ 542 ④ 543 ② 544 ④

② 이론건조 연소가스 중 NOx의 제한농도 1등급은 70mg/kWh이다.
③ 이론건조 연소가스 중 NOx의 제한농도 2등급은 100mg/kWh이다.
④ 이론건조 연소가스 중 NOx의 제한농도 3등급은 200mg/kWh이다.

해설

등급별 제한 NOx 농도

등급	제한 NOx 농도(mg/kWh)
1	70
2	100
3	150
4	200
5	260

545 다음의 보기에서 ( )에 알맞은 내용은?

- 수소추출설비의 공기감시장치 성능 중 배기구 막힘 시 안전성능은 배기가스 중 CO 농도의 평균값이 (㉠)% 이하인 것으로 한다.
- 수소추출설비의 누설전류시험 시 측정된 누설전류는 (㉡)mA 이하여야 한다.

① ㉠ 0.1, ㉡ 5
② ㉠ 0.03, ㉡ 6
③ ㉠ 0.05, ㉡ 6
④ ㉠ 0.06, ㉡ 5

해설

- 배기구 막힘 시 안전성능은 다음 기준에 따라 배기가스를 측정하여 배기가스 중 CO 농도의 평균값이 0.06% 이하인 것으로 한다.
  - 수소추출설비의 정격상태에서 배기구를 점차적으로 폐쇄시키고, 배기폐쇄에 의해 시스템이 정지하는 배기구의 폐쇄 면적을 확인한다.
  - 시스템을 재가동해 배기폐쇄에 의해 시스템이 정지하기 직전의 배기 폐쇄면적 조건에서 총 15분 동안 5초 이하의 간격으로 배기가스 중 CO 농도를 측정한다.
- 수소추출설비를 시험하였을 때 측정된 누설전류는 5mA 이하이어야 한다.

546 수소추출설비의 부품 중 니켈을 포함하는 촉매를 사용하는 반응기의 온도가 몇 ℃ 이하인 경우 반응기 내부로 연료가스의 투입이 제한되어야 하는가?

① 200
② 250
③ 300
④ 400

해설

니켈 카르보닐 배출제한 성능 : 니켈을 포함하는 촉매를 사용하는 반응기는 다음의 성능기준을 만족해야 한다.
- 운전 시작 시, 반응기의 온도가 250℃ 이하인 경우에는 반응기 내부로 연료가스의 투입이 제한되어야 한다.
- 운전의 정지(비상정지를 포함한다) 및 종료 시, 반응기의 온도가 250℃ 이하로 내려가기 전에 반응기 내부로의 연료가스 투입이 제한되어야 하며, 반응기 내부의 가스는 외부로 안전하게 배출되어야 한다.

547 다음 중 수전해설비에 해당하지 않는 것은?

① 물을 전기분해하여 수소와 산소를 생산하는 수전해설비
② 산성 및 염기성 수용액을 이용하는 수전해설비
③ AEM(음이온교환막) 전해질을 이용하는 수전해설비
④ PEM(양이온교환막) 전해질을 이용하는 수전해설비

해설

수전해설비
- 산성 및 염기성 수용액을 이용하는 수전해설비
- AEM(음이온교환막) 전해질을 이용하는 수전해설비
- PEM(양이온교환막) 전해질을 이용하는 수전해설비

548 "급수 밸브로부터 스택, 전력변환장치, 기액분리기, 열교환기, 수분제거장치, 산소제거장치 등을 통해 토출되는 수소배관의 첫 번째 연결부까지"를 어떤 범위하고 정의하는가?

① 수전해설비의 포괄적 범위
② 수전해설비의 기하학적 범위
③ 수전해설비의 광의적 범위
④ 수전해설비의 사용안전 범위

해설

수전해설비의 기하학적 범위
㉮ 급수 밸브로부터 스택, 전력변환장치, 기액분리기, 열교환기, 수분제거장치, 산소제거장치 등을 통해 토출되는 수소배관의 첫 번째 연결부까지
㉯ 위 ㉮항에 해당하는 수전해설비가 하나의 외함으로 둘러싸인 구조의 경우에는 외함 외부에 노출되는 각 장치의 접속부까지

정답 545 ④ 546 ② 547 ① 548 ②

549 **다음 보기의 내용이 나타내는 용어는 무엇인가?**

> 수전해설비의 비상정지 등이 발생하여 수전해설비를 안전하게 정지하고, 이후 수동으로만 운전을 복귀시킬 수 있도록 하는 것을 말한다.

① 상용운전복귀
② IP 등급
③ 로크아웃(lockout)
④ 비상운전복귀

해설

주요 용어의 정의(수전해설비)
- 로크아웃(lockout) : 수전해설비의 비상정지 등이 발생하여 수전해설비를 안전하게 정지하고, 이후 수동으로만 운전을 복귀시킬 수 있도록 하는 것
- IP 등급 : 위험 부분으로의 접근, 외부 분진의 침투 또는 물의 침투에 대한 외함의 방진보호 및 방수보호 등급
- 상용압력 : 내압시험압력 및 기밀시험압력의 기준이 되는 압력으로서 사용상태에서 해당 설비 등의 각부에 작용하는 최고사용압력

550 **수전해설비의 외함에 대한 내용으로 옳지 않은 것은?**

① 유지보수를 위해 사람이 외함 내부로 들어갈 수 있는 구조를 가진 수전해설비의 환기구 면적은 $0.003m^2/m^3$ 이상으로 한다.
② 외함에 설치된 패널, 커버, 출입문 등은 외부에서 열쇠 또는 전용공구 등을 통해 개방할 수 없는 구조로 하고, 개폐상태를 유지할 수 있는 구조를 갖추어야 한다.
③ 작업자가 통과할 정도로 큰 외함의 점검구, 출입문 등은 바깥쪽으로 열리는 구조이어야 하며, 열쇠 또는 전용공구 없이 안에서 쉽게 개방할 수 있는 구조이어야 한다.
④ 수전해설비가 수산화칼륨(KOH) 등 유해한 액체를 포함하는 경우, 수전해설비의 외함은 유해한 액체가 외부로 누출되지 않도록 안전한 격납수단을 갖추어야 한다.

해설

외함에 설치된 패널, 커버, 출입문 등은 외부에서 열쇠 또는 전용공구 등을 통해 개방할 수 있는 구조로 하고, 개폐상태를 유지할 수 있는 구조를 갖추어야 한다.

551 **수전해설비의 비상정지 제어기능이 작동해야 하는 경우가 아닌 것은?**

① 물, 수용액 유량이 현저하게 낮은 경우
② 외함 내 수소농도가 1%를 초과할 때
③ 발생 수소 중 산소 농도가 3%를 초과할 때
④ 발생 산소 중 수소 농도가 1%를 초과할 때

해설

비상정지 제어기능이 작동해야 하는 경우
- 셀, 스택의 공급 전압에 이상이 생겼을 경우
- 셀, 스택의 온도가 현저하게 상승하였을 경우
- 셀, 스택에 과전류가 생겼을 경우
- 셀, 스택에 안전성능 변화를 유발하는 차압이 발생한 경우
- 수용액 수위가 현저하게 높거나 낮은 경우
- 물, 수용액 유량이 현저하게 낮은 경우
- 외함 내 수소농도가 1%를 초과할 때
- 발생 수소 중 산소 농도가 3%를 초과할 때
- 발생 산소 중 수소 농도가 2%를 초과할 때
- 수용액, 산소, 수소가 통하는 부분의 압력이 현저하게 상승하였을 경우
- 수전해설비 안의 환기장치에 이상이 생겼을 경우
- 수전해설비 안의 온도가 현저하게 상승 또는 저하되는 경우
- 공급가스의 압력, 온도, 조성 또는 유량이 경보 기준 수치를 초과한 경우
- 프로세스 제어 밸브가 작동 중에 장애를 일으키는 경우
- 수소정제장치에 전원 공급이 차단된 경우
- 압력용기 등의 압력 및 온도가 허용 최대 설정치를 초과하는 경우

552 **수소가 통하는 배관에 대한 접지 기준과 거리가 먼 것은?**

① 직선 배관은 100m 이내의 간격으로 접지를 한다.
② 서로 교차하지 않는 배관 사이의 거리가 100mm 미만인 경우, 배관 사이에서 발생될 수 있는 스파크 점프를 방지하기 위해 20m 이내의 간격으로 점퍼를 설치한다.
③ 서로 교차하는 배관 사이의 거리가 100mm 미만인 경우, 배관이 교차하는 곳에는 점퍼를 설치한다.
④ 금속 볼트 또는 클램프로 고정된 금속 플랜지에는 추가적인 정전기 와이어가 장착되지 않지만, 최소한 4개의 볼트 또는 클램프들마다에는 양호한 전도성 접촉점이 있도록 해야 한다.

해설

직선 배관은 80m 이내의 간격으로 접지를 한다.

정답 549 ③ 550 ② 551 ④ 552 ①

553 **다음 보기는 수전해설비의 독성의 유체가 통하는 열교환기에 대한 설명이다. (   ) 안에 들어갈 내용으로 옳은 것은?**

> 독성유체의 압력이 냉각유체의 압력보다 (   ) 이상 낮은 경우로써, 모니터를 통하여 그 압력차이가 항상 유지되는 구조인 경우에는 이중벽 구조로 하지 않을 수 있다.

① 50kPa ② 60kPa
③ 70kPa ④ 100kPa

해설

독성의 유체가 통하는 열교환기는 파손으로 인해 상수원 및 상수도에 영향을 미칠 위험이 있는 경우, 이중벽으로 하고 이중벽 사이는 공극으로서 대기 중으로 개방된 구조로 한다. 다만, 독성유체의 압력이 냉각유체의 압력보다 70kPa 이상 낮은 경우로써, 모니터를 통하여 그 압력차이가 항상 유지되는 구조인 경우에는 이중벽 구조로 하지 않을 수 있다.

554 **수전해설비의 수소정제장치에 필요 없는 설비는?**

① 산소제거설비
② 수분제거설비
③ 모니터링장치
④ 과압안전장치

해설

수소정제장치
- 산소제거설비 : 가연성 혼합물 또는 폭발성 혼합물의 생성 방지
- 수분제거설비 : 수소 중의 수분 제거
- 모니터링장치 : 산소제거설비 및 수분제거설비의 정상 작동 확인을 위해 온도, 압력 등을 측정

555 **수전해설비는 정격운전으로 하고, 정격운전 후 2시간 동안 측정된 항목별 허용최고온도에 적합해야 한다. 항목별 허용최고온도로 옳은 것은?**

① 조작 시 손이 닿은 금속제, 도자기제 및 유리제 부분 : 80℃ 이하
② 가연성가스 차단밸브 본체의 가연성가스가 통과하는 부분의 외표면 : 100℃ 이하
③ 기기 후면, 측면의 표면 : 80℃ 이하
④ 급배기구통의 벽관통부의 목벽의 표면 : 100℃ 이하

해설

항목별 허용최고온도 기준

항목		허용최고온도
조작 시 손이 닿는 부분	금속제, 도자기제 및 유리제의 것	50℃ 이하
	그 외의 것	55℃ 이하
가연성가스 차단밸브(기구밸브를 포함한다) 본체의 가연성가스가 통과하는 부분의 외표면		85℃ 또는 내열시험 온도에서 기밀시험에 적합하고 조작에 이상 없는 것이 확인된 온도 이하
기구 거버너의 가연성가스가 통하는 부분의 외표면		70℃ 또는 내열시험 온도에서 기밀시험에 적합하고 조정압력변화가 $(0.05P_1+30)$Pa 이하인 것이 확인된 온도 이하
기기후면, 측면 및 위쪽천정면의 목벽의 표면과 기기 아랫면의 목대(거치형만을 말한다)의 표면		100℃ 이하
배기통 톱 또는 급기구 톱의 주변 목벽 및 급배기구통의 벽관통부의 목벽의 표면		100℃ 이하

556 **다음 중 수소용품에 해당되지 않는 것은?**

① 연료전지
② 수전해설비
③ 수소추출설비
④ 수소제조설비

해설

"수소용품"이란 연료전지(자동차에 장착되는 연료전지는 제외), 수전해설비 및 수소추출설비로서 다음에 따른 것을 말한다.
- 연료전지 : 수소와 산소의 전기화학적 반응을 통하여 전기와 열을 생산하는 고정형(연료소비량이 232.6kW 이하인 것을 말한다) 및 이동형 설비와 그 부대설비
- 수전해설비 : 물의 전기분해에 의하여 그 물로부터 수소를 제조하는 설비
- 수소추출설비 : 도시가스 또는 액화석유가스 등으로부터 수소를 제조하는 설비

557 **물의 전기분해에 의하여 그 물로부터 수소를 제조하는 설비는 무엇인가?**

① 수전해설비
② 수소추출설비
③ 수소저장설비
④ 수소제조설비

정답 553 ③ 554 ④ 555 ④ 556 ④ 557 ①

558 수소가스설비 외면으로부터 산소의 저장설비와의 우회거리는 몇 m 이상으로 하여야 하는가?

① 3m
② 5m
③ 8m
④ 10m

해설

- 수소가스설비 외면으로부터 화기(그 설비 안의 화기는 제외)를 취급하는 장소 사이에 유지하여야 하는 거리는 우회거리 8m(산소의 저장설비는 5m) 이상으로 하며, 작업에 필요한 양 이상의 연소하기 쉬운 물질을 두지 않는다.
- 이때 우회거리는 수소가스설비 외면으로부터 화기를 취급하는 장소까지의 최단 수평거리로서 수소가스설비와 화기를 취급하는 장소 사이에 유동방지시설을 설치하는 경우에는 이 시설을 우회한 거리를 말한다.

559 다음 중 수소가스설비의 배치 및 기초기준과 관련하여 옳은 것은?

① 유동방지시설은 높이 5m 이상의 내화성 벽으로 한다.
② 입상관과 화기 사이에 유지해야 하는 거리는 우회거리 8m 이상으로 한다.
③ 수소제조설비 및 수소저장설비의 지반조사 대상의 용량은 중량이 3톤 이상의 것에 한한다.
④ 지반조사 위치는 수소저장설비와 수소가스설비 외면으로부터 10m 내에서 2곳 이상 실시한다.

해설

- 유동방지시설은 높이 2m 이상의 내화성 벽으로 한다.
- 입상관과 화기 사이에 유지해야 하는 거리는 우회거리 2m 이상으로 한다.
- 수소제조설비 및 수소저장설비의 지반조사 대상의 용량은 중량이 1톤 이상의 것에 한한다.

560 수소제조설비 및 수소저장설비를 실내에 설치하는 경우 그 지붕의 재료로 사용되는 것은?

① 무거운 불연성재료
② 알루미늄, 동합금재료
③ 가벼운 불연성 또는 난연성재료
④ 무거운 난연성재료

해설

수소제조설비 및 수소저장설비를 실내에 설치하는 경우 그 실 벽은 그 설비의 보호와 그 설비를 사용하는 시설의 안전 확보를 위하여 불연재료를 사용하고, 그 지붕은 불연 또는 난연의 가벼운 재료를 사용한다.

561 수소저장설비 기준에 관련한 설명으로 틀린 것은?

① $5m^3$ 이상의 가스를 저장하는 수소저장설비는 가스방출장치를 설치한다.
② 설비 중량 5ton 이상인 수소저장설비와 수소저장설비의 지지구조물 및 기초는 내진설계로 시공하여야 한다.
③ 수소저장설비등에 설치하는 보호대는 높이는 0.8m 이상으로 한다.
④ 보호대가 말뚝형태일 경우 말뚝은 2개 이상을 설치하고, 간격은 2m 이상으로 한다.

해설

수소제조설비 및 수소저장설비 방호조치(보호대)
- 보호대는 다음 중 어느 하나를 만족하는 것으로 한다.
  - 두께 0.12m 이상의 철근콘크리트
  - 호칭지름 100A 이상의 KS D 3507(배관용 탄소강관) 또는 이와 동등 이상의 기계적 강도를 가진 강관
- 보호대의 높이는 0.8m 이상으로 한다.
- 보호대는 차량의 충돌로부터 수소제조설비, 수소저장설비 및 그 부속설비를 보호할 수 있는 형태로 한다. 말뚝형태일 경우 말뚝은 2개 이상을 설치하고, 간격은 1.5m 이하로 한다.

562 다음 보기 중 옳은 것을 모두 고른 것은?

> ㉠ 수소연료사용시설의 안전 확보 및 정상작동을 위하여 설치되는 부속장치에는 압력조정기, 가스계량기, 중간밸브 등이 있다.
> ㉡ 수소가스설비(수소용품 제외)의 물로 실시하는 내압시험압력(Tp)은 "상용압력×1.5배"이상이다.
> ㉢ 수소가스설비(연료전지 제외)는 기밀시험압력(Ap)는 "최고사용압력×1.1배" 또는 8.4kPa 중 높은 압력이다.

① ㉠
② ㉡
③ ㉠, ㉡
④ ㉠, ㉡, ㉢

정답 558 ② 559 ④ 560 ③ 561 ④ 562 ④

해설

- 수소연료사용시설에는 그 시설의 안전 확보 및 정상작동을 위하여 압력조정기 · 가스계량기 · 중간밸브 등을 설치한다.
- 수소가스설비(수소용품을 제외한다)는 상용압력의 1.5배(그 구조상 물로 실시하는 내압시험이 곤란하여 공기 · 질소 등의 기체로 내압시험을 실시하는 경우 및 압력용기 및 그 압력용기에 직접 연결되어 있는 배관의 경우에는 1.25배) 이상의 압력(이하 "내압시험압력"이라 한다)으로 내압시험을 실시하여 이상이 없어야 한다.
- 수소가스설비(연료전지를 제외한다)는 안전을 확보하기 위하여 최고사용압력의 1.1배 또는 8.4kPa 중 높은 압력 이상에서 기밀성능(완성검사를 받은 후의 정기검사 시에는 사용압력 이상의 압력에서 누출성능)을 가지는 것으로 한다.

563 수소추출설비를 실내에 설치하는 경우 수소추출설비실 내의 산소농도가 몇 % 미만이 되는 경우 운전지 정지되어야 하는가?

① 12.5%
② 18.5%
③ 19.5%
④ 23.5%

해설

수소추출설비를 실내에 설치하는 경우
- 수소추출설비 캐비닛 내 또는 수소추출설비실 내에 일산화탄소를 검지하기 위한 검지부를 설치한다.
- 수소추출설비실 내의 산소농도가 19.5% 미만이 되는 경우 수소추출설비의 운전이 정지되도록 한다.

564 수소가스설비 기준과 관련하여 중간밸브 설치에 대한 설명이다. 틀린 것은?

① 연료전지가 설치된 곳에는 조작하기 쉬운 위치에 배관용 밸브를 설치한다.
② 수소연료사용시설에는 연료전지 각각에 대하여 배관용 밸브를 설치한다.
③ 배관이 분기되는 경우에는 주배관에 배관용밸브를 설치한다.
④ 4개 이상의 실로 분기되는 경우에는 각 실의 주배관마다 배관용 밸브를 설치한다.

해설

중간밸브는 해당 수소연료사용시설의 사용압력 및 유량에 적합한 것으로 하여야 하며, 2개 이상의 실로 분기되는 경우에는 각 실의 주배관마다 배관용 밸브를 설치한다.

565 배관장치에 이상전류로 인하여 부식이 예상되는 장소에 절연물질을 삽입하여야 한다. 다음 중 절연물질을 삽입해야 하는 장소에 해당하지 않는 곳은?

① 방식 정류기 설치로 전류가 항상 흐르고 있는 곳
② 누전으로 인하여 전류가 흐르기 쉬운 곳
③ 직류전류가 흐르고 있는 선로(線路)의 자계(磁界)로 인하여 유도전류가 발생하기 쉬운 곳
④ 흙 속 또는 물 속에서 미로전류(謎路電流)가 흐르기 쉬운 곳

566 수소의 배관장치에는 이상사태가 발생한 경우 압축기 · 펌프 · 긴급차단장치 등을 신속하게 정지 또는 폐쇄하는 제어기능이 있어야 한다. 이상사태에 해당하지 않는 것은?

① 압력계로 측정한 압력이 상용압력의 1.1배를 초과하였을 때
② 압력계로 측정한 압력이 정상 운전 시의 압력보다 30% 이상 강하했을 때
③ 유량계로 측정한 유량이 정상운전 시의 유량보다 15% 이상 증가했을 때
④ 상용 시 작동된 온도보다 10℃ 이상 증가했을 때

567 수소의 배관장치에 설치하는 압력안전장치의 기준과 거리가 먼 것은?

① 재질 및 강도는 가스의 성질, 상태, 온도 및 압력 등에 상응되는 적절한 것
② 배관장치의 압력변동을 충분히 흡수할 수 있는 용량을 갖춘 것
③ 배관 안의 압력이 상용압력의 1.5배 초과 시 긴급차단장치가 신속히 작동될 것
④ 수격(water hammer)현상으로 인하여 생기는 압력이 상용압력의 1.1배를 초과하지 않도록 하는 제어기능을 갖춘 것

해설

압력안전장치 기준
- 배관 안의 압력이 상용압력을 초과하지 않고, 또한 수격(water hammer)현상으로 인하여 생기는 압력이 상용압력의 1.1배를 초과하지 않도록 하는 제어기능을 갖춘 것

정답 563 ③ 564 ④ 565 ① 566 ④ 567 ③

- 재질 및 강도는 가스의 성질, 상태, 온도 및 압력 등에 상응되는 적절한 것
- 배관장치의 압력변동을 충분히 흡수할 수 있는 용량을 갖춘 것

568 수소의 배관장치에서 내압성능이 상용압력의 1.5배 이상이 되어야 하는 배관의 상용압력 기준은?

① 1MPa 이상　② 0.7MPa 이상
③ 0.5MPa 이상　④ 0.1MPa 이상

해설

상용압력이 0.1MPa 이상인 배관은 상용압력의 1.5배 이상의 압력에서 내압성능을 갖도록 한다.

569 수소배관을 지하에 매설 시 최고사용압력에 따른 배관의 색상이 옳은 것은?

① 0.1MPa 이상 : 적색
② 0.1MPa 이상 : 황색
③ 0.1MPa 미만 : 적색
④ 0.1MPa 미만 : 회색

해설

수소배관의 색상
- 지상배관 : 부식방지 도장 후 표면색상을 황색으로 도색
- 지하매설배관
  - 최고사용압력이 0.1MPa 미만인 배관 : 황색
  - 최고사용압력이 0.1MPa 이상인 배관 : 적색

570 수소배관을 지하에 매설 시 배관의 직상부에 보호포를 설치해야 한다. 설치 기준으로 옳은 것은?

① 보호포의 두께는 0.4mm 이상으로 한다.
② 보호포의 폭은 0.2m 이상으로 한다.
③ 보호포의 바탕색은 최고사용압력이 0.1MPa 미만은 황색, 0.1MPa 이상 1MPa 미만인 적색이다.
④ 보호포에는 가스명, 배관의 재질, 공급자명을 표시한다.

해설

지하매설 수소배관 보호포의 재질 및 규격
- 보호포는 폴리에틸렌수지 · 폴리프로필렌수지 등 잘 끊어지지 않는 재질로 직조한 것으로서 두께는 0.2mm 이상으로 한다.
- 보호포의 폭은 0.15m 이상으로 한다.
- 보호포의 바탕색은 최고사용압력이 0.1MPa 미만인 관은 황색, 0.1MPa 이상 1MPa 미만인 관은 적색으로 하고, 가스명 · 최고사용압력 · 공급자명 등을 표시한다.

571 수소연료사용시설의 시설 · 기술 · 검사기준에 따라 연료전지를 연료전지실에 설치하지 않아도 되는 경우는?

① 연료전지 설치장소 안이 목욕탕인 경우
② 연료전지 설치장소 안이 사람이 거처하는 곳일 경우
③ 연료전지를 실내에 설치한 경우
④ 연료전지를 옥외에 설치한 경우

해설

연료전지는 연료전지실[연료전지 설치장소 안의 가스가 방, 거실, 목욕탕, 샤워장 및 그 밖에 사람이 거처하는 곳(이하 "거실등"이라 한다)으로 들어가지 않는 구조로서 연료전지 설치장소와 거실등 사이의 경계벽은 출입구를 제외하고는 내화구조의 벽으로 한 것을 말한다]에 설치한다. 다만, 각각의 경우에는 연료전지실에 설치하지 않을 수 있다.
- 밀폐식 연료전지
- 연료전지를 옥외에 설치한 경우

572 연료전지 설치기준에 대한 설명으로 틀린 것은?

① 연료전지실에는 환기팬을 설치하여야 한다.
② 연료전지실에는 가스렌지 배기덕트(후드)등을 설치하지 않는다.
③ 연료전지는 가연성 물질 취급 장소와 1.5m 이상 이격하여 설치한다.
④ 옥외형 연료전지는 보호조치를 하지 않아도 된다.

해설

연료전지실에는 부압(대기압보다 낮은 압력을 말한다) 형성의 원인이 되는 환기팬을 설치하지 않는다.

573 연료전지 설치기준에 대한 설명으로 틀린 것은?

① 연통의 터미널에는 동력팬을 부착하지 않는다.
② 연료전지를 설치한 자는 설치 · 시공 확인서를 작성하여 3년간 보존해야 한다.
③ 연료전지의 발열부분과 전선은 0.15m 이상 이격하여 설치한다.

정답 568 ④ 569 ① 570 ③ 571 ④ 572 ① 573 ②

④ 연료전지의 가스접속배관은 금속배관을 사용하고, 가스의 누출이 없도록 확실하게 접속한다.

해설

연료전지를 설치·시공하는 자는 그가 설치·시공한 시설이 연료전지의 설치기준에 적합한 때에는 연료전지 설치·시공 확인서를 작성하여 5년간 보존해야 하며 그 사본(지질 백상지 260g/m^2)을 연료전지 사용자에게 교부하고 작동요령에 대한 교육을 실시한다.

574 수소저장설비를 지상에 설치 시 가스방출관의 방출구 설치 위치로 적합한 것은?

① 지면에서 2m 이상
② 지상에서 5m 이상 또는 저장설비의 정상부에서 2m의 높이 중 높은 위치
③ 지면에서 5m 이상
④ 저장설비 정상부에서 3m 이상

해설

가스방출관의 방출구
- 수소저장설비에 설치하는 경우 : 지상으로부터 5m 이상의 높이 또는 수소저장설비의 정상부로부터 2m의 높이 중 높은 위치로서 주위에 화기 등이 없는 안전한 위치에 설치
- 수소저장설비 외의 수소가스설비에 설치하는 경우 : 인근의 건축물 또는 시설물 높이 이상의 높이로서 주위에 화기 등이 없는 안전한 위치에 설치

575 수소저장설비 사업소 밖의 가스누출경보기 설치 장소가 아닌 것은?

① 긴급차단 장치가 설치된 부분
② 누출된 가스가 체류하기 쉬운 구조인 부분
③ 방호구조물로 밀폐되어 설치되는 부분
④ 슬리이브관, 2중관으로 개방되어 설치되는 부분

해설

사업소 박의 가스누출경보 설치 장소
- 긴급차단 장치가 설치된 부분(밸브피트를 설치한 곳에는 해당 밸브 피트 안)
- 슬리이브관, 2중관 또는 방호구조물 등으로 밀폐되어 설치(매설을 포함한다)되는 부분
- 누출된 가스가 체류하기 쉬운 구조인 부분

576 수소의 저장설비에서 천장 높이가 너무 높아 검지경보 장치 검출부를 천장에 설치할 경우 다량의 가스누출이 되어 위험한 상태가 되어야만 검지가 가능하므로 이를 보완하기 위해 설치하는 것은 무엇인가?

① 포집갓
② 맨홀
③ 웅덩이
④ 원형소형공간

해설

공장 등과 같이 천장높이가 지나치게 높은 건물에서 검지경보장치 검출부를 천장부분에 설치할 경우에는 다량의 가스누출이 되어 위험한 상태가 되어야만 검지가 가능하므로 이를 보완하기 위하여 포집갓을 설치한다.

577 수소저장설비에서 원형의 포집갓의 직경은 몇 m 이상이어야 하는가?

① 0.1m　② 0.2m
③ 0.3m　④ 0.4m

해설

포집갓 설치
- 가스가 소량누출시 검지가 가능하도록 수소가스설비 중 가스가 누출되기 쉬운 부분의 상부에 검출부를 설치하고 가스 누출 시 포집이 가능하도록 검출부에 포집갓을 설치한다.
- 포집갓의 규격은 가로, 세로 0.4m 이상(사각형의 경우) 또는 직경 0.4m 이상(원형의 경우)이 되도록 한다.

578 수소의 제조·저장설비 배관이 시가지·주요하천·호수 등을 횡단 시 횡단거리가 500m 이상인 경우 횡단부 양 끝에서 가까운 거리에 설치하며, 배관이 연장되는 몇 km 구간마다 긴급차단장치를 추가로 설치하여야 하는가?

① 1km　② 2km
③ 4km　④ 5km

해설

긴급차단장치는 시가지·주요하천·호수 등을 횡단하는 배관으로서 횡단거리가 500m 이상인 배관에 그 배관 횡단부의 양 끝으로부터 가까운 거리에 설치하며, 배관이 4km 연장되는 구간마다 긴급차단장치를 추가로 설치한다.

정답 574 ② 575 ④ 576 ① 577 ④ 578 ③

579 수소가스설비를 실내에 설치하는 경우에 설치하는 환기설비에 대한 내용이다. 틀린 것은?

① 천정이나 벽면 상부에서 0.3m 이내에 2방향 이상의 환기구를 설치한다.
② 환기구의 통풍 가능 면적 합계는 바닥 면적 $1m^2$ 마다 $300cm^2$의 비율로 계산한 면적 이상으로 한다.
③ 1개 환기구의 면적은 $2,400cm^2$ 이하로 한다.
④ 강제환기설비를 설치하는 경우 통풍능력은 바닥면적 $1m^2$ 마다 $0.05m^3$/분 이상으로 한다.

해설

강제환기설비 설치 기준
- 통풍능력은 바닥면적 $1m^2$ 마다 $0.5m^3$/분 이상으로 한다.
- 배기구는 천장 가까이에 설치한다.
- 배기가스 방출구는 지면에서 3m 이상의 높이에 설치한다.

580 수소저장설비를 실내에 설치 시 방호벽을 설치하여야 하는 저장능력 기준은?

① $30m^3$ 이상
② $50m^3$ 이상
③ $60m^3$ 이상
④ $100m^3$ 이상

해설

수소의 저장능력이 $60m^3$ 이상인 수소저장설비를 실내에 설치하는 경우 해당 공간의 벽은 방호벽으로 설치한다.

581 수소저장설비는 가연성가스 저장탱크 또는 가연성 물질을 취급하는 설비와 일정 거리 이내에 있는 경우 온도상승방지장치를 설치하여야 한다. 온도상승방지장치를 설치해야 하는 경우로 맞는 것은?

① 방류둑을 설치한 가연성가스저장탱크의 경우 해당 방류둑 외면으로부터 10m 이내
② 방류둑을 설치하지 않은 조연성가스저장탱크의 경우 해당 저장탱크 외면으로부터 20m 이내
③ 가연성물질을 취급하는 설비의 경우 그 외면으로부터 30m 이내
④ 방류둑을 설치하지 않은 가연성가스저장탱크의 경우 해당 저장탱크 외면으로부터 30m 이내

해설

온도상승방지장치를 설치하여야 하는 수소저장설비(지주를 포함)는 가연성가스 저장탱크 또는 가연성 물질을 취급하는 설비와 다음의 거리 이내에 있는 저장탱크로 한다.
- 방류둑을 설치한 가연성가스저장탱크의 경우 해당 방류둑 외면으로부터 10m 이내
- 방류둑을 설치하지 않은 가연성가스저장탱크의 경우 해당 저장탱크 외면으로부터 20m 이내
- 가연성물질을 취급하는 설비의 경우 그 외면으로부터 20m 이내

582 수소가스 배관의 온도상승방지조치에 대한 내용이다. 틀린 것은?

① 배관에 가스를 공급하는 설비에는 상용온도를 초과한 가스가 배관에 송입되지 않도록 처리할 수 있는 필요한 조치를 하여야 한다.
② 배관을 지상에 설치하는 경우 온도의 이상상승을 방지하기 위하여 부식방지도료를 칠한 후 은백색도료로 재도장하는 등의 조치을 하여야 한다.
③ 배관을 교량 등에 설치할 경우에는 가능하면 교량 하부에 설치하여 직사광선을 피하도록 하는 조치를 하여야 한다.
④ 배관에 열팽창안전밸브의 설치 등 안전조치를 한 경우에도 온도를 40℃ 이하로 유지할 수 있는 조치를 하여야 한다.

해설

배관에는 그 온도를 40℃ 이하로 유지할 수 있는 조치를 강구한다. 다만, 열팽창안전밸브의 설치 등 안전조치를 한 경우에는 온도를 40℃ 이하로 유지할 수 있는 조치를 하지 않을 수 있다.

583 수소의 반밀폐식 연료전지의 급·배기 설치기준에 대한 내용으로 틀린 것은?

① 배기통은 단독으로 설치한다.
② 터미널에는 직경 12mm 이상인 물체가 통과할 수 없는 방조망을 설치한다.
③ 배기통의 유효단면적은 연료전지의 배기통 접속부 유효 단면적 이상으로 한다.
④ 터미널의 전방·측변·상하주위 0.6m(방열판이 설치된 것은 0.3m) 이내에는 가연물이 없도록 한다.

정답 579 ④ 580 ③ 581 ① 582 ④ 583 ②

해설

터미널에는 새·쥐 등 직경 16mm 이상인 물체가 통과할 수 없는 방조망을 설치한다.

584 수소가스 배관에 표지판을 설치 시 표지판의 설치 간격으로 옳은 것은?

① 지하에 설치된 배관은 500m 이하
② 지하에 설치된 배관은 800m 이하
③ 지상에 설치된 배관은 500m 이하
④ 지상에 설치된 배관은 800m 이하

해설

표지판의 설치
- 지하에 설치된 배관은 500m 이하의 간격으로, 지상에 설치된 배관은 1000m 이하의 간격으로 설치하며, 배관의 위치를 알기 어려운 곳(굽어지는 곳, 분리되는 곳, 다른 가스배관과 교차되는 곳 등)에는 표지판을 추가로 설치한다.
- 지상에 설치한 배관의 경우 배관의 표면에 가스의 종류, 연락처 등을 표시한 때에는 이를 표지판에 갈음할 수 있다.

585 수소저장설비의 침하방지조치에 대한 내용으로 틀린 것은?

① 수소저장설비의 저장능력이 100m^3 이상인 것은 주기적으로 침하상태를 측정한다.
② 침하상태의 측정주기는 3년에 1회 이상으로 한다.
③ 벤치마크(bench mark)는 해당 사업소 안의 면적 50만m^2 당 1개소 이상 설치한다.
④ 측정한 결과로 침하량의 단위는 h/l로 계산한다.

해설

수소저장설비(계단·사다리·배관 등의 부속품을 포함한다.)의 침하상태 측정주기는 1년에 1회 이상으로 한다.

586 수소설비의 밸브 또는 콕의 조작과 관련하여 긴급차단 밸브의 조작위치가 몇 곳 이상 시 보통 사용하지 않는 밸브 등에는 "함부로 조작하여서는 안된다"는 뜻과 그것을 조작할 때의 주의사항을 표시하여야 하는가?

① 1곳　　② 2곳
③ 3곳　　④ 5곳

해설

계기판에 설치한 긴급차단밸브, 긴급방출밸브 등의 버튼핸들(button handle), 노칭디바이스핸들(notching device handle) 등 (갑자기 작동할 염려가 없는 것을 제외한다)에는 오조작 등 불시의 사고를 방지하기 위해 덮개, 캡 또는 보호장치를 사용하는 등의 조치를 함과 동시에 긴급차단밸브 등의 개폐상태를 표시하는 시그널램프 등을 계기판에 설치한다. 또한 긴급차단밸브의 조작위치가 2곳 이상일 경우 보통 사용하지 않는 밸브 등에는 "함부로 조작하여서는 안된다"는 뜻과 그것을 조작할 때의 주의사항을 표시한다.

587 정전기 제거설비를 정상상태로 유지하기 위하여 확인하여야 할 사항이 아닌 것은?

① 지상에서의 접지 저항치
② 지상에서의 접속부의 접속상태
③ 지하에서의 접속부의 접속상태
④ 지상에서의 절선 및 손상부분 유무

해설

정전기 제거설비를 정상상태로 유지하기 위한 확인 사항
- 지상에서의 접지 저항치
- 지상에서의 접속부의 접속상태
- 지상에서의 절선 그밖에 손상부분의 유무

588 다음은 수소를 제조하는 경우 압축이 금지되는 가스에 대한 설명이다. ( ) 안에 들어갈 내용으로 옳은 것은?

> 수소를 제조하는 경우 다음의 가스는 압축하지 않는다.
> (1) 수소 중의 산소 부피 용량이 전체 부피 용량의 (㉠) 이상인 것
> (2) 산소 중의 수소의 부피 용량 합계가 전체 부피 용량의 (㉡) 이상인 것

① ㉠ 2%, ㉡ 3%
② ㉠ 2%, ㉡ 2%
③ ㉠ 3%, ㉡ 3%
④ ㉠ 3%, ㉡ 2%

해설

수소를 제조하는 경우 다음의 가스는 압축하지 않는다.
- 수소 중의 산소 부피 용량이 전체 부피 용량의 2% 이상인 것
- 산소 중의 수소의 부피 용량 합계가 전체 부피 용량의 2% 이상인 것

정답 584 ① 585 ② 586 ② 587 ③ 588 ②

589 물을 전기분해하여 수소를 제조할 때 1일 1회 이상 가스를 채취분석하여야 하는 장소가 아닌 곳은?

① 발생장치
② 수소저장설비 입구
③ 정제장치
④ 수소저장설비 출구

해설

수소 또는 산소(물을 전기분해하여 제조하는 것만을 말한다)를 제조할 때에는 발생장치 · 정제장치 및 수소저장설비의 출구에서 1일 1회 이상 그 가스를 채취하여 지체 없이 분석한다.

590 수소설비에서 발생한 이상의 정도에 따라 위험을 방지하기 위해 필요한 조치를 강구하여야 한다. 필요한 조치에 해당하지 않는 것은?

① 이상이 발견된 설비에 대한 원인의 규명과 제거
② 예비기로 교체
③ 이상을 발견한 설비 또는 공정의 운전정지 후 보수
④ 부하의 상승

해설

수소설비에서 발생한 이상의 정도에 따라 다음 중 어느 하나 이상의 조치를 강구하여 위험을 방지한다.

- 이상이 발견된 설비에 대한 원인의 규명과 제거
- 예비기로 교체
- 부하의 저하
- 이상을 발견한 설비 또는 공정의 운전정지 후 보수

591 수소가스설비를 개방하여 수리를 할 경우의 내용으로 올바르지 않은 것은?

① 가스치환 조치가 완료된 후에는 개방하는 수소가스설비의 전후 밸브를 확실히 닫고 밀폐되는 부분의 밸브 또는 배관의 이음매에 맹판을 설치한다.
② 개방하는 수소가스설비에 접속하는 배관 출입구에 2중으로 밸브를 설치하고, 2중 밸브 중간에 수소를 회수 또는 방출 할 수 있는 회수용 배관 등을 설치하여 그 회수용 배관등을 통하여 수소를 회수 또는 방출하여 개방한 부분에 수소의 누출이 없음을 확인한다.
③ 대기압 이하의 수소는 회수 또는 방출하지 않을 수 있다.
④ 개방하는 수소가스설비의 부분 및 그 전후부분의 상용압력이 대기압에 가까운 설비(압력계를 설치한 것에 한정한다)는 그 설비에 접속하는 배관의 밸브를 확실히 닫고 해당 부분에 가스의 누출이 없음을 확인한다.

해설

가스치환 조치가 완료된 후에는 개방하는 수소가스설비의 전후 밸브를 확실히 닫고 개방하는 부분의 밸브 또는 배관의 이음매에 맹판을 설치한다.

592 수소 배관을 용접 시 용접시공의 진행 방법으로 가장 옳은 것은?

① LP가스의 용접 방법을 적용한다.
② O_2, C_2H_2의 용접 방법을 적용한다.
③ 위험성평가를 실시한 후 진행한다.
④ 적합한 용접절차서(W.P.S)에 따라 진행한다.

해설

수소 배관의 용접 및 비파괴 성능 확인방법

- 용접기구 및 용접재료는 KS D 7004(연강용 피복 아크 용접봉) 등 관련규격에 따른 용접에 적합한 기구 및 재료가 사용되는지 확인한다.
- 용접시공은 적합한 용접절차서(W.P.S)에 따라 진행한다.
- 용접부의 비파괴시험방법이 관련기준에 적합한지 확인하고, 비파괴검사를 실시한 자가 서명한 결과보고서 및 필름을 첨부 받아 적합한지 확인하여 처리한다.
- 그 밖의 작업공정은 검사원의 확인 없이 제작자 또는 설치자가 임의로 진행한 경우 불합격처리 한다.

593 수소가스설비의 배관 용접 시 내압 및 기밀시험에 대한 설명 중 옳은 것은?

① 수소가스설비의 내압 · 기밀시험은 전기식 다이어프램 압력계로 측정하여야 한다.
② 사업소 경계밖에 설치되는 배관에 대하여는 강 용접 이음부의 방사선투과검사에 따라 방사선투과 시험을 한다.
③ 사업소 경계 밖에 설치되는 배관의 양 끝부에는 이음부의 재료와 동등 이상의 성능이 있는 배관용 앤드캡(end cap), 막음플랜지 등을 용접으로 부착하고 인장시험을 실시한 후 내압시험을 실시한다.

정답 589 ② 590 ④ 591 ① 592 ④ 593 ④

④ 수압으로 실시하는 내압시험은 상용압력의 1.5배 이상으로 하고, 규정압력을 유지하는 시간은 5분에서 20분간을 표준으로 한다.

해설

- 수소가스설비의 내압 · 기밀시험은 자기압력기록계 등을 사용하여 이상 유무를 확인하며, 내압시험은 원칙적으로 수압으로 실시한다. 다만, 부득이한 이유로 물을 채우는 것이 부적당한 경우에는 공기 또는 위험성이 없는 기체의 압력으로 할 수 있다.
- 사업소 경계밖에 설치되는 배관에 대하여는 가스시설 용접 및 비파괴시험 기준에 따라 비파괴시험을 실시한다.
- 사업소 경계 밖에 설치되는 배관의 양 끝부에는 이음부의 재료와 동등 이상의 성능이 있는 배관용 앤드캡(end cap), 막음플랜지 등을 용접으로 부착하고 비파괴시험을 실시한 후 내압시험을 실시한다.

594 수소설비 배관의 기밀시험방법에 대한 내용 중 옳은 것은?

① 기밀시험압력은 최고충전압력 이상으로 한다.

② 상용압력이 0.7MPa을 초과하는 경우 0.7MPa 압력 이상으로 한다.

③ 기밀시험은 기밀시험압력에서 누설이 없는 경우에도 2~3회 반복 시험하여 합격여부를 결정한다.

④ 기밀시험은 원칙적으로 공기만을 사용해야 한다.

해설

- 기밀시험압력은 상용압력 이상으로 하되, 0.7MPa을 초과하는 경우 0.7MPa 압력 이상으로 한다.
- 기밀시험은 기밀시험압력에서 누설 등의 이상이 없을 때 합격으로 한다.
- 기밀시험은 원칙적으로 공기 또는 위험성이 없는 기체의 압력으로 실시한다.

정답 594 ②

PART 04

공업경영

CHAPTER

01 공업경영의 개요

1 경영 및 경영의 목적

(1) 경영

기술 · 사회 · 경제적으로 구성된 조직이고 체계적인 활동

(2) 기업경영의 목적

① 이윤창출로 인하여 기업을 유지 · 발전시킴

② 양질의 제품을 생산 · 공급

③ 공공의 복지증진 및 나라의 경제발전

2 공업경영 기법

(1) 테일러의 과학적 관리법의 4단계

① **시간연구** : 작업의 동작, 조건, 시간 등의 상관관계를 계산하여 작업방법의 모델을 정하고 작업자가 작업수행 시 소모되는 시간을 연구

② **동작연구** : 작업 중 야기되는 불필요한 동작을 제거하여 생산에 꼭 필요한 동작만을 행함으로써 생산효율을 높이는 방법

③ **작업방법연구** : 작업에 필요한 요소를 적용하여 정확한 분석으로 신속하고 효과적인 작업방법을 적용하는 기법

④ **동작종합** : 각 공정에 소요되는 작업소요시간 및 여유시간을 계산하여 표준시간을 구해 적용하는 기법

TIP

과학적 관리법의 특징

표준화, 단순화, 전문화 등으로 다량의 생산 방식에 연결

(2) 생산방식

① **판매방법**

㉮ 계획생산

㉯ 주문생산

② **공장의 제품생산방식**

㉮ 롯트생산 : 제품을 일정수량만 생산하는 방식

㉯ 연속생산 : 동일제품을 연속적으로 계속 생산하는 방식

㉰ 주문생산 : 주문자의 요구에 따라 생산하는 방식

㉱ 컨베이어시스템 : 생산제품이 컨베이어밸트에서 이동하면 작업자는 고정위치에서 반복작업을 하는 방식

(3) 공정별 계획 수립

① **공정계획수립의 의의** : 효율적인 작업방법, 순서, 시간 등을 결정하여 경제적으로 양질의 제품생산을 꾀함

② **공정계획수립의 기초자료**

㉮ 작업의 순서

㉯ 개인별 작업시간

㉰ 작업에 사용될 공구

㉱ 제품생산에 필요한 자재

㉲ 작업의 내용, 작업방법

(4) 품질검사의 종류

① **공정별 검사** : 수입검사, 공정검사, 최종검사, 출하검사

② **성질별 검사** : 파괴검사, 비파괴검사

③ **판정대상에 따라 검사** : 전수검사, 샘플링검사

㉮ 전수검사 : 생산제품을 전량검사. 제품불량 시 막대한 피해가 예상될 때 실시

㉯ 샘플링검사 : 제품이 대량. 불량혼입이 허용될 때 실시

㉰ 샘플링검사 방식

㉠ 규준형 샘플링 검사 : 생산자, 수요자가 모두 만족할 수 있는 검사결과를 정하고 검사하는 방식

㉡ 조정형 샘플링검사 : 양질의 제품공급 생산자에게는 쉬운 검사방식을, 양호하지 않은 제품생산자에게는 까다로운 검사방식을 적용하는 검사방식(소비자가 합격기준을 정함)

㉢ 선별형 샘플링검사 : 검사 결과 불량률이 합격기준 미만 시 그 공정의 롯트 합격, 검사 결과 불량률이 합격기준 개수 초과 시 그 공정의 롯트는 전수검사 실시

㉣ 연속생산형 샘플링검사 : 양호한 품질생산 시 1개를 검사, 불량제품 생산 시 하나하나 검사하는 방식

(5) 테일러의 파업관리 4대 원칙

① 매일 많은 과업

② 표준화된 제조건

③ 성공에 대한 인센티브

④ 실패에 대한 손실부담

CHAPTER 02

품질관리 및 생산관리

1 품질관리

(1) 정의

제품의 품질에 대한 조직화, 계획화, 통제화를 통한 품질 대상의 직접적인 관리 활동

(2) 관리도

품질관리를 실시하기 위해 생산공정에서 제조되는 품질의 불량을 예방하기 위해 일어나는 산포가 우연 원인인가 어려운 원인인가를 조사하여 대비책을 마련하기 위한 관리한계선

(3) 관리도의 종류

① **계량치 관리도**

㉮ $\overline{x}-R$: 평균치와 범위관리도

㉯ x : 측정치 관리도

② **계수치 관리도**

㉮ P(부적합품률) 관리도

㉯ np(부적합품수) 관리도

㉰ c(부적합수) 관리도

㉱ u(단위당 부적합수) 관리도

③ **관리도의 구성**

㉮ 관리상한선(UCL)

㉯ 중심선(CL)

㉰ 관리하한선(LCL)

→ 관리상한선은 표준편차의 3배에 위치한다.

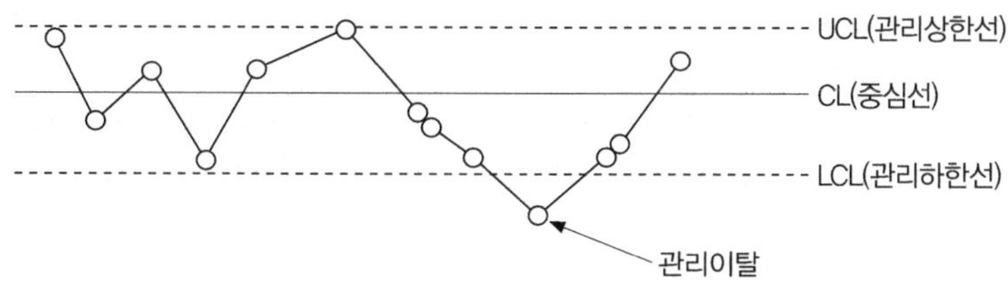

2 생산관리

(1) 생산관리의 개요

생산관리란 제품생산과정을 체계적이고 합리적으로 관리, 양질의 제품을 저렴하게 생산할 수 있는 시스템을 갖추는 것을 말한다.

(2) PERT/CPM(프로젝트를 관리하는 기법)

① **의미**

㉮ PERT(Project Evaluation and Review Technuque)

㉯ CPM(Critical Path Method)

② **PERT/CPM(네트워크)의 구성요소**

㉮ 단계(Event) : 작업의 시작, 완료를 의미, 원(○)으로 나타냄

㉯ 활동(Activity) : 작업의 시행을 의미, 네트워크에서 화살표(→)로 나타냄

㉰ 가상활동 (Dummy Activity) : 네트워크에서 전후를 연결하는 활동으로 점선화살표(⋯▸)로 나타냄

(3) 공정 도시 기호

① **기본 도시 기호**

번호	요소 공정	기호의 명칭	기호	뜻	비고
1	가공	가공	◯	원료, 재료, 부품 또는 제품의 모양, 성질에 변화	• 운반 기호 지름은 가공 기호 지름의 1/2~1/3 • 운반 기호는 기호 ⇨를 사용할 수 있으며, 이 기호는 운반 방향을 뜻하지 않음
2	운반	운반	○	원료, 재료, 부품 또는 제품의 위치에 변화	
3	정체	저장	▽	원료, 재료, 부품 또는 제품을 계획에 따라 저장	
4		지체	D	원료, 재료, 부품 또는 제품을 계획에 반하여 지체	
5	검사	수량 검사	□	양 또는 개수를 계량하여 그 결과를 기준과 비교	
6		품질 검사	◇	품질 특성을 시험, 그 결과를 기준과 합격 · 불합격 판정	

② 보조 도시 기호

번호	기호의 명칭	기호	뜻
1	흐름선	│	요소 공정의 순서 관계를 표시
2	구분	〰	공정 계열에서 관리상의 구분을 표시
3	생략	═	공정 계열의 일부분 생략을 표시

③ 복합 기호

복합 기호	뜻	비고
	품질 검사를 주로 하면서 수령 검사도 수행	복합 기호에서 운반 기호는 ⇨를 사용
	수량 검사를 주로 하면서 품질 검사도 수행	
	가공을 주로 하면서 수량 검사도 수행	
	가공을 주로 하면서 운반도 수행	

(3) 제품검사의 종류

① **전수검사** : 검사비용이 저렴하고, 양질과 불량판정이 정확, 불량품 혼입이 절대 불가 시 사용되는 검사방식

② **샘플링검사** : 전수검사 시 비용과 시간이 많이 들기 때문에 검사가 파괴검사일 때 적용하는 검사로서 롯트에서 표본을 추출하여 검사해 롯트 전체의 합격 · 불합격을 판정

(4) 작업측정기법

① **PTS(기정시간표준법)** : 작업에 대한 표준시간을 측정

② **WS(워크샘플링)** : 통계적으로 작업시간을 측정

③ **WF(Work Factor)** : 신체에 따라 정상 시간치를 설정, 필요 동작의 시간치를 따라 표준시간으로 산정

④ **스톱워치법** : 연속 · 반복적인 현장 작업을 대상으로 하며 작업공정을 이용, 표준시간을 산정하며 시계를 이용하므로 작업자에 심리적 부담을 줄 수 있음

⑤ **수요예측 중 시계열 예측기법** : 일정 주기로 발생한 자료를 순차적으로 분석하여 미래를 예측하는 기법으로 추세변동, 순환변동, 계절변동 불규칙

적중 예상문제

01 다음 보기 중 생산의 정의로 올바르지 않은 항목은?

① 서비스나 재화의 산출과정이다.
② 원료를 이용하여 제품을 만들어 부가가치를 높이는 경제활동이다.
③ 넓은 의미로 모든 경제 제원을 만드는 행위를 말한다.
④ 무에서 유를 창조해 나가는 부가적 행위를 말한다.

해설

보기 중 ①, ②, ③항 외에 최소한의 비용으로 최대의 효과를 이루어내는 저비용고효율의 창출행위 및 서비스 업종에서의 서비스 행위 등을 포함한다.

02 다음 보기 중 생산관리의 원칙에 속하지 않는 항목은?

① 제품의 대량생산
② 제품에 대한 전문적인 지식
③ 제품에 대한 표준 모델
④ 제품 생산과정의 단순화

03 다음 중 생산의 목표에서 설비 이용도를 높이는 방법에 해당하지 않는 항목은?

① 작업자의 숙련도 향상
② 설비의 고장 및 수리 등에 의한 유휴시간 최소화
③ 원가절감
④ 작업시간 증가

해설

보기 ③항은 기초단계에서 투입의 능률향상 지표

04 제품의 생산을 위하여 수요를 계산하여 판매계획을 세워 제품의 종류, 가격 등을 초기단계에서 결정하는 것을 무엇이라 하는가?

① 생산능력 수립 ② 생산계획
③ 수요예측계획 ④ 생산판매 · 수요계획

05 생산계획의 총괄계획을 수립 시 고려하지 않아도 되는 항목은?

① 재고유지비용
② 근로자의 고용 및 해고비용
③ 차기납품비용
④ 생산시설유지비용

해설

총괄생산계획 : 변동수요에 대해 경제성을 향상시킬 목적으로 고용수준, 생산자원, 재고 등의 변수를 조절하여 생산의 양과 시기를 통제할 줄 알아야 한다.

06 다음 생산관리의 수요예측의 기법 중 정량적 기법에 해당하는 항목은?

① 델파이법
② 시계열기법
③ 시장조사법
④ 전문가이용법

해설

①, ③, ④ : 정성적 기법 / ② : 인과형 기법, 정량적 기법

07 다음 중 생산계획에 따른 수요예측의 계획 수립 시 포함되어야 할 사항과 거리가 먼 것은?

① 서비스 종류
② 제품의 개수, 품질
③ 생산시설의 현황 및 작업자의 숙련도
④ 수요자의 시장특성

08 다음 중 제품이 갖추어야 하는 품질의 구비조건에 해당하지 않는 항목은?

① 제품의 경제성이 있는 것
② 제품의 특성이 균일한 것
③ 소비자의 욕구를 충족시킬 것
④ 제품의 내구성이 반영구적일 것

정답 01 ④ 02 ① 03 ③ 04 ② 05 ④ 06 ② 07 ③ 08 ④

09 공정관리의 기능 중 도식적 기법에 포함되지 않는 항목은?

① 공정절차표
② 작업공정표
③ 흐름공정표
④ 생산라인표

해설

도식적 기법
- 공정분석의 효율을 높이기 위해 또는 작업능률을 높이기 위해 사용되는 공정흐름도(Flow chart)이다.
- 공정절차표, 작업공정표, 흐름공정표, 조립분석도표, 인간 · 기계도표 등이 있다.

10 제품의 효율적 생산을 위해 생산설비의 배치 중 공정별 배치의 장점인 것은?

① 대량생산에 적합하다.
② 제품의 이동시간을 줄일 수 있다.
③ 작업순서 변동 시 대처가 가능하다.
④ 설비의 이동배치가 용이하다.

해설

공정별 배치의 장 · 단점
- 장점 : 투자비 절약, 다양한 주문에 대응, 작업만족 고취, 설비의 고장 및 자재 부족에도 남은 공정라인으로 작업 가능
- 단점 : 생산품의 운반거리가 길고 작업자의 숙련이 필요

11 제품의 품질관리를 할 때 기대되는 직접적인 효과가 아닌 것은?

① 제품의 불량률 감소로 인한 경제적 효과를 볼 수 있다.
② 제품의 질적 향상을 꾀할 수 있다.
③ 원자재 공급이 원활하여 수요에 알맞은 적정 수량의 제품 생산이 가능하다.
④ 작업인원을 줄일 수 있다.

12 다음 중 품질관리를 위하여 준수해야 할 항목에 속하지 않는 것은?

㉠ 품질의 기본계획 수립 ㉡ 대량생산을 위한 설비의 증설 ㉢ 생산제품의 기술적 설계 ㉣ 제품의 품질특성 측정 ㉤ 제조 후의 품질관리(사용단계의 품질관리)

① ㉠　　② ㉡
③ ㉢, ㉣　　④ ㉣, ㉤

13 다음 중 품질비용의 유형이 아닌 것은?

① 실패비용　　② 성공비용
③ 예방비용　　④ 평가비용

해설

품질비용의 유형
- 직접 : 통제(예방, 평가), 실패(내적, 외적)
- 간접 : 공급자품질, 자본품질

14 제품의 품질을 향상시키기 위하여 제품의 자료를 도표화하여 관리한계선을 초과한 제품 특성의 원인을 규명하는 관리도의 구성의 3대 관리선에 해당하지 않는 항목은?

① 관리중심한계선　　② 관리상부한계선
③ 중심선　　④ 관리하부관계선

해설

- 관리선 : 관리상부한계선(UCL), 중심선(CL), 관리하부한계선(LCL)
- 관리도 : 생산공정의 안정도를 나타내는 척도로 품질의 불량예방을 위한 통계지표로 사용되는 도표

15 제품의 유량, 온도, 압력, 무게 등의 수치를 이용하여 작성한 관리도의 명칭에 해당되는 항목은?

① 평균관리도　　② 계량관리도
③ 계수관리도　　④ 표준관리도

해설

계량형 관리도
- $\overline{x}-R$: 평균치와 범위관리도
- $\overline{x}-s$: 평균치와 표준편차관리도

정답 09 ④ 10 ③ 11 ④ 12 ② 13 ② 14 ① 15 ②

16 **다음 중 계수형 관리도의 종류가 아닌 것은?**

① P 관리도 ② np 관리도
③ c 관리도 ④ R 관리도

해설

계수형 관리도 : 불량률, 불량개수, 결정수 등의 계수적인 개념의 관리도로서 P(불량률) 관리도, np(불량개수) 관리도, c(결정수) 관리도, u(단위당 결정수) 관리도 등이 있다.

17 **품질관리 측면에서 샘플링검사를 하는 목적에 해당되지 않는 것은?**

① 공정변화의 정도를 판단하기 위하여
② 제품의 품질을 평가하기 위하여
③ 짧은 시간에 대량 생산을 하기 위하여
④ 불량제품을 가려내기 위하여

18 **품질관리의 측면에서 샘플링검사 대신 전수검사를 하는 목적은?**

① 제품의 대량 생산을 위하여
② 제품의 품질을 평가하기 위하여
③ 검사 정보의 신속한 Feed Back을 위하여
④ 불량발생 시 막대한 피해가 예상될 때

해설

전수검사의 목적은 보기 ①, ②, ③항 외에 샘플링검사보다 경제성이 있을 때, 샘플링검사 시 다량의 불량률 발생 시가 있다.

19 **샘플링검사의 장점에 속하지 않는 보기는?**

① 경제성이 있다.
② 검사 작업원이 적어도 된다.
③ 검사에 따른 제품의 손상이 적다.
④ 전수검사에 비해 불량률이 낮다.

20 **샘플링 검사에 있어 생산자, 수요자가 검사결과에 대하여 합리적인 기준을 정해 동시 만족을 할 수 있는 검사방식의 종류는?**

① 조정형검사 ② 규준형검사
③ 선발형검사 ④ 생산형검사

21 **제품의 샘플링검사에서 샘플 개수 100개 중 불량이 5개일 때 불합격 3개 이하이면 합격을 정하는 샘플링검사방법은?**

① 불량수에 의한 계수 샘플링 검사
② 계량샘플링검사
③ 결점수의 계수 샘플링검사
④ 단위당 결점수 샘플링검사

22 **생산공정에서 생산능률의 향상을 위하여 취하여야 할 행동요령으로 옳지 않은 항목은?**

① 단위 공정의 능률화를 하여야 한다.
② 작업공정의 능률화를 하여야 한다.
③ 생산량을 증가시켜야 한다.
④ 작업시간을 증대시켜야 한다.

23 **제품의 효율적 생산을 위하여 현재 시행하고 있는 작업동작을 분석할 필요가 있다. 일반적인 작업동작 분석의 목적이 아닌 항목은?**

① 삶의 질 향상을 위하여
② 합리적인 작업방법의 결정을 위하여
③ 합리적인 작업순서의 결정을 위하여
④ 불필요한 동작을 감소시켜 육체의 피로도를 줄이기 위하여

24 **불필요한 작업동작을 하지 않으므로 생산성 향상을 가져올 수 있는 동작경제의 원칙에 해당하지 않는 보기는?**

① 제품생산의 주변 환경에 관한 원칙
② 작업용 공구, 기계설계에 관한 원칙
③ 인체에 관한 원칙
④ 작업장에 관한 원칙

해설

동작경제의 원칙
- 신체 사용에 관한 원칙
- 작업장의 배치에 관한 원칙
- 공구 및 설비 디자인에 관한 원칙

정답 16 ④ 17 ③ 18 ④ 19 ④ 20 ② 21 ① 22 ④ 23 ① 24 ①

25 동작경제의 원칙상 작업장에 관한 동작경제원칙 중 틀린 보기는?

① 작업장 및 공구 등을 정해진 위치에 가지런히 정돈한다.
② 작업자의 시야를 충분히 확보하기 위해 작업장의 적당한 조명도를 유지하여야 한다.
③ 작업동작의 단순화를 피하여야 한다.
④ 작업용 공구는 작업자가 작업 가능한 위치에 있어야 한다.

해설

보기 ③항은 인체에 관한 동작경제의 원칙이다.

26 다음 보기 중 기계설계 공구의 동작 경제원칙 중 틀린 보기는?

① 두 개 이상의 공구는 동시에 사용하지 않는다.
② 모든 공구는 작업자가 사용하기 편리하여야 한다.
③ 공구는 작업자가 사용하기 쉬운 장소에 깨끗하게 정돈되어 있어야 한다.
④ 공구의 손잡이 부분은 작업자가 사용하기에 편리하게 고안되어야 한다.

27 제품생산을 위해 작업자 작업시간 표준화를 결정하는데 가장 합리적인 방법은?

① 실제작업시간과 잔업시간을 합하여 표준시간을 정한다.
② 예상작업시간과 여유시간을 합산하여 표준시간을 정한다.
③ 예상작업시간과 잔업시간을 합하여 표준시간을 정한다.
④ 실제작업시간을 측정하고 여유시간을 합산하여 표준시간을 정한다.

28 표준작업시간 결정 시 작업자의 오랜 경험을 바탕으로 측정하는 경험법의 단점에 해당하는 것은?

① 경험자의 주관적인 판단에 의존하여야 한다.
② 표준모델의 설정이 어렵다.
③ 비경제적이다.
④ 표준작업시간 결정의 산포가 크다.

해설

표준작업시간 결정방법에는 시간연구법, 견적법, 경험법이 있다.

29 표준작업시간 측정에서 시계나 작업시간을 직접 동영상 또는 필름 등에 의하여 직접 측정하는 기법은?

① 경험법
② 직접법
③ 시간연구법
④ 견적산출법

30 작업관리 시 표준작업시간을 설정할 때 기본적으로 검토하여야 하는 사항이 아닌 것은?

① 정미작업 경과시간을 표준시간으로 설정
② 수정계수를 통한 정상시간의 수정
③ 정미작업 경과시간의 측정
④ 표준시간은 정상시간+여유시간

31 LPG용기 제조 시 1일 8시간 주문 시 작업지연 여유시간 15분 휴식 및 생리여유시간 15분, 피로여유시간 15분, 기타 여유시간 15분일 때 표준작업시간은 얼마인가?(단, 종업원 8명의 완제품 제조에 소요되는 총시간은 20시간이다.)

① 1.857
② 2.857
③ 3.857
④ 4.857

해설

- 평균작업시간 : $\frac{20}{8}=2.5\text{hr}$
- 표준작업시간 : $2.5\times\frac{1}{1-\frac{1}{8}}=2.857\text{hr}$

정답 25 ③ 26 ① 27 ④ 28 ① 29 ③ 30 ① 31 ②

32 **작업자의 작업의 종류, 펌프, 압축기의 운전상태를 육안으로 점검하여 운전시간 등을 파악, 그 상황을 통계적으로 추측하는 작업표본추측 방법은?**

① 시간표준법
② 워크 샘플링
③ 견적법
④ 워크 팩토(기본동작)법

해설

워크샘플링 방법에는 stop watch가 필요치 않다.

33 **다음 중 워크샘플링 방법의 특징에 해당하는 것은?**

① 관측자가 작업장에 부재 시 관측이 불가능하다
② 관측자 1인이 여러 명의 대상자를 관측하기 어렵다.
③ 비경제적이다.
④ 작업의 심취도가 낮다

34 **공정 중 작업설계에 있어 작업을 분할하는 가장 궁극적 목적은?**

① 작업을 용이하게 하기 위해
② 작업자의 단결을 위해
③ 분업수행의 효율을 위해
④ 작업수행의 경제가치를 창출하기 위해

35 **공정 중 작업수행에 있어 활용하는 지표에 해당하지 않는 항목은?**

① 작업분석표
② 사람과 기계장치의 분석표
③ 작업수행분석표
④ 작업활동분석표

36 **작업순서 결정에 있어 긴급률이 1보다 적을 때 공정 중에 취해야 할 행동으로 올바른 것은?**

① 작업속도를 빠르게 해야 한다.
② 작업속도를 느리게 해야 한다.
③ 작업속도에 관계없이 작업을 해도 된다.
④ 평소 작업속도에 따라 작업을 평균속도로 한다.

37 **다음 중 작업표준시간을 내경법으로 구하는 식이 맞는 것은?**

① 표준시간 = 정미시간 × (1 + C_1 + 여유시간)
② 표준시간 = $\dfrac{\text{정상시간}}{1-\text{여유율}}$
③ 표준시간 = 정상시간 + 여유시간
④ 표준시간 = (1 + 여유시간)

해설

표준시간 산출 : 정상시간에 여유시간을 가산

- 내경법 : 표준시간 = 정상시간 × $\dfrac{1}{1-\alpha}$(α : 여유율)
- 외경법 : 표준시간 = 정상시간 × (1+α)
- 정상시간 = $\dfrac{\text{작업시간} \times \text{작업률} \times \text{능률지수}}{\text{생산량}}$

38 **어느 고압용기 제조공장에서 1일 8시간 근무 시 피로여유 30분, 작업지연여유 10분, 기타여유 10분일 때 표준시간을 구하시오.(단, 공장근로자의 평균작업시간은 2.5min이다.)**

① 1.5분　　② 1.8분
③ 2.8분　　④ 3분

해설

표준시간 = 정상시간 × $\dfrac{1}{1-\alpha} = \dfrac{2.5}{1-\dfrac{50}{480}}$

= 2.79min ≒ 2.8min

※여유율 = $\dfrac{\text{작업시간} \times \text{작업률} \times \text{능률지수}}{\text{생산량}}$

39 **불량제품 발생 시 몇 개의 불량수를 제거 시 불량개수가 대폭 감소되는 품질관리기법은?**

① Pareto 도표
② 산점도
③ 특성요인도
④ 히스토그램

해설

- 산점도 : 두 가지 요소(종속, 독립변수)의 상관계수를 계산하여 비정상 사례를 가려내는 품질관리기법
- 특성요인도 : 문제가 되는 원인과 결과의 관계를 도표로 나타내어 문제점을 파악하는 품질관리기법

정답 32 ② 33 ① 34 ④ 35 ④ 36 ① 37 ② 38 ③ 39 ①

40 다음의 제품 공정도시기호 중 보관(저장)의 도시기호로 옳은 것은?

① ▽ ② D

③  ④ ⇨

해설

① 저장, ② 지체, ③ 수량 검사, ④ 운반

41 규준형 1회 심플링검사에 대한 내용과 거리가 먼 것은?

① 1회만의 거래에 사용가능하다.
② 검사에 제출된 lot의 사전정보는 샘플링검사에 직접적용과 관계없다.
③ 생산자 소비자가 요구하는 품질을 동시에 만족시키는 샘플링검사방식이다.
④ 파괴검사 등과 같이 전수검사가 불가능시 사용할 수 없다.

해설

전수검사 불가능시 샘플링검사 적용

- 샘플링검사 : 제품의 롯트에서 롯트 전체의 합격, 불합격 여부를 판정하는 검사방식(규준형, 조정형, 선별형)
- 규준형 : 생산자, 소비자 모두를 만족시킬 수 있는 기준을 정하고 검사하는 방식

42 부하(Loading)량을 기계가 사용된 시간, 인간이 작업한 시간으로 표현할 때, 부하와 능력의 조정을 실천하는 작업관리의 정의를 무엇이라 하는가?

① 공수
② 절차(순서)
③ 부하결정
④ 품질관리

해설

- 부하 : 제품을 생산하기 위해 필요한 인원, 장비 등의 능력을 조정하는 것
- 부하량을 사람이 행한 작업시간이며 장비가 운전된 기계시간과 사람이 작업한 인사시간으로 나타내는 것, 이것을 공수계획이라 함

43 고압가스탱크 제조 시 D 공장의 A, B 작업장의 작업 결과치가 다음과 같을 때 비용구배(원/a)를 구하면?

1A		B	
총작업 일수	소요비용	총작업 일수	소요비용
10일	3,000,000원	15일	2,500,000원

① 100,000
② 200,000
③ 300,000
④ 400,000

해설

$$\text{비용구배} = \frac{\text{소용비용의차}}{\text{작업일수의차}} = \frac{3{,}000{,}000-2{,}500{,}000}{15-10} = 100000\text{원/a}$$

44 다음 중 계량치 관리도에 속하는 것은?

① $\overline{x}-R$ 관리도
② c 관리도
③ np 관리도
④ u 관리도

해설

계량치 관리도 : $\overline{x}-R$ (평균치－범위관리도),
$\overline{x}-s$ (평균치－표준편차관리도)

45 수요예측 방법 중 시계열 예측기법(Time Series Analyses)의 시계열 자료변동에 속하지 않는 것은?

① 추세변동
② 불규칙변동
③ 판매 · 수요변동
④ 순환변동

해설

시계열 예측 : 일정 주기로 발생한 자료를 순서대로 분석하여 미래를 예측하는 기법으로 추세, 순환, 계절, 불규칙 변동 등이 있음

정답 40 ① 41 ④ 42 ① 43 ① 44 ① 45 ③

46 품질 불량원인 제거법 중 파레토 도표에 대한 설명으로 거리가 먼 것은?

① 현재 문제점을 객관적으로 발견할 수 있다.
② 불량원인을 가로축, 불량비율을 세로축에 나타내어 불량개수를 제거하는 방법이다.
③ 손실액, 불량률이 적은 항목부터 큰 항목순서로 나열한 도표이다.
④ 도수분포의 응용방법으로 현장에서 많이 사용하는 방법이다.

해설

Pareto 도표

- 불량계수의 큰 문제는 1~2개가 전체 불량원인의 비중을 차지하므로 불량수 몇 개만 제거하면 불량수를 대폭 감소시킬 수 있는 방법
- 불량률이 많은 불량개수부터 순서대로 나열한 방법

47 1000개의 데이터 평균을 산출하여 3.54를 얻었다. 추가로 5.5라는 데이터가 관측되었다면 총 1001개 데이터의 평균은 얼마인가?

① 3.542
② 3.540
③ 3.538
④ 3.544

$$\bar{x}=\frac{\sum x}{n}=\frac{3.54\times 1000+5.5}{1001}=3.5419$$

48 다음의 조건을 참조하여 p(불량률) 관리도의 관리상한값(UCL)을 구하면 얼마인가?

[조건]
$\sum Pn$ (샘플의 총불량개수) : 500
$\sum n$ (샘플의 총검사개수) : 6000
n (샘플의 검사수) : 200

① 0.1415
② 0.356
③ 0.457
④ 0.564

해설

- 관리상한값 UCL $= \dot{P}+3\sqrt{\dfrac{\dot{P}(1-\dot{P})}{n}}$
- 관리하한값 LCL $= \dot{P}-3\sqrt{\dfrac{\dot{P}(1-\dot{P})}{n}}$
- 불량률 $P=\dfrac{\sum Pn}{\sum n}=\dfrac{500}{6000}=0.083$

$\therefore$ UCL $= 0.083+3\sqrt{\dfrac{0.083(1-0.083)}{200}}=0.1415$

49 다음의 조건을 가지고 np(불량개수관리도)의 UCL(관리상한값)을 구하면 얼마인가?

[조건]
시료군의 수(생산번호값) $K=20$
총불량개수 $\sum Pn=169$
lot의 크기(n) = 4500

① 17.005
② 16.005
③ 170.05
④ 160.05

해설

- 관리상한값 UCL $= \dot{P}n+3\times\sqrt{\dot{P}n(1-\dot{P})}$
- 관리하한값 LCL $= \dot{P}n+3\times\sqrt{\dot{P}n(1-\dot{P})}$
- 평균불량수 $\dot{P}n=\dfrac{\sum Pn}{K}=\dfrac{169}{20}=8.45$
- 평균불량률 $\dot{P}=\dfrac{\sum Pn}{\sum n}=\dfrac{169}{4500}=0.0375$

$\therefore$ UCL $= 8.45+3\times\sqrt{8.45(1-0.0375)} = 17.005$

50 수요예측기법 중 일정기간의 예측치가 10.56이고, 실판매량이 50, 지수평활값이 0.3일 때 다음 기간의 예측값을 지수평활법으로 구하면 얼마인가?

① 10.79
② 22.39
③ 32.56
④ 41.57

$x = 10.56+0.3(50-10.56) = 22.392$

정답 46 ③ 47 ① 48 ① 49 ① 50 ②

초단기 가스기능장

PART 05

〈가스기능장〉 기출문제

01회 가스기능장 기출문제

CHECK POINT QUESTION

제44회 가스기능장 기출문제

01 다음 가스폭발에 대한 설명 중 틀린 것은?

① 압력과 폭발범위는 서로 관계가 없다.
② 관지름이 가늘수록 폭굉유도거리는 짧아진다.
③ 혼합가스의 폭발범위는 르샤트리에 법칙을 적용한다.
④ 아황산탄소, 아세틸렌, 수소는 위험도가 커서 위험하다.

해설

온도와 압력이 높을수록 폭발범위 넓어짐(단, CO는 압력이 높을수록 폭발범위가 좁아지고 H_2는 어느 정도의 압력에는 폭발범위가 좁아지다가 그 이상의 압력에서는 다시 폭발범위가 넓어짐)

02 배관용 합금 강관의 KS규격 표시 기호는?

① SPA ② STPA
③ SPP ④ SPPS

해설

- SPA(배관용 합금강관) : 고온도에 사용, 종류는 SPA_{12}, SPA20~SPA26까지 7종이 있음
- SPP(배관용 탄소강관) : 1MPa미만의 유체배관에 사용
- SPPS(압력배관용 탄소강관) : 1MPa이상 10MPa미만 배관에 사용
- SPPH(고압배관용 탄소강관) : 10MPa 이상의 배관에 사용

03 다음 고압밸브에 대한 설명으로 옳은 것은?

① 주로 주조품을 깎아서 만든다.
② 슬루스밸브는 기밀도가 좋다.
③ 글로브밸브는 기밀도가 나쁘다.
④ 콕(Cock)은 통로의 개폐가 신속히 이루어진다.

해설

고압밸브

- 주로 단조품
- 슬루스밸브(기밀성 나쁨)
- 글로우브밸브(기밀성 좋음)

04 용접 시 가접을 하는 이유가 가장 적당한 것은?

① 응력 집중을 크게 하기 위하여
② 용접부의 강도를 크게 하기 위하여
③ 용접자세를 일정하게 하기 위하여
④ 용접 중의 변형을 방지하기 위하여

05 다음 [보기]의 특징을 가진 신축이음재의 종류는?

- 배관이 직선부분일 경우에 유효하다.
- 직선으로 이음하므로 설치공간이 비교적 작다.
- 신축량이 크고 신축으로 인한 응력이 생기지 않는다.
- 장시간 사용 시 패킹재가 마모되어 누수의 원인이 된다.

① 슬리브형
② 벨로즈형
③ 루프형
④ 스위블형

해설

신축이음의 종류

- 슬리브형(Sleeve type expansion joint)
  - 설치공간이 적어 시공이 쉽다.
  - 자체응력 누설이 적다.
  - 고압에는 부적당하다.
  - 신축량은 50~300mm 정도이다.
- 벨로스형(Bellows type joint)
  - 설치공간이 적다.
  - 응력 및 누설이 없다.
  - 신축량은 6~30mm 정도이다.
- 루우프형(Loop type joint)
  - 설치공간을 많이 차지한다.
  - 신축에 따른 응력이 생긴다.
  - 관의 곡률반경은 6배 이상이며 가장 큰 신축을 흡수한다.
  - 옥외 배관에 사용한다.
- 스위블형(Swivel type expansion joint) : 두 개 이상의 엘보를 사용하여 신축을 흡수하는 방법으로 신축이음 중 흡수 할 수 있는 신축량이 가장 적다.
- 상온스프링(콜드스프링) : 배관의 자유 팽창량을 미리 계산 관을 짧게 절단하는 방법으로 신축을 흡수하는 방법이며 이 때 절단 길이는 자유 팽창량의 1/2이다.

06 **액화천연가스 180톤을 저장하는 저압지하식 저장탱크는 그 외면으로부터 사업소 경계까지 몇 m 이상의 안전거리를 유지하여야 하는가?**

① 17m ② 27m
③ 34m ④ 71m

해설

액화천연가스(기화된 천연가스를 포함한다.)의 저장설비 및 처리설비(1일처리능력이 5만 2천 500m^3 이하인 펌프 · 압축기 · 응축기 및 기화장치를 제외한다.)는 그 외면으로부터 사업소 경계까지 다음의 산식에 의하여 얻은 거리 (그 거리가 50m 미만인 경우에는 50m) 이상을 유지할 것

$L = C\sqrt[3]{143000W}$

- L : 유지하여야 하는 거리 (단위 : m)
- C : 저압지하식 저장탱크는 0.240, 그 밖의 가스저장설비 및 처리설비는 0.576
- W : 저장탱크는 저장능력(톤)의 제곱근, 그 밖의 것은 그 시설내의 액화천연가스의 질량(단위 : 톤)

$\therefore L = 0.240\sqrt[3]{143000 \times \sqrt{180}} = 29.82m$

계산식의 거리가 50m 미만인 경우 50m 이상을 유지하여야 하므로 71m이다.

07 **공기액화분리장치에서 공기 중에 아세틸렌가스가 혼합되면 안 되는 이유에 관하여 옳게 설명한 것은?**

① 산소의 순도가 나빠지기 때문에
② 질소와 산소의 분리가 방해되므로
③ 배관 내에서 동결하여 관을 막을 수 있으므로
④ 분리기 내의 액체 산소 탱크 내에 들어가 폭발하기 때문에

해설

공기액화분리장치내 액화산소 5L 중 C_2H_2이 5mg, 탄화수소 중 C의 양이 500mg 이상 함유 시 폭발의 우려가 있다.

08 **산소의 공업적 제조법에 해당하는 것은?**

① 공기를 액화분리하여 얻는다.
② 석유의 부분 산화법으로 얻는다.
③ 과산화수소와 이산화망간을 반응시켜 얻는다.
④ 염소산칼륨과 이산화망간을 혼합하여 열분해시켜 얻는다.

해설

• 산소의 공업적 제법
- 물의 전기분해법 : $2H_2O \rightarrow 2H_2 + O_2$
- 공기액화분리법

② 산소의 실험적 제법
- 중크롬산칼륨(다이크로뮴산칼륨)을 가열분해하여 얻는다.
- $2KClO_3 \rightarrow 2KCl + 3O_2$

09 **다음 중 아세틸렌과 접촉 반응하여 폭발성 물질을 생성하지 않는 금속은?**

① 금 ② 은
③ 구리 ④ 수은

해설

아세틸렌은 Cu, Ag, Hg 등과 화합 시 약간의 충격에도 폭발을 일으키는 아세틸라이트를 생성한다.

10 **다음 중 가연성이면서 독성가스로 분류되는 것은?**

① 산화에틸렌 ② 아세틸렌
③ 부타디엔 ④ 프로판

11 **공기 중에 누출되었을 때 낮은 곳에 체류하는 가스로만 짝지어진 것은?**

① 프로판, 염소, 포스겐
② 프로판, 수소, 아세틸렌
③ 아세틸렌, 염소, 암모니아
④ 아세틸렌, 포스겐, 암모니아

해설

분자량 : C_3H_8 : 44g, Cl_2 : 71g, $COCl_2$: 99g

12 **다음 중 차량에 고정된 용기의 운반기준에 있어 고압가스 운반 시 운반책임자를 반드시 동승시켜야 하는 경우는?**

① 압축가스 중 용적이 400m^3인 산소
② 압축가스 중 용적이 50m^3인 독성가
③ 액화가스 중 질량이 2000kg인 프로판 가스
④ 액화가스 중 질량이 2000kg인 독성가스

해설

용기의 운반책임자 동승기준

• 가연성, 조연성 용기

구분	가스종류	규모
압축가스	가연성가스	300m^3 이상
	조연성가스	600m^3 이상
액화가스	가연성가스	3000kg 이상(납붙임용기 및 접합용기의 경우는 2000kg 이상)
	조연성가스	6000kg 이상

• 독성용기

구분	가스종류	규모
압축가스	허용농도가 100만분의 200 이상	$100m^3$ 이상
	허용농도가 100만분의 200 미만	$10m^3$ 이상
액화가스	허용농도가 100만분의 200 이상	1000kg 이상
	허용농도가 100만분의 200 미만	100kg 이상

13 일산화탄소와 공기의 혼합가스는 압력이 높아지면 폭발범위는 어떻게 되는가?

① 넓어진다.
② 좁아진다.
③ 변화없다.
④ 0.5MPa까지는 좁아지다가 0.5MPa 이상에서는 넓어진다.

해설

모든 가연성가스는 압력이 높아지면 폭발범위가 넓어진다. 단, CO는 압력이 높아지면 폭발범위가 좁아지며 H_2는 압력이 높아지면 폭발범위가 좁아지다가 계속 압력을 올리면 다시 넓어진다.

14 다음 중 가스분석 시 이산화탄소의 흡수제로 사용되는 것은?

① 수산화칼륨 수용액
② 요오드화수은칼륨 용액
③ 알칼리성 피로카롤 용액
④ 암모니아성 염화 제1구리 용액

해설

흡수제
- CO_2 : KOH용액
- O_2 : 알칼리성 피로카롤용액
- CO : 암모니아성 염화제1구리용액
- C_mC_n : 발연황산

15 폴리트로픽 공정은 다음 [식]과 같이 표현된다. 이때 n이 0인 경우 다음 중 어느 변화에 해당하는가?

$$PV^n = C$$
(C는 임의의 주어진 공정에 대한 상수이다.)

① 등압변화 ② 등적변화
③ 등온변화 ④ 단열변화

해설

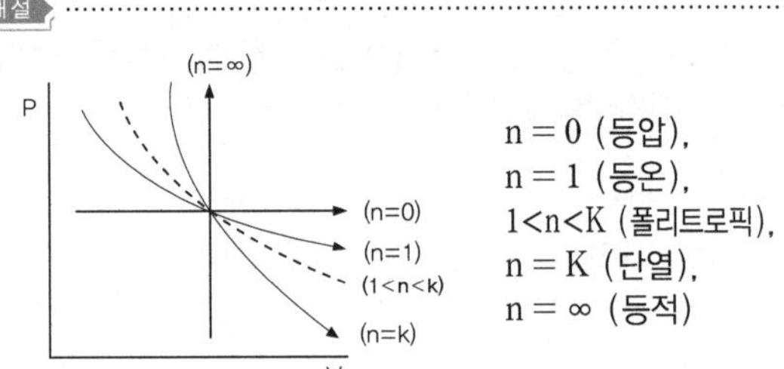

16 가스배관 장치에서 주로 사용되고 있는 브르돈관 압력계 사용 시의 주의사항에 대한 설명 중 틀린 것은?

① 안전장치가 되어 있는 것을 사용할 것
② 압력계의 가스 유입이나 폐지 시에는 조용히 조작할 것
③ 정기적으로 검사를 하여 지시의 정확성을 미리 확인하여 둘 것
④ 압력계는 온도나 진동, 충격 등의 변화에 관계없이 선택할 것

17 배관의 이음방법 중 플랜지를 접합하는 방법이 아닌 것은?

① 나사식 ② 노허브식
③ 블라인드식 ④ 소켓용접식

18 다음 중 고압가스 특정제조의 허가대상시설에 해당하지 않는 것은?

① 철강공업자의 철강공업시설 또는 그 부대시설에서 고압가스를 제조하는 것으로 그 처리능력이 10만m^3 이상인 것
② 석유화학공업자 또는 지원사업을 하는 자의 시설에서 고압가스 처리능력이 $1000m^3$ 이상 또는 그 저장능력이 50톤 이상인 것
③ 석유정제업자의 석유정제시설 또는 그 부대시설에서 고압가스를 제조하는 것으로서 그 저장능력이 100톤 이상인 것
④ 비료생산업자의 비료제조시설 또는그 부대시설에서 고압가스를 제조하는 것으로 그 처리능력이 10만m^3 이상이거나 저장능력이 100톤 이상인 것

해설

고압가스특정제조허가의 대상

- 석유정제업자의 석유정제시설 또는 그 부대시설에서 고압가스를 제조하는 것으로서 그 저장능력이 100톤 이상인 것
- 석유화학공업자(석유화학공업 관련사업자를 포함한다)의 석유화학공업시설(석유화학 관련시설을 포함한다.) 또는 그 부대시설에서 고압가스를 제조하는 것으로서 그 저장능력이 100톤 이상이거나 처리능력이 1만m^3 이상인 것
- 철강공업자의 철강공업시설 또는 그 부대시설에서 고압가스를 제조하는 것으로서 그 처리능력이 10만m^3 이상인 것
- 비료생산업자의 비료제조시설 또는 그 부대시설에서 고압가스를 제조하는 것으로서 그 저장능력이 100톤 이상이거나 처리능력이 10만m^3 이상인 것
- 그 밖에 통상산업자원부장관이 정하는 시설에서 고압가스를 제조하는 것으로서 그 저장능력 또는 처리능력이 통상산업자원부장관이 정하는 규모 이상인 것

19 암모니아용 냉동기에서 팽창밸브 직전 액냉매의 엔탈피가 110kcal/kg, 흡입증기냉매의 엔탈피가 360kcal/kg일 때 10RT의 냉동능력을 얻기 위한 냉매 순환량은 약 몇 kg/h인가?(단, 1RT는 3320kg/h이다.)

① 132.8kg/h
② 218.3kg/h
③ 263.6kg/h
④ 312.8kg/h

해설

- 냉동 능력 : $10 \times 3320 = 33200$kcal/hr
- 냉동 효과 : $360 - 110 = 250$kcal/kg

$\therefore$ 냉매 순환량 $= \dfrac{\text{냉동능력}}{\text{냉동효과}} = \dfrac{33200}{250} = 132.8$kg/hr

20 고압가스 제조자는 용기에 가스를 충전하기 전에 용기에 대한 안전점검을 실시하여야 하는데 다음 중 점검기준이 아닌 것은?

① 용기는 도색이 되어 있는지 확인
② 재검사 기간의 도래 여부 확인
③ 용기 밸브로부터의 누출여부 확인
④ 밸브의 그랜드너트는 고정핀 등으로 이탈방지 조치되어 있는가 확인

21 용기에는 폭발사고와 파열사고가 있을 수 있다. 다음 중 파열사고의 원인이 아닌 것은?

① 재료의 불량이나 부식이 되었을 때
② 용기가 외부로부터 과열될 때
③ 액화가스가 과충전 되었을 때
④ 수소용기 내에 5% 이상의 산소가 존재할 때

해설

수소, 아세틸렌, 에틸렌 중 산소가 2% 이상 존재 시는 안전관리상 압축을 금지해야 하는 가스에 해당

22 차량에 고정된 탱크로 고압가스를 운반할 경우 가스를 송출 또는 이입하는데 사용되는 밸브를 후면에 설치한 탱크에서 탱크 주밸브와 차량의 뒷범퍼와의 수평거리는 몇 cm 이상 떨어져 있어야 하는가?

① 20cm ② 30cm
③ 40cm ④ 50cm

해설

- 주밸브가 후면에 설치한 후부취출식 탱크는 뒷범퍼와의 수평거리 : 40cm 이상
- 후부취출식 이외 탱크는 뒷범퍼와 수평거리 : 30cm 이상
- 조작상자와 뒷범퍼와의 수평거리 : 20cm 이상

23 다음 터보형압축기의 특징에 대한 설명 중 틀린 것은?

① 압축비가 크고, 용량조정범위가 넓다.
② 비교적 소형이며, 대용량에 적합하다.
③ 연속토출이 되므로 맥동현상이 적다.
④ 전동기의 회전축에 직결하여 구동할 수 있다.

해설

터보(원심)압축기(Centrifugal Compressor)의 특징

- 터보(원심)식, 무급유식이다.
- 토출압력변화에 의한 용량변화가 크다.
- 용량 조절이 어렵다.
- 맥동이 없고 연속 송출된다.
- 경량, 대용량이며 효율은 나쁘다.
- 운전 중 서징현상에 주의해야 한다.

24 다음 압력계 중 탄성식 압력계에 해당되지 않는 것은?

① 브루돈관 압력계
② 벨로우즈 압력계
③ 피에조 압력계
④ 다이아프램 압력계

해설

전기식 압력계 : 전기저항 – 피에조 압력계

25 **다음 중 액화석유가스 충전, 판매사업소의 변경허가를 받지 않아도 되는 경우는?(단, 판매시설과 영업소의 저장설비는 제외한다.)**

① 사업소의 이전
② 사업소 대표자의 주소 변경
③ 저장설비의 교체 설치
④ 저장설비의 용량 증가

해설

변경허가 사항
- 저장설비의 용량 증가
- 저장설비의 교체 설치
- 가스용품의 종류 변경
- 사업장의 이전
- 저장 가스설비 위치 변경

26 **질화표면 경화법은 강에 대하여 내마모성, 열적안정성 등을 주기 위한 방법이다. 이때 사용되는 질화제는?**

① 산소 ② 수소
③ 아세틸렌 ④ 암모니아

27 **특정고압가스 사용시설에서 독성가스의 감압설비와 그 가스의 반응설비간의 배관에 반드시 설치하여야 하는 장치는?**

① 역류방지장치
② 화염방지장치
③ 독성가스흡수장치
④ 안전밸브

해설

역류방지밸브 설치 장소
- 가연성가스 압축기와 충전용 주관 사이
- 아세틸렌 유분리기와 고압건조기 사이
- 암모니아, 메탄올 합성탑 또는 정제탑과 압축기

28 **대기압(0℃℃ 101.3kPa)에서 비점(끓는 점)이 높은 것에서 낮은 순으로 옳게 나열된 것은?**

① 메탄, 프로판, 부탄, 염소
② 부탄, 염소, 프로판, 메탄
③ 염소, 부탄, 프로판, 메탄
④ 프로판, 염소, 메탄, 부탄

해설

비등점 : CH_4(−162℃), C_3H_8(−42℃), C_4H_{10}(−0.5℃), Cl_2(−34℃)

29 **액화가스의 안전관리 및 사업법에서 정의하는 용어에 대한 설명으로 옳은 것은?**

① 액화석유가스란 에탄, 프로판을 주성분으로 한 가스를 기화한 것을 말한다.
② 액화석유가스 충전사업이란 저장시설에 저장된 액화가스를 용기에 충전하거나 자동차에 고정된 탱크에 충전하여 공급하는 사업을 말한다.
③ 액화석유가스 집단공급사업이란 용기에 충전된 액화석유가스를 공급하는 것을 말한다.
④ 액화석유가스 저장소란 통상산업부령이 정하는 1000L 이상의 연료용 가스를 용기 또는 저장탱크에 의하여 저장하는 시설을 말한다.

30 **고압가스 일반제조의 기술기준에 대한 내용 중 틀린 것은?**

① 석유류, 유지류 또는 글리세린은 산소압축기의 내부 윤활제로 사용하지 아니할 것
② 산화에틸렌의 저장탱크는 그 내부의 질소가탄산가스 및 산화에틸렌가스의 분위기가스를 질소가스 또는 탄산가스로 치환하고 5℃ 이하로 유지할 것
③ 충전용 주관의 압력계는 매월 1회 이상, 그 밖의 압력계는 3월에 1회 이상 표준이 되는 압력계로 그 기능을 검사할 것
④ 산소 중의 가연성가스(아세틸렌, 에틸렌 및 수소를 제외한다)의 용량이 전용량의 2% 이상의 것은 압축을 금지할 것

해설

고압가스제조 시 압축금지가스
- 가연성가스(아세틸렌 · 에틸렌 및 수소는 제외한다) 중 산소량이 전체용량의 4% 이상인 것
- 산소 중의 가연성가스의 용량이 전체용량의 4% 이상인 것
- 아세틸렌 · 에틸렌 또는 수소 중의 산소용량이 전체용량의 2% 이상인 것
- 산소 중의 아세틸렌 · 에틸렌 및 수소의 용량 합계가 전체용량의 2% 이상인 것

31 **3kg의 산소가 일정 압력하에서 체적이 0.5m^{3}에서 0.2m^{3}으로 변하였을 때 엔트로피의 증가는 약 몇 kcal/K인가?(단, 산소의 정압비열 Cp는 0.22kcal/kg · K이고, 이상기체로 가정한다.)**

① 0.31kcal/K
② 0.55kcal/K
③ 0.70kcal/K
④ 0.91kcal/K

해설

정압하 엔트로피 증가량

$\Delta S = GC_p \ln(\frac{V_2}{V_1})$

$\therefore 3\text{kg} \times 0.22\text{kcal/kgK} \times \ln\frac{2}{0.5} = 0.91495[\text{kcal/K}]$

32 **저온장치에서 사용되는 냉매의 구비조건으로 틀린 것은?**

① 증발잠열이 클 것
② 임계온도가 낮을 것
③ 액체의 비열이 작을 것
④ 가스의 비체적이 작을 것

해설

냉매의 구비조건

- 증발잠열이 클 것
- 임계온도가 높을 것
- 액체의 비열이 작을 것
- 가스의 비체적이 작을 것
- 비열비가 적을 것
- 응고온도가 낮을 것
- 전열작용이 좋을 것

33 **고압가스 운반 시 가스누출사고가 발생되었다. 이 부분의 수리가 불가능한 경우, 재해발생 또는 확대를 방지하기 위한 조치사항으로 볼 수 없는 것은?**

① 상황에 따라 안전한 장소로 운반한다.
② 상황에 따라 안전한 장소로 대피한다.
③ 비상연락망에 따라 관계업소에 원조를 의뢰한다.
④ 펜스를 설치하고 다른 운반차량에 가스를 옮긴다.

34 **고압가스안전관리법에서 규정한 공급자의 의무사항에 대한 설명으로 옳은 것은?**

① 안전점검을 실시한 결과 수요자의 시설 중 개선할 사항이 있을 경우 그 수요자로 하여금 당해 시설을 개선하도록 한다.
② 고압가스 수요자의 사용시설 중 개선명령을 할 수 있는 자는 시, 도지사이다.
③ 고압가스를 수요자에게 공급할 때는 수요자에게 그 사용시설을 안전점검하도록 한다.
④ 고압가스 판매자는 고압가스의 수요자가 그 시설을 개선하지 아니할 때에는 고압가스의 공급을 중단하고, 그 사실을 시 · 도지사에게 신고한다.

해설

- 고압가스 수요자의 사용시설 중 개선명령을 할 수 있는 자는 시장 · 군수 · 구청장이다.
- 고압가스를 수요자에게 공급할 때는 고압가스제조자 또는 판매자에게 그 사용시설을 안전점검하도록 한다.
- 고압가스 판매자는 고압가스의 수요자가 그 시설을 개선하지 아니할 때에는 고압가스의 공급을 중단하고, 그 사실을 시장 · 군수 · 구청장에게 신고한다.

35 **SI단위에서 압력의 단위는 Pa를 사용한다. 공학단위 1kgf/cm^{2}은 약 몇 MPa인가?**

① 0.01013MPa
② 0.01003MPa
③ 0.07601MPa
④ 0.09806MPa

해설

$\frac{1\text{kgf/cm}^2}{1.0332\text{kgf/cm}^2} \times 0.101325\text{MPa} = 0.09806\text{MPa}$

36 **다음 중 역화방지장치 내부의 재료로 사용되는 소염소자가 아닌 것은?**

① 물 ② 금망
③ 소결금속 ④ 탄화칼슘

해설

역화방지장치의 내부충전물질 : 페로실리콘, 모래, 자갈, 물, 금망, 소결입자

37 **프로판가스 10kg을 완전 연소하는데 필요한 공기량은 약 몇 Nm^3인가?(단, 공기 중 산소와 질소의 체적비는 21 : 79이다.)**

① $76Nm^3$
② $95Nm^3$
③ $110Nm^3$
④ $122Nm^3$

해설

$C_3H_8 + 5O_2 \rightarrow 3CO_2 + 4H_2O$
$44kg : 5 \times 22.4Nm^3$
$10kg : xNm^3$

$$x = \frac{10 \times 5 \times 22.4}{44} = 25.4545Nm^3$$

$$\therefore \text{공기량은 } 25.4545 \times \frac{100}{21} = 121.12Nm^3$$

38 **지름 30mm의 강봉에 40kN의 하중이 안전하게 작용하고 있을 때 이 강봉의 인장강도가 350MPa이면 안전율은 약 얼마인가?**

① 2.7　② 4.2
③ 6.2　④ 8.1

해설

• 안전율 $= \frac{\text{인장강도}}{\text{허용응력}}$ 이므로 인장강도는 350MPa

• 허용응력 $= \frac{40 \times 10^3 N}{\frac{\pi}{4} \times (30mm)^2} = 56.588N/mm^2 = 56.588MPa$

$$\therefore \text{안전율} = \frac{350}{56.588} = 6.185$$

39 **표준상태(0°C, 101.3kPa)에서 기체상수 R을 옳게 나타낸 것은?**

① 0.082 erg/mol · K
② 1.987 joule/mol · K
③ 8.3144×10^7 cal/mol · K
④ 8.3144 joule/mol · K

해설

R = 0.08205 atm · L/mol · K
= 82.05 atm · L/mol · K
= 8.314 J/mol · K
= 8.314×10^7 erg/mol · K
= 1.987 cal/mol · K

40 **압축기에 사용하는 윤활유의 구비조건으로 틀린 것은?**

① 인화점이 낮고 분해되지 않을 것
② 점도가 적당하고 항유화성이 있을 것
③ 수분 및 산류 등의 불순물이 적을 것
④ 화학적으로 안정하여 사용가스와 반응을 일으키지 않을 것

해설

윤활유의 구비조건
• 인화점이 높을 것
• 점도가 적당할 것
• 불순물이 적을 것
• 화학적으로 안정할 것

41 **다음 중 고압가스 관련 설비에 해당하지 않는 것은?**

① 냉각살수설비
② 기화장치
③ 긴급차단장치
④ 독성가스 배관용 밸브

해설

고압가스 관련 설비(고법 시행규칙 제2조)
• 안전밸브 · 긴급차단장치 · 역화방지장치
• 기화장치
• 압력용기
• 자동차용 가스 자동주입기
• 독성가스배관용 밸브
• 냉동설비(일체형 냉동기는 제외)를 구성하는 압축기 · 응축기 · 증발기 또는 압력용기
• 고압가스용 실린더캐비닛
• 자동차용 압축천연가스 완속충전설비(처리능력이 시간당 $18.5m^3$ 미만인 충전설비를 말함)
• 액화석유가스용 용기 잔류가스회수장치
• 차량에 고정된 탱크

42 **산업통상자원부장관은 가스의 수급상 필요하다고 인정되면 도시가스 사업자에게 조정을 명령할 수 있다. "조정명령"사항이 아닌 것은?**

① 가스공급 계획의 조정
② 가스요금 등 공급조건의 조정
③ 가스공급시설 공사계획의 조정
④ 가스사업의 휴지, 폐지, 허가의 대한 조정

해설

조정명령 사항(도법 시행령 제20조)

- 가스공급시설 공사계획의 조정
- 가스공급계획의 조정
- 둘 이상의 특별시 · 광역시 · 특별자치시 · 도 및 특별자치도를 공급지역으로 하는 경우 공급지역의 조정
- 도시가스 요금 등 공급조건의 조정
- 도시가스의 열량 · 압력 및 연소성의 조정
- 가스공급시설의 공동이용에 관한 조정
- 천연가스 수출입 물량의 규모 · 시기 등의 조정

43 LPG 1L는 기체상태로 변하면 250L가 된다. 20kg의 LPG가 기체상태로 변하면 부피는 약 몇 m^3이 되는가?(단, 표준상태이며, 액체의 비중은 0.5이다.)

① $1m^3$　② $5m^3$
③ $7.5m^3$　④ $10m^3$

해설

$$\frac{20kg}{0.5kg/L} = 40L$$

$\therefore 40 \times 250 = 10000L = 10m^3$

44 다음의 반응에서 A와 B의 농도를 모두 2배로 해주면 반응속도는 이론적으로 몇 배가 되겠는가?

A + 3B → 3C +5D

① 2배　② 4배
③ 8배　④ 16배

해설

$V_1 = K[A]^1[B]^3$
$V_2 = K[2A]^1[2B]^3$
$\therefore 2^1 \times 2^3 = 16$

45 다음 이상기체에 대한 설명 중 틀린 것은?

① 완전탄성체로 간주한다.
② 반데르발스 힘에 의하여 분자가 운동한다.
③ 분자 사이에는 아무런 인력도 반발력도 작용하지 않는다.
④ 분자 자체가 차지하는 부피는 전체 계에 대하여 무시한다.

해설

반데르발스 힘에 의하여 분자가 운동하는 것은 실제기체 상태식과 관련이 있다.

46 액화산소 저장탱크 방류둑의 용량은 저장능력 상당 용적의 얼마 이상으로 하여야 하는가?

① 30%　② 40%
③ 50%　④ 60%

해설

방류둑의 용량

- 액화산소 : 저장능력 상당용적의 60% 이상
- 독성, 가연성 : 저장능력 상당용적 또는 저장능력 상당용적의 100%

47 액화석유가스의 안전관리 및 사업법에서 규정하고 있는 안전관리자의 직무범위가 아닌 것은?

① 회사의 가스영업 활동
② 가스용품의 제조공정관리
③ 사업소의 종업원에 대하여 안전관리를 위한 필요사항의 지휘, 감독
④ 정기감사 또는 수시검사 결과 부적합 판정을 받은 시설의 개선

48 흡수식 냉동기에서 암모니아 냉매의 흡수제는 무엇인가?

① 파라핀유　② 물
③ 취화리튬　④ 사염화에탄

해설

흡수식 냉동기

- 구성(증발기－흡수기－재생기－응축기)
- 냉매 NH_3 － 흡수제 H_2O
- 냉매 H_2O － 흡수제 LiBr(리튬브로마이드)
- 냉매톨루엔 － 파라핀유
- 염화메틸 － 사염화에탄

49 다음 중 품질 코스트(Cost)의 구성이 아닌 것은?

① 예방 코스트　② 평가 코스트
③ 실패 코스트　④ 판매 코스트

해설

품질코스트의 종류

- 예방 코스트 : 교육, 훈련, 계획 수립에 필요한 비용
- 평가 코스트 : 품질수준을 유지하는데 필요한 비용
- 실패 코스트 : 제품의 생산 시 불량품 발생으로 인해 소요되는 손실비용

50 산소 1.5mol, 질소 2mol, 수소 1mol, 일산화탄소 0.5mol을 섞은 혼합기체의 전압이 4기압일 때 분압이 0.4기압이 되는 기체는 어느 것인가?

① 산소
② 질소
③ 질소
④ 일산화탄소

해설

$$분압 = 전압 \times \frac{성분몰수}{전몰수}$$

$$0.4 = 4 \times \frac{x}{1.5+2+1+0.5}$$

$\therefore x = 0.5$ 이므로 해당 기체는 일산화탄소

51 가스사용시설(연소기는 제외)의 기술기준에서 기밀시험의 압력 기준으로 옳은 것은?

① 상용압력의 1.1배 또는 1kPa 중 높은 압력 이상
② 상용압력의 1.0배 또는 8.4kPa 중 높은 압력 이상
③ 최고사용압력의 1.1배 또는 8.4kPa 중 높은 압력 이상
④ 최고사용압력의 1.5배 또는 10kPa 중 높은 압력 이상

해설

도시가스사용시설의 내압 및 기밀시험 압력
- 최고사용압력이 중압 이상인 배관은 최고사용압력의 1.5(고압의 배관으로서 공기 · 질소 등의 기체로 내압시험을 실시하는 경우에는 1.25배) 이상의 압력으로 내압시험을 실시하여 이상이 없을 것
- 가스사용시설(연소기를 제외한다) 은 최고사용압력의 1.1배 또는 8.4kPa 중 높은 압력 이상의 압력으로 기밀시험(완성검사를 받은 후의 정기검사 시에는 사용압력 이상의 압력으로 실시하는 누출검사)을 실시하여 이상이 없을 것

52 다음 중 염소의 용도에 해당하지 않는 것은?

① 수돗물의 살균
② 염화비닐의 원료
③ 섬유의 표백
④ 수소의 제조원료

53 가스용품을 수입하고자 하는 자는 시 · 도지사의 검사를 받아야 하는데 검사의 전부를 생략할 수 없는 경우는?

① 수출을 목적으로 수입하는 것
② 시험연구 개발용으로 수입하는 것
③ 산업기계설비 등에 부착되어 수입하는 것
④ 주한 외국기관에서 사용하기 위하여 수입하는 것으로 외국의 검사를 받지 아니한 것

해설

가스용품 수입 시 검사의 전부 생략
- 산업표준화법 규정에 의하여 한국산업규격표시의 인증을 받아 제조하는 것
- 시험 · 연구개발용으로 수입하는 것
- 수출용으로 제조하는 것
- 주한 외국기관에서 사용하기 위하여 수입하는 것으로 외국의 검사를 받은 것
- 용기 등의 제조자 또는 수입업자가 견본으로 수입하는 것
- 소화기에 내장되어 있는 것
- 고압가스를 수입할 목적으로 수입되어 6월 이내에 반송되는 외국인 소유의 용기로서 외국의 검사를 받은 것
- 수출을 목적으로 수입하는 것
- 법령에서 정하는 경미한 수리를 한 것
- 법령에서 정하는 용기 및 용기부속품으로서 정하는 바에 의하여 공사가 실시하는 제조시설 등의 심사를 받아 제조한 것

54 다음 중 수소가스가 발생되기 가장 어려운 경우에 해당되는 반응은?

① 알루미늄과 염산의 반응
② 아연과 수산화나트륨의 반응
③ 구리와 황산의 반응
④ 알루미늄과 수산화나트륨과 물의 반응

해설

이온화 경향 순서
- K(칼륨) > Ca(칼슘) > Na(나트륨) > Mg(마그네슘) > Al(알루미늄) > Zn(아연) > Fe(철) > Ni(니켈) > Sn(주석) > Pb(납) > H(수소) > Cu(구리) > Hg(수은) > Ag(은) > Pt(백금) > Au(금)
- 이온화 경향 순서가 수소보다 늦은 원소는 수소를 발생하지 못한다.
  $Zn + H_2SO_4 \rightarrow ZnSO_4 + H_2$ (○)
  $Cu + H_2SO_4 \rightarrow CuSO_4 + H_2$ (×)

55 공정에서 만성적으로 존재하는 것은 아니고 산발적으로 발생하며, 품질의 변동에 크게 영향을 끼치는 요주의 원인으로 우발적 원인인 것을 무엇이라 하는가?

① 우연원인
② 이상원인
③ 불가피 원인
④ 억제할 수 없는 원인

해설

품질변동의 원인에는 이상원인 우연원인으로 구분

- 제조제품에 어쩔 수 없이 생기는 산포의 원인을 우연원인이라 정의하고 우연원인으로는 작업자의 숙련도 생산설비의 기계장치 생산원료 등으로 발생하며 교육, 훈련, 환경개선 등으로 최소화할 수 있도록 한다.
- 보통 때와 달리 그냥 지나칠 수 없는 산포의 원인을 이상원인이라 정의하고, 발생 시 현장에서 즉시 조치한다.

56 계수 규준형 1회 샘플링 검사(KSQ 0001)에 관한 설명 중 가장 거리가 먼 내용은?

① 단 한 번 뽑은 샘플 중의 부적합품의 개수에 의해 로트의 합격 · 불합격의 판정을 내린다.
② 생산자와 소비자가 요구하는 검사 특성을 갖도록 설계한 샘플링 검사이다.
③ 파괴검사의 경우와 같이 전수검사가 불가능한 때에는 사용할 수 없다.
④ 합격 로트 속에도 어느 정도 부적합품이 섞임을 인정해야 한다.

해설

계수 규준형 1회 샘플링 검사(KSQ 0001)

부적합 개수인 경우 계수 규준형 1회 샘플링 검사 방식이란, 생산자와 소비자가 요구하는 검사 특성을 갖도록 설계한 샘플링 검사로서, 단 한 번 뽑은 샘플 중의 부적합품의 개수에 의해 로트의 합격 · 불합격의 판정을 내린다. 이 검사는 샘플링 검사이므로, 제품이 로트로서 처리될 수 있어야 하며, 합격 로트 속에도 어느 정도 부적합품이 섞임을 인정해야 한다.

57 어떤 공정에서 작업을 하는데 있어서 소요되는 기간과 비용이 다음 [표]와 같을 때 비용구매는 얼마인가?(단, 활동시간의 단위는 일(日)로 계산한다.)

정상작업		특급작업	
기간	비용	x	비용
15일	150만원	10일	200만원

① 50000원
② 100000원
③ 200000원
④ 300000원

해설

$$\text{비용구배} = \frac{\text{특급(속성)비용} - \text{정상비용}}{\text{정상시간} - \text{특급(속성)시간}}$$

$$\therefore \frac{200-150}{15-10} = 100000\text{원/일}$$

58 방법시간측정법(MTM : Method Time measurement)에서 사용되는 1 TMU(Time Measurement Unit)는 몇 시간인가?

① 1/100000시간
② 1/10000시간
③ 6/10000시간
④ 36/1000시간

해설

MTM법

- MTM 중 MTM−1은 기계공작 작업을 대상으로 하며 가장 정밀함
- MTM−1의 기본동작 및 연합동작
  - 기본동작 : 손을 뻗침(R), 운반(M), 회전(T), 누름(AP), 잡음(G), 정치(P), 방치(RL), 떼어 놓음(D) 등
  - 연합동작 : 연속동작, 결합동작, 동시동작, 복합동작
- 단위 : TMU($\frac{1}{100,000}$시간 = 0.0006분 = 0.036초)

59 품질특성을 나타내는 데이터 중 계수치 데이터에 속하는 것은?

① 무게
② 길이
③ 인장강도
④ 부적합품의 수

해설

(남, 여)성별, (적합, 부적합)의 불량여부와 같이 이산형 데이터 확률변수로 선택인자가 모두 모수인자 반복수는 충분히 크며 인자간의 교호작용이 없을 때 적용되는 데이터 분석법을 계수치 데이터 분석이라 한다.(계수치 데이터 분포를 이산분포라 한다.)

60 **다음 중 품질관리시스템에 있어서 4M에 해당하지 않는 것은?**

① Man
② Machine
③ Material
④ Money

해설

4M : 생산 또는 제조공정 4대 요소로서 Man(사람), Machine(기계장치), Material(재료), Method(방법)

정답 01회 – 제44회 가스기능장 기출문제

01 ①	02 ①	03 ④	04 ④	05 ①
06 ④	07 ④	08 ①	09 ①	10 ①
11 ①	12 ④	13 ②	14 ①	15 ①
16 ④	17 ②	18 ②	19 ①	20 ③
21 ④	22 ③	23 ①	24 ③	25 ②
26 ④	27 ①	28 ②	29 ②	30 ④
31 ④	32 ②	33 ④	34 ①	35 ④
36 ④	37 ④	38 ③	39 ④	40 ①
41 ①	42 ④	43 ④	44 ④	45 ②
46 ④	47 ①	48 ②	49 ④	50 ④
51 ③	52 ④	53 ④	54 ③	55 ②
56 ③	57 ②	58 ①	59 ④	60 ④

02회 가스기능장 기출문제

01 천연가스의 주원료인 메탄의 공기 중 폭발범위(v%)를 옳게 나타낸 것은?

① 2.1~95 ② 3~12.5
③ 4~78 ④ 5－15

02 LP가스를 펌프로 이송할 때의 단점에 대한 설명으로 틀린 것은?

① 충전시간이 길다.
② 잔가스 회수가 불가능하다.
③ 부탄의 경우 저온에서 재액화 현상이 있다.
④ 베이퍼록 현상이 일어날 수 있다.

해설

- 압축기로 이송 시 단점
  - 재액화 우려가 있다.
  - 드레인 우려가 있다.
- 압축기 이송 시 장점
  - 충전시간이 짧다.
  - 잔가스 회수가 가능하다.
  - 베이퍼록 우려가 없다.

03 코크스의 반응성은 가스화율에 영향을 미친다. 다음 중 반응성이 가장 높은 것은?(단, 900℃, 40s, CO_2로부터 CO 생성 %이다.)

① 목탄
② 주물용 코크스
③ 제련용 코크스
④ 가스 코크스

04 고압가스안전관리법상 고압가스의 적용범위에 해당되는 고압가스는?

① 선박안전법의 적용을 받는 선박내의 고압가스
② 원자력법의 적용을 받는 원자로 및 그 부속시설 안의 고압가스
③ 냉동능력 3톤 미만인 냉동설비 내의 고압가스
④ 오토크레이브 안의 수소가스

해설

적용범위에서 제외되는 고압가스(고법 시행령 별표 1)

- 보일러 안과 그 도관 안의 고압증기
- 철도차량의 에어콘디셔너 안의 고압가스
- 선박 안의 고압가스
- 광산에 소재하는 광업을 위한 설비 안의 고압가스
- 항공기 안의 고압가스
- 전기설비 중 발전 · 변전 또는 송전을 위하여 설치하는 전기설비 또는 전기를 사용하기 위하여 설치하는 변압기 · 리액틀 · 개폐기 · 자동차단기로서 가스를 압축 또는 액화 그 밖의 방법으로 처리하는 그 전기설비 안의 고압가스
- 원자로 및 그 부속설비 안의 고압가스
- 내연기관의 시동, 타이어의 공기충전, 리벳팅, 착암 또는 토목공사에 사용되는 압축장치 안의 고압가스
- 오토크레이브 안의 고압가스(수소 · 아세틸렌 및 염화비닐은 제외한다)
- 액화브롬화메탄제조설비 외에 있는 액화브롬화메탄
- 등화용의 아세틸렌가스
- 청량음료수 · 과실주 또는 발포성주류에 혼합된 고압가스
- 냉동능력이 3톤 미만인 냉동설비 안의 고압가스
- 내용적 1L 이하의 소화기용 용기 또는 소화기에 내장되는 용기 안에 있는 고압가스
- 정부 · 지방자치단체 · 자동차제작자 또는 시험연구기관이 시험 · 연구목적으로 제작하는 고압가스연료용차량 안의 고압가스
- 총포에 충전하는 고압공기 또는 고압가스
- 국가기관에서 특수한 목적으로 사용하는 휴대용 최루액 분사기에 최루액 추진재로 충전되는 고압가스
- 35℃의 온도에서 게이지압력이 4.9MPa 이하인 유니트형 공기압축장치(압축기, 공기탱크, 배관, 유수분리기 등의 설비가 동일한 프레임 위에 일체로 조립된 것. 다만, 공기액화분리장치는 제외한다) 안의 압축공기
- 한국가스안전공사 또는 한국표준과학연구원에서 표준가스를 충전하기 위한 정밀충전 설비 안의 고압가스
- 무기체계에 사용되는 용기등 안의 고압가스
- 어선 안의 고압가스
- 그 밖에 산업통상자원부장관이 위해발생의 우려가 없다고 인정하는 고압가스

05 밀폐된 용기 중에서 공기의 압력이 10atm 일 때 N_2의 분압은 몇 atm인가?(단, 공기 중의 질소는 79%, 산소는 21% 존재한다.)

① 7.9 ② 9.1
③ 11.8 ④ 12.7

해설

$P_n - 10\text{atm} \times \frac{79}{79+21} = 7.9\text{atm}$

06 고압가스안전관리법에서 정한 500리터 이상의 이음매 없는 용기의 재검사는 몇 년마다 하여야 하는가?

① 1 ② 2
③ 3 ④ 5

해설

이음매 없는 용기 또는 복합재료용기의 재검사 주기
- 500L 이상 : 5년마다
- 500L 미만 : 신규검사 후 경과연수가 10년 이하인 것은 5년마다, 10년을 초과한 것은 3년마다

07 황동관 가공 후 시간이 경과함에 따라 자연히 균열이 발생하는 것을 무엇이라고 하는가?

① 가공경화
② 표면경화
③ 자기균열
④ 시기균열

08 염소에 대한 성질로 옳은 것은?

① 암모니아로 검출할 수 있다.
② 염소는 물의 존재 없이 표백작용을 한다.
③ 완전히 건조된 염소는 철과 잘 반응한다.
④ 염소 폭명기는 냉암소에서도 폭발하여 염화수소가 된다.

해설

$3Cl_2 + 8NH_3 \rightarrow 6NH_4Cl$
NH_4Cl_3(염화암모늄) : 흰연기

09 물체에 압력을 가하면 발생한 전기량은 압력에 비례하는 원리를 이용하여 압력을 측정하는 것으로 응답이 빠르고 급격한 압력변화를 측정하는데 적합한 압력계는?

① 다이아프램(diaphragm)압력계
② 벨로우즈(Bellows)압력계
③ 부르돈관(bourdon tube)압력계
④ 피에조(piezo)압력계

해설

- 다이어프램압력계 : 부식성 유체에 적합, 미소압력 측정에 사용 온도영향을 받기 쉽다.
- 벨로우즈압력계 : 벨로우즈의 신축하는 성질을 이용하여 측정하는 압력계이다.
- 부르돈관압력계 : 금속의 탄성원리를 이용한 압력계로서 2차 압력계의 대표적인 압력계이다.

10 암모니아의 공업적 제법 중 하버-보시법에 해당하는 것은?

① 석탄의 고온건류
② 석회질소를 과열 수증기로 분해
③ 수소와 질소를 직접 반응
④ 염화암모니용액에 소석회액을 넣어 반응

해설

- 하버보시법 : $N_2 + 3H_2 \rightarrow 2NH_3$
- 석회질소법 : $CaCN_2 + 3H_2O \rightarrow 2NH_3 + CaCO_3$

11 압축기와 그 가스 충전용기 보관장소 사이에 반드시 설치하여야 하는 것은?(단, 압력이 10.0MPa인 경우이다.)

① 가스방출장치 ② 방호벽
③ 안전밸브 ④ 액면계

해설

방호벽

종류 \ 구분	높이	두께
철근콘크리트	2m 이상	12cm 이상
콘크리트블록	2m 이상	15cm 이상
박강판	2m 이상	3.2mm 이상
후강판	2m 이상	6mm 이상

12 액화석유가스 충전사업자별 공급자의 의무사항이 아닌 것은?

① 6개월에 1회 이상 가스이용시설의 안전관리에 대한 계도물 작성, 배포
② 수요자의 가스사용시설에 대하여 6개월에 1회 이상 안전점검을 실시
③ 수요자에게 위해예방에 필요한 사항을 계도
④ 가스보일러가 설치된 후 매 1년에 1회 이상 보일러 성능 확인

해설

액화석유가스의 안전관리 및 사업법 시행규칙 제42조(가스공급자의 의무) ① 액화석유가스 충전사업자, 액화석유가스 집단공급사업자 및 액화석유가스 판매사업자(이하 "가스공급자"라 한다)는 법 제30조에 따라 그가 공급하는 수요자의 시설에 대하여 다음 각 호에 따라 안전점검을 실시하고, 수요자에게 위해예방에 필요한 사항을 계도해야 한다.

1. 6개월에 1회 이상 가스사용시설의 안전관리에 관한 계도물이나 가스안전 사용 요령이 적힌 가스사용시설 점검표를 작성 · 배포할 것
2. 수요자(가스공급자의 사업장에서 용기내장형 가스난방기용 충전용기에 충전된 액화석유가스를 직접 구입하는 자와 내용적 15리터 이하의 용기에 충전된 액화석유가스를 사용하는 자는 제외한다)의 가스사용시설(용기가스소비자의 경우에는 소비설비만을 말한다)에 처음으로 액화석유가스를 공급할 때와 그 이후 다음 각 목의 시기에 안전점검을 실시할 것. 다만, 자동차연료용으로 액화석유가스를 사용하는 가스사용시설에 대해서는 수요자가 요청할 때마다 안전점검을 실시해야 한다.
   가. 체적판매방법으로 공급하는 경우에는 1년에 1회 이상
   나. 다기능가스안전계량기가 설치된 시설에 공급하는 경우에는 3년에 1회 이상
   다. 가목 및 나목 외의 「주택법」 제2조 제1호에 따른 주택에 설치된 가스사용시설로서 압력조정기에서 중간밸브까지 강관 · 동관 또는 금속유연호스(금속플렉시블호스)로 설치된 시설의 경우에는 1년에 1회 이상
   라. 가목부터 다목까지 외의 가스사용시설의 경우에는 6개월에 1회 이상
3. 가스보일러 및 가스온수기가 설치(교체 설치를 포함한다)된 후 액화석유가스를 처음 공급하는 경우에는 가스보일러 및 가스온수기의 시공내용을 확인하고 배관과의 연결부에서 가스가 누출되지 아니하는지를 확인할 것

13 가스의 탈황방법 중 흡수액으로 탄산소다 또는 탄산칼리 수용액을 사용, 고압하에서 황화수소를 흡수하여 흡수액을 감압 · 가열하여 황화수소를 분리, 방출하는 방법은?

① 진공카보네이트법
② 사이록스법
③ 후막스법
④ 다카학스법

14 아세틸렌 제조 시 청정제로 사용되지 않는 것은?

① 리가솔
② 카타리솔
③ 에퓨렌
④ 진타론

15 아세틸렌 제법으로 다음 중 공업적으로 가장 많이 사용되고 있는 것은?

① 공기의 액화분리
② 에탄올의 진한 황산에 의한 분해
③ 중질유의 수소 첨가 분해
④ 나프타의 열분해

16 다음 중 완전연소 시 공기량이 가장 적게 소요되는 가스는?

① 메탄
② 에탄
③ 프로판
④ 부탄

해설

탄화수소류에서는 탄소수가 적을수록 완전연소에 필요한 공기량이 적게 소요된다.(메탄 CH_4, 에탄 C_2H_6, 프로판 C_3H_8, 부탄 C_4H_{10})

17 1몰의 실제기체에 대한 반데르발스 식은 다음과 같다. 이 식에서 P의 단위가 atm, V의 단위가 L일 때 상수 a와 b의 단위로 각각 옳은 것은?

$$(P+\frac{an^2}{V^2})(V-nb) = nRT$$

① a : atm · L^2/mol^2, b : L/mol
② a : atm · L^2/mol, b : L^2/mol
③ a : atm · L^2/mol, b : L/mol
④ a : L/mol, b : atm · L^2/mol^2

해설

$$(P+\frac{an^2}{V^2})(V-nb) = nRT$$

a : 기체의 종류에 따른 정수로 반데르발스 정수(L^2 · atm/mol^2)
b : 기체 자신이 차지하는 부피

18 가스도매사업의 가스공급시설에서 고압의 가스공급시설은 안전구획을 설치하고 그 안전구역의 면적을 몇 m^2 미만이어야 하는가?

① 10000 ② 20000
③ 30000 ④ 50000

19 부식이 특정한 부분에 집중하는 형식으로 부식속도가 크므로 위험이 높고 장치에 중대한 손상을 미치는 부식의 형태는?

① 국부부식 ② 전면부식
③ 선택부식 ④ 입계부식

해설

- 전면부식 : 전면이 균일하게 부식, 부식량은 크나 전면에 파급되어 피해는 적고 대처하기 용이함
- 선택부식 : 합금 중 특정 성분이 선택적으로 용출한 다음 특정 성분만이 재석출됨으로써 기계강도가 적은 다공질의 침식층을 형성하는 형태의 부식
- 입계부식 : 결정입자가 선택적으로 부식하는 형태

20 고열원 400℃, 저열원 40℃에서 카르노(carnot) 사이클을 행하는 열기관의 열효율은 약 몇 %인가?

① 46.5 ② 53.5
③ 58.5 ④ 62.5

해설

열효율 $= \dfrac{T_1 - T_2}{T_1} \times 100(\%)$

$\therefore \dfrac{(273+400)-(273+40)}{(273+400)} \times 100 = 53.49\%$

21 1000rpm으로 회전하는 펌프를 2000rpm으로 변경하였다. 이 경우 펌프 양정은 몇 배가 되겠는가?

① 1 ② 2
③ 4 ④ 8

해설

$H_2 = H_1 \times (\dfrac{2000}{1000})^2 = 4H_1$ (4배)

22 탄화수소에서 탄소수 증가 시에 대한 설명으로 틀린 것은?

① 발화점이 낮아진다.
② 발열량(kcal/m^3)이 커진다.
③ 폭발하한계가 낮아진다.
④ 증기압이 높아진다.

해설

증기압이 낮아진다.

23 고온의 물체로부터 방사되는 에너지 중의 특정의 파장의 방사에너지, 즉 휘도를 표준온도의 고온물체와 비교하여 온도를 측정하는 온도계는?

① 열전대 온도계
② 광고온계
③ 색온도계
④ 제겔콘 온도계

해설

- 열전대온도계 : 열전쌍 회로에서 두 접점 사이에 열기전력을 발생시켜 그 전위차를 측정하여 두접점의 온도차를 밀리볼트계로 온도를 측정하는데 이것을 제백효과라 하며 이 원리를 이용한 온도계가 열전대 온도계이다.
- 색온도계 : 고온의 복사에너지는 온도가 낮으면 파장이 길어지고 온도가 상승하면 파장이 짧아지는 것을 이용하여 온도를 측정한다.
- 제겔콘 온도계 : 금속의 산화물로 만든 삼각추가 기울어지는 각도를 이용하여 온도를 측정하는 온도계를 말한다.

24 표준상태에서 어떤 가스의 부피가 1m^{3}인 것은 약 몇 몰 인가?

① 11.2 ② 22.4
③ 44.6 ④ 55.6

해설

몰(mol)수 $= \dfrac{\text{기체의 체적}}{22.4}$

$\therefore \dfrac{1 \times 1000}{22.4} = 44.64$ mol

25 메탄의 임계온도는 약 몇 ℃인가?

① −162 ② −83
③ 97 ④ 152

26 내부용적이 25000L인 액화산소 저장탱크의 저장능력은 몇 kg인가? (단, 비중은 1.14로 한다.)

① 24460 ② 24780
③ 25650 ④ 27520

해설

$G = 0.9dv$

$\therefore 0.9 \times 1.14 \times 25000 = 25650$kg

27 **이상기체 상태변화에서 $Q=\Delta H=\int C_p dT$로 나타낼 수 있는 것은?**

① 등압변화　　② 등적변화
③ 등온변화　　④ 단열변화

28 **다음 [그림]은 공기분리장치로 쓰이고 있는 복식정류탑의 구조도이다. 흐름 A의 액의 성분과 장치 B의 명칭을 옳게 나타낸 것은?**

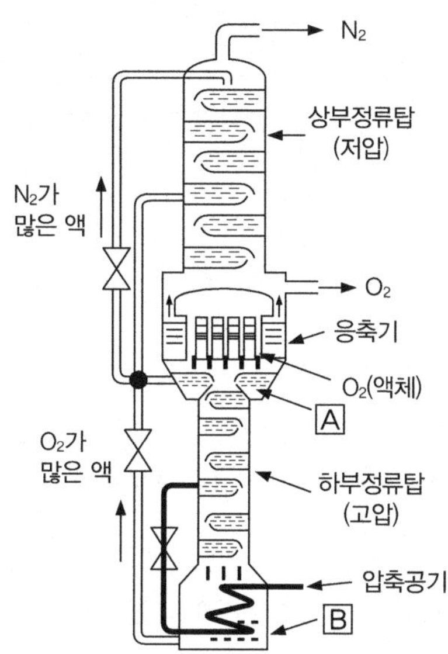

① A : O_2가 풍부한 액, B : 증류드럼
② A : N_2가 풍부한 액, B : 응축기
③ A : O_2가 풍부한 액, B : 응축기
④ A : N_2가 풍부한 액, B : 증류드럼

해설

- A : N_2가 풍부한 액　• B : 응축기

29 **다음 분해 반응은 몇 차 반응에 해당하는가?**

$2HI \rightarrow H_2 + I2$

① $\frac{1}{2}$차　　② 1차
③ $\frac{2}{3}$차　　④ 2차

해설

$V = K[HI]^2$, 즉 반응차수가 2인 화학반응이다.

30 **각종 가스의 분석에 있어서 파라듐 블랙에 의한 흡수 폭발법, 산화동에 의한 연소 및 열전도법 등으로 분석할 수 있는 가스는?**

① 산소　　② 이산화탄소
③ 암모니아　　④ 수소

31 **특정고압가스를 사용하고자 한다. 신고대상이 아닌 것은?**

① 저장능력 $10m^3$의 압축가스 저장능력을 갖추고 디실란을 사용하고자 하는 자
② 자동차 연료용으로 특정고압가스를 공급받아 사용하려는 자
③ 저장능력 500kg의 액화가스 저장능력을 갖추고 액화산소를 사용하고자 하는 자
④ 배관으로 천연가스를 공급받아 사용하려는 자

해설

특정고압가스 사용 신고대상

- 저장능력 500kg 이상인 액화가스저장설비를 갖추고 특정고압가스를 사용하려는 자
- 저장능력 $50m^3$ 이상인 압축가스저장설비를 갖추고 특정고압가스를 사용하려는 자
- 배관으로 특정고압가스(천연가스는 제외한다)를 공급받아 사용하려는 자
- 압축모노실란 · 압축디보레인 · 액화알진 · 포스핀 · 셀렌화수소 · 게르만 · 디실란 · 오불화비소 · 오불화인 · 삼불화인 · 삼불화질소 · 삼불화붕소 · 사불화유황 · 사불화규소 · 액화염소 또는 액화암모니아를 사용하려는 자. 다만, 시험용(해당 고압가스를 직접 시험하는 경우만 해당한다)으로 사용하려 하거나 시장 · 군수 또는 구청장이 지정하는 지역에서 사료용으로 볏짚 등을 발효하기 위하여 액화암모니아를 사용하려는 경우는 제외한다.
- 자동차 연료용으로 특정고압가스를 공급받아 사용하려는 자

32 **용접배관 이음에서 피이닝을 하는 주된 이유는?**

① 슬래그를 제거하기 위하여
② 잔류응력을 제거하기 위하여
③ 용접이 잘 되게 하기 위하여
④ 용입이 잘 되게 하기 위하여

해설

피닝(peening)은 가늘고 긴 피닝 망치로 용접 부위를 계속해서 두들겨 때려 주는 작업으로 용접에 의한 수축 변형을 감소시키고 용접부 잔류응력을 완화 시키기 위한 공정이다.

33 **어느 이상기체가 압력 10kgf/cm^{2}에서 체적이 0.1m^{3}이었다. 등온과정을 통해 체적이 3배로 될 때 기체가 외부로부터 받은 열량은 몇 kcal인가?**

① 35.7 ② 30.9
③ 25.7 ④ 10.9

해설

등온변화

$Q = AW = AP_1V_1 \ln(\frac{V_2}{V_1})$

$= \frac{1}{417}[kcal/kgm] \times 10 \times 10^4[kg/m^2] \times 0.1[m^3] \ln(\frac{0.3}{0.1})$

$= 25.72kcal$

34 **공정 및 설비의 고장형태 및 영향, 고장형태별 위험도 순위 등을 결정하기 위험성 평가기법은 무엇인가?**

① HAZOP ② FMECA
③ FTA ④ ETA

해설

- HAZOP(위험과 운전분석기법) : 공정에 위험요소들과 공정의 효율을 떨어뜨릴 수 있는 운전상의 문제점을 찾아내어 그 원인을 제거하는 방법을 말한다(정성적 평가).
- FMECA(이상위험도 분석기법) : 공정 및 설비 공장의 형태 및 영향, 고장 형태별 위험도 순위 등을 결정하는 방법을 말한다(정성평가).
- FTA(결함수 분석기법) : 사고를 일으키는 장치의 이상이나 운전자 실수의 조합을 연역적으로 분석하는 방법을 말한다(정량적 평가).
- ETA(사건수 분석기법) : 초기사건으로 알려진 특정한 장치의 이상 또는 운전자의 실수에 의해 발생되는 잠재적인 사고결과를 정량적으로 평가 · 분석하는 방법을 말한다(정량적 평가).

35 **수소의 성질에 대한 것으로서 폭발, 화재 등의 재해 발생의 원인으로 가정 거리가 먼 것은?**

① 임계압력이 12.8atm 정도이다.
② 공기와 혼합될 경우 연소 범위가 4~75%이다.
③ 고온, 고압에서 강에 대하여 수소취성을 일으킨다.
④ 가장 가벼운 기체이므로 미세한 간격으로 퍼져 확산하기 쉽다.

해설

임계압력은 폭발화재 등 재해발생 원인과는 무관하다.

36 **비리얼 전개(Virial expansion)는 $Z = PV/RT = 1 + B^1P + C'P^2 + C'P^3 + \cdots$ 로 표현된다. 기체의 압력이 0에 가까워지면 Z의 값은?**

① ∞가 된다.
② 0에 가까워진다.
③ 1에 가까워진다.
④ 아무 영향을 받지 않는다.

해설

비리얼 방정식 : 실제상태방정식으로 기체의 압력이 0에 가까워지면 압축계수 Z의 값은 1에 가까워진다.

37 **기체의 분출속도와 분자량과의 관계를 설명한 법칙은?**

① Dalton의 법칙
② Van der waals의 법칙
③ Boyle의 법칙
④ Graham의 법칙

해설

그레이엄의 법칙 : 기체의 확산속도는 분자량의 제곱근에 반비례한다.

38 **다음은 응력-변형률 선도에 대한 설명이다. ( ) 안에 알맞은 것은?**

"하중의 변형선도에서 세로축은 하중을 시편의 단면적으로 나눈 값을 응력값으로 취하고 가로축에는 변형량을 본래의 ( )(으)로 나눈 변형률 값을 취하여 응력과 변형률과의 관계를 그래프로 표시한 것을 응력-변형률 선도(stress-strain diagram)라 한다."

① 시편의 단면적 ② 하중
③ 재료의 길이 ④ 응력

39 **일반적으로 가스의 용해도는 일정 온도하에서는 그 압력에 비례한다. 이는 무슨 법칙인가?**

① 헨리의 법칙
② 달톤의 분압법칙
③ 르샤트리에의 법칙
④ 보일의 법칙

40 **도시가스 사용시설 중 배관에 표기하는 내용으로 틀린 것은?**

① 사용가스명
② 가스의 흐름방향
③ 최고사용압력
④ 유량

41 **고압가스 제조 시 안전관리에 대한 설명으로 옳은 것은?**

① 산소를 용기에 충전할 때에는 용기 내부에 유지류를 제거하고 충전한다.
② 시안화수소의 안정제로 물을 사용한다.
③ 산화에틸렌을 충전 시에는 산 및 알칼리로 세척한 후 충전한다.
④ 아세틸렌을 3.5MPa로 압축하여 충전할 때에는 희석제로 이산화탄소를 사용한다.

해설

- 시안화수소의 안정제는 황산 · 아황산, 동 · 동망, 염화칼슘, 오산화인 등이다.
- 산화에틸렌 충전 시 45℃에서 0.4MPa 이상 되도록 N_2, CO_2를 충전 후 산화에틸렌을 충전한다.
- 아세틸렌을 2.5MPa 이상 압축하여 충전 시 질소, 메탄, 일산화탄소, 에틸렌 등의 희석제를 첨가한다.

42 **이상기체의 상태변화에서 등온변화에 대한 설명 중 틀린 것은?**

① 내부에너지 변화량은 0이다.
② 압력은 체적에 반비례한다.
③ 엔탈피는 온도만의 함수이므로 일정하다.
④ 등온변화에서 가해진 열량은 모두 일로 변환되지 않는다.

해설

등온변화 : 압축전후 온도가 동일한 변화, 압축일량이 최소

외부일량 ${}_1W_2 = pv\ln\frac{V_2}{V_1} = GRT\ln\frac{V_2}{V_1} = GRT\ln\frac{P_2}{P_1}$

$dQ = du + Apdu = CvdT + ApdT$

$(du = CvdT)$ 등온변화에서 $dT = 0$ 이므로 $dQ = Apdv$

43 **시안화수소에 안정제를 첨가하는 주된 이유는?**

① 분해폭발을 하므로
② 산화폭발을 일으킬 염려가 있으므로
③ 강한 인화성 액체이므로
④ 소량의 수분으로 중합하여 그 열로 인해 폭발할 위험이 있으므로

44 **아세틸렌은 용기에 충전한 후 온도 15℃에서 압력이 몇 MPa 이하로 될 때까지 정치하여야 하는가?**

① 1.5 ② 2.5
③ 3.5 ④ 4.5

해설

아세틸렌 용기 압력

- 충전 중 압력 : 온도와 관계없이 2.5MPa 이하
- 충전 후 압력 : 15℃에서 1.5MPa 이하

45 **산업통상자원부장관은 도시가스사업법에 의하여 도시가스사업자에게 조정명령을 내릴 수 있다. 다음 중 조정명령 사항이 아닌 것은?**

① 가스공급시설 공사계획의 조정
② 가스요금 등 공급조건의 변경
③ 가스의 열량 · 압력의 조정 조건
④ 가스검사 기관의 조정

해설

조정명령 사항(도법 시행령 제20조)

- 가스공급시설 공사계획의 조정
- 가스공급계획의 조정
- 둘 이상의 특별시 · 광역시 · 특별자치시 · 도 및 특별자치도를 공급지역으로 하는 경우 공급지역의 조정
- 도시가스 요금 등 공급조건의 조정
- 도시가스의 열량 · 압력 및 연소성의 조정
- 가스공급시설의 공동이용에 관한 조정
- 천연가스 수출입 물량의 규모 · 시기 등의 조정

46 **가스엔진 구동 열펌프(GHP)의 특징에 대한 설명으로 옳은 것은?**

① 난방 시 GHP 기동과 동시에 난방이 불가능하다.
② 정기적인 유지관리가 불필요하다.
③ 부분부하 특성이 매우 우수하다.
④ 외기온도 변동에 영향이 크다.

해설

가스엔진 구동 열펌프(GHP)의 특징
- 난방 시 GHP 기동과 동시에 난방이 가능하다.
- 정기적인 유지관리가 필요하다.
- 부분부하 특성이 매우 우수하다.
- 외기온도 변동에 영향이 적다.
- 구조가 복잡하고, 초기 구입가격이 높다.

47 메탄가스에 대한 설명으로 옳은 것은?

① 공기보다 무거워 낮은 곳에 체류한다.
② 비점은 약 -42℃이다.
③ 공기 중 메탄가스가 3% 함유된 혼합기체에 점화하면 폭발한다.
④ 고온에서 니켈촉매로 사용하여 수증기와 작용하면 일산화탄소와 수소를 생성한다.

해설

메탄가스(CH_4)
- 공기보다 가볍다.
- 비점 -162℃
- 폭발범위 5~15%
- $CH_4 + H_2O \rightarrow CO + 3H_2$

48 고압가스특정제조시설 중 장치분야의 정밀안전검진 항목이 아닌 것은?

① 두께측정
② 경도측정
③ 누설측정
④ 보온 · 보냉상태

해설

고압가스 특정제조 정밀안전검진항목

검진분야	검진항목
일반분야	안전장치 관리실태, 공장안전관리실태, 계측 및 방폭설비 유지 · 관리실태
장치분야	두께측정, 경도측정, 침탄측정, 내 · 외면 부식상태, 보온 · 보냉상태
특수 · 선택 분야	음향방출시험, 열교환기의 튜브건전성 검사, 노후설비의 성분분석, 전기패널의 열화상 측정, 고온설비의 건전성

[비고] 위 검진분야 중 특수 · 선택분야는 수요자가 원하거나 공공의 안전을 위해 산업통상자원부장관이 필요하다고 인정하는 경우에 실시한다.

49 다음 독성가스와 제독제를 잘못 연결한 것은?

① 염소 - 가성소다수용액, 탄산소다수용액, 소석회
② 포스겐 - 가성소다수용액, 소석회
③ 황화수소 - 가성소다수용액, 탄산소다수용액
④ 아황산가스 - 가성소다수용액, 소석회, 암모니아

해설

아황산의 제독제 : 가성소다수용액, 탄산소다수용액, 물

50 기체의 열용량에 대한 설명으로 틀린 것은?

① 열용량이 크면 온도를 변화시키기 어렵다.
② 이상기체의 정압열용량(C_p)과 (C_v)의 차는 기체상수 R과 같다.
③ 공기에 대한 정압비열과 정적비열이 비(C_p/C_v)는 1.40이다.
④ 정압 몰 열용량은 정압비열을 물질량으로 나눈 값이다.

해설

정압 몰 열용량은 정압비열과 물질량을 곱한 값과 같다.

51 고압가스 제조 시 가연성 가스 중 산소 또는 산소 중 가연성 가스가 몇 % 이상 함유될 때 압축을 금지하는가?

① 1.5 ② 2.0
③ 2.5 ④ 4.0

해설

고압가스를 제조하는 경우 다음의 가스는 압축하지 않을 것
- 가연성 가스(아세틸렌 · 에틸렌 및 수소는 제외) 중 산소용량이 전체 용량의 4% 이상인 것
- 산소 중의 가연성 가스의 용량이 전체 용량의 4% 이상인 것
- 아세틸렌 · 에틸렌 또는 수소 중의 산소용량이 전체 용량의 2% 이상인 것
- 산소 중의 아세틸렌 · 에틸렌 및 수소의 용량 합계가 전체 용량의 2% 이상인 것

52 고압가스안전관리법상 당해 가스시설의 안전을 직접 관리하는 사람은?

① 안전관리 부총괄자
② 안전관리책임자
③ 안전관리원
④ 특정설비 제조자

해설

안전관리자의 업무

- 안전관리 총괄자 : 해당 사업자 또는 사용신고시설의 안전에 관한 업무의 총괄
- 안전관리 부총괄자 : 안전관리 총괄자를 보좌하여 해당 가스시설의 안전에 대한 직접 관리
- 안전관리 책임자 : 안전관리 부총괄자(안전관리 부총괄자가 없는 경우에는 안전관리 총괄자)를 보좌하여 사업장의 안전에 관한 기술적인 사항의 관리 및 안전 관리원에 대한 지휘 · 감독
- 안전관리원 : 안전관리 책임자의 지시에 따라 안전관리자의 직무 수행

53 다음 [보기]의 특징을 가진 구리 및 구리합금강의 종류는?

> • 압광성 · 굽힘성 · 드로잉성 · 용접성이 좋다.
> • 내식성 · 열전도성이 좋다.
> • 열교환기, 화학공업, 급수 · 급탕, 가스관 등에 사용된다.
> • 종류로는 C1201, C1220이 있다.

① 인탈산구리 ② 타프피치구리
③ 함연강동 ④ 무산소구리

54 주철관 이음방법으로서 이음에 필요한 부품이 고무링 하나뿐이며, 온도변화에 따른 신축이 자유롭고, 이음 접합과정이 간편하여 관부설을 신속하게 할 수 있는 특징을 가진 이음방법은?

① 벨로우즈 이음 ② 소켓 이음
③ 노허브 이음 ④ 타이론 이음

55 부적합품률이 1%인 모집단에서 5개의 시료를 랜덤하게 샘플링할 때, 부적합품수가 1개일 확률은 약 얼마인가?

① 0.048 ② 0.058
③ 0.48 ④ 0.58

해설

$P_r(x) = \binom{n}{x}P^x(1-P)^{n-x} = {}_nC_xP^x(1-P)^{n-x}$

$P=0.01,\ n=5,\ x=1$

$\therefore P_r(x=1) = \binom{5}{1}\times 0.01^1\times(1-0.01)^{5-1}$

$= {}_5C_1\times 0.01^1\times(1-0.01)^{5-1} = 0.048$

56 다음 중 계수치 관리도 아닌 것은?

① c관리도
② p관리도
③ u관리도
④ x관리도

해설

계수치 관리도

- p 관리도 : 공정을 부적합품률 p로 관리하는 경우에 사용
- np 관리도 : 공정을 부적합품수 np로 관리하는 경우에 사용
- c 관리도 : 일정 단위 중 나타나는 부적합수를 관리할 때 사용
- u 관리도 : 단위당 부적합수를 관리할 때 사용

57 품질관리 기능의 사이클을 표현한 것으로 옳은 것은?

① 품질개선 – 품질설계 – 품질보증 – 공정관리
② 품질설계 – 공정관리 – 품질보증 – 품질개선
③ 품질개선 – 품질보증 – 품질설계 – 공정관리
④ 품질설계 – 품질개선 – 공정관리 – 품질보증

해설

품질관리 기능의 사이클

- 품질설계 : 설계의 품질이나 목표로 하는 품질을 정할 수 있다.
- 공정관리 : 작업표준과 공정설계, 계측시험표준, 제조표준을 정하여 작업자를 위한 교육을 시켜 업무를 가능하게 한다.
- 품질보증 : 제품의 제작, 제조, 출하, 사용단계에서 제조품질과 사용품질을 목표품질에 따라 검사한다.
- 품질조사 및 개선 : 클레임과 고객의견 등을 조사 및 확인하여 설계와 제조공정의 품질관리를 개선할 수 있다.

58 다음 [표]는 A자동차 영업소의 월별 판매실적을 나타낸 것이다. 5개월 단순이동 평균법으로 6월의 수요를 예측하면 몇 대인가?

(단위 : 대)

월	1	2	3	4	5
판매량	100	110	120	130	140

① 120 ② 130
③ 140 ④ 150

해설

5개월 단순이동평균법

$$M_{t=6} = \frac{100+110+120+130+140}{5} = 120$$

59 다음 검사의 종류 및 검사 공정에 의한 분류에 해당되지 않는 것은?

① 수입검사
② 출하검사
③ 출장검사
④ 공정검사

해설

검사가 행해지는 공정에 의한 분류
- 인수검사(구입검사, 수입검사) : 재료, 반제품 또는 제품을 구입하는 경우에 수행하는 검사
- 공정검사(중간검사) : 하나의 공정이 끝나고 다음 공정으로 이동하는 사이에 수행하는 검사
- 최종검사(제품검사, 완성검사) : 공정의 최종단계에서 수행하는 검사로 완성품에 대한 검사
- 출하검사(출고검사) : 제품을 출하(출고)할 때 수행하는 검사

60 다음 중 반즈(Ralph M. Barnes)가 제시한 동작경제의 원칙에 해당되지 않는 것은?

① 표준작업의 원칙
② 신체의 사용에 관한 원칙
③ 작업장의 배치에 관한 원칙
④ 공구 및 설비의 디자인에 관한 원칙

해설

Ralph M. Barnes의 동작경제 원칙
- 신체 사용에 관한 원칙
- 작업장의 배치에 관한 원칙
- 공구 및 설비 디자인에 관한 원칙

정답 **02회 – 제45회 가스기능장 기출문제**

01 ④	02 ③	03 ①	04 ④	05 ①
06 ④	07 ④	08 ①	09 ④	10 ③
11 ②	12 ④	13 ①	14 ④	15 ④
16 ①	17 ①	18 ②	19 ①	20 ②
21 ③	22 ④	23 ②	24 ③	25 ②
26 ③	27 ①	28 ②	29 ④	30 ④
31 ④	32 ②	33 ③	34 ②	35 ①
36 ③	37 ④	38 ③	39 ①	40 ④
41 ①	42 ④	43 ④	44 ①	45 ④
46 ③	47 ④	48 ③	49 ④	50 ④
51 ④	52 ①	53 ①	54 ④	55 ①
56 ④	57 ②	58 ①	59 ③	60 ①

01 일반도시가스사업은 공급권역을 구역별로 분할하고 원격조작에 의한 긴급차단장치를 설치하여 대형가스 누출, 지진발생 등 비상 시 가스차단을 할 수 있도록 하는 구역의 설정기준으로 옳은 것은?

① 수요자 수가 20만 이하가 되도록 설정
② 수요자수가 25만 이하가 되도록 설정
③ 배관의 길이가 20km 이하가 되도록 설정
④ 배관의 길이가 25km 이하가 되도록 설정

해설

구역의 설정기준

- 구역의 설정방법 : 긴급차단장치에 의하여 가스공급을 차단할 수 있는 구역의 설정은 수요자수 20만 이하가 되도록 하여야 한다. 다만 구역을 설정한 후 수요자수가 증가하여 20만을 초과하게 되는 경우에는 25만 미만으로 할 수 있다.
- 작동상황점검주기 : 일반도시가스 사업자는 6개월에 1회 이상 긴급차단장치의 작동상황을 점검하여야 한다.

02 다음 [보기]의 특징을 가지는 물질은?

> • 무색투명하나 시판품은 흑회색의 고체이다.
> • 물, 습기, 수증기와 직접 반응한다.
> • 고온에서 질소와 반응하여 석회질소로 된다.

① CaC_2 ② P_4S_3
③ P_4 ④ KH

03 산화에틸렌의 저장탱크 및 충전용기에는 45℃에서 그 내부 가스의 압력이 얼마 이상이 되도록 질소가스 등을 충전하여야 하는가?

① 0.2MPa ② 0.4MPa
③ 1MPa ④ 2MPa

해설

산화에틸렌(C_2H_4O) 충전기준

- 산화에틸렌의 저장탱크는 내부의 질소가스, 탄산가스, 산화에틸렌의 분위기가스를 질소가스 또는 탄산가스로 치환하고 5℃ 이하로 유지한다.
- 산화에틸렌의 저장탱크 및 충전용기는 45℃에서 내부가스의 압력이 0.4MPa 이상이 되도록 질소가스 또는 탄산가스로 충전한다.

04 특정고압가스 사용신고를 하여야 하는 자는 저장능력이 몇 kg 이상인 액화가스 저장설비를 갖추고 특정고압가스를 사용하여야 하는가?

① 100 ② 250
③ 500 ④ 1000

해설

특정고압가스 사용 신고대상(고법 시행규칙 제46조)

- 저장능력 500kg 이상인 액화가스저장설비를 갖추고 특정고압가스를 사용하려는 자
- 저장능력 $50m^3$ 이상인 압축가스저장설비를 갖추고 특정고압가스를 사용하려는 자
- 배관으로 특정고압가스(천연가스는 제외한다)를 공급받아 사용하려는 자
- 압축모노실란 · 압축디보레인 · 액화알진 · 포스핀 · 셀렌화수소 · 게르만 · 디실란 · 오불화비소 · 오불화인 · 삼불화인 · 삼불화질소 · 삼불화붕소 · 사불화유황 · 사불화규소 · 액화염소 또는 액화암모니아를 사용하려는 자. 다만, 시험용(해당 고압가스를 직접 시험하는 경우만 해당한다)으로 사용하려 하거나 시장 · 군수 또는 구청장이 지정하는 지역에서 사료용으로 볏짚 등을 발효하기 위하여 액화암모니아를 사용하려는 경우는 제외한다.
- 자동차 연료용으로 특정고압가스를 공급받아 사용하려는 자

05 고압가스 배관의 용접에서 용접이음매의 위치 기준에 대한 설명으로 틀린 것은?

① 배관의 용접은 지그(Jig)를 사용하여 가장자리부터 정확하게 위치를 맞춘다.
② 관의 두께가 다른 배관의 맞대기 이음에서는 관두께가 완만하게 변화되도록 길이 방향의 기울기를 1/3 이하로 한다.
③ 배관을 맞대기 용접하는 경우 평행한 용접이음매의 간격은 원칙적으로 관지름 이상으로 한다.
④ 배관상호의 길이 이음매는 원주방향에서 원칙적으로 50mm 이상 떨어지게 한다.

해설

용접이음매의 위치

- 배관을 맞대기 용접하는 경우 평행한 용접이음매의 간격은 원칙적으로 관지름 이상으로 할 것
- 배관 상호의 길이이음매는 원주방향에서 원칙적으로 50mm 이상 떨어지게 할 것
- 배관의 용접은 지그(Jig)를 사용하여 가운데서부터 정확하게 위치를 맞출 것
- 관의 두께가 다른 배관의 맞대기 이음에서는 관두께가 완만히 변화되도록 길이방향의 기울기를 1/3 이하로 할 것

06 다음 중 특정고압가스가 아닌 것은?

① 압축디보레인 ② 액화알진
③ 에틸렌 ④ 아세틸렌

해설

특정고압가스의 종류

- 고법 제20조 : 수소, 산소, 액화암모니아, 아세틸렌, 액화염소, 천연가스, 압축모노실란, 압축디보레인, 액화알진
- 고법 시행령 제16조 : 포스핀, 셀렌화수소, 게르만, 디실란, 오불화비소, 오불화인, 삼불화인, 삼불화질소, 삼불화붕소, 사불화유황, 사불화규소

07 정압과정에서 전달 열량은?

① 내부에너지의 변화량과 같다.
② 이루어진 일량과 같다.
③ 엔탈피 변화량과 같다.
④ 체적의 변화량과 같다.

해설

정압변화

- 내부에너지 : $du = u_2 - u_1 = Cv(T_2 - T_1)$
- 엔탈피변화 : $du = h_2 - h_1 = Cp(T_2 - T_1)$
- 열량 $dq = du + Apdv = dh = Avdp$
  $\therefore {}_1q_2 = \Delta h = h_2 - h_1$
  (즉, 가열량은 모두 엔탈피 변화로 나타남)

08 도시가스시설에 대한 줄파기 작업의 기준에 대한 설명으로 틀린 것은?

① 가스배관이 있을 것으로 예상되는 지점으로부터 2m 이내에서 줄파기를 할 때에는 안전관리전담자의 입회하에 시행한다.
② 줄파기 1일 시공량 결정은 시공속도가 가장 빠른 천공작업에 맞추어 결정한다.
③ 줄파기 심도는 최소한 0.5m 이상으로 하며 지장물의 유무가 확인되지 않는 곳은 안전관리전담자와 협의 후 공사의 진척여부를 결정한다.
④ 줄파기 공사 후 가스배관으로부터 1m 이내에 파일을 설치할 경우에는 유도관을 먼저 설치한 후 되메우기를 실시한다.

해설

줄파기 공사방법

- 공사구간 내의 지장물은 관련대장 및 도면으로 위치를 확인하고, 공사현장에 지장물 위치를 종류별로 표시하여야 한다.
- 가스배관이 있을 것으로 예상되는 지점으로부터 2m 이내에서 줄파기를 할 때에는 안전관리전담자의 입회하에 시행하여야 한다.
- 줄파기 1일 시공량 결정은 시공속도가 가장 느린 천공작업에 맞추어 결정하여야 한다.
- 줄파기 심도는 최소한 0.5m 이상으로 하며 지장물의 유무가 확인되지 않는 곳은 안전관리전담자와 협의 후 공사의 진척 여부를 결정하여야 한다.
- 줄파기는 두 줄 또는 세 줄을 동시에 시행하지 않아야 하며 시공작업, 항타작업 및 가포장이 완료된 후에 다른 줄을 시행하여야 한다.
- 줄파기 공사 후 가스배관으로부터 1m 이내에 파일을 설치할 경우에는 유도관(Guide Pipe)을 먼저 설치한 후 되메우기를 실시하여야 한다.

09 액화석유가스의 안전관리 및 사업법에서 안전관리규정을 제출한 자와 그 종사자는 안전관리규정을 준수하고 그 실시기록을 작성하여 몇 년간 보존하도록 규정하고 있는가?

① 2 ② 3
③ 4 ④ 5

10 도시가스 안전관리자의 직무로서 가장 거리가 먼 것은?

① 가스공급시설의 안전유지
② 위해예방조치의 이행
③ 안전관리원의 교육
④ 정기검사 결과 부적합 판정을 받은 시설의 개선

해설

안전관리자의 업무

- 가스공급시설 또는 특정가스사용시설의 안전유지
- 정기검사 또는 수시검사 결과 부적합 판정을 받은 시설의 개선

- 안전점검의무의 이행확인
- 안전관리규정 실시기록의 작성 · 보존
- 종업원에 대한 안전관리를 위하여 필요한 사항의 지휘 · 감독
- 정압기 · 도시가스배관 및 그 부속설비의 순회점검, 구조물의 관리, 원격감시시스템의 관리, 검사업무 및 안전에 대한 비상계획의 수립 · 관리
- 본관 · 공급관의 누출검사 및 전기방식시설의 관리
- 사용자 공급관의 관리
- 공급시설 및 사용시설의 굴착공사의 관리
- 배관의 구멍 뚫기 작업
- 그 밖의 위해 방지 조치

11 −40℃는 몇 ℉인가?

① −40　　② −32
③ 40　　④ 44

해설

$$℉ = \frac{9}{5}℃ + 32$$

$$\therefore \frac{9}{5} \times (-40) + 32 = -40℉$$

12 다음 중 암모니아의 완전연소반응식을 옳게 나타낸 것은?

① $2NH_3 + 2O_2 \rightarrow N_2O + 3H_2O$
② $4NH_3 + 5O_2 \rightarrow 2N_2O + 6H_2O$
③ $NH_3 + 2O_2 \rightarrow HNO_2 + H_2O$
④ $4NH_3 + 5O_2 \rightarrow 4N_2O + 6H_2O$

13 다음의 각 가스와 그 가스의 제조법을 연결한 것 중 틀린 것은?

① 수소 - 수성가스법, CO전환법
② 염소 - 합성법, 석회질소법
③ 시안화수소 - 앤드류소오법, 폼아미드법
④ 산소 - 전기분해법, 공기액화분리법

해설

염소의 제법

- 공업적 제법
  - 염산의 전기분해
  - 수은법, 격막법에 의한 소금물 전기분해
- 실험적 제법
  - 염산의 산화제 작용
  - 소금에 진한 황산 이산화망간을 넣어 가열
  - 표백분에 염산을 가함

14 암모니아 합성가스 분리장치에 대한 설명으로 옳은 것은?

① 메탄은 제1열교환기에서 액화하여 분리된다.
② 질소는 상압으로 공급된다.
③ 에틸렌은 제3열교환기에서 액화한다.
④ 일산화질소는 정촉매로 작용한다.

해설

- 암모니아 합성에 필요한 조성($3H_2 + N_2$)의 혼합가스를 분리하는 장치로서, 장치에 공급되는 코우크스로 가스 중에 탄산가스, 일산화탄소, 벤젠 등의 불순물을 제거시켜야 한다.
- 수소의 비점은 -252℃이며, 질소의 비점이 -196℃로 다른 가스보다 낮으므로 원료가스를 -190℃ 정도까지 냉각시키면 거의 수소와 질소의 혼합가스가 된다.
- 분리장치의 작동 개요
  - 12~25atm로 압축되어 예비정제된 코우크스로 가스는 제1열교환기, 암모니아 냉각기, 제2, 제3, 제4열교환기에서 순차 냉각되어 고비점 성분이 액화분리된다. 이 가운데 에틸렌은 제3열교환기에서 액화한다.
  - 제4열교환기에서 약 -180℃까지 냉각된 코우크스로 가스는 메탄액화기에서 190℃까지 냉각되어 거의 메탄이 액화하여 제거된다.
  - 메탄액화기를 나온 가스는 질소세정탑에서 액체질소에 의해 세정되고 남아 있던 일산화탄소, 메탄, 산소 등이 제거되어 대략 수소 90%, 질소 10%의 혼합가스가 된다.
  - 이것에 적량이 질소를 혼합하여($3H_2 + N_2$)의 조성으로 하고 제4, 제3, 제2, 제1의 각 열교환기에서 온도 상승하여 채취된다.
  - 한편 고압질소는 100~200atm의 압력으로 공급되고 각 열교환기에서 냉각되어 액화된 후 질소세정탑에 공급된다.

15 도시가스 배관 중 전기방식을 반드시 유지해야 할 장소가 아닌 것은?

① 다른 금속 구조물과 근접 교차 부분
② 배관 절연부의 양측
③ 교량, 하천, 배관의 양단부 및 아파트 입상배관 노출부
④ 강재 보호관 부분의 배관과 강재 보호관

해설

전기방식을 반드시 유지해야 할 장소

- 직류전철 횡단부 주위
- 지중에 매설되어 있는 배관 절연부의 양측
- 강재보호관 부분의 배관과 강재보호관(다만, 가스배관과 보호관 사이에 절연 및 유동방지조치가 된 보호관은 제외)
- 금속 구조물과 근접 교차 부분

- 밸브스테이션
- 교량 및 하천 횡단배관의 양단부. 다만, 외부전원법 및 배류법에 의해 설치된 것으로 횡단길이가 500m 이하인 배관과 희생양극법에 의해 설치된 것으로 횡단길이가 50m 이하인 배관은 제외한다.

16 양단이 고정된 20cm 길이의 환봉을 20℃에서 80℃로 가열하였을 때 재료 내부에서 발생하는 열응력은 약 몇 MPa 인가?(단, 재료의 선팽창계수는 11.05×10^{-6}/℃이며 탄성계수 E는 210GPa이다.)

① 69.62
② 139.23
③ 696.15
④ 2784.60

해설

$\lambda = l \cdot \alpha\Delta T$

$\therefore 11.05\times10^{-6}/℃\times(80-20)℃\times210\times10^{3}(\text{MPa})$
$=139.23\text{MPa}$

17 냉동능력 25RT인 냉매설비와 화기설비의 이격거리의 기준으로 틀린 것은?(단, 냉매는 불연성가스이다.)

① 내화방열벽을 설치하지 않은 경우 제1종 화기설비와 5m 이상 이격거리를 두어야 한다.
② 내화방열벽을 설치하지 않은 경우 제2종 화기설비와 4m 이상 이격거리를 두어야 한다.
③ 내화방열벽을 설치할 경우 제2종 화기설비와 1m 이상 이격거리를 두어야 한다.
④ 내화방열벽을 설치할 경우 제1종 화기설비와 2m 이상 이격거리를 두어야 한다.

해설

냉매설비와 화기설비의 이격거리

- 냉매가스, 흡수용액 또는 2차 냉매가 가연성가스인 경우

화기설비의 종류	내화방열벽 설치조건	이격거리(m)	
		20RT 이상	20RT 미만
제1종, 제2종 및 제3종	설치하지 않은 경우	8	4
	설치한 경우	4	2
그 밖의 발열기구	설치하지 않은 경우	8	2
	설치한 경우	4	1

- 냉매가스 등이 불가연성가스인 경우

화기설비의 종류	내화방열벽 설치조건	이격거리(m)	
		20RT 이상	20RT 미만
제1종	설치하지 않은 경우	5	1.5
	설치한 경우 또는 온도과상승방지조치를 한 경우	2	0.8
제2종	설치하지 않은 경우	4	1
	설치한 경우 또는 온도과상승방지조치를 한 경우	2	0.5
제3종	설치하지 않은 경우	1	–

18 팩리스(packless) 신축이음재라고도 하며 설치공간을 적게 차지하나 고압배관에는 부적당한 신축이음재는?

① 슬리브형 신축이음재
② 벨로우즈형 신축이음재
③ 루프형 신축이음재
④ 스위블형 신축이음재

19 어떤 기체가 10℃, 750mmHg에서 100mL의 무게가 0.2g이라면 표준상태에서 이 기체의 밀도는 약 몇 g/L인가?

① 1.8 ② 2.1
③ 2.4 ④ 2.7

해설

$$V_2=\frac{P_1V_1T_2}{T_1P_2}=\frac{750\times0.1\times273}{283\times760}=0.095\text{L}$$

$$\therefore \text{밀도는 } \frac{0.2\text{g}}{0.095\text{L}}=2.1\text{g/L}$$

20 흡수식 냉동기에서 냉매와 흡수제로 사용되는 것을 옳게 나타낸 것은?

① 물 - 취하리듐
② 물 – 염화메틸
③ 물 - 프레온22
④ 물 – 메틸클로라이드

해설

흡수식냉동기

- 냉매가 NH_3이면 흡수제는 H_2O
- 냉매가 H_2O이면 흡수제 OiBr(취하리듐)

21 **도시가스 특정가스 사용시설의 배관 고정(지지)간격의 설치기준에 대한 설명으로 옳은 것은?**

① 호칭지름이 12mm 미만인 배관은 1m마다 고정장치를 설치하여야 한다.
② 호칭지름이 12mm 이상 33mm 미만인 배관은 2m마다 고정장치를 설치하여야 한다.
③ 호칭지름 33mm 이상인 배관은 3m마다 고정장치를 설치하여야 한다.
④ 배관과 고정장치 사이에는 절연조치를 하지 않아도 된다.

해설

배관 고정간격의 설치기준
- 13mm 미만 : 1m마다
- 13mm 이상 33mm 미만 : 2m마다
- 33mm 이상 : 3m마다

22 **가스도매사업의 가스공급시설인 배관을 지하에 매설하는 경우의 기준에 대한 설명으로 옳은 것은?**

① 지표면으로부터 배관 외면까지의 매설깊이는 산이나 들의 경우에는 1.2m 이상으로 한다.
② PE배관의 굴곡허용반경은 외경의 50배 이상으로 한다.
③ 배관은 그 외면으로부터 수평거리로 건축물까지 1.2m 이상을 유지한다.
④ 도로가 평탄할 경우의 배관의 기울기는 1/500~1/1000 정도로 기울기로 설치한다.

해설

- 배관을 지하에 매설하는 경우에는 노면으로부터 배관의 외면까지의 매설깊이는 산이나 들에서는 1m 이상, 그 밖의 지역에서는 1.2m 이상. 다만, 방호구조물 안에 설치하는 경우에는 그러하지 아니하다.
- PE배관의 굴곡허용반경은 외경(바깥지름)의 20배 이상으로 한다.
- 배관은 그 외면으로부터 수평거리로 건축물까지 1.5m 이상을 유지한다.

23 **단열압축에 대한 설명으로 틀린 것은?**

① 공급되는 열량은 0이다.
② 공급되는 일은 기체의 엔탈피 증가로 보존된다.
③ 단열압축 전보다 압력이 증가한다.
④ 단열압축 전보다 온도, 비체적이 증가한다.

해설

단열압축 전보다 온도는 증가하지만, 비체적은 감소한다.

24 **부취제 주입방법에 대한 설명으로 틀린 것은?**

① 펌프 주입방식은 부취제 첨가율의 조절이 용이하며 주로 대규모 공급용으로 적합하다.
② 바이패스 증발식은 온도, 압력 등의 변동에 따라 부취제의 첨가율이 변동하며 주로 중, 소규모용으로 적합하다.
③ 적하 주입방식은 부취제 첨가율을 일정하게 하기 위해 수동조절이 필요 없고 주로 대규모용으로 적합하다.
④ 위크 증발식은 부취제 첨가량의 조절이 어렵고, 주로 소규모용으로 적합하다.

해설

부취설비
- 액체 주입식 부취설비 : 이 부취 설비는 부취제를 액상태로 직접 가스흐름 부분에 주입하여 가스 중에서 확산시키는 방식으로 가스 유량에 대해 부취제 주입량을 변화시키는 것에 의해 항상 일정한 부취제 첨가량을 유지할 수 있다. 이 특징은 가스량의 변동에 대해 적응하기 쉽다. 현재는 다음의 방식들이 사용되고 있다.
  - 펌프 주입방식 : 소용량의 다이어프램 펌프 등에 의해 부취제를 직접 가스 중에 주입하는 방식이다. 간단한 계장을 함에 의해 가스량의 변동에 대응해서 펌프의 스트로크, 회전수 등을 변화시켜, 가스 중의 부취제 농도를 항상 일정하게 유지할 수 있다.
  - 적하 주입방식 : 액체 주입방식 중에서 가장 간단한 것이다. 부취제 주입 용기를 가스압으로 Balance 시켜 중력에 의해 부취제를 가스 중에 적하한다. 주입량의 조정은 니들밸브, 전자변 등에 의해 행하지만, 그 정도는 낮다. 그래서 유량변동이 적은 소규모의 부취에 많이 쓰이고 있다.
- 증발식 부취설비 : 이 부취설비는 부취제의 증기를 가스류에 혼합하는 방식으로 설비비가 저렴하고 동력을 필요로 하지 않는 이점이 있다. 설치장소는 보통 압력, 온도변동이 작고 관내 가스 유속이 큰 것이 바람직하다. 여러 요인에 의해 부취제 첨가율을 일정하게 유지하는 것은 어렵고, 변동이 적은 소규모의 부취에 쓰인다.
- By-Pass 증발 방식 : 증발식 부취설비의 대표적인 형식이다. 도관에 By-Pass를 설치 By-Pass관을 통과하는 가스에 부취제를 증발시켜 포화시키는 방법으로 부취의 농도는 By-Pass를 통과하는 가스량을 변화시켜 조절한다. 이 방식은 부취 조절 범위가 제한되고 또 혼합 부취제에 적용할 수 없다.

25 **프로판가스 2.2kg을 완전연소 시키는 데 필요한 이론 공기량은 25℃, 750mmHg에서 약 몇 m^3 인가?**

① 29.50 ② 34.66
③ 44.51 ④ 57.25

해설

프로판의 완전연소 반응식

$C_3H_8 + 5O_2 \rightarrow 3CO_2 + 4H_2O$

44kg $5 \times 22.4m^3$

2.2kg $x m^3$

$\therefore x = \frac{2.2 \times 5 \times 22.4}{44} = 5.6m^3$

- 25℃, 750mmHg의 공기량

$5.6 \times \frac{1}{0.21} \times \frac{298}{273} \times \frac{760}{750} \fallingdotseq 29.50m^3$

26 **다음 반응식의 평형상수(K)를 올바르게 나타낸 것은?**

$N_2 + 3H_2 \rightleftarrows 2NH_3$

① $K = \frac{2[NH_3]}{[N_2] \cdot 3[H_2]}$

② $K = \frac{[N_2]^3}{[N_2] \cdot [NH_3]^2}$

③ $K = \frac{[NH_3]^2}{[N_2] \cdot [H_2]^3}$

④ $K = \frac{[N_2]^2}{[N_2] \cdot [NH_3]^2}$

해설

반응식의 평형상수

$aA + bB \rightleftarrows cC + dD$

$K = \frac{[C]^c \times [D]^d}{[A]^a \times [B]^b}$

27 **금속재료의 가스에 의한 침식에 대한 설명으로 틀린 것은?**

① 고온 · 고압의 암모니아는 강재에 대해서 질화 작용과 수소취성의 2가지 작용을 미친다.
② 일산화탄소는 Fe, Ni 등 철족의 금속과 작용하여 금속 카르보닐을 생성한다.
③ 고온 · 고압의 질소는 강재의 내부까지 침입하여 강재를 취하시키므로 고온 · 고압의 질소를 취급하는 기기에는 강재를 사용할 수 없다.
④ 중유나 연료유 속에 포함되는 바나듐산화물이 금속면에 부착하면 급격한 고온부식을 일으킨다.

28 **결정입자가 선택적으로 부식하는 것으로 열영향에 의해 Cr을 석출하는 부식현상은?**

① 국부부식
② 선택부식
③ 입계부식
④ 응력부식

해설

부식현상

- 입계부식 : 결정입자가 선택적으로 부식되는 양식이다. 열영향을 받아 입계에 크롬(Cr)탄화물을 석출하고 있는 스테인레스강이며 때때로 이 양식의 부식이 문제가 된다.
- 금속재료부식
  - 전면부식 : 전면이 대략 균일하게 부식되는 양식이다. 부식량은 크나 전면에 파급되므로 실해는 적은 경우가 많고 비교적 대처하기 쉽다.
  - 국부부식 : 부식이 특정한 부분에 집중하는 양식이며 공식(孔蝕), 극간부식(隙間腐蝕) 구식(構蝕) 등이 있다. 어느 경우에도 부식 속도가 비교적 크므로 위험성은 높고 자주 장치에 중대한 손상을 끼친다.
  - 선택부식 : 합금 중의 특정 성분만이 선택적으로 용출되거나 일단 전체를 용출한 다음 특성 성분만이 재석출됨으로써 기계강도가 적은 다공질의 침식층을 형성하는 양식이다. 주철의 흑연화 부식, 황동의 탈아연부식, 알루미늄 청동의 탈알루미늄 부식 등이 있다.
  - 응력부식 : 인장응력 하에서 부식 환경이 되면 금속의 연성재료에 나타나지 않은 취성 파괴가 일어나는 형상이며, 특히 연강으로 제작한 가성소다 저장탱크에서 발생되기 쉬운 현상이다.
  - 에로션 : 배관 및 밴드 부분 펌프의 회전차 등 유속이 큰 부분은 부식성 환경에서는 마모가 현저하다. 이러한 현상을 에로션이라 하며 황산의 이송 배관에서 일어나는 부식현상이다.
  - 바나듐 어택 : 중유나 연료유의 회분 중에 있는 V_2O_5가 고온에서 용융할 때 발생되는 다량의 산소가 금속표면을 산화시켜 일어나는 부식 현상을 말한다.
- 부식 속도에 영향을 끼치는 인자
  - 내부인자 : 금속재료의 조성, 조직, 구조, 전기화학적 특성, 표면상태, 응력상태, 온도 등
  - 외부인자 : 부식액의 조성, pH(수소이온 농도), 용존가스 농도, 온도, 유동상태, 생물수식 등

29 다음 [보기]에서 설명하는 응축기의 종류는?

> • 암모니아, 프레온계 등 대 · 중 · 소 냉동기에 사용된다.
> • 수량이 충분하지 않은 경우에 적당하다.
> • 설치공간이 적다.
> • 냉각관이 부식되기 쉽다.
> • 냉각수량이 적어도 된다.

① 입형 쉘 앤드 튜브식 응축기
② 횡형 쉘 앤드 튜브식 응축기
③ 7통로식 응축기
④ 대기식 블리드형 응축기

해설

응축기의 종류

종류	설치장소 및 설치냉동기
횡형 쉘 앤드 튜브식	암모니아, 프레온계 등 대 · 중 · 소 냉동기에 사용, 수량이 적은 곳
입형 쉘 앤드 튜브식	수량이 많고 냉각수질이 양호한 곳으로 대형 암모니아 냉동기에 사용
7통로식	수량이 불충분하고 용량이 크며 설치장소가 부족한 경우 암모니아 냉동기에 설치
2중관식	수질이 양호 설치장소가 적고 수량이 불충분한 곳으로 암모니아, 프레온계 소형 냉동기에 사용
대기식 블리드형	수질이 불량하고 수량이 적으며 해수를 사용하는 곳으로 암모니아 냉동기에 사용
증발식	냉각 수량이 부족한 곳으로 암모니아 프레온 냉동기에 사용

30 다음 중 고압가스안전관리법의 적용범위에서 제외되는 고압가스가 아닌 것은?

① 오토크레이브 안의 수소 가스
② 철도차량의 에어콘디셔너 안의 고압가스
③ 등화용의 아세틸렌가스
④ 냉동능력이 3톤 미만인 냉동설비 안의 고압가스

해설

적용범위에서 제외되는 고압가스(고법 시행령 별표 1)

- 보일러 안과 그 도관 안의 고압증기
- 철도차량의 에어콘디셔너 안의 고압가스
- 선박 안의 고압가스
- 광산에 소재하는 광업을 위한 설비 안의 고압가스
- 항공기 안의 고압가스
- 전기설비 중 발전 · 변전 또는 송전을 위하여 설치하는 전기설비 또는 전기를 사용하기 위하여 설치하는 변압기 · 리액틀 · 개폐기 · 자동차단기로서 가스를 압축 또는 액화 그 밖의 방법으로 처리하는 그 전기설비 안의 고압가스
- 원자로 및 그 부속설비 안의 고압가스
- 내연기관의 시동, 타이어의 공기충전, 리벳팅, 착암 또는 토목공사에 사용되는 압축장치 안의 고압가스
- <u>오토크레이브 안의 고압가스(수소 · 아세틸렌 및 염화비닐은 제외한다)</u>
- 액화브롬화메탄제조설비 외에 있는 액화브롬화메탄
- 등화용의 아세틸렌가스
- 청량음료수 · 과실주 또는 발포성주류에 혼합된 고압가스
- 냉동능력이 3톤 미만인 냉동설비 안의 고압가스
- 내용적 1L 이하의 소화기용 용기 또는 소화기에 내장되는 용기 안에 있는 고압가스
- 정부 · 지방자치단체 · 자동차제작자 또는 시험연구기관이 시험 · 연구목적으로 제작하는 고압가스연료용차량 안의 고압가스
- 총포에 충전하는 고압공기 또는 고압가스
- 국가기관에서 특수한 목적으로 사용하는 휴대용 최루액 분사기에 최루액 추진재로 충전되는 고압가스
- 35℃의 온도에서 게이지압력이 4.9MPa 이하인 유니트형 공기압축장치(압축기, 공기탱크, 배관, 유수분리기 등의 설비가 동일한 프레임 위에 일체로 조립된 것. 다만, 공기액화분리장치는 제외한다) 안의 압축공기
- 한국가스안전공사 또는 한국표준과학연구원에서 표준가스를 충전하기 위한 정밀충전 설비 안의 고압가스
- 무기체계에 사용되는 용기등 안의 고압가스
- 어선 안의 고압가스
- 그 밖에 산업통상자원부장관이 위해발생의 우려가 없다고 인정하는 고압가스

31 도시가스 본관 중 중압 배관의 내용적이 $9m^3$일 경우, 자기압력기록계를 이용한 기밀시험유지시간은?

① 24분 이상　　② 40분 이상
③ 216분 이상　　④ 240분 이상

해설

자기압력기록계를 이용한 기밀시험유지시간

최고사용압력	용적	기밀유지시간
저압 · 중압	$1m^3$ 미만	24분
	$1m^3$ 이상 $10m^3$ 미만	240분
	$10m^3$ 이상 $300m^3$ 미만	24×V분(다만, 1,440분을 초과할 경우는 1,440분으로 할 수 있다.)
고압	$1m^3$ 미만	48분
	$1m^3$ 이상 $10m^3$ 미만	480분
	$10m^3$ 이상 $300m^3$ 미만	48×V분(다만, 2,880분을 초과할 경우는 2,880분으로 할 수 있다.)

※V는 피시험부분의 용적(단위 : m^3)

32 **천연가스를 원료로 하는 도시가스의 연소 폐가스성분으로 가장 거리가 먼 것은?**

① 공기 중의 질소와 과잉산소
② 이산화탄소와 수증기
③ 가스 중의 불연성 성분
④ 메탄과 수소

해설

연소 시 폐가스의 종류 : CO_2, H_2O, N_2, O_2

33 **수소의 일반적인 성질에 대한 설명으로 옳은 것은?**

① 열전도도가 대단히 크다.
② 확산속도가 아주 작아 공기 중에 확산되기 어렵다.
③ 폭발한계 이내인 경우 단독으로 분해 폭발한다.
④ 폭굉속도는 400~500m/s로서 아주 빠르다.

해설

수소의 특성

- 확산속도가 매우 크다.
- 폭발범위가 넓다.
- 폭굉속도는 1400~3500m/s 정도이다.

34 **안전밸브(safety valve)에 대한 설명으로 옳은 것은?**

① 안전장치에서 가장 많이 사용되는 것은 중추식이다.
② 안전밸브 전에는 스톱밸브를 설치하지 않아도 된다.
③ 안전밸브의 수리 시 스톱밸브는 닫아준다.
④ 안전밸브와 스톱밸브는 항상 닫아둔다.

해설

- 안전장치에서 가장 많이 사용되는 것은 스프링식이다.
- 안전밸브 전에는 스톱밸브를 설치하여야 한다.
- 안전밸브 전에 설치하는 스톱밸브는 항상 개방시켜 두어야 한다.

35 **굴착공사에 의한 도시가스배관 손상방지 기준 중 굴착공사자가 공사 중에 시행하여야 할 기준에 대한 설명으로 틀린 것은?**

① 가스안전 영향평가 대상 굴착공사 중 가스배관의 수직, 수평변위 및 지반침하의 우려가 있는 경우에는 가스배관변형 및 지반침하 여부를 확인한다.
② 가스배관 주위에서는 중장비의 배치 및 작업을 제한하여야 한다.
③ 계절 온도변화에 따라 와이어로프 등의 느슨해짐을 수정하고 가설구조물의 변형유무를 확인하여야 한다.
④ 굴착공사에 의해 노출된 가스배관과 가스안전영향평가 대상범위 내의 가스배관은 월간 안전점검을 실시하고 점검표에 기록한다.

해설

굴착공사자가 공사 중 시행하여야 할 기준

- 가스안전영향평가대상 굴착공사 중 가스배관의 수직·수평변위 및 지반침하의 우려가 있는 경우에는 가스배관 변형 및 지반침하 여부를 확인한다.
- 계절 온도변화에 따라 와이어로프 등의 느슨해짐을 수정하고 가설구조물의 변형유무를 확인하여야 한다.
- 가스배관 주위에서는 중장비의 배치 및 작업을 제한하여야 한다.
- 굴착공사에 의해 노출된 가스배관과 가스안전영향평가 대상범위 내의 가스배관은 일일 안전점검을 실시하고 점검표에 기록한다.

36 **고압가스를 취급하였을 때 다음 중 위험하지 않은 경우는?**

① 산소 5%를 함유한 CH_4를 $100kg/cm^2$까지 압축하였다.
② 산소제조장치를 공기로 치환하지 않고 용접수리하였다.
③ 수분을 함유한 염소를 진한 황산으로 세척하여 고압용기에 충전하였다.
④ 시안화수소를 고압용기에 충전하는 경우 수분을 안정제로 첨가하였다.

해설

- 산소 중 가연성가스 또는 가연성가스 중 산소는 4% 이상 압축하지 못한다.
- 산소는 공기로 치환 후 용접한다.
- 시안화수소는수분 2% 이상 함유 시 중합폭발을 일으킨다.

37 폭굉 유도거리가 짧아질 수 있는 조건으로 옳은 것은?

① 관 속에 방해물이 있거나 관경이 가늘수록
② 압력이 낮을수록
③ 점화원의 에너지가 작을수록
④ 정상연소속도가 느린 혼합가스일수록

해설

폭굉 유도거리가 짧아지는 경우

- 압력이 높을수록
- 관속에 장애물이 있거나 관 내경이 작을수록
- 연소속도가 큰 혼합가스일수록
- 점화원의 에너지가 클수록

38 LPG 충전소 용기의 잔가스 제거장치의 설치기준으로 틀린 것은?

① 용기에 잔류하는 액화석유가스를 회수할 수 있는 용기전도대를 갖춘다.
② 회수한 잔가스를 저장하는 전용탱크의 내용적은 1000L 이상으로 한다.
③ 잔가스 연소장치는 잔가스 회수 또는 배출하는 설비로부터 8m 이상의 거리를 유지하는 장소에 설치한 것으로 한다.
④ 압축기에는 유분리기 및 응축기가 부착되어 있고 1MPa 이상 0.05MPa 이하의 압력에서 자동으로 정지하도록 한다.

해설

잔가스 제거장치 설치기준

- 용기에 잔류하는 액화석유가스를 회수할 수 있는 용기전도대를 갖추어야 한다.
- 다음 기준에 적합한 압축기 또는 액송용펌프를 갖추어야 한다.
  - 압축기는 유분리기 및 응축기가 부착되어 있고 0MPa 이상 0.05MPa 이하의 압력 범위에서 자동으로 정지할 것
  - 액송용 펌프에서 잔류가스에 포함된 이물질을 제거할 수 있는 스트레이너 (strainer)를 부착할 것
- 회수한 잔가스를 저장하기 위한 전용 저장탱크를 다음 기준에 적합하도록 설치하여야 한다.
  - 저장탱크의 내용적은 1000L 이상일 것
  - 압축기를 사용하는 경우에는 위에서 규정하는 저장탱크를 2기 이상 설치할 것. 다만, 열교환기(응축기를 포함한다.)를 사용하는 경우에는 당해 열교환기가 분리탱크로서의 기능을 만족시킬 수 있는 경우에는 1기로 할 수 있다.

39 공기액화분리장치 액화 산소통 내의 액화산소 30L 중에 메탄이 100mg, 아세틸렌 50mg이 섞여 있을 때의 조치로서 옳은 것은?

① 안전하므로 계속 운전한다.
② 운전을 계속하면서 액화산소를 방출한다.
③ 극히 위험한 상태이므로 즉시 희석제를 첨가한다.
④ 즉시 운전을 중지하고, 액화산소를 방출한다.

해설

액화산소 5L 중 C_2H_2이 5mg 이상 시, 탄화수소 중 C의 양이 500mg 이상 시 위험하므로 즉시 운전을 중지하고 액화산소를 방출하여야 한다.

∴ C_2H_2의 양이 비례식으로 $50 \times \frac{5}{30} = 8.33$mg 이므로 즉시 운전을 중지하고 액화산소를 방출한다.

40 다음 [보기]의 가연성 가스 중 위험성 크기의 순서가 옳게 나열된 것은?

프로판, 아세틸렌, 수소, 산화에틸렌

① 프로판 < 수소 < 산화에틸렌 < 아세틸렌
② 수소 < 프로판 < 산화에틸렌 < 아세틸렌
③ 산화에틸렌 < 프로판 < 수소 < 아세틸렌
④ 프로판 < 산화에틸렌 < 수소 < 아세틸렌

해설

위험도

- $C_3H_8 = \frac{9.8-2.1}{2.1} = 3.52$
- $H_2 = \frac{75-4}{4} = 17.75$
- $C_2H_4O = \frac{80-3}{3} = 25.67$
- $C_2H_2 = \frac{81-2.5}{2.5} = 31.4$

41 액화염소가스 1250kg을 용량이 25L인 용기에 충전하려면 몇 개의 용기가 필요한가?(단, 가스정수는 0.8이다.)

① 20　　② 40
③ 60　　④ 80

해설

- 용기 1개당 충전량

$$G = \frac{V}{C} = \frac{25}{0.8} = 31.25\text{kg}$$

- 용기 수

$$\frac{\text{전체가스량}}{\text{용기 1개당 충전량}} = \frac{1250}{31.25} = 40\text{개}$$

42 가스안전관리에서 사용되는 다음 위험성 평가기법 중 정량적 기법에 해당되는 것은?

① 위험과 운전분석(HAZOP)
② 사고예상질문 분석(WHAT-IF)
③ 체크리스트법(Check List)
④ 작업자 실수 분석(HEA)

해설

공정위험성평가 벙법의 종류

- 정성적 기법
  - 체크리스트(Check List)
  - 상대위험순위결정(Dow and Mond Indices)
  - 사고예방질문분석(what-if)
  - 위험과 운전분석(HAZOP)
  - 이상위험도분석(FMECA)
- 정량적 분석
  - 결함수분석(FTA)
  - 사건수분석(ETA)
  - 원인과 결과분석(CCA)
  - 작업자 실수분석(HEA)

43 혼합가스 중의 아세틸렌가스를 헴펠법으로 정량분석하고자 한다. 이때 사용되는 흡수제는?

① 파라듐블랙
② 황산 제1철 용액
③ KI 수용액
④ 발연황산

44 도시가스 배관의 굴착으로 인하여 몇 m 이상 노출된 배관에 대하여 누출된 가스가 체류하기 쉬운 장소에 가스누출경보기를 설치하여야 하는가?

① 10 ② 20
③ 30 ④ 50

해설

굴착으로 20m 이상 노출된 배관은 20m마다 가스누출경보기를 설치하여야 한다.

45 액화석유가스의 안전관리 및 사업법상 액화석유가스라 함은 무엇을 주성분으로 한 가스를 말하는가?

① 프로판, 부탄
② 프로판, 메탄
③ 부탄, 메탄
④ 천연가스

해설

액화석유가스의 안전관리 및 사업법상 "액화석유가스"란 프로판이나 부탄을 주성분으로 한 가스를 액화(液化)한 것[기화(氣化)된 것을 포함한다]을 말한다.

46 액화석유가스 용기충전시설의 저장탱크에 폭발방지장치를 의무적으로 설치하여야 하는 경우는?(단, 저장탱크는 저온저장탱크가 아니며, 물분무장치 설치기준을 충족하지 못하는 것으로 가정한다.)

① 상업지역에 저장능력 15톤 저장탱크를 지상에 설치하는 경우
② 논지지역에 저장능력 20톤 저장탱크를 지상에 설치하는 경우
③ 주거지역에 저장능력 5톤 저장탱크를 지상에 설치하는 경우
④ 녹지지역에 저장능력 30톤 저장탱크를 지상에 설치하는 경우

해설

폭발방지장치 : 주거지역 · 상업지역에 저장능력 10ton 이상의 탱크(단, 지하설치 시는 제외)

47 공기보다 비중이 가벼운 도시가스의 정압기실로서 지하에 설치되는 경우의 통풍구조에 대한 설명으로 틀린 것은?

① 통풍구조는 환기구를 2방향 이상 분산 설치한다.
② 배기구는 천장면으로부터 30cm 이내에 설치한다.
③ 흡입구 및 배기구의 관경은 80mm 이상으로 한다.
④ 배기가스의 방출구는 지면에서 3m 이상의 높이에 설치한다.

해설

흡입구 및 배기구의 관경은 100mm 이상으로 한다.

48 **20℃, 760mmHg에서 상대습도가 70℃인 공기의 mol 습도는 약 몇 kg-mol · H_2O/kg-mol · 건조 공기인가?(단, 물의 증기압은 17.5mmHg이다.)**

① 0.0164　② 0.0257
③ 12.25　④ 747.75

해설

$$습도 = \frac{P_w}{P-P_w}$$

$P_w = \phi \times P_s = 0.7 \times 17.5 = 1.25\text{mmHg}$

$$\therefore \frac{12.25}{760-12.25} = 0.01638\text{kg-mol} \cdot H_2O/\text{kg-mol} \cdot 건조공기$$

49 **재검사용기 및 특정설비의 파기방법에 대한 설명으로 틀린 것은?**

① 잔가스를 전부 제거한 후 절단할 것
② 검사신청인에게 파기의 사유, 일시, 장소 및 인수시한 등을 통지하고 파기할 것
③ 절단 등의 방법으로 파기하여 원형으로 재가공이 가능하게 하여 재활용할 수 있도록 할 것
④ 파기하는 때에는 검사장소에서 검사원으로 하여금 직접 실시하게 하거나 검사원 입회하에 특정설비의 사용자로 하여금 실시하게 할 것

해설

재검사용기는 절단 등의 방법으로 파기하여 원형으로 재가공이 불가능하도록 하여야 한다.

50 **C_2H_2을 0.5MPa의 압력으로 압축하려고 한다. 이때 사용하는 희석제로 옳은 것은?**

① Na2CO_3　② H_2S4
③ C_2H_4　④ $CaCl_2$

해설

C_2H_4의 희석제 N_2, CH_4, CO, C_2H_4

51 **CO와 Cl_2를 원료로 하여 포스겐을 제조할 때 주로 사용되는 촉매는?**

① 염화제1구리
② 백금, 로듐
③ 니켈, 바나듐
④ 활성탄

해설

포스겐 제조
- 반응식 : $CO + Cl_2 \rightarrow COCl_2$
- 촉매 : 활성탄

52 **펠티어(peltier)의 효과를 이용하는 열전 냉동법은?**

① 전자 냉동기
② 증기분사식 냉동기
③ 흡수식 냉동기
④ 증기압축식 냉동기

해설

펠티어 효과 : 어떤 두 종의 다른 금속을 접합 이것에 직류 전기를 통하면 접합부에서 열의 방축과 흡수가 일어나는 현상을 이용하여 저온을 얻을 수 있는데 이때 전류의 흐름 방향을 반대로 하면 열의 방출과 흡수가 반대로 되는 이러한 현상을 펠티어 효과라 한다.

53 **염화암모늄과 아질산나트륨의 혼합물을 가열하였을 때 주로 얻을 수 있는 기체는?**

① 염소
② 암모니아
③ 산화질소
④ 질소

해설

$NH_4Cl + NaNO_2 \rightarrow NaCl + 2H_2O + N_2$

54 **부유피스톤형 압력계에서 실린더 직경 20mm, 추와 피스톤의 무게가 20kg일 때, 이 압력계에 접속된 부르돈관의 압력계 눈금이 7kg/cm²를 나타내었다. 부르돈관 압력계의 오차는 약 몇 %인가?**

① 4
② 5
③ 8
④ 10

해설

- $게이지압력 = \dfrac{20}{\dfrac{\pi}{4} \times (2)^2} = 6.366\text{kg/cm}^2$
- $오차값 = \dfrac{7-6.366}{6.366} \times 100 = 10\%$

55 **200개 들이 상자가 15개 있다. 각 상자로부터 제품을 랜덤하게 10개씩 샘플링할 경우, 이러한 샘플링 방법을 무엇이라 하는가?**

① 계통 샘플링 ② 취락 샘플링
③ 층별 샘플링 ④ 2단계 샘플

해설

- 계통 샘플링 : 시료를 일정한 간격으로 샘플링하는 방법으로 N개의 샘플링 단위에서 n개의 시료를 채취할 때 R개의 샘플링 단위 중 1개를 뽑고 그로부터 매 R번째를 선택하여 n개의 시료를 추출한다.
- 취락 샘플링 : 모집단을 몇 개의 층으로 나누어 시료(n) 수에 맞게 몇 개의 층을 랜덤 샘플링하여 이것을 전부 시료로 사용한다.
- 층별 샘플링 : 모집단을 몇 개의 층으로 각 층마다 각각의 랜덤으로 시료를 추출하는 방법으로 층간은 가능한 크게 하고 층대는 균일하게 층별함을 원칙으로 한다.
- 2단계 샘플링 : 크기가 N인 로트를 N_1개씩 제품이 들어있는 M개의 서브로트로 나누어 랜덤하게 m개 서브노트를 취하고 각각 서브로트로부터 n1개의 제품을 랜덤하게 채취하는 샘플링 방법이다.

56 **$\overline{x}$ 관리도에서 관리상한이 22.15, 관리하한이 6.85, $\overline{R}=7.5$일 때 시료군의 크기(n)는 얼마인가?(단, n = 2일 때 $A_2 = 1.88$, n = 3일 때 $A_2 = 1.02$, n－4일 때, $A_2 = 0.73$, n = 5일 때 $A_2 = 0.58$이다.)**

① 2 ② 3
③ 4 ④ 5

해설

n	2	3	4	5
A_2	1.88	1.02	0.73	0.58

UCL(관리상한선) $= \overline{x} + A_2\overline{R} = 22.15$
LCL(관리하한선) $= \overline{x} - A_2\overline{R} = 6.85$
$2A_2R = (22.15 - 6.85) = 15.3$

$$A_2 = \frac{15.3}{2R} = \frac{15.3}{2\times 7.5} = 1.02$$

$A_2 = 1.02$일 때 n = 3

57 **ASME(American Society of Mechanical Engineers)에서 정의하고 있는 제품 공정 분석표에 사용되는 기호 중 "저장(Storage)"을 표현한 것은?**

① ○ ② D
③ □ ④ ▽

해설

KS 원용기호			
ASME식		길브레스식	
기호	명칭	기호	명칭
▽	저장	△	원재료의 저장
		▽	제품의 저장
D	정체	✡	(일시적)정체
		▽̄	(로트)대기
□	검사	◇	질검사
		□	양검사
○	작업	○	가공
→	운반	○	운반

58 **다음 중 사내표준을 작성할 때 갖추어야 할 요건으로 옳지 않은 것은?**

① 내용이 구체적이고 주관적일 것
② 장기적 방침 및 체계하에서 추진할 것
③ 작업표준에는 수단 및 행동을 직접 제시할 것
④ 당사자에게 의견을 말하는 기회를 부여하는 절차로 정할 것

59 **어떤 측정법으로 동일 시료를 무한횟수 측정하였을 때 데이터 분포의 평균치와 모집단 참값과의 차를 무엇이라 하는가?**

① 편차
② 신뢰성
③ 정확성
④ 정밀도

해설

- 정확도 : 참값에 가까운 정도
- 정밀도 : 반복 측정 시 처음에 측정한 값과 같게 나오는 정도

60 **다음 중 신제품에 대한 수요예측방법으로 가장 적절한 것은?**

① 시장조사법
② 이동평균법
③ 지수평활법
④ 최소자승법

해설

- 시장조사법 : 설문지 시험판매 소비자 패널 등의 조사방법으로 소비자의 의견조사나 시장조사 또는 신제품에 대한 단기예측을 하는 기법예측의 결과는 양호 시간비용이 많이 든다.
- 이동평균법 : 과거 기간의 실적치에 동일한 가중치를 부여하는 단순이동평균법과 최근실적치에 가장 높은 가중치를 부여하는 가중이동평균법이 있다.
- 지수평활법 : 과거 실적치에 의한 예측 시 현시점에 가까운 실적치에 큰 비중을 두고 과거로 올라갈수록 그 비중을 적게 주는 방법이다.
- 최소자승법 : 동적인 평균성을 관측치와 추세치의 편차 제곱합이 되도록 하는 수요예측방법으로 추세변동 시기를 예측할 때 많이 사용되는 방법이다.

정답 03회 – 제46회 가스기능장 기출문제

01 ①	02 ①	03 ②	04 ③	05 ①
06 ③	07 ③	08 ②	09 ②	10 ③
11 ①	12 ②	13 ②	14 ③	15 ③
16 ②	17 ③	18 ②	19 ②	20 ①
21 ③	22 ④	23 ④	24 ③	25 ①
26 ③	27 ③	28 ③	29 ②	30 ①
31 ④	32 ④	33 ①	34 ③	35 ④
36 ③	37 ①	38 ④	39 ④	40 ①
41 ②	42 ④	43 ④	44 ②	45 ①
46 ①	47 ③	48 ①	49 ③	50 ③
51 ④	52 ①	53 ④	54 ④	55 ③
56 ②	57 ④	58 ①	59 ③	60 ①

04회 가스기능장 기출문제

CHECK POINT QUESTION

제47회 가스기능장 기출문제

01 액화가스를 가열하여 기화시키는 기화장치의 성능기준으로 틀린 것은?

① 가연성 가스용 기화장치의 접지 저항치는 10Ω 이하로 한다.
② 안전장치는 내압시험의 8/10 이하의 압력에서 작동하는 것으로 한다.
③ 온수가열 방식의 온수는 80℃ 이하로 한다.
④ 증기가열 방식의 온도는 100℃ 이하로 한다.

해설

증기가열 방식의 온도는 120℃ 이하로 한다.

02 도시가스 공급계획을 가장 적절히 설명한 항목은?

① 어떤 지역 내의 피크(peak) 시 가스소비량과 그 지역 내 전체 수요가의 가스기구 소비량의 총합계의 비를 추정하는 것이다.
② 해마다 증가하는 수요, 공급구역의 확대를 예측하여 항상 안정된 압력으로 양질의 가스를 원활하게 공급할 수 있도록 공급시설의 증감 또는 개폐를 계획하는 것이다.
③ 배관의 구경(지름) 결정과 압력해석을 수행하는 것이다.
④ 시시각각 변화하는 가스 수요량을 예측하여 가스제조설비, 가스홀더, 압송기, 정압기 등을 안전하고 효율적으로 운용하여, 수요가에게 안정된 공급압력으로 가스를 공급하는 것이다.

03 다음 중 이상기체의 법칙에 가장 가까운 것은?

① 저압, 고온에서 이상기체의 법칙에 접근한다.
② 고압, 저온에서 이상기체의 법칙에 접근한다.
③ 저압, 저온에서 이상기체의 법칙에 접근한다.
④ 고압, 고온에서 이상기체의 법칙에 접근한다.

해설

실제기체가 이상기체 상태방정식을 만족하는 위해서는 압력은 낮고, 온도는 높아야 한다.

04 염소가스는 수은법에 의한 식염의 전기분해로 얻을 수 있다. 이때 염소가스는 어느 곳에서 주로 발생하는가?

① 수은　　② 소금물
③ 나트륨　　④ 인조흑연(탄소판)

해설

염소의 공업적 제법
- 수은에 의한 식염의 전기분해 : 음극(－)을 수은으로 하여 생성된 나트륨(Na)을 아말감으로 수은에 용해 다른 조에 옮겨 물을 분해 가성소다 수소를 생성하고 인조흑연의 양극(＋)에서 염소가 생성
  $2NaCl + (Hg) \rightarrow Cl_2 + 2Na(Hg)$
- (참고)격막법에 의한 식염의 전기분해 : 전해조 양극을 아스베스트의 격막으로 둘러쌓아 발생하는 염소가스가 음극에서 발생하는 수소와 혼합하지 않도록 설계

05 Dalton의 법칙에 대한 설명으로 옳지 않은 것은?

① 모든 기체에 대해 정확히 성립한다.
② 혼합기체의 전압은 각 기체의 분압의 합과 같다.
③ 실제기체의 경우 낮은 압력에서 적용할 수 있다.
④ 한 기체의 분압과 전압의 비는 그 기체의 몰수와 전체 몰수의 비와 같다.

해설

돌턴의 분압의 법칙은 주로 이상기체에 관련된 법칙이며, 저압 · 고온에 적용할 수 있다.

06 일반도시가스사업자 정압기 이상압력 상승 시 [보기]의 안전장치 작동순서로 적합한 것은?

> ㉠ 이상압력 통보설비
> ㉡ 주정압기의 긴급차단장치
> ㉢ 안전밸브
> ㉣ 예비정압기의 긴급차단장치

① ㉠ － ㉡ － ㉢ － ㉣
② ㉡ － ㉢ － ㉣ － ㉠
③ ㉢ － ㉣ － ㉠ － ㉡
④ ㉣ － ㉠ － ㉡ － ㉢

해설

정압기에 설치되는 안전장치의 설정 압력

구분		상용압력이 2.5kPa인 경우	그 밖의 경우
이상압력 통보설비	상한값	3.2kPa 이하	상용압력의 1.1배 이하
	하한값	1.2kPa 이하	상용압력의 0.7배 이하
주정압기에 설치하는 긴급차단장치		3.6kPa 이하	상용압력의 1.2배 이하
안전밸브		4.0kPa	상용압력의 1.4배 이하
예비정압기에 설치하는 긴급차단장치		4.4kPa 이하	상용압력의 1.5배 이하

07 액화산소 5L를 기준했을 때 다음 중 어느 경우에 공기액화분리기의 운전을 중지하고 액화산소를 방출해야 하는가?

① 탄화수소의 탄소의 질량이 500mg을 넘을 때
② 탄화수소의 탄소의 질량이 50mg을 넘을 때
③ 아세틸렌이 2mg을 넘을 때
④ 아세틸렌이 0.2mg을 넘을 때

08 가스액화분리장치용 구성기기 중 왕복동식 팽창기에 대한 설명으로 옳은 것은?

① 팽창비가 작다.
② 효율이 60~65% 정도로서 높지 않다.
③ 흡입압력의 범위가 좁다.
④ 기통 내의 윤활에 오일을 사용하지 않으므로 깨끗하다.

09 케이싱 내에 암로터 및 숫로터의 회전운동에 의해 압축되어 진동이나, 맥동이 없고 연속송출이 가능한 용적형 압축기는?

① 컴파운드 압축기
② 축류 압축기
③ 터보식 압축기
④ 스크류 압축기

해설

스크류 압축기
- 용적형
- 급유식
- 흡입, 압축, 토출의 3행정
- 맥동이 없고 연속송출 가능
- 용량조정이 곤란

10 배관설계도면 작성 관련 설계 시 종단면도에 기입할 사항이 아닌 것은?

① 설계가스배관 및 기 설치된 가스배관의 위치
② 교차하는 타매설물, 구조물
③ 설계 가스배관 계획 정상높이 및 깊이
④ 기울기 및 포장종류

해설

설계 시 종단면도에 기입하여야 할 사항
- 교차하는 타매설물 및 구조물의 종류
- 기울기 및 포장의 종류
- 신설배관 부속 설비
- 설계가스배관계획, 장상높이 및 깊이

11 도시가스 공급시설 중 정압기(지)의 기준에 대한 설명으로 옳지 않은 것은?

① 정압기를 설치한 장소는 계기실, 전기실 등과 구분하고 누출된 가스가 계기실 등으로 유입되지 아니하도록 한다.
② 정압기의 입구측, 출구측 및 밸브기지는 최고사용압력의 1.25배 이상에서 기밀성능을 가지는 것으로 한다.
③ 지하에 설치하는 정압기실은 천정, 바닥 및 벽의 두께가 각각 30cm 이상의 방수 조치를 한 콘크리트로 한다.
④ 정압기의 입구에는 수분 및 불순물 제거장치를 설치한다.

해설

정압기의 입구측, 출구측 밸브기지는 최고사용압력의 1.1배 이상에서 기밀성능을 가지는 것으로 한다.

12 용기 제조자의 수리범위에 해당하는 것은?

① 저온 또는 초저온 용기의 단열재 교체
② 특정설비 몸체의 용접
③ 냉동기 용접 부분의 용접
④ 냉동설비의 부품교체 및 용접

해설

용기 제조자의 수리범위
- 용기 몸체의 용접
- 아세틸렌 용기 내의 다공질물 교체
- 용기의 스커트, 프로텍터 및 넥크링의 교체 및 가공

- 용기 부속품의 부품 교체
- 저온 또는 초저온 용기의 단열재 교체

13 용기에 액체질소 56kg이 충전되어 있다. 외부에서 열이 매시간 10kcal씩 액체질소에 공급될 때 액체질소가 28kg으로 감소되는데 걸리는 시간은?(단, N_2의 증발잠열은 1600cal/mol이다.)

① 16시간　　② 32시간
③ 160시간　　④ 320시간

해설

질소의 증발잠열은 1600cal/mol, 분자량 1mol은 28g이므로

$\frac{1600\text{cal}}{28} = 57.14\text{cal/g} = 57.14\text{kcal/kg}$

$28\text{kg} \times 57.14\text{kcal/kg} : x$ 시간

$10\text{kcal/kg} : 1$시간

$\therefore x = \frac{28 \times 57.14 \times 1}{10} = 160$시간

감소량 : $56 - 28 = 28\text{kg}$

14 그레이엄(Graham)의 확산속도 법칙을 옳게 표시한 것은?

① 기체분자의 확산속도는 일정한 온도에서 기체 분자량의 제곱근에 반비례한다.
② 기체분자의 확산속도는 일정한 온도에서 기체 분자량의 제곱근에 비례한다.
③ 기체분자의 확산속도는 일정한 압력에서 기체 분자량에 반비례한다.
④ 기체분자의 확산속도는 일정한 압력에서 기체 분자량에 비례한다.

해설

그레이엄의 확산속도에 관한 법칙

기체의 확산속도는 일정온도 일정 압력 하에서 그 기체의 밀도 분자량의 제곱근에 반비례한다.

$\frac{U_A}{U_B} = \sqrt{\frac{d_B}{d_A}} = \sqrt{\frac{M_B}{M_A}} = \frac{t_B}{t_A}$

15 탄소강의 표준 조직에 대한 설명으로 옳은 것은?

① 탄소강의 주조직을 레데뷰라이트라 한다.
② 아공석광은 α페라이트와 펄라이트의 혼합 조직이다.
③ C 0.8~2%를 공석강이라 한다.
④ 공석강은 100% 시멘타이트 조직이다.

해설

탄소강의 표준 조직

- 페라이트 : 순철의 바탕조직
- 펄라이트 : 탄소강의 기본조직으로 공석강이 펄라이트 조직
- 시멘타이트 : 탄소함유 6.68%의 조직
- 공석강 : 탄소함유 0.8%의 강

16 가스 크로마토그래피(gas chromatography)의 구성 요소가 아닌 것은?

① 분리관(컬럼)　　② 검출기
③ 기록계　　④ 파라듐관

17 가스도매사업의 가스공급시설로서 배관을 지하에 매설하는 경우의 기준에 대한 설명 중 틀린 것은?

① 가스배관 외부에 콘크리트를 타설하는 경우에는 고무관 등을 사용하여 배관의 피복부위와 콘크리트가 직접 접촉하지 아니하도록 한다.
② 배관은 그 외면으로부터 지하의 다른 시설물과 0.3m 이상의 거리를 유지한다.
③ 지표면으로부터 배관의 외면까지의 매설 깊이는 산이나 들에서는 1.2m 이상 그 밖의 지역에서는 1.5m 이상으로 한다.
④ 철도의 횡단부 지하에는 지면으로부터 1.2m 이상인 깊이에 매설하고 또한 강제의 케이스를 사용하여 보호한다.

해설

배관을 지하에 매설하는 경우에는 노면으로부터 배관의 외면까지의 매설깊이는 산이나 들에서는 1m 이상, 그 밖의 지역에서는 1.2m 이상. 다만, 방호구조물 안에 설치하는 경우에는 그러하지 아니하다.

18 암모니아를 사용하여 질산제조의 원료를 얻는 반응식으로 가장 옳은 것은?

① $2NH_3 + CO \rightarrow (NH_2)_3CO + H_2O$
② $NH_3 + HNO_3 \rightarrow NH_4NO_3$
③ $2NH_3 + H_2SO_4 \rightarrow (NH_4)_2SO_4$
④ $4NH_3 + 5O_2 \rightarrow 4NO + 6H_2O$

해설

질산(HNO_3) 암모니아 산화법(오스트발트법)

- $4NH_3 + 5O_2 \rightarrow 4NO + 6H_2O + 25.6kcal$
- $2NO + O_2 \rightarrow$ (고온 · 저압)$2NO_2$ (NO_2를 물에 흡수)
- $3NO_2 + H_2O \rightarrow 2HNO_3 + NO$

19 다음 중 흡수식 냉동기에 사용되는 냉매는?(단, 흡수제는 파라핀유이다.)

① 톨루엔
② 염화메틸
③ 물
④ 암모니아

해설

흡수식 냉동기의 냉매 및 흡수제

냉매	흡수제
톨루엔	파라핀유
염화메틸	사염화에탄($C_2H_2Cl_4$)
물	리튬브로마이드(LiBr)
암모니아	물

20 배관의 보호포 설치에 적용되는 재질 및 규격과 설치기준에 대한 설명으로 틀린 것은?

① 두께는 0.2mm 이상으로 한다.
② 보호포의 폭은 15cm 이상으로 한다.
③ 보호포의 바탕색은 최고사용압력이 저압인 관은 적색으로 한다.
④ 일반형 보호포와 탐지형 보호포로 구분한다.

해설

보호포의 바탕색

- 저압관 : 황색
- 중압관 이상 : 적색

21 아세틸렌 충전작업의 기준에 대한 설명 중 틀린 것은?

① 아세틸렌을 2.5MPa의 압력으로 압축하는 때에는 질소, 메탄, 일산화탄소 또는 에틸렌 등의 희석제를 첨가한다.
② 습식 아세틸렌 발생기의 표면은 70℃ 이하의 온도로 유지하고, 그 부근에서는 불꽃이 튀는 작업을 하지 아니한다.
③ 아세틸렌을 용기에 충전하는 때에는 미리 용기에 다공물질을 고루 채워 다공도가 75% 이상 92% 미만이 되도록 한 후 아세톤 또는 디메틸포름아미드를 고루 침윤시키고 충전한다.
④ 아세틸렌을 용기에 충전하는 때의 충전 중의 압력은 1.5MPa 이하로 하고, 충전 후에는 압력이 15℃에서 1.0MPa 이하로 될 때까지 정치하여 둔다.

해설

아세틸렌 용기 압력

- 충전 중 압력 : 온도와 관계없이 2.5MPa 이하
- 충전 후 압력 : 15℃에서 1.5MPa 이하

22 허용 인장응력 $10kgf/mm^2$, 두께 10mm의 강판을 150mm V홈 맞대기 용접이음을 할 때 그 효율이 80%라면 용접 두께 t는 얼마로 하면 되는가?(단, 용접부의 허용응력은 $8kgf/mm^2$이다.)

① 10mm
② 12mm
③ 14mm
④ 16mm

해설

$$t_1 = \frac{W}{\sigma_t \times l}$$

$$\therefore \frac{\frac{8}{0.8} \times 150 \times 10}{10 \times 150} = 10mm$$

23 비상공급시설 설치신고서에 첨부하여 시장 · 군수 · 구청장에게 제출해야 하는 서류가 아닌 것은?

① 안전관리자의 배치 현황
② 설치위치 및 주위 상황도
③ 비상공급시설의 설치사유서
④ 가스사용 예정시기 및 사용예정량

해설

비상공급시설의 설치신고 시 첨부서류

- 비상공급시설의 설치사유서
- 비상공급시설에 의한 공급권역을 명시한 도면
- 설치위치 및 주위 상황도
- 안전관리자의 배치 현황

24 **다음은 비점이 낮은 순서로 나열한 것이다. 옳은 것은?**

① H_2 - O_2 – N_2
② H_2 - N_2 – O_2
③ O_2 - N_2 – H_2
④ N_2 - O_2 – N_2

해설

가스의 비등점

가스명	비등점(℃)
H_2	−252
N_2	−196
O_2	−183

25 **일반기체상수 R이 모든 가스에 대하여 같음을 증명하는데 적용되는 법칙은?**

① 줄(Joule)의 법칙
② 아보가드로(Avogadro)의 법칙
③ 라울(Raoult)의 법칙
④ 보일－샤를(Boyle－Charles)의 법칙

26 **열전대 온도계의 특징에 대한 설명 중 틀린 것은?**

① 접촉식 온도계 중 고온 측정에 적합하다.
② 정밀측정에는 회로의 저항에 영향을 받지 않는 전위차계를 사용한다.
③ 계기를 동작시키는데 별도의 전원이 필요하다.
④ 열기전력 지시에는 밀리볼트계를 사용한다.

해설

열전대 온도계 특징(장 · 단점)

구분	내용
장점	• 구조가 간단 · 견고하고 취급이 쉽다. • 측정온도 범위가 넓다. • 금속선의 재질로 특성이 결정된다. • 가격이 저렴하다. • 고온측정에 적합하다. • 계기 동작 시 전원이 필요 없다.
단점	• 정도가 백금 저항체보다 낮다. • 기준접점의 온도 보상이 필요하다. • 고온 측정 시 열화와 열기전력이 변한다. • 열기전력 지시에 밀리볼트계를 사용한다. • 정밀특정에 전위차계를 사용한다.

27 **크리프(creep)는 재료가 어떤 온도 하에서는 시간과 더불어 변형이 증가되는 현상인데, 일반적으로 철강재료 중 크리프 영향을 고려해야 할 온도는 몇 ℃ 이상일 때인가?**

① 50℃
② 150℃
③ 250℃
④ 350℃

해설

크리프는 어느 온도 이상에서 재료에 하중을 가하면 시간과 더불어 변형이 증대되는 현상을 말하는 것으로 탄소강의 경우 350℃ 이상에서 발생한다.

28 **산소 100L가 용기의 구멍을 통해 새어나가는데 20분이 소요되었다면 같은 조건에서 이산화탄소 100L가 새어나가는데 걸리는 시간은 약 얼마인가?**

① 20.0분
② 23.5분
③ 27.0분
④ 30.5분

해설

$$\frac{U_O}{U_{CO2}} = \frac{100\text{L}/20\text{분}}{100L/x\text{분}} = \sqrt{\frac{44}{32}}$$

$$= \frac{x}{20} = \sqrt{\frac{44}{32}}$$

$$\therefore x = \sqrt{\frac{44}{32}} \times 20 = 23.45\text{분}$$

29 **안전성 평가기법 중 결함수분석에 대한 설명으로 옳은 것은?**

① 연역적 분석이 가능한 기법이다.
② 귀납적 분석이 가능한 기법이다.
③ 잠재적인 사고결과를 평가하는 기법이다.
④ 위험에 대한 상대위험순위를 비교하는 기법이다.

해설

결함수분석법(FTA)의 특징

• 연역적, 정량적 해석이 가능한 기법
• 톱다운(Top－down) 해석
• 특정사상에 대한 해석
• 논리기호를 사용한 해석
• 컴퓨터로 처리 가능

30 저장능력이 10톤인 액화석유가스 저장소 시설에서 선임하여야 할 안전관리자의 기준은?

① 안전관리 총괄자 1명, 안전관리 부총괄자 1명, 안전관리원 1명 이상
② 안전관리 총괄자 1명, 안전관리 책임자 1명, 안전관리원 1명 이상
③ 안전관리 총괄자 1명, 안전관리 책임자 1명
④ 안전관리 총괄자 1명, 안전관리원 1명

해설

액화석유가스 저장소 안전관리자 선임

저장능력	안전관리자별 선임인원			
	총괄자	부총괄자	안전관리책임자	안전관리원
100톤 초과	1명	1명	1명 이상	2명 이상
30톤 초과 100톤 이하	1명	1명	1명 이상	1명 이상
30톤 이하	1명	–	1명 이상	–

31 냉동장치의 점검, 수리 등을 위하여 냉매계통을 개방하고자 할 때는 펌프다운(pump down)을 하여 계통 내의 냉매를 어디에 회수하는가?

① 수액기
② 압축기
③ 증발기
④ 유분리기

해설

냉동장치 기기별 역할

- 압축기 : 증발기에서 증발된 기체 냉매를 압력을 올려 단열압축을 시키는 장치
- 응축기 : 열방출장치로서 등압과정이고 온도 엔탈피 엔트로피가 감소
- 유분리기 : 압축기에서 유출되는 윤활유를 70~80% 분리
- 증발기 : 열흡수장치로서 등온 · 등압과정으로 엔탈피, 엔트로피 비체적, 건조도 증가
- 수액기 : 냉매회수장치

32 저압식 공기액화 분리장치에 탄산가스 흡착기를 설치하는 주된 목적은?

① 공기량 증가
② 축열기 효율 증대
③ 팽창 터빈 보호
④ 정제산소 및 질소 순도 증가

33 시안화수소(HCN)가스를 장기간 저장하지 못하는 이유로 옳은 것은?

① 분해폭발하기 때문에
② 중합폭발하기 때문에
③ 산화폭발하기 때문에
④ 촉매폭발하기 때문에

해설

HCN(시안화수소) 특성

- 수분 2% 이상 함유 시 중합폭발을 일으킴
- 충전 후 60일이 경과되기 전 다른 용기에 다시 충전
- 중합방지 안정제로는 동, 동망, 염화칼슘 오산화인 사용

34 도시가스 배관의 지하매설 시 다짐공정 및 방법에 대한 설명으로 틀린 것은?

① 배관에 작용하는 하중을 지지하기 위하여 배관 하단에서 배관상단 30cm까지는 침상재료를 포설한다.
② 되메움 공정에서는 배관상단으로부터 50cm의 높이로 되메움 재료를 포설한 후마다 다짐 작업을 한다.
③ 흙의 함수량이 다짐에 부적당할 때는 다짐작업을 해서는 안 된다.
④ 콤팩터, 래머 등 현장 상황에 맞는 다짐기계를 사용하여야 하나 폭 4m 이하의 도로 등은 인력 다짐으로 할 수 있다.

해설

기초재료와 침상재료를 포설한 후에는 배관상단으로부터 30cm마다 다짐작업을 실시한다.

35 제조가스 중에 포함된 불순물과 그로 인한 장해에 대한 설명으로 가장 옳은 것은?

① 황, 질소화합물은 배관, 정압기 기구의 노즐에 부착하여 그 기능을 저하시키거나 저해하게 된다.
② 물은 가스의 승압, 냉각에 의한 물, 얼음, 물과 탄화수소와 수화물을 생성하여 배관 등의 부식을 조장하고 배관, 밸브 등을 폐쇄시킨다.
③ 나프탈렌, 타르, 먼지는 가스 중의 산소와 반응하여 NO_2는 불포화탄화수소와 반응하여 고무

가 생성된다. 이 고무는 배관, 정압기, 기구의 노즐에 부착하여 그 기능을 저하시키고 저해하게 된다.

④ 산화질소(NO), 고무는 연소에 의하여 아황산가스, 아초산, 초산이 발생하여 인체나 가축에 피해를 주며 가스기구, 배관, 정압기 등의 기물을 부식시킨다.

해설

제조가스에 포함된 불순물에 의한 장애

- 산화질소 : NO는 가스 중 산소와 반응 NO_2로 되며, NO_2는 불포화 탄화수소와 반응하여 고무를 생성하며, 이 고무는 배관정압기 등의 공급설비 기구 노즐 등에 부착 그 기능을 저하 또는 저해한다.
- 나프탈렌 : 배관정압기 기구의 노즐에 부착 그 기능을 저하, 저해시킨다.
- 황화수소 : 연소에 의하여 아황산 아초산 초산이 발생 인체나 가축에 피해를 주며 가스기구 등의 기물을 부식시키거나 배관정압기 등의 공급설비를 부식시킨다.

36 아세틸렌(C_2H_2) 가스는 주로 무엇으로 제조하는가?

① 탄화칼슘
② 탄소
③ 카다리솔
④ 암모니아

해설

아세틸렌은 카바이드(CaC_2, 탄화칼슘)에 물을 주입하여 제조하며, 제조반응식은 다음과 같다.
$CaC_2 + 2H_2O \rightarrow Ca(OH)_2 + C_2H_2$

37 상용압력 200kgf/cm²인 고압설비의 안전밸브 작동압력은 몇 kgf/cm²인가?

① 160 ② 200
③ 240 ④ 300

해설

$$\text{안전밸브작동압력} = T_p \times \frac{8}{10}$$
$$= \text{상용압력} \times 1.5 \times \frac{8}{10}$$
$$= 200 \times 1.5 \times \frac{8}{10} = 240\text{kgf/cm}^2$$

38 NH_3 냉매번호는 'R-717"이다. 백 단위의 7은 무기물질을 뜻하는데 그 뒤 숫자 17은 냉매의 무엇을 뜻하는가?

① 냉동계수
② 증발잠열
③ 분자량
④ 폭발성

해설

유기 및 무기화합물 냉매 표시

- 유기화합물
  부탄계 : R-60△, 산소화합물 R-61△
  △ : 일련번호
- 무기화합물 냉매 R-7△△
  △△ : 분자량

39 다음 중 공식(孔蝕)의 특징에 대한 설명으로 옳은 것은?

① 양극반응의 독특한 형태이다.
② 부식속도가 느리다.
③ 균일부식의 조건과 동반하여 발생한다.
④ 발견하기가 쉽다.

해설

공식(금속의 점부식)의 특징

- 양극반응의 특이한 형태이다.
- 부식속도가 빠르다
- 발견이 어렵다

40 피셔(fisher)식 정압기의 2차압 이상 상승의 원인에 해당하는 것은?

① 정압기의 능력부족
② 필터의 먼지류 막힘
③ pilot supply valve에서의 누설
④ 파일럿 오리피스의 녹 막힘

41 이상기체에 대한 설명으로 옳은 것은?

① 이상기체의 내부에너지는 온도만의 함수이다.
② 이상기체의 내부에너지는 압력만의 함수이다.
③ 이상기체의 내부에너지는 부피만의 함수이다.
④ 비열비 k는 압력에 관계없이 1의 값을 갖는다.

해설

이상기체의 성질

- 기체분자 간 인력이나 반발력이 존재하지 않는다.
- 분자의 충돌로 총 운동에너지가 감소되지 않는 완전 탄성체이다.
- 0K에서 부피는 0이여야 하며, 평균 운동에너지는 절대온도에 비례한다.
- 이상기체 상태방정식은 높은 온도, 낮은 압력 조건에서 실제가스에 비교적 잘 적용된다.
- 이상기체의 내부에너지는 온도만의 함수이다.

42 아세틸렌을 압축하는 Reppe 반응장치의 구분에 해당하지 않는 것은?

① 비닐화　② 에티닐화
③ 환중합　④ 니트릴화

해설

Reppe 반응장치의 구분
비닐화, 에티닐화, 환중합, 카르보닐화

43 국제표준규격 ISO 5167에서 다루고 있는 차압 1차장치(primary device) 중 오리피스 판(Orifice plate)의 압력 tapping 방법이 아닌 것은?

① D 및 D/2 tapping
② corner tapping
③ flange tapping
④ screw tapping

해설

오리피스 유량계의 탭핑 방법

- 코너탭(conner－tap) : 교축기구 바로 직전 직후에 차압을 취출하는 방식으로 평균압력을 취출
- 베나탭(vena－tap) : 가장 많이 사용되는 방식으로 교축기구를 중심으로 유입측은 내경 D의 거리에서 유출 시는 낮은 압력이 되는 위치(0.2~0.8D)에서 취출
- 플랜지탭(flange tap) : 교축기구로부터 25mm 전후의 위치에서 차압을 취출

44 L · atm과 단위가 같은 것은?

① 힘　② 에너지
③ 질량　④ 밀도

해설

atm(기압) · L(리터)
압력(kg/m^2) × 부피(m^3) = kg · m(일) = 에너지

45 질소의 정압 몰열용량 C_p J/mol · K가 다음과 같고 1mol의 질소를 1atm 하에서 600℃로부터 20℃로 냉각하였을 때 발생하는 열량은 약 몇 kJ인가?(단, R은 기체상수이다.)

$$\frac{C_p}{R} = 3.3 + 0.6\times10^{-3}T$$

① 15.6
② 16.6
③ 17.6
④ 18.6

해설

$Q = n \cdot C \cdot \Delta T$
$n = 1\text{mol},\ C = ?$
$\Delta T = (600+273)-(20+273) = 580\text{K}$
$\frac{C_p}{R} = 3.3+0.6\times10^{-3}T$ 에서
$Cp = (3.3+0.6\times10^{-3}T)R$
$C = \frac{1}{\Delta T}\int_{T_1}^{T_2}(3.3+0.6\times10^{-3}T)R$
$= \frac{1}{580}\times[\{3.3\times580\}+\{\frac{0.6\times10^{-3}}{2}\times(600+273)^2-(20+273)^2\}]\times R$
$= 3.649R\,[\text{J/mol}\cdot\text{K}]$
∴ 1mol에 대한 발생 열량
$Q = nC\Delta T = 1\times3.649\times10^{-3}\times8.314\times580 = 17.59\text{kJ}$

46 밀폐된 용기 내에 1atm, 27℃로 된 프로판과 산소가 2 : 8의 비율로 혼합되어 있으며 이것이 연소하여 다음과 같은 반응을 하고 화염온도는 3000K가 되었다고 한다. 이 용기 내에 발생하는 압력은 몇 atm인가?(단, 내용적 변화는 없다.)

$$2C_3H_8 + 8O_2 \rightarrow 6H_2O + 4CO_2 + 2CO + 2H_2$$

① 2　② 6
③ 12　④ 14

해설

$P_1V_1 = \eta_1R_1T_1,\ \ P_2V_2 = \eta_2R_2T_2$
$\eta_1 = 10$몰, $\eta_2 = 14$몰
$V = V_2 = \frac{\eta_1R_1T_1}{P_1} = \frac{\eta_2R_2T_2}{P_2}\ (R_1 = R_2)$ (∵밀폐용기이므로)
$\therefore P_2 = \frac{\eta_2R_2T_1}{\eta_1T_1} = \frac{14\times3000\times1}{10\times300} = 14\text{atm}$

47 온도 200℃, 부피 400L의 용기에 질소 140kg을 저장할 때 필요한 압력을 Van der Waals 식을 이용하여 계산하면 약 몇 atm인가?(단, a = 1.35atm · L2/mol2, b = 0.0386L/mol이다.)

① 36.3　② 363
③ 72.6　④ 726

해설

질소 140kg의 몰 수

$$\eta = \frac{W}{M} = \frac{140 \times 10^3}{28} = 5000$$

$$(P + \frac{\eta^2 a}{V^2})(V - nb) = \eta RT$$

$$\therefore P = \frac{\eta RT}{V - nb} - \frac{\eta^2 a}{V^2}$$

$$= \frac{5000 \times 0.082 \times 473}{400 - 5000 \times 0.0386} - \frac{5000^2 \times 1.351}{400^2}$$

$$= 725.76 \fallingdotseq 726\text{atm}$$

48 다음 중 산화폭발의 종류가 아닌 것은?

① 가스폭발　② 분진폭발
③ 화학폭발　④ 증기폭발

해설

- 산화폭발 : 가연물이 조연성과 결합 산화반응을 일으켜 일어나는 폭발로 가스, 분진, 화학물질 등의 화학적 폭발이 해당
- 증기폭발 : 수증기의 압력에 의해 일어나는 폭발

49 다음 물질의 제조(공업적)시 최고압력이 높은 것부터 순서대로 나열된 것은?

> ㉠ 암모니아 제조
> ㉡ 폴리에틸렌의 제조
> ㉢ 일산화탄소와 물에 의한 수소제조

① ㉠ – ㉡ – ㉢　② ㉡ – ㉠ – ㉢
③ ㉢ – ㉡ – ㉠　④ ㉠ – ㉢ – ㉡

해설

- 암모니아 제조 : 고압합성(600~1000kgf/cm^2), 중압합성(300kgf/cm^2 전후), 저압합성(150kgf/cm^2 전후)
- 폴리에틸렌 제조 : 고압법(1000~4000kgf/cm^2), 중압법(20~40atm), 저압법(10atm)
- 일산화탄소 전화법 : 저압력(대기압력), 온도 200~500℃

50 동력으로 관을 저속으로 회전시켜 나사절삭기를 밀어 넣는 방법으로 나사가 절삭되며 장치가 간단하여 운반이 쉽고 주로 관지름이 작은 것에 사용되는 것은?

① 다이헤드식 나사절삭기
② 호브식 나사절삭기
③ 오스터식 나사절삭기
④ 램식 나사절삭기

51 식품접객업소로서 영업장의 면적이 몇 m^2 이상인 가스사용시설에 대하여 가스누출 자동 차단장치를 설치하여야 하는가?

① 33　② 50
③ 100　④ 200

해설

가스누출 자동 차단장치 설치

- 영업장의 면적이 몇 100m^2 이상인 식품접객업소의 가스사용시설
- 지하에 있는 가스사용시설(가정용 제외)

52 플레어스택 설치기준에 대한 설명 중 틀린 것은?

① 파일럿버너를 항상 꺼두는 등 플레어스택에 관련된 폭발을 방지하기 위한 조치가 되어 있는 것으로 한다.
② 긴급이송설비로 이송되는 가스를 안전하게 연소시킬 수 있는 것으로 한다.
③ 플레어스택에서 발생하는 복사열이 다른 제조시설에 나쁜 영향을 미치지 않도록 안전한 높이 및 위치에 설치한다.
④ 플레어스텍에 발생하는 최대열량에 장시간 견딜 수 있는 재료 및 구조로 되어 있는 것으로 한다.

해설

파일럿버너가 설치된 경우 꺼지지 않도록 하여야 한다.

53 동일한 부피를 가진 수소와 산소의 무게를 같은 온도에서 측정하였더니 같은 값이었다. 수소의 압력이 2atm이라면 산소의 압력은 몇 atm인가?

① 0.0625　② 0.125
③ 0.25　④ 0.5

해설

수소의 경우 $P_1V_1 = G_1R_1T_1$
산소의 경우 $P_2V_2 = G_2R_2T_2$ 에서
$\eta_1 = 10$몰, $\eta_2 = 14$몰

$$V_1 = V_2 = \frac{G_1R_1T_1}{P_1} = \frac{G_2R_2T_2}{P_2}\ (T_1 = T_2, G_1 = G_2)$$

$$\therefore P_2 = \frac{P_1R_2}{R_1} = \frac{2 \times \frac{848}{32}}{\frac{848}{2}} = 0.125\text{atm}$$

54 **압력 80kPa, 체적 $0.37m^3$를 차지하고 있는 이상기체를 등온팽창 시켰더니 체적이 2.5배로 팽창하였다. 이때 외부에 대해서 한 일은 몇 N · m인가?**

① 2.71 ② 2.71×10^2
③ 2.71×10^3 ④ 2.71×10^4

해설

$$W = PV_1 \ln\frac{V_2}{V_1}$$

$$\therefore 80 \times 10^3[N/m^2] \times 0.37[m^3] \times \ln\frac{1+0.25}{1}$$

$$= 2.71 \times 10^4[N \cdot m]$$

55 **어떤 회사의 매출액이 80000원, 고정비가 15000원, 변동비가 40000원 일 때 손익분기점 매출액은 얼마인가?**

① 25000원 ② 30000원
③ 40000원 ④ 55000원

해설

$$BEP = \frac{F(\text{고정비})}{1 - \frac{V(\text{변동비})}{S(\text{매출액})}} = \frac{\text{고정비}}{1-\text{변동비율}} = \frac{\text{고정비}}{\text{한계이익률}}$$

$$\therefore \frac{15,000}{1 - \frac{40,000}{80,000}} = 30,000\text{원}$$

56 **u관리도의 관리상한선과 관리하한선을 구하는 식으로 옳은 것은?**

① $\overline{u} \pm \sqrt{u}$ ② $\overline{u} \pm 3\sqrt{u}$
③ $\overline{u} \pm 3\sqrt{nu}$ ④ $\overline{u} \pm 3\sqrt{\frac{u}{n}}$

해설

u 관리도

통계량	중심선	UCL 및 LCL
u	$\overline{u} = \frac{\sum c}{\sum n}$	$\overline{u} \pm 3\sqrt{\frac{u}{n}}$

57 **계수 규준형 샘플링 검사의 OC 곡선에서 좋은 로트를 합격시키는 확률을 뜻하는 것은?(단, α는 제1종 과오, β는 제2종 과오이다.)**

① α
② β
③ 1−α
④ 1−β

해설

계수 규준형 샘플링 검사의 OC 곡선
- α : 제1종 과오, 생산자 위험
- β : 제2종 과오, 소비자 위험
- 1−α : 좋은 로트를 합격시킬 확률
- 1−β : 나쁜 로트를 불합격시킬 확률

58 **다음 중 통계량의 기호에 속하지 않는 것은?**

① σ
② R
③ S
④ $\overline{x}$

해설

- σ : 모표준편차로서 유한모집단에 속함
- R : 범위
- S : 표본표준편차
- $\overline{x}$: 표본평균

59 **예방보전(Preventive Maintenance)의 효과가 아닌 것은?**

① 기계의 수리비용이 감소한다.
② 생산시스템의 신뢰도가 향상된다.
③ 고장으로 인한 중단시간이 감소한다.
④ 예비기계를 보유해야 할 필요성이 증가한다.

해설

예방보전 활동을 통해 생산시스템의 정지시간이 줄어들게 되어 신뢰도가 향상되며 제조원가가 절감된다.

60 다음 중 인위적 조절이 필요한 상황에 사용될 수 있는 워크팩터(Work Factor)의 기호가 아닌 것은?

① D
② K
③ P
④ S

해설

워크팩터(WF)의 기호 : W, S, P, U, D

정답 04회 – 제47회 가스기능장 기출문제

01 ④	02 ②	03 ①	04 ④	05 ①
06 ①	07 ①	08 ②	09 ④	10 ①
11 ②	12 ①	13 ③	14 ①	15 ②
16 ④	17 ③	18 ④	19 ①	20 ③
21 ④	22 ①	23 ④	24 ②	25 ②
26 ③	27 ④	28 ②	29 ①	30 ③
31 ①	32 ③	33 ②	34 ②	35 ②
36 ①	37 ③	38 ③	39 ①	40 ③
41 ①	42 ④	43 ④	44 ②	45 ③
46 ④	47 ④	48 ④	49 ②	50 ③
51 ③	52 ①	53 ②	54 ④	55 ②
56 ④	57 ③	58 ①	59 ④	60 ②

05회 가스기능장 기출문제

CHECK POINT QUESTION

제48회 가스기능장 기출문제

01 고압가스 일반제조 시설기준 중 가연성가스 제조설비의 전기설비는 방폭성능을 가지는 구조이어야 한다. 다음 중 제외 대상이 되는 가스는?

① 에탄 ② 브롬화메탄
③ 에틸아민 ④ 수소

해설

암모니아, 브롬화메탄 및 공기 중에서 자기발화하는 가스는 방폭구조에서 제외한다.

02 SI단위인 Joule에 대한 설명으로 옳지 않은 것은?

① 1Newton의 힘의 방향으로 1m 움직이는 데 필요한 일이다.
② 1Ω의 저항에 1A의 전류가 흐를 때 1초간 발생하는 열량이다.
③ 1kg의 질량을 $1m/s^2$ 가속시키는데 필요한 힘이다.
④ 1Joule은 약 0.24cal에 해당한다.

해설

$1J = 1N \cdot m = 1kg \cdot m/s^2 \times m = 0.24cal$
참고로 1kg의 질량을 $1m/s^2$ 가속시키는데 필요한 힘은 1N이다.

03 사업자 등은 그의 시설이나 제품과 관련하여 가스사고가 발생한 때에는 한국가스안전공사에 통보하여야 한다. 사고의 통보 시에 통보내용에 포함되어야 하는 사항으로 규정하고 있지 않은 사항은?

① 피해현황(인명 및 재산)
② 시설현황
③ 사고내용
④ 사고원인

해설

사고 시 통보내용에 포함되어야 할 사항

- 통보자의 소속, 지위, 성명, 연락처
- 사고발생 일시
- 사고발생 장소
- 사고내용
- 시설현황
- 피해현황(인명 및 재산)

04 가스압축에 대한 설명으로 옳은 것은?

① 등온압축 동력이 단열압축 동력보다 크다.
② 동일가스, 동일 흡입 온도에서는 압축비가 클수록 토출온도는 낮다.
③ 압축비가 일정한 경우 간극 용적비가 작아질수록 체적효율은 좋아진다.
④ 압축비가 일정한 경우 간극 용적비가 작아질수록 체적효율은 나빠진다.

해설

- 동력의 큰 순서 : 단열 〉 폴리트로픽 〉 등온
- 압축비가 클수록 소요동력이 증대하므로 토출가스 온도는 높다
- 체적효율 $= \dfrac{\text{실제가스흡입량}}{\text{이론가스흡입량}}$
- 간극비가 작으면 실제가스 흡입량이 커진다.
- 실제가스 흡입량이 커지면 체적효율이 높아진다.

05 흡수식 냉동설비의 냉동능력 정의로 옳은 것은?

① 발생기를 가열하는 24시간의 입열량 6640kcal를 1일의 냉동능력 1톤으로 본다.
② 발생기를 가열하는 1시간의 입열량 3320kcal를 1일의 냉동능력 1톤으로 본다.
③ 발생기를 가열하는 1시간의 입열량 6640kcal를 1일의 냉동능력 1톤으로 본다.
④ 발생기를 가열하는 24시간의 입열량 3320kcal를 1일의 냉동능력 1톤으로 본다.

해설

냉동능력 산정기준

- 원심식 압축기를 사용하는 냉동설비 : 원동기 정격출력 1.2kW가 1일의 냉동능력 1톤
- 흡수식 냉동설비 : 발생기를 가열하는 입열량 6640kcal/hr이 1일의 냉동능력 1톤
- 그 밖의 것은 다음의 계산식에 따름

$$R = \frac{V}{C}$$

R : 1일의 냉동능력(톤)
V : 피스톤압출량(m^3/hr)
C : 냉매가스종류에 따른 상수

06 어떤 용기에 액체염소 25kg이 들어 있다. 이 염소를 표준상태인 바깥으로 내놓으면 몇 m^3의 부피를 차지하는가?

① 7.9 ② 11.0
③ 15.4 ④ 22.4

해설

Cl_2의 분자량 71, 아보가드로법칙에 의해 표준상태에서 분자량이 22.4이므로

71kg : 22.4m^3 = 25kg : $x$$m^3$

$\therefore x = \frac{25}{71} \times 22.4 \fallingdotseq 7.9m^3$

07 독성가스 배관 설치 시 반드시 2중 배관으로 하지 않아도 되는 가스는?

① 에틸렌 ② 시안화수소
③ 염화메탄 ④ 암모니아

해설

2중 배관 설치 독성가스

포스겐, 황화수소, 시안화수소, 아황산가스, 산화에틸렌, 암모니아, 염소, 염화메탄

08 반데르발스(Van der Waals) 상태식 중 보정항에 대하여 옳게 표현한 것은?

① 실제기체에서 분자 간 상호 인력의 작용과 분자 자체의 크기(부피)를 고려하여 보정한 식이다.
② 실제기체에서 원자 간의 공유결합에 의한 압력 감소를 고려하여 보정한 식이다.
③ 실제기체에서 양이온과 음이온의 작용에 의한 이온결합을 고려하여 보정한 식이다.
④ 실제기체에서 이상기체보다 높은 압력과 낮은 온도를 고려하여 보정한 식이다.

해설

반데르발스(실제기체상태방정식)

$$(P+\frac{n^2a}{V^2})(V+nb) = nRT$$

P : 압력(atm), η : 몰수, V : 부피(L)

a : 기체분자간의 인력(atm · L^2/mol^2), b : 기체분자 자신이 차지하는 부피(L/mol)

09 가스안전 영향평가 대상 등에서 산업통상자원부령이 정하는 가스배관이 통과하는 지점에 해당하지 않은 것은?

① 해당 건설공사와 관련된 굴착공사로 인하여 도시가스배관이 노출될 것이 예상되는 부분
② 해당 건설공사에 의한 굴착바닥면의 양끝으로부터 굴착심도의 0.6배 이내의 수평거리에 도시가스배관이 매설된 부분
③ 해당 공사에 의하여 건설될 지하시설물 바닥의 바로 아랫부분에 관지름 500mm인 저압의 가스배관이 통과하는 경우 그 건설공사에 해당하는 부분
④ 해당 공사에 의하여 건설된 지하시설물 바닥의 바로 아랫부분에 최고사용압력이 중압 이상인 가스배관이 통과하는 경우 그 건설공사에 해당하는 부분

해설

도시가스배관이 통과하는 지점

- 해당 건설공사와 관련된 굴착공사로 인하여 도시가스배관이 노출될 것으로 예상되는 부분
- 해당 건설공사에 의한 굴착바닥면의 양끝으로부터 굴착깊이의 0.6배 이내의 수평거리에 도시가스배관이 매설된 부분
- 해당 공사로 건설될 지하시설물 바닥의 바로 아랫부분에 최고사용압력이 중압 이상인 도시가스배관이 통과하는 경우의 그 건설공사에 해당하는 부분
- 해당 건설공사를 터널식으로 굴착하는 경우 터널 굴착면으로부터 터널 최대 굴착단면 지름의 0.6배 이내의 거리에 도시가스배관이 매설된 부분

10 고압가스 운반 시 가스누출사고가 발생하였다. 이 부분의 수리가 불가능한 경우 재해발생 또는 확대를 방지하기 위한 조치사항으로 볼 수 없는 것은?

① 상황에 따라 안전한 장소로 운반한다.
② 상황에 따라 안전한 장소로 대피한다.
③ 비상연락망에 따라 관계업소에 원조를 의뢰한다.
④ 펜스를 설치하고 다른 운반차량에 가스를 옮긴다.

해설

누출 부분의 수리가 불가능한 상태에서 다른 운반차량에 가스를 옮길 경우 위험이 가중된다.

11 **가스공급시설 중 최고사용압력이 고압인 가스홀더 2개가 있다. 2개의 가스홀더의 지름이 각각 30m, 50m일 경우 두 가스홀더의 간격은 몇 m 이상을 유지하여야 하는가?**

① 15m ② 20m
③ 30m ④ 50m

해설

가스홀더 최대 지름을 합산한 거리의 1/4이 1m 이상일 경우 그 길이를 유지하고, 1m 미만 시에는 1m를 유지한다.

$\therefore L = (30+50) \times \frac{1}{4}\text{m}$

12 **고온, 고압 하에서 일산화탄소를 사용하는 장치에 철재를 사용할 수 없는 주된 원인은?**

① 철카르보닐을 만들기 때문에
② 탈탄산작용을 하기 때문에
③ 중합부식을 일으키기 때문에
④ 가수분해하여 폭발하기 때문에

해설

일산화탄소(CO)은 고온, 고압 시 카르보닐(침탄)을 생성하여 장치 내를 부식시키므로 고온, 고압 시 장치 내면을 피복하거나 Ni－Cr계 STS를 사용하여야 한다.
$Fe + 5CO \rightarrow Fe(CO)_5$ (철카르보닐)
$Ni + 4CO \rightarrow Ni(CO)_4$ (니켈카르보닐)

13 **도시가스사업법에서 정의하는 용어에 대한 설명 중 틀린 것은?**

① 배관이라 함은 본관, 공급관, 내관을 말한다.
② 본관이라 함은 공급관, 옥외배관을 말한다.
③ 내관이라 함은 가스사용자가 소유하고 있는 토지의 경계에서 연소기에 이르는 배관을 말한다.
④ 액화가스라 함은 상용의 온도에서 압력이 0.2MPa 이상이 되는 것을 말한다.

해설

본관이란 다음의 것을 말한다.

- 가스도매사업 : 도시가스제조사업소(액화천연가스의 인수기지를 포함)의 부지 경계에서 정압기지의 경계까지 이르는 배관. 다만, 밸브기지 안의 배관은 제외
- 일반도시가스사업 : 도시가스제조사업소의 부지 경계 또는 가스도매사업자의 가스시설 경계에서 정압기까지 이르는 배관
- 나프타부생가스 · 바이오가스제조사업 : 해당 제조사업소의 부지 경계에서 가스도매사업자 또는 일반도시가스사업자의 가스시설 경계 또는 사업소 경계까지 이르는 배관
- 합성천연가스제조사업 : 해당 제조사업소의 부지 경계에서 가스도매사업자의 가스시설 경계 또는 사업소 경계까지 이르는 배관

14 **몰조성으로 프로판 50%, n－부탄 50%인 LP가스가 있다. 이 가스 1kg 중 프로판의 질량은 약 몇 kg인가?**

① 0.32 ② 0.38
③ 0.43 ④ 0.52

해설

50% C_3H_8, 50% C_4H_{10}의 전체량이 $(44\times0.5)+(58\times0.5)$이므로 LP가스 1kg 중 C_3H_8 50%의 양은 다음과 같이 산출할 수 있다.

$1\times\frac{44\times0.5}{44\times0.5+58\times0.5} \fallingdotseq 0.43\text{kg}$

15 **가스 정압기에서 메인밸브의 열림과 유량과의 관계를 의미하는 것은?**

① 정특성
② 동특성
③ 유량특성
④ 오프셋

해설

정압기 특성

- 정특성 : 유량과 2차 압력과의 관계
- 동특성 : 부하변화가 큰 곳에 사용되는 정압기이며 부하변동에 대한 응답의 신속성과 안정성
- 유량특성 : 메인밸브의 열림과 유량과의 관계
- 사용 최대차압 : 1차 압력과 2차 압력의 차압이 작용하여 정압 성능에 영향을 주나 이것이 실용적으로 사용할 수 있는 범위에서 최대로 되었을 때 차압
- 작동 최소차압 : 정압기가 작동할 수 있는 최소차압

16 **수소(H_2)가스의 공업적 제조법이 아닌 것은?**

① 물의 전기분해
② 공기액화분리법
③ 수성가스법
④ 석유의 분해법

해설

공기액화분리법은 O_2, N_2, Ar의 제조법이다.

17 다음 중 풍압대와 관계없이 설치할 수 있는 방식의 가스 보일러는?

① 자연배기식(CF) 단독배기통 방식
② 자연배기식(CF) 복합배기통 방식
③ 강제배기식(FE) 단독배기통 방식
④ 강제배기식(FE) 공동배기통 방식

해설

풍압대와 관계없이 설치 가능한 가스보일러 : 강제배기식(FE) 단독배기통방식

18 이상기체의 내부에너지(internal energy)에 대하여 가장 바르게 설명한 것은?

① 온도 및 부피의 함수이다.
② 온도 및 압력의 함수이다.
③ 온도만의 함수이다.
④ 압력만의 함수이다.

해설

이상기체의 성질

- 기체분자 간 인력이나 반발력이 존재하지 않는다.
- 분자의 충돌로 총 운동에너지가 감소되지 않는 완전 탄성체이다.
- 0K에서 부피는 0이여야 하며, 평균 운동에너지는 절대온도에 비례한다.
- 이상기체 상태방정식은 높은 온도, 낮은 압력 조건에서 실제가스에 비교적 잘 적용된다.
- 이상기체의 내부에너지는 온도만의 함수이다.

19 아세틸렌을 용기에 충전할 때 충전 중의 압력은 얼마 이하로 하여야 하는가?

① 1.5MPa ② 2.5MPa
③ 3.5MPa ④ 4.5MPa

해설

아세틸렌 용기 압력

- 충전 중 압력 : 온도와 관계없이 2.5MPa 이하
- 충전 후 압력 : 15℃에서 1.5MPa 이하

20 지하철 주변에 도시가스 배관을 매설하려고 한다. 이때 다음 중 무엇이 가장 문제가 되는가?

① 대기부식 ② 미주전류부식
③ 고온부식 ④ 응력부식균열

21 다음 중 염소의 주된 용도에 해당하지 않는 것은?

① 수돗물의 살균
② 염화비닐의 원료
③ 섬유의 표백
④ 수소의 제조원료

해설

염소의 용도

- 상수도 살균
- 염화비닐 원료, 펄프 · 종이 제조
- 섬유 표백
- 알루미늄공업, 금속티탄공업에 사용
- 포스겐, 염화수소 제조

22 다음 응력 – 변형률선도에서 최대인장강도를 나타내는 점은?

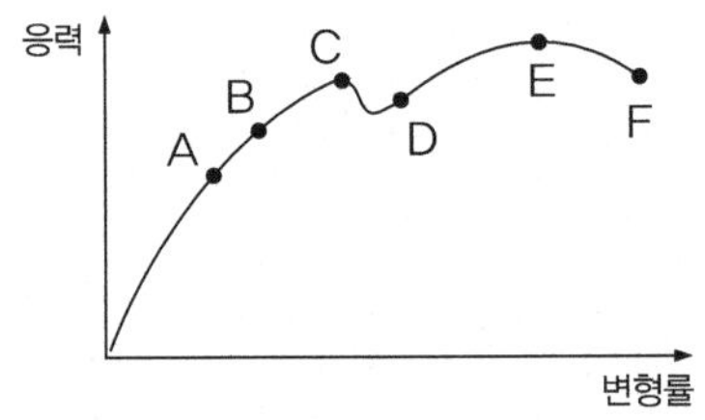

① C ② D
③ E ④ F

해설

A : 비례한도, B : 탄성한도, C : 상항복점, D : 하항복점, E : 인장강도, F : 파괴점

23 다음 중 피스톤식 팽창기를 사용한 공기액화 사이클은?

① 클라우드(Claude) 공기액화 사이클
② 린데(Linde) 공기액화 사이클
③ 필립스(Philips) 공기액화 사이클
④ 캐스케이드(Cascade) 공기액화 사이클

해설

- 클라우드 액화 : 열교환기 피스톤식 팽창기를 이용
- 린데 액화 : 주울－톰슨효과를 이용
- 필립스 액화 : 피스톤, 보조피스톤의 양 피스톤 작용으로 액화하는 사이클
- 캐스케이드 액화 : 비점이 점차 낮은 냉매를 이용하는 저비점액체를 액화하는 사이클

24 다음 독성가스와 그 제독제를 잘못 연결한 것은?

① 염소 – 가성소다수용액, 탄산소다수용액, 소석회
② 포스겐 – 가성소다수용액, 소석회
③ 황화수소 – 가성소다수용액, 탄산소다수용액
④ 시안화수소 – 탄산소다수용액, 소석회

해설

시안화수소 – 가성소다수용액

25 섭씨온도(℃)와 화씨온도(℉)가 같은 값을 나타내는 온도는?

① –20℃ ② –40℃
③ –50℃ ④ –60℃

해설

$℉ = \frac{9}{5}℃ + 32$에서 ℃ = ℉ 이므로

$x = 1.8x + 32$
$x - 1.8x = 32$
$x(1 - 1.8) = 32$
$x = \frac{32}{1-1.8} = -40$
$\therefore -40℃ = -40℉$

26 수소의 품질검사 시 흡수제로 사용되는 용액은?

① 암모니아성 가성소다 용액
② 하이드로설파이드시약
③ 동암모니아시약
④ 발연황산시약

해설

수소의 품질검사 시약 : 하이드로설파이드, 피로카롤

27 다음 중 법령상 독성가스가 아닌 것은?

① 불화수소
② 불소
③ 염화비닐
④ 모노실란

해설

독성가스란 아크릴로니트릴 · 아크릴알데히드 · 아황산가스 · 암모니아 · 일산화탄소 · 이황화탄소 · 불소 · 염소 · 브롬화메탄 · 염화메탄 · 염화프렌 · 산화에틸렌 · 시안화수소 · 황화수소 · 모노메틸아민 · 디메틸아민 · 트리메틸아민 · 벤젠 · 포스겐 · 요오드화수소 · 브롬화수소 · 염화수소 · 불화수소 · 겨자가스 · 알진 · 모노실란 · 디실란 · 디보레인 · 세렌화수소 · 포스핀 · 모노게르만 및 그 밖에 공기 중에 일정량 이상 존재하는 경우 인체에 유해한 독성을 가진 가스로서 허용농도(해당 가스를 성숙한 흰쥐 집단에게 대기 중에서 1시간 동안 계속하여 노출시킨 경우 14일 이내에 그 흰쥐의 2분의 1 이상이 죽게 되는 가스의 농도를 말한다. 이하 같다)가 100만분의 5000 이하인 것을 말한다.

28 물체가 열을 받고 변화할 경우에 대한 설명으로 틀린 것은?

① 물체간의 인력에 저항하여 집합상태가 변화한다.
② 위치에너지를 증가시킨다.
③ 외부에 저항하여 체적변화를 일으킨다.
④ 분자 운동에너지를 증가시킨다.

해설

열과 위치에너지는 무관하다.

29 고압차단 스위치에 대한 설명으로 틀린 것은?

① 작동압력은 정상고압보다 $4kgf/cm^2$ 정도 높다.
② 전자밸브와 조합하여 고속다기통 압축기의 용량제어용으로 주로 이용된다.
③ 압축기 1대마다 설치 시에는 토출 스톱밸브 직전에 설치한다.
④ 작동 후 복귀 상태에 따라 자동 복귀형과 수동 복귀형이 있다.

해설

압축기 안전장치 종류

종류	설치목적 및 작동압력
안전두	• 실린더 내 이물질이나 액압축 시 작동하여 압축기가 파괴되는 것을 방지 • 작동압력 : 정상고압+$3kg/cm^2$
고압차단 스위치 (HPS)	• 고압이 이상상승 시 작동 압축기용 전동기를 정지시킴으로써 이상고압의 위해방지 • 작동압력 : 정상고압+$4kg/cm^2$
안전밸브	• 중간단, 최종단 가스배관에 설치하여 이상압력 상승 시 작동 압력을 대기나 저압측에 되돌려 보냄으로 위해를 방지 • 작동압력 : 정상고압+5~$6kg/cm^2$ 및 $T_P \times \frac{8}{10}$

30 다음 내진설계 관련 용어에 대한 설명으로 옳은 것은?

① 가속도 시간이력이란 지진의 지반운동가속도를 시간별로 측정하여 기록한 이력을 말한다.

② 기능수행수준이란 설계지진 하중 작용 시 구조물이나 시설물에 변형이나 손상이 발생할 수 있으나 그 수준과 범위는 구조물이나 시설물이 붕괴되거나 또는 이들의 손상으로 인하여 대규모 피해가 초래되는 것이 방지될 수 있는 성능수준을 말한다.

③ 하중계수 설계법이란 구조물의 관성력은 무시하고, 작용하는 하중의 시간별 크기에 대하여 해석하는 방법을 말한다.

④ 가속도 계수란 지반운동으로 구조물에서 발생한 최대지진 가속도를 말한다.

해설

- 위험도 계수 : 평균재현주기 500년 지진지반운동수준에 대한 평균재현주기별 지반운동 수준의 비를 발한다.
- 기능수행수준 : 설계지진 하중 작용 시 내진설계구조물이 본래의 기능을 정상적으로 수행할 수 있는 수준을 말한다.
- 활성단층 : 현재 활동 중이거나 과거 5만년 이내에 지표면 전단파괴를 일으킨 흔적이 있다고 입증된 단층을 말한다.
- 내진 특등급 : 그 설비의 손상이나 기능상실이 사업소 경계밖에 있는 공공의 생명과 재산에 막대한 피해를 초래할 수 있을 뿐만 아니라 사회의 정상적인 기능 유지에 심각한 지장을 가져올 수 있는 것을 말한다.
- 내진 Ⅰ등급 : 그 설비의 손상이나 기능상실이 사업소 경계밖에 있는 공공의 생명과 재산에 상당한 피해를 초래할 수 있는 것을 말한다.
- 내진 Ⅱ등급 : 그 설비의 손상이나 기능상실이 사업소 경계밖에 있는 공공의 생명과 재산에 경미한 피해를 초래할 수 있는 것을 말한다.

31 공기액화 분리장치에 아세틸렌가스가 혼입되면 안 되는 이유로 옳은 것은?

① 배관 내에서 동결되어 막히므로

② 산소의 순도가 나빠지기 때문에

③ 질소와 산소의 분리가 방해되므로

④ 분리기 내의 액체산소탱크에 들어가 폭발하기 때문에

32 진탕형 오토클레이브(auto clave)의 특성에 대한 설명으로 옳은 것은?

① 고압력에 사용할 수 없다.

② 가스누설의 가능성이 없다.

③ 반응물의 오손이 많다.

④ 뚜껑판의 뚫어진 구멍에 촉매가 들어갈 염려가 없다.

해설

종류별 특징

종류	특징
교반형	• 기·액반응으로 기체를 계속 유통시키는 실험법을 취급할 수 있다. • 교반축의 패킹에 사용한 이물질이 내부에 들어갈 가능성이 많다.
진탕형	• 가스 누설의 가능성이 없다. • 고압력에 사용할 수 있고 반응물의 오손이 없다. • 뚜껑판에 뚫어진 구멍에 촉매가 끼어들어갈 염려가 있다. • 장치 전체가 진동하므로 압력계 본체로부터 떨어져 설치하여야 한다.
회전형	• 고체를 액체나 기체로 처리할 경우에 적합하다. • 교반 효과가 좋지 않아 내용물의 혼합 촉진이 필요하다.

33 가연성가스가 폭발할 위험이 있는 농도에 도달할 우려가 있는 장소의 등급에 대한 설명으로 틀린 것은?

① 1종 장소는 상용상태에서 가연성가스가 체류하여 위험하게 될 우려가 있는 장소, 정비보수 또는 누출 등으로 인하여 종종 가연성가스가 체류하여 위험하게 될 우려가 있는 장소를 말한다.

② 2종 장소는 밀폐된 용기 또는 설비 내에 밀봉된 가연성가스가 그 용기 또는 설비의 사고로 인해 파손되거나 오조작의 경우에만 누출할 위험이 있는 장소를 말한다.

③ 0종 장소는 상용의 상태에서 가연성가스의 농도가 연속해서 폭발하한계 이상으로 되는 장소(폭발하한계를 넘는 경우에는 폭발한계 내로 들어갈 우려가 있는 경우를 포함한다.)를 말한다.

④ 4종 장소는 확실한 기계적 환기조치에 의하여 가연성가스가 체류하지 않도록 되어 있으나 환기장치에 이상이나 사고가 발생한 경우에는 가연성가스가 체류하여 위험하게 될 우려가 있는 장소를 말한다.

해설

위험장소 : 0종, 1종, 2종이 있음

34 가스도매사업자의 가스공급시설의 시설기준으로 옳지 않은 것은?

① 액화석유가스의 저장설비와 처리설비는 그 외면으로부터 보호시설까지 20m 이상의 거리를 유지한다.
② 고압인 가스공급시설은 통로, 공지 등으로 구획된 안전구역 안에 설치하되, 그 면적은 2만m^2 미만으로 한다.
③ 2개 이상의 제조소가 인접하여 있는 경우의 가스공급시설은 그 외면으로부터 그 제조소와 다른 제조소의 경계까지 20m 이상의 거리를 유지한다.
④ 액화천연가스의 저장탱크는 그 외면으로부터 처리능력이 20만m^3 이상인 압축기와 30m 이상의 거리를 유지한다.

해설

액화석유가스의 저장설비와 처리설비는 그 외면으로부터 보호시설까지 30m 이상의 거리를 유지한다.

35 저온장치의 운전 중 CO_2와 수분이 존재할 때 장치에 미치는 영향에 대한 설명으로 가장 적절한 것은?

① CO_2는 저온에서 탄소와 수소로 분해되어 영향이 없다.
② 얼음이 되어 배관밸브를 막아 흐름을 저해한다.
③ CO_2는 저장장치의 촉매 기능을 하므로 효율을 상승시킨다.
④ CO_2는 가스로 순도를 저하시킨다.

36 산소 16kg과 질소 56kg인 혼합기체의 전압이 506.5kPa이다. 이때 질소의 분압은 몇 kPa인가?

① 202.6 ② 303.9
③ 405.2 ④ 506.5

해설

• 분압 = 전압 × $\frac{\text{성분몰}}{\text{전몰}}$

• 질소분압(P_N) = $506.5 \times \frac{\frac{56}{28}}{\frac{16}{32}+\frac{56}{28}} = 405.2\text{kPa}$

37 아세틸렌의 주된 제법으로 옳은 것은?

① 메탄과 같은 탄화수소를 고온 1200~2000℃에서 열분해시켜서 만든다.
② 메탄과 같은 탄화수소를 수증기 개질법에 의하여 만든다.
③ 메탄과 같은 탄화수소를 부분산화법에 의하여 만든다.
④ 메탄과 같은 탄화수소를 연소시켜서 얻는다.

해설

C_2H_2 제법
• 카바이드에 물을 혼합
$CaC_2 + 2H_2O \rightarrow C_2H_2 + Ca(OH)2$
• 천연가스나 석유분해가스 속에 포함된 탄화수소를 고온(1000~3000℃)으로 열분해
$C_2H_4 \rightarrow C_2H_2 + H_2$
$C_3H_8 \rightarrow C_2H_2 + CH_2 + H_2$

38 파이핑 레이아웃(piping layout)의 실시 시 주의사항으로 가장 거리가 먼 것은?

① 항상 일관된 사고(思考)에 의해 행하도록 하며 장치 전체의 미관을 고려한다.
② 장치가 운전하기 쉽도록 고려한다.
③ 유지관리에 대한 충분한 고려를 한다.
④ 배관은 되도록 굴곡을 많게 하여 최단거리로 한다.

해설

배관 선정의 4요소
• 노출하여 시공할 것(은폐매설을 피할 것)
• 구부러지거나 오르내림이 적을 것(직선배관을 할 것)
• 최단거리로 시공할 것
• 가능한 옥외에 설치할 것

39 강한 자성을 가지고 있어 자장에 대해 흡인되는 성질을 이용하여 분석이 가능한 가스는?

① CH_4
② CO
③ O_2
④ H_2

해설

자기식 O_2 가스분석계 : 산소가 다른 가스에 비해 강자성체이므로 흡인력을 이용하여 측정

40 **평면배관도면의 배관선에는 각각 반드시 관의 높이 치수로서 B.O.P EL(bottom of pipe elevation) 또는 C.L EL(center line of pipe elevation)의 약자의 기호를 붙인 숫자를 기입하여야 한다. 다음 중 B.O.P EL을 기입하여야 하는 경우는?**

① 두 개 이상의 배관이 공통 가태상(架台上)에 병렬 배관되는 경우와 보온, 보냉 시공되는 배관의 경우
② 펌프 흡입측 배관, 기기노즐에 직접 접속시키는 배관 등에서 그 접속대상이 이미 관 중심에서 규정되어 있는 경우
③ 증기배관 등에서 단독으로 적철구(吊鐵具)로 매달려 있는 경우
④ 기타 단독 배관의 경우

해설

배관의 높이(EL)의 표시

구분	내용
BOP	지름이 다른 관의 높이를 나타낼 때 적용 관외경의 아래 면까지를 기준하여 표시
TOP	BOP와 같은 목적이며 관의 윗면을 기준으로 하여 표시
FL	1층의 바닥면을 기준하여 높이를 표시
GL	포장된 지표면을 기준으로 하여 배관장치의 높이를 표시

41 **액화프로판 50kg을 충전할 수 있는 용기의 내용적 L은?(단, 액화프로판의 정수는 2.35이다.)**

① 50.0 ② 58.8
③ 102.5 ④ 117.5

해설

$W = \frac{V}{C}$ (W : 충전량(kg), V : 내용적(L), C : 충전상수)

$\therefore V = W \times C = 50 \times 2.35 = 117.5\text{L}$

42 **프로판가스 10kg을 완전연소 하는데 필요한 공기량은 약 몇 Nm^3인가?(단, 공기 중 산소와 질소의 체적비는 21 : 79이다.)**

① 76 ② 95
③ 110 ④ 122

해설

$C_3H_8 + 5O_2 \rightarrow 3CO_2 + 4H_2O$
44kg　$5 \times 22.4Nm^3$
10kg　xNm^3

$x = \frac{10 \times 5 \times 22.4}{44} = 25.45$

$\therefore$공기량 $= 25.45 \times \frac{100}{21} = 121.21Nm^3$

43 **다음 중 분해폭발을 일으키는 가스는?**

① 산소 ② 질소
③ 아세틸렌 ④ 프로판

해설

분해폭발가스 : C_2H_2, C_2H_4O, N_2H_4

44 **고압가스 시설의 가스누출검지경보장치 중 검지부 설치수량의 기준으로 틀린 것은?**

① 건축물 안에 설치되어 있는 압축기, 펌프 등 가스가 누출하기 쉬운 고압가스 설비 등이 설치되어 있는 장소의 주위에는 고압가스 설비군의 바닥면 둘레가 22m인 시설에 검지부 2개 설치
② 에틸렌 제조시설의 아세틸렌수첨탑으로서 그 주위에 누출한 가스가 체류하기 쉬운 장소의 바닥면 둘레가 30m인 경우에 검지부 3개 설치
③ 가열로가 있는 제조설비의 주위에 가스가 체류하기 쉬운 장소의 바닥면 둘레가 18m인 경우에 검지부 1개 설치
④ 염소충전용 접속구 군의 주위에 검지부 2개 설치

해설

- 건축물 안에 설치되어 있는 압축기, 펌프 등 가스가 누출하기 쉬운 고압가스 설비 등이 설치되어 있는 장소의 주위에는 고압가스 설비군의 바닥면 둘레 10m에 대하여 1개 이상의 비율로 설치 → 따라서 바닥면 둘레가 22m인 시설은 검지부 3개를 설치하여야 한다.
- 건축물 밖의 경우 20m에 대하여 1개 이상 설치
- 가열로 등 발화원이 있는 제조설비의 주위에는 바닥면 둘레 20m에 대하여 1개 이상 설치
- 독성가스 충전용 접속구 군의 주위에 1개 이상 설치
- 방류둑 내에 설치된 저장탱크의 경우 저장탱크마다 1개 이상 설치

45 판 두께 12mm, 용접 길이 30cm인 판을 맞대기 용접했을 때 4500kgf의 인장하중이 작용한다면 인장응력은 약 몇 kgf/cm^2인가?

① 8 ② 45
③ 125 ④ 250

해설

$\sigma = \frac{하중}{판두께 \times 길이} = \frac{4500}{1.2 \times 30} = 125kgf/cm^2$

46 고압가스 취급소 등에서 폭발 및 화재의 원인이 되는 발화원으로 가장 거리가 먼 것은?

① 충격 ② 마찰
③ 방전 ④ 접지

해설

접지 : 스파크 등 발화원의 제거방법

47 다음 가스 중 허용농도가 작은 것부터 올바르게 나열된 것은?

㉠ HCN ㉡ Cl_2 ㉢ $COCl_2$ ㉣ NH_3

① ㉡ – ㉢ – ㉠ – ㉣
② ㉡ – ㉢ – ㉣ – ㉠
③ ㉢ – ㉡ – ㉠ – ㉣
④ ㉢ – ㉡ – ㉣ – ㉠

해설

독성가스의 허용농도

명칭	허용농도(ppm)	
	LC_{50}	TVV–TWA
HCN	140	10
Cl_2	293	1
$COCl_2$	5	0.1
NH_3	7338	25

48 가스의 압력을 사용 기구에 맞는 압력으로 감압하여 공급하는데 사용하는 정압기의 기본구조로써 옳은 것은?

① 다이어프램, 스프링(또는 분동) 및 메인밸브로 구성되어 있다.
② 팽창밸브, 회전날개, 케이싱(casing)으로 구성되어 있다.
③ 흡입밸브와 토출밸브로 구성되어 있다.
④ 액송펌프와 메인밸브로 구성되어 있다.

해설

정압기 구조

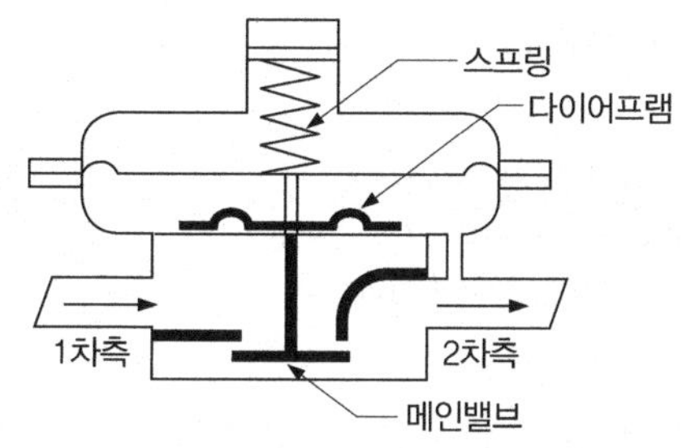

49 다음 중 암모니아의 용도가 아닌 것은?

① 황산암모늄의 제조
② 요소비료의 제조
③ 냉동기의 냉매
④ 금속 산화제

해설

암모니아(NH_3)의 용도

- 질산 제조
- 비료 제조 : 요소, 유안(황산암모늄), 초안(질산암모늄)
- 냉동기 냉매

50 다음 중 지진감지장치를 반드시 설치하여야 하는 도시가스 시설은?

① 가스도매사업자 인수기지
② 가스도매사업자 정압기지
③ 일반도시가스사업자 제조소
④ 일반도시가스사업자 정압기

해설

정압기지 및 밸브기지에는 압력감시장치 · 지진감지장치 · 누출된 도시가스를 검지하여 이를 안전관리자가 상주하는 곳에 통보할 수 있는 설비 · 불순물제거장치 · 안전밸브 등 그 정압기와 밸브의 보호 및 위해발생 방지와 도시가스의 안정공급을 위하여 필요한 설비를 설치하고, 전기설비의 방폭조치 · 동결방지조치 등 적절한 조치를 할 것

51 가스폭발에 대한 설명으로 틀린 것은?

① 압력과 폭발범위는 서로 관계가 없다.
② 관지름이 가늘수록 폭굉유도거리는 짧아진다.
③ 혼합가스의 폭발범위는 르샤틀리에법칙을 적용한다.
④ 이황화탄소, 아세틸렌, 수소는 위험도가 커서 위험하다.

해설

압력이 높아지면 폭발범위는 넓어진다. 단, CO는 고압일수록 폭발범위가 좁아지고 H_2는 압력이 높아지면 처음은 낮아지나 계속 압력을 높이며 넓어진다.

52 부르돈(bourdon)관 압력계 사용 시의 주의사항으로 가장 거리가 먼 것은?

① 안전장치를 한 것을 사용할 것
② 압력계에 가스를 유입시키거나 또는 빼낼 때는 신속하게 조작할 것
③ 정기적으로 검사를 행하고 지시의 정확성을 확인할 것
④ 압력계는 가급적 온도변화나 진동, 충격이 작은 장소에 설치할 것

해설

압력계에 가스를 유입시키거나 또는 빼낼 때는 서서히 조작하여야 한다.

53 독성가스 운반 시 응급조치를 위하여 반드시 필요한 것이 아닌 것은?

① 방독면 ② 소화기
③ 고무장갑 ④ 제독제

해설

소화기는 가연성가스 및 산소를 운반하는 경우에 휴대하여야 하는 소화설비에 해당된다.

54 압축가스를 단열팽창 시키면 온도와 압력이 강하하는 현상을 무엇이라고 하는가?

① 펠티어 효과
② 제베크 효과
③ 줄-톰슨 효과
④ 페러데이 효과

해설

주울톰슨효과 : 압축가스를 단열팽창 시키면 일반적으로 온도와 압력이 강하하는 현상

55 로트의 크기 30, 부적합품률이 10%인 로트에서 시료의 크기를 5로 하여 랜덤샘플링 할 때 시료 중 부적합품수가 1개 이상일 확률은 약 얼마인가?(단, 초기하분포를 이용하여 계산한다.)

① 0.3695 ② 0.4335
③ 0.5665 ④ 0.6305

해설

초기하분포

$$P_r(x)=\frac{\binom{NP}{x}\binom{N(1-P)}{n-x}}{\binom{N}{x}}$$

$N=30,\ P=0.1,\ n=5,\ x\geq 1$

$$\therefore P_r(x\geq 1)=1-P_r(x=0)$$
$$=1-\frac{\binom{30\times 0.1}{0}\binom{30(1-0.1)}{5-0}}{\binom{30}{0}}$$
$$=1-\frac{\binom{3}{0}\binom{27}{5}}{\binom{30}{0}}=0.4335$$

56 관리도에서 점이 관리한계 내에 있으나 중심선 한쪽에 연속해서 나타나는 점의 배열현상을 무엇이라 하는가?

① 연 ② 경향
③ 산포 ④ 주기

해설

- 연(run) : 점이 관리한계 내에 있으나 중심선 한쪽에 연속해서 나타나는 점의 배열현상
- 경향(trend) : 점이 점점 올라가거나 내려가는 상태
- 산포(dispersion)
- 주기(cycle) : 점(품질특성치)이 일정한 패턴으로 상·하로 변동하는 패턴

57 과거의 자료를 수리적으로 분석하여 일정한 경향을 도출한 후 가까운 장래의 매출액, 생산량 등을 예측하는 방법을 무엇이라 하는가?

① 델파이법 ② 전문가 패널법
③ 시장조사법 ④ 시계열분석법

해설

정성적 수요예측기법

- 델파이법 : 신제품의 수요나 장기예측에 사용하는 기법
- 시장조사법(소비자조사법) : 제품을 출시하기 전 소비자 의견조사 내지 시장조사를 행하여 수요를 예측하는 기법
- 전문가 패널법 : 관련 전문가, 학자 또는 판매 담당자 의견을 수집하는 방법으로 주관적인 예측 경향이 되기 쉽다.
- 시계열분석법 : 년, 월, 주, 일 등의 시간 간격에 따라 제시된 과거의 자료(수요량, 매출액)을 토대로 그 추세나 경향을 분석하여 수요를 예측하는 방법

58 작업개선을 위한 공정분석에 포함되지 않는 것은?

① 제품 공정분석
② 사무 공정분석
③ 직장 공정분석
④ 작업자 공정분석

해설

공정분석종류

- 제품공정(단순공정, 세밀공정)
- 사무공정
- 작업자공정
- 부대분석

59 로트의 크기가 시료의 크기에 비해 10배 이상 클 때, 시료의 크기와 합격판정개수를 일정하게 하고 로트의 크기를 증가시키면 검사특성곡선의 모양 변화에 대한 설명으로 가장 적절한 것은?

① 무한대로 커진다.
② 거의 변화하지 않는다.
③ 검사특성곡선의 기울기가 완만해진다.
④ 검사특성곡선의 기울기가 급해진다.

해설

OC 곡선의 성질

- N이 변하는 경우(n, c는 일정) : 로트의 크기(N)는 OC 곡선에 큰 영향을 주지 않는다.
- $\frac{c/n}{N}$이 일정할 때(%샘플링검사) : 부적절한 샘플링검사 방법으로 품질보증의 정도가 달라져 일정한 품질을 보증하기 힘들다.
- n이 증가하는 경우(N, c는 일정) : 기울기 급해짐, 생산자위험(α) 증가, 소비자 위험(β) 감소
- c가 증가하는 경우(N, n은 일정) : 기울기 완만, 생산자위험(α) 감소, 소비자위험(β) 증가

60 다음 중 브레인스토밍(Brainstorming)과 가장 관계가 깊은 것은?

① 파레토도 ② 히스토그램
③ 회귀분석 ④ 특성요인도

해설

QC 7가지 도구

- 히스토그램 : 길이, 강도 등과 같이 계량치 데이터가 어떤 분포를 하고 있는지를 알아보기 위해 작성
- 특성요인도 : 결과에 요인이 어떻게 관련되어 있는가를 규명하기 위해 작성하는 그림으로 생선뼈를 닮아 피쉬본 차트라고 하며 브레인스토밍의 방법을 사용
- 체크시트 : 계수치의 데이터가 분류항목별의 어디에 집중되어 있는가를 알기 쉽도록 나타낸 표
- 산점도 : 서로 대응되는 두 개의 짝으로 된 데이터를 그래프 용지 위에 점으로 나타낸 것
- 파레토그램 : 이탈리아 경제학자 파레토가 소득분배곡선으로 발표한 것으로 주렌이 수정하여 품질관리에 적용한 것
- 층별 : 집단을 구성하고 있는 많은 데이터를 어떤 특징에 따라서 몇 개의 부분집단으로 나누는 것
- 각종 그래프

정답 **05회 – 제48회 가스기능장 기출문제**

01 ②	02 ③	03 ④	04 ③	05 ③
06 ①	07 ①	08 ①	09 ③	10 ④
11 ②	12 ①	13 ②	14 ③	15 ③
16 ②	17 ③	18 ③	19 ②	20 ②
21 ④	22 ③	23 ①	24 ④	25 ②
26 ②	27 ③	28 ②	29 ②	30 ①
31 ④	32 ②	33 ④	34 ①	35 ②
36 ③	37 ①	38 ④	39 ③	40 ①
41 ④	42 ④	43 ③	44 ①	45 ③
46 ④	47 ③	48 ①	49 ④	50 ②
51 ①	52 ②	53 ②	54 ③	55 ②
56 ①	57 ④	58 ③	59 ②	60 ④

06회 가스기능장 기출문제

01 가스장치에서 발생할 수 있는 정전기에 대한 설명으로 옳은 것은?

① 가스의 이 · 충전작업 시 가장 많이 발생한다.
② 정전기 제거를 위한 접지 저항치는 총합 50Ω 이하로 하여야 한다.
③ 최소착화에너지가 큰 아세트니트릴은 정전기 발생에 더욱 주의하여야 한다.
④ 접지를 위한 접속선의 단면적은 $8mm^2$ 이상 이어야 한다.

해설

- 정전기 제거를 위한 접지 저항치는 총합 100Ω(피뢰설비를 설치한 것은 10Ω) 이하로 하여야 한다.
- 아세트니트릴(C_2H_3N)은 무색의 투명한 유독성 액체로 물, 알코올에 녹는다.
- 본딩용 접속선 및 접지를 위한 접속선의 단면적은 $5.5mm^2$ 이상이어야 한다.

02 산소, 수소, 아세틸렌을 제조하는 경우에는 품질검사를 실시하여야 한다. 다음 설명 중 틀린 것은?

① 검사는 안전관리원이 실시한다.
② 검사는 1일 1회 이상 가스제조장에서 실시한다.
③ 액체산소를 기화시켜 용기에 충전하는 경우에는 품질검사를 생략할 수 있다.
④ 산소는 용기 안의 가스충전압력이 35℃에서 11.8MPa 이상으로 한다.

해설

품질검사는 1일 1회 이상 가스제조장에서 안전관리책임자가 실시

03 외국에서 국내로 수출하기 위한 용기 등(용기, 냉동기 또는 특정설비)의 제조등록 대상범위가 아닌 것은?

① 고압가스를 충전하기 위한 용기(내용적 3dℓ 미만 용기는 제외한다.)
② 에어졸용 용기
③ 고압가스를 충전하기 위한 용기의 용기용 밸브
④ 고압가스 특정설비 중 저장탱크

해설

외국용기 등의 제조등록 · 재등록의 대상범위 및 기준(고법 시행령 제5조 2)

1. 고압가스를 충전하기 위한 용기(내용적 3데시리터 미만의 용기는 제외한다), 그 부속품인 밸브 및 안전밸브를 제조하는 것
2. 고압가스 특정설비 중 다음의 어느 하나에 해당하는 설비를 제조하는 것
   가. 저장탱크
   나. 차량에 고정된 탱크
   다. 압력용기
   라. 독성가스배관용 밸브
   마. 냉동설비(일체형 냉동기는 제외한다)를 구성하는 압축기 · 응축기 · 증발기 또는 압력용기
   바. 긴급차단장치
   사. 안전밸브

04 촉매를 사용하여 ethylene을 수증기와 반응시켜 제조하는 것은?

① acetic acid ② aldehyde
③ methanol ④ ethanol

해설

$C_2H_4 + H_2O \rightarrow C_2H_5OH$ (에탄올)

05 다음 그림과 같은 2개의 연강재 환봉이 같은 인장하중을 받을 때 두 봉의 탄성에너지의 비 U1 : U2는 얼마인가?

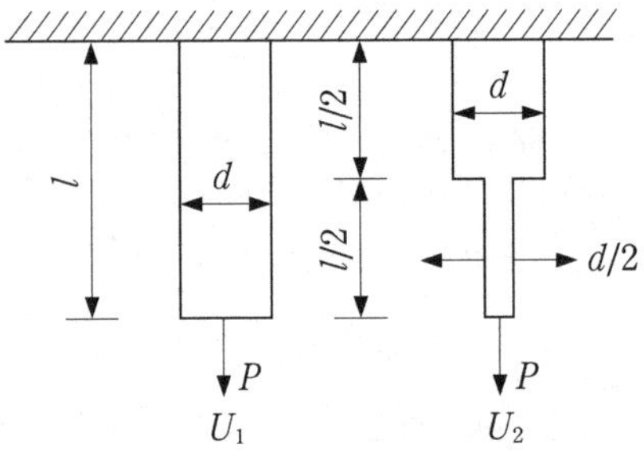

① 2 : 5 ② 4 : 6
③ 5 : 2 ④ 6 : 4

해설

$U=\frac{1}{2}P\delta=\frac{P_2 l}{2AE}$ 같은 재료이므로

$U_1 : U_2=\frac{l}{\frac{\pi d^2}{4}}:\frac{\frac{l}{2}}{\frac{\pi}{4}d^2}+\frac{\frac{l}{2}}{\frac{\pi}{4}(\frac{d}{2})^2}$ ($\frac{\pi}{4}d^2$을 같이 약분)

$U_1 : U_2=\frac{l}{1}:\frac{\frac{l}{2}}{1}+\frac{\frac{l}{2}}{\frac{1}{4}}=l:\frac{l}{2}+\frac{4l}{2}$

$=l:\frac{5l}{2}=2:5$

06 다음 [보기]에서 독성이 강한 순서대로 나열된 것은?

㉠ 염소	㉡ 이황화탄소	㉢ 포스겐	㉣ 암모니아

① ㉠ > ㉢ > ㉣ > ㉡
② ㉢ > ㉠ > ㉡ > ㉣
③ ㉢ > ㉠ > ㉣ > ㉡
④ ㉠ > ㉢ > ㉡ > ㉣

해설

가스의 허용농도

가스명	TLV-TWA(ppm)
염소(Cl_2)	1
이황화탄소$(CS)_2$	20
포스겐($COCl_2$)	0.1
암모니아(NH_3)	25

07 내용적 5L의 고압 용기에 에탄 1650g을 충전하였더니 용기의 온도가 100℃일 때 210atm을 나타내었다. 에탄의 압축계수는 약 얼마인가?(단, $PV=ZnRT$의 식을 적용한다.)

① 1.43
② 0.62
③ 0.83
④ 1.12

해설

$PV=Z\cdot\frac{W}{M}RT$

$Z=\frac{PVM}{WRT}=\frac{210\times5\times30}{1650\times0.082\times373}=0.62$

08 고압가스 냉동제조의 시설 및 기술기준에 대한 설명 중 틀린 것은?

① 냉동제조시설 중 냉매설비에는 자동제어장치를 설치한다.
② 가연성가스를 냉매로 사용하는 수액기의 경우에는 환형유리관 액면계를 사용한다.
③ 냉매설비의 안전을 확보하기 위하여 압력계를 설치한다.
④ 압축기 최종단에 설치된 안전밸브는 1년에 1회 이상 점검을 실시한다.

해설

가연성가스 또는 독성가스를 냉매로 사용하는 수액기에 설치하는 액면계는 환형유리관 액면계 이외의 것을 사용한다.

09 다음 [보기]에서 설명하는 금속의 종류는?

- 약 2~6.7%의 탄소를 함유한다.
- 압축력이 요구되는 부품의 재료에 적합하다.
- 감쇠능(減衰能)이 아주 우수하여 진동에너지를 효율적으로 흡수한다.

① 황동　② 선철
③ 주강　④ 주철

10 이상기체에서 정적비열(C_v)과 정압비열(C_p)와의 관계식으로 옳은 것은?(단, R은 기체상수이다.)

① $C_p=R-C_v$
② $C_p=R+C_v$
③ $C_p=C_v-R$
④ $C_p=-C_v-R$

해설

$C_p-C_v=R \quad \therefore C_p=R+C_v$

11 도시가스사업자는 매일 가스의 연소성을 측정기록 하여야 한다. 이때 연료가스분석법으로 사용하는 것은?

① 헴펠식 분석법
② 분별 연소법
③ 적외선 분광분석법
④ 흡광 광도법

해설

도시가스사업자 연소 조성 측정

- 시간 : 매일 06 : 30~09 사이
- 장소 : 가스홀더 또는 압송기 출구
- 측정방법 : 헴펠식 분석방법(KSB 2081), 액화석유가스 탄화수소성분시험방법(KSM 2077)

12 도시가스 배관을 지하에 매설할 때 배관의 기울기는 도로의 기울기에 따르고 도로가 평탄할 경우에는 얼마 정도의 기울기로 하여야 하는가?

① $\frac{1}{50} \sim \frac{1}{100}$ ② $\frac{1}{200} \sim \frac{1}{100}$

③ $\frac{1}{500} \sim \frac{1}{1000}$ ④ $\frac{1}{1000} \sim \frac{1}{2000}$

13 고압가스 안전관리법의 적용을 받지 않는 가스는?

① 상용의 온도에서 압력 0.9MPa인 질소가스
② 온도 35℃에서 압력 1MPa인 압축산소가스
③ 온도 15℃에서 0.15MPa인 아세틸렌가스
④ 온도 35℃에서 0.15MPa인 액화시안화수소 가스

해설

고압가스의 종류 및 범위(고법 시행령 제2조)

- 상용(常用)의 온도에서 압력(게이지압력을 말한다. 이하 같다)이 1MPa 이상이 되는 압축가스로서 실제로 그 압력이 1MPa 이상이 되는 것 또는 35℃의 온도에서 압력이 1MPa 이상이 되는 압축가스(아세틸렌가스는 제외한다)
- 15℃의 온도에서 압력이 0Pa을 초과하는 아세틸렌가스
- 상용의 온도에서 압력이 0.2MPa 이상이 되는 액화가스로서 실제로 그 압력이 0.2MPa 이상이 되는 것 또는 압력이 0.2MPa이 되는 경우의 온도가 35℃ 이하인 액화가스
- 35℃의 온도에서 압력이 0Pa을 초과하는 액화가스 중 액화시안화수소 · 액화브롬화메탄 및 액화산화에틸렌가스

14 액화산소 용기에 액화산소가 50kg 충전되어 있다. 용기의 외부에서 액화산소에 대해 매시 5kcal의 열량이 주어진다면 액화산소량이 1/2로 감소되는 데는 몇 시간이 필요한가?(단, 비점에서의 O_2의 증발잠열은 1600cal/mol이다.)

① 100시간 ② 125시간
③ 175시간 ④ 250시간

해설

1600cal/mol = 1600cal/32g = 50cal/g = 50kcal/kg

$50\text{kg} \times \frac{1}{2} \times 50\text{kcal/kg} : x$시간

5kcal : 1시간

$$\therefore x = \frac{50 \times \frac{1}{2} \times 50 \times 1}{5} = 250\text{시간}$$

15 가스누출자동차단기 고압부의 기밀시험 압력의 기준은?

① 4.6~7.6kPa
② 8.4~10kPa
③ 1.2MPa 이상
④ 1.8MPa 이상

해설

가스누출자동차단기의 제품성능(KGS AA633)

- 내압성능 : 고압부 3MPa 이상, 저압부 0.3MPa 이상
- 기밀성능 : 고압부 1.8MPa 이상, 저압부 8.4kPa 이상 10KPa 이하

16 차량에 부착된 탱크의 내용적은 1800L이다. 이 용기에 액화 부틸렌을 완전히 충전하였다. 이때 액화 부틸렌의 질량은 몇 kg인가?(단, 액화 부틸렌가스의 정수는 2.00이다.)

① 766 ② 780
③ 878 ④ 900

해설

$$W = \frac{V}{C} = \frac{1800}{2.00} = 900\text{kg}$$

17 밀폐식 보일러의 급 · 배기설비 중 밀폐형 자연 급 · 배기식 가스보일러의 설치방식이 아닌 것은?

① 단독배기통 방식
② 챔버(chamber)식
③ U 덕트(duct)식
④ SE 덕트(duct)식

해설

밀폐형 자연급배기식 : 외벽식, 챔버식, 덕트식(U, SE)

18 강의 결정조직을 미세화하고 냉간가공, 단조 등에 의해 내부응력을 제거하며 결정조직, 기계적 · 물리적 성질 등을 표준화시키는 열처리는?

① 어닐링 ② 노멀라이징
③ 퀜칭 ④ 템퍼링

해설

- 어닐링(풀림, 소둔) : 내부응력 제거, 조직의 연화
- 노멀라이징(불림, 소준) : 결정조직의 미세화
- 퀜칭(담금질, 소입) : 강도 · 경도 증가
- 템퍼링(뜨림, 소려) : 내부응력 제거, 연성 및 인장강도 부여

19 PV = nRT 에서 기체상수(R) 값을 J/mol · K의 단위로 나타내었을 때의 값으로 옳은 것은?

① 8.314 ② 0.082
③ 1.987 ④ 848

해설

R = 0.082atm · L/mol · K
= 1.987cal/mol · K
= 8.314J/mol · K
= 848kgf · m/kmol · K

20 대응상태 원리에 대한 설명으로 틀린 것은?

① 복잡한 유체에 대하여 정확하게 적용하기 위한 이론이다.
② 흔히 사용되는 매개변수는 이심인자 ω이다.
③ 암모니아, 탄산가스 등의 기체에도 적용할 수 있다.
④ 압력, 온도 및 부피는 모두 환산량으로 나눈 값을 쓴다.

해설

대응상태 원리 : 단순유체에 적용

21 1시간의 공기 압축량이 $2000m^3$인 공기액화분리기에 설치된 액화산소통 내의 액화산소 5L 중 아세틸렌 또는 탄화수소의 탄소의 질량이 얼마를 넘을 때 운전을 중지하고 액화산소를 방출하여야 하는가?

① 탄화수소의 탄소의 질량이 500mg을 넘을 때
② 탄화수소의 탄소의 질량이 5mg을 넘을 때
③ 아세틸렌의 질량이 4mg을 넘을 때
④ 아세틸렌의 질량이 1mg을 넘을 때

해설

액화산소 5L 중 아세틸렌의 질량이 5mg 또는 탄화수소의 탄소의 질량이 500mg을 넘을 때 운전을 중지하고 액화산소를 방출하여야 한다.

22 가스의 종류에 따른 보편적인 제조방법으로 옳지 않은 것은?

① Ar은 액체 공기에서 분리한다.
② He은 천연가스에서 분리한다.
③ NH_3는 N_2와 H_2를 촉매를 사용하여 상온, 상압에서 합성한다.
④ Cl_2는 소금물을 전기분해하여 제조한다.

해설

$N_2 + 3H_2 \rightarrow$ (고온 · 고압) $2NH_3 + Q$

23 다음 중 반드시 역화방지장치를 설치하여야 할 위치가 아닌 것은?

① 가연성가스를 압축하는 압축기와 오토클레이브와의 사이의 배관
② 아세틸렌을 압축하는 압축기의 유분리기와 고압건조기와의 사이
③ 아세틸렌의 고압건조기와 충전용 교체밸브 사이의 배관
④ 아세틸렌 충전용 지관

해설

역화방지장치 설치 장소

- 가연성가스를 압축하는 압축기와 오토클레이브와의 사이의 배관
- 아세틸렌의 고압건조기와 충전용 교체밸브 사이의 배관
- 수소화염 또는 산소, 아세틸렌화염 사용 시설
- 아세틸렌 충전용 지관

역류방지밸브 설치 장소

- 가연성가스를 압축하는 압축기와 충전용 주관과의 사이 배관
- 아세틸렌을 압축하는 압축기의 유분리기와 고압건조기와의 사이 배관
- 암모니아 또는 메탄올의 합성탑 및 정제탑과 압축기와의 사이 배관

24 **압력 2atm, 부피 1000L의 기체가 정압 하에서 부피가 반으로 줄었다. 이때 작용한 일의 크기는 약 몇 kcal인가?**

① 12.1　　② 24.2
③ 48.4　　④ 96.8

해설

$Q = AW = AP(V_2 - V_1)$

$\therefore Q = \frac{1}{427} \times 2 \times 10332 \times (1-0.5) \fallingdotseq 24.2\text{kcal}$

25 **다음은 고정식 압축도시가스 자동차 충전시설의 가스누출검지 경보장치 설치상태를 확인한 것이다. 이 중 잘못 설치된 것은?**

① 충전설비 내부에 1개가 설치되어 있었다.
② 압축가스설비 주변에 1개가 설치되어 있었다.
③ 배관접속부 8m마다 1개가 설치되어 있었다.
④ 펌프 주변에 1개가 설치되어 있었다.

해설

가스누출검지 경보장치 설치

- 압축설비 주변 또는 충전설비 내부 : 1개 이상
- 압축가스설비 주변 : 2개 이상
- 베관접속부마다 10m 이내 : 1개 이상
- 펌프 주변 : 1개 이상

26 **다음 중 특정고압가스가 아닌 것은?**

① 산소　　② 액화염소
③ 액화석유가스　　④ 아세틸렌

해설

특정고압가스의 종류

- 고법 제20조 : 수소, 산소, 액화암모니아, 아세틸렌, 액화염소, 천연가스, 압축모노실란, 압축디보레인, 액화알진
- 고법 시행령 제16조 : 포스핀, 셀렌화수소, 게르만, 디실란, 오불화비소, 오불화인, 삼불화인, 삼불화질소, 삼불화붕소, 사불화유황, 사불화규소

27 **안지름이 10cm인 관에 비중이 0.9, 점도가 1.5cP인 액체가 흐르고 있다. 임계속도는 약 몇 m/s인가?(단, 임계 레이놀즈수는 2100이다.)**

① 0.025　　② 0.035
③ 0.045　　④ 0.055

해설

$Re = \frac{\rho \cdot D \cdot V}{\mu}$

$\therefore V = \frac{Re \cdot \mu}{\rho D} = \frac{2100 \times 1.5 \times 10^{-2}}{0.9 \times 10}$

$= 3.5\text{cm/s} = 0.035\text{m/s}$

28 **87℃에서 열을 흡수하여 127℃에서 방열되는 냉동기의 성능계수는?**

① 1.45　　② 2.18
③ 9.0　　④ 10.0

$COP = \frac{T_2}{T_1 - T_2}$

$\therefore \frac{(273+87)}{(127+273)-(87+273)} = 9.0$

29 **암모니아의 배관에 대한 설명으로 옳은 것은?**

① 액백(liguid back)을 방지하기 위하여 흡입배관 도중에 액분리기를 설치한다.
② 냉매액의 수분을 제거하기 위하여 액배관 도중에 건조제를 넣는다.
③ 배관재료로는 이음매 없는(seamless) 동관을 사용한다.
④ 액배관의 전후에 스톱밸브를 폐쇄하여도 위험하지 않다.

해설

암모니아(NH_3)는 동과 결합 착이온을 생성하여 부식을 일으키며 스톱밸브 폐쇄시 액봉에 의한 배관파열의 우려가 있다.

30 **가스크로마토그래피(gas chromatography)의 구성장치가 아닌 것은?**

① 검출기(detector)
② 유량계(flowmeter)
③ 컬럼(column)
④ 반응기(reactor)

해설

가스크로마토그래피의 구성장치 : 캐리어가스, 압력조정기, 유량조절밸브, 유량계, 압력계, 분리관(컬럼), 검출기, 기록계 등

31 용기에 의한 액화석유가스 사용시설에서 저장능력이 2톤인 경우 화기를 취급하는 장소와 유지하여야 하는 우회거리는 몇 m 이상인가?

① 2 ② 3
③ 5 ④ 8

해설

화기와의 우회거리

저장능력	화기와의 우회거리
1톤 미만	2m 이상
1톤 이상 3톤 미만	5m 이상
3톤 이상	8m 이상

32 다음 중 고압가스 관련 설비에 해당하지 않는 것은?

① 냉각살수설비
② 기화장치
③ 긴급차단장치
④ 독성가스배관용 밸브

해설

고압가스 관련 설비(고법 시행규칙 제2조)
- 안전밸브 · 긴급차단장치 · 역화방지장치
- 기화장치
- 압력용기
- 자동차용 가스 자동주입기
- 독성가스배관용 밸브
- 냉동설비(일체형 냉동기는 제외)를 구성하는 압축기 · 응축기 · 증발기 또는 압력용기
- 고압가스용 실린더캐비닛
- 자동차용 압축천연가스 완속충전설비(처리능력이 시간당 18.5m^3 미만인 충전설비를 말함)
- 액화석유가스용 용기 잔류가스회수장치
- 차량에 고정된 탱크

33 다음과 같은 조건의 냉동용 압축기 소요동력은 약 몇 kW인가?

- 냉동능력 : 27000kcal/kg
- 팽창밸브 직전 냉매액 엔탈피 : 128kcal/kg
- 압축기 흡입가스 엔탈피 : 398kcal/kg
- 압축기 토출가스 엔탈피 : 454kcal/kg
- 압축효율 : 0.8
- 압축기 마찰부분에 의하여 소요되는 동력 : 0.8kW

① 7.3 ② 8.1
③ 8.9 ④ 9.1

해설

$$N=\frac{G\cdot AW}{860\times\eta}=\frac{Q_e}{qe}=\frac{AW}{860\times\eta}=\text{마찰소요동력}$$
$$=\frac{27000}{(398-128)}\times\frac{(454-398)}{860\times0.8}+0.8=8.939\text{kW}$$
$$\because G(\text{냉매순환값})=\frac{Q_e(\text{냉동능력})}{q_e(\text{냉동효과})}=\frac{Q_e}{t_a-t_e}$$

34 가스취급 시 빈번히 발생하는 정전기를 제거하기 위한 대책이 아닌 것은?

① 접지를 한다.
② 대전량을 증가시킨다.
③ 공기 중의 습도를 높인다.
④ 공기를 이온화 한다.

35 고압가스 장치의 운전을 정지하고 수리할 때 유의하여야 할 사항으로 가장 거리가 먼 것은?

① 안전밸브 분해 확인
② 가스치환 작업
③ 장치내부 가스분석
④ 배관의 차단 확인

36 배관의 마찰저항에 의한 압력손실의 관계를 잘못 설명한 것은?

① 배관의 길이에 비례한다.
② 가스 비중에 반비례한다.
③ 유량의 제곱에 비례한다.
④ 배관 안지름의 5승에 반비례한다.

해설

배관 내 압력손실

$$H=\frac{Q^2SL}{K^2D^5}$$

37 반응식 2A+3B ⇄ C+4D의 반응에서 다른 조건은 일정하게 하고 A와 B의 농도를 각각 2배로 더해 주면 정반응의 속도는 몇 배로 빨라지는가?(단, 정반응 속도식은 $V=K[A]^2[B]^3$이다.)

① 4배 ② 6배
③ 24배 ④ 32배

해설

$V = K[A]^2[B]^3$　　$\therefore 2^2 \times 2^3 = 32$

38 한 물체의 가역적인 단열변화에 대한 엔트로피 (entropy)의 변화 ΔS는?

① $\Delta S > 0$　　② $\Delta S < 0$
③ $\Delta S = 0$　　④ $\Delta S = \infty$

해설

가역적인 단열변화 시에는 엔트로피의 변화가 없고, 비가역적인 변화 시에는 엔트로피가 증가한다.

39 액화석유가스시설에서의 사고발생 시 사고의 통보방법에 대한 설명으로 틀린 것은?

① 사람이 부상당하거나 중독된 사고에 대한 상보는 사고 발생 후 15일 이내에 통보하여야 한다.
② 사람이 사망한 사고에 대한 상보는 사고발생 후 20일 이내에 통보하여야 한다.
③ 한국가스안전공사가 사고조사를 실시한 때에는 상보를 하지 않을 수 있다.
④ 가스누출에 의한 폭발 또는 화재사고에 대한 속보는 즉시 하여야 한다.

해설

사고의 통보(액법 시행규칙 별표 22)

사고 종류	통보 방법	통보기한	
		속보	상보
가. 사람이 사망한 사고	속보와 상보	즉시	사고 발생 후 20일 이내
나. 사람이 부상하거나 중독된 사고	속보와 상보	즉시	사고 발생 후 10일 이내
다. 가스누출로 인한 폭발이나 화재사고(가목 및 나목의 경우는 제외)	속보	즉시	
라. 가스시설이 손괴되거나 가스누출로 인하여 인명대피나 가스의 공급중단이 발생한 사고(가목부터 다목까지의 경우는 제외)	속보	즉시	
마. 액화석유가스 사업자등의 저장탱크 또는 소형저장탱크에서 가스가 누출된 사고(가목부터 라목까지의 경우는 제외)	속보	즉시	

※속보 : 전화나 팩스를 이용한 통보
※상보 : 서면으로 제출하는 상세한 통보

40 버드(Frank Bird, Jr)의 신도미노 이론의 재해발생단계에 해당하지 않는 것은?

① 제어부족
② 기본원인
③ 사고
④ 간접적인 징후

해설

버드(Bird)의 신도미노 이론

- 1단계 : 통제의 부족 – 관리(경영)
- 2단계 : 기본원인 – 기원(원인론)
- 3단계 : 직접원인 – 징후
- 4단계 : 사고 – 접촉
- 5단계 : 상해 – 손해 – 손실

41 고정식 압축도시가스 자동차 충전시설의 설비와 관련한 안전거리 기준에 대한 설명 중 틀린 것은?

① 저장설비, 압축가스설비 및 충전설비는 그 외면으로부터 사업소경계까지 원칙적으로 5m 이상의 안전거리를 유지한다.
② 저장설비 충전설비는 가연성 물질의 저장소로부터 8m 이상의 거리를 유지한다.
③ 충전설비는 「도로법」에 의한 도로경계로부터 5m 이상의 거리를 유지한다.
④ 처리설비, 압축가스설비 및 충전설비는 철도에서부터 30m 이상의 거리를 유지한다.

해설

저장설비, 압축가스설비 및 충전설비는 그 외면으로부터 사업소경계까지 원칙적으로 10m 이상의 안전거리를 유지한다. 다만, 처리설비 및 압축가스설비 주위에 철근콘크리트제 방호벽을 설치한 경우에는 5m 이상의 안전거리를 유지한다.

42 다음 [보기] 중 폭발범위가 넓은 순서로 나열된 것은?

㉠ 아세틸렌 ㉡ 산화에틸렌 ㉢ 아세트알데히드 ㉣ 염화비닐 ㉤ 이황화탄소

① ㉠ > ㉡ > ㉢ > ㉤ > ㉣
② ㉠ > ㉡ > ㉢ > ㉣ > ㉤
③ ㉠ > ㉡ > ㉤ > ㉢ > ㉣
④ ㉠ > ㉡ > ㉣ > ㉢ > ㉤

해설

폭발범위

가스 명칭	폭발범위(v%)
아세틸렌	2.5~81
산화에틸렌	3.0~80
아세트알데히드	4.1~55
염화비닐	4.0~22
이황화탄소	1.25~44

43 압축기 실린더의 용량은 무엇으로 나타내는가?

① 피스톤의 배출량
② 냉매의 순환량
③ 냉동능력
④ 제빙능력

해설

압축기 실린더의 용량은 단위 시간당 피스톤의 배출량으로 나타낸다.

$V=\frac{\pi}{4}d^2$

44 아세틸렌을 용기에 충전할 때 충전 중의 압력은 2.5MPa 이하로 하고 충전 후에는 압력이 15℃에서 몇 MPa 이하로 될 때까지 정치하여야 하는가?

① 0.5 ② 1
③ 1.5 ④ 2.0

해설

아세틸렌 용기 압력

- 충전 중 압력 : 온도와 관계없이 2.5MPa 이하
- 충전 후 압력 : 15℃에서 1.5MPa 이하

45 지름 20mm 표점거리 200mm인 인장시험편을 인장시켰더니 240m가 되었다. 연신율은 몇 %인가?

① 1.2% ② 10%
③ 12% ④ 20%

해설

$$연신율(\epsilon)=\frac{늘어난\ 길이(\Delta L)}{처음\ 길이(L)}\times 100$$

$$\therefore \frac{240-200}{200}\times 100=20\%$$

46 자동제어의 종류 중 목표값이 시간에 따라 변화하는 값을 제어하는 추치제어가 아닌 것은?

① 추종제어
② 비율제어
③ 캐스케이드제어
④ 프로그램제어

47 가스안전관리에서 사용되는 다음 위험성 평가기법 중 정량적 기법에 해당되는 것은?

① 위험과 운전분석(HAZOP)
② 사고예상질문 분석(WHAT－IF)
③ 체크리스트법(Check list)
④ 사건수 분석(ETA)

해설

- 정성적 기법 : 체크리스트법, 사고예상질문 분석, 위험과 운전분석
- 정량적 기법 : 작업자실수 분석, 결함수 분석, 사건수 분석, 원인결과 분석

48 용기의 재검사 기간의 기준으로 옳은 것은?

① 내용적 500L 미만인 용접용기는 신규검사 후 경과년수가 20년 이상인 것은 2년마다
② 내용적 500L 이상인 용접용기는 신규검사 후 경과년수가 20년 이상인 것은 1년마다
③ 내용적 500L 이상인 이음매 없는 용기는 3년마다
④ 내용적 500L 미만인 이음매 없는 용기는 4년마다

해설

용기의 재검사 주기

용기 구분		15년 미만	15년 이상 20년 미만	20년 이상
용접용기(LPG제외)	500L 이상	5년	2년	1년
	500L 미만	3년	2년	1년
LPG용 용접용기	500L 이상	5년	2년	1년
	500L 미만	5년		2년
이음매 없는 용기	500L 이상	5년		
	500L 미만	신규검사 후 10년 이하는 5년, 10년 초과는 3년		

49 **프로판 : 4v%, 메탄 : 16v%, 공기 : 80v%의 조성을 가지는 혼합기체의 폭발하한 값은 얼마인가?(단, 프로판과 메탄의 폭발하한 값은 각각 2.2, 5.0v%이다.)**

① 3.79v% ② 3.99v%
③ 4.19v% ④ 4.39v%

해설

$$\frac{20}{L} = \frac{V_1}{L_1} + \frac{V_2}{L_2} = \frac{4}{2.2} + \frac{16}{5.0}$$

$$\therefore L = \frac{20}{\frac{4}{2.2} + \frac{16}{5.0}} \fallingdotseq 3.99\text{v\%}$$

50 **도시가스 사용시설에서 배관을 건축물에 고정부착할 때 관 지름이 33mm 이상의 것에는 몇 m마다 고정장치를 설치하여야 하는가?**

① 1m ② 2m
③ 3m ④ 4m

해설

배관의 고정장치(브라켓) 설치 간격

관경	설치간격
13mm 미만	1m 마다
13mm 이상 33mm 미만	2m 마다
33mm 이상	3m 마다
100mm 이상	3m 이상으로 할 수 있다

51 **고압가스 특정제조시설의 사업소외의 배관에 설치된 배관장치에는 비상전력설비를 하여야 한다. 다음 중 반드시 갖추어야 할 설비가 아닌 것은?**

① 운전상태 감시장치
② 안전제어장치
③ 가스누출검지 경보장치
④ 폭발방지장치

해설

배관장치의 비상전력설비
- 운전상태 감시장치
- 안전제어장치
- 가스누출검지 경보장치
- 제독설비
- 통신시설
- 비상조명설비
- 그 밖에 안전상 중요하다고 인정되는 설비

52 **용접이음의 특징에 대한 설명으로 옳은 것은?**

① 조인트 효율이 낮다.
② 기밀성 및 수밀성이 좋다.
③ 진동을 감쇠시키기 쉽다.
④ 응력집중에 둔감하다.

해설

용접이음의 장 · 단점

구분	내용
장점	• 유체 저항 소실이 적다. • 중량이 가볍다. • 이음 후 보온피복 시공이 용이하다. • 접합강도가 강해져 기밀성이 좋다.
단점	• 작업 후 피이닝을 하여 잔류응력 제거가 필요하다. • 재질 변형 우려가 있다. • 작업 시 타 이음에 비하여 위험성이 크다.

53 **포스겐($COCl_2$) 가스를 검지할 수 있는 시험지는?**

① 리트머스시험지
② 염화팔라듐지
③ 해리슨시험지
④ 연당지

해설

가스검지 시험지

검지가스	시험지	변색
암모니아	적색리트머스지	청색
염소	KI 전분지	청색
시안화수소	질산구리벤젠지	청색
포스겐	해리슨시험지	심등색
일산화탄소	염화파라듐지	흑색
황화수소	연당지	흑색
아세틸렌	염화제1구리 착염지	적색

54 **Ralph M. Barnes 교수가 제시한 동작경제의 원칙 중 작업장 배치에 관한 원칙(Arrangement of the workplace)에 해당되지 않는 것은?**

① 가급적이면 낙하식 운반방법을 이용한다.
② 모든 공구나 재료는 지정된 위치에 있도록 한다.
③ 충분한 조명을 하여 작업자가 잘 볼 수 있도록 한다.
④ 가급적 용이하고 자연스런 리듬을 타고 일할 수 있도록 작업을 구성하여야 한다.

해설

작업장의 배치에 관한 원칙
- 모든 공구나 재료는 자기 위치에 있도록 한다.
- 공구, 재료 및 제어장치는 사용위치에 가까이 두도록 한다.
- 중력 이송 원리를 이용하여 부품을 제품 사용 위치에 가까이 보낼 수 있도록 한다.
- 가능하다면 낙하식 운반 방법을 사용하라.
- 공구나 재료는 작업동작이 원활하게 수행되도록 위치를 정해 준다.
- 작업자가 잘 보면서 작업할 수 있도록 적절한 조명을 한다.
- 작업자가 작업 중에 자세를 변경할 수 있도록 작업대와 의자 높이가 조정되도록 한다.
- 작업자가 좋은 자세를 취할 수 있도록 의자는 높이뿐만 아니라 디자인도 좋아야 한다.

※보기 ④항은 신체 사용에 관한 원칙에 해당되는 내용이다.

55 독성가스에 대한 제독제를 연결한 것 중 틀린 것은?

① 시안화수소 – 물
② 아황산가스 – 물
③ 암모니아 – 물
④ 산화에틸렌 – 물

해설

시안화수소 – 가성소다수용액

56 다음 중 계량값 관리도에 해당되는 것은?

① c 관리도
② np 관리도
③ R 관리도
④ u 관리도

해설

관리도
- 계량치 관리도 : $\overline{x}-R$, $\overline{x}-S$, x, $Me-R$, $L-S$, R, 누적합, 지수가중 이동평균
- 계수치 관리도 : p, np, c, u

57 다음 검사의 종류 중 검사공정에 의한 분류에 해당되지 않는 것은?

① 수입검사
② 출하검사
③ 출장검사
④ 공정검사

해설

검사의 분류

구분	항목
검사공정	수입(구입), 공정(중간), 최종(완성), 출하(출고)
검사장소	정위치, 순회, 출장(입회)
검사성질	파괴, 비파괴, 관능
검사방법	전수, 샘플링, 관리샘플링(체크), 무검사, 자주

58 그림과 같은 계획공정도(Network)에서 주공정은?(단, 화살표 아래의 숫자는 활동시간을 나타낸 것이다.)

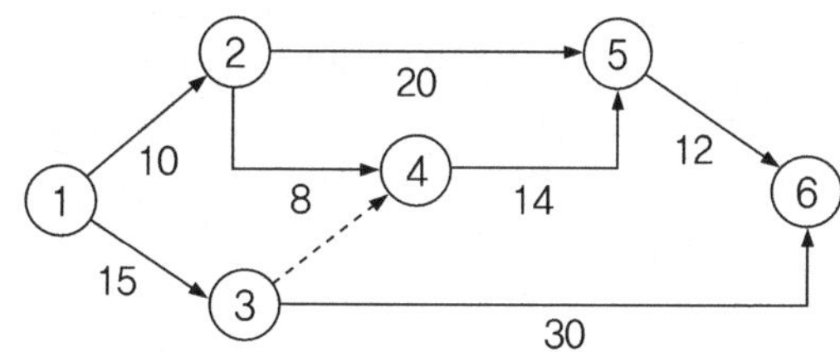

① ①–③–⑥
② ①–②–⑤–⑥
③ ①–②–④–⑤–⑥
④ ①–③–④–⑤–⑥

해설

주공정이란 여러 공정 중 시간이 가장 오래 걸리는 공정을 말한다.
① 15+30=45시간
② 10+20+12=42시간
③ 10+8+14+12=44시간
④ 15+14+12=41시간

59 로트 크기 1000, 부적합품률이 15%인 로트에서 5개의 랜덤 시료 중에서 발견된 부적합품수가 1개일 확률을 이항분포로 계산하면 약 얼마인가?

① 0.1648
② 0.3915
③ 0.6085
④ 0.8352

해설

$P_r(x) = {}_nC_xP^x(1-P)^{n-x}$

$\therefore P = {}_5C_1 \times 0.15^1 \times (1-0.15)^{5-1} = 0.3915$

60 품질 코스트(quality cost)를 예방 코스트, 실패 코스트, 평가 코스트로 분류할 때, 실패 코스트(failure cost)에 속하는 것이 아닌 것은?

① 시험 코스트
② 불량대책 코스트
③ 재가공 코스트
④ 설계변경 코스트

해설

품질코스트

구분	항목
예방(P-Cost)	QC계획, QC기술, QC교육, QC사무
실패(F-Cost)	폐기, 재가공, 외주불량, 설계변경, 현지서비스, 지참서비스, 대품서비스, 부적합대책서비스
평가(A-Cost)	수입검사, 공정검사, 완성품검사, 시험, PM

정답 06회 – 제49회 가스기능장 기출문제

01 ①	02 ①	03 ②	04 ④	05 ①
06 ②	07 ②	08 ②	09 ④	10 ②
11 ①	12 ③	13 ①	14 ④	15 ④
16 ④	17 ①	18 ②	19 ①	20 ①
21 ①	22 ③	23 ②	24 ②	25 ②
26 ③	27 ②	28 ③	29 ①	30 ④
31 ③	32 ①	33 ③	34 ②	35 ①
36 ②	37 ④	38 ③	39 ①	40 ④
41 ①	42 ①	43 ①	44 ③	45 ④
46 ③	47 ④	48 ②	49 ②	50 ③
51 ④	52 ②	53 ③	54 ④	55 ①
56 ③	57 ③	58 ①	59 ②	60 ①

제50회 가스기능장 기출문제

01 염소압축기의 윤활유로 적당한 것은?

① 양질의 물
② 진한 황산
③ 양질의 광유
④ 10% 이하의 묽은 글리세린

해설

각종 가스의 윤활유
- Cl_2 : 진한 황상
- O_2 : 물, 10% 이하 글리세린유
- LP가스 : 식물성유
- H_2, 공기, C_2H_2 : 양질의 광유
- 이산화황 : 화이트유
- 염화메탄 : 화이트유

02 액화석유가스용 콕의 내열성능의 기준에 대한 설명으로 옳은 것은?

① 콕을 연 상태로 40±2℃에서 각각 30분간 방치한 후 지체없이 기밀시험을 실시하여 누출이 없고 회전력은 0.588N · m 이하인 것으로 한다.
② 콕을 연 상태로 40±2℃에서 각각 60분간 방치한 후 지체없이 기밀시험을 실시하여 누출이 없고 회전력은 0.688N · m 이하인 것으로 한다.
③ 콕을 연 상태로 60±2℃에서 각각 30분간 방치한 후 지체없이 기밀시험을 실시하여 누출이 없고 회전력은 0.588N · m 이하인 것으로 한다.
④ 콕을 연 상태로 60±2℃에서 각각 60분간 방치한 후 지체없이 기밀시험을 실시하여 누출이 없고 회전력은 0.688N · m 이하인 것으로 한다.

해설

콕의 내열성능기준(KGNS, AA334)
- 콕을 연 상태로 (60±2)℃에서 각각 30분간 방치 후 지체없이 기밀시험을 실시하여 누출이 없고 회전력은 0.588N · m 이하인 것으로 한다.
- 콕을 연 상태로 (120±2)℃에서 30분간 방치 후 꺼내어 상온에서의 기밀시험에서 누출이 없고 변형이 없으며 회전력은 1.777N · m 이하인 것으로 한다.

03 기체의 압력(P)이 감소하여 압력(P)이 0인 한계상황에서 기체분자의 상태는 어떻게 되는가?

① 분자들은 점점 더 넓게 분산된다.
② 분자들은 점점 더 조밀하게 응집된다.
③ 분자들은 아무런 영향을 받지 않는다.
④ 분자들은 분산과 응집의 균형을 유지한다.

해설

압력은 체적에 반비례 압력이 적어지면 분자끼리 뭉쳐지는 힘이 약해 분자들은 넓게 분산된다.

04 다음 그림은 정압기의 정상상태에서 유량과 2차 압력과의 관계를 나타낸 것이다. A, B, C에 해당되는 용어를 순서대로 옳게 나타낸 것은?

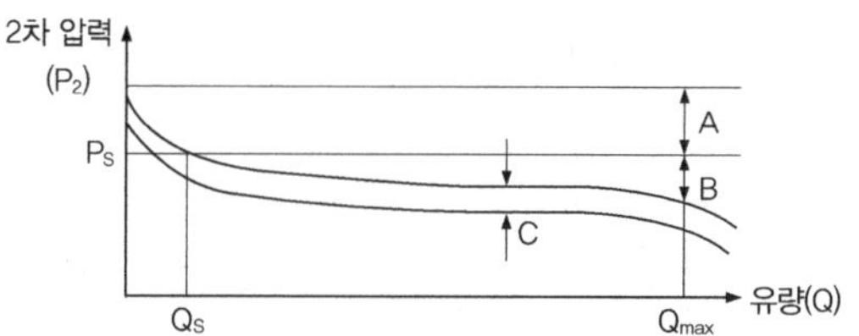

① A : lock up	B : off set	C : shift
② A : off set	B : lock up	C : shift
③ A : shift	B : off set	C : lock up
④ A : shift	B : lock up	C : off set

해설

- 로크업 : 유량이 영(0)으로 되었을 때 끝맺은 압력과 기준압력 Ps의 차
- 오프셋 : 정특성에 있어 기준유량 Qs일 때 2차 압력을 Ps에 설정했다고 하여 유량이 변화했을 경우 2차 압력의 Ps로부터 어긋난 것
- 시프트 : 1차 압력 등의 변화에 의해 정압곡선이 전체적으로 어긋난 것

05 **암모니아를 사용하는 공장에서 저장능력 25톤의 저장탱크를 지상에 설치하고자 한다. 저장설비 외면으로부터 사업소 외의 주택까지 몇 미터 이상의 안전거리를 유지하여야 하는가?(단, A 공장의 지역은 전용공업지역이 아님)**

① 7m ② 10m
③ 14m ④ 16m

해설

독성, 가연성가스의 안전거리

저장능력(kg)	1종(m)	2종(m)
1만 이하	17	12
1만 초과 2만 이하	21	14
2만 초과 3만 이하	24	16
3만 초과 4만 이하	27	18
4만 초과 5만 이하	30	20
5만 초과 99만 이하	30	20
99만 초과	30	20

※주택은 제2종

06 **용기에 의한 가스운반의 기준에 대한 설명 중 틀린 것은?**

① 적재함에는 리프트를 설치하여야 하며, 적재할 충전용기 최대높이의 2/3 이상까지 적재함을 보강하여야 한다.
② 운행 중에는 직사광선을 받으므로 충전용기 등이 40℃ 이하가 되도록 온도의 상승을 방지하는 조치를 하여야 한다.
③ 충전용기를 용기보관 장소로 운반할 때는 사람이 직접 운반하되, 이때 용기의 중간 부분을 이용하여 운반한다.
④ 충전용기 등을 적재한 차량은 제1종 보호시설에서 15m 이상 떨어진 안전한 장소에 주정차하여야 한다.

해설

충전용기를 용기보관 장소로 운반할 때는 운반전용 손수레 또는 용기의 밑 부분을 이용하여 운반하여야 한다.

07 **고압가스 냉동제조시설의 검사기준 중 내압 및 기밀시험에 대한 설명으로 틀린 것은?**

① 내압시험은 설계압력의 1.5배 이상의 압력으로 한다.
② 내압시험에 사용하는 압력계는 문자판의 크기가 75mm 이상으로서 그 최고눈금은 내압시험압력의 1.5배 이상 2배 이하로 한다.
③ 기밀시험압력은 상용압력 이상의 압력으로 한다.
④ 시험할 부분의 용적이 $5m^3$인 것의 기밀시험의 유지시간은 480분이다.

해설

기밀시험압력은 설계압력 이상의 압력으로 한다.

08 **소형용접용기에의 액화석유가스 충전의 기준에 대한 설명으로 틀린 것은?**

① 제조 후 10년이 경과하지 않은 용접용기인 것이어야 한다
② 캔 밸브는 부착한지 3년이 경과하지 않아야 하며, 부착 연월이 각인되어 있는 것이어야 한다.
③ 소형용접용기의 상태가 관련법에서 정하고 있는 4급에 해당하는 찍힌 흠, 부식, 우그러짐 및 화염에 의한 흠이 없는 것이어야 한다.
④ 충전사업자는 소형용접용기의 표시사항을 확인하고 표시사항이 훼손된 것은 다시 표시한다.

해설

소형 LPG 용접용기의 캔 밸브는 부착한지 2년이 지나지 않아야 하며 부착 연월일이 각인 되어 있어야 한다.

09 **다음 중 100kPa와 같은 압력은?**

① 1atm ② 1bar
③ $1kgf/cm^2$ ④ $100N/cm^2$

해설

① 1atm

② $\frac{1}{1.01325} = 0.986\text{atm}$

③ $\frac{1}{1.033} = 0.967\text{atm}$

④ $100N/cm^2 = 100 \times \frac{1}{9.8} kg/cm^2 \div 1.0332kg/cm^2 = 9.878\text{atm}$

$100\text{kPa} = \frac{100}{101.325} = 0.986\text{atm}$

10 고압가스 취급 장치로부터 미량의 가스가 누출되는 것을 검지하기 위하여 시험지를 사용한다. 검지가스에 대한 시험지의 종류와 반응색이 옳게 짝지어진 것은?

① 아세틸렌 – 염화 제1구리착염지 – 적색
② 포스겐 - 연당지 – 흑색
③ 암모니아 - KI 전분지 – 적색
④ 일산화탄소 - 초산벤지민지 –청색

해설

가스검지 시험지

검지가스	시험지	변색
암모니아	적색리트머스지	청색
염소	KI 전분지	청색
시안화수소	질산구리벤젠지	청색
포스겐	해리슨시험지	심등색
일산화탄소	염화파라듐지	흑색
황화수소	연당지	흑색
아세틸렌	염화제1구리 착염지	적색

11 다음 중 용기부속품의 기호표시로 틀린 것은?

① AG : 아세틸렌가스를 충전하는 용기의 부속품
② PG : 압축가스를 충전하는 용기의 부속품
③ LT : 초저온용기 및 저온용기의 부속품
④ LG : 액화석유가스를 충전하는 용기의 부속품

해설

LG : 액화석유가스외의 액화가스 용기 부속품

12 다음 중 자유도가 가장 작은 것은?

① 승화곡선 ② 증발곡선
③ 삼중점 ④ 용융곡선

자유도(degree of freedom)
변수의 수에서 구속조건의 수를 뺀 값으로 삼중점이란 액체, 기체, 고체가 공존하는 영역으로 변수의 수와 구속조건이 수가 없으므로 자유도가 가장 적다.

13 암모니아의 물리적 성질에 대한 설명 중 틀린 것은?

① 쉽게 액화한다.
② 증발잠열이 크다.
③ 자극성의 냄새가 난다.
④ 물에 녹지 않는다.

해설

암모니아(NH_3)는 물 1에 800배 용해하므로 중화액으로 물이 사용된다.

14 다음 가스의 성질에 대한 설명 중 옳지 않은 것은?

① 암모니아는 산이나 할로겐과 잘 화합하고 고온, 고압에서는 강재를 침식한다.
② 산소는 반응성이 강한 가스로서 가연성 물질을 연소시키는 조연성(助燃性)이 있다.
③ 질소는 안정한 가스로서 불활성 가스라고도 하는데 고온 하에서도 금속과 화합하지 않는다.
④ 일산화탄소는 독성가스이고, 또한 가연성가스이다.

해설

질소(N_2)는 안정된 불활성가스로 고온에서 금속과 화합한다.

15 다음 가스 중 폭발 위험도가 가장 큰 물질은?

① CO ② NH_3
③ C_2H_4O ④ H_2

해설

- CO : $\frac{74-12.5}{12.5} = 4.92$
- NH_3 : $\frac{28-15}{15} = 0.87$
- C_2H_4O : $\frac{80-3}{3} = 25.67$
- H_2 : $\frac{75-4}{4} = 17.75$

16 재해용 약제로서 가성소다(NaOH)나 탄산소다(Na2CO$_3$)의 수용액을 사용할 수 없는 것은?

① 염소(Cl_2)
② 아황산가스(SO_2)
③ 황화수소(H_2S)
④ 암모니아(NH_3)

해설

암모니아(NH_3) : 물, 묽은염산, 묽은황산

17 **암모니아 제조법 중 Haber-Bosch 법은 수소와 질소를 혼합하여 몇 도의 온도와 몇 기압의 압력으로 합성시키며 촉매는 무엇을 사용하는가?**

① 450~500℃, 300atm, Fe, Al_2O_3
② 150~300℃, 10atm, 백금
③ 1000℃, 800atm, NaCl
④ 150~200℃, 450atm, 알루미늄과 은

해설

하버보시법 : $N_2 + 3H_2 \rightarrow 2NH_3$

- 반응온도 : 450~500℃
- 반응압력 : 300atm 이상
- 촉매 : 산화철(Fe_3O_4)에 $Al2O_2$, K_2O를 첨가한 것이나 CaO 또는 MgO 등을 첨가한 것

18 **용기에 의한 가스의 운반기준에 대한 설명으로 틀린 것은?**

① 충전용기는 자전거나 오토바이로 적재하여 운반하지 아니한다.
② 독성가스 중 가연성가스와 조연성 가스는 동일 차량 적재함에 운반하지 아니한다.
③ 밸브가 돌출한 충전용기는 고정식 프로텍터나 캡을 부착시켜 밸브의 손상을 방지하는 조치를 한다.
④ 충전용기와 휘발유를 동일 차량에 적재하여 운반할 경우에는 시 · 도지사의 허가를 받는다.

해설

충전용기와 휘발유(위험물)와는 혼합적재하지 않는다.

19 **비중이 1인 물과 비중이 13.6인 수은으로 구성된 U자형 마노미터의 압력차가 0.2기압일 때 마노미터에서 수은의 높이차는 약 몇 cm인가?**

① 13
② 16
③ 19
④ 22

해설

$$h = \frac{P}{\gamma}$$

$$\therefore h = \frac{0.2 \times 1.033 \times 10^4 \text{kg/m}^2}{13.6 \times 10^3 \text{kg/m}^3} = 0.1519\text{m} = 15.19\text{cm}$$

20 **순수한 수소와 질소를 고온, 고압에서 다음의 반응에 의해 암모니아를 제조한다. 반응기에서의 수소의 전화율은 10%이고 수소는 30kmol/s, 질소는 20kmol/s로 도입될 때 반응기에서의 배출되는 질소의 양은 몇 kmol/s인가?**

$$3H_2 + N_2 \rightarrow 2NH_3$$

① 3 ② 19
③ 27 ④ 37

해설

$N_2 + 3H_2 \rightarrow 2NH_3$
1 : 3 : 2
수소의 전화율이 10%이므로 수소는 30×0.1 = 3kmol/s 이 반응한다. 따라서, 수소 3과 반응하는 질소는 1이고 이때 NH_3 : 2가 생성되고 질소 20 중 19는 반응하지 않고 배출된다.

21 **가연성가스 저온저장탱크에서 내부의 압력이 외부의 압력보다 낮아져 저장탱크가 파괴되는 것을 방지하기 위한 조치로서 적당하지 않은 것은?**

① 압력계를 설치한다.
② 압력경보설비를 설치한다.
③ 진공안전밸브를 설치한다.
④ 압력방출밸브를 설치한다.

해설

부압을 방지하기 위한 조치

- 압력계, 압력경보설비
- 진공안전밸브
- 균압관
- 압력과 연동하는 긴급차단장치를 설치한 냉동제어설비 및 송액설비

22 **다음 중 액상의 액화석유가스가 통하는 배관에 사용할 수 있는 재료는?**

① KS D 3507 ② KS D 3562
③ KS D 3583 ④ KS D 3595

해설

KS 기호 및 명칭

- KS D 3507 : SPP(배관용 탄소 강관)
- KS D 3562 : SPPS(압력배관용 탄소 강관)
- KS D 3583 : SPW(배관용 아크 용접 탄소강 강관)
- KS D 3595 : STS(일반 배관용 스테인리스 강관)

23 다음 보기에서 설명하는 신축이음 방법은?

> • 신축량이 크고 신축으로 인한 응력이 생기지 않는다.
> • 직선으로 이음하므로 설치공간이 비교적 적다.
> • 배관에 곡선부분이 있으면 비틀림이 생긴다.
> • 장기간 사용 시 패킹재의 마모가 생길 수 있다.

① 슬리브형 ② 벨로스형
③ 루프형 ④ 스위블형

해설

슬리브이음 특징

• 직선이음으로 설치공간이 적다
• 신축에 의한 응력 발생이 없다
• 곡선부분이 있으면 비틀림이 생긴다.

24 비가역단열변화에서 엔트로피 변화는 어떻게 되는가?

① 변화는 가역 및 비가역 무관하다.
② 변화가 없다.
③ 감소한다.
④ 반드시 증가한다.

해설

• 가역단열 : 엔트로피 불변
• 비가역단열 : 엔트로피 증가

25 1몰의 CO_2가 321K에서 1.32L을 차지할 때의 압력은?(단, 이산화탄소는 반데르발스식에 따른다고 할 때 상수 $a = 3.60L^2 \cdot atm/mol$, $b = 0.0482L/mol$이고 기체상수 $R = 0.082atm \cdot L/K \cdot mol$이다.)

① 18.63atm ② 26.60atm
③ 35.94atm ④ 42.78atm

해설

1mol일 경우 반데르발스식 $(P+\frac{a}{V^2})(V-b) = RT$

$$P = \frac{RT}{V-b} - \frac{a}{V^2} = \frac{0.082 \times 321}{1.32 \times 0.0482} - \frac{3.60}{1.32^2} = 18.63atm$$

26 질소의 용도로서 가장 거리가 먼 것은?

① 암모니아 합성원료
② 냉매
③ 개미산 제조
④ 치환용 가스

해설

질소(N_2)의 용도

• 극저온 냉매
• 산화방지제
• 치환용 가스
• 암모니아 제조($N_2 + 3H_2 \rightarrow 2NH_3$)

27 가스엔진구동 열펌프(GHP)에 대한 설명 중 옳지 않은 것은?

① 부분부하 특성이 우수하다.
② 난방 시 GHP의 기동과 동시에 난방이 가능하다.
③ 외기온도 변동에 영향이 많다.
④ 구조가 복잡하고 유지관리가 어렵다.

해설

GHP(가스엔진구동 열펌프) 특징

구분	내용
장점	• 부분부하 특성이 우수하다. • 외기온도에 영향이 없다. • 난방 시 GHP 기동과 동시에 난방이 가능하다.
단점	• 구조가 복잡하다. • 유지관리가 어렵다.

28 도시가스배관 지하매설의 기준에 대한 설명으로 옳은 것은?

① 연약지반에 설치하는 배관은 잔자갈기초 또는 단단한 기초공사 등으로 지반침하를 방지하는 조치를 한다.
② 배관의 기울기는 도로의 기울기에 따르고 도로가 평탄한 경우에는 1/1000~1/5000 정도의 기울기로 설치한다.
③ 기초재료와 침상재료를 포설한 후 다짐작업을 하고, 그 이후 되메움 공정에서는 배관상단으로부터 30cm 높이로 되메움 재료를 포설한 후마다 다짐작업을 한다.
④ PE배관의 매몰 설치 시 곡률허용반지름은 바깥지름의 50배 이상으로 한다.

해설

- 연약지반에 설치하는 배관은 모래기초 또는 단단한 기초 공사 등으로 지반침하를 방지하는 조치를 한다.
- 배관의 기울기는 도로의 기울기에 따르고 도로가 평탄한 경우에는 1/500~1/1000 정도의 기울기로 설치한다.
- PE배관의 매몰 설치 시 곡률허용반지름은 바깥지름의 20배 이상으로 한다. 다만, 굴곡반지름이 바깥지름의 20배 미만일 경우에는 엘보를 사용한다.

29 LP가스의 일반적인 연소 특성이 아닌 것은?

① 발열량이 크다.
② 연소속도가 느리다.
③ 착화온도가 낮다.
④ 폭발범위가 좁다.

해설

LP가스의 일반적인 연소 특성이 아닌 것은?
- 발열량이 크다.
- 연소속도가 느리다.
- 착화온도가 높다.
- 폭발범위가 좁다.
- 연소 시 공기량이 많이 필요하다.

30 소형저장탱크는 LPG를 저장하기 위하여 지상 또는 지하에 고정 설치된 탱크로서 저장능력이 몇 톤 미만인 탱크를 말하는가?

① 1 ② 3
③ 5 ④ 10

해설

- 저장탱크 : 저장능력 3t 이상
- 소형저장탱크 : 저장능력 3t 미만

31 다음 그림과 같이 동판이 2개의 강판 사이에 납땜되어 있어 한 물체처럼 변형한다. 이것을 가열하면 동판과 강판에는 각각 어떠한 응력이 생기는가?

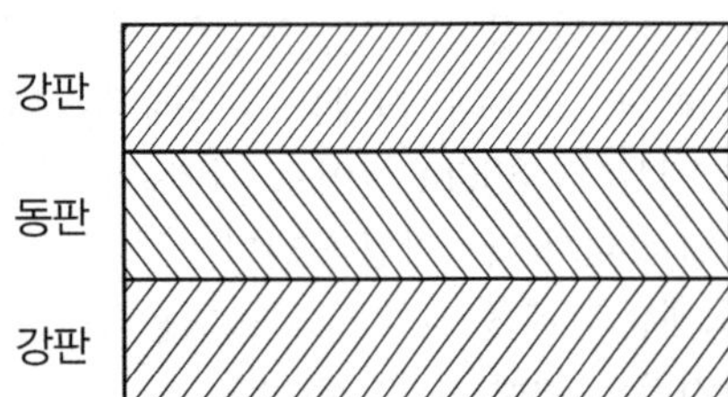

① 동판 : 압축응력, 강판 : 인장응력
② 동판 : 인장응력, 강판 : 압축응력
③ 동판 : 인장응력, 강판 : 인장응력
④ 동판 : 압축응력, 강판 : 압축응력

해설

동판은 온도를 가하면 신축량이 크고, 강판은 신축량이 동판에 비해 적으므로 동판은 압축응력, 강판은 인장응력이 작용한다.

32 배관이 막히거나 고장이 생겼을 때 쉽게 수리할 수 있게 하기 위하여 사용하는 배관 부속은?

① 티 ② 소켓
③ 엘보 ④ 유니언

해설

- 배관의 방향을 전환할 때 : 엘보, 밴드
- 관을 도중에 분기할 때 : 티, 와이, 크로스
- 동일 지름의 관을 연결할 때 : 소켓, 니플, 유니언
- 지름이 다른 관을 연결할 때 : 리듀서, 부싱, 이경 엘보, 이경 티
- 관 끝을 막을 때 : 플러그, 캡

33 의료용 가스의 종류에 따른 도색의 구분으로 옳은 것은?

① 헬륨 – 회색
② 질소 – 흑색
③ 에틸렌 – 백색
④ 사이크로 프로판 – 갈색

해설

헬륨 - 갈색, 에틸렌 - 자색, 사이크로 프로판 – 주황색

34 가스발생기 및 가스홀더는 그 외면으로부터 사업장의 경계까지의 안전거리가 최고 사용압력이 고압인 것은 몇 m 이상이 되어야 하는가?

① 5 ② 10
③ 15 ④ 20

해설

가스도매사업의 가스발생기 및 가스홀더 안전거리
- 최고사용압력이 고압 : 20m 이상
- 최고사용압력이 중압 : 10m 이상
- 최고사용압력이 저압 : 5m 이상

35 일산화탄소를 저장하는 탱크에 사용이 불가능한 재료는?

① Ni－Cr 강
② 스테인리스강
③ 구리
④ 철 및 니켈

해설

CO는 고온 고압 하에서 Fe, Ni 등과 반응 카보닐을 생성하므로 장치 내면을 Cu, Al 등으로 피복하거나 Ni－Cr계 STS를 사용한다.

• $Fe + 5CO \rightarrow Fe(CO)_5$ (철카보닐)
• $Ni + 4CO \rightarrow Ni(CO)_4$ (니켈카보닐)

36 가스보일러 설치기준에 따라 반밀폐식 가스보일러의 공동배기방식에 대한 기준 중 틀린 것은?

① 공동배기구의 정상부에서 최상층 보일러의 역풍방지장치 개구부 하단까지의 거리가 5m일 경우 공동배기구에 연결시킬 수 있다.
② 공동배기구 유효단면적 계산식 ($A = Q \times 0.6 \times K \times F + P$)에서 P는 배기통의 수평투영면적(mm²)을 의미한다.
③ 공동배기구는 굴곡없이 수직으로 설치하여야 한다.
④ 공동배기구는 화재에 의한 피해확산 방지를 위하여 방화 댐퍼(damper)를 설치하여야 한다.

해설

공동배기구 및 배기통에는 방화댐퍼를 설치하지 않아야 한다.

37 안지름이 10cm인 액체 수송용 파이프 속을 지름이 5cm인 오리피스 미터가 설치되어 있고, 이 오리피스에 부착된 수은 마노미터의 눈금차가 12cm이다. 만일 5cm 오리피스 대신에 지름이 2.5cm인 오리피스 미터를 설치했다면 수은 마노미터의 눈금차는 약 몇 cm가 되겠는가?

① 172
② 182
③ 192
④ 202

해설

차압식 유량계 유량 Q

$$Q = C \cdot \frac{\pi}{4}D^2\sqrt{\frac{2gH}{1-m^4}\left(\frac{Sm}{S}-1\right)}$$

에서 오리피스 직경 변경 시 변경 전후 유량계수(C) 주관의 비중(S) 마노미터 비중(Sm)은 동일하므로 눈금차 H에 대해 정리하면

$H = \dfrac{Q^2 \times (1-m^4)}{\left(2g \times \frac{\pi}{4}D^2\right)^2}$ 이고 교축비 $m = \left(\dfrac{D_2}{D_1}\right)^2$이므로

5cm인 경우 교축비 $m_1 = \dfrac{5^2}{10^2} = 0.25$

2.5cm인 경우 교축비 $m_2 = \dfrac{2.5^2}{10^2} = 0.0625$

그러므로 $12\text{cm} : \dfrac{Q^2 \times (1-0.25^4)}{(2g \times \frac{\pi}{4}D_1^2)^2} = H : \dfrac{Q^2 \times (1-0.0625^4)}{(2g \times \frac{\pi}{4}D_2^2)^2}$

$$\therefore \frac{12 \times \dfrac{Q^2 \times (1-0.0625^4)}{(2g \times \frac{\pi}{4}D_2^2)^2}}{\dfrac{Q^2 \times (1-0.25^4)}{(2g \times \frac{\pi}{4}D_1^2)^2}}$$

$$= \frac{\left(2g \times \frac{\pi}{4}D_1^2\right)^2 \times 12 \times Q^2 \times (1-0.0625^4)}{\left(2g \times \frac{\pi}{4}D_2^2\right)^2 \times Q^2 \times (1-0.25^4)}$$

$$= \frac{\left(\frac{\pi}{4} \times 5^2\right)^2 \times 12 \times (1-0.0625^4)}{\left(\frac{\pi}{4} \times 2.5^2\right)^2 \times (1-0.25^4)} = 192.75\text{cm}$$

38 액화석유가스 소형저장탱크를 설치할 경우 안전거리에 대한 설명으로 틀린 것은?

① 충전질량이 2500kg인 소형저장탱크의 가스충전구로부터 토지경계선에 대한 수평거리는 5.5m 이상이어야 한다.
② 충전질량이 1000kg 이상 2000kg 미만인 소형저장탱크의 탱크간 거리는 0.5m 이상이어야 한다.
③ 충전질량이 2500kg인 소형저장탱크의 가스충전구로부터 건축물개구부에 대한 거리는 3.5m 이상이어야 한다.
④ 충전질량이 1000kg 미만인 소형저장탱크의 가스충전구로부터 토지경계선에 대한 수평거리는 1.0m 이상이어야 한다.

해설

소형저장탱크 설치거리 기준

충전질량(kg)	가스충전구로부터 토지경계선에 대한 수평거리	탱크간 거리	가스충전구로부터 건축물개구부에 대한 거리
1000 미만	0.5m 이상	0.3m 이상	0.5m 이상
1000 이상 2000 미만	3.0m 이상	0.5m 이상	3.0m 이상
2000 이상	5.5m 이상	0.5m 이상	3.5m 이상

39 다음 폭굉(detonation)에 대한 설명 중 옳은 것은?

① 폭굉속도는 보통 연소속도의 20배 정도이다.
② 폭굉속도는 가스인 경우에는 1000m/s 이하이다.
③ 폭굉속도가 클수록 반사에 의한 충격효과는 감소한다.
④ 일반적으로 혼합가스의 폭굉범위는 폭발범위보다 좁다.

해설

- 폭굉속도는 보통 연소속도의 2배 정도이다.
- 폭굉속도는 가스인 경우에는 1000~3500m/s에 달한다.
- 폭굉속도가 클수록 반사에 의한 충격효과는 증가한다.

40 정압기의 구조에 따른 분류 중 일반 소비기기용이나 지구 정압기에 널리 사용되고 사용압력은 중압용이며, 구조와 기능이 우수하고 정특성은 좋지만, 안정성이 부족하고 크기가 대형인 정압기는?

① 레이놀즈(Reynolds)식 정압기
② 피셔(Fisher)식 정압기
③ Axial Flow Valve(AFV)식 정압기
④ 루트(Roots)식 정압기

41 고압가스 안전관리법령에서 정한 고압가스의 범위에 대한 설명으로 옳은 것은?

① 상용의 온도에서 게이지압력이 0MPa이 되는 압축가스
② 섭씨 35°C의 온도에서 게이지압력이 0Pa를 초과하는 아세틸렌가스
③ 상용의 온도에서 게이지압력이 0.2MPa 이상이 되는 액화가스
④ 섭씨 15°C의 온도에서 게이지압력이 0.2MPa를 초과하는 액화가스 중 액화시안화수소

해설

고압가스의 종류 및 범위(고법 시행령 제2조)

- 상용(常用)의 온도에서 압력(게이지압력을 말한다. 이하 같다)이 1MPa 이상이 되는 압축가스로서 실제로 그 압력이 1MPa 이상이 되는 것 또는 35℃의 온도에서 압력이 1MPa 이상이 되는 압축가스(아세틸렌가스는 제외한다)
- 15℃의 온도에서 압력이 0Pa을 초과하는 아세틸렌가스
- 상용의 온도에서 압력이 0.2MPa 이상이 되는 액화가스로서 실제로 그 압력이 0.2MPa 이상이 되는 것 또는 압력이 0.2MPa이 되는 경우의 온도가 35℃ 이하인 액화가스
- 35℃의 온도에서 압력이 0Pa을 초과하는 액화가스 중 액화시안화수소 · 액화브롬화메탄 및 액화산화에틸렌가스

42 이상기체가 갖추어야할 성질에 대한 설명으로 가장 올바른 것은?

① 보일-샤를의 법칙이 완전하게 적용된다고 여겨지는 가상의 기체로서 고온, 저압상태에서 분자상호간의 작용이 전혀 없는 상태
② 보일-샤를의 법칙이 완전하게 적용된다고 여겨지는 가상의 기체로서 저온, 고압상태에서 분자상호간의 작용이 전혀 없는 상태
③ 보일-샤를의 법칙이 완전하게 적용된다고 여겨지는 가상의 기체로서 고온, 저압상태에서 분자상호간의 작용이 무한히 큰 상태
④ 보일-샤를의 법칙이 완전하게 적용된다고 여겨지는 가상의 기체로서 저온, 고압상태에서 분자상호간의 작용이 무한히 큰 상태

해설

이상기체의 성질

- 보일-샤를의 법칙을 만족한다.
- 아보가드로의 법칙에 따른다.
- 기체분자 간 인력이나 반발력이 존재하지 않는다.
- 온도와 관계없이 비열비는 일정하다.
- 분자의 충돌로 총 운동에너지가 감소되지 않는 완전 탄성체이다.
- 0K에서 부피는 0이여야 하며, 평균 운동에너지는 절대온도에 비례한다.
- 이상기체 상태방정식은 높은 온도, 낮은 압력 조건에서 실제가스에 비교적 잘 적용된다.
- 이상기체의 내부에너지는 온도만의 함수이다.

43 **다단 압축기에서 실린더 냉각의 목적으로 가장 거리가 먼 것은?**

① 흡입 시에 가스에 주어진 열을 가급적 줄여서 흡입효율을 적게 한다.
② 온도가 냉각됨에 따라 단위 능력당 소요동력이 일반적으로 감소되고, 압축효율도 좋게 한다.
③ 활동면을 냉각시켜 윤활이 원활하게 되어 피스톤링에 탄소화물이 발생하는 것을 막는다.
④ 밸브 및 밸브 스프링에서 열을 제거하여 오손을 줄이고 그 수명을 길게 한다.

해설

실린더 냉각의 목적
- 체적효율 및 압축효율 증대
- 소요동력 감소
- 윤활유 열화 및 탄화 방지
- 윤활기능 향상
- 기계수명 연장

44 **질소 1.36kg이 압력 600kPa 하에서 팽창하여 체적이 $0.01m^3$ 증가하였다. 팽창과정에서 20kJ의 열이 공급되었고 최종온도가 93°C이었다면 초기 온도는 약 몇 °C인가?(단, 정적비열은 0.74kJ/kg · °C이다.)**

① 59　　② 69
③ 79　　④ 89

해설

정압변화의 내부에너지 변화량

$U_2-U_1=G\cdot C_v(t_2-t_1)$

$t_2-t_1=\dfrac{U_2-U_1}{G\cdot C_v}$

t_1(초기온도) $=t_2-\dfrac{U_2-U_1}{G\cdot C_v}$

여기서 $t_2=93℃$, $U_2=20kJ$, $U_1=600(kN/m^2)\times0.01(m^3)$
$=6(kN)(m)=6KJ$
$G=1.36(kg)$, $C_v=0.74(kJ/kg\cdot℃)$ 이므로

$\therefore t_1=93-\dfrac{20-6}{1.36\times0.74}\fallingdotseq79℃$

45 **외기온도가 20°C일 때 표면온도 70°C인 관표면에서의 복사에 의한 열전달률은 약 몇 $kcal/m^3\cdot h\cdot K$인가? (단, 복사율은 0.8이다.)**

① 0.2　　② 5
③ 10　　④ 15

해설

복사(방사)온도계의 방출 방사열

$Q=4.88\epsilon(\dfrac{T}{100})^4(kcal/m^2h)$

온도차에 의한 방사열

$Q=4.88\times0.8\times[(\dfrac{273+70}{100})^4-(\dfrac{273+20}{100})^4]$
$=252.637kcal/m^2\cdot h$

∴방사열에 의한 열전달율

$\dfrac{252.637}{(273+70)-(273-20)}=5.052kcal/m^2\cdot h\cdot K$

46 **일명 패클리스(packless) 이음재라고도 하며 재료로서 인청동제 또는 스텐레스제를 사용하고 구조상 고압용 신축이음 방법으로는 적합하지 않은 것은?**

① 상온스프링
② U형 밴드
③ 벨로스 이음
④ 원형 밴드

47 **다음 중 고압가스 제조허가의 종류에 해당하지 않는 것은?**

① 고압가스 특정제조
② 고압가스 일반제조
③ 냉동제조
④ 가스용품 제조

해설

고압가스 제조허가의 종류
- 고압가스 특정제조
- 고압가스 일반제조
- 고압가스 충전
- 냉동제조

48 **이상기체의 폴리트로픽(polytropic) 변화에서 P, v, T 관계를 틀리게 표현한 것은?(단, n은 폴리트로픽지수를 나타낸다.)**

① $Pv^n=C(P_1v_1^n=P_2v_2^n=$ 일정$)$
② $Tv^{n-1}=C(T_1v_1^{n-1}=P_2v_2^{n-1}=$ 일정$)$
③ $TP^{n-1}=C(T_1P_1^{n-1}=T_2P_2^{n-1}=$ 일정$)$
④ $T^nP^{1-n}=C(T_1^nP_1^{1-n}=T_2^nP_2^{1-n}=$ 일정$)$

해설

폴리트로픽 변화

- $Pv^n = C(P_1 v_1^n = P_2 v_2^n)$
- $Tv^{n-1} = C(T_1 v_1^{n-1} = T_2 v_2^{n-1})$
- $\frac{P^{\frac{n-1}{n}}}{T} = C(\frac{P_1^{\frac{n-1}{n}}}{T_1} = \frac{P_2^{\frac{n-1}{n}}}{T_2})$

$\therefore \frac{T_2}{T_1} = (\frac{v_1}{v_2})^{n-1} = (\frac{P_2}{P_1})^{\frac{n-1}{n}}$

49 산소(O_2)의 성질에 대한 설명으로 옳은 것은?

① 비점은 약 -183℃이다.
② 임계압력은 약 33.5atm이다.
③ 임계온도는 약 -144℃이다.
④ 분자량은 약 16이다.

해설

- 임계압력 50.1atm
- 임계온도 -118.4℃
- 분자량 32g

50 고압가스 장치에 사용되는 압력계 중 탄성식 압력계가 아닌 것은?

① 링밸런스식 압력계
② 부르동관식 압력계
③ 벨로스식 압력계
④ 다이어프램식 압력계

해설

링밸런스식 압력계은 액주식 압력계에 해당한다.

51 가스제조소에서 정제된 가스를 저장하여 가스의 질을 균일하게 유지하며, 제조량과 수요량을 조절하는 것은?

① 정압기
② 압송기
③ 배송기
④ 가스홀더

해설

가스홀더는 가스제조소에서 정제된 가스를 저장하여 가스의 질을 균일하게 유지하며, 제조량과 수요량을 조절하는 것으로 유수식, 무수식, 구형 가스홀더로 구분한다.

52 에탄 1mol을 완전연소시켰을 때 발열량(Q)은 몇 kcal/mol인가?(단, $CO_2(g)$, $H_2O(g)$, $C_2H_6(g)$의 생성열은 1mol당 각각 94.1kcal, 57.8kcal, 20.2kcal이다.)

$$C_2H_6(g) + \frac{7}{2}O_2 \rightarrow 2CO_2(g) + 3H_2O(g) + Q$$

① 214.4
② 259.4
③ 301.4
④ 341.4

해설

$-20.2 = -2 \times 94.1 - 3 \times 57.8 + Q$

$\therefore Q = 2 \times 94.1 + 3 \times 57.8 - 20.2 = 341.4\text{kcal/mol}$

53 A+B → C+D의 반응에 대한 에너지 분포를 그림과 같이 나타냈다. 그림의 설명 중 틀린 것은?

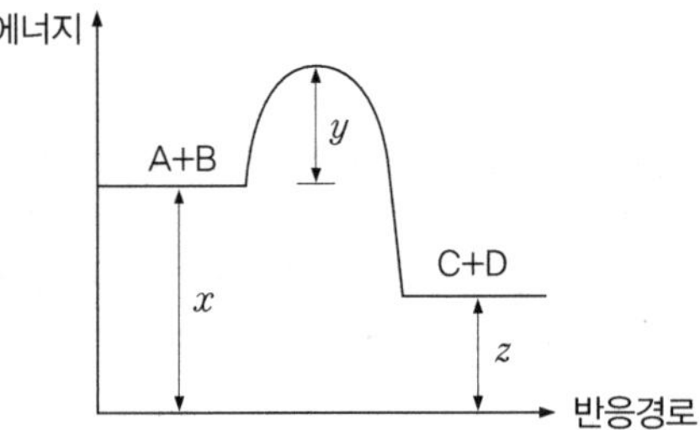

① x는 반응계의 에너지이다.
② 발열반응이다.
③ y는 활성화 에너지이다.
④ 엔트로피가 감소하는 반응이다.

해설

- x : A의 에너지 + B의 에너지(반응계 에너지)
- y : 활성화 에너지(정반응)
- z : C의 에너지 + D에너지 (생성계 에너지)
- $x-z > 0$: 발열
- $x-z < 0$: 흡열
- $x+y-z$: 역반응의 활성화 에너지 발열반응이므로 엔트로피가 증가

54 스크류 압축기에 대한 설명으로 틀린 것은?

① 무급유식 또는 급유식 방식의 용적형이다.
② 흡입, 압축, 토출의 3행정을 갖는다.
③ 효율이 아주 높고, 용량조정이 쉽다.
④ 기체에는 맥동이 적고, 연속적으로 압축한다.

해설

나사(스크류) 압축기 특징

- 용적형으로 무급유식 또는 급유식이다.
- 흡입, 압축, 토출의 3행정을 갖고 있다.
- 맥동이 없고 연속적 압축이다.
- 일반적으로 효율은 떨어진다.
- 토출압력 변화에 의한 용량변화가 적고 기체비중에 영향을 받는다.
- 용량 조정이 곤란하다.

55 관리도에서 측정한 값을 차례로 타점했을 때 점이 순차적으로 상승하거나 하강하는 것을 무엇이라 하는가?

① 연(run)
② 주기(cycle)
③ 경향(trend)
④ 산포(dispersion)

해설

관리도 해석(습관성과 점의 배열에서 나타내는 비관리 상태)

- 연(run) : 중심선 한쪽에 연속되어 나타나는 점의 배열 현상
- 경향(trend) : 점이 점차 올라가거나 내려가는 상태
- 주기(cycle) : 점이 주기적으로 상하로 변동 파형을 나타내는 경우

56 어떤 측정법으로 동일 시료를 무한회 측정하였을 때 데이터 분포의 평균치와 참값과의 차를 무엇이라 하는가?

① 재현성　② 안정성
③ 반복성　④ 정확성

해설

용어 설명

- 오차 : 모집단이 갖는 참값과 그것을 추측하기 위해 얻어지는 측정 데이터 차이(신뢰성, 정확성, 정밀성)
- 치우침(정확성) : 동일 샘플링 방법 또는 동일 측정법으로 모집단에서 반복 데이터를 취했을 때 그 데이터의 평균치와 모집단의 참값의 차이를 말한다.

57 도수분포표를 작성하는 목적으로 볼 수 없는 것은?

① 로트의 분포를 알고 싶을 때
② 로트의 평균치와 표준편차를 알고 싶을 때
③ 규격과 비교하여 부적합품률을 알고 싶을 때
④ 주요 품질항목 중 개선의 우선순위를 알고 싶을 때

해설

도수분포표의 작성 목적

- 규격과 대조하고 싶을 때
- 원래 데이터와 비교하고자 할 때
- 평균과 표준편차를 알고 싶을 때
- 데이터의 흩어진 모양을 알고 싶을 때

58 컨베이어 작업과 같이 단조로운 작업은 작업자에게 무력감과 구속감을 주고 생산량에 대한 책임감을 저하시키는 등 폐단이 있다. 다음 중 이러한 단조로운 작업의 결함을 제거하기 위해 채택되는 직무설계방법으로서 가장 거리가 먼 것은?

① 자율 경영팀 활동을 권장한다.
② 하나의 연속작업시간을 길게 한다.
③ 작업자 스스로가 직무를 설계하도록 한다.
④ 직무확대, 직무충실화 등의 방법을 활용한다.

59 무결점운동으로 불리는 것으로 미국의 항공사인 마틴사에서 시작된 품질개선을 위한 동기부여 프로그램은 무엇인가?

① ZD　② 6 시그마
③ TPM　④ ISO 9001

해설

ZD(완전무결)

- 직무확대의 개념이 바탕임
- 과오를 최소한도로 줄여 결점을 zero로 함으로 완전무결을 기하자는 뜻
- 미국 항공사인 마틴에서 최초로 시행한 품질개선을 위한 동기 프로그램
- ZD와 QC의 근본목적은 동일. 종래의 QC 수법의 취약점을 보완해 주는 것이 ZD이며 작업존중의 정신혁명이 ZD 운동의 기본 이념

60 정상소요시간이 5일이고, 이 때의 비용이 200000원이며 특급소요기간이 3일이고, 이때의 비용이 30000원이라면 비용구배는 얼마인가?

① 4000원/일　② 5000원/일
③ 7000원/일　④ 10000원/일

해설

$$\text{비용구배} = \frac{\text{소요비용의차}}{\text{작업일수의차}} = \frac{\text{특급비용} - \text{정상비용}}{\text{정상시간} - \text{특급시간}}$$

$$\therefore \frac{30000-20000}{5-3} = 5000$$

정답 07회 - 제50회 가스기능장 기출문제

01 ②	02 ③	03 ①	04 ①	05 ④
06 ③	07 ③	08 ②	09 ②	10 ①
11 ④	12 ③	13 ④	14 ③	15 ③
16 ④	17 ①	18 ④	19 ②	20 ②
21 ④	22 ②	23 ①	24 ④	25 ①
26 ③	27 ③	28 ③	29 ③	30 ②
31 ①	32 ④	33 ②	34 ④	35 ④
36 ④	37 ③	38 ④	39 ④	40 ①
41 ③	42 ①	43 ①	44 ③	45 ②
46 ③	47 ④	48 ③	49 ①	50 ①
51 ④	52 ④	53 ④	54 ③	55 ③
56 ④	57 ④	58 ②	59 ①	60 ②

08회 가스기능장 기출문제

제51회 가스기능장 기출문제

01 도시가스 누출 시 냄새에 의한 감지를 위하여 냄새 나는 물질을 첨가하는 올바른 방법은?

① 1/100의 상태에서 감지가능할 것
② 1/500의 상태에서 감지가능할 것
③ 1/1000의 상태에서 감지가능할 것
④ 1/2000의 상태에서 감지가능할 것

02 지상에 설치하는 액화석유가스의 저장탱크 안전밸브에 가스 방출관을 설치하고자 한다. 저장탱크의 정상부가 지상에서 8m일 경우 방출관의 높이는 지상에서 몇 미터 이상이어야 하는가?

① 2m
② 5m
③ 8m
④ 10m

해설

안전밸브 방출관의 설치 위치

- 지상에 설치하는 탱크 : 지면에서 5m 또는 탱크 정상부로부터 2m 높이 중 높은 위치
- 소형 저장탱크 : 지면에서 2.5m 또는 탱크 정상부로부터 1m 높이 중 높은 위치
- 지하에 설치하는 탱크 : 지면에서 5m 이상

03 도시가스사업 구분에 따라 선임하여야 할 안전관리자별 선임 인원과 선임 가능한 자격이 잘못 짝지어진 것은?(단, 안전관리자의 자격은 선임 가능한 자격 중 1개만이 제시되어 있다.)

① 가스도매사업 : 안전관리 책임자 - 사업장마다 1인 - 가스기술사
② 가스도매사업 : 안전관리원 - 사업장마다 10인 이상 – 가스기능사
③ 일반도시가스사업 : 안전관리책임자 - 사업장마다 1인 - 가스기능사
④ 일반도시가스사업 : 안전관리원 - 5인 이상(배관길이가 20km 이하인 경우) – 가스기능사

해설

일반도시가스사업 : 안전관리책임자 - 사업장마다 1인 - 가스산업기사 이상

04 표준기압 1atm은 몇 kgf/cm^2인가?(단, Hg의 밀도는 $13595.1kg/s^2$, 중력가속도는 $9.80665m/s^2$이다.)

① 0.9806 ② 1.0332
③ 1013.25 ④ 10332

해설

$P = \gamma \cdot H$

$\therefore P = 13595.1kg/m^3 \times 0.76m$ (∵1atm의 수은 높이 76cm)

$= 10332.276kgf/m^2$

$= 1.0332276kgf/cm^2$

05 다음 중 와류의 규칙성과 안전성을 이용하는 유량계는?

① 델타미터
② 로터미터
③ 전자식 유량계
④ 열선식 유량계

해설

와류유량계 = 소용돌이유량계 = 델타유량계

06 가스가 체류된 작업장에서의 허용농도가 가장 낮은 것은?

① 시안화수소 ② 황화수소
③ 산화에틸렌 ④ 포스겐

해설

독성가스 허용농도

가스명	TLV-TWA(ppm)
시안화수소(HCN)	10
황화수소(H_2S)	10
산화에틸렌(C_2H_4O)	50
포스겐($COCl_2$)	0.1

07 도시가스 성분 중 일산화탄소의 함유율은 몇 vol%를 초과하지 아니하여야 하는가?

① 1 ② 3
③ 5 ④ 7

해설

도시가스 성분 중 일산화탄소(CO)의 함유율은 7vol%를 초과하지 아니하여야 한다.

08 가연성가스(LPG 제외) 및 산소의 차량에 고정된 저장탱크 내용적의 기준으로 옳은 것은?

① 저장탱크의 내용적은 10000L를 초과할 수 없다.
② 저장탱크의 내용적은 12000L를 초과할 수 없다.
③ 저장탱크의 내용적은 15000L를 초과할 수 없다.
④ 저장탱크의 내용적은 18000L를 초과할 수 없다.

해설

차량에 고정된 저장탱크 내용적의 기준
- 가연성가스(LPG 제외), 산소 : 18000L 초과금지
- 독성가스(액화암모니아 제외) : 12000L 초과금지

09 어떤 용기에 액체질소 56kg이 충전되어 있다. 외부에서의 열이 매시간 10kcal씩 액체질소에 공급될 때 액체질소가 28kg으로 감소되는데 걸리는 시간은?(단, N_2의 증발잠열은 1600cal/mol이다.)

① 16시간
② 32시간
③ 160시간
④ 320시간

해설

감소량 : 56 − 28 = 28kg
28kg × 57.14(kcal/kg) : x시간
10kcal : 1시간

$$x = \frac{28 \times 57.14 \times 1}{10} = 159.9 \fallingdotseq 160\text{시간}$$

※ 1600cal/mol = 1600cal/28g = 57.14cal/g
= 57.14kcal/kg(∵N_2 1mol = 28g)

10 가연성가스 검출기에 대한 설명으로 옳은 것은?

① 안전등형은 황색불꽃의 길이로서 C_2H_2의 농도를 알 수 있다.
② 간섭계형은 주로 CH_4의 측정에 사용되나 가연성가스에도 사용이 가능하다.
③ 간섭계형은 가스 전도도의 차를 이용하여 농도를 측정하는 방법이다.
④ 열선형은 리액턴스회로의 정전전류에 의하여 가스의 농도를 측정하는 방법이다.

해설

- 안전등형 : 청색불꽃 길이로 CH_4의 농도를 측정
- 간섭계형 : 가스의 굴절률 차이를 이용하여 농도를 측정
- 열선형 : 전기회로의 전류 차이로 농도를 측정

11 LPG 1L는 기체상태로 변하면 250L가 된다. 20kg의 LPG가 기체 상태로 변하면 부피는 약 몇 m^3가 되는가?(단, 표준상태이며, 액체의 비중은 0.5이다.)

① 1 ② 5
③ 7.5 ④ 10

해설

$$\frac{20\text{kg}}{0.5\text{kg/L}} = 40\text{L}$$

액체 : 기체 = 1 : 250 이므로
40 × 250 = 10000L = $10m^3$
(액비중의 단위는 kg/L임)

12 고압가스 냉동제조의 시설 및 기술기준에 대한 설명으로 틀린 것은?

① 냉매설비에는 긴급사태가 발생하는 것을 방지하기 위하여 자동제어장치를 설치할 것]
② 독성가스를 사용하는 내용적이 1만L 이상인 수액기 주위에는 액상의 가스가 누출될 경우에 그 유출을 방지하기 위한 조치를 마련할 것
③ 안전밸브 또는 방출밸브에 설치된 스톱밸브는 그 밸브의 수리 등을 위하여 특별히 필요한 때를 제외하고는 항상 닫아둘 것
④ 냉매설비에는 그 설비안의 압력이 사용압력을 초과하는 경우 즉시 그 압력을 사용압력 이하로 되돌릴 수 있는 안전장치를 설치할 것

해설

안전밸브 또는 방출밸브에 설치된 스톱밸브는 그 밸브의 수리 등을 위하여 특별히 필요한 때를 제외하고는 항상 완전히 열어두어야 한다.

13 고압가스 냉동제조시설의 냉매설비와 이격거리를 두어야 할 화기설비의 분류 기준으로 맞지 않는 것은?

① 제1종 화기설비 : 전열면적이 $14m^2$를 초과하는 온수보일러
② 제2종 화기설비 : 전열면적이 $8m^2$ 초과 $14m^2$ 이하인 온수보일러
③ 제3종 화기설비 : 전열면적이 $10m^2$ 이하인 온수보일러
④ 제1종 화기설비 : 정격 열출력이 50만kcal/h를 초과하는 화기설비

해설

냉동제조시설의 화기설비의 종류

화기설비의 종류	기준 화력
제1종 화기설비	• 전열면적이 $14m^2$를 초과하는 온수보일러 • 정격열출력이 50만kcal/h를 초과하는 화기설비
제2종 화기설비	• 전열면적이 $8m^2$ 초과 $14m^2$ 이하인 온수보일러 • 정격열출력이 30만kcal/h 초과 50만kcal/h 이하인 화기설비
제3종 화기설비	• 전열면적이 $8m^2$ 이하인 온수보일러 • 정격열출력이 30만kcal/h 이하인 화기설비

14 가스가 65kcal의 열량을 흡수하여 10000kgf · m의 일을 하였다. 이때 가스의 내부에너지 증가는 약 몇 kcal인가?

① 32.4 ② 38.7
③ 41.6 ④ 57.2

해설

$i = U + APV,\ U = i - APV$

$\therefore 65\text{kcal} - \frac{1}{427}\text{kcal/kg} \cdot \text{m} \times 10000\text{kg} \cdot \text{m} \fallingdotseq 41.6\text{kcal}$

15 다음 가스 중 공기와 혼합하였을 때 폭발성 혼합가스를 형성할 수 있는 것은?

① 산화질소 ② 염소
③ 암모니아 ④ 질소

해설

암모니아(NH_3)
• 독성 : TLV−TWA 25ppm
• 가연성 : 폭발범위 15~28%

16 지구 온실효과를 일으키는 주된 원인이 되는 가스는?

① CO_2 ② O_2
③ NO_2 ④ N_2

17 저장능력이 30톤인 저장탱크를 지하에 설치하였다. 점검구의 설치기준에 대한 설명으로 틀린 것은?

① 점검구는 2개소를 설치한다.
② 점검구는 저장탱크 측면 상부의 지상에 설치하였다.
③ 점검구는 저장탱크실 상부 콘크리트 타설부분에 맨홀 형태로 설치하였다.
④ 사각형 모양의 점검구로서 0.6m × 0.6m의 크기로 하였다.

해설

• 점검구 수 : 20t 이하 1개소, 20t 초과 2개소
• 점검구는 저장탱크 측면 상부의 지상에 설치
• 원형 점검구 직경 0.8m 이상,
사각형 점검구 0.8m × 0.6m 이상

18 도시가스사업 허가의 세부기준이 아닌 것은?

① 도시가스가 공급 권역 안에서 안정적으로 공급될 수 있도록 할 것
② 도시가스 사업계획이 확실히 수행될 수 있을 것
③ 도시가스를 공급하는 권역이 중복되지 않을 것
④ 도시가스 공급이 특정지역에 집중되어 있어야 할 것

해설

도시가스사업 허가의 세부기준
• 도시가스를 공급하려는 권역이 다른 도시가스사업자의 공급권역과 중복되지 아니할 것
• 도시가스사업이 적정하게 수행될 수 있도록 자기자본 비율이 도시가스 공급 개시 연도까지는 30% 이상이고, 개시 연도의 다음 해부터는 계속 20% 이상 유지되도록 사업계획이 수립되어 있을 것
• 도시가스가 공급권역에서 안정적으로 공급될 수 있도록 원료 조달 및 간선 배관망 건설에 관한 사업계획이 수립되어 있을 것

- 도시가스공급이 특정지역에 편중되지 아니할 것
- 도시가스의 안정적 공급을 위하여 예비시설을 갖출 것(천연가스를 가스도매사업자의 배관으로부터 공급받지 아니하는 일반도시가스사업자만 해당)
- 천연가스를 도시가스 원료로 사용할 계획인 경우에는 사업계획이 천연가스를 공급받는 데 적합할 것

19 배관의 수직상향에 의한 압력손실을 계산하려고 할 때 반드시 고려되어야 하는 것은?

① 입상 높이, 가스 비중
② 가스 유량, 가스 비중
③ 가스 유량, 입상 높이
④ 관 길이, 입상 높이

해설

H = 1.293(S − 1)h
H : 가스의 압력손실(mmH$_2$O)
S : 가스 비중
h : 입상 높이

20 이상기체를 일정한 온도 조건하에서 상태 1에서 상태 2로 변화시켰을 때 최종 부피는 얼마인가?(단, 상태 1에서의 부피 및 압력은 V_1과 P_1이며, 상태 2에서의 부피와 압력은 V_2와 P_2이다.)

① $V_2 = V_1 \times \dfrac{P_2}{P_1}$

② $V_2 = V_1 \times \dfrac{P_1}{P_2}$

③ $V_2 = V_1 \times \dfrac{T_2}{T_1} \times \dfrac{P_2}{P_1}$

④ $V_2 = V_1 \times \dfrac{T_1}{T_2}$

해설

보일의 법칙 : 이상기체 체적은 압력에 반비례 절대온도에 비례

$P_1V_1 = P_2V_2$

$V_2 = \dfrac{P_1V_1}{P_2}$

21 대기압 750mmHg 하에서 게이지 압력이 2.5kgf/cm^{2}이다. 이때 절대압력은 약 몇 kgf/cm^{2}인가?

① 2.6 ② 2.7
③ 3.1 ④ 3.5

해설

절대압력 = 대기압 + 게이지압력

$= \dfrac{750}{760} \times 1.033 + 2.5 = 3.51\text{kg/cm}^2$

22 양단이 고정된 20cm 길이의 환봉을 10℃에서 80℃로 가열하였을 때 재료 내부에서 발생하는 열응력은 약 몇 MPa인가?(단, 재료의 선팽창계수는 11.05 × 10^{-6}/℃이며, 탄성계수 E는 210GPa이다.)

① 69.62
② 162.44
③ 696.15
④ 1784.60

해설

열응력 $\sigma = \dfrac{E \cdot \lambda}{l}$ 이므로

$\lambda = l \cdot \alpha\Delta T = 20 \times 11.05 \times 10^{-6} \times (80-20) = 0.01547\text{cm}$

$\therefore \sigma = \dfrac{210 \times 10^3 \times 0.01547}{20}$

$\fallingdotseq 162.44\text{MPa}\ (1\text{GPa} = 10^3\text{MPa})$

23 비소모성 텡스텐 용접봉과 모재간의 아크열에 의해 모재를 용접하는 방법으로 용접부의 기계적 성질이 우수하나 용접속도가 느린 용접은?

① TIG 용접
② 아크 용접
③ 산소 용접
④ 서브머지드 아크 용접

해설

TIG 용접
비소모성 텅스텐 용접봉과 모재간의 아크열에 의해 모재를 용접하는 방법으로 용접 후 비파괴시험의 시행을 위하여 주로 사용하는 용접방법이다.

24 고압가스 제조설비의 가스설비 점검 중 사용개시 전 점검사항이 아닌 것은?

① 가스설비 전반에 대한 부식, 마모, 손상 유무
② 독성가스가 체류하기 쉬운 곳의 해당가스 농도
③ 각 배관계통에 부착된 밸브 등의 개폐상황
④ 가스설비의 전반적인 누출 유무

해설

사용개시 전 점검사항

- 가스설비에 있는 내용물
- 계기류 기능 인터록, 긴급용 시퀀스 경보 및 자동제어장치 기능
- 긴급차단 및 긴급방출장치, 통신설비, 제어설비, 정전기방지 및 제거설비 그 밖에 안전설비 기능
- 각 배관계통에 부착된 밸브의 개폐상황 및 명판의 탈부착 상황
- 회전 기계의 윤활유 보급상황별 회전구동 상황
- 가스설비의 전반적 누출 유무
- 가연성, 독성가스가 체류하기 쉬운 곳의 해당 가스 농도
- 전기 및 증기 공기 등 유틸리티 시설의 준비상황
- 안전용 불활성가스의 준비상황
- 비상전력 등의 준비상황

25 크리프(creep)는 재료가 어떤 온도 하에서는 시간과 더불어 변형이 증가되는 현상인데, 일반적으로 철강 재료 중 크리프 영향을 고려해야 할 온도는 몇 ℃ 이상일 때인가?

① 50℃
② 150℃
③ 250℃
④ 350℃

해설

크리프는 어느 온도 이상에서 재료에 하중을 가하면 시간과 더불어 변형이 증대되는 현상을 말하는 것으로 탄소강의 경우 350℃ 이상에서 발생한다.

26 다음 중 외압이나 지진 등에 대하여 가요성이 가장 우수한 주철관 이음은?

① 메커니컬 이음
② 소켓 이음
③ 빅토리 이음
④ 플랜지 이음

해설

주철관의 접합

방법	특 징
소켓 이음	관의 소켓부에 납과 연을 넣는 방식
플랜지 이음	고압배관 펌프 등의 기계 주위에 주로 사용하며, 패킹제조는 고무, 석면 등을 사용
기계적 이음	지진이나 기타 외압에 가요성이 풍부하며, 다소의 굴곡에 누수되지 않음. 작업이 간단하여 수중작업도 용이함

27 모노게르만 가스의 특징이 아닌 것은?

① 가연성, 독성가스이다.
② 자극적인 냄새가 난다.
③ 전자산업의 도핑용액으로 주로 사용된다.
④ 공기보다 가벼워 대기 중으로 확산한다.

해설

모노게르만(GeH_4) 가스의 특징

- 가연성, 독성가스이다.
- 자극적인 냄새가 난다.
- 전자산업의 도핑용액으로 주로 사용된다.
- 분자량 77g으로 공기보다 무겁다.
- 비점은 -88.5℃이다.
- 허용농도는 TLV－TWA 0.2ppm, LC50 20ppm의 맹독성이다.

28 다음 ( ) 안의 온도와 압력으로 맞는 것은?

아세틸렌을 용기에 충전할 때 충전 중의 압력은 2.5MPa 이하로 하고, 충전 후의 압력이 ( )℃에서 ( ) MPa 이하로 될 때까지 정치하여야 한다.

① 5, 1.0
② 15, 1.5
③ 20, 1.0
④ 20, 1.5

해설

아세틸렌 용기 압력

- 충전 중 압력 : 온도와 관계없이 2.5MPa 이하
- 충전 후 압력 : 15℃에서 1.5MPa 이하

29 다음 수소의 성질 중 화재, 폭발 등의 재해발생 원인이 아닌 것은?

① 임계압력이 12.8atm이다.
② 가벼운 기체로 미세한 간격으로 퍼져 확산하기 쉽다.
③ 고온, 고압에서 강철에 대하여 수소취성을 일으킨다.
④ 공기와 혼합할 경우 연소범위가 4~75%이다.

해설

임계압력, 임계온도와 화재 폭발과는 무관하다.

30 **가스 정압기에서 메인밸브의 열림과 유량과의 관계를 의미하는 것은?**

① 정특성
② 동특성
③ 유량특성
④ 사용압력공차

31 **독성가스 사용설비에서 가스누출에 대비하여 반드시 설치하여야 하는 장치는?**

① 살수장치
② 액화방지장치
③ 흡수장치
④ 액회수장치

32 **내용적 5L인 용기에 에탄 1500g을 충전하였다. 용기의 온도가 100℃일 때 압력은 220atm을 표시하였다. 이때 에탄의 압축계수는 약 얼마인가?**

① 0.03 ② 0.60
③ 0.72 ④ 2.68

$$PV = Z\frac{W}{M}RT$$

$$\therefore Z = \frac{PVM}{WRT} = \frac{220 \times 5 \times 30}{1500 \times 0.082 \times (373)} = 0.72$$

33 **내용적이 1800L인 저장탱크에 LPG를 저장하려고 한다. 이 탱크의 저장능력 kg은?(단, LPG의 비중은 0.5이다.)**

① 790 ② 810
③ 820 ④ 900

해설

$W = 0.9dv$
$\therefore 0.9 \times 0.5 \times 1800 = 810\text{kg}$

34 **1000rpm으로 회전하는 펌프를 2000rpm으로 변경하였다. 이 경우 펌프 동력은 몇 배가 되겠는가?**

① 1 ② 2
③ 4 ④ 8

해설

$$P_2 = P_1 \times (\frac{N_2}{N_1})^3$$

$$\therefore P_1 \times (\frac{2000}{1000})^3 = 8P_1$$

35 **다음 중 품질 코스트(cost)의 구성이 아닌 것은?**

① 예방 코스트
② 평가 코스트
③ 실패 코스트
④ 설계 코스트

해설

품질코스트의 종류

- 예방코스트 : 교육, 훈련, 계획 수립에 필요한 비용
- 평가코스트 : 품질수준을 유지하는데 필요한 비용
- 실패코스트 : 제품의 생산 시 불량품 발생으로 인해 소요되는 손실비용

※실패코스트가 가장 큰 비용이 든다.

36 **일반도시가스사업자의 가스공급시설 중 정압기의 시설 및 기술기준에 대한 설명으로 틀린 것은?**

① 단독사용자의 정압기에는 경계책을 설치하지 아니할 수 있다.
② 단독사용자의 정압기실에는 이상압력 통보설비를 설치하지 아니할 수 있다.
③ 단독사용자의 정압기에는 예비정압기를 설치하지 아니할 수 있다.
④ 단독사용자의 정압기에는 비상전력을 갖추지 아니할 수 있다.

해설

일반도시가스 정압기 설치 시설 · 기술기준

- 가스누출검지 통보설비 설치 : 가스누출검지 통보설비는 누출된 가스를 검지하여 이를 안전관리자가 상주하는 곳에 통보할 수 있는 경우 법정기준에 따른다. 단, 단독사용자에게 가스공급 시 사용시설의 안전관리자가 상주하는 곳에 통보할 수 있는 것으로 할 수 있다.
- 정압기에 설치하는 사고 예방 설비기준 : 과압안전장치, 과압안전장치 가스방출관, 가스누출검지통보설비, 전기방폭설비, 환기설비, 경보장치, 출입문 및 긴급차단장치 개폐통보장치, 수분 및 불순물 제거장치, 가스공급차단장치, 비상전력설비, 압력기록장치 등

※이상압력 통보설비는 주정압기 및 단독사용자 정압기에 설치하여야 한다.

37 **도시가스 배관의 전기방식에 대한 내용 중 틀린 것은?**

① 직류전철 등에 의한 누출전류의 영향을 받지 않는 배관에는 배류법으로 한다.
② 배류법에 의한 배관에는 300m 이내의 간격으로 T/B를 설치한다.
③ 배관 등과 철근콘크리트 구조물 사이에는 절연조치를 한다
④ 전기방식이란 배관의 외면에 전류를 유입시켜 양극반응을 저지하는 것이다.

해설

전기방식 설치기준

- 직류전철 등에 따른 누출전류의 영향이 없는 경우에는 외부전원법 또는 희생양극법으로 한다.
- 직류전철 등에 따른 누출전류의 영향을 받는 배관에는 배류법으로 하되 방식효과가 충분하지 않을 경우에는 외부전원법 또는 희생양극법을 병용한다.
- 전위측정용 터미널(T/B)은 희생양극법 및 배류법에 의한 배관에는 300m 이내, 외부전원법에 의한 배관에는 500m 이내의 간격으로 설치한다.

38 **공기 중에서 프로판 가스의 폭발범위 값으로 옳은 것은?**

① 1.8~8.4%　② 2.2~9.5%
③ 3.0~12.5%　④ 5.3~14%

39 **아세틸렌 제조 시 청정제로 사용되지 않는 것은?**

① 리가솔　② 카다리솔
③ 에퓨렌　④ 카로퓨란

해설

아세틸렌(C_2H_2) 제조 시

- 불순물의 종류 : PH_3, SiH_4, H_2S, NH_3
- 불순물 제거 청정제 : 카타리솔, 리가솔, 에퓨렌

40 **바깥지름 15cm, 안지름 8cm의 중공원통(中空圓筒)에 축방향으로 60ton의 압축하중이 작용할 때 생기는 응력은?**

① 327kgf/cm²　② 474kgf/cm²
③ 547kgf/cm²　④ 1560kgf/cm²

해설

$$\sigma(\text{응력}) = \frac{W(\text{하중})}{A(\text{단면적})}$$

$$\therefore \frac{60 \times 10^3}{\frac{\pi}{4} \times (15^2 - 8^2)} = 474\text{kgf/cm}^2$$

41 **압축비가 클 때 압축기에 미치는 영향으로 틀린 것은?**

① 체적효율 증대
② 소요동력 증대
③ 토출가스 온도 상승
④ 윤활유 열화

해설

압축비가 클 때의 영향

- 체적효율 감소
- 소요동력 증대
- 토출가스 온도 상승
- 윤활유 열화
- 압축기 수명 단축

42 **액화산소를 저장하는 저장능력 10톤인 저장탱크를 2기 설치하려고 한다. 각각의 저장탱크 최대지름이 3m일 경우 저장탱크 간의 최소거리는 몇 m 이상 유지하여야 하는가?**

① 1　② 1.5
③ 2　④ 3

해설

직경 D_1, D_2인 두 탱크 사이 이격거리

$(D_1 + D_2) \times \frac{1}{4}$(단, 1m 이하면 1m 유지)

$\therefore (3+3) \times \frac{1}{4} = 1.5\text{m}$

43 **굴착공사로 인하여 15m 이상 노출된 도시가스배관 주위 조명은 최소 얼마 이상으로 하여야 하는가?**

① 70럭스(lx) 이상
② 80럭스(lx) 이상
③ 90럭스(lx) 이상
④ 100럭스(lx) 이상

해설

굴착으로 노출된 배관의 점검통로 기준

- 노출된 배관길이 15m 이상시 설치
- 통로의 폭은 80cm 이상
- 조명 70럭스 이상
- 노출된 배관길이 20m 이상시 가스누설경보기를 설치

44 일반도시가스사업자 정압기 입구측의 압력이 0.6MPa일 경우 안전밸브 분출부의 크기는 얼마 이상으로 하여야 하는가?

① 30A 이상　　② 50A 이상
③ 60A 이상　　④ 100A 이상

해설

정압기 안전밸브 방출관의 분출부 크기

- 입구압력 0.5MPa 이상 : 50A 이상
- 입구압력 0.5MPa 미만
  - 설계유량 1000Nm³/h 이상 : 50A 이상
  - 설계유량 1000Nm³/h 미만 : 25A 이상

45 이상기체의 상태방정식 $PV=nRT$에서 R의 단위가 J/mol · K이면 기체상수 R값은 얼마인가?

① 0.082　　② 1.987
③ 8.314　　④ 848

$$R = 0.082\text{atm}\cdot\text{L/mol}\cdot\text{K}$$
$$= 8.314\text{J/mol}\cdot\text{K}$$
$$= 1.987\text{cal/mol}\cdot\text{K}$$
$$= 848\text{kgf}\cdot\text{m/kmol}\cdot\text{K}$$
$$= \frac{848}{M}\text{kgf}\cdot\text{m/kg}\cdot\text{K}$$

46 고압가스 운반 시 가스누출사고가 발생하였다. 이 부분의 수리가 불가능한 경우 재해 발생 또는 확대를 방지하기 위한 조치사항으로 볼 수 없는 것은?

① 착화된 경우 소화작업을 실시한다.
② 상황에 따라 안전한 장소로 운반한다.
③ 비상연락망에 따라 관계 업소에 원조를 의뢰한다.
④ 부근의 화기를 없앤다.

착화시 용기파열 및 폭발의 우려가 없는 경우 소화작업 실시

47 처리능력 25톤인 액화석유가스 탱크 2개가 있다. 이때 제2종 보호시설과의 거리는 얼마 이상 유지하여야 하는가?

① 14m　　② 16m
③ 18m　　④ 20m

해설

액화석유가스의 안전거리

저장능력(kg)	1종(m)	2종(m)
10톤 이하	17	12
10톤 초과 20톤 이하	21	14
20톤 초과 30톤 이하	24	16
30톤 초과 40톤 이하	27	18
40톤 초과	30	20

※ 동일 사업소에 2개 이상의 저장설비가 있는 경우에는 그 설비별로 각각 안전거리를 유지하여야 한다.

48 N_2 70mol, O_2 50mol로 구성된 혼합가스가 용기에 7kgf/cm²의 압력으로 충전되어 있다. N_2의 분압은?

① 3kgf/cm²
② 4kgf/cm²
③ 5kgf/cm²
④ 6kgf/cm²

$$P_{N2} = 7\text{kg/cm}^2 \times \frac{70}{70+50} = 4\text{kg/cm}^2$$

49 기체의 열용량에 대한 설명으로 맞는 것은?

① 열용량이 작으면 온도를 변화시키기 어렵다.
② 이상기체의 정압열용량(C_p)과 정적열용량(C_v)의 차는 기체상수 R과 같다.
③ 공기에 대한 정압비열과 정적비열의 비(C_p/C_v)는 2.4이다.
④ 정압 몰 열용량은 정압비열을 몰질량으로 나눈 값이다.

해설

- 열용량이 작으면 온도를 변화시키기 쉽다.
- 공기에 대한 정압비열과 정적비열의 비(C_p/C_v)는 1.4이다.
- 정압 몰 열용량은 정압비열과 몰질량을 곱한 값이다.

50 **30℃, 2atm에서 산소 1mol이 차지하는 부피는 얼마인가?(단, 이상기체의 상태방정식에 따른다고 가정한다.)**

① 6.2L
② 8.4L
③ 12.4L
④ 24.8L

해설

$PV = nRT$ 에서 $V = \dfrac{nRT}{P}$

$\therefore \dfrac{1 \times 0.082 \times 303}{2} = 12.4\text{L}$

51 **표준상태에서 질소 5.6L 중에 있는 질소 분자 수는 다음의 어느 것과 같은가?**

① 0.5g의 수소분자
② 16g의 산소분자
③ 1g의 산소원자
④ 4g의 수소분자

해설

아보가드로법칙

$1\text{mol} = 22.4\text{L} =$ 분자량 $= 6.02 \times 10^{23}$개 분자 수이므로

질소의 몰수 $= \dfrac{5.6}{22.4} = \dfrac{1}{4}\text{mol}$

- 수소 : $\dfrac{0.5}{2} = \dfrac{1}{4}\text{mol}$
- 산소 : $\dfrac{16}{32} = \dfrac{1}{2}\text{mol}$
- 산소 : $\dfrac{1}{16}\text{mol}$
- 수소 : $\dfrac{4}{2} = 2\text{mol}$

52 **초저온 용기의 단열성능시험에 대한 설명으로 옳은 것은?**

① 기화량은 저울 또는 유량계를 사용하여 측정한다.
② 100개의 용기 기준으로 10개를 샘플링하여 검사한다.
③ 검사에 부적합된 용기는 전량 폐기한다.
④ 시험용 가스는 액화 프로판을 사용하여 실시한다.

해설

- 용기에 시험용가스를 충전하고 기상부에 접속된 가스방출밸브를 완전히 열고 다른 모든 밸브를 잠그며 초저온용기에서 가스를 대기 중으로 방출하여 기화가스량이 거의 일정하게 될 때까지 정지 방출밸브에서 방출된 기화량을 저울 또는 유량계를 사용하여 측정
- 단열성능시험은 용기의 전수에 대하여 실시
- 시험용 가스 : 액화산소, 액화아르곤, 액화질소

53 **독성가스 검지법에 의한 가스별 착색반응지와 색깔의 연결이 잘못된 것은?**

① 일산화탄소 : 염화파라듐지 - 흑색
② 이산화질소 : KI전분지 – 청색
③ 황화수소 : 연당지 - 황갈색
④ 아세틸렌 : 리트머스시험지 - 청색

해설

가스검지 시험지

검지가스	시험지	변색
암모니아	적색리트머스지	청색
염소	KI 전분지	청색
시안화수소	질산구리벤젠지	청색
포스겐	해리슨시험지	심등색
일산화탄소	염화파라듐지	흑색
황화수소	연당지	흑색
아세틸렌	염화제1구리 착염지	적색

54 **완전가스의 상태변화에서 가열량 변화가 내부에너지 변화와 같은 것은?**

① 등압변화(等壓變化)
② 등적변화(等積變化)
③ 등온변화(等溫變化)
④ 단열변화(斷熱變化)

해설

등적변화 Q(가열량) $= C_v(T_2 - T_1)$

${}_1U_2$(내부에너지변화량) $du = C_v dT = C_v(T_2 - T_1)$

가열량 변화 = 내부에너지 변화

55 **여유시간이 5분, 정미시간이 40분일 경우 내경법으로 여유율을 구하면 약 몇 %인가?**

① 6.33% ② 9.05%
③ 11.11% ④ 12.05%

해설

여유율

- 내경법 $A = \dfrac{AT(\text{여유시간})}{NT(\text{정미시간})+AT(\text{여유시간})} \times 100$

$= \dfrac{5}{40+5} \times 100 = 11.11\%$

- 외경법 $A = \dfrac{AT}{NT} \times 100\%$

56 로트에서 랜덤하게 시료를 추출하여 검사한 후 그 결과에 따라 로트의 합격, 불합격을 판정하는 검사 방법을 무엇이라 하는가?

① 자주검사
② 간접검사
③ 전수검사
④ 샘플링검사

해설

샘플링검사의 목적

- 좋은 로트와 나쁜 로트의 구분
- 양품과 불량(부적합)품의 구분
- 공정 변화의 확인
- 측정 시스템 확인(검사자의 정밀도, 계측기의 정확도 파악)
- 제품의 성능 평가 및 품질 등급 결정
- 고객에게 제품에 대한 신뢰감 제공

57 다음과 같은 데이터에서 5개월 이동평균법에 의하여 8월의 수요를 예측한 값은 얼마인가?

단위 : 대

월	1	2	3	4	5	6	7
판매실적	100	90	110	100	115	110	100

① 103
② 105
③ 107
④ 109

해설

이동평균법에 의한 5개월간의 평균값으로 수요예측

$\dfrac{110+100+115+110+100}{5} = 107$

58 관리 사이클의 순서를 가장 적절하게 표시한 것은?(단, A는 조치(Act), C는 체크(Check), D는 실시(Do), P는 계획(Plan)이다.)

① P → D → C → A
② A → D → C → P
③ P → A → C → D
④ P → C → A → D

59 다음 중 계량값 관리도만으로 짝지어진 것은?

① c 관리도, u 관리도
② x – Re 관리도, P 관리도
③ $\overline{x}$ – R 관리도, np 관리도
④ Me – R 관리도, $\overline{x}$ – R 관리도

해설

관리도

- 계량형 : $\overline{x}-R$, $\overline{x}-S$, x, $Me-R$, $L-S$, 누적합, 지수가중이동평균, R
- 계수형 : np, p, c, u

60 다음 중 모집단의 중심적 경향을 나타낸 측도에 해당하는 것은?

① 범위(Range)
② 최빈값(Mode)
③ 분산(Variance)
④ 변동계수(Coefficient of variation)

해설

모집단 중심적 경향

중심위치를 나타내는 1차 적률함수개념의 측도로서 음의 값을 취할 수 있다.

- 범위(Range) : n개의 데이터 중 최대값(x_{max})과 최소값(x_{min})의 차이를 말하는 것
- 최빈값(M_e)
  - 정리된 자료(도수분포표)에서는 도수가 최대인 계급의 대표값
  - 정리되지 않은 자료인 경우 출현빈도가 많은 데이터값
  - 모집단의 중심적 경향을 나타낸 측도
- 시료분산(S^2)단위당 편차 : 제곱의 값으로 평균제곱 불편분산이라고 한다.
- 변동계수(CV) : 표준편차를 산술평균으로 나눈 값으로 단위가 다른 두 집단의 산포상태를 비교하는 척도로 사용된다.

정답 08회 - 제51회 가스기능장 기출문제

01 ③	02 ④	03 ③	04 ②	05 ①
06 ④	07 ④	08 ④	09 ③	10 ②
11 ④	12 ③	13 ③	14 ③	15 ③
16 ①	17 ④	18 ④	19 ①	20 ②
21 ④	22 ②	23 ①	24 ①	25 ④
26 ①	27 ④	28 ②	29 ①	30 ③
31 ③	32 ③	33 ②	34 ④	35 ④
36 ②	37 ①	38 ②	39 ④	40 ②
41 ①	42 ②	43 ①	44 ②	45 ③
46 ①	47 ②	48 ②	49 ②	50 ③
51 ①	52 ①	53 ④	54 ②	55 ③
56 ④	57 ③	58 ①	59 ④	60 ②

09회 가스기능장 기출문제

CHECK POINT QUESTION

제52회 가스기능장 기출문제

01 공기를 압축하여 냉각시키면 액체공기로 된다. 다음 설명 중 옳은 것은?

① 산소가 먼저 액화한다.
② 질소가 먼저 액화한다.
③ 산소와 질소가 동시에 액화된다.
④ 산소와 질소의 액화온도 차이가 매우 크다.

해설

- 액화순서 : $O_2 \rightarrow Ar \rightarrow N_2$
- 기화순서 : $N_2 \rightarrow Ar \rightarrow O_2$

02 다음 [보기]의 특징을 가지는 물질은?

> - 무색투명하나 시판품은 흑회색의 고체이다.
> - 물, 습기, 수증기와 직접 반응한다.
> - 고온에서 질소와 반응하여 석회질소로 된다.

① CaC_2
② P_4S_3
③ NaOCl
④ KH

해설

카바이드(CaC_2)의 성질

- 흑회색의 고체
- 물과 반응하여 아세틸렌 발생
- 1kg 카바이드에서 366L C_2H_2 발생
- 불순물 또는 S, P, Si 등에 의해 H_2S, PH_3, NH_3, SiH_4가 발생

03 굴착공사에 의한 도시가스배관 손상방지 기준 중 굴착공사자가 공사 중에 시행하여야 할 기준에 대한 설명으로 틀린 것은?

① 가스안전 영향평가 대상 굴착공사 중 가스배관의 수직, 수평변위 및 지반침하의 우려가 있는 경우에는 가스배관변형 및 지반침하 여부를 확인한다.
② 가스배관 주위에서는 중장비의 배치 및 작업을 제한하여야 한다.
③ 계절 온도변화에 따라 와이어 로프 등의 느슨해짐을 수정하고 가설구조물의 변형 유무를 확인하여야 한다.
④ 굴착공사에 의해 노출된 가스배관과 가스안전영향평가 대상범위 내의 가스배관은 주간 안전점검을 실시하고 점검표에 기록한다.

해설

굴착공사에 의해 노출된 가스 배관과 가스안전영향평가 대상범위 내 가스배관 일일 안전점검을 실시하고 점검표에 기록한다.(KGS FS551)

04 다음 중 고압가스 제조설비의 사용개시 전 점검사항이 아닌 것은?

① 가스설비에 있는 애용물의 상황
② 비상전력 등의 준비상황
③ 개방하는 가스설비와 다른 가스설비와의 차단 상황
④ 가스설비의 전반적인 누출 유무

해설

사용개시 전 점검사항

- 가스설비에 있는 내용물
- 계기류 기능 인터록, 긴급용 시퀀스 경보 및 자동제어장치 기능
- 긴급차단 및 긴급방출장치, 통신설비, 제어설비, 정전기방지 및 제거설비 그 밖에 안전설비 기능
- 각 배관계통에 부착된 밸브의 개폐상황 및 명판의 탈부착 상황
- 회전 기계의 윤활유 보급상황별 회전구동 상황
- 가스설비의 전반적 누출 유무
- 가연성, 독성가스가 체류하기 쉬운 곳의 해당 가스 농도
- 전기 및 증기 공기 등 유틸리티 시설의 준비상황
- 안전용 불활성가스의 준비상황
- 비상전력 등의 준비상황

05 **다음 [그림]과 같이 수직하방향의 하중 Qkg을 받고 있는 사각나사의 너트를 그림과 같은 방향의 회전력 Pkg을 주어 풀고자 한다. 필요한 힘 P를 구하는 식은?(단, 나사는 1줄 나사이며, 나사의 경사각 α, 마찰각은 ρ이다.)**

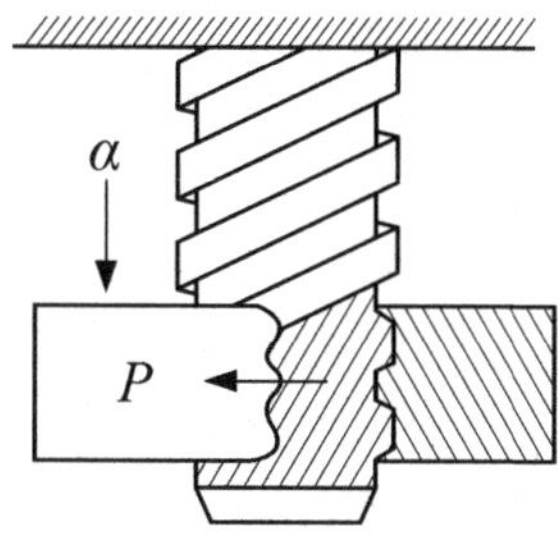

① $P=Q\cdot\tan(\alpha-\rho)$
② $P=Q\cdot\tan(\alpha+\rho)$
③ $P=Q\cdot\tan(\rho-\alpha)$
④ $P=Q\cdot\tan(1-\frac{\rho}{\alpha})$

해설

- $P=Q\cdot\tan(\alpha+\rho)$: 조일 때(하중을 밀어 올림)
- $P=Q\cdot\tan(\rho-\alpha)$: 풀 때(하중을 하부로 내림)

06 **이동식 부탄연소기용 용접용기에의 액화석유가스 충전 기준으로 틀린 것은?**

① 제조 후 15년이 지나지 않은 용접용기일 것
② 용기의 상태가 4급에 해당하는 흠이 없을 것
③ 캔 밸브는 부착한 지 2년이 지나지 않을 것
④ 사용상 지장이 있는 흠, 우그러짐, 부식 등이 없을 것

해설

제조 후 10년이 지나지 않은 용접용기일 것

07 **질소의 정압 몰열용량 C_pJ/mol · K가 다음과 같고 1mol의 질소를 1atm 하에서 600℃로부터 20℃로 냉각하였을 때 발생하는 열량은 약 몇 kJ인가?(단, R은 기체상수이다.)**

$$\frac{C_p}{R}=3.3+0.6\times10^{-3}T$$

① 15.6　　② 16.6
③ 17.6　　④ 18.6

해설

$Q=n\cdot C\cdot\Delta T$
$n=1\text{mol},\ C=?$
$\Delta T=(600+273)-(20+273)=580\text{K}$
$\frac{C_p}{R}=3.3+0.6\times10^{-3}T$ 에서
$Cp=(3.3+0.6\times10^{-3}T)R$
$C=\frac{1}{\Delta T}\int_{T_1}^{T_2}(3.3+0.6\times10^{-3}T)R$
$=\frac{1}{580}\times[\{3.3\times580\}+\{\frac{0.6\times10^{-3}}{2}\times(600+273)^2-(20+273)^2\}]\times R$
$=3.649R[\text{J/mol}\cdot\text{K}]$
∴ 1mol에 대한 발생 열량 Q
$Q=nC\Delta T$
$=1\times3.649\times10^{-3}[\text{kJ/mol}\cdot\text{K}]\times8.314\times580[\text{K}]$
$=17.5959\fallingdotseq17.6\text{kJ}$

08 **다음 중 가스저장 용기 내에서 폭발성 혼합가스가 생성하는 주된 원인이 되는 경우는?**

① 물전해조의 고장에 의한 산소 및 수소의 혼합 충전
② 잔류 산소가 있는 용기 내에 아르곤의 충전
③ 잔류 천연가스 용기 내에 메탄의 충전
④ 유기액체를 혼입한 용기 내에 탄산가스의 충전

해설

- 산소(조연성)+수소(가연성) : 폭발성 혼합기체 생성
- 아르곤(불연성) : 어떤 것과도 혼합 시 폭발성 기체 형성하지 않음
- 천연가스(메탄이 주성분)에 메탄가스 혼합 시 가연성+가연성이므로 조연성이 있어야 폭발성 기체 생성
- 탄산가스(불연성) : 폭발성 기체 형성하지 않음

09 **$Q=(U_2-U_1)+AW$는 열역학 제1법칙의 식이다. 다음 중 틀린 것은?**

① A : 열의 일당량
② Q : 물질에 주어진 열량
③ (U_2-U_1) : 내부에너지의 변화
④ W : 물질계가 외부로 한일

해설

- A : $\frac{1}{427}$kcal/kg · m(일의 열당량)
- J : 427kg · m/kcal(열의 일당량)

10 용기 · 냉동기 또는 특정설비(이하 "용기 등") 검사의 일부를 생략할 수 있는 경우는?

① 시험 · 연구개발용으로 수입하는 것
② 수출용으로 제조하는 것
③ 용기 등의 제조자 또는 수입업자가 견본으로 수입하는 것
④ 검사를 실시함으로써 용기 등에 손상을 입힐 우려가 있는 것

해설

검사의 일부를 생략할 수 있는 경우
- 외국용기등의 제조등록을 한 자가 용기등을 제조한 경우
- 검사를 실시함으로써 용기등의 성능을 떨어뜨릴 우려가 있을 경우
- 검사를 실시함으로써 용기등에 손상을 입힐 우려가 있을 경우
- 검사기준에 따라 산업통상자원부장관이 인정하는 외국의 검사기관으로부터 검사를 받았음이 증명되는 경우

11 어떤 기체 100mL를 취해서 가스분석기에서 CO_2를 흡수시킨 후 남은 기체는 88mL이며, 다시 O_2를 흡수시켰더니 54mL가 되었다. 여기서 다시 CO를 흡수시키니 50mL가 남았다. 잔존 기체가 질소일 때 이 시료 기체 중 O_2의 용적백분율%은?

① 34% ② 38%
③ 46% ④ 50%

해설

오르잣트 분석 순서

$CO_2 \rightarrow O_2 \rightarrow CO \rightarrow N_2$에서

$$O_2 = \frac{CO_2\text{에서 } O_2\text{의체적감량}}{\text{시료가스량}}$$

$$\therefore \frac{88-54}{100} \times 100 = 34\%$$

12 다음 기체 중 금속과 결합하여 착이온을 만드는 것은?

① CH_4 ② CO_2
③ NH_3 ④ O_2

해설

NH_3는 Cu, Ag 등과 착이온을 생성하여 부식을 일으킨다.

13 온도 32℃의 외기 1000kg/h와 온도 26℃의 환기 3000kg/h를 혼합할 때 혼합공기의 온도는 얼마인가?

① 26℃
② 27.5℃
③ 29.0℃
④ 30.2℃

해설

$$t = \frac{G_1C_1t_1 + G_2C_2t_2}{G_1C_1 + G_2C_2}$$

$$\therefore \frac{1000 \times 32 + 3000 \times 26}{1000 + 3000} = 27.5℃$$

※ 공기의 비열이 주어지지 않은 문제로 계산과정에서는 이를 생략

14 액화석유가스 저장탱크를 지상에 설치하는 경우 냉각 살수장치를 설치하여야 한다. 구형저장탱크에 설치하여야 하는 살수장치는?

① 살수관식
② 확산판식
③ 노즐식
④ 분무관식

해설

LPG 저장탱크 내열구조(KGS FP331)

살수장치는 다음 중 어느 하나의 방법으로 설치하고 배관 재질은 내식성 재료로 한다. 단, 구형저장탱크의 살수장치는 확산판식으로 한다.
- 살수관식 : 배관에 직경 4mm 이상의 다수의 작은 구멍을 뚫거나 살수노즐을 부착한다.
- 확산판식 : 확산판을 살수노즐 끝에 부착한다.

15 LP가스의 일반적인 성질로서 옳지 않은 것은?

① 물에는 녹지 않으나, 알콜과 에테르에는 용해한다.
② 액체는 물보다 가볍고, 기체는 공기보다 무겁다.
③ 기화는 용이하나 기화하면 체적의 팽창율은 적다.
④ 증발잠열이 커서 냉매로도 사용할 수 있다.

해설

LP가스 액체 1l 기화하면 250배가 된다. 즉, 기화하면 체적의 팽창율이 증가한다.

16 아세틸렌에 대한 설명으로 옳은 것은?

① 아세틸렌에 접촉하는 부분에 사용되는 재료 중 동 또는 동 함유량이 52%를 초과하는 동합금을 사용하지 아니한다.
② 아세틸렌의 충전용 교체밸브는 충전하는 장소에서 격리하여 설치한다.
③ 아세틸렌을 1.5MPa의 압력으로 압축하는 때에는 아황산가스를 희석제로 첨가한다.
④ 아세틸렌 중의 산소용량이 전체용량의 4% 이상인 경우에는 압축하지 아니한다.

해설

- 아세틸렌에 접촉하는 부분에 사용되는 재료 중 동 또는 동 함유량이 62%를 초과하는 동합금을 사용하지 아니한다.
- 아세틸렌을 2.5MPa의 압력으로 압축하는 때에는 N_2, CH_4, CO, C_2H_2 등의 희석제를 첨가한다.
- 아세틸렌 중의 산소용량이 전체용량의 2% 이상인 경우에는 압축하지 아니한다.

17 압축기에서 윤활의 목적이 아닌 것은?

① 마찰 시 생기는 열을 제거한다.
② 소요 동력을 감소시킨다.
③ 실린더의 벽과 피스톤의 마찰로 인한 마모를 방지한다.
④ 기계효율을 감소시킨다.

윤활의 목적 : 마찰저항 감소, 운전 원활, 소요동력 감소, 기계수명 연장, 기계효율 향상

18 가스배관의 관지름을 구하는 식으로 옳은 것은?

① $D = \frac{\sqrt{4r}}{\pi Q}$ ② $D = \frac{\sqrt{4\pi}}{VQ}$
③ $D = \sqrt{\frac{4Q}{\pi V}}$ ④ $D = \frac{\sqrt{4VQ}}{\pi}$

해설

$Q = A \cdot V = \frac{\pi}{4}D^2 \cdot V$ 에서

$D^2 = \frac{4Q}{\pi V}$ $\therefore D = \sqrt{\frac{4Q}{\pi V}}$

19 용접이음이 리벳이음과 비교한 장점이 아닌 것은?

① 기밀성이 좋다.
② 조인트 효율이 높다.
③ 변형하기 어렵고 잔류응력이 남기지 않는다.
④ 리벳팅과 같이 소음을 발생시키지 않는다.

해설

용접이음은 변형이 일어나고 잔류응력이 남는다.

20 고압가스 특정제조 시설에서 산소의 저장능력이 4만 m^3를 초과한 경우 제2종 보호시설까지의 안전거리는 몇 m 이상을 유지하여야 하는가?

① 8 ② 12
③ 14 ④ 16

해설

산소의 보호시설별 안전거리

저장능력(kg, m^3)	1종(m)	2종(m)
1만 이하	12	8
1만 초과 2만 이하	14	9
2만 초과 3만 이하	16	11
3만 초과 4만 이하	18	13
4만 초과	20	14

21 어떠한 변화를 과정 중에 PV/T가 일정하게 유지되는 어떤 기체가 0℃, 1atm에서 $2.5m^3 \cdot mol^{-1}$의 체적을 가지고 있다. 이 기체의 초기조건 0℃, 1atm에서 25°C, 5atm으로 압축될 때 최종 부피는 약 몇 m^3이 되는가?(단, 절대온도는 0℃ = 273.15K이다.)

① $0.24m^3$
② $0.55m^3$
③ $0.83m^3$
④ $1.10m^3$

해설

$$\frac{P_1V_1}{T_1} = \frac{P_2V_2}{T_2}$$

$$V_2 = \frac{P_1V_1T_2}{P_2T_1}$$

$$\therefore \frac{1 \times 2.5 \times (273.15+25)}{5 \times (273.15+0)} = 0.545m^3$$

22 냉매의 구비조건 중 화학적 성질에 대한 설명으로 옳은 것은?

① 불활성이 아니고 부식성이 있을 것
② 윤활유에 용해할 것
③ 인화 및 폭발의 위험성이 없을 것
④ 증기 및 액체의 점성이 클 것

해설

냉매의 구비조건

구분	내용
물리적 조건	• 저온에서 대기압 이상의 압력에 증발하고 상온에서 저압으로 액화 • 임계온도가 높을 것 • 응고점이 낮을 것 • 증발열이 크고 액체비열이 작을 것 • 오일과 쉽게 분리될 것 • 누설탐지가 쉽고 누설피해가 없을 것 • 수분과 혼합하여 영향이 적을 것 • 비열비가 적을 것 • 냉매가스 비중이 클 것
화학적 조건	• 안정성이 있을 것 • 부식성이 없을 것 • 인화 및 폭발의 위험성이 없을 것 • 악취 및 독성이 없을 것 • 윤활유에 용해되지 않을 것

23 온도 200℃, 부피 400L의 용기에 질소 140kg을 저장할 때 필요한 압력을 Van der Waals 식을 이용하여 계산하면 약 몇 atm인가?(단, $a = 1.351 \text{atm} \cdot L^2/\text{mol}^2$, $b = 0.0386 L/\text{mol}$ 이다)

① 36.3
② 363
③ 72.6
④ 726

해설

$$\left(P+\frac{\eta^2 a}{V^2}\right)(V-nb)=\eta RT$$

$$\therefore P=\frac{\eta RT}{V-nb}-\frac{\eta^2 a}{V^2}$$

$$=\frac{\frac{140\times 10^3}{28}\times 0.082\times 473}{400-\frac{140\times 10^3}{28}\times 0.0386}-\frac{\left(\frac{140\times 10^3}{28}\right)^2\times 1.351}{400^2}$$

$= 725.76 \fallingdotseq 726\text{atm}$

24 Methane 80%, Ethane 15%, Propane 4%, Butane 1%의 혼합가스의 공기 중 폭발하한계 값은?(단, 폭발하한계 값은 Methane 5.0%, Etnane 3.0%, Propane 2.1%, Butane 1.8% 이다.)

① 2.15%　　② 4.26%
③ 5.67%　　④ 10.28%

해설

$$\frac{100}{L}=\frac{V_1}{L_1}+\frac{V_2}{L_2}+\frac{V_3}{L_3}+\frac{V_4}{L_4}$$

$$=\frac{80}{5.0}+\frac{15}{3.0}+\frac{4}{2.1}+\frac{1}{1.8}=23.46$$

$$\therefore L=\frac{100}{23.46}=4.26\%$$

25 가연성가스 또는 독성가스 설비 등의 수리를 할 때에는 그 내부의 가스를 불활성가스 등으로 치환하여야 한다. 가스설비의 내용적이 몇 m^3 이하인 것에 대하여는 가스치환작업을 아니할 수 있는가?

① 0.5　　② 1
③ 3　　④ 5

해설

가스설비를 대기압 이하까지 가스치환을 생략할 수 있는 경우

- 당해 설비 내용적이 $1m^3$ 이하인 것
- 출입구 밸브가 확실히 폐지되어 있고 내용적 $5m^3$ 이상 가스설비에 이르는 사이에 2개 이상의 밸브를 설치한 것
- 설비 밖에서 작업할 경우
- 화기를 사용하지 않는 작업일 경우
- 청소 및 경미한 작업일 경우

26 염소가스는 수은법에 의한 식염의 전기분해로 얻을 수 있다. 이때 염소가스는 어느 곳에서 주로 발생하는가?

① 수은
② 소금물
③ 나트륨
④ 인조흑연(탄소판)

해설

염소의 공업적 제법 : 수은에 의한 식염의 전기분해

음극(−)을 수은으로 하여 생성된 나트륨(Na)을 아말감으로 하여 수은에 용해시키고 다른 조에 옮겨 물로 전기분해하여 가성소다와 수소를 생성하며, 인조흑연(탄소판)의 양극에서 염소가 생성된다.

$2NaCl + (Hg) \rightarrow Cl_2 + 2Na(Hg)$

$2Na(Hg) + 2H_2O \rightarrow 2NaOH(Ag) + H_2(g) + (Hg)$

27 **다음 중 고압가스 충전용기에 대한 정의로써 옳은 것은?**

① 고압가스의 충전질량 또는 충전압력의 1/2 미만이 충전되어 있는 상태의 용기
② 고압가스의 충전질량 또는 충전압력의 1/2 이상이 충전되어 있는 상태의 용기
③ 고압가스의 충전무게 또는 충전부피의 1/2 미만이 충전되어 있는 상태의 용기
④ 고압가스의 충전무게 또는 충전부피의 1.2 이상이 충전되어 있는 상태의 용기

28 **압력의 단위인 torr에 대하여 바르게 나타낸 것은?**

① 표준중력장에서 25℃의 수은 1mm에 해당하는 압력
② 표준중력장에서 0℃의 수은 1mm에 해당하는 압력
③ 표준중력장에서 25℃의 수은 760mm에 해당하는 압력
④ 표준중력장에서 0℃의 수은 760mm에 해당하는 압력

1torr = 1mmHg

29 **액화석유가스 저장탱크를 지하에 설치할 경우에는 집수구를 설치하여야 한다. 이에 대한 설명으로 옳은 것은?**

① 집수구는 가로, 세로, 깊이가 각각 50cm 이상의 크기로 한다.
② 집수관은 지름을 80A 이상으로 하고, 집수구 바닥에 고정한다.
③ 검지관은 지름 30A 이상으로 3개소 이상 설치한다.
④ 집수구는 저장탱크 바닥면보다 높게 설치한다.

해설

지하설치 LPG 저장탱크 집수구
- 규격 : 가로 30cm, 세로 30cm, 길이 30cm 이상의 크기
- 설치 : 탱크 바닥면보다 낮게 설치
- 집수관의 직경 : 80A 이상
- 검지관 : 40A 이상으로 4개소 이상 설치

30 **지하에 설치하는 고압가스 저장탱크의 설치기준에 대한 설명으로 틀린 것은?**

① 저장탱크실은 일정 규격을 가진 수밀성 콘크리트로 시공한다.
② 지면으로부터 저장탱크의 정상부까지의 깊이는 60cm 이상으로 한다.
③ 저장탱크를 2개 이상 인접하여 설치하는 경우에는 상호간에 1m 이상의 거리를 유지한다.
④ 저장탱크의 외면에는 부식방지코팅 등 화학적 부식방지를 위한 조치를 한다.

저장탱크 외면에는 부식방지코팅과 전기적 부식방지를 위한 조치를 한다.

31 **비리알 전개(Virial expansion)는 다음 식으로 표현된다. 차수가 높을수록 Z는 어떻게 되는가?**

$$Z=1+\frac{B}{V}+\frac{C}{V^2}+\frac{D}{V^3}+\cdots$$

① 비례적으로 증가한다.
② 지수함수로 증가한다.
③ 차수와 무관하다.
④ 급격히 감소한다.

비리알 전개는 실제 기체 방정식으로 차수와 무관하다.

32 **동일한 부피를 가진 수소와 산소의 무게를 같은 온도에서 측정하였더니 같은 값이었다. 수소의 압력이 2atm이라면 산소의 압력은 몇 atm인가?**

① 0.0625　② 0.125
③ 0.25　④ 0.5

해설

$P_1V_1 = G_1R_1T_1$
$P_2V_2 = G_2R_2T_2$ 이면 $G_1 = G_2$ 이므로

$G_1 = G_2 = \frac{P_1V_1}{R_1T_1} = \frac{P_2V_2}{R_2T_2}$ 에서 $(V_1 = V_2)(T_1 = T_2)$ 이므로

$$P_2 = \frac{P_1R_2}{R_1} = \frac{2\times\frac{848}{32}}{\frac{848}{2}}$$

∴ 0.125atm

33 CH_4, CO_2 및 수증기(H_2O)의 생성열을 각각 17.9, 94.1, 57.8kcal/mol 이라 할 때 메탄의 연소열은 몇 kcal/mol 인가?

① 39.4 ② 54.2
③ 191.8 ④ 234.7

해설

$C + 2H_2 \rightarrow CH_4 + 17.9$ ········ ①
$C + O_2 \rightarrow CO_2 + 94.1$ ········ ②
$H_2 + \frac{1}{2}O_2 \rightarrow H_2O + 57.8$ ········ ③
③×2 ⇒ $2H_2 + O_2 \rightarrow 2H_2O + 57.8 \times 2$ ······ ④
②+④ ⇒ $C + 2H_2 + 2O_2 \rightarrow CO_2 + 2H_2O + 57.8 \times 2 + 94.1$ ········ ⑤
⑤−① ⇒ $CH_4 + 2O_2 \rightarrow CO_2 + 2H_2O + 57.8 \times 2 + 94.1 - 17.9$
$= CH_4 + 2O_2 \rightarrow CO_2 + 2H_2O + 191.8$kcal/mol

34 다음 중 energy의 형태가 아닌 것은?

① 일 ② 열
③ 엔트로피 ④ 전기

해설

엔트로피 : 물리학의 상태량

35 카르노(Carnot) 사이클의 과정 순서로 옳은 것은?

① 등온팽창 – 등온압축 – 단열팽창 – 단열팽창
② 등온팽창 – 단열팽창 – 등온압축 – 단열압축
③ 등온팽창 – 단열압축 – 단열팽창 – 등온압축
④ 등온팽창 – 등온압축 – 단열압축 – 단열팽창

해설

카르노 사이클

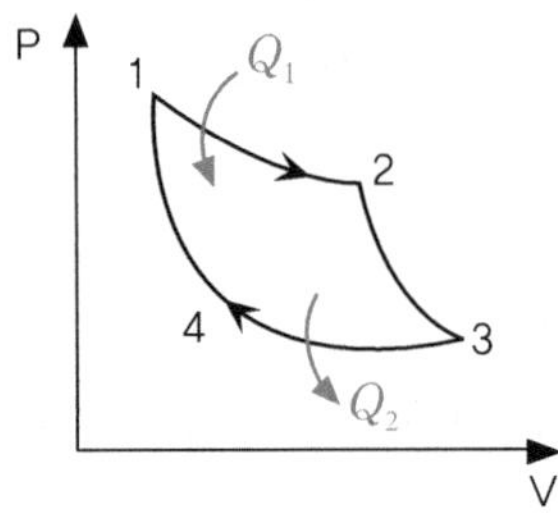

1−2 : 등온팽창(열 공급)
2−3 : 단열팽창
3−4 : 등온압축(열 방출)
4−1 : 단열압축

36 다음 가스의 비열에 관한 설명 중 틀린 것은?

① 정압비열(C_p)은 일정압력 조건에서 측정한다.
② 정적비열(C_v)과 정압비열(C_p)의 단위는 같다.
③ C_p/C_v를 비열비라고 한다.
④ 정압비열(C_p)은 정적비열(C_v)보다 항상 작다.

해설

$C_P > C_V$ 이므로 K(비열비) $= \frac{C_P}{C_V} > 1$임

37 산업통상자원부장관이 도시가스 사업자에게 조정명령을 할 수 없는 사항은?

① 가스공급 계획의 조정
② 도시가스 요금 등 공급 조건의 조정
③ 도시가스의 열량, 압력 및 연소성의 조정
④ 대표자 변경의 조정

해설

조정명령 사항(고법 시행령 제20조)

- 가스공급시설 공사계획의 조정
- 가스공급계획의 조정
- 둘 이상의 특별시·광역시·특별자치시·도 및 특별자치도를 공급지역으로 하는 경우 공급지역의 조정
- 도시가스 요금 등 공급조건의 조정
- 도시가스의 열량·압력 및 연소성의 조정
- 가스공급시설의 공동이용에 관한 조정
- 천연가스 수출입 물량의 규모·시기 등의 조정

38 다음은 분젠식 연소방식의 가스(제조가스, 천연가스, LP가스)에 따른 연소특성에 대한 그림이다. 이 중 LP가스에 해당하는 것은?

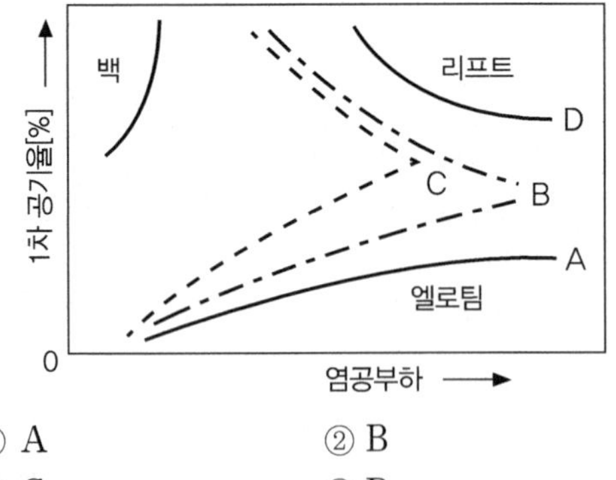

① A ② B
③ C ④ D

해설

A와 D : 제조가스, B : 천연가스, C : LP가스

39 다음 중 내부결함 검사에 사용하는 비파괴 검사방법으로 가장 적합한 것은?

① 초음파탐상검사
② 자기(자분)탐사 검사
③ 침투탐상 검사
④ 육안 검사

해설

초음파(탐상)검사(UT)
- 초음파를 시험체에 보내 내부결함으로 반사된 초음파의 분석으로 결함의 크기 위치를 알아내는 방법
- 종류 : 공진법, 투과법, 펄스반사법
- 장점
  - 위치결함 판별이 양호 건강상 위해가 없다.
  - 내부결함 검출이 가능하다.
  - 면상의 결함도를 알 수 있다.
  - 시험결과를 빨리 알 수 있다.

40 게이지 압력으로 30cmHg는 절대압력으로 몇 mbar에 해당하는가?

① 1096mbar
② 1205mbar
③ 1359mbar
④ 1413mbar

해설

절대압력 = 대기압력 + 게이지압력
= 30 + 76 = 106cmHg

$\therefore \frac{106}{76} \times 1013.25 \fallingdotseq 1413\text{mbar}$

41 다음 독성가스와 제독제가 옳지 않게 짝지어진 것은?

① 염소 - 가성소다 및 탄산소다 수용액
② 암모니아 - 염산 및 질산수용액
③ 시안화수소 - 가성소다 수용액
④ 아황산가스 - 가성소다 수용액

해설

독성가스와 제독제

가스	제독제
염소	가성소다수용액, 탄산소다수용액, 소석회
포스겐	가성소다수용액, 소석회
황화수소	가성소다수용액, 탄산소다수용액
시안화수소	가성소다수용액
아황산가스	가성소다수용액, 탄산소다수용액, 물
암모니아	물
산화에틸렌	물
염화메탄	물

42 암모니아 제법 중 공업적 제법이 아닌 것은?

① 클로우드법
② 석회질소법
③ 뉴데법
④ 파우더법

해설

암모니아 공업적 제조법
- 석회질소법 : 카바이드와 N_2를 전기도에서 가열 반응 시 $CaCN_2$와 C가 제조
  $CaCN_2 + 3H_2O \rightarrow CaCO_3 + 2NH_3$
- 하버보시법 $3H_2 + N_2 \rightarrow 2NH_3$
  - 고압합성(600~1000kg/cm^2) : 클로우드법, 카자레법
  - 중압합성(300kg/cm^2) : IG법, 뉴파우더법, 케미그법, 뉴데법
  - 저압합성(150kg/cm^2 전후) : 구우데법, 케로그법

43 가스의 폭발에 대한 설명으로 틀린 것은?

① 이황화탄소, 아세틸렌, 수소는 위험도가 커서 위험하다.
② 혼합가스의 폭발범위는 르샤틀리에 법칙을 적용한다.
③ 발열량이 높을수록 발화온도는 낮아진다.
④ 압력이 높아지면 일반적으로 폭발범위가 좁아진다.

해설

일반적으로 압력상승 시 폭발범위는 넓어진다. 단, CO는 압력상승 시 폭발범위는 좁아지며 H_2는 압력상승 시 처음에는 폭발범위가 좁아지다가 계속 압력을 올리면 다시 넓어진다.

44 아세틸렌 제조를 위한 설비 중 아세틸렌에 접촉하는 부분의 충전용 지관에는 탄소의 함유량이 얼마 이하의 강을 사용하여야 하는가?

① 0.01　② 0.1
③ 0.3　④ 3

45 **다음 중 배관 진동의 원인으로 가장 거리가 먼 것은?**

① 왕복 압축기의 맥동류
② 직관 내의 압력 강하
③ 안전밸브 작동
④ 지진

해설

배관 진동의 원인
- 펌프, 압축기에 의한 진동
- 관내를 흐르는 유체의 압력변화에 의한 진동
- 안전밸브 분출에 의한 영향
- 관의 굴곡에 의한 힘의 영향
- 바람, 지진 등에 의한 영향

46 **고압가스 저장소를 설치하려는 자 또는 고압가스를 판매하려는 자의 허가 및 등록사항에 대한 설명으로 옳은 것은?**

① 시장 · 군수 또는 구청장의 허가를 받아야 한다.
② 시장 · 군수 또는 구청장에게 등록하여야 한다.
③ 관할 소방서장의 허가를 받아야 한다.
④ 산업통상자원부장관에게 등록하여야 한다.

47 **다음의 각 가스와 제조법을 연결한 것 중 틀린 것은?**

① 수소 - 수성가스법, CO전화법
② 시안화수소 - 앤드류소오법, 폼아미드법
③ 염소 - 합성법, 석회질소법
④ 산소 - 전기분해법, 공기액화분리법

해설

염소의 공업적 제법
- 소금물의 전기분해(수은법, 격막법)
- 염산의 전기분해

48 **다음 가스 중 임계온도가 높은 것부터 나열된 것은?**

① $O_2 > Cl_2 > N_2 > H_2$
② $Cl_2 > O_2 > N_2 > H_2$
③ $N_2 > O_2 > Cl_2 > H_2$
④ $H_2 > N_2 > Cl_2 > O_2$

해설

임계온도 임계압력

가스명	임계온도(℃)	임계압력(atm)
Cl_2	144	76.1
O_2	−118.4	50.1
N_2	−147	33.5
H_2	−239.9	12.8

49 **전기방식 중 효과범위가 넓고, 전압 및 전류의 조정이 쉬우나, 초기 투자비가 많은 단점이 있는 방법은?**

① 전류양극법
② 외부전원법
③ 선택배류법
④ 강제배류법

50 **가스는 최초의 완만한 연소에서 격렬한 폭굉으로 발전될 때까지 거리가 짧은 가연성 가스일수록 위험하다. 유도거리가 짧아질 수 있는 조건이 아닌 것은?**

① 압력이 높을수록
② 점화원의 에너지가 강할수록
③ 관속에 방해물이 있을 때
④ 정상 연소속도가 낮을수록

해설

폭굉 유도거리가 짧아지는 조건
- 압력이 높을수록
- 점화원의 에너지가 강할수록
- 관속에 방해물이 있을 때
- 정상연소속도가 큰 혼합가스일수록

51 **밸브봉을 돌려 열 때 밸브 좌면과 직선적으로 미끄럼 운동을 하는 밸브로서 고압에 견디고 유체의 마찰저항이 적은 특징을 가지는 밸브는?**

① 앵글 밸브(angle valve)
② 글로브 밸브(glove valve)
③ 슬루스 밸브(sluice valve)
④ 스톱 밸브(stop valve)

52 **가스보일러의 설치기준에 따랄 반드시 내열 실리콘으로 마감조치를 하여 기밀이 유지되도록 하여야 하는 부분은?**

① 배기통과 가스보일러의 접속부
② 배기통과 배기통의 접속부
③ 급기통과 배기통의 접속부
④ 가스보일러와 급기통의 접속부

53 **아세틸렌(C_2H_2) 가스는 다음 중 무엇으로 주로 제조하는가?**

① 탄산칼슘　② 탄소
③ 카다리솔　④ 암모니아

CaC_2(탄화칼슘) + $2H_2O \rightarrow Ca(OH)_2$ + C_2H_2

54 **독성가스배관의 접합은 용접으로 하는 것이 원칙이나 다음의 경우에는 플랜지접합으로 할 수 있다. 다음 중 잘못된 것은?**

① 부식되기 쉬운 곳으로써 수시로 점검이 필요한 부분
② 정기적으로 분해하여 청소, 점검, 수리를 하여야 하는 반응기, 탑, 저장탱크, 열교환기 또는 회전기계 전 · 후의 첫 번째 접합 부분
③ 호칭지름 50mm 이하인 배관 접합 부분
④ 신축이음매의 접합 부분

해설

독성가스 제조설비 중 배관 관이음매 접합 방법
- 원칙적으로 용접 : 용접이 부적당할 시 같은 강도를 가지는 플랜지 접합으로 갈음
- 압력계 액면계 온도계 계기류를 배관에 부착 시 반드시 용접. 단 호칭지름 25mm 이하는 제외
- 플랜지 접합으로 할 수 있는 경우
  - 수시로 분해하여 청소 · 점검을 하여야 하는 부분을 접합할 경우나 특히 부식되기 쉬운 곳으로서 수시점검을 하거나 교환할 필요가 있는 곳
  - 정기적으로 분해하여 청소 · 점검 · 수리를 하여야 하는 반응기, 탑, 저장탱크, 열교환기 또는 회전기계와 접합하는 곳(해당 설비 전 · 후의 첫 번째 이음매에 한정)
  - 수리 · 청소 · 철거 시 맹판 설치를 필요로 하는 부분을 접합하는 경우 및 신축이음매의 접합부분을 접합하는 경우

55 **준비 작업시간 100분, 개당 정미작업시간 15분, 로트크기 20일 때 1개당 소요작업시간은 얼마인가?(단, 여유시간은 없다고 가정한다.)**

① 15분　② 20분
③ 35분　④ 45분

$T = P + nt(1+\alpha)$

∴1개당 소요작업시간 $T_i = \frac{P}{n} + t(1+\alpha)$

$= \frac{100}{20} + 15 = 20$분

56 **작업시간 측정방법 중 직접측정법은?**

① PTS법
② 경험견적법
③ 표준자료법
④ 스톱워치법

작업시간 측정법
- 직접측정법 : 시간연구법(스톱워치법, 촬영법, VTR분석법), 워크샘플링법(WS법)
- 간접측정법 : 실적기록법, 표준자료법 PTS법(MTM, WF)

57 **다음 중 샘플링검사보다 전수검사를 실시하는 것이 유리한 경우는?**

① 검사항목이 많은 경우
② 파괴검사를 해야 하는 경우
③ 품질특성치가 치명적인 결점을 포함하는 경우
④ 다수 다량의 것으로 어느 정도 부적합품이 섞여도 괜찮을 경우

해설

보기 중 ①, ②, ④항은 샘플링검사가 유리한 경우이다.

58 **소비자가 요구하는 품질로서 설계와 판매정책에 반영되는 품질을 의미하는 것은?**

① 시장품질
② 설계품질
③ 제조품질
④ 규격품질

해설

품질의 분류

- 설계품질 : 목표품질을 토대로 고객의 요구로 분석하여 품질이 결정되면 공정의 제조기술 설비관리 상태에 따라 경제성을 고려하여 제조가 가능한 수준으로 정한 품질로 최적의 설계품질을 제품이 가지고 있는 사용가치와 균형을 고려하여 설정
- 시장품질 : 제품이 판매부 고객이 사용 시 결정되는 품질로 실제 사용에서 평가되므로 설계품질의 기초가 되는 요구 품질이며 목표 품질이 되며 제품 품질의 기준이 된다.
- 제조품질(적합품질) : 실제로 제조된 품질이며 적합품질이라고 한다. 일반적으로 공정산포에 원인이 되는 4M의 영향을 받으며 기술 · 경제적으로 허용되는 범위 내에서 제조품질을 설계품질에 적합하게 하는 노력에서 품질의 향상이 이루어진다.

59 축의 완성지름, 철사의 인장강도, 아스피린 순도와 같은 데이터를 관리하는 가장 대표적인 관리도는?

① c 관리도
② np 관리도
③ u 관리도
④ $\overline{x}$ −R 관리도

해설

$\overline{x}$ −R 관리도 : 길이, 무게, 시간, 강도, 성분과 같이 데이터가 연속적인 계량치의 경우에 사용하는 관리도로서 시료 채취가 용이한 경우 사용하는 계량형 관리도의 대표적인 관리도이다.

60 로트의 크기가 시료의 크기에 비해 10배 이상 클 때, 시료의 크기와 합격판정개수를 일정하게 하고 로트의 크기를 증가시킬 경우 검사특성곡선의 모양 변화에 대한 설명으로 가장 적절한 것은?

① 무한대로 커진다.
② 별로 영향을 미치지 않는다.
③ 샘플링 검사의 판별 능력이 매우 좋아진다.
④ 검사특성곡선의 기울기 경사가 급해진다.

해설

로트의 크기(N)는 OC 곡선에 큰 영향을 주지 않는다.

정답 09회 – 제52회 가스기능장 기출문제

01 ①	02 ①	03 ④	04 ③	05 ③
06 ①	07 ③	08 ①	09 ①	10 ④
11 ①	12 ③	13 ②	14 ②	15 ③
16 ②	17 ④	18 ③	19 ③	20 ③
21 ②	22 ③	23 ④	24 ②	25 ②
26 ④	27 ②	28 ②	29 ②	30 ④
31 ③	32 ②	33 ③	34 ③	35 ②
36 ④	37 ④	38 ③	39 ①	40 ④
41 ②	42 ④	43 ④	44 ②	45 ②
46 ①	47 ③	48 ②	49 ②	50 ④
51 ③	52 ①	53 ①	54 ③	55 ②
56 ④	57 ③	58 ①	59 ④	60 ②

10회 가스기능장 기출문제

제53회 가스기능장 기출문제

01 암모니아 가스의 공기 중 폭발범위 vol%에 해당하는 것은?

① 15~28
② 2.5~81
③ 4.1~57
④ 1.2~44

해설

암모니아(NH_3) 폭발범위
• 공기 중 : 15~28%
• 산소 중 : 15~79%

02 도시가스사업의 변경허가대상이 아닌 것은?

① 가스발생설비의 종류 변경
② 비상공급시설의 종류, 설치장소, 수 변경
③ 가스홀더의 수 변경
④ 액화가스 저장탱크의 설치장소 변경

해설

도시가스사업법 시행규칙 제4조(변경허가 사항 등) ①법 제3조 제1항 후단 또는 제2항 후단에 따라 변경허가를 받아야 하는 사항은 다음 각 호와 같다. 다만, 천재지변이나 사고로 손상된 가스공급시설에 임시로 연결하여 도시가스를 공급하기 위한 이동식공급시설(이하 "비상공급시설"이라 한다)을 설치함에 따른 변경의 경우는 제외한다.
1. 도시가스의 종류 또는 열량의 변경
2. 공급권역 또는 공급능력의 변경
3. 가스공급시설 중 가스발생설비, 액화가스 저장탱크, 가스홀더의 종류 · 설치장소 또는 그 수의 변경
4. 상호의 변경
5. 대표자(국가, 지방자치단체 및 「공공기관의 운영에 관한 법률」 제4조 제1항에 따른 공공기관을 제외한 법인인 경우만 해당한다)의 변경

03 가스용 콕에 대한 설명 중 틀린 것은?

① 콕은 1개의 핸들로 1개의 유로를 개폐하는 구조로 한다.
② 완전히 열었을 때의 핸들의 방향은 유로의 방향과 직각인 것으로 한다.
③ 과류차단 안전기구가 부착된 콕의 작동유량은 입구압이 1±0.1kPa인 상태에서 측정하였을 때 표시유량의 ±10% 이내인 것으로 한다.
④ 콕의 핸들 회전력은 0.588N · m 이하인 것으로 한다.

해설

완전히 열었을 때의 핸들방향은 유로의 방향과 평행이어야 한다.

04 가스 배관 장치에서 주로 사용되고 있는 부르동관 압력계 사용 시의 주의사항에 대한 설명 중 틀린 것은?

① 안전장치가 되어 있는 것을 사용할 것
② 압력계의 폐지 시에는 조용히 조작할 것
③ 정기적으로 검사를 하여 지시의 정확성을 미리 확인하여 둘 것
④ 압력계는 온도나 진동, 충격 등의 변화에 관계없이 선택할 것

해설

압력계는 온도나 진동, 충격 등의 변화가 적은 장소에 설치하여야 한다.

05 초저온 용기의 단열시험용으로 사용하지 않는 가스는?

① 액화아르곤
② 액화산소
③ 액화질소
④ 액화천연가스

해설

• 용기에 시험용가스를 충전하고 기상부에 접속된 가스 방출밸브를 완전히 열고 다른 모든 밸브를 잠그며 초저온 용기에서 가스를 대기 중으로 방출하여 기화가스량이 거의 일정하게 될 때까지 정지 방출밸브에서 방출된 기화량을 저울 또는 유량계를 사용하여 측정
• 단열성능시험은 용기의 전수에 대하여 실시
• 시험용 가스 : 액화산소, 액화아르곤, 액화질소

06 **독성가스란 공기 중에 일정량 이상 존재하는 경우 인체에 유독한 독성을 지닌 가스로서 허용농도(해당 가스를 성숙된 흰쥐 집단에게 대기 중에서 1시간 동안 계속하여 노출시킨 경우 14일 이내에 그 흰쥐의 2분의 1 이상이 죽게 되는 농도)가 백만분의 얼마 이하인 것을 말하는가?**

① 200
② 500
③ 2000
④ 5000

해설

독성가스란 아크릴로니트릴 · 아크릴알데히드 · 아황산가스 · 암모니아 · 일산화탄소 · 이황화탄소 · 불소 · 염소 · 브롬화메탄 · 염화메탄 · 염화프렌 · 산화에틸렌 · 시안화수소 · 황화수소 · 모노메틸아민 · 디메틸아민 · 트리메틸아민 · 벤젠 · 포스겐 · 요오드화수소 · 브롬화수소 · 염화수소 · 불화수소 · 겨자가스 · 알진 · 모노실란 · 디실란 · 디보레인 · 세렌화수소 · 포스핀 · 모노게르만 및 그 밖에 공기 중에 일정량 이상 존재하는 경우 인체에 유해한 독성을 가진 가스로서 허용농도(해당 가스를 성숙한 흰쥐 집단에게 대기 중에서 1시간 동안 계속하여 노출시킨 경우 14일 이내에 그 흰쥐의 2분의 1 이상이 죽게 되는 가스의 농도를 말한다. 이하 같다)가 100만분의 5000 이하인 것을 말한다.

07 **총발열량이 10400kcal/m^3, 비중이 0.64인 가스의 웨버지수는 얼마인가?**

① 6656
② 9000
③ 13000
④ 16250

해설

$$WI = \frac{Hg}{\sqrt{d}} = \frac{10400}{\sqrt{0.64}} = 13000$$

08 **고압가스 탱크의 수리를 위하여 내부 가스를 배출하고, 불활성가스로 치환한 후 다시 공기로 치환하여 분석하였더니 분석결과가 보기와 같았다. 다음 중 안전작업 조건에 해당하는 것은?**

① 산소 30%
② 수소 10%
③ 일산화탄소 200ppm
④ 질소 80%, 나머지 산소

해설

가스설비 치환농도 기준

- 가연성가스 : 폭발하한의 1/4 이하
- 독성가스 : TLV－TWA 허용농도 이하
- 산소 : 18% 이상 22% 이하
  - －18% 이상 22% 이하
  - －4~75%에서 $4 \times \frac{1}{4} = 1\%$ 이하
  - －50pm 이하

09 **코크스와 수증기를 원료로 하여 얻을 수 있는 가스는?**

① $CO_2 + H_2$
② $CH_4 + O_2$
③ $CH_4 + CO$
④ $H_2 + CO$

해설

$C + H_2O \rightarrow CO + H_2$

10 **질소 14g과 수소 4g을 혼합하여 내용적이 4000mL인 용기에 충전하였더니 용기 내의 온도가 100℃로 상승하였다. 용기 내 수소의 부분압력은 약 몇 atm인가?(단, 이 혼합기체는 이상기체로 간주한다.)**

① 4.4　② 12.6
③ 15.3　④ 19.9

해설

$PV = nRT$

$$P = \frac{nRT}{V} = \frac{(\frac{14}{28} + \frac{4}{2}) \times 0.082 \times 373}{4} = 19.12\text{atm}$$

$$P_{H2} = 19.12 \times \frac{\frac{4}{2}}{\frac{14}{28} + \frac{4}{2}} = 15.29 \fallingdotseq 15.3\text{atm}$$

11 **다음 독성가스 배관용 밸브 중 검사대상이 아닌 것은?**

① 볼밸브
② 니들밸브
③ 게이트밸브
④ 글로브밸브

해설

검사대상 독성가스 배관용 밸브 : 볼밸브, 게이트밸브, 글로브밸브, 체크밸브, 콕

12 **액화석유가스 집단공급시설에서 배관을 지하에 매설할 때 차량이 통행하는 도로에는 몇 m 이상의 깊이로 하여야 하는가?**

① 0.6m ② 1.0m
③ 1.2m ④ 1.5m

해설

LPG 집단공급시설 배관 매설 깊이
- 기준매설 깊이 : 1m 이상
- 공동주택부지 내 : 0.6m 이상
- 차량통행 도로 밑 : 1.2m 이상
- 1m 이상 유지 곤란 시 : 0.6m 이상

13 **액화석유가스 공급자의 의무사항이 아닌 것은?**

① 6개월에 1회 이상 가스사용시설의 안전관리에 관한 계도물 작성, 배포
② 수요자의 가스사용시설에 대하여 6개월에 1회 이상 안전점검을 실시
③ 수요자에게 위해예방에 필요한 사항을 계도
④ 가스보일러가 설치된 후 매 1년에 1회 이상 보일러 성능 확인

해설

액화석유가스의 안전관리 및 사업법 시행규칙 제42조(가스공급자의 의무) ① 액화석유가스 충전사업자, 액화석유가스 집단공급사업자 및 액화석유가스 판매사업자(이하 "가스공급자"라 한다)는 법 제30조에 따라 그가 공급하는 수요자의 시설에 대하여 다음 각 호에 따라 안전점검을 실시하고, 수요자에게 위해예방에 필요한 사항을 계도해야 한다.

1. 6개월에 1회 이상 가스사용시설의 안전관리에 관한 계도물이나 가스안전 사용 요령이 적힌 가스사용시설 점검표를 작성 · 배포할 것
2. 수요자(가스공급자의 사업장에서 용기내장형 가스난방기용 충전용기에 충전된 액화석유가스를 직접 구입하는 자와 내용적 15리터 이하의 용기에 충전된 액화석유가스를 사용하는 자는 제외한다)의 가스사용시설(용기가스소비자의 경우에는 소비설비만을 말한다)에 처음으로 액화석유가스를 공급할 때와 그 이후 다음 각 목의 시기에 안전점검을 실시할 것. 다만, 자동차연료용으로 액화석유가스를 사용하는 가스사용시설에 대해서는 수요자가 요청할 때마다 안전점검을 실시해야 한다.
   가. 체적판매방법으로 공급하는 경우에는 1년에 1회 이상
   나. 다기능가스안전계량기가 설치된 시설에 공급하는 경우에는 3년에 1회 이상
   다. 가목 및 나목 외의 「주택법」 제2조 제1호에 따른 주택에 설치된 가스사용시설로서 압력조정기에서 중간밸브까지 강관 · 동관 또는 금속유연호스(금속플렉시블호스)로 설치된 시설의 경우에는 1년에 1회 이상
   라. 가목부터 다목까지 외의 가스사용시설의 경우에는 6개월에 1회 이상
3. 가스보일러 및 가스온수기가 설치(교체 설치를 포함한다)된 후 액화석유가스를 처음 공급하는 경우에는 가스보일러 및 가스온수기의 시공내용을 확인하고 배관과의 연결부에서 가스가 누출되지 아니하는지를 확인할 것

14 **LP가스의 저장설비실 바닥면적이 15m^{2}이라면 외기에 면하여 설치된 환기구의 통풍가능 면적의 합계는 몇 cm^2 이상이어야 하는가?**

① 3000
② 3500
③ 4000
④ 4500

해설

액화석유가스 시설 통풍구는 바닥면적 1m^{2}당 300cm^2 비율로 계산한다.
$\therefore 15 \times 300 = 4500\text{cm}^2$

15 **왕복동 압축기의 용량제어 방법이 아닌 것은?**

① 클리어런스(clearance) 포켓을 설치하여 클리어런스를 증대시키는 방법
② 안내 깃(vane)의 경사도를 변화시키는 방법
③ 바이패스(by-pass) 밸브에 의해 압축가스를 흡입쪽에 복귀시키는 방법
④ 언로더(unloader) 장치에 의해 흡입밸브를 개방하는 방법

16 **인장응력이 10kgf/mm^{2}인 연강봉이 3140kgf의 하중을 받아 늘어났다면 이 봉의 지름은 몇 mm인가?**

① 10 ② 20
③ 25 ④ 30

해설

$$\sigma(\text{응력}) = \frac{W(\text{하중})}{A(\text{단면적})} = \frac{W}{\frac{\pi}{4}D^2}$$

$$D^2 = \frac{W}{\frac{\pi}{4}\cdot\sigma} = \frac{3140}{\frac{\pi}{4}\cdot 10} = 399.797$$

$$\therefore D = \sqrt{399.797} = 19.99\text{mm}$$

17 **1kcal에 대한 정의로서 가장 적절한 것은?**

① 순수한 물 1kg을 100℃만큼 변화시키는데 필요한 열량
② 순수한 물 1lb를 32℉에서 212℉까지 높이는데 필요한 열량
③ 순수한 물 1lb를 1℃만큼 변화시키는데 필요한 열량
④ 순수한 물 1kg을 14.5℃에서 15.5℃까지 높이는데 필요한 열량

해설

열량의 단위

구분	정의
1kcal	물 1kg을 1℃ (14.5℃~15.5℃)까지 높이는데 필요한 열량
1BTU	물 1Lb를 1℉(61.5~62.5℉)까지 높이는데 필요한 열량
1Chu	물 1Lb를 1℃(14.5℃~15.5℃)까지 높이는데 필요한 열량

18 **가스 중의 황화수소 제거법 중 알칼리물질로 암모니아 또는 탄산소다를 사용하며, 촉매는 티오비산염을 사용하는 방법은?**

① 사이록스법
② 진공카보네이트법
③ 후막스법
④ 타카학스법

해설

공업용 황화합물의 제거

- 수소화탈황법
- 건식 탈황법
- 습식 탈황법
  - 시이볼트법 : 3% 탄산소다용액으로 황화합물 흡수
  - 알카지드법 : 진한 석탄산 나트륨용액에 흡수시키는 방법으로 페놀레이트법이라고도 함
  - 카아볼트법 : 에타놀아민 수용액에 의해 저온에서 H_2S를 흡수, 고온에서 H_2S를 방출
  - 사이록스(티이록스)법 : 황비산나트륨용액을 사용 H_2S를 흡수, 공기로 산화하여 재생
  - 알카티드법 : 알카티드수용액에 의해 H_2S를 흡수, 가열함으로써 방출

19 **다음 중 가연성이면서 독성가스로 분류되는 것은?**

① 산화에틸렌 ② 아세틸렌
③ 부타디엔 ④ 프로판

해설

가연성이면서 독성인 가스 : 아크릴로니트릴, 벤젠, 시안화수소, 산화에틸렌, CO, CH_3, Cl, H_2S, CS2, 석탄가스, NH_3, CH_3Br

20 **공기 중에 누출되었을 때 낮은 곳에 체류하는 가스로만 짝지어진 것은?**

① 프로판, 염소, 포스겐
② 프로판, 수소, 아세틸렌
③ 아세틸렌, 염소, 암모니아
④ 아세틸렌, 포스겐, 암모니아

해설

각 가스의 분자량은 프로판(C_3H_8) 44, 염소(Cl_2) 71, 포스겐($COCl_2$) 99, 수소(H_2) 2, 아세틸렌(C_2H_2) 26, 암모니아(NH_3) 17로 공기(분자량 29)보다 무거운 가스가 누출 시 낮은 곳에 체류한다. 따라서, 공기보다 무거운 가스는 가스누설검지기를 지면에서 30cm 이내에 설치한다.

21 **관을 용접으로 이음하고 용접부를 검사하는데 다음 중 비파괴 검사법에 속하지 않는 것은?**

① 음향검사
② 침투탐상검사
③ 인장시험검사
④ 자분탐상검사

해설

인장검사는 파괴검사에 해당한다.

22 **1kg의 공기가 일정온도 200℃에서 팽창하여 처음 체적의 6배가 되었다. 이때 소비된 열량은 약 몇 kJ인가?**

① 128 ② 143
③ 187 ④ 243

해설

$$Q = GRT\ln\frac{V_2}{V_1}$$

$R = 8.314\text{kN}\cdot\text{m/kg}\cdot\text{K} = 8.314\text{kJ/kg}\cdot\text{K})$

$$\therefore 1\times\frac{8.314}{29}\times(473)\times\ln\frac{6}{1} = 242.97\text{kJ}$$

23 **도시가스사업자가 관계법에서 정하는 규모 이상의 가스공급시설의 설치공사를 할 때 신청서에 첨부할 서류항목이 아닌 것은?**

① 공사계획서
② 공사공정표
③ 시공관리자의 자격을 증명할 수 있는 사본
④ 공급조건에 관한 설명서

해설

규모 이상 가스공급시설 설치공사 시 첨부서류(도법 시행규칙 제62조의2)
- 공사계획서
- 공사공정표
- 변경사유서(공사계획을 변경하는 경우에만 첨부한다)
- 기술검토서
- 건설업등록증 사본
- 시공관리자의 자격을 증명할 수 있는 서류
- 공사예정 금액명세서 등 해당 공사의 공사예정 금액을 증빙할 수 있는 서류

24 **이상기체(perfect gas)의 비열비(k) 관계식을 옳게 표시한 것은?(단, C_p는 정압비열, C_v는 정적비열을 나타낸다.)**

① $k=\dfrac{C_p}{C_v}$　② $k=\dfrac{C_v}{C_p}$

③ $k=C_p\times C_v$　④ $k=\dfrac{1}{C_p\times C_v}$

25 **다음은 이동식 압축천연가스 자동차충전시설을 점검한 내용이다. 기준에 부적합한 경우는?**

① 이동충전차량과 가스배관구를 연결하는 호스 길이가 6m이었다.
② 가스배관구 주위에는 가스배관구를 보호하기 위하여 높이 40cm, 두께 13cm인 철근콘크리트 구조물이 설치되어 있었다.
③ 이동충전차량과 충전설비 사이 거리는 7m이었고, 이동충전차량과 충전설비 사이에 강판제 방호벽이 설치되어 있었다.
④ 충전설비 근처 및 충전설비에서 6m 떨어진 장소에 수동 긴급차단장치가 각각 설치되어 있었으며 눈에 잘 띄었다.

해설

- 이동충전차량과 가스배관구를 연결하는 호스의 길이는 5m 이내로 한다.
- 가스배관구 주위 가스배관구를 보호하기 위해 설치하는 콘크리트의 구조물 규격은 높이 30cm, 두께 12cm 이상이어야 한다.
- 이동충전차량과 충전설비 사이 거리 8m 이상. 단, 이동충전차량과 충전설비 사이에 방호벽 설치 시는 그러하지 아니하다.
- 충전설비 근처 및 충전설비에 설치하는 수동긴급차단장치 이격거리 5m 이상이어야 한다.

26 **철근콘크리트제 방호벽의 설치기준 중 틀린 것은?**

① 방호벽의 두께는 120mm 이상, 높이는 2000mm 이상일 것
② 방호벽은 직경 6mm 이상의 철근을 가로 · 세로 500mm 이하의 간격으로 배근할 것
③ 기초는 일체로 된 철근콘크리트 기초일 것
④ 기초의 높이는 350mm 이상, 되메우기 깊이는 300mm 이상일 것

해설

방호벽은 직경 9mm 이상의 철근을 가로 · 세로 400mm 이하의 간격으로 배근하고, 모서리 부분의 철근을 확실히 결속한 두께 120mm, 높이 2000mm 이상으로 한다.

27 **다음 중 동관의 종류에 해당되지 않는 것은?**

① 이음매 없는 단동관
② 이음매 없는 인탈산동관
③ 이음매 없는 황동관
④ 이음매 없는 무질소동관

해설

이음매 없는 무질소 동관 → 이음매 없는 무산소 동관

28 **다음 중 전기방식(防蝕)의 기준으로 틀린 것은?**

① 직류 전철 등에 의한 영향이 없는 경우에는 외부전원법 또는 희생양극법으로 할 것
② 직류 전철 등의 영향을 받는 배관에는 배류법으로 할 것
③ 전위측정용 터미널은 희생양극법에 의한 배관에는 300m 이내의 간격으로 설치할 것
④ 전위측정용 터미널은 외부전원법에 의한 배관에는 300m 이내의 간격으로 설치할 것

해설

전기방식 설치기준

- 직류전철 등에 따른 누출전류의 영향이 없는 경우에는 외부전원법 또는 희생양극법으로 한다.
- 직류전철 등에 따른 누출전류의 영향을 받는 배관에는 배류법으로 하되 방식효과가 충분하지 않을 경우에는 외부전원법 또는 희생양극법을 병용한다.
- 전위측정용 터미널(T/B)은 희생양극법 및 배류법에 의한 배관에는 300m 이내, 외부전원법에 의한 배관에는 500m 이내의 간격으로 설치한다.

29 다음 [보기]에서 설명하는 소화약제의 명칭은?

- 상온, 상압에서 액체로 존재한다.
- 분해성이 적고 화학적으로 안정하다.
- 독성이 있으므로 한시적으로 사용된다.
- 액체 상태로 방사되므로 방사거리가 비교적 길다.

① Halon 1301
② Halon 1211
③ Halon 2402
④ Halon 104

해설

종류	특 징
할론 1301	• 대기압, 상온에서 기체이다. • 무색 무취이다. • 공기보다 무겁다.
할론 2402	• 상온 · 상압에서 액체이다. • 화학적으로 안정하다. • 독성이 있다

30 이상기체 n몰에 대한 상태방정식으로 가장 옳은 것은?

① $PV = RT$　　② $PV = nRT$
③ $PV = R$　　④ $\dfrac{V}{T} = R$

31 초저온 용기란 얼마 이하의 온도에서 액화가스를 충전하기 위한 용기를 말하는가?

① 상용의 온도
② −30℃
③ −50℃
④ −100℃

해설

초저 용기란 -50℃ 이하의 액화가스를 충전하기 위한 용기를 말하며, 단열재를 씌우거나 냉동설비를 이용하여 냉각시키는 등의 방법으로 용기 내의 가스 온도가 상용온도를 초과하지 않도록 한 것이다.

32 포화증기를 단열압축하면 어떻게 되는가?

① 포화액체가 된다.
② 과열증기가 된다.
③ 압축액체가 된다.
④ 증기의 일부가 액화한다.

해설

포화증기 단열 압축 시 과열증기가 된다.

- 습포화증기 : 증기가 증발열을 완전히 흡수하지 못하고 수분을 포함하고 있는 증기
- 건포화증기 : 증기가 증별열을 완전히 흡수하여 수분이 없는 마른 증기
- 과열증기 : 포화증기를 단열 압축하여 온도가 상승된 증기
- 과열도 = 과열증기온도 − 포화증기온도

33 1torr는 약 몇 Pa인가?

① 14.5　　② 133.3
③ 750.0　　④ 760.0

해설

1torr = 1mmHg

$\therefore \dfrac{1}{760} \times 101325 = 133.3\text{Pa}$

34 가스배관의 누출방지대책은 누출의 발생을 사전에 방지하는 대책과 발생한 누출을 조기에 발견하여 수리하는 대책으로 대별할 수 있다. 다음 중 누출발생을 사전에 방지하는 방법이 아닌 것은?

① 노후관의 조사 및 교체
② 매설위치가 불량한 배관에 대한 조사 및 교체
③ 타공사(굴착공사)에 대한 입회, 순회와 시공 전 안전조치
④ 누출부를 굴착, 노출시켜서 보수

해설

누출부를 굴착, 노출시켜서 보수하는 것은 누출 발생 시 시행하는 수리 대책에 해당된다.

35 NH_4OH, NH_4Cl, $CuCl_2$을 가지고 가스흡수제를 조제하였다. 어떤 가스가 가장 잘 흡수되겠는가?

① CO
② CO_2
③ CH_4
④ C_2H_6

해설

CO의 흡수제는 암모니아성 염화제1구리용액이므로 NH_4OH, NH_4Cl, $CuCl_2$ 등이 해당된다.

36 허가를 받지 않고 LPG 충전사업, LPG 집단공급사업, 가스용품 제조사업을 영위한 자에 대한 벌칙으로 옳은 것은?

① 1년 이하의 징역, 1000만원 이하의 벌금
② 2년 이하의 징역, 2000만원 이하의 벌금
③ 1년 이하의 징역, 3000만원 이하의 벌금
④ 2년 이하의 징역, 5000만원 이하의 벌금

해설

2년 이하의 징역 또는 2천만원 이하의 벌금(주요 사항)

- 허가를 받지 아니하고 액화석유가스 충전사업, 액화석유가스 집단공급사업 또는 가스용품 제조사업을 한 자
- 액화석유가스배관 매설상황의 확인요청을 하지 아니하고 굴착공사를 한 자
- 굴착공사의 협의를 하지 아니하고 굴착공사를 한 자와 정당한 사유 없이 협의 요청에 응하지 아니한 자
- 합동 감시체계를 구축하지 아니하거나 정기적으로 순회점검을 하지 아니한 자
- 기준에 따르지 아니하고 굴착공사를 한 자
- 액화석유가스배관에 대한 도면을 작성·보존하지 아니하거나 거짓으로 작성·보존한 자

37 어떤 계측기기의 진공압력이 57cmHg이었을 때 절대압력으로 환산하면 약 몇 $kgf/cm^2 \cdot abs$가 되는가?

① $0.258kgf/cm^2 \cdot abs$
② $0.513kgf/cm^2 \cdot abs$
③ $1.033kgf/cm^2 \cdot abs$
④ $2.066kgf/cm^2 \cdot abs$

해설

절대압력 = 대기압력 − 진공압력
= 76 − 57 = 19cmHg

$\therefore \frac{19}{76} \times 1.033 = 0.258kgf/cm^2 \cdot abs$

38 공기액화 분리장치의 밸브에서 열손실을 줄이는 방법으로 가장 거리가 먼 내용은?

① 단축밸브로 하여 열의 전도를 방지한다.
② 열전도율이 적은 재료를 밸브봉으로 사용한다.
③ 밸브 본체의 열용량을 가급적 적게 한다.
④ 누출이 적은 밸브를 사용한다.

해설

밸브에서 열손실을 줄이는 방법

- 장축밸브를 사용하여 열의 전도를 방지한다.(밸브의 길이가 길어야 열의 전도가 느려짐)
- 열전도율이 적은 재료를 밸브봉으로 사용한다.
- 밸브 본체의 열용량을 가급적 적게 한다.
- 누출이 적은 밸브를 사용한다.

39 고압가스 안전관리법에서 정한 용기제조자의 수리범위에 해당되는 것은?

① 냉동기 용접부분의 용접
② 냉동기 부속품의 교체, 가공
③ 특정설비의 부속품 교체
④ 아세틸렌 용기 내의 다공질물 교체

해설

용기제조자의 수리범위

- 용기몸체의 용접
- 아세틸렌용기 내의 다공물질 교체
- 용기의 스커트·프로텍터 및 넥크링의 교체 및 가공
- 용기부속품의 부품 교체
- 저온 또는 초저온용기의 단열재 교체
- 초저온용기부속품의 탈·부착

40 줄-톰슨 계수는 이상기체의 경우 어떤 값을 가지는가?

① 0이다.
② +값을 갖는다.
③ −값을 갖는다.
④ 1이 된다.

해설

주울-톰슨계수

- 이상기체의 경우는 0이다.
- 실제기체의 경우 0이 아닌 다른 값을 가진다.

41 일반용 액화석유가스 압력조정기의 제조기술기준에 대한 설명 중 틀린 것은?

① 사용 상태에서 충격에 견디고 빗물이 들어가지 아니하는 구조로 한다.
② 용량 100kg/h 이하의 압력조정기는 입구 쪽에 황동선망 또는 스테인리스강선망을 사용한 스트레이너를 내장하는 구조로 한다.
③ 용량 10kg/h 이상의 1단 감압식 저압조정기의 경우에 몸통과 덮개를 몽키렌치, 드라이버 등 일반공구로 분리할 수 없는 구조로 한다.
④ 자동절체식 조정기는 가스공급 방향을 알 수 있는 표시기를 갖춘다.

해설

용량 10kg/h 미만의 1단 감압식 저압조정기 및 1단 감압식 준저압 조정기의 경우 몸통과 덮개를 몽키렌치, 드라이버 등 일반공구로 분리할 수 없는 구조로 한다.

42 시안화수소(HCN)에 대한 설명으로 옳은 것은?

① 허용농도는 10ppb이다.
② 충전 시 수분이 존재하면 안정하다.
③ 충전한 후 90일을 정치한 후 사용한다.
④ 누출 검지는 질산구리벤젠지로 한다.

해설

HCN

- 허용농도 TLV－TWA : 10ppm, LC_{50} : 140
- 수분 2% 이상 존재 시 중합폭발을 일으킴
- 충전 후 60일 정치
- 누출검지 시험지 : 질산구리벤젠지(초산벤젠지) － 청변

43 3×10^4N · mm의 비틀림 모멘트와 2×10^4N · mm의 굽힘모멘트를 동시에 받는 축의 상당 굽힘모멘트는 약 몇 N · mm인가?

① 25000 ② 28028
③ 50000 ④ 56056

해설

$$M_e = \frac{1}{2}(M + \sqrt{M^2 + T^2})$$

M_e : 상당굽힘모멘트, M : 굽힘모멘트, T : 비틀림모멘트

$$\therefore \frac{1}{2}(2 \times 10^4 + \sqrt{(2 \times 10^4)^2 + (3 \times 10^4)^2}) \fallingdotseq 28028\text{N} \cdot \text{m}$$

44 다음 중 도시가스시설의 설치공사 또는 변경공사를 하는 때에 이루어지는 주요공정 시공감리 대상으로 적합한 것은?

① 도시가스사업자 외의 가스공급시설 설치자의 배관 설치공사
② 가스도매사업자의 가스공급시설 설치공사
③ 일반도시가스사업자의 정압기 설치공사
④ 일반도시가스사업자의 제조소 설치공사

해설

시공감리 대상(도법 시행규칙 제23조)

구분	대상
주요공정 시공감리 대상	• 일반도시가스사업자 및 도시가스사업자 외의 가스공급시설설치자의 배관(그 부속시설을 포함) • 나프타부생가스 · 바이오가스제조사업자 및 합성천연가스제조사업자의 배관(그 부속시설을 포함)
일부공정 시공감리 대상	• 가스도매사업자의 가스공급시설 • 일반도시가스사업자, 나프타부생가스 · 바이오가스제조사업자, 합성천연가스제조사업자 및 도시가스사업자 외의 가스공급시설설치자의 가스공급시설 중 주요공정 감리대상의 시설을 제외한 가스공급시설 • 시행규칙 제21조 제1항에 따른 시공감리의 대상이 되는 사용자공급관(그 부속시설을 포함)

45 냉매는 암모니아를 사용하고, 증발 －15℃, 응축 30°C인 사이클에서 1냉동톤의 능력을 발휘하기 위하여 냉매의 순환량은 얼마로 하여야 하는가?(단, 응축온도와 포화액선의 교점 엔탈피는 134kcal/kg이고, 증발온도와 포화증기선의 교점 엔탈피는 397kcal/kg이다.)

① 5.6kg/h ② 5.6kg/day
③ 12.6kg/h ④ 12.6kg/day

해설

1RT(한국1냉동톤) = 3320kcal/hr

$qe = ia - ie = 397 - 134 = 263\text{kcal/kg}$

$$\therefore G = \frac{Qe(\text{냉동능력})}{qe(\text{냉동효과})} = \frac{3320}{263} = 12.623\text{kg/h}$$

46 축에 동력(PS)이 전달되는 경우 전달마력을 H kgf · m/s, 1분간 회전수를 N rpm이라고 할 때 비틀림 모멘트 T kgf · cm를 구하는 식은?

① $T = 716.2\dfrac{H}{N}$ ② $T = 9740\dfrac{H}{N}$

③ $T = 71620\dfrac{H}{N}$ ④ $T = 97400\dfrac{H}{N}$

해설

축의 비틀림 모멘트

$T = 71620 \cdot \dfrac{H}{N}$ kgf · cm (H : PS, N : rpm)

$T = 97400 \cdot \dfrac{H}{N}$ kgf · mm (H : kW, N : rpm)

47 다음 용어의 정의를 설명한 것이다. 틀린 것은?

① 액화석유가스란 프로판, 부탄을 주성분으로 한 가스를 액화한 것을 말한다.

② 액화석유가스 충전사업은 저장시설에 저장된 액화석유가스를 용기에 충전하여 공급하는 사업을 뜻한다.

③ 액화석유가스 판매사업은 용기에 충전된 액화석유가스를 판매하는 것을 뜻한다.

④ 가스용품 제조사업이란 일반고압가스를 사용하기 위한 기기를 제조하는 사업을 뜻한다.

해설

가스용품 제조사업이란 액화석유가스 또는 「도시가스사업법」에 따른 연료용 가스를 사용하기 위한 기기(機器)를 제조하는 사업을 말한다.

48 배관재료에 대한 설명으로 옳은 것은?

① 배관용 탄소강 강관은 암모니아 배관에서 10kgf/cm^2 이상의 고압배관에 사용된다.

② 배관용 탄소강 강관은 프레온 배관에서 -10°C에서는 10kgf/cm^2 이하의 압력 배관에 사용할 수 있다.

③ 압력배관용 탄소강 강관은 저온배관용 강관이 아니므로 -30℃의 암모니아 배관에 사용할 수 없다.

④ 저온배관용 강관은 저온제한이 없다.

해설

배관재료

- 배관용 탄소강관(SPP) : 사용압력이 비교적 낮은 (0.1MPa 이하) 증기, 물(상수도용은 제외), 기름, 가스, 공기 등의 배관에 사용(KS D 3507)
- 압력배관용 탄소강관(SPPS) : 사용압력 1MPa 이상 10MPa 미만으로 350℃ 정도 이하에서 사용하는 압력배관에 쓰이는 탄소 강관(KS D 3562)
- 저온배관용 탄소강관(SPLT) : 빙점 이하의 특히 낮은 온도에서 배관에 사용(KS D 3569)

49 기체의 유속은 마하(Mach) 수로 나타내며 압축성 유체의 유속계산에 사용된다. 마하수에 대한 표현으로 옳은 것은?(단, 마하수는 M, 유체속도는 V, 음속은 C이다.)

① $M = V \times C$

② $M = \dfrac{V}{C}$

③ $M = \dfrac{C}{V}$

④ $M = V + C$

해설

$\text{Ma} = \dfrac{V}{C}$ (Ma : 마하수, V : 유속, C : 음속)

50 어떤 물질 1kgf가 압력 1kgf/cm^2, 체적 0.86m^3의 상태에서 압력 5kgf/cm^2, 체적 0.4m^3의 상태로 변화하였다. 이 변화에서 내부에너지에는 변화가 없다고 하면 엔탈피의 증가는 몇 kcal/kgf인가?

① 3.28 ② 6.84

③ 26.7 ④ 32.6

해설

$i = U + APV = U + A(P_2V_2 - P_1V_1)$

$\therefore 0 + \dfrac{1}{427}(5 \times 10^4 \times 0.4 - 1 \times 10^4 \times 0.86)$

$= 26.7\text{kcal/kgf}$

51 다음 용매 중 아세틸렌가스에 용해도가 가장 큰 것은?

① 아세톤

② 벤젠

③ 이황화탄소

④ 사염화탄소

해설

아세틸렌(C_2H_2)의 용제 : 아세톤, DMF

52 지름 d인 중심축이 비틀림 모멘트 T를 받을 때 생기는 최대 전단응력을 1이라 하면 비틀림 모멘트 T와 동일한 굽힘 모멘트 M을 받을 때 생기는 최대 전단응력은 얼마인가?

① 1.2 ② $\sqrt{2}$

③ $\sqrt{3}$ ④ 2

53 가스액화분리장치의 구성기기 중 왕복동식팽창기에 대한 설명으로 틀린 것은?

① 팽창기의 흡입압력 범위가 좁다.
② 팽창비는 크지만 효율은 낮다.
③ 가스처리량이 크게 되면 다기통이 된다.
④ 기통 내의 윤활에 오일이 사용된다.

해설

왕복동식 팽창기는 흡입압력 범위가 넓다.

54 같은 조건에서 수소의 확산속도는 산소의 확산속도보다 몇 배가 빠른가?

① 2 ② 4
③ 8 ④ 16

해설

$$\frac{U_H}{U_O} = \sqrt{\frac{M_O}{M_H}} = \sqrt{\frac{32}{2}} = \frac{4}{1}$$

$\therefore U_H : U_O = 4 : 1$

55 다음 중 브레인스토밍(Brainstorming)과 관계가 깊은 것은?

① 파레토도
② 히스토그램
③ 회귀분석
④ 특성요인도

해설

특성요인도

어떤 공장에서 발생하고 있는 한 제품의 불량요인을 파레토도 도표로 파악해 본 결과 어떤 불량요인이 우위를 차지한다면 그 원인을 규명하기 위해 다시 작성해 볼 것. 특성요인도는 브레인스토밍 방식에 따라 의견을 개전하게 하면 효과적인 방법이다.

56 c 관리도에서 k = 20인 군의 총 부적합수 합계는 58이었다. 이 관리도의 UCL, LCL을 계산하면 약 얼마인가?

① UCL = 2.90, LCL = 고려하지 않음
② UCL = 5.90, LCL = 고려하지 않음
③ UCL = 6.92, LCL = 고려하지 않음
④ UCL = 8.01, LCL = 고려하지 않음

해설

c관리도

$$\bar{c} = \frac{\sum c}{k} = \frac{58}{20} = 2.9$$

$$UCL = \bar{c} + 3\sqrt{\bar{c}} = 2.9 + 3\sqrt{2.9} \fallingdotseq 8.01$$

$$UCL = \bar{c} - 3\sqrt{\bar{c}} = 2.9 - 3\sqrt{2.9} \fallingdotseq -2.2$$

※ 관리하한이 음의 값일 경우 관리하한선은 고려하지 않는다.

57 공정 중에 발생하는 모든 작업, 검사, 운반, 저장, 정체 등이 도식화된 것이며 또한 분석에 필요하다고 생각되는 소요시간, 운반거리 등의 정보가 기재된 것은?

① 작업분석(operation analysis)
② 다중활동분석표(multiple activity chart)
③ 사무공정분석(form process chart)
④ 유통공정도(flow process chart)

해설

공정도

- 작업공정도 : 원재료로부터 완제품이 나올 때까지 공정에서 이루어지는 작업과 검사의 과정을 순서대로 표현하며, 재료와 시간정보를 함께 나타낸다.
- 유통공정도(흐름공정도) : 공정 중에 발생하는 모든 작업, 검사, 운반, 저장, 정체 등이 도식화된 것이며, 또한 분석에 필요하다고 생각되는 소요시간, 운반거리 등의 정보를 나타낸다.
- 유통선도(흐름선도) : 부품의 이동경로를 배치도상에 선으로 표시하여 시설물의 위치나 배치관계를 파악할 수 있다.

58 테일러(F.W Taylor)에 의해 처음 도입된 방법으로 작업시간을 직접 관측하여 표준시간을 설정하는 표준시간 설정기법은?

① PTS법
② 실적자료법
③ 표준자료법
④ 스톱워치법

해설

스톱워치법은 테일러(F.W. Taylor)에 의해 처음 도입된 방법으로 작업시간을 직접측정하여 표준시간을 설정하는 방법으로 계측시간 관측법과 반복시간 관측법이 있다.

59 단계여유(slack)의 표시로 옳은 것은?(단, TE는 가장 이른 예정일, TL은 가장 늦은 예정일, TF는 총 여유시간, FF는 자유여유시간이다.)

① TE - TL
② TL - TE
③ FF - TF
④ TE - TF

해설

단계여유는 최종단계에서 최종 완료일을 변경하지 않는 범위 내에서 각 단계에 허용할 수 있는 여유시간으로 가장 늦은 예정일과 가장 이른 예정일의 차이로 나타낼 수 있다.

60 검사의 분류 방법 중 검사가 행해지는 공정에 의한 분류에 속하는 것은?

① 관리 샘플링검사
② 로트별 샘플링검사
③ 전수검사
④ 출하검사

해설

- 검사공정에 의한 분류 : 수입검사, 공정검사, 최종검사, 출하검사
- 검사방법(판정대상)에 의한 분류 : 전수검사, LOT별 샘플링검사, 관리샘플링검사, 무검사

정답 10회 – 제53회 가스기능장 기출문제

01 ①	02 ②	03 ②	04 ④	05 ④
06 ④	07 ③	08 ④	09 ④	10 ③
11 ②	12 ③	13 ④	14 ④	15 ②
16 ②	17 ④	18 ①	19 ①	20 ①
21 ③	22 ④	23 ④	24 ①	25 ①
26 ②	27 ④	28 ④	29 ③	30 ②
31 ③	32 ②	33 ②	34 ④	35 ①
36 ②	37 ①	38 ①	39 ④	40 ①
41 ③	42 ④	43 ②	44 ①	45 ③
46 ③	47 ④	48 ③	49 ②	50 ③
51 ①	52 ②	53 ①	54 ②	55 ④
56 ④	57 ④	58 ④	59 ②	60 ④

11회 가스기능장 기출문제

CHECK POINT QUESTION

제54회 가스기능장 기출문제

01 다음은 비파괴검사에 대한 내용이다. ( ) 안에 들어갈 내용으로 가장 알맞은 것은?

> "검사할 재료의 한쪽 면의 발진장치에서 연속적으로 ( )을(를) 보내고, 수신장치에서 신호를 받을 때 결함에 의한 ( )의 도착에 이상이 생기므로 이것으로부터 결함의 위치와 크기 등을 판정하는 검사방법으로서 용입부족 및 용입결함을 검출할 수 있으며 검사비용이 저렴하나 검사 결과의 보존성이 없다."

① X-선
② γ-선
③ 초음파
④ 형광

해설

초음파(UT)검사
초음파를 시험체에 보내 내부결함으로 반사된 초음파 분석으로 크기 및 위치를 알아내는 검사법으로 공진법, 펄스반사법이 있다.

02 고압가스 사업자는 안전관리규정을 언제 허가관청, 신고관청 또는 등록관청에 제출하여야 하는가?

① 완성검사 시
② 정기검사 시
③ 허가신청 시
④ 사업개시 시

해설

안전관리규정(고법 제11조)
사업자등은 그 사업의 개시(開始)나 저장소의 사용 전에 고압가스의 제조·저장·판매의 시설 또는 용기등의 제조시설의 안전유지에 관하여 산업통상자원부령으로 정하는 사항을 포함한 안전관리규정을 정하고 이를 허가관청·신고관청 또는 등록관청에 제출하여야 한다. 이 경우 한국가스안전공사의 의견서를 첨부하여야 한다.

03 고압식 공기액화분리장치에 대한 설명으로 옳은 것은?

① 원료공기는 압축기에 흡입되어 150~200atm으로 압축된다.
② 탈습된 원료공기는 전부 팽창기로 이송되어 하부탑에서 압력이 5atm으로 단열 팽창되어 -50℃의 저온이 된다.
③ 상부탑에는 다수의 정류판이 있어서 약 5atm의 압력으로 정류된다.
④ 하부탑에서는 약 0.5atm의 압력으로 정류된다.

해설

- 탈습된 원료공기는 전부 팽창기로 이송되어 하부탑에서 압력이 5atm으로 단열 팽창되어 -150℃의 저온이 된다.
- 하부탑에는 다수의 정류판이 있어서 약 5atm의 압력으로 정류된다.
- 상부탑에서는 약 0.5atm의 압력으로 정류된다.

04 수소제조의 석유분해법에서 수증기 개질법의 원료로 적당한 것은?

① 원유 ② 중유
③ 경유 ④ 나프타

05 암모니아 1톤을 내용적 50L의 용기에 충전하고자 한다. 필요한 용기는 몇 개인가?(단, 암모니아의 충전정수는 1.86이다.)

① 11 ② 38
③ 47 ④ 20

해설

- 용기 1개당 충전량(kg)

$$G = \frac{V}{C} = \frac{50}{1.86} = 26.88\text{kg}$$

- 용기수

$$\frac{1000}{26.88} = 37.20 \fallingdotseq 38\text{개}$$

※아무리 적은 양이라도 1개의 용기에 충전하여야 한다.

06 공기액화분리장치의 폭발원인으로 가장 거리가 먼 것은?

① 액체 공기 중의 오존(O_3)의 흡입
② 공기 취입구에서 사염화탄소(CCl_4)의 흡입
③ 압축기용 윤활유의 분해에 의한 탄화수소의 생성
④ 공기 중에 있는 산화질소(NO), 과산화질소(NO_2) 등 질화물의 흡입

해설

공기액화분리장치의 폭발원인
- 액체 공기 중의 오존(O_3)의 흡입
- 공기 취입구에서 아세틸렌(C_2H_2)의 흡입
- 압축기용 윤활유의 분해에 의한 탄화수소의 생성
- 공기 중 질소화합물의 흡입

07 프로판용 가스설비에 부착되어 있는 안전밸브의 설정압력은 몇 MPa 이하로 하여야 하는가?

① 1.8 ② 2.0
③ 2.2 ④ 2.5

해설

과압안전장치 작동압력(KGS FP331)
- 액화가스의 가스설비 등에 부합되어 있는 스프링식 안전밸브는 상용의 온도에서 해당가스 설비 등 안의 액화가스의 상용 체적이 해당 가스설비 등 안의 내용적의 98%까지 팽창하게 되는 온도에 대응하는 해당 가스설비등 안의 압력 이하에서 작동하는 것으로 한다.
- 프로판용 가스설비등에 부착되어 있는 안전밸브의 설정압력은 1.8MPa 이하로 하고, 부탄용 가스설비등에 부착되어 있는 안전밸브의 설정압력은 1.08MPa 이하(압축기나 펌프 토출압력의 영향을 받는 부분은 1.8MPa 이하)로 한다.

08 폴리트로픽 지수의 크기가 비열비의 크기와 동일할 때의 변화를 무슨 변화라고 하는가?

① 등적변화 ② 단열변화
③ 등온변화 ④ 등압변화

해설

폴리트로픽 지수(n)에 따른 변화
- $n = 0$: 등압(정압)변화
- $n = 1$: 등온(정온)변화
- $1 < n < k$: 폴리트로픽변화
- $n = k$: 단열변화
- $n = \infty$: 등적(정적)변화

09 다음 각 가스의 제조에 대한 설명으로 틀린 것은?

① 암모니아(ammonia)는 산소와 수소로 제조한다.
② 아세틸렌은 탄화칼슘을 물에 반응시켜 제조한다.
③ 산소는 공기를 액화분리하여 제조한다.
④ 수소는 석유를 분해하여 제조한다.

해설

암모니아(NH_3)의 제조
- 하버보시법 : $N_2 + 3H_2 \rightarrow 2NH_3$
- 석회질소법 : $CaCN_2 + 3H_2O \rightarrow 2NH_3 + CaCO_3$

10 안전관리자의 직무범위가 아닌 것은?

① 사업소 또는 사용 신고시설의 종사자에 대한 안전관리를 위하여 필요한 지휘, 감독
② 공급자의 의무이행 확인
③ 용기 등의 제조공정 관리
④ 용기기기, 기구의 입 · 출고 관리

해설

안전관리자의 업무(고법 시행령 제13조)
- 사업소 또는 사용신고시설의 시설 · 용기등 또는 작업과정의 안전유지
- 용기등의 제조공정관리
- 공급자의 의무이행 확인
- 안전관리규정의 시행 및 그 기록의 작성 · 보존
- 사업소 또는 사용신고시설의 종사자(사업소 또는 사용신고시설을 개수 또는 보수하는 업체의 직원을 포함한다)에 대한 안전관리를 위하여 필요한 지휘 · 감독
- 그 밖의 위해방지 조치

11 도시가스가 누출될 경우 조기에 발견하여 중독과 폭발을 방지하려고 공급가스를 부취시킨다. 이때 부취제의 성질과 무관한 것은?

① 독성이 없을 것
② 낮은 농도에서도 냄새가 확인될 것
③ 완전연소 후에 냄새를 남길 것
④ 화학적으로 안정될 것

해설

부취제는 연소 후에 냄새가 남지 않아야 한다.

12 **어떤 냉동기에서 0℃의 물로 얼음 2ton을 만드는데 50kWh의 일이 소요되었다면 이 냉동기의 성적계수는?(단, 물의 융해잠열은 80kcal/kg이다.)**

① 2.32　　② 2.67
③ 3.72　　④ 10.5

해설

$$성적계수 = \frac{냉동효과}{압축일량}$$

$$\therefore \frac{2000 \times 80}{50 \times 860} = 3.72$$

13 **긴급이송설비에 부속된 처리설비는 이송되는 설비 안의 내용물을 다음 중 한 가지 방법으로 처리할 수 있어야 한다. 이에 대한 설명으로 틀린 것은?**

① 플레어스택에서 안전하게 연소시킨다.
② 벤트스택에서 안전하게 방출시킨다.
③ 액화가스는 용기로 이송한 후 소분시킨다.
④ 독성가스는 제독 조치 후 안전하게 폐기시킨다.

해설

액화가스는 안전한 저장탱크 및 용기로 이송시킨다.

14 **이상기체(perfect gas)의 열역학적 성질 중 온도에 따라서만 변화하는 것이 아닌 것은?**

① 내부에너지　　② 엔탈피
③ 엔트로피　　④ 비열

해설

보기 중 ①, ②, ④항은 온도와 관계되는 함수이다.

15 **액화석유가스의 사용시설에 대한 설명으로 틀린 것은?**

① 밸브 또는 배관을 가열하는 때에는 열습포나 40℃ 이하의 더운 물을 사용할 것
② 용접작업 중인 장소로부터 5m 이내에서는 불꽃을 발생시킬 우려가 있는 행위를 금할 것
③ 내용적 20L 이상의 충전용기를 옥외로 이동하면서 사용할 때는 용기운반전용장비에 견고하게 묶어서 사용할 것
④ 사이펀 용기는 보온장치가 설치되어 있는 시설에서만 사용할 것

해설

사이펀 용기는 용기에서 가스를 액상태로 뽑아내는 용기로서 반드시 기화장치를 거쳐 기화시킨 후 가스를 사용한다.

16 **안전관리자는 해당분야의 상위 적격자로 할 수 있다. 다음 중 가장 상위인 자격은?**

① 가스기능사
② 가스기사
③ 가스산업기사
④ 가스기능장

해설

안전관리자의 상위자격순서

가스기술사 > 가스기능장 > 가스기사 > 가스산업기사 > 가스기능사

17 **L · atm과 단위가 같은 것은?**

① 힘　　② 에너지
③ 동력　　④ 밀도

해설

물리적 단위

물리적 개념	단위	개요
엔탈피	kcal/kg	단위중량당 열량(물체가 가지는 총 에너지)
밀도	kg/m^3(g/L)	단위체적당 질량
비체적	m^3/kg(L/g)	단위질량당 체적
일의 열당량	1/427kcal/kg · m	어떤 물체 1kg을 1m 움직이는 데 필요한 열량
열의 열당량	427kg · m/kcal	열량 1kcal로 427kg의 물체를 1m 움직일 수 있음
엔트로피	kcal/kg · K	단위중량당 열량을 절대온도로 나눈 값
비열	kcal/kg℃	어떤 물체 1kg을 1℃ 높이는 데 필요한 열량

※L · atm : 부피 × 압력 = 에너지

18 **왕복동식 압축기에서 흡입온도의 상승원인이 아닌 것은?**

① 전단의 쿨러 과냉
② 관로에 수열이 있을 경우
③ 전단 냉각기의 능력 저하
④ 흡입밸브 불량에 의한 역류

해설

전단 냉각기의 과냉 : 흡입온도 저하의 원인

19 **열선형 흡인식 가스 검지기로 LP가스의 누출을 검사하였더니 L.E.L(Limit Explosion Low) 검지 농도가 0.03%를 가리켰다. 이 가스 검지기의 공기 흡입량이 1초에 $4cm^3$이라면 이때의 가스 누출량 cm^3/s은?**

① 1.2×10^{-3}
② 2×10^{-3}
③ 2.4×10^{-3}
④ 5×10^{-3}

해설

누출량

$4cm^3/s \times \frac{0.03}{100} = 1.2 \times 10^{-3} cm^3/s$

20 **냉동용 압축기를 분해, 수리할 때 주의사항에 대한 설명으로 틀린 것은?**

① 부품을 분해할 때에는 흠이 나지 않도록 다룰 것
② 볼트의 조임 토크는 취급설명서에 지시된 값에 준할 것
③ 조임 볼트는 사용부분을 변경하지 않도록 할 것
④ 패킹을 붙일 때에는 우선 모든 기계 가공면에 광명단을 바른 다음에 패킹을 올려 놓을 것

해설

패킹을 붙일 때는 가공면에 이물질이 없도록 청결한 상태에서 패킹을 붙여야 한다.

21 **도시가스배관의 이음부(용접이음매 제외)와 절연전선과는 얼마 이상 떨어져야 하는가?**

① 30cm　② 20cm
③ 15cm　④ 10cm

해설

배관의 이음부(용접이음매는 제외)와 전기설비의 이격거리(KGS FU551)

- 전기계량기 및 전기개폐기 : 0.6m 이상
- 전기점멸기 및 전기접속기 : 0.15m 이상
- 절연전선 : 0.1m 이상
- 절연조치를 하지 않은 전선 및 단열조치를 하지 않은 굴뚝 : 0.15m 이상

22 **고압차단 스위치에 대한 설명으로 맞는 것은?**

① 작동압력은 정상고압보다 $10kgf/cm^2$ 정도 높다
② 전자밸브와 조합하여 고속다기통 압축기의 용량제어용으로 주로 이용된다.
③ 압축기 1대마다 설치 시에는 토출 스톱밸브 후단에 설치한다.
④ 작동 후 복귀 상태에 따라 자동복귀형과 수동복귀형이 있다.

해설

고압차단스위치(HPS)

압축기 토출압력이 이상 고압 시 작동 압축기의 전동기를 정지시켜 이상 고압에 의한 위해를 방지하는 것으로 작동압력은 정상고압보다 4~5(kgf/cm^2 정도 높게 설정한다.

23 **폭굉이 전하는 연소속도를 폭속(폭굉속도)라 하는데 폭굉파의 속도 m/s는 약 얼마인가?**

① 0.03~10
② 20~100
③ 150~200
④ 1000~3500

24 **상용압력 5MPa로 사용하는 안지름 65cm의 용접재 원통형 고압가스 설비 동판의 두께는 최소한 얼마가 필요한가?(단, 재료는 인장강도 $600N/mm^2$의 강을 사용하고, 용접효율은 0.75, 부식여유는 2mm로 한다.)**

① 11mm
② 14mm
③ 17mm
④ 20mm

해설

$$t = \frac{PD}{2Sn - 1.2P} + C$$

$$\therefore \frac{5 \times 650}{2 \times 600 \times \frac{1}{4} \times 0.75 - 1.2 \times 5} + 2 \fallingdotseq 17mm$$

25 특정고압가스에 대한 설명으로 옳은 것은?

① 특정고압가스를 사용하고자 하는 자는 산업통상자원부령이 정하는 기준에 맞도록 사용시설을 갖추어야 한다.
② 특정고압가스를 사용하고자 하는 자는 대통령령이 정하는 바에 의하여 미리 도지사에게 신고하여야 한다.
③ 특정고압가스 사용신고를 받은 도지사는 그 신고를 받은 날로부터 10일 이내에 관할 소방서장에게 그 신고 사항을 통보하여야 한다.
④ 수소, 산소, 염소, 포스겐, 시안화수소 등이 특정고압가스이다.

해설

특정고압가스 사용신고 등(고법 제20조)

- 특정고압가스를 사용하려는 자로서 일정규모 이상의 저장능력을 가진 자 등 산업통상자원부령으로 정하는 자는 특정고압가스를 사용하기 전에 미리 시장 · 군수 또는 구청장에게 신고하여야 한다.
- 특정고압가스 사용신고를 받은 시장 · 군수 또는 구청장은 7일 이내에 그 신고사항을 관할 소방서장에게 알려야 한다.
- 수소 · 산소 · 액화암모니아 · 아세틸렌 · 액화염소 · 천연가스 · 압축모노실란 · 압축디보레인 · 액화알진, 그 밖에 대통령령으로 정하는 고압가스를 특정고압가스라 한다.

26 10kW는 약 몇 HP인가?

① 51.3　② 13.4
③ 225　④ 316

해설

1kW = 102kg · m/s, 1HP = 76kg · m/s

$$1\text{kgf}\cdot\text{m/s} = \frac{1}{102}\text{kW} = \frac{1}{76}\text{HP}$$

1kW = 1.34HP

$\therefore 10 \times 1.34 = 13.4\text{HP}$

27 강(鋼)의 부식 특성에 대한 설명으로 틀린 것은?

① 강 부식의 양극반응은 $Fe \rightarrow Fe^{2+} + 2e^{-1}$이다.
② 양극반응은 대부분의 부식용액에서 빠르게 진행된다.
③ 강이 부식될 때의 속도는 양극반응에 의해서 지배를 받는다.
④ 공기와 접촉하고 있지 않은 용액에서 음극반응은 산(酸)에서 빠르게 진행된다.

해설

부식속도에 영향을 주는 인자

- 내부요인 : 금속재료의 조성, 조직, 구조, 전기화학적 특성, 표면상태, 응력상태 등
- 외부요인 : pH, 용존가스 농도, 온도, 유동상태, 부식액의 조성 등

28 고압가스 저장의 기준으로 틀린 것은?

① 충전용기는 항상 40℃ 이하의 온도를 유지할 것
② 가연성가스를 저장하는 곳에는 방폭형 휴대용 손전등 외의 등화를 휴대하지 아니할 것
③ 시안화수소를 용기에 충전한 후 60일이 초과하지 아니할 것
④ 시안화수소를 저장하는 때에는 1일 1회 이상 피로카롤 등으로 누출시험을 할 것

해설

시안화수소 누설검지시험지 : 질산구리벤젠지

29 가스홀더의 내용적이 1800L, 가스홀더의 최고사용압력이 3MPa로 압축가스를 충전 및 저장할 때에 이 설비의 저장능력은 몇 m^3 인가?

① 10.8　② 30.6
③ 55.8　④ 76.6

해설

$Q = (10P + 1)V$

$\therefore (10 \times 3 + 1) \times 1.8 = 55.8\text{m}^3$

30 한 물체의 가역적인 단열변화에 대한 엔트로피(entropy)의 변화 ΔS는?

① $\Delta S > 0$
② $\Delta S < 0$
③ $\Delta S = 0$
④ $\Delta S = \infty$

해설

- 가역 단열변화 : 엔트로피 불변($\Delta S = 0$)
- 비가역 단열변화 : 엔트로비 증가

31 **특정설비 재검사 면제대상이 아닌 것은?**

① 차량에 고정된 탱크
② 초저온 압력용기
③ 역화방지장치
④ 독성가스배관용 밸브

해설

재검사 면제대상 특정설비(고법 시행규칙 별표 22)
- 평저형 및 이중각 진공단열형 저온저장탱크
- 역화방지장치
- 독성가스배관용 밸브
- 자동차용가스 자동주입기
- 냉동용특정설비
- 대기식 기화장치
- 저장탱크 또는 차량에 고정된 탱크에 부착되지 않은 안전밸브 및 긴급차단밸브
- 저장탱크 및 압력용기 중 다음에서 정한 것
  - 초저온 저장탱크
  - 초저온 압력용기
  - 분리할 수 없는 이중관식 열교환기
  - 그 밖에 산업통상자원부장관이 재검사를 실시하는 것이 현저히 곤란하다고 인정하는 저장탱크 또는 압력용기
- 고압가스용 실린더캐비닛
- 자동차용 압축천연가스 완속충전설비
- 액화석유가스용 용기잔류가스회수장치

32 **암모니아용 냉동기에서 팽창밸브 직전 액냉매의 엔탈피가 110kcal/kg, 흡입증기 냉매의 엔탈피가 360kcal/kg일 때 10RT의 냉동능력을 얻기 위한 냉매 순환량은 약 몇 kg/h인가?(단, 1RT는 3320kcal/h)이다.)**

① 65.7 ② 132.8
③ 263.6 ④ 312.8

해설

$$냉매순환량(G) = \frac{Q_e(냉동능력)}{q_e(냉동효과)}$$

$$\therefore G = \frac{10 \times 3320}{360 - 110} \text{kg/hr}$$

33 **설치가 완료된 배관의 내압시험 방법에 대한 설명으로 틀린 것은?**

① 내압시험은 원칙적으로 기체의 압력으로 실시한다.
② 내압시험은 상용압력의 1.5배 이상으로 한다.
③ 규정압력을 유지하는 시간은 5분에서 20분간을 표준으로 한다.
④ 내압시험은 해당설비가 취성파괴를 일으킬 우려가 없는 온도에서 실시한다.

해설

내압시험을 원칙적으로 수압으로 실시하며, 내압시험압력은 상용압력의 1.5배(공기 · 질소 등으로 하는 경우 1.25배) 이상의 압력으로 실시하여 이상이 없어야 한다.

34 **TNT 1000kg이 폭발했을 때 그 폭발중심에서 100m 떨어진 위치에서 나타나는 폭풍효과(피크압력)는 같은 TNT 125kg이 폭발했을 때 폭발 중심에서 몇 m 떨어진 위치에서 동일하게 나타나는가?(단, 폭풍효과에 관한 3승근 법칙이 적용되는 것으로 한다.)**

① 30 ② 50
③ 70 ④ 80

해설

- TNT 1000kg, 중심에서 열어진 거리 100m 폭풍효과에 대한 환산거리 L_1

$$L_1 = \frac{H}{\sqrt[3]{M_{T1000}}} = \frac{100}{\sqrt[3]{1000}} = 10\text{m}$$

- TNT 125kg 폭발 시 동일 폭발효과의 거리

$$L_2 = L_1 \times \sqrt[3]{M_{T125}} = 10 \times \sqrt[3]{125} = 50\text{m}$$

35 **반데르발스의 식은 $(P + \frac{n^2 a}{V^2})(V - nb) = nRT$로 나타낸다. 메탄가스를 150atm, 40, 30°C의 고압용기에 충전할 때 들어갈 수 있는 가스의 양은?(단, a = 2.26L² · atm/mol, b = 4.30 × 10⁻²L/mol이다.)**

① 29mol
② 32mol
③ 45mol
④ 304mol

해설

반데르발스식

$$(P + \frac{n^2 a}{V^2})(V - nb) = nRT$$

$$(150 + \frac{n^2 \times 2.26}{V^2})(40 - n \times 4.30) = n \times 0.082 \times 293$$

여기서 2차 방정식을 풀어내면
$n = 304.08\text{mol}$

36 정제, 증류제조설비를 자동으로 제어하는 시설에는 정전 등으로 인하여 그 설비의 기능이 상실되지 않도록 비상전력설비를 설치하여야 한다. 다음 중 비상전력설비를 설치하지 아니할 수 있는 제조시설은?

① 산소 제조시설
② 아세틸렌 제조시설
③ 수소 제조시설
④ 불소 제조시설

해설

반응. 분리. 정제. 증류 등을 하는 제조설비를 자동으로 제어하는 설비에는 비상전력설비를 갖추되 아세틸렌(C_2H_2) 제조설비에는 비상전력설비를 설치하지 않아도 된다.

37 섭씨온도 ℃의 정의로 옳은 것은?

① 표준대기압 1atm 하에서 순수한 물의 빙점을 0℃로, 비점을 100℃로 정한 다음 이 사이를 100등분한 것이다.
② 표준대기압 1atm 하에서 알코올의 빙점을 0°C로, 비점을 100℃로 정한 다음 이 사이를 100등분한 것이다.
③ 압력을 $1.0kgf/cm^2$로 하고, 순수한 물의 빙점을 0℃로, 비점을 100℃로 정한 다음 이 사이를 100등분한 것이다.
④ 압력 1bar 하에서 순수한 물의 빙점을 0℃로, 비점을 100℃로 정한 다음 이 사이를 100등분한 것이다.

해설

섭씨온도와 화씨온도
- 섭씨온도(℃) : 표준대기압 하에서 물의 빙점을 0℃로, 비점을 100℃를 정한 다음 이 사이를 100등분한 온도
- 화씨온도(℉) : 표준대기압 하에서 물의 빙점을 32℉, 비점을 212℉로 정한 다음 그 사이를 180 등분한 온도

38 유전양극법에 대한 설명으로 옳은 것은?

① Zn합금 양극에서 가장 나쁜 불순물은 Fe이다.
② 순 Al은 부동태화가 안되므로 그대로 유전양극으로 사용이 가능하다.
③ Mg 합금 양극은 전극전위가 1.5V(SCE) 정도로 고전위이므로 지층 등 비저항이 큰 환경에는 부적합하다.
④ Mg 합금 양극은 1500Ω · cm 이하의 부식성이 강한 환경에 적합하다.

해설

이온화 경향은 Zn > Fe로 철의 영향으로 아연의 금속이 소모되므로 Fe는 불순물이 된다.

39 용기, 냉동기 또는 특정설비를 제조하는 자는 시장, 군수 또는 구청장에게 등록하여야 한다. 등록한 사항 중 중요사항을 변경하고 자 할 때에도 변경등록을 하도록 규정하고 있다. 다음 중 변경등록 대상범위의 항목이 아닌 것은?

① 저장설비의 교체 설치
② 사업소의 위치 변경
③ 용기 등의 제조공정의 변경
④ 용기 등의 종류 변경

해설

용기 · 냉동기 또는 특정설비 변경등록 사항(고법 시행규칙 제4조)
- 사업소의 위치 변경
- 용기등의 종류 변경
- 용기등의 제조공정 변경
- 외국용기등(외국에서 국내로 수출하기 위한 용기등을 말한다.)의 제조규격 변경
- 상호의 변경
- 대표자의 변경

40 압축계수 Z는 이상기체 법칙 $PV = ZnRT$로 정의된 계수이다. 다음 중 맞는 것은?

① 이상기체의 경우 Z = 1이다.
② 실제기체의 경우 Z = 1이다.
③ Z는 그 단위가 R의 역수이다.
④ 일반화시킨 환산변수로는 정의할 수 없으며 이상기체의 경우 Z = 0이다.

해설

$$PV = Z \cdot \frac{W}{M} RT$$

이상기체의 경우 Z = 1이 되어

$PV = nRT = \dfrac{W}{M} RT$ 이다.

41 열기관에서 1사이클당 효율을 높이는 방법으로 가장 적절한 것은?

① 급열 온도를 낮게 한다.
② 동작 유체의 양을 증가시킨다.
③ 카르노 사이클에 가깝게 한다.
④ 동작 유체의 양을 감소시킨다.

해설

카르노 싸이클은 2개의 등온과정과 2개의 단열과정으로 구성된 열기관의 이론적 사이클이다.

42 LP가스를 자동차용 연료로 사용할 때의 장점이 아닌 것은?

① 배기가스가 깨끗하여 독성이 적다.
② 균일하게 연소하므로 열효율이 좋다.
③ 완전연소에 의해 탄소의 퇴적이 적어 엔진의 수명이 연장된다.
④ 유류탱크보다 연료의 중량 및 체적이 적으므로 차량의 무게가 가벼워진다.

해설

LP가스를 자동차 연료로 사용 시 장 · 단점

구분	내용
장점	• 완전연소한다. • 배기가스에 독성이 없다. • 엔진 수명이 연장된다. • 열효율이 높고, 경제성이 좋다.
단점	• 누설가스가 차내에 들어오지 않도록 밀폐시켜야 한다. • 급속한 가속이 곤란하다. • 용기의 무게와 설치장소가 필요하다.

43 작동하고 있는 펌프에서 소음과 진동이 발생하였다. 점검을 위해 고려할 사항으로 가정 거리가 먼 것은?

① 서징의 발생
② 캐비테이션의 발생
③ 액비중의 증대
④ 임펠러에 이물질 혼입

해설

펌프의 소음 진동의 원인

- 서징의 발생
- 캐비테이션의 발생
- 임펠러에 이물질 혼입
- 공기의 혼입
- 펌프의 설치 및 센터링 불량
- 베어링의 마모 및 파손 등

44 혼합가스 중의 아세틸렌가스를 헴펠법으로 정량분석하고자 한다. 이때 사용되는 흡수제는?

① KOH 수용액
② NH_4Cl + $CuCl_2$ 수용액
③ KOH + 피로칼롤 수용액
④ 발연황산

해설

헴펠법의 분석순서 및 흡수제

순서	분석가스	흡수제
1	CO_2	KOH 수용액
2	C_mH_n	발연황산
3	O_2	피로카롤용액
4	CO	암모니아성 염화제1구리용액

45 다음 중 액화석유가스 용기충전시설의 저장탱크에 폭발방지장치를 의무적으로 설치하여야 하는 경우는?(단, 저장탱크는 저온저장탱크가 아니며, 물분무장치 설치기준을 충족하지 못하는 것으로 가정한다.)

① 상업지역에 저장능력 15톤 저장탱크를 지상에 설치하는 경우
② 녹지지역에 저장능력 20톤 저장탱크를 지상에 설치하는 경우
③ 주거지역에 저장능력 5톤 저장탱크를 지상에 설치하는 경우
④ 녹지지역에 저장능력 30톤 저장탱크를 지상에 설치하는 경우

해설

저장설비 폭발방지장치 설치 : 주거지역이나 상업지역에 설치하는 저장능력 10톤 이상의 저장탱크에는 그 저장탱크의 안전을 확보하기 위하여 폭발방지장치를 설치한다. 다만, 안전조치를 한 저장탱크의 경우 및 지하에 매몰하여 설치한 저장탱크의 경우에는 폭발방지장치를 설치하지 않을 수 있다.

46 LPG저장탱크를 지하에 설치 시 저장탱크실 재료의 규격으로 틀린 것은?

① 굵은 골재의 최대치수 : 25㎜
② 설계강도 : 21MPa 이상
③ 슬럼프(Slump) : 21MPa 이상
④ 공기량 : 1% 미만

해설

저장탱크 지하설치 시 저장탱크실 재료의 규격

구분 \ 탱크종류	고압가스탱크	LPG탱크
굵은 골재의 최대치수	25mm	25mm
설계강도	6~23.5MPa	21MPa 이상
슬럼프	120~150mm	120~150mm
공기량	4% 이하	4% 이하
물 · 시멘트비	53% 이하	50% 이하

47 **재료의 세로 탄성계수가 $2 \times 10^6 kgf/cm^2$, 가로 탄성계수가 $8 \times 10^5 kgf/cm^2$라고 하면 이 재료의 푸와송비는 얼마인가?**

① 0.11　　② 0.25
③ 0.38　　④ 1.25

해설

푸와송비(세로변형율에 대한 가로변형율의 비)

$$\mu = \frac{1}{m} = \frac{\text{가로변형율}}{\text{세로변형율}} = \frac{E-2\times G}{2\times G}$$

(E : 세로탄성계수, G : 가로탄성계수)

$$\therefore \frac{2\times 10^6 - 2\times 8\times 10^5}{2\times 8\times 10^5} = 0.25$$

48 **액화석유가스 집단공급사업자 등 액화석유가스 공급자의 공급자 의무에 대한 설명으로 틀린 것은?**

① 6개월에 1회 이상 가스사용시설의 안전관리에 관한 계도물을 작성, 배포한다.
② 6개월에 1회 이상 가스사용시설에 대한 안전점검을 실시한다.
③ 다기능가스계량기가 설치된 시설에 공급하는 경우에는 2년에 1회 이상 안전점검을 실시한다.
④ 액화석유가스 자동차 안전점검표는 안전점검 결과 이상이 있는 경우에만 작성한다.

해설

액화석유가스 공급자의 의무(액법 시행규칙 제42조)

1. 6개월에 1회 이상 가스사용시설의 안전관리에 관한 계도물이나 가스안전 사용 요령이 적힌 가스사용시설 점검표를 작성 · 배포할 것
2. 수요자의 가스사용시설에 처음으로 액화석유가스를 공급할 때와 그 이후 다음 각 목의 시기에 안전점검을 실시할 것. 다만, 자동차연료용으로 액화석유가스를 사용하는 가스사용시설에 대해서는 수요자가 요청할 때마다 안전점검을 실시해야 한다.
   가. 체적판매방법으로 공급하는 경우에는 1년에 1회 이상
   나. 다기능가스안전계량기가 설치된 시설에 공급하는 경우에는 3년에 1회 이상
   다. 가목 및 나목 외의 주택에 설치된 가스사용시설로서 압력조정기에서 중간밸브까지 강관 · 동관 또는 금속유연호스(금속플렉시블호스)로 설치된 시설의 경우에는 1년에 1회 이상
   라. 가목부터 다목까지 외의 가스사용시설의 경우에는 6개월에 1회 이상
3. 가스보일러 및 가스온수기가 설치(교체 설치를 포함)된 후 액화석유가스를 처음 공급하는 경우에는 가스보일러 및 가스온수기의 시공내용을 확인하고 배관과의 연결부에서 가스가 누출되지 아니하는지를 확인할 것

49 **산소용기에 산소를 충전하고 용기 내의 온도와 밀도를 측정하였더니 각각 20℃, 0.1kg/L이었다. 용기 내의 압력은 약 얼마인가?(단, 산소는 이상기체로 가정한다.)**

① 0.075기압　　② 0.752기압
③ 7.5기압　　④ 75기압

해설

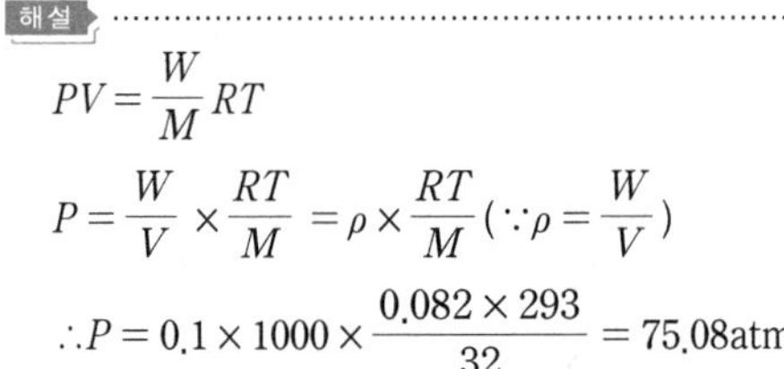

$$PV = \frac{W}{M}RT$$

$$P = \frac{W}{V} \times \frac{RT}{M} = \rho \times \frac{RT}{M} \left(\because \rho = \frac{W}{V}\right)$$

$$\therefore P = 0.1 \times 1000 \times \frac{0.082 \times 293}{32} = 75.08\text{atm}$$

50 **다음 중 소석회에 의해 제독이 가능한 가스는?**

① 염소　　② 황화수소
③ 암모니아　　④ 시안화수소

해설

독성가스와 제독제

가스	제독제
염소	가성소다수용액, 탄산소다수용액, 소석회
포스겐	가성소다수용액, 소석회
황화수소	가성소다수용액, 탄산소다수용액
시안화수소	가성소다수용액
아황산가스	가성소다수용액, 탄산소다수용액, 물
암모니아	물
산화에틸렌	물
염화메탄	물

51 **냉동장치의 배관에서 증발압력 조정밸브를 설치하는 주된 목적은?**

① 증발압력이 설정된 최소치 이상을 유지하도록
② 증발압력이 설정된 최소치 이하를 유지하도록
③ 증발압력이 설정된 최고치 이상을 유지하도록
④ 증발압력이 설정된 최고치 이하를 유지하도록

해설

증발압력조정밸브(EPR)

증발기와 압축기 사이에 설치, 증발 압력이 설정압력 이하로 저하되는 것을 방지하기 위하여 설치되는 밸브

52 **특정고압가스를 사용하고자 하는 자로서 일정 규모 이상의 저장능력을 가진 자 등 산업통상자원부령이 정하는 자는 사용신고를 언제 하여야 하는가?**

① 사용개시 7일전까지
② 사용개시 15일전까지
③ 사용개시 20일전까지
④ 사용개시 1개월 전까지

해설

특정고압가스 사용신고(고법 시행규칙 제46조)

- 특정고압가스 사용신고를 하려는 자는 사용개시 7일 전까지 특정고압가스 사용신고서를 시장 · 군수 또는 구청장에게 제출하여야 한다.
- 신고를 받은 시장 · 군수 또는 구청장은 그 신고인에게 특정고압가스 사용신고증명서를 발급하고, 그 신고사항을 한국가스안전공사에 알려야 하며, 「자동차관리법」에 따라 등록을 받은 관청은 그 등록사항을 한국가스안전공사에 알려야 한다.

53 **일산화탄소(CO)의 허용농도는 50ppm이다. 이것을 %로 나타내면 얼마인가?**

① 0.5
② 0.05
③ 0.005
④ 0.0005

해설

$1ppm = \frac{1}{10^6}$

$1\% = \frac{1}{10^2}$ 이므로 $1\% = 10^4 ppm$

$\therefore 50 \times \frac{1}{10^4} = 0.005\%$

54 **다음 중 중합폭발을 일으키는 가스는?**

① 오존　② 시안화수소
③ 아세틸렌　④ 히드라진

해설

- 산화폭발 : 모든 가연성 가스
- 분해폭발 : 아세틸렌(C_2H_2), 산화에틸렌(C_2H_4O), 히드라진(N_2H_4)
- 중합폭발 : 시안화수소(HCN)

55 **예방보전(Preventive Maintenance)의 효과가 아닌 것은?**

① 기계의 수리비용이 감소한다.
② 생산시스템의 신뢰도가 향상된다.
③ 고장으로 인한 중단시간이 감소한다.
④ 잦은 정비로 인해 제조원단위가 증가한다.

해설

예방보전(Preventive Maintenance)

구분	내용
목표	설비고장감소, 설비성능 향상으로 안전 위생 환경 등을 정비 개선하고 품질보증과 이익개선 원가절감에 기여
효과	• 생산시스템의 정지시간이 감소하고 이에 따른 유휴 손실이 감소한다. • 수리작업의 횟수 및 기계수리 비용이 감소한다. • 납기 지연으로 인한 고객불만이 없어지고 매출이 신장된다. • 비 기계를 보유할 필요가 없어지고 결국 제조원가가 절감된다.

56 **부적합수 관리도를 작성하기 위해 $\sum c=559$, $\sum c=222$를 구하였다. 시료의 크기가 부분군마다 일정하지 않기 때문에 u 관리도를 사용하기로 하였다. n = 10일 경우 u 관리도의 UCL 값은 약 얼마인가?**

① 4.023　② 2.518
③ 0.502　④ 0.252

해설

u 관리도

$\overline{u}=\frac{\sum c}{\sum n}$

$UCL = \overline{u}+3\times\sqrt{\frac{\overline{u}}{n}}$

$LCL = \overline{u}-3\times\sqrt{\frac{\overline{u}}{n}}$ 이므로

$\therefore UCL = 2.518+3\times\sqrt{\frac{2.518}{10}} = 4.023$

57 이항분포(Binomial distribution)의 특징에 대한 설명으로 옳은 것은?

① P = 0.01일 때는 평균치에 대하여 좌 · 우 대칭이다.
② $P \le 0.1$이고, $nP = 0.1 \sim 10$일 때는 푸와송 분포에 근사한다.
③ 부적합품의 출현 개소에 대한 표준편차는 $D(x) = nP$이다.
④ $P \le 0.5$이고, $nP \le 0.5$일 때는 정규분포에 근사한다.

해설

이항분포(부적합율 분포)
- N이 클 때 초기하분포의 근사치로 사용된다.
- 분포가 이산적 특징을 취한다.
- 적합품수, 부적합품률, 출석률 등의 계수치는 이항분포를 따른다.
- $P = 0.5$일 때 평균치에 대해 좌우대칭의 분포를 한다.
- $P \le 0.5$이고 $nP \ge 0.5$일 때 정규분포에 근사한다.
- $P \le 0.1$이고, $nP = 0.1 \sim 10$일 때 푸와송 분포에 근사한다.
- $\frac{N}{n} < 10$(유한모집단)일 때는 초기하분포를 따른다.

58 모집단으로부터 공간적, 시간적으로 간격을 일정하게 하여 샘플링하는 방식은?

① 단순랜덤샘플링(simple random sampling)
② 2단계샘플링(two－stage sampling)
③ 취락샘플링(cluster sampling)
④ 계통샘플링(systematic sampling)

해설

계통샘플링은 모집단으로부터 시간적 또는 공간적으로 일정 간격을 두고 샘플링하는 방법으로 모집단에 주기적인 변동이 있는 것이 예상될 경우에는 사용하지 않는 것이 좋다.

59 작업방법 개선의 기본 4원칙을 표현한 것은?

① 층별 - 랜덤 - 재배열 - 표준화
② 베제 - 결합 - 랜덤 - 표준화
③ 층별 - 랜덤 - 표준화 - 단순화
④ 배제 - 결합 - 재배열 - 단순화

해설

작업 방법 개선의 기본 4원칙 : 배제, 결합, 재배열, 단순화

60 제품공정도를 작성할 때 사용되는 요소(명칭)가 아닌 것은?

① 가공
② 검사
③ 정체
④ 여유

해설

제품공정도 작성 시 요소 : 가공, 검사, 정체, 운반, 저장 등

정답 **11회 - 제54회 가스기능장 기출문제**

01 ③	02 ④	03 ①	04 ④	05 ②
06 ②	07 ①	08 ②	09 ①	10 ④
11 ③	12 ③	13 ③	14 ③	15 ④
16 ④	17 ②	18 ①	19 ①	20 ④
21 ④	22 ④	23 ④	24 ③	25 ①
26 ②	27 ③	28 ④	29 ③	30 ③
31 ①	32 ②	33 ①	34 ②	35 ④
36 ②	37 ①	38 ①	39 ①	40 ①
41 ③	42 ④	43 ③	44 ④	45 ①
46 ④	47 ②	48 ③	49 ④	50 ①
51 ①	52 ①	53 ③	54 ②	55 ④
56 ①	57 ②	58 ④	59 ④	60 ④

12회 가스기능장 기출문제

CHECK POINT QUESTION

제55회 가스기능장 기출문제

01 **Orifice 유량계는 어떤 원리를 이용한 것인가?**

① 베르누이 정리
② 토리첼리 정리
③ 플랑크의 법칙
④ 보일-샤를의 원리

해설

오리피스, 플로노즐, 벤투리미터는 모두 차압식 유량계로 베르누이의 정리를 측정 원리로 한다.

02 **밀폐된 용기 중에서 공기의 압력이 15atm일 때 N_2의 분압은 약 몇 atm인가?(단, 공기 중 질소는 79%, 산소는 21% 존재한다.)**

① 7.9 ② 9.1
③ 11.8 ④ 12.7

해설

$$분압 = 전압 \times \frac{성분부피}{전부피}$$

$$\therefore P_N = 15 \times \frac{79}{79+21} = 11.85\text{atm}$$

03 **다음 중 특정고압가스가 아닌 것은?**

① 수소 ② 산소
③ 프로판 ④ 아세틸렌

해설

특정고압가스의 종류

- 고법 제20조 : 수소, 산소, 액화암모니아, 아세틸렌, 액화염소, 천연가스, 압축모노실란, 압축디보레인, 액화알진
- 고법 시행령 제16조 : 포스핀, 셀렌화수소, 게르만, 디실란, 오불화비소, 오불화인, 삼불화인, 삼불화질소, 삼불화붕소, 사불화유황, 사불화규소

04 **지름이 다른 강관을 직선으로 이음하는데 주로 사용되는 것은?**

① 부싱 ② 티
③ 크로스 ④ 엘보

해설

- 배관의 방향을 전환할 때 : 엘보, 밴드
- 관을 도중에 분기할 때 : 티, 와이, 크로스
- 동일 지름의 관을 연결할 때 : 소켓, 니플, 유니언
- 지름이 다른 관을 연결할 때 : 리듀서, 부싱, 이경 엘보, 이경 티
- 관 끝을 막을 때 : 플러그, 캡

05 **다음 보기에서 설명하는 강(鋼)으로 가장 옳은 것은?**

> - 인성, 연성, 내식성이 우수하다.
> - 결정구조는 FCC이고 비자성이다.
> - 대표 강으로는 18-8 스테인리스강이 있다.

① 구리-아연강(Cu-Zn steel)
② 구리-주석강(Ci-Sn steel)
③ 몰리브덴-크롬강(Mo-Cr steel)
④ 크롬-니켈강(Cr-Ni steel)

해설

특수강

- 몰리브덴-크롬강 : 크롬강에 몰리브덴을 소량 첨가하면 뜨임의 민감성을 완화하여 담금질과 고온 강도가 증가된다.
- 스테인리스강(크롬-니켈강) : 스테인리스강에는 크롬을 주체로 한 것, 크롬과 니켈을 첨가한 것 등이 있으며 18-8 스텐레스강(크롬 17~20%, 니켈 7~10%)이 이에 속하며 인성, 연성, 내식성이 매우 우수하다.

06 **공기액화분리장치의 폭발 원인과 대책으로 틀린 것은?**

① 공기 취입구에서 아세틸렌이 혼입된다.
② 압축기용 윤활유의 분해에 따라 탄화수소가 생성된다.
③ 흡입구 부근에서는 아세틸렌 용접을 금지한다.
④ 분리장치는 년 1회 정도 내부를 세척하고 세정액으로는 양질의 광유를 사용한다.

해설

공기액화분리장치의 폭발 원인과 대책

구분	내용
원인	• 공기 취입구로부터 아세틸렌 혼입 • 압축기용 윤활유 분해에 따른 탄화수소 생성 • 액체 공기 중 O_3의 혼입 • 공기 중 질소화합물의 혼입
대책	• 공기 취입구를 맑은 곳에 설치 • 윤활유로 양질의 광유를 사용 • 장치 내 여과기 설치 • 분리장치를 년 1회 CCl_4로 세척

07 일산화탄소의 제법에 대한 설명으로 옳은 것은?

① 수소가스 제조시의 부산물로 제조된다.
② 코크스에 산소를 사용하여 불완전 연소시켜 제조한다.
③ 알코올 발효시의 부산물로 제조된다.
④ 석회석의 연수에 의해 생성된 가스를 압축하여 제조한다.

해설

일산화탄소(CO)의 제법

• 실험적제법 : 개미산에 진한 황산을 작용시켜 얻는다.
$HCOOH \rightarrow CO + H_2$
• 공업적 제법 : 목탄 코크스에 산소를 사용하여 불완전연소하여 얻는다.
$C + O_2 \rightarrow CO_2$
$C + CO_2 \rightarrow 2CO$

08 재충전 금지용기는 그 용기의 안전을 확보하기 위하여 기준에 적합하여야 한다. 그 기준으로 틀린 것은?

① 용기와 용기 부속품을 분리할 수 없는 구조일 것
② 최고충전압력 MPa의 수치와 내용적 L의 수치를 곱한 값이 100 이하일 것
③ 최고충전압력이 22.5MPa 이하이고 내용적이 15L 이하일 것
④ 최고충전압력이 3.5MPa 이상인 경우에는 내용적이 5L 이하일 것

해설

재충전금지용기의 구조 및 치수(KGS AC216)

구분	내용
구조	• 용기 몸통에는 용기에 부착하는 부속품 및 부속물이 없는 구조로 한다. • 개구부 및 보강부는 용기의 길이 방향 축을 중심으로 용기의 바깥지름의 80%를 직경으로 하는 원의 안쪽에 있는 구조로 한다. • 개구부의 수평면은 용기의 길이 방향 축에 대하여 수직인 구조로 한다. 다만, 용기 본체에 용접된 파열판식 안전장치는 그렇지 않다. • 용기와 용기 부속품을 분리할 수 없는 구조로 한다. • 용기 부속품은 밸브핸들이 부착되어 있거나 전용 개폐기구를 사용하여 개폐하는 구조로 한다.
치수	• 최고충전압력(MPa)의 수치와 내용적(L)의 수치와의 곱이 100 이하로 한다. • 최고충전압력이 22.5MPa 이하이고 내용적이 25L 이하로 한다. • 최고충전압력이 3.5MPa 이상인 경우에는 내용적이 5L 이하로 한다. • 납붙임 부분은 용기 몸체 두께의 4배 이상의 길이로 한다.

09 냉동배관에서 압축기 다음에 설치하는 유분리기의 분리 방법에 따른 종류가 아닌 것은?

① 전기식
② 원심식
③ 가스충돌식
④ 유속감소식

해설

냉동용 압축기의 유분리기의 종류 : 원심식(원심분리형), 가스충돌식, 유속감소식(중력식)

10 공기 중에서 폭발하한계 값이 작은 것부터 큰 순서로 옳게 나열된 것은?

㉠ 아세틸렌 ㉡ 수소 ㉢ 프로판 ㉣ 일산화탄소

① ㉠－㉡－㉢－㉣
② ㉠－㉡－㉣－㉢
③ ㉡－㉠－㉢－㉣
④ ㉢－㉠－㉡－㉣

해설

공기 중 폭발범위

가스 명칭	폭발범위
아세틸렌(C_2H_2)	2.5～81%
수소(H_2)	4～75%
프로판(C_3H_8)	2.2～9.5%
일산화탄소(CO)	12.5～74%

11 다음 용어의 정의 중 틀린 것은?

① 저장소라 함은 산업통상자원부령이 정하는 일정량 이상의 고압가스를 용기 또는 저장탱크에 의하여 저장하는 일정한 장소를 말한다.
② 용기라 함은 고압가스를 충전하기 위한 것으로서 이동할 수 없는 것을 말한다.
③ 저장탱크라 함은 고압가스를 저장하기 위한 것으로서 일정한 위치에 고정 설치된 것을 말한다.
④ 냉동기라 함은 고압가스를 사용하여 냉동을 하기 위한 기기로서 산업통상자원부령이 정하는 냉동능력 이상인 것을 말한다.

해설

용어의 정의
- 용기(容器) : 고압가스를 충전(充塡)하기 위한 것(부속품을 포함한다)으로서 이동할 수 있는 것을 말한다.
- 차량에 고정된 탱크 : 고압가스의 수송 · 운반을 위하여 차량에 고정 설치된 탱크를 말한다.

12 교축과정에서 일어나는 현상으로 틀린 것은?

① 엔탈피가 증가한다.
② 엔트로피가 증가한다.
③ 압력이 감소한다.
④ 난류현상이 일어난다.

해설

교축(스로틀링) 과정
- 엔탈피가 일정한 등엔탈피 과정이다.
- 엔트로피가 증가한다.
- 압력 및 속도가 감소한다.
- 유체가 난류현상을 일으킨다.

13 암모니아 가스 누출 시험에 사용할 수 없는 것은?

① 염화수소
② 네슬러 시약
③ 리트머스 시험지
④ 헬라이드 토치

해설

암모니아 검출방법
- 취기(자극성 냄새)
- 적색리트머스 시험지 청변
- 염화수소와 반응 시 흰 연기
- 네슬러시약 적갈색 침전

14 정전기 재해 방지조치에는 정전기 발생억제, 정전기 완화 촉진, 폭발성가스의 형성방지로 나눌 수 있다. 이 중 정전기 완화를 촉진시켜 정전기를 방지하는 방법이 아닌 것은?

① 접지, 본딩
② 공기 이온화
③ 습도 부여
④ 유속 제한

해설

정전기 발생 방지 방법
- 공기를 이온화 시킨다.
- 상대습도를 70% 이하로 유지시킨다.
- 유속을 1m/S 이하로 유지한다.
- 접지시킨다
- 분진, 먼지 등을 제거한다.
- 절연체에 도전성을 부여한다.

15 온도 298K, 부피 0.248L의 용기에 메탄 1mol을 저장할 때 Van der Waals 식을 이용하여 계산한 압력 bar은?(단, $a = 2.29L^2 \cdot bar \cdot mol^{-2}$, $b = 0.0428L \cdot mol^{-1}$, $R = 0.08314L \cdot bar \cdot K^{-1} \cdot mol^{-1}$이다.)

① 8.35
② 83.5
③ 835
④ 8350

해설

$$(P+\frac{n^2a}{V^2})(V-nb) = nRT$$

$$P+\frac{nRT}{V-nb}-\frac{n^2a}{V^2}$$

$$\therefore \frac{1\times 0.08314\times 298}{0.248-1\times 0.0428}-\frac{1^2\times 2.29}{0.248^2} = 83.5\text{bar}$$

16 다음 중 압력이 가장 높은 것은?

① $2000kgf/m^2$
② 20psi
③ 20000Pa
④ $30mH_2O$

해설

각 압력을 atm으로 환산하여 비교

- $2000\text{kgf/m}^2 \rightarrow \dfrac{2000}{10332} = 0.19\text{atm}$
- $20\text{psi} \rightarrow \dfrac{20}{14.7} = 1.36\text{atm}$
- $2000\text{Pa} \rightarrow \dfrac{2000}{101325} = 0.019\text{atm}$
- $30\text{mH}_2\text{O} \rightarrow \dfrac{30}{10.332} = 2.9\text{atm}$

$\because 1\text{atm} = 10332\text{kgf/m}^2 = 14.7\text{psi} = 101325\text{Pa} = 10.332\text{mH}_2\text{O}$

17 산업통상자원부장관은 가스의 수급상 필요하다고 인정되면 도시가스사업자에게 조정을 명령할 수 있다. "조정명령"사항이 아닌 것은?

① 가스공급 계획의 조정
② 가스요금 등 공급조건의 조정
③ 가스공급시설 공사계획의 조정
④ 가스사업의 휴지, 폐지, 허가에 대한 조정

해설

조정명령 사항(도법 시행령 제20조)

- 가스공급시설 공사계획의 조정
- 가스공급계획의 조정
- 2 이상의 특별시 · 광역시 · 특별자치시 · 도 및 특별자치도를 공급지역으로 하는 경우 공급지역의 조정
- 도시가스 요금 등 공급조건의 조정
- 도시가스의 열량 · 압력 및 연소성의 조정
- 가스공급시설의 공동이용에 관한 조정
- 천연가스 수출입 물량의 규모 · 시기 등의 조정

18 도시가스 공급시설 중 정압기(지)의 기준에 대한 설명으로 옳지 않은 것은?

① 정압기를 설치한 장소는 계기실, 전기실 등과 구분하고 누출된 가스가 계기실 등으로 유입되지 아니하도록 한다.
② 정압기의 입구측 출구측 및 밸브기지는 최고사용압력의 1.25배 이상에서 기밀성능을 가지는 것으로 한다.
③ 지하에 설치하는 정압기실은 천장, 바닥 및 벽의 두께가 각각 0.3m 이상의 방수조치를 한 콘크리트로 한다.
④ 정압기의 입구에는 수분 및 불순물제거장치를 설치한다.

해설

도시가스 공급시설 정압기지(밸브기지) 시설 기준

- 정압기지(밸브기지) 재료 : 정압기지에 설치하는 가열설비, 정압설비, 배관 및 그 부속설비와 밸브기지에 설치하는 배관 및 그 부속설비를 지상의 건축물 안에 설치할 경우 그 건축물 지붕은 가벼운 난연 이상의 재료로 한다.
- 정압기지(밸브기지) 구조 : 정압기지 및 밸브기지의 구조는 그 기지에 위해를 미치지 않도록 다음 기준에 따른다.
  - 정압기지 및 밸브기지에는 가스공급시설 외의 시설물을 설치하지 아니한다. 다만, 태양광 설비 및 감압(減壓) 이용 발전 설비는 안전상 위해가 없는 경우 설치할 수 있다.
  - 정압기지 및 밸브기지에 가스공급시설이 관리 및 제어를 위하여 설치한 건축물은 철근콘크리트 또는 그 이상의 강도를 갖는 구조로 한다.
  - 정압기 및 밸브기지의 밸브를 설치하는 장소는 계기실 및 전기실 등과 구분하고 누출된 가스가 계기실 등으로 유입하지 아니하도록 한다.
  - 정압기실 및 밸브기지의 밸브실을 지하에 설치할 경우에는 침수방지조치를 한다.
- 정압기지(밸브기지) 두께 및 강도
  - 지하에 설치하는 정압기실 및 밸브기지의 밸브실은 천장, 바닥 및 벽의 두께가 각각 0.3m 이상의 방수조치를 한 콘크리트로 한다.
  - 지상에 설치하는 정압기실의 출입문은 두체 6mm (허용공차 : ±0.6mm) 이상의 강판 또는 30mm × 30mm 이상의 앵글강을 400mm(가로) × 400mm(세로) 이하의 간격으로 용접 보강한 두께 3.2mm(허용공차 : ±34mm) 이상의 강판으로 설치한다.
- 정압기지
  - 압력기록장치 설치 : 정압기 출구에는 가스의 압력을 측정 및 기록(또는 출구압력을 원격으로 감시 · 기록하는 장치로 대체 가능)할 수 있는 장치를 설치한다.
  - 불순물제거장치 설치 : 정압기의 입구에는 수분 및 불순물제거장치를 설치한다.
  - 예비정압기 설치 : 정압기의 분해점검 및 고장에 대비하여 예비정압기를 설치하고, 이상 압력이 발생하면 자동으로 기능이 전환되는 구조로 한다.
  - 동결방지조치 설치 : 수분의 동결로 정압기능을 저해할 우려가 있는 경우에는 동결방지조치를 한다.
- 정압기는 도시가스를 안전하고 원활하게 수송할 수 있도록 하기 위하여 정압기의 입구측은 최고사용압력의 1.1배, 출구측은 최고사용 압력의 1.1배 또는 8.4kPa 중 높은 압력 이상에서 기밀성능을 갖는 것으로 한다.

19 액화석유가스의 충전사업자는 수요자의 시설에 대하여 안전점검을 실시하고 안전관리 실시대장을 작성하여 몇 년간 보존하여야 하는가?

① 1년　② 2년
③ 3년　④ 5년

해설

가스공급자(액화석유가스 충전사업자, 액화석유가스 집단공급사업자 및 액화석유가스 판매사업자)는 수요자의 시설에 대하여 법령에 정해진 사항에 따라 안전점검을 실시하고 안전관리 실시대장을 작성하여 2년간 보존해야 한다. 이 경우 컴퓨터 등 정보처리능력을 가진 장치를 이용하여 작성 및 보존할 수 있다.

20 초저온가스용 용기 제조 시 기밀시험 압력이란?

① 최고충전압력의 1.1배의 압력을 말한다.
② 최고충전압력의 1.5배의 압력을 말한다.
③ 상용압력의 1.1배의 압력을 말한다.
④ 상용압력의 1.5배의 압력을 말한다.

해설

초저온용기(−50℃ 이하의 액화가스를 충전하기 위한 용기) 압력

- 최고중전압력(FP) : 상용압력 중 최고압력
- 기밀시험압력(AP) : 최고충전압력의 1.1배의 압력
- 내압시험압력(TP) : 최고충전압력 수치의 $\frac{5}{3}$배 압력

21 독성가스를 사용하는 냉매설비를 설치한 곳에는 냉동능력 얼마 이상의 면적을 갖는 환기구를 직접 외기에 닿도록 설치하여야 하는가?

① $0.05m^2/ton$
② $0.1m^2/ton$
③ $0.5m^2/ton$
④ $1.0m^2/ton$

해설

냉동제조시설의 통풍능력

- 자연통풍 : 냉동능력 1ton 당 $0.05m^2$ 이상
- 기계통풍 : 냉동능력 1ton 당 $2m^3/min$ 이상

22 동일 장소에 설치하는 소형저장탱크는 충전질량의 합계가 얼마 미만이 되어야 하는가?

① 2500kg ② 5000kg
③ 10000kg ④ 30000kg

해설

동일 장소에 설치하는 소형저장탱크의 수는 6기 이하, 충전질량의 합계는 5000kg 미만이 되도록 한다.

23 어떤 온도의 다음 반응에서 A, B 각각 1몰을 반응시켜 평형에 도달했을 때 C가 2/3몰 생성되었다. 이 반응의 평형상수는 얼마인가?

$$A(g) + B(g) \rightarrow C(g) + D(g)$$

① 2 ② 4
③ 6 ④ 8

해설

$$\begin{array}{ccccc} A & + B & \rightarrow & C & + D \\ (1-\frac{2}{3}) & (1-\frac{2}{3}) & & (\frac{2}{3}) & (\frac{2}{3}) \end{array}$$

$$\therefore \text{평형상수K} = \frac{[C][D]}{[C][D]} = \frac{\frac{2}{3}\times\frac{2}{3}}{\frac{1}{3}\times\frac{1}{3}} = 4$$

24 고압가스 특정제조 허가의 대상이 아닌 것은?

① 석유정제업자의 석유정제시설에서 고압가스를 제조하는 것으로서 저장능력이 100ton 이상인 것
② 석유화학공업자의 석유화학공업시설에서 고압가스를 제조하는 것으로서 처리능력이 1만m^3 이상인 것
③ 비료생산업자의 비료제조시설에서 고압가스를 제조하는 것으로서 그 처리능력이 1만m^3 이상인 것
④ 철강공업자의 철강공업시설에서 고압가스를 제조하는 것으로서 그 처리능력이 10만m^3 이상인 것

해설

고압가스 특정제조허가의 대상(고법 시행령 제3조)

- 석유정제업자의 석유정제시설 또는 그 부대시설에서 고압가스를 제조하는 것으로서 그 저장능력이 100ton 이상인 것
- 석유화학공업자(석유화학공업 관련사업자를 포함)의 석유화학공업시설(석유화학 관련시설을 포함) 또는 그 부대시설에서 고압가스를 제조하는 것으로서 그 저장능력이 100톤 이상이거나 처리능력이 1만m^3 이상인 것
- 철강공업자의 철강공업시설 또는 그 부대시설에서 고압가스를 제조하는 것으로서 그 처리능력이 10만m^3 이상인 것
- 비료생산업자의 비료제조시설 또는 그 부대시설에서 고압가스를 제조하는 것으로서 그 저장능력이 100ton 이상이거나 처리능력이 10만m^3 이상인 것

- 그 밖에 산업통상자원부장관이 정하는 시설에서 고압가스를 제조하는 것으로서 그 저장능력 또는 처리능력이 산업통상자원부장관이 정하는 규모 이상인 것

25 이상기체(완전가스)의 성질이 아닌 것은?

① 보일－샤를의 법칙을 만족한다.

② 아보가드로의 법칙을 따른다.

③ 내부에너지는 체적과 무관하며 압력에 의해서만 결정된다.

④ 기체 분자 간 충돌은 완전 탄성체로 이루어진다.

해설

이상기체의 성질

- 기체분자 간 인력이나 반발력이 존재하지 않는다.
- 분자의 충돌로 총 운동에너지가 감소되지 않는 완전 탄성체이다.
- 0K에서 부피는 0이여야 하며, 평균 운동에너지는 절대온도에 비례한다.
- 이상기체 상태방정식은 높은 온도, 낮은 압력 조건에서 실제가스에 비교적 잘 적용된다.
- 이상기체의 내부에너지는 온도만의 함수이다.

26 코리오리스(Coriolis) 유량계의 특징이 아닌 것은?

① 유체의 종류에 따라 보정이 필요하다.

② 유체의 질량을 직접 측정한다.

③ 고압의 기체유량 측정이 가능하다.

④ 측정방식이 물리적인 유체의 속성과 무관하다.

해설

코리오리스 유량계 : 질량 유량계로서 유체의 종류에 관계없이 측정 가능하다.

27 특정고압가스를 사용하고자 한다. 신고 대상이 아닌 것은?

① 저장능력 $10m^3$의 압축가스 저장능력을 갖추고 디실란을 사용하고자 하는 자

② 저장능력 200kg의 액화가스 저장능력을 갖추고 액화암모니아를 사용하고자 하는 자

③ 저장능력 250kg의 액화가스 저장능력을 갖추고 액화산소를 사용하고자 하는 자

④ 저장능력 $10m^3$의 압축가스 저장능력을 갖추고 수소를 사용하고자 하는 자

해설

특정고압가스 사용신고 대상(고법 시행규칙 제46조)

- 저장능력 500kg 이상인 액화가스저장설비를 갖추고 특정고압가스를 사용하려는 자
- 저장능력 $50m^3$ 이상인 압축가스저장설비를 갖추고 특정고압가스를 사용하려는 자
- 배관으로 특정고압가스(천연가스는 제외)를 공급받아 사용하려는 자
- 압축모노실란 · 압축디보레인 · 액화알진 · 포스핀 · 셀렌화수소 · 게르만 · 디실란 · 오불화비소 · 오불화인 또는 액화암모니아를 사용하려는 자. 다만, 시험용(해당 고압가스를 직접 시험하는 경우만 해당)으로 사용하려 하거나 시장 · 군수 또는 구청장이 지정하는 지역에서 사료용으로 볏짚 등을 발효하기 위하여 액화암모니아를 사용하려는 경우는 제외한다.
- 자동차 연료용으로 특정고압가스를 공급받아 사용하려는 자

28 용기부속품의 종류별 기호의 표시 중 압축가스를 충전하는 용기의 부속품을 나타내는 것은?

① LG　　② PG

③ LT　　④ AG

해설

- LPG : 액화석유가스를 충전하는 용기의 부속품
- LG : 액화석유가스를 제외한 액화가스를 충전하는 용기의 부속품
- PG : 압축가스를 충전하는 용기의 부속품
- LT : 초저온 및 저온가스를 충전하는 용기의 부속품
- AG : 아세틸렌가스를 충전하는 용기의 부속품

29 다음 보기에서 압력을 낮추면 평형이 왼쪽으로 이동하는 것으로만 짝지어진 것은?

> ㉠ $C(S) + H_2O \rightleftarrows CO + H_2$
> ㉡ $2CO + O_2 \rightleftarrows 2CO_2$
> ㉢ $N_2 + 3H_2 \rightleftarrows 2NH_3$
> ㉣ $H_2O(L) \rightleftarrows H_2O(g)$

① ㉠, ㉣　　② ㉠, ㉢

③ ㉠, ㉡　　④ ㉡, ㉢

해설

평형이동의 관계

- 압력을 올리면 몰수가 큰 쪽에서 작은 쪽으로 이동
- 압력을 낮추면 몰수가 적은 쪽에서 큰 쪽으로 이동
- 온도를 올리면 (－Q) 흡열 쪽으로 이동
- 온도를 낮추면 (＋Q) 발열 쪽으로 이동

※ 고체물질(C, Fe) 등은 몰수 계산에서 제외

㉠ C는 몰수에서 제외 반응 1몰 생성 2몰
㉡ 반응 3몰 생성 2몰, 평형을 좌측으로
㉢ 반응 4몰 생성 2몰, 평형은 좌측으로
㉣ 기체에서 액체상태로 이동 시 온도는 낮추고 압력은 상승시켜야 함

30 등엔트로피 과정이란?

① 가역 단열 과정이다.
② 가역 등온 과정이다.
③ 마찰이 없는 비가역 과정이다.
④ 마찰이 없는 등온 과정이다.

해설

- 가역단열 : 엔트로피 불변(등엔트로피)
- 비가역단열 : 엔트로피 증가

31 고압가스 안전관리법의 적용 대상이 되는 가스는?

① 철도차량의 에어콘디셔너 안의 고압가스
② 항공법의 적용을 받는 항공기 안의 고압가스
③ 등화용의 아세틸렌가스
④ 오토크레이브 안의 수소가스

해설

적용범위에서 제외되는 고압가스(고법 시행령 별표 1)

- 보일러 안과 그 도관 안의 고압증기
- 철도차량의 에어콘디셔너 안의 고압가스
- 선박 안의 고압가스
- 광산에 소재하는 광업을 위한 설비 안의 고압가스
- 항공기 안의 고압가스
- 전기설비 중 발전 · 변전 또는 송전을 위하여 설치하는 전기설비 또는 전기를 사용하기 위하여 설치하는 변압기 · 리액틀 · 개폐기 · 자동차단기로서 가스를 압축 또는 액화 그 밖의 방법으로 처리하는 그 전기설비 안의 고압가스
- 원자로 및 그 부속설비 안의 고압가스
- 내연기관의 시동, 타이어의 공기충전, 리벳팅, 착암 또는 토목공사에 사용되는 압축장치 안의 고압가스
- 오토크레이브 안의 고압가스(수소 · 아세틸렌 및 염화비닐은 제외한다)
- 액화브롬화메탄제조설비 외에 있는 액화브롬화메탄
- 등화용의 아세틸렌가스
- 청량음료수 · 과실주 또는 발포성주류에 혼합된 고압가스
- 냉동능력이 3톤 미만인 냉동설비 안의 고압가스
- 내용적 1L 이하의 소화기용 용기 또는 소화기에 내장되는 용기 안에 있는 고압가스
- 정부 · 지방자치단체 · 자동차제작자 또는 시험연구기관이 시험 · 연구목적으로 제작하는 고압가스연료용차량 안의 고압가스
- 총포에 충전하는 고압공기 또는 고압가스
- 국가기관에서 특수한 목적으로 사용하는 휴대용 최루액 분사기에 최루액 추진재로 충전되는 고압가스
- 35℃의 온도에서 게이지압력이 4.9MPa 이하인 유니트형 공기압축장치(압축기, 공기탱크, 배관, 유수분리기 등의 설비가 동일한 프레임 위에 일체로 조립된 것. 다만, 공기액화분리장치는 제외한다) 안의 압축공기
- 한국가스안전공사 또는 한국표준과학연구원에서 표준가스를 충전하기 위한 정밀충전 설비 안의 고압가스
- 무기체계에 사용되는 용기등 안의 고압가스
- 어선 안의 고압가스
- 그 밖에 산업통상자원부장관이 위해발생의 우려가 없다고 인정하는 고압가스

32 어떤 기체가 20℃, 700mmHg에서 100mL의 무게가 0.5g이라면 표준상태에서 이 기체의 밀도는 약 몇 g/L인가?

① 2.8 ② 3.8
③ 4.8 ④ 5.8

해설

$PV=\dfrac{W}{M}RT$ 에서 분자량 $M=\dfrac{WRT}{PV}$

$$=\frac{0.5\times0.082\times(273+20)}{\dfrac{700}{760}\times0.1}=130.426\text{g}$$

$$\therefore\rho=\frac{Mg}{22.4\ell}=\frac{130.426}{22.4}=5.822\text{g/L}$$

33 정압기실 주위에는 경계책을 설치하여야 한다. 이때 경계책을 설치한 것으로 보지 않는 경우는?

① 철근콘크리트로 지상에 설치된 정압기실
② 도로의 지하에 설치되어 사람과 차량의 통행에 영향을 주는 장소에 있어 경계책 설치가 부득이한 정압기실
③ 정압기가 건축물 안에 설치되어 있어 경계책을 설치할 수 있는 공간이 없는 정압기실
④ 매몰형 정압기

해설

정압기실 경계책(KGS FS552)

- 정압기의 안전을 확보하기 위하여 정압기실 주위에 외부사람의 출입을 통제할 수 있도록 경계책을 설치한다. 다만, 단독사용자에게 가스를 공급하는 정압기의 경우에는 경계책을 설치하지 않을 수 있다
- 정압기실 주위에는 높이 1.5m 이상의 철책 또는 철망 등의 경계책를 설치하여 일반인의 출입을 통제한다.

• 경계표지를 설치한 경우에는 경계책을 설치한 것으로 보는 경우
  – 철근콘크리트 및 콘크리트블록재로 지상에 설치된 정압기실
  – 도로의 지하 또는 도로와 인접하게 설치되어 사람과 차량의 통행에 영향을 주는 장소로서, 경계책 설치가 부득이한 정압기실
  – 정압기가 건축물 안에 설치되어 있어 경계책을 설치할 수 있는 공간이 없는 정압기실
  – 상부 덮개에 잠금장치를 한 매몰형 정압기
  – 일반도시가스사업자를 관할하는 시장 · 군수 · 구청장이 경계책 설치가 불가능하다고 인정하는 다음 경우에 해당하는 정압기실 : 공원지역, 녹지지역 등에 설치된 경우와 그 밖에 부득이한 경우

34 20℃에서 600mL의 기체를 압력의 변화 없이 온도를 40℃로 변화시키면 부피는 약 얼마가 되는가?

① 621mL
② 631mL
③ 641mL
④ 651mL

해설

$\frac{V_1}{T_1} = \frac{V_2}{T_2}$ 에서 $V_2 = \frac{T_2 \times V_1}{T_1}$

$\therefore \frac{(273+40) \times 600}{(273+20)} = 641\text{mL}$

35 고압가스용 이음매 없는 용기 제조 시 부식방지도장을 실시하기 전에 도장효과를 향상시키기 위하여 실시하는 처리가 아닌 것은?

① 피막화성처리
② 쇼트브라스팅
③ 포토에칭
④ 에칭 프라이머

해설

방청도장전 용기의 전처리방법
• 피막화성처리
• 쇼트브라스팅
• 에칭 프라이머
• 탈지
• 산세척

36 유체의 부피나 질량을 직접 측정하는 방법으로서, 유체의 성질에 영향을 적게 받지만 구조가 복잡하고 취급이 어려운 단점이 있는 유량 측정 장치는?

① 오리피스 미터
② 습식 가스미터
③ 벤투리 미터
④ 로터 미터

해설

습식 가스미터의 특징
• 유량이 정확하다.
• 사용 중 오차의 변동이 적다.
• 사용 중 수위조정 등의 관리가 필요하다.
• 설치면적이 크다.
• 용도는 기준용, 실험실용에 사용한다.

37 산소 압축기의 내부 윤활유로 주로 사용되는 것은?

① 석유류
② 화이트유
③ 물
④ 진한 황산

38 가열된 열량이 전부 내부에너지의 증가로 사용되는 가스의 상태변화는?

① 정적변화 ② 정압변화
③ 등온변화 ④ 단열변화

해설

$dq = dy = C_v dT$

39 전기 방식(防蝕) 중 외부전원법에 사용되는 정류기가 아닌 것은?

① 정전류형 ② 정전압형
③ 정저항형 ④ 정전위형

40 배관의 용접이음 시 특징에 대한 설명 중 틀린 것은?

① 보온피복 시 시공이 쉽다.
② 이음부의 강도가 크고 누출우려가 적다.
③ 가공시간이 단축되며 재료비가 절약된다.
④ 관단면의 변화가 없어 손실수두가 크다.

해설

용접이음의 장 · 단점

구분	내용
장점	• 보온피복 시 시공이 쉽다. • 이음부의 강도가 크고 누출우려가 적다. • 가공시간이 단축되며 재료비가 절약된다. • 성능 수명이 향상된다. • 효율강도가 증가된다. • 손실이 적다.
단점	• 잔류응력이 존재한다. • 재질의 변질이 있다. • 모양이 변형 수축현상이 있다. • 품질검사가 곤란하다. • 저온 취성 파괴의 우려가 있다.

41 고압가스 탱크의 수리를 위하여 내부 가스를 배출하고, 불활성가스로 치환한 후 다시 공기로 치환하였다. 분석결과는 각각의 가스에 대해 다음과 같았다. 사람이 들어가 화기를 사용하여도 무방한 경우는?

① 산소 : 30%
② 수소 : 10%
③ 프로판 : 5%
④ 질소 80%, 나머지는 산소

해설

설비 내 치환 시 적정유지농도

- 가연성 : 폭발하한값의 1/4 이하
- 독성 : TLV－TWA 기준농도 이하
- 산소 : 18% 이상 22% 이하

①항 18% 이상 22% 이하 유지

②항 $4 \times \frac{1}{4} = 1\%$ 이하 유지

③항 $2.1 \times \frac{1}{4} = 0.525\%$ 이하 유지

42 카르노(Carnot) 사이클로 작동하는 열기관에서 사이클마다 250kg · m의 일을 얻기 위해서는 사이클마다 공급열량이 1kcal, 저열원의 온도가 27℃이면 고열원의 온도는 약 몇 ℃가 되어야 하는가?

① 351℃ ② 451℃
③ 624℃ ④ 724℃

해설

카르노 사이클 효율

$\eta = \frac{Aw}{Q_1} = 1 - \frac{T_2}{T_1}$ 에서 $\frac{T_2}{T_1} = 1 - \frac{Aw}{Q_1}$

$$T_1 = \frac{T_2}{1 - \frac{Aw}{Q_1}} = \frac{273+27}{1 - \frac{\frac{1}{427} \times 250}{1}} = 723.728$$

$\therefore 723.728\text{K} - 273 ≒ 451℃$

43 가스관련법에서 규정하고 있는 안전관리자의 종류에 해당하지 않는 것은?

① 안전관리 부총괄자
② 안전관리 책임자
③ 안전관리 부책임자
④ 안전점검원

해설

안전관리자의 종류 및 자격(도법 시행령 제15조)

- 안전관리 총괄자
- 안전관리 부총괄자
- 안전관리 책임자
- 안전관리원
- 안전점검원

44 이상기체의 부피를 현재의 1/2로 하고 절대온도 K를 현재의 2배로 했을 경우 압력은 얼마가 되겠는가?

① 1배 ② 2배
③ 4배 ④ 8배

해설

$$\frac{P_1 V}{T} = \frac{P_2 \frac{1}{2} V}{2T}$$

$$\therefore P_2 = \frac{P_1 \times 2}{\frac{1}{2}} = 4P_1$$

45 내용적 47L인 프로판 용기 안에 프로판이 20kg 충전되어 있을 때 프로판의 가스 상수는?

① 0.86 ② 1.25
③ 2.09 ④ 2.35

해설

$$W = \frac{V}{C}$$

$$\therefore C = \frac{V}{W} = \frac{47}{20} = 2.35$$

46 섭씨온도(℃)와 화씨온도(℉)가 같은 값을 나타내는 온도는?

① −20　② −40
③ −50　④ −60

해설

$℉ = \frac{9}{5}℃ + 32$에서 ℃ = ℉ 이므로

$x = 1.8x + 32$
$x - 1.8x = 32$
$x(1-1.8) = 32$
$x = \frac{32}{1-1.8} = -40$
∴ −40℃ = −40℉

47 도시가스 품질검사를 위한 시료채취 방법에 대한 설명으로 옳은 것은?

① 5L 이하의 시료용기에 0.1MPa 이하의 압력으로 채취한다.
② 5L 이하의 시료용기에 1.0MPa 이하의 압력으로 채취한다.
③ 10L 이하의 시료용기에 0.1MPa 이하의 압력으로 채취한다.
④ 10L 이하의 시료용기에 1.0MPa 이하의 압력으로 채취한다.

해설

시료채취 및 보관(도시가스의 품질기준 등에 관한 고시 제7조)
- 도시가스의 시료채취는 한국산업규격의 냉각 경질 탄화수소유−액화천연가스 시료채취방법(KS I ISO 8943) 또는 천연가스−시료채취 지침서(KS I ISO 10715)에 따른다.
- 시료는 10L 이하의 시료용기에 1.0MPa 이하의 압력으로 채취한다.
- 시료는 검사용 및 보관용으로 총 2개를 채취한다. 다만, 도시가스사업자등의 요청이 있을 때에는 1개를 추가로 채취할 수 있다.
- 품질검사기관은 보관용 시료를 봉인된 상태로 보관한다.

48 내용적 40L의 용기에 아세틸렌가스 10kg(액비중 0.613)을 충전할 때 다공성물질의 다공도를 90%라고 하면 안전공간은 표준상태에서 몇 % 정도인가?(단, 아세톤의 비중은 0.8이고, 주입된 아세톤량은 14kg이다.)

① 3.5%　② 4.5%
③ 5.5%　④ 6.5%

해설

- 아세틸렌가스의 체적 $\frac{10kg}{0.613kg/L} = 16.313L$
- 다공성물질의 체적 $40 \times (1-0.9) = 4L$
- 아세톤의 체적 $\frac{14kg}{0.8kg/L} = 17.5L$

$\therefore \frac{40-(16.313+4+17.5)}{40} \times 100 ≒ 5.5\%$

49 판두께 12mm, 용접길이 50cm인 판을 맞대기 용접했을 때 4500kgf의 인장하중이 작용한다면 인장응력은 약 몇 kgf/cm^2인가?

① 45
② 75
③ 125
④ 145

해설

$\sigma = \frac{W}{A}$

$\therefore \frac{4500}{1.2 \times 50} = 75kgf/cm^2$

50 도시가스를 사용하는 공동주택 등에 압력 조정기를 설치할 수 있는 경우의 기준으로 옳은 것은?

① 공동주택 등에 공급되는 가스압력이 중압 이상으로서 전체 세대수가 150세대 미만인 경우
② 공동주택 등에 공급되는 가스압력이 중압 이상으로서 전체 세대수가 250세대 미만인 경우
③ 공동주택 등에 공급되는 가스압력이 저압으로서 전체 세대수가 200세대 미만인 경우
④ 공동주택 등에 공급되는 가스압력이 저압으로서 전체 세대수가 300세대 미만인 경우

해설

공동주택에 설치할 수 있는 압력조정기 설치 세대수

압력구분	세대수	설치가능 세대수
저압	250세대 미만	249세대
중압	150세대 미만	149세대

51 가연성가스 중 산소의 농도가 증가할수록 발화온도와 폭발한계는 각각 어떻게 변하는가?

① 발화온도 : 높아진다, 폭발한계 : 넓어진다.
② 발화온도 : 높아진다, 폭발한계 : 좁아진다.
③ 발화온도 : 낮아진다, 폭발한계 : 넓어진다.
④ 발화온도 : 낮아진다, 폭발한계 : 좁아진다.

해설

산소 농동 증가 시 변화
- 연소속도가 증가한다.
- 연소범위가 넓어진다.
- 발화온도가 낮아진다.
- 화염온도가 높아진다.

52 직경 20mm 이하의 구리관을 이음할 때 기계의 점검, 보수, 기타 관을 분리하기 쉽게 하기 위한 구리관의 이음방법으로서 가장 적절한 것은?

① 플랜지 이음
② 슬리브 이음
③ 용접 이음
④ 플레어 이음

해설

동관의 접합(이음) 시 플레어 이음(압축이음)은 기계의 점검 보수 또는 관을 분해할 경우의 직경 20mm 이하의 관이음 방법이다.

53 고압가스 특정제조시설에서 안전구역의 설정 시 고압가스설비의 연소열량 수치(Q)는 얼마 이하로 하여야 하는가?

① 6×10^7
② 6×10^8
③ 7×10^7
④ 7×10^8

해설

고압가스 특정제조시설 안전구역 설정
- 안전구역 내 고압가스설비의 연소열량은 Q는 6×10^8 이하
- 연소열량 계산 $Q = K \times W$ (Q : 연소열량, K : 저장 처리설비에 따라 정한 수치, K : 가스의 종류 및 상용온도에 따라 정한 수치)

54 이음에 필요한 부품이 고무링 하나뿐이며 온도변화에 대한 신축이 자유롭고 이음 접합과정이 간단한 이음은?

① 노허브 이음 ② 소켓 이음
③ 타이톤 이음 ④ 플랜지 이음

해설

- 주철관 이음(접합)의 종류 : 소켓 이음, 플랜지 이음, 기계적 이음, 빅토릭 이음, 타이톤 이음
- 타이톤 이음
  - 원형 고무링 하나만으로 접합하는 방법이다.
  - 소켓의 내부 홈은 고무링을 고정 삽입구의 끝은 고무링을 쉽게 장착할 수 있도록 경사가 지워져 있다.

55 다음 중 두 관리도가 모두 푸아송의 분포를 따르는 것은?

① $\overline{x}$ 관리도, R 관리도
② c 관리도, u 관리도
③ np 관리도, p 관리도
④ c 관리도, p 관리도

해설

계수치 관리도

구분	내용	비고
p 관리도	공정을 부적합품률 p로 관리하는 경우에 사용	이항분포에 따름
np 관리도	공정을 부적합품수 np로 관리하는 경우에 사용	
c 관리도	일정 단위 중 나타나는 부적합수를 관리할 때 사용	푸아송분포에 따름
u 관리도	단위당 부적합수를 관리할 때 사용	

56 다음 중 반즈(Ralph M. Barnes)가 제시한 동작경제의 원칙에 해당되지 않는 것은?

① 표준작업의 원칙
② 신체의 사용에 관한 원칙
③ 작업장의 배치에 관한 원칙
④ 공구 및 설비의 디자인에 관한 원칙

해설

Ralph M. Barnes의 동작경제 원칙
- 신체 사용에 관한 원칙
- 작업장의 배치에 관한 원칙
- 공구 및 설비 디자인에 관한 원칙

57 전수검사와 샘플링검사에 관한 설명으로 가장 올바른 것은?

① 파괴검사가 일반적으로 전수검사를 적용한다.
② 전수검사가 일반적으로 샘플링검사보다 품질향상에 자극을 더 준다.
③ 검사항목이 많을 경우 전수검사보다 샘플링검사가 유리하다.
④ 샘플링검사는 부적합품이 섞여 들어가서는 안 되는 경우에 적용한다.

해설

샘플링 검사가 전수검사보다 유리한 경우

- 다수 다량의 것으로 어느 정도 부적합품이 섞여도 괜찮은 경우
- 기술적으로 보아 개별검사가 무의미한 경우
- 불완전한 전수검사에 비해 신뢰성이 높은 결과를 얻을 수 있는 경우
- 검사 비용을 적게 하는 편이 이익이 되는 경우
- 생산자나 납품 업자에게 품질향상의 자극을 주고 싶을 경우

58 다음 [표]를 참조하여 5개월 단순이동평균법으로 7월의 수요를 예측하면 몇 개인가?

(단위 : 개)

월	1	2	3	4	5	6
실적	48	50	53	60	64	68

① 55개　② 57개
③ 58개　④ 59개

해설

5개월 단순이동평균법

$$M_{t=5}=\frac{50+53+60+64+68}{5}=59\text{개}$$

59 도수분포표에서 도수가 최대인 계급의 대푯값을 정확히 표현한 통계량은?

① 중위수
② 시료평균
③ 최빈수
④ 미드-레인지(Mid-range)

해설

- 중위수 : 통계집단의 변형을 크기의 순으로 놓았을 때 중앙에 위치하는 것
- 시료평균 : 모든 시료의 합을 개수로 나눈 수
- 최빈수 : 가장 많이 나타나는 변량의 값(도수가 최대가 되는 계급의 대푯값)
- 미드-레인지 : 자료의 최대값과 최소값의 평균값으로 범위의 중앙값

60 근래 인간공학이 여러 분야에서 크게 기여하고 있다. 어느 단계에서 인간공학적 지식이 고려됨으로서 기업에 가장 큰 이익을 줄 수 있는가?

① 제품의 개발단계
② 제품의 구매단계
③ 제품의 사용단계
④ 작업자의 채용단계

해설

인간공학적 지식이 고려됨으로써 가장 큰 이득을 줄 수 있는 경우는 제품의 개발단계부터 시행되어야 한다.

정답 12회 - 제55회 가스기능장 기출문제

01 ①	02 ③	03 ③	04 ①	05 ④
06 ④	07 ②	08 ③	09 ①	10 ④
11 ②	12 ①	13 ④	14 ④	15 ②
16 ④	17 ④	18 ②	19 ②	20 ①
21 ①	22 ②	23 ②	24 ③	25 ③
26 ①	27 ④	28 ②	29 ④	30 ①
31 ④	32 ④	33 ④	34 ③	35 ③
36 ②	37 ③	38 ①	39 ③	40 ④
41 ④	42 ②	43 ③	44 ③	45 ④
46 ②	47 ④	48 ③	49 ②	50 ①
51 ③	52 ④	53 ②	54 ③	55 ②
56 ①	57 ③	58 ④	59 ③	60 ①

13회 가스기능장 기출문제

CHECK POINT QUESTION

제56회 가스기능장 기출문제

01 다음 비파괴검사 중 내부결함의 검출에 가장 적합한 방법은?

① 자분탐상시험
② 방사선투과시험
③ 침투탐상시험
④ 전자유도시험

해설

방사선투과시험의 장점
- 내부결함 검출능력이 우수하다.
- 신뢰성이 있다.
- 보존성이 양호하다.

02 도시가스사업의 범위에 해당되지 않는 경우는?

① 가스도매사업
② 일반도시가스사업
③ 도시가스충전사업
④ 석유정제사업

해설

도시가스사업의 범위(도법 제2조) : 도시가스사업이란 수요자에게 도시가스를 공급하거나 도시가스를 제조하는 사업(석유정제업은 제외한다)으로서 가스도매사업, 일반도시가스사업, 도시가스충전사업, 나프타부생가스 · 바이오가스제조사업 및 합성천연가스제조사업을 말한다.

03 접합 또는 납붙임 용기란 동판 및 경판을 각각 성형하여 심(seam) 용접 등의 방법으로 접합하거나 납붙임하여 만든 내용적 얼마의 용기를 말하는가?

① 1L 이하 ② 3L 이하
③ 1L 이상 ④ 3L 이상

04 일산화탄소(CO)가 인체에 영향을 미쳤을 때 바로 자각 증상이 있고 1~3분 만에 의식불명이 되어 사망의 위험이 있는 가스의 농도는?

① 128ppm ② 1280ppm
③ 12800ppm ④ 128000ppm

05 액화석유가스 소형저장탱크를 설치할 경우 안전거리에 대한 설명으로 틀린 것은?

① 충전질량이 2500kg인 소형저장탱크의 가스충전구로부터 토지경계선에 대한 수평거리는 5.5m 이상이어야 한다.
② 충전질량이 1000kg 이상 2000kg 미만인 소형저장탱크의 탱크간 거리는 0.5m 이상이어야 한다.
③ 충전질량이 2500kg인 소형저장탱크의 가스충전구로부터 건축물개구부에 대한 거리는 3.5m 이상이어야 한다.
④ 충전질량이 1000kg 미만인 소형저장탱크의 가스충전구로부터 토지경계선에 대한 수평거리는 1.0m 이상이어야 한다.

해설

충전질량에 따른 소형저장탱크 설치거리

충전질량(kg)	가스충전구로부터 토지경계선에 대한 수평거리	탱크간 거리	가스충전구로부터 건축물개구부에 대한 거리
1000 미만	0.5m 이상	0.3m 이상	0.5m 이상
1000 이상 2000 미만	3.0m 이상	0.5m 이상	3.0m 이상
2000 이상	5.5m 이상	0.5m 이상	3.5m 이상

06 길이 100m, 내경 30cm인 배관에서 기밀시험을 위하여 질소가스로 내부압력을 10atm · g까지 채우려고 한다. 필요한 질소량(m^3)은 약 얼마인가?

① 70.7 ② 90.7
③ 110.7 ④ 130.7

해설

- 배관의 내용적

$$V = \frac{\pi}{4}D^2 \times L = \frac{\pi}{4} \times (0.3\text{m})^2 \times 100 = 7.068\text{m}^3$$

- 압축가스 충전량 계산식

$M = PV = 10 \times 7.068 = 70.68 = 70.7\text{m}^3$

07 고압가스 안전관리법상 저온용기의 경우에 적용되는 최고충전압력은 다음 중 어느 압력에 해당하는가?

① 35℃의 온도에서 그 용기에 충전할 수 있는 가스의 압력 중 최고압력
② 상용압력 중 최고압력
③ 내압시험 압력의 3/5의 압력
④ 기밀시험 압력의 1.1배의 압력

해설

충전용기의 최고충전압력 기준

- 압축가스 용기 : 35℃에서 그 용기에 충전할 수 있는 가스의 압력 중 최고압력
- 저온용기 : 상용압력 중 최고압력
- 저온용기 외의 용기로서 액화가스를 충전하는 용기 : 내압시험압력의 3/5배
- 아세틸렌 용기 : 15℃에서 그 용기에 충전할 수 있는 가스의 압력 중 최고압력

08 표준상태에서 1L의 A가스의 무게는 1.429g, B가스의 무게는 1.964g이다. 이 두 기체의 확산속도비 $\frac{V_A}{V_B}$는 약 얼마인가?

① 0.73 ② 0.85
③ 1.17 ④ 1.37

해설

확산속도비는 분자량, 밀도의 제곱근에 반비례한다.

$$\therefore \frac{V_A}{V_B} = \sqrt{\frac{\rho_B}{\rho_A}} = \sqrt{\frac{1.964}{1.429}} = 1.17$$

09 다음 가연성가스 중 위험도가 가장 큰 것은?

① 염화비닐
② 산화에틸렌
③ 수소
④ 프로판

해설

가스 명칭	폭발범위	위험도
염화비닐	4.0~22%	4.5
산화에틸렌	3~80%	25.67
수소	4~75%	17.75
프로판	2.2~9.5%	3.32

※위험도(H) $= \frac{U-L}{L}$

10 고압가스 판매소에 보관할 수 있는 고압가스 용적이 몇 m^3 이상이면 보관실의 외면으로부터 보호시설까지 안전거리를 유지하여야 하는가?

① 30 ② 50
③ 100 ④ 300

해설

고압가스 판매소에 보관할 수 있는 고압가스 용적이 몇 $300m^3$ 이상(액화가스는 3ton 이상)이면 보관실의 외면으로부터 보호시설까지 안전거리를 유지하여야 한다.

11 부피가 $25m^3$인 LPG 저장탱크의 저장능력은 몇 톤인가?(단, LPG의 비중은 0.52이다.)

① 10.4 ② 11.7
③ 12.4 ④ 13.0

해설

$W = 0.9dV$
$\therefore 0.9 \times 0.52 \times 25 = 11.7\text{ton}$

12 차량에 고정된 탱크로 고압가스를 운반할 때 가스를 이송 또는 이입하는데 사용되는 밸브를 후면에 설치한 탱크에서 탱크 주밸브와 차량의 뒷범퍼와의 수평거리는 몇 cm 이상 떨어져 있어야 하는가?

① 20 ② 30
③ 40 ④ 50

해설

뒷범퍼와의 거리

- 후부 취출식 탱크 : 40cm 이상
- 후부 취출식 외의 탱크 : 30cm 이상
- 조작상자 : 20cm 이상

13 용해 아세틸렌 저장 시 주의사항에 대한 설명 중 틀린 것은?

① 저장소에는 화기엄금하며 방폭형 휴대용 전등 이외의 등화는 갖지 말 것
② 용기는 전락, 전도, 충격을 가하지 말고 신중히 취급할 것
③ 저장장소는 통풍구조가 양호할 것
④ 용기저장 시 온도는 40℃ 이하로 유지하고 저장실 지붕은 무거운 재료로 할 것

해설

가연성가스 용기 보관장소의 지붕은 가벼운 불연성, 난연성 재료로 할 것

14 **300A 강관을 B(inch) 호칭으로 지름을 나타낸 것은?**

① 4B
② 6B
③ 10B
④ 12B

해설

강관에서 A는 mm, B는 inch이며 1inch는 2.54cm이다.

$\therefore \frac{30}{2.54} = 11.8$ (300mm = 30cm)

15 **특정고압가스 사용시설에서 독성가스의 감압설비와 그 가스의 반응설비간의 배관에 반드시 설치하여야 하는 장치는?**

① 역류방지장치
② 화염방지장치
③ 독성가스 흡수장치
④ 안전밸브

해설

특정고압가스 사용시설에서 독성가스의 감압설비와 그 가스의 반응설비간의 배관에는 긴급시 가스의 역류를 효과적으로 차단할 수 있는 역류방지장치를 설치하여야 한다.

16 **뜨거운 가스와 차가운 가스 사이에서 밀도(비중)차에 의해 가장 큰 영향을 받는 것은?**

① 전도
② 대류
③ 복사
④ 냉각

해설

전열(열의 이동) 방법

- 전도 : 온도가 높은 쪽에서 낮은 쪽으로 이동하여 온도가 같게 되어 이동이 정지되는 현상
- 대류 : 고온부의 액체나 기체가 (비중)밀도 차이에 의해 순환하면서 열이 전해져 온도가 상승하는 현상
- 복사 : 열 복사선에 의한 열의 이동현상으로 태양의 광선이 아무 물체도 없고 공간을 거쳐 상태하고 있는 물체에 열이 전달되는 현상

17 **액체산소 용기나 저온용 금속재료로서 가장 부적당한 것은?**

① 탄소강
② 9% 니켈강
③ 18－8 스테인리스강
④ 황동

해설

저온용 재료 : 18－8STS(오스테나이트계 스테인리스)강, 9% 니켈강, 구리, 알미늄

18 **식품접객업소로서 영업장의 면적이 몇 m^2 이상인 가스사용시설에 대하여 가스누출 자동차단장치를 설치하여야 하는가?**

① 33
② 50
③ 100
④ 200

해설

가스누출 자동차단장치 설치 장소

- 영업장 면적 $100m^2$ 이상인 식품접객업소의 가스사용시설
- 지하에 있는 가스사용시설(가정용 제외)

19 **염소의 제법에 대한 설명으로 옳지 않은 것은?**

① 염산을 전기분해 한다.
② 표백분에 진한 염산을 가한다.
③ 소금물을 전기분해 한다.
④ 염화암모늄 용액에 소석회를 가한다.

해설

염소의 제법

- 실험적 제법
  - 염산에 산화제를 작용
  - 염화나트륨에 진한 염산 이산화망간을 넣어 가열
  - 표백분에 염산을 가함
- 공업적 제법
  - 소금물 전기분해법
  - 염산의 전기분해법

20 **다음 그림과 같은 냉동기의 가스퍼저(gas purger)의 작동순서에서 가장 먼저 하는 조작은?**

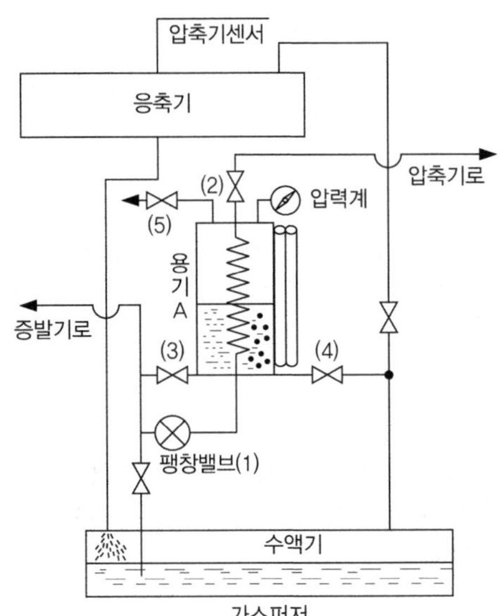

① 밸브 (3)을 열어 용기 내에 냉매액을 일정 높이로 한다.
② 팽창밸브 (1)과 밸브 (2)를 열어 용기 A를 냉각시킨다.
③ 밸브 (4)를 열어 불응축가스를 보낸다.
④ 불응축가스의 배출밸브 (5)를 개방하여 대기로 방출시킨다.

해설

가스퍼저의 작동순서 : (2) → (3) → (1) → (4)

21 **다음 중 이상기체의 법칙에 가장 가까운 것은?**

① 저압, 고온에서 이상기체의 법칙에 접근한다.
② 고압, 저온에서 이상기체의 법칙에 접근한다.
③ 저압, 저온에서 이상기체의 법칙에 접근한다.
④ 고압, 고온에서 이상기체의 법칙에 접근한다.

해설

실제기체가 이상기체 상태방정식을 만족하는 위해서는 압력은 낮고, 온도는 높아야 한다.

22 **가스누출 자동차단장치를 설치하여도 설치목적을 달성할 수 없는 시설이 아닌 것은?**

① 개방된 공장의 국부난방시설
② 경기장의 성화대
③ 상 · 하 방향, 전 · 후 방향, 좌 · 우방향 중에 2방향 이상이 외기에 개방된 가스사용시설
④ 개방된 작업장에 설치된 용접 또는 절단시설

해설

가스누출자동차단장치를 설치하여도 설치목적을 달성할 수 없는 시설의 종류

- 개방된 공장의 국부난방시설
- 경기장의 성화대
- 개방된 작업장에 설치된 용접 또는 절단시설
- 체육관, 수영장, 농수산시장 등 상가와 유사한 가스사용시설
- 상 · 하 방향, 전 · 후 방향, 좌 · 우 방향 중 3방향 이상이 외기에 개방된 가스사용시설

23 **다음 반응식의 평형상수(K)를 올바르게 나타낸 것은?(단, A : CH_4, B : O_2, C : CO_2, D : H_2O)**

A + 2B → C + 2D

① $K = \dfrac{[CO_2] \cdot 2[H_2O]}{[CH_4] \cdot 2[O_2]}$

② $K = \dfrac{2[O_2]^2 \cdot 2[H_2O]}{[CH_4] \cdot [CO_2]}$

③ $K = \dfrac{[CO_2] \cdot [H_2O]^2}{[CH_4] \cdot [O_2]^2}$

④ $K = \dfrac{[O_2]^2 \cdot [H_2O]^2}{[CH_4] \cdot [CO_2]}$

해설

A + 2B → C + 2D

평형상수[K] $= \dfrac{[C]^1 \times [D]^2}{[A]^1 \times [B]^2}$ 이므로

주어진 A, B, C, D를 대입

$\therefore K = \dfrac{[CO_2]^1[H_2O]^2}{[CH_4]^1[O_2]^2}$

24 **차량에 부착된 탱크의 내용적은 1800L이다. 이 용기에 액화 부틸렌을 완전히 충전하였다. 이때 액화 부틸렌의 질량은 몇 kg인가?(단, 액화 부틸렌가스의 정수는 2.00이다.)**

① 768 ② 780
③ 878 ④ 900

해설

$$W = \frac{V}{C} = \frac{1800}{2.00} = 900\text{kg}$$

25 도시가스사업법에서 사용하는 용어의 정의를 설명한 것 중 틀린 것은?

① 도시가스사업은 수요자에게 연료용 가스를 공급하는 사업이다.
② 가스도매사업은 일반도시가스사업자 외의 자가 일반도시가스사업자 또는 산업통상자원부령이 정하는 대량수요자에게 천연가스를 공급하는 사업을 말한다.
③ 도시가스사업자는 가스를 제조하여 일반수요자에게 용기로 공급하는 사업자를 말한다.
④ 가스사용시설은 가스공급시설 외의 가스사용자의 시설로서 산업통상자원부령으로 정하는 것을 말한다.

해설

도시가스사업자(도법 제2조) : 도시가스사업의 허가를 받은 가스도매사업자, 일반도시가스사업자, 도시가스충전사업자, 나프타부생가스·바이오가스제조사업자 및 합성천연가스제조사업자를 말한다.

26 도시가스의 공급계획을 가장 적절히 설명한 항목은?

① 어떤 지역 내의 피크 시 가스소비량과 그 지역 내 전체 수요가의 가스기구 소비량의 총합계의 비를 추정하는 것이다.
② 해마다 증가하는 수요, 공급구역의 확대를 예측하여 항상 안정된 압력으로 양질의 가스를 원활하게 공급할 수 있도록 공급시설의 증가 등을 계획하는 것이다.
③ 배관의 구경결정과 압력해석을 수행하는 것이다.
④ 시시각각 변화하는 가스 수요량을 예측하여 가스제조설비, 가스홀더, 압송기, 정압기 등을 안전하고 효율적으로 운용하여 수용가에게 안정된 공급압력으로 가스를 공급하는 것이다.

27 다음 중 용적형 압축기는?

① 원심식　② 터보식
③ 축류식　④ 왕복식

해설

- 용적형 : 왕복식, 회전식, 나사식
- 터보형 : 원심식, 축류식, 사류식

28 가연성가스의 가스설비 또는 사용시설에 관련된 저장설비, 기화장치 및 이들 사이의 배관에서 누출된 가연성가스가 화기를 취급하는 장소로 유동하는 것을 방지하기 위하여 유동방지시설을 설치하여야 한다. 다음 기준 중 옳지 않은 것은?

① 유동방지시설은 높이 2m 이상의 내화성 벽으로 한다.
② 가스설비 등과 화기를 취급하는 장소의 사이는 수평거리로 5m 이상을 유지한다.
③ 화기를 사용하는 장소가 불연성 건축물 내에 있는 경우 가스설비 등으로부터 수평거리 8m 이내에 있는 그 건축물의 개구부는 방화문 또는 망입유리를 사용하여 폐쇄한다.
④ 화기를 사용하는 장소가 불연성 건축물 내에 있는 경우 가스설비 등으로부터 수평거리 8m 이내에 있는 그 건축물의 사람이 출입하는 출입문은 2중문으로 한다.

해설

가스설비 등과 화기를 취급하는 장소와의 우회수평거리 8m 이상을 유지한다.

29 고압가스를 취급하였을 때 다음 중 위험하지 않은 경우는?

① 산소 10%를 함유한 CH_4를 10.0MPa까지 압축하였다.
② 산소 제조장치를 공기로 치환하지 않고 용접 수리하였다.
③ 수분을 함유한 염소를 진한 황산으로 세척하여 고압용기에 충전하였다.
④ 시안화수소를 고압용기에 충전하는 경우 수분을 안정제로 첨가하였다.

30 **다음 고압가스 중 용해가스에 해당하는 것은?**

① 암모니아
② 질소
③ 프로판
④ 아세틸렌

해설

아세틸렌(C_2H_2)은 용제(아세톤, DMF)를 사용하여 녹이면서 충전하므로 용해가스에 해당한다.

31 **다음 독성가스 중 제독제로서 탄산소다 수용액을 사용할 수 없는 것은?**

① 염소
② 황화수소
③ 포스겐
④ 아황산가스

해설

독성가스와 제독제

가스	제독제
염소	가성소다수용액, 탄산소다수용액, 소석회
포스겐	가성소다수용액, 소석회
황화수소	가성소다수용액, 탄산소다수용액
시안화수소	가성소다수용액
아황산가스	가성소다수용액, 탄산소다수용액, 물
암모니아	물
산화에틸렌	물
염화메탄	물

32 **고압가스 제조 시 안전관리에 대한 설명으로 틀린 것은?**

① 산소를 용기에 충전할 때에는 용기 내부에 유지류를 제거하고 충전한다.
② 시안화수소의 안정제로 아황산을 사용한다.
③ 산화에틸렌을 충전 시에는 산 및 알칼리로 세척한 후 충전한다.
④ 아세틸렌 중 산소의 용량이 전체 용량의 2% 이상인 경우에는 압축하지 아니한다.

해설

산화에틸렌(C_2H_4O)을 충전할 때에는 미리 그 내부가스를 질소(N_2) 또는 탄산가스(CO_2)로 치환 후 산 또는 알칼리를 함유하지 않는 상태에서 충전한다.

33 **아세틸렌을 용기에 충전하는 때의 충전 중의 압력은 (㉠) 이하로 하고, 충전 후에는 압력이 15℃에서 (㉡) 이하로 될 때까지 정치해야 한다. 다음 ( )안에 알맞은 수치는?**

① ㉠ 1.5MPa, ㉡ 2.5MPa
② ㉠ 4.5MPa, ㉡ 1.5MPa
③ ㉠ 2.5MPa, ㉡ 1.5MPa
④ ㉠ 4.5MPa, ㉡ 2.5MPa

해설

아세틸렌 용기 압력

- 충전 중 압력 : 온도와 관계없이 2.5MPa 이하
- 충전 후 압력 : 15℃에서 1.5MPa 이하

34 **도시가스 정압기 특성에 대한 설명 중 틀린 것은?**

① 정특성 : 정상상태에 있어서의 유량과 1차 압력과의 관계
② 동특성 : 부하변동에 대한 응답의 신속성과 안정성
③ 유량특성 : 메인밸브의 열림과 유량과의 관계
④ 사용최대 차압 : 메인밸브에 1차 압력과 2차 압력의 차압이 작용하여 실용적으로 사용할 수 있는 범위에서 최대로 되었을 때의 차압

해설

정특성 : 정상상태에서 유량과 2차 압력과의 관계

35 **펌프에서 발생하는 공동현상(cavitation)의 방지방법이 아닌 것은?**

① 펌프를 두 대 이상 설치한다.
② 펌프의 회전수를 늦추고 흡입 회전도를 적게 한다.
③ 펌프의 설치 위치를 낮추고 흡입양정을 길게 한다.
④ 수직축 펌프를 사용하고 회전차를 수중에 완전히 잠기게 한다.

해설

공동현상을 방지하기 위해서는 펌프의 설치 위치를 낮추고 흡입양정을 짧게 하여야 한다.

36 고압가스 적용범위에서 제외되지 않는 고압가스는?

① 오토크레이브 안의 아세틸렌
② 액화브롬화메탄 제조설비 외에 있는 액화브롬화메탄
③ 냉동능력이 3톤 미만인 냉동설비 안의 고압가스
④ 항공법의 적용을 받는 항공기 안의 고압가스

해설

오토크레이브 안의 고압가스 중 수소 · 아세틸렌 및 염화비닐은 고압가스 적용대상이다.

37 다음 중 수소의 공업적 제법이 아닌 것은?

① 석유의 분해법
② 수성가스법
③ 석회질소법
④ 물의 전기분해법

해설

수소의 공업적 제법
- 물의 전기분해법
- 수성가스법
- 천연가스분해법
- 석유의 분해법
- 일산화탄소 전화법

※ 참고로 석회질소법은 암모니아(NH_3)의 제조법에 해당된다.

38 20℃, 760mmHg에서 상대습도가 75%인 공기의 mol 습도는 약 몇 kg-mol H_2O/kg-mol 건조공기인가?(단, 물의 증기압은 17.5mmHg이다.)

① 0.0176
② 0.0257
③ 12.25
④ 747.75

해설

- 상대습도(ϕ) $= \dfrac{(P_w)\text{현존습기량(수증기분압)}}{(P_s)\text{최대습기량(포화수증기압)}}$

$P_w = \phi \cdot P_s = 0.75 \times 17.5 = 13.125\text{mmH}_2\text{O}$

- 몰습도 $= \dfrac{P_w}{P_s - P_w} = \dfrac{13.125}{760 - 13.125} = 0.01757$

39 가스관련 용어의 정의에 대한 설명으로 틀린 것은?

① 저장소란 산업통상자원부령으로 정하는 일정량 이상의 고압가스를 용기나 저장탱크로 저장하는 일정한 장소를 말한다.
② 용기란 고압가스를 충전하기 위한 것(부속품 제외)으로서 고정 설치된 것을 말한다.
③ 저장탱크란 고압가스를 충전, 저장하기 위하여 지상 또는 지하에 고정 설치된 것을 말한다.
④ 특정설비란 저장탱크와 산업통상자원부령이 정하는 고압가스 관련 설비를 말한다.

해설

용어의 정의
- 용기(容器) : 고압가스를 충전(充塡)하기 위한 것(부속품을 포함한다)으로서 이동할 수 있는 것을 말한다.
- 차량에 고정된 탱크 : 고압가스의 수송 · 운반을 위하여 차량에 고정 설치된 탱크를 말한다.

40 지상에 설치된 액화석유가스 저장탱크의 저장능력이 35톤인 충전시설에서 용기충전설비가 사업소 경계까지 이격해야 하는 안전거리 기준은?

① 21m 이상　② 24m 이상
③ 27m 이상　④ 30m 이상

해설

- 액화석유가스 충전시설 중 충전설비의 외면으로부터 사업소 경계까지 유지해야 할 거리는 24m 이상으로 한다.

(참고) LPG 저장설비와 사업소 경계와의 이격거리

저장능력	이격거리
10톤 이하	24m
10톤 초과 20톤 이하	27m
20톤 초과 30톤 이하	30m
30톤 초과 40톤 이하	33m
40톤 초과 200톤 이하	36m
200톤 초과	39m

41 상용압력 5MPa로 사용하는 안지름 85cm의 용접제 원통형 고압설비 동판의 두께는 최소한 얼마가 필요한가?(단, 재료는 인장강도 800N/mm^{2}의 강을 사용하고, 용접효율은 0.75, 부식여유는 2mm이며, 동체 외경과 내경의 비가 1.2 미만이다.)

① 5.2mm　② 9.2mm
③ 12.4mm　④ 16.4mm

해설

$$t=\frac{PD}{2S\eta-1.2P}+C(S: \text{허용응력}=\text{인장강도 } \frac{1}{4})$$

$$\therefore \frac{5\times 850}{2\times(800\times\frac{1}{4})\times 0.75-1.2\times 5}+2=16.4\text{mm}$$

42 동관의 종류로서 옳지 않은 것은?

① 타프치동 ② 인산탈동
③ 두랄루민 ④ 무산소동

해설

- 타프치동 : 동의 산소함량 0.02~0.05%, 순도 99.9%의 동관
- 인탈산동 : 산소함량 0.01% 이하의 동관
- 무산소동 : 산소함량이 없는 순수한 동관
- 두랄루민 : Al, Cu, Mg, Mn의 합금

43 고압가스 안전관리법상 고압가스 제조허가의 종류에 해당되지 않는 것은?

① 냉동제조
② 특정설비제조
③ 고압가스특정제조
④ 고압가스일반제조

해설

고압가스 제조허가의 종류(고법 시행령 제3조)

- 고압가스 특정제조
- 고압가스 일반제조
- 고압가스 충전
- 냉동제조

44 유체를 한쪽 방향으로만 흐르게 하기 위한 역류방지용 밸브는?

① 글로브 밸브(glove valve)
② 게이트 밸브(gate valve)
③ 니들 밸브(needle valve)
④ 체크 밸브(check valve)

해설

체크밸브(역지밸브) : 유체를 한쪽 방향으로만 흐르게 하는 밸브로서 수평형 리프트식, 수평 · 수직에 사용하는 스윙식이 있다.

45 가스가 250kJ의 열량을 흡수하여 100kJ의 일을 하였다. 이때 가스의 내부에너지 증가는 약 몇 kJ인가?

① 2.5 ② 150
③ 350 ④ 25000

해설

$i=u+APv$
$\therefore i=u-APv=250-100=150\text{kJ}$

46 메탄가스가 완전연소할 때의 화학반응식은 다음과 같다. 2g의 메탄이 연소하면 111.3kJ의 열량이 발생할 때 다음 반응식에서 x는 약 얼마인가?

$$CH_4+2O_2\rightarrow CO_2+2H_2O+x$$

① 14kJ
② 890kJ
③ 1113kJ
④ 1336kJ

해설

$CH_4+2O_2 \rightarrow CO_2+2H_2O+x$
16g : x
2g : 111.3

$$\therefore x=\frac{16\times 111.3}{2}=890.4\text{kJ}$$

47 액화석유가스 집단공급사업자로서 가스 사용자의 사용시설을 점검하게 할 때는 수용가 몇 개소마다 1명의 점검원이 있어야 하는가?

① 3000가구
② 4000가구
③ 5000가구
④ 6000가구

해설

안전점검자 구분 및 인원

구분	안전점검자	인원
액화석유가스 충전사업자	충전원	충전 소요인력
	수요자시설 점검원	가스배달 및 점검 소요인력
액화석유가스 집단공급사업자	수요자시설 점검원	수용가 3천개소마다 1명
액화석유가스 판매사업자	수요자시설 점검원	가스배달 및 점검 소요인력

48 배관규격 SPHT는 무엇을 의미하는가?

① 고압배관용 탄소강관
② 고온배관용 탄소강관
③ 고온상압용 탄소강관
④ 상온고압용 탄소강관

해설

배관용 강관의 KS 표준 기호
- 배관용 탄소강관 : SPP(KSD 3507)
- 압력 배관용 탄소강관 : SPPS(KSD 3562)
- 고압 배관용 탄소강관 : SPPH(KSD 3564)
- 고온 배관용 탄소강관 : SPHT(KSD 3570, 2013년 폐지됨)
- 저온 배관용 탄소강관 : SPLT(KSD 3569)
- 배관용 아크용접 탄소강관 : SPW(KS D 3583)
- 일반 배관용 스테인리스강관 : STS(KS D 3595)

49 도시가스 사업허가 기준으로 옳지 않은 것은?

① 도시가스의 안정적 공급을 위하여 적합한 공급시설을 설치 · 유지할 능력이 있을 것
② 도시가스사업이 공공의 이익과 일반수요에 적합한 경제 규모일 것
③ 도시가스사업을 적정하게 수행하는데 필요한 재원과 기술적 능력이 있을 것
④ 다른 가스사업자의 공급지역과 공용으로 공급할 것

해설

가스도매사업과 일반도시가스사업의 허가기준(도법 제3조)
- 사업이 공공의 이익과 일반수요에 적합한 경제 규모일 것
- 사업을 적절하게 수행하는 데에 필요한 재원(財源)과 기술적 능력이 있을 것
- 도시가스의 안정적 공급을 위하여 적합한 공급시설을 설치 · 유지할 능력이 있을 것

50 다음은 P-i 선도이다. 2의 영역은 어떤 상태인가?

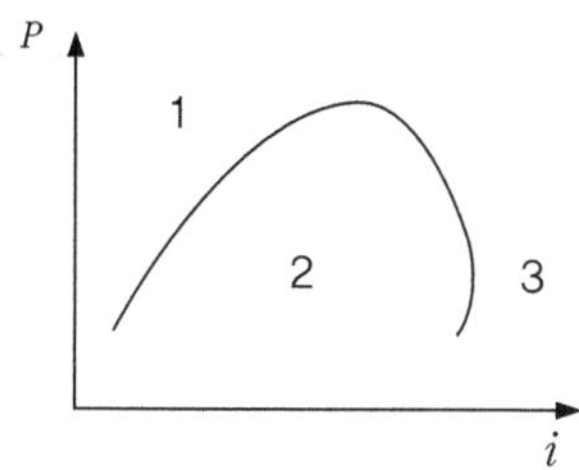

① 습증기 ② 과냉각액
③ 과열증기 ④ 건포화증기

해설

1 : 포화수, 2 : 습증기, 3 : 과열증기

51 액화천연가스의 저장설비 및 처리설비는 그 외면으로부터 사업소 경계까지 일정 규모 이상의 안전거리를 유지하여야 한다. 이때 사업소 경계가 ( )의 경우에는 이들의 반대편 끝을 경계로 보고 있다. ( )에 들어갈 수 있는 경우로 적합하지 않은 것은?

① 산
② 호수
③ 하천
④ 바다

52 어떤 용기에 수소 1g, 산소 32g, 질소 56g을 넣었더니 1atm이 되었다. 이때 수소의 분압은 약 몇 atm인가?

① $\frac{1}{9}$ ② $\frac{1}{7}$
③ $\frac{1}{3}$ ④ 1

해설

$$분압 = 전압 \times \frac{성분몰수}{전몰수}$$

$$\therefore P_{H_2} = 1\text{atm} \times \frac{\frac{1}{2}}{\frac{1}{2}+\frac{32}{32}+\frac{56}{28}} = \frac{1}{7}\text{atm}$$

53 지름이 4m인 가연성가스 저장탱크 2대를 설치할 때 탱크 사이의 거리는 최소 몇 m 이상으로 하여야 하는가?

① 1m
② 1.5m
③ 2m
④ 2.5m

해설

두 저장탱크의 최대지름을 합산한 길이의 1/4 이상을 유지하여야 한다.(단, 1m 미만인 경우는 1m 이상의 거리 유지)

$$\therefore L = \frac{D_1+D_2}{4} = \frac{4+4}{4} = 2\text{m}$$

54 암모니아에 대한 설명으로 틀린 것은?

① 임계온도가 약 32℃이다.
② 공기 중 폭발하한값과 산소 중 폭발하한값이 거의 같다.
③ 구리 및 구리합금을 부식시키지만 상온에서 강재를 침입하지는 않는다.
④ 상온에서 비교적 낮은 압력으로도 액화가 가능하다.

해설

암모니아의 성질
- 분자량 : 17
- 비점 : −33.4℃
- 임계온도 : 132.3℃
- 폭발범위 : 공기 중 15~28%, 산소 중 15~79%
- 구리 사용 시 : 62% 미만의 합금 사용

55 다음 중 단속생산 시스템과 비교한 연속생산 시스템의 특징으로 옳은 것은?

① 단위당 생산원가가 낮다.
② 다품종 소량생산에 적합하다.
③ 생산방식은 주문생산방식이다.
④ 생산설비는 범용설비를 사용한다.

해설

단속생산과 연속생산 시스템 비교

특징	단속생산	연속생산
생산방식	주문생산	계획(예측)생산
품종 및 생산량	다품종 소량생산	소품종 대량생산
생산속도	느림	빠름
단위당 생산원가	높음	낮음
생산설비	범용설비	전용설비
생산유형	개별 · 로트 · 프로젝트생산	대량생산

56 MTM(Method Time Measurement)법에서 사용되는 1TMU(Time Measurement Unit)는 몇 시간인가?

① $\frac{1}{100000}$ 시간　② $\frac{1}{10000}$ 시간
③ $\frac{6}{10000}$ 시간　④ $\frac{36}{1000}$ 시간

해설

MTM법
- MTM 중 MTM−1은 기계공작 작업을 대상으로 하며 가장 정밀함
- MTM−1의 기본동작 및 연합동작
  - 기본동작 : 손을 뻗침(R), 운반(M), 회전(T), 누름(AP), 잡음(G), 정치(P), 방치(RL), 떼어 놓음(D) 등
  - 연합동작 : 연속동작, 결합동작, 동시동작, 복합동작
- 단위 : TMU($\frac{1}{100,000}$시간 = 0.0006분 = 0.036초)

57 np 관리도에서 시료군 마다 시료수(n)는 100 이고, 시료군의 수(k)는 20, $\sum np = 77$이다. 이때 np 관리도의 관리상한선(UCL)을 구하면 약 얼마인가?

① 8.94
② 3.85
③ 5.77
④ 9.62

해설

np 관리도

$\overline{n}p = \frac{\sum np}{k} = \frac{77}{20} = 3.85$

$\overline{p} = \frac{\sum np}{\sum n} = \frac{77}{20 \times 100} = 0.0385$

$UCL = \overline{n}p + 3 \times \sqrt{\overline{n}p(1-\overline{p})}$

$\therefore 3.85 + 3 \times \sqrt{3.85(1-0.0385)} = 9.62$

58 미국의 마틴 마리에타(Martin Marietta Corp)에서 시작된 품질개선을 위한 동기부여 프로그램으로 모든 작업자가 무결점을 목표로 설정하고, 처음부터 작업을 올바르게 수행함으로써 품질비용을 줄이기 위한 프로그램은 무엇인가?

① TPM활동
② 6시그마 운동
③ ZD운동
④ ISO 9001 인증

해설

ZD는 zero defects의 약자로 무결점을 의미한다.

59 **일정통제를 할 때 1일당 그 작업을 단축하는 데 소요되는 비용의 증가를 의미하는 것은?**

① 정상 소요시간(normal duration time)
② 비용견적(cost estimation)
③ 비용구배(cost slope)
④ 총비용(Total cost)

해설

비용구배

- 일정 통제를 할 때 1일당 그 작업을 단축하는데 소요되는 비용의 증가를 의미한다.
- 비용구배 $= \frac{\text{특급(속성)빙요} - \text{정상비용}}{\text{정상시간} - \text{특급(속성)시간}}$

60 **그림의 OC곡선을 보고 가장 올바른 내용을 나타낸 것은?**

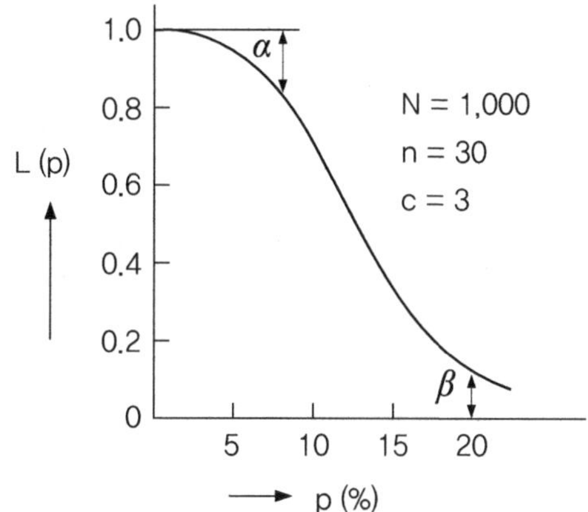

① α : 소비자 위험
② L(P) : 로트가 합격할 확률
③ β : 생산자 위험
④ 부적합품률 : 0.03

해설

OC곡선(검사특성곡선)의 항목

- L(p) : 로트의 합격확률
- p(%) : 로트의 부적합품률
- α : 생산자 위험
- β : 소비자 위험
- N : 로트의 크기
- n : 시료의 크기
- c : 합격판정 개수

정답 13회 - 제56회 가스기능장 기출문제

01 ②	02 ④	03 ①	04 ③	05 ④
06 ①	07 ②	08 ③	09 ②	10 ④
11 ②	12 ③	13 ④	14 ④	15 ①
16 ②	17 ①	18 ③	19 ④	20 ②
21 ①	22 ③	23 ③	24 ④	25 ③
26 ②	27 ④	28 ②	29 ③	30 ④
31 ③	32 ③	33 ③	34 ①	35 ③
36 ①	37 ③	38 ①	39 ②	40 ②
41 ④	42 ③	43 ②	44 ④	45 ②
46 ②	47 ①	48 ②	49 ④	50 ①
51 ①	52 ②	53 ③	54 ①	55 ①
56 ①	57 ④	58 ③	59 ③	60 ②

14회 가스기능장 기출문제

제57회 가스기능장 기출문제

01 어느 이상기체가 압력 10kgf/cm²에서 체적이 0.1m³이었다. 등온과정을 통해 체적이 3배로 될 때 기체가 외부로부터 받은 열량은 약 몇 kcal인가?

① 35.7 ② 30.9
③ 25.7 ④ 10.9

해설

등온과정

- 절대일량

$$W = RT\ln\frac{V_2}{V_1} = RT\ln\frac{P_1}{P_2} = PV\ln\frac{V_2}{V_1}\ (PV = RT)$$

- 가열량

$$Q = APV\ln\frac{V_2}{V_1} = \frac{1}{427}\times 10\times 10^4\times 0.1\ln\frac{0.1\times 3}{0.1}$$

$$= 25.7\text{kcal}$$

02 액화석유가스 집단공급사업자로부터 가스를 공급받는 수요자의 가스사용시설에 대한 안전점검의 항목이 아닌 것은?

① 배기통의 막힘 여부
② 가스계량기 출구에서의 마감조치 여부
③ 연소기마다 퓨즈콕 등 안전장치 설치 여부
④ 연소기의 입구압력을 측정하고 그 이상 유무

해설

안전점검 항목(액법 시행규칙 별표 15)

- 가스계량기 출구에서 배관 · 호스 및 연소기에 이르는 각 접속부의 가스누출 여부와 마감조치 여부
- 가스용품의 한국가스안전공사 합격표시나 한국산업표준에 적합한 것임을 나타내는 표시 유무
- 연소기마다 퓨즈콕, 상자콕 또는 이와 같은 수준 이상의 안전장치 설치 여부
- 호스의 "T"형 연결 여부와 호스밴드 접속 여부
- 목욕탕이나 환기가 잘 되지 않는 곳에 보일러 · 온수기를 설치하였는지 여부
- 전용보일러실에 보일러(밀폐식 보일러 또는 옥외에 설치한 보일러는 제외)를 설치하였는지 여부
- 배기통이 한국가스안전공사 또는 공인시험기관의 성능인증을 받은 제품인지 여부
- 가스보일러 및 가스온수기와 배기통, 배기통과 배기통 이탈 여부
- 압력조정기에서 중간밸브까지의 배관이 강관 · 동관 또는 금속플렉시블호스 등으로 설치되어 있는지 여부
- 일산화탄소 경보기 설치 여부
- 그 밖에 가스사고를 유발할 우려가 있는지 여부

03 에어졸 제조기준에 대한 설명으로 틀린 것은?

① 내용적이 100cm³를 초과하는 용기는 그 용기 제조자의 명칭 또는 기호가 표시되어 있어야 한다.
② 에어졸 충전용기 저장소는 인화성 물질과 8m 이상의 우회거리를 유지한다.
③ 내용적이 30cm³ 이상인 용기는 에어졸 제조에 재사용하지 아니한다.
④ 40℃에서 용기 안의 가스압력의 1.5배의 압력을 가할 때 파열되지 아니하여야 한다.

해설

용기는 50℃ 용기 안의 가스압력의 1.5배의 압력을 가할 때 변형되지 아니하고, 용기 안의 가스압력의 1.8배 압력을 가할 때 파열되지 않는 것으로 한다. 다만, 1.3MPa 이상의 압력을 가할 때 변형되지 않고 1.5MPa의 압력을 가할 때 파열되지 아니한 것은 그러하지 아니하다.

04 황화수소의 저장탱크에는 그 가스의 용량이 저장탱크 내용적의 몇 %를 초과하는 것을 방지하기 위하여 과충전 방지조치를 강구하여야 하는가?

① 96% ② 90%
③ 85% ④ 80%

해설

독성가스 저장탱크에는 가스용량이 그 저장탱크 내용적의 90%를 초과하는 것을 방지하기 위하여 과충전 방지장치를 설치하여야 한다.

05 LP가스의 제법이 아닌 것은?

① 원유에서 액화가스를 회수
② 석유정제공정에서 분리
③ 나프타 분해생성물에서 제조
④ 메탄의 부분산화법으로 제조

해설

LP가스제법
- 습성천연가스 및 원유에서 제조 : 압축냉각법, 흡수유(경유)에 의한 흡수법, 활성탄에 의한 흡착법(희박한 가스에 적용)
- 제유소 가스에서 제조 : 상압증류장치, 접촉개질장치, 접촉분해장치
- 나프타 분해 생성물에서 제조
- 나프타 수소화 분해 생성물에서 제조

06 가스설비에서 정전기에 의한 폭발 및 화재를 방지하기 위한 대책으로 틀린 것은?

① 설비 및 배관을 접지한다.
② 가연성 물질의 유속을 제한한다.
③ 가능한 한 습도가 낮고 건조한 장소에 설치한다.
④ 용기 및 배관은 전기 전도성이 좋은 것을 사용한다.

해설

정전기 방지법
- 접지한다.
- 공기주위 상대습도를 70% 이상으로 한다.
- 유속을 1m/s 이하로 유지한다.
- 공기를 이온화 시킨다
- 제진기를 설치한다.

07 $PV = nRT$에서 기체상수(R)값을 J/gmol · K의 단위로 나타낸 것은?

① 0.082 ② 1.987
③ 8.314 ④ 848

해설

$$\begin{aligned} R &= 0.08205 \text{ atm} \cdot \text{L/mol} \cdot \text{K} \\ &= 82.05 \text{ atm} \cdot \text{L/mol} \cdot \text{K} \\ &= 8.314 \text{ J/mol} \cdot \text{K} \\ &= 8.314 \times 10^7 \text{ erg/mol} \cdot \text{K} \\ &= 1.987 \text{ cal/mol} \cdot \text{K} \end{aligned}$$

08 고정식 압축도시가스 자동차충전시설에서 가스누출검지 경보장치를 설치하여야 하는 기준으로 틀린 것은?

① 압축설비 주변 1개 이상
② 충전설비 내부 1개 이상
③ 압축가스설비 주변 1개 이상
④ 배관접속부마다 10m 이내에 1개 이상

해설

가스누출검지 경보장치 설치
- 압축설비 주변 또는 충전설비 내부 : 1개 이상
- 압축가스설비 주변 : 2개 이상
- 배관접속부마다 10m 이내 : 1개 이상
- 펌프 주변 : 1개 이상

09 게이지 압력으로 30cmHg는 절대압력으로 약 몇 mbar에 해당하는가?

① 1096mbar
② 1205mbar
③ 1359mbar
④ 1413mbar

해설

절대압력 = 대기압력 + 게이지압력
76cmHg + 30cmHg = 106cmHg

$$\therefore \frac{106}{76} \times 1013.25 = 1413\text{mbar}$$

10 가스안전영향평가 대상 등에서 산업통상자원부령이 정하는 도시가스배관이 통과하는 지점에 해당하지 않는 것은?

① 해당 건설공사와 관련된 굴착공사로 인하여 도시가스 배관이 노출된 것으로 예상되는 부분
② 해당 건설공사에 의한 굴착바닥면의 양끝으로부터 굴착심도의 0.6배 이내의 수평거리에 도시가스배관이 매설된 부분
③ 해당 공사에 의하여 건설될 지하시설물 바닥의 직하부에 관경 500mm인 저압의 가스배관이 통과하는 경우 그 건설공사에 해당하는 부분
④ 해당 공사에 의하여 건설될 지하시설물 바닥의 직하부에 최고사용압력이 중압 이상인 가스배관이 통과하는 경우 그 건설공사에 해당하는 부분

해설

도시가스배관이 통과하는 지점(도법 시행규칙 제53조)
- 해당 건설공사와 관련된 굴착공사로 인하여 도시가스배관이 노출될 것으로 예상되는 부분
- 해당 건설공사에 의한 굴착바닥면의 양끝으로부터 굴착깊이의 0.6배 이내의 수평거리에 도시가스배관이 매설된 부분

- 해당 공사로 건설될 지하시설물 바닥의 바로 아랫부분에 최고사용압력이 중압 이상인 도시가스배관이 통과하는 경우의 그 건설공사에 해당하는 부분
- 해당 건설공사를 터널식으로 굴착하는 경우 터널 굴착면으로부터 터널 최대 굴착단면 지름의 0.6배 이내의 거리에 도시가스배관이 매설된 부분

11 액화석유가스 충전사업을 하고 있는 자로서 시설의 일부를 변경하고자 한다. 다음 중 변경허가를 받지 않아도 되는 항목은?

① 사업소의 이전
② 충전설비의 교체 설치
③ 사업소 부지의 축소
④ 저장설비의 위치변경

해설

변경허가 대상(액법 시행규칙 제7조)
- 사업소의 이전
- 사업소 부지의 확대나 축소
- 건축물 또는 시설 설치 폐지 연면적 변경
- 허가받은 사업소 안의 저장설비를 이용하여 허가받은 사업소 밖의 수요자에게 가스를 공급하려는 경우
- 저장설비나 가스설비 중 압력용기 충전설비 기화장치 또는 로딩암의 위치 변경
- 저장설비(판매시설과 영업소의 저장설비는 제외)의 교체 설치
- 저장설비의 용량 증가(판매 영업소의 경우 수량 증가없이 용량만 증가하는 경우 제외)
- 가스설비 중 압력용기, 충전설비, 로딩암 또는 자동차용 가스자동주입기의 수량 증가(액화석유가스 충전사업자의 경우만 해당)
- 집단공급, 가스저장자의 기화장치 수량 증가
- 충전, 판매업자의 벌크로리 수량 증가

12 프레온(R-12) 냉동장치에 사용하기에 가장 부적당한 금속은?

① 구리 ② 마그네슘
③ 황동 ④ 강

해설

냉매 종류와 금속부식의 관계(사용금속의 제한)

냉매	부식의 관계
R-764(SO_2)	수분과 결합 황산 발생
R-40(CH_3Cl)	Al, Mg, Zn 금속부식
R-12(프레온)	2%를 넘는 Mg을 함유한 Al 합금
R-77(NH_3)	동과 결합 착이온 생성으로 부식

13 내용적 $20m^3$인 LP가스(밀도 0.50kg/L) 저장탱크는 인근 단독주택과 규정된 안전거리 이상을 유지하여야 한다. 유지해야 할 안전거리는?

① 12m ② 14m
③ 17m ④ 21m

해설

- 저장능력
  $W = 0.9dV = 0.9 \times 0.5 \times 20000 = 9000\text{kg}$
- 안전거리(단독주택은 2종 보호시설)

저장능력(kg)	1종(m)	2종(m)
1만 이하	17	12
1만 초과 2만 이하	21	14
2만 초과 3만 이하	24	16
3만 초과 4만 이하	27	18
4만 초과 5만 이하	30	20
5만 초과 99만 이하	30	20
99만 초과	30	20

14 압축계수(Z)는 이상기체 상태방정식 $PV = ZnRT$로 정의한다. 압축계수에 대한 설명으로 옳은 것은?

① Z는 온도에 영향을 받지 않는다.
② Z는 압력에 영향을 받지 않는다.
③ 이상기체의 경우 $Z = 1$이다.
④ 실제기체의 경우 $Z = 1$이다.

해설

이상기체인 경우 $Z = 1$이나, 실제기체의 경우에는 압력, 온도에 따라 변화하여 1에서 벗어난다.

15 액화석유가스 충전시설을 주거지역 또는 상업지역에 설치할 경우 저장탱크에 폭발방지장치를 설치하는 기준은?

① 저장능력 10톤 이상
② 저장능력 50톤 이상
③ 저장능력 100톤 이상
④ 저장능력 500톤 이상

해설

폭발방지장치 설치
- LPG 탱크로리
- 주거지역 · 상업지역에 설치하는 저장능력 10톤 이상의 저장탱크(지하설치 시는 제외)

16 **차량에 고정된 탱크에 부착되는 긴급차단장치는 차량에 고정된 탱크, 이에 접속하는 배관 외면의 온도가 몇 ℃일 때 자동적으로 작동할 수 있어야 하는가?**

① 40℃　② 65℃
③ 100℃　④ 110 ℃

해설

긴급차단장치의 원격 조작온도 : 110℃ 이상

17 **특수강에 영향을 주는 원소 중 Cr을 첨가하는 주된 목적은?**

① 취성을 주기 위하여
② 결정입도를 조정하기 위하여
③ 전성, 침탄효과를 증가시키기 위하여
④ 내식성, 내마모성을 증가시키기 위하여

해설

각종 금속첨가 시의 특수강 효과

금속	효과
Cr	경도 · 인장강도 증가, 내식 · 내열성 · 내마멸성 증가
Ni	강인성 증가, 내식성 · 내산성 증가
Si	내식 · 내열성 증가, 경도 · 인장강도 증가
Mn	내마멸성 증가, 황에 의한 피해 막음

18 **액화석유가스 저장탱크를 지하에 설치하는 방법의 기준에 대한 설명으로 틀린 것은?**

① 저장탱크실의 시공은 수밀 콘크리트로 한다.
② 저장탱크실 상부 윗면으로부터 저장탱크 상부까지의 깊이는 60cm 이상으로 한다.
③ 검지관은 직경은 40A 이상으로 4개소 이상 설치한다.
④ 저장탱크를 2개 이상 인접하여 설치하는 경우에는 상호간 2m 이상의 거리를 유지한다.

해설

저장탱크를 2개 이상 인접하여 설치하는 경우에는 상호간 1m 이상의 거리를 유지한다.

19 **다음 가스 중 허용농도값이 가장 낮은 것은?**

① 암모니아　② 일산화탄소
③ 이산화탄소　④ 염소

해설

각 가스의 허용농도(TLV－TWA)

가스 명칭	허용농도(ppm)
암모니아(NH_3)	25
일산화탄소(CO)	59
이산화탄소(CO_2)	5000(독성 아님)
염소(Cl_2)	1

20 **표준상태에서 어떤 가스의 부피가 $0.5m^3$ 이었다. 이것은 약 몇 몰인가?**

① 11.2　② 22.3
③ 44.6　④ 55.6

해설

1mol = 22.4l 이므로
1mol : 22.4
$x$mol : 0.5×10^3

$$\therefore x = \frac{1 \times 0.5 \times 10^3}{22.4} = 22.32$$

21 **용기에 각인할 사항의 기호와 단위로서 틀린 것은?**

① 내압시험압력 : TP(MPa)
② 500L 초과 용기의 동판 두께 : t(mm)
③ 내용적 : V(L)
④ 최고 충전압력 : HP(MPa)

해설

최고 충전압력 : FP(MPa)

22 **방류둑을 반드시 설치하여야 하는 시설이 아닌 것은?**

① 합산 저장능력이 1000톤 이상인 가연성가스 저장탱크
② 합산 저장능력이 5톤 이상인 독성가스 저장탱크
③ 독성가스 사용 내용적 1000L 이상인 수액기
④ 저장능력이 1000톤 이상인 LPG 저장탱크

해설

방류둑 적용시설

- 고압가스 특정제조 : 독성 5톤 이상, 가연성 500톤 이상, 산소 1000톤 이상
- 고압가스 일반제조 : 독성 5톤 이상, 가연성 1000톤 이상, 산소 1000톤 이상

- 액화석유가스(LPG) : 1000톤 이상
- 냉동제조시설 : 수액기 내용적 10000L 이상(단, 독성가스 냉매 사용)
- 일반도시가스사업 : 1000톤 이상
- 가스도매사업 : 500톤 이상

23 **공기액화분리기의 액화공기탱크와 액화산소 증발기와의 사이에 반드시 설치하여야 하는 것은?**

① 여과기　② 플레어스택
③ 역화방지장치　④ 역류방지장치

해설

액화공기탱크와 액화산소 증발기 사이에는 석유류, 유지류 그 밖의 탄화수소를 여과 분리하기 위한 여과기를 설치한다.

24 **압축기의 압축효율을 바르게 표시한 것은?**

① $\frac{\text{실제냉매흡입량}}{\text{이론냉매흡입량}}$　② $\frac{\text{이론소요동력}}{\text{실제소요동력}}$

③ $\frac{\text{실제압축동력}}{\text{축마력}}$　④ $\frac{\text{실제지시동력}}{\text{이론마력}}$

해설

압축기의 효율

- η_v(체적효율) $= \frac{\text{실제냉매흡입량}}{\text{이론가스흡입량}}$
- η_m(기계효율) $= \frac{\text{이론동력}}{\text{지시동력}}$
- η_c(압축효율) $= \frac{\text{이론소요동력}}{\text{실제소요동력}}$

25 **P-i 선도에 나타난 그림과 같은 운전 상태에서 냉동능력이 20RT인 냉동기의 압축비는?**

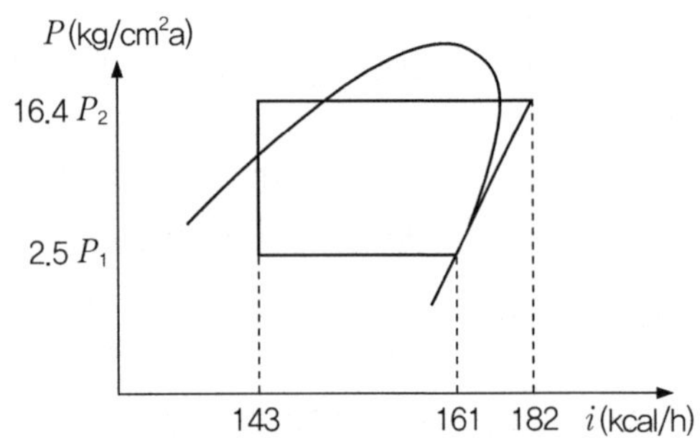

① 6.56　② 8.00
③ 10.11　④ 22.15

해설

압축비(a) $= \frac{\text{토출절대압력}(P_2)}{\text{흡입절대압력}(P_1)}$　$\therefore \frac{16.4}{2.5} = 6.56$

26 **회전축의 전달동력이 20kW, 회전수가 200rpm이라면 전동축의 지름은 약 몇 mm인가?(단, 축의 허용전단응력 $\tau = 30\text{MPa}$이다.)**

① 25　② 35
③ 45　④ 55

해설

비틀림 모멘트(T)를 받는 축의 직경 d

- 모멘트T $= \frac{60 \times (10^3 \times H_{KW})}{2\pi N}$

$= \frac{60 \times (10^3 \times 20)}{2 \times \pi \times 200} = 955\text{N} \cdot \text{m}$

- 축의 직경

$T = \tau(\text{전단응력}) \cdot Z_p = \tau(\text{전단응력}) \times \frac{\pi d^3}{16}$

$d = \sqrt[3]{\frac{16 \cdot T}{\pi \cdot \tau}} = \sqrt[3]{\frac{16 \times 955}{\pi \times 30 \times 10^6}} \times 1000 ≒ 55\text{m}$

27 **지구 온실효과를 일으키는 주된 원인이 되는 가스는?**

① CO_2　② O_2
③ NO_2　④ N_2

해설

온실효과 유발가스 : CO_2, N_2O, CH_4, SF_6 등

28 **순수한 CH_4 1Nm^3을 완전 연소하는데 필요한 이론공기량과 이론건조 연소가스의 양은?(단, 공기 중 산소와 질소의 용량비는 21 : 79이다.)**

① 공기량 : 9.52Nm^3, 연소가스량 8.52Nm^3
② 공기량 : 9.52Nm^3, 연소가스량 7Nm^3
③ 공기량 : 9.52Nm^3, 연소가스량 9.52Nm^3
④ 공기량 : 7Nm^3, 연소가스량 9.52Nm^3

해설

$CH_4 + 2O_2 \rightarrow CO_2 + 2H_2O$

A_0(이론공기량) : $2 \times \frac{1}{0.21} = 9.52\text{Nm}^3$

G_{sd}(이론건조연소가스량) : $CO_2 + N_2$ 이므로

CO_2 : 1Nm^3

N_2 : $2 \times \frac{0.79}{0.21} = 7.52\text{Nm}^3$

$\therefore CO_2 + N_2 = 8.52\text{Nm}^3$

29 **부탄과 프로판의 분리방법으로 가장 적정한 것은?**

① 증류수로 세정하여 생긴 침전물을 각각 분리한다.
② 온도를 내려 탱크에 두면 두 층으로 분리된다.
③ 압력을 가하여 액화시킨 후 증류법으로 분리한다.
④ 대량의 물로 세정하면 부탄은 물에 용해되고 프로판만 남는다.

해설

프로판(C_3H_8)의 비등점이 -42℃, 부탄(C_4H_{10})의 비등점이 -0.5℃ 이므로 고압 · 저온으로 액화하고 비등점 차이를 이용하여 증류법으로 분리하면 된다.

30 **폭굉(detonation)에 대한 설명으로 옳은 것은?**

① 폭굉속도는 보통 연소속도의 20배 정도이다.
② 폭굉속도는 가스인 경우에는 1000m/s 이하이다.
③ 폭굉속도가 클수록 반사에 의한 충격효과는 감소한다.
④ 일반적으로 혼합가스의 폭굉범위는 폭발범위보다 좁다.

해설

- 폭굉속도는 보통 연소속도의 2배 정도이다.
- 폭굉속도는 가스인 경우에는 1000~3500m/s에 달한다.
- 폭굉속도가 클수록 반사에 의한 충격효과는 증가한다.

31 **가스안전관리에서 사용되는 다음 위험성 평가기법 중 정량적 기법에 해당되는 것은?**

① 위험과 운전분석(HAZOP)
② 사고예상질문 분석(WHAT-IF)
③ 체크리스트(check list)
④ 사건수 분석(ETA)

해설

- 정성적 기법 : 체크리스트법, 사고예상질문 분석, 위험과 운전분석
- 정량적 기법 : 작업자실수 분석, 결함수 분석, 사건수 분석, 원인결과 분석

32 **일정한 유량의 물이 원관 내를 흐를 때 직경을 2배로 하면 손실수두는 얼마가 되는가?(단, 층류로 가정한다.)**

① $\frac{1}{4}$ ② $\frac{1}{8}$
③ $\frac{1}{16}$ ④ $\frac{1}{32}$

해설

관로유동에 따른 수두손실 층류영역에서 하겐-포아젤법칙

$h_{L1} = \frac{\Delta P}{\gamma} = \frac{128\mu LQ}{\pi D^4 \gamma}$ 에서

손실수두는 지름의 4제곱에 반비례한다.

$\therefore h_{L2} = \frac{1}{2^4} = \frac{1}{16}$

33 **어떤 고압가스설비의 상용압력은 10MPa이다. 이 경우 내압시험압력은 최소 얼마의 압력으로 하여야 하는가?**

① 10MPa
② 12MPa
③ 15MPa
④ 25MPa

해설

Tp = 상용압력 × 1.5

$\therefore$ 10 × 1.5 = 15MPa

34 **고압가스용 용접용기 제조 시 사용되는 용기의 재료로서 탄소, 인 및 황의 함유량을 옳게 나타낸 것은?**

① 0.33% 이하, 0.04% 이하, 0.05% 이하
② 0.35% 이하, 0.4% 이하, 0.02% 이하
③ 0.55% 이하, 0.04% 이하, 0.05% 이하
④ 0.33% 이하, 0.05% 이하, 0.04% 이하

해설

용기별 C, P, S의 함유량

종류	C	P	S
용접	0.33% 이하	0.04% 이하	0.05% 이하
무이음	0.55% 이하	0.04% 이하	0.05% 이하

35 **LPG 자동차 충전소 내 설치가능한 건축물 또는 시설이 아닌 것은?**

① 현금자동지급기
② 충전소 관계자 대기실
③ 연면적 200m²인 충전소 종사자 식당
④ 자동차의 세정을 위한 자동세차시설

해설

LPG 자동차 충전소 내 설치가능한 건축물 또는 시설
- 충전을 하기 위한 작업장
- 충전소의 업무를 하기 위한 사무실과 회의실
- 충전소 관계자가 근무하는 대기실
- 액화석유가스 충전사업자가 운영하고 있는 용기를 재검사하기 위한 시설
- 충전소 종사자의 숙소
- 충전소의 종사자가 이용하기 위한 연면적 100m² 이하의 식당
- 비상발전기실 또는 공구 등을 보관하기 위한 연면적 100m² 이하의 창고
- 자동차 세차를 위한 시설
- 충전소에 출입하는 사람을 대상으로 한 자동판매기와 현금자동지급기
- 자동차 등의 점검 및 간이정비(용접, 판금 등 화기를 사용하는 작업 및 도장작업 제외)를 위한 작업장
- 충전소에 출입하는 사람을 대상으로 한 소매점, 자동차 전시장, 고객휴게실, 휴게음식점, 자동차 영업소 및 일반 사무실로서 적절한 위치, 구조 등을 갖춘 것
- 자동차용 배터리 충전을 위한 작업장
- 계량증명업을 위한 작업장
- 태양광 발전설비

36 **도시가스 온압보정장치 설치를 위한 배관 설치 후 기밀시험의 압력 기준으로 옳은 것은?**

① 상용압력의 1.1배 또는 1kPa 중 높은 압력 이상
② 상용압력의 1.0배 또는 8.4kPa 중 높은 압력 이상
③ 최고사용압력의 1.1배 또는 8.4kPa 중 높은 압력 이상
④ 최고사용압력의 1.5배 또는 10kPa 중 높은 압력 이상

해설

도시가스 배관의 기밀시험압력 : 최고사용압력의 1.1배 또는 84KPa 중 높은 압력 이상

37 **액화산소 5L를 기준으로 하였을 때 다음 중 어느 경우에 공기액화분리기의 운전을 중지하고 액화산소를 방출해야 하는가?**

① 탄화수소의 탄소의 질량이 500mg을 넘을 때
② 탄화수소의 탄소의 질량이 50mg을 넘을 때
③ 아세틸렌이 2mg을 넘을 때
④ 아세틸렌이 0.2mg을 넘을 때

해설

액화산소 5L 중 아세틸렌 질량이 5mg을 넘을 때, 탄화수소의 탄소의 질량이 500mg을 넘을 때는 공기액화분리기의 운전을 중지하고 액화산소를 방출해야 한다.

38 **가스배관의 설계에 있어서 고려하여야 할 하중 중 주하중(主荷重)에 해당하지 않는 것은?**

① 내압(內壓)
② 토압(土壓)
③ 온도변화의 영향
④ 자동차의 하중

39 **서로 어긋나서 각을 이루며 만나는 두 축을 유니버설 조인트(훅크 조인트)하였을 경우에 일어나는 현상에 대한 설명으로 틀린 것은?**

① 종동축의 각속도는 원동축의 각속도와 일치하지 않는다.
② 중간축을 이용하여 양쪽에 유니버설 조인트를 하면 각속도는 일치하게 된다.
③ 각속도는 서로 불일치 하지만 전달토크에는 아무 이상이 없다.
④ 두 축이 어긋난 정도가 너무 크면(약 30°이상) 사용이 곤란하다.

해설

유니버설 조인트 시 각 속도가 불일치 시 전달 토크에 이상이 생긴다.

40 **도시가스사업자가 전기방식시설의 유지관리기준에 대한 설명으로 틀린 것은?**

① 전기방식시설의 관대지전위(管對地電位) 등을 1년에 1회 이상 점검한다.

② 외부전원법에 따른 전기방식시설은 외부전원점 관대지전위, 정류기의 출력, 전압, 전류, 배선의 접속상태 및 계기류 확인 등을 3개월에 1회 이상 점검한다.
③ 배류법에 따른 전기방식시설은 배류점 관대지전위, 배류기의 출력, 전압, 전류, 배선의 접속상태 및 계기류 확인 등을 3개월에 1회 이상 점검한다.
④ 절연부속품, 역전류방지장치, 결선(bond) 및 보호절연체의 효과는 3개월에 1회 이상 점검한다.

해설

절연부속품, 역전류방지장치, 결선(bond) 및 보호절연체의 효과는 6개월에 1회 이상 점검한다.

41 포스겐($COCl_2$)의 성질에 대한 설명으로 틀린 것은?

① 독성가스이다.
② 소량의 수분과 반응하여 중합폭발을 일으킬 수 있다.
③ 일산화탄소와 염소를 활성탄 촉매를 사용하여 얻을 수 있다.
④ 제해제로는 알칼리성인 가성소다 또는 소석회가 있다.

해설

포스겐($COCl_2$)
- 독성(TLV－TWA) : 0.1ppm
- $CO + Cl_2 \rightarrow$(활성탄) $COCl_2$
- 재해제 : 가성소다수용액, 소석회
- 수분과 반응하여 이산화탄소와 염산 생성

42 일반도시가스공급소에서 중압 이하의 배관과 고압배관을 매설하는 경우 서로간의 거리를 최소 몇 m 이상으로 하여야 하는가?

① 1m
② 2m
③ 3m
④ 4m

해설

중압 이하의 배관과 고압배관을 매설하는 경우 서로간의 거리는 2m 이상 유지

43 어떤 기체 A, B, C를 동일 고압가스 용기에 압력을 각각 P_A, P_B, P_C로 충전할 때 이 혼합기체의 전체압력(Pr)은 어떻게 표시되는가?

① $P_r = P_A + P_B + P_C$
② $P_r = P_A \times P_B \times P_C$
③ $P_r = 1/P_A + 1/P_B + 1/P_C$
④ $P_r = 1/P_A \times 1/P_B \times 1/P_C$

해설

돌턴의 분압법칙 : 혼합기체가 나타내는 전압력은 각성분기체가 가지는 분압의 합과 같다.
$\therefore P_r = P_A + P_B + P_C$

44 액화석유가스의 안전관리 및 사업법에서 정의한 액화석유가스 충전사업에 대한 가장 적정한 설명은?

① 액화석유가스를 일반수요자에게 배관을 통하여 공급하는 사업을 말한다.
② 저장시설에 저장된 액화석유가스를 용기에 충전하여 공급하는 사업을 말한다.
③ 액화석유가스를 사업용으로 공급하는 사업을 말한다.
④ 액화석유가스를 연료가스로 사용하기 위하여 공급하는 사업을 말한다.

45 다음 원심펌프의 배관에 대한 설명 중 가장 적절한 것은?

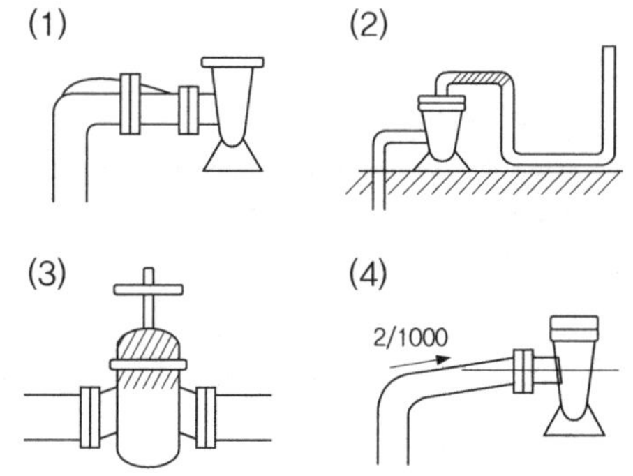

① 흡입관은 펌프구멍보다 굵은 것이 좋으므로 (1)번과 같이 배관한다.
② 토출관을 (2)번과 같이 설치하였다.
③ 흡입관에 부득이 밸브를 부착할 경우 (3)번 같이 손잡이가 위로 가도록 하였다.
④ 흡입관을 (4)번 같이 구배를 주어 배관하였다.

해설

펌프 입구의 흡입관은 운전정지 시 잔류액이 펌프 입구에 체류하지 않도록 1/50 이상 1/100 이하 상향구배로 설치한다.

46 내용적 40L의 고압용기를 0℃, 100atm의 압력으로 산소를 충전한 후 2kg에 해당하는 가스를 사용하였다면 용기의 압력은 약 몇 atm이 되는가?(단, 온도의 변화는 없는 것으로 가정한다.)

① 50　② 55
③ 60　④ 65

해설

- 40L : 100atm(사용 전 · 후 온도가 같으므로 임의의 온도를 같은 온도로 지정하여 처음의 검량을 계산)

$$W_1 = \frac{PVM}{RT} = \frac{100 \times 40 \times 32}{0.082 \times 273} = 5717.859\text{g}$$

- 2kg 사용 후의 나중압력 P_2 계산

$$P_2 = \frac{WRT}{VM} = \frac{(5717.859 - 2000) \times 0.082 \times 273}{40 \times 32} = 65\text{atm}$$

47 고압용 밸브에 대한 설명으로 틀린 것은?

① 주조품을 깎아서 만든다.
② 글로브밸브는 기밀도가 크다.
③ 슬루스밸브는 난방배관용으로 적합하다.
④ 밸브시트는 내식성이 좋은 재료를 사용한다.

해설

고압밸브의 특징
- 주조품보다 단조품이다.
- 밸브시트는 내식성과 경도 높은 재료를 사용한다.
- 밸브시트는 교체할 수 있도록 만들어진다.
- 기밀유지를 위해 스핀들에 패킹이 끼워져 있다.

48 도시가스사업법상 보호시설에 대한 구분이 잘못된 것은?

① 학교 - 제1종
② 공동주택 – 제2종
③ 문화재로 지정된 건축물 – 제1종
④ 연면적이 500m²인 사람을 수용하는 건축물 – 제1종

연면적 1000m² 이상인 사람을 수용하는 건축물 – 제1종

49 배관 설계도면 작성 시 종단면도에 기입할 사항이 아닌 것은?

① 기울기 및 포장종류
② 교차하는 타매설물, 구조물
③ 설계 가스배관 계획 정상높이 및 깊이
④ 설계 가스배관 및 기 설치된 가스배관의 위치

해설

도시가스배관 종단면도에 기입하는 사항
- 기울기(LNG는 제외)
- 포장종류
- 교차하는 타매설물, 구조물
- 설계 가스배관 계획 정상높이 및 깊이
- 신설배관 및 부속설비(밸브수취기 보호관)

50 다음 응력변형율선도에서 하부 항복점을 나타내는 점은?

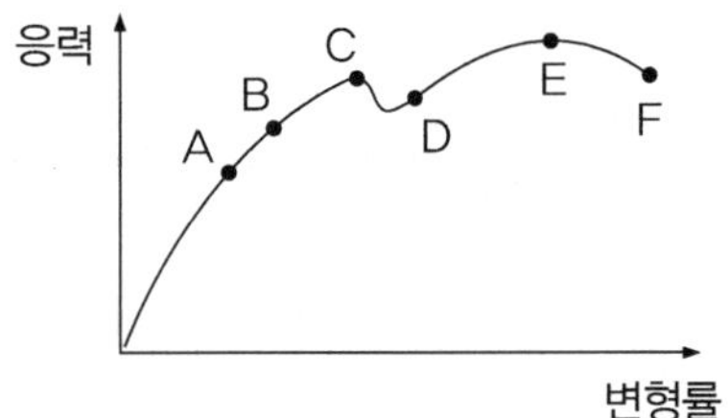

① A
② D
③ E
④ F

해설

A : 비례한도, B : 탄성한도, C : 상항복점, D 하항복점, E : 인장강도, F : 파괴점

51 섭씨온도 –40℃는 화씨온도로 약 몇 ℉인가?

① –20
② –40
③ –50
④ –60

해설

$$℉ = \frac{9}{5}℃ + 32$$

$$\therefore \frac{9}{5} \times -40 + 32 = -40℉$$

52 액화석유가스 소형용기 충전의 기준에 대한 설명으로 틀린 것은?

① 제조 후 10년이 경과하지 않은 용접용기인 것이어야 한다.
② 캔 밸브는 부착한지 3년이 경과하지 않아야 하며, 부착연월이 각인되어 있는 것이어야 한다.
③ 소형용접용기의 상태가 관련법에서 정하고 있는 4급에 해당하는 찍힌 흠, 부식, 우그러짐 및 화염에 의한 흠이 없는 것이어야 한다.
④ 충전사업자는 소형용접용기의 표시사항을 확인하고 표시사항이 훼손된 것은 다시 표시한다.

해설

캔 밸브는 부착한 지 2년이 경과하지 않아야 하며 부착 연월일이 각인되어 있는 것이어야 한다.

53 고압가스 제조허가의 종류가 아닌 것은?

① 고압가스 충전
② 고압가스 일반제조
③ 냉동제조
④ 공조제조

해설

고압가스 제조허가의 종류(고법 시행령 제3조)

- 고압가스 특정제조
- 고압가스 일반제조
- 고압가스 충전
- 냉동제조

54 저온취성(메짐)을 일으키는 원소는?

① Cr
② Si
③ S
④ P

해설

- 저온취성 방지금속 : 18-8 STS, 9% Ni, Cu, Al
- 저온취성 유발금속 : P

55 품질특성을 나타내는 데이터 중 계수치 데이터에 속하는 것은?

① 무게 ② 길이
③ 인장강도 ④ 부적합품률

해설

척도에 의한 데이터 분류

구분	해당 항목
계수치	부적합품의 수, 흠의 수, 얼룩의 수
계량치	길이, 무게, 강도, 온도, 시간

56 모든 작업을 기본동작으로 분해하고, 각 기본동작에 대하여 성질과 조건에 따라 미리 정해 놓은 시간치를 적용하여 정미시간을 산정하는 방법은?

① PTS법
② work sampling법
③ 스톱워치법
④ 실적자료법

해설

PTS법(기정시간표준법)은 이미 정해진 기준 시간치를 적용하여 전체 작업의 정미시간을 구하는 방법으로 워크팩터(Work factor)법과 MTM법을 주로 사용한다.

57 200개 들이 상자가 15개 있을 때 각 상자로부터 제품을 랜덤하게 10개씩 샘플링할 경우, 이러한 샘플링 방법을 무엇이라 하는가?

① 층별 샘플링
② 계통 샘플링
③ 취락 샘플링
④ 2단계 샘플링

해설

- 층별 샘플링 : 모집단을 몇 개의 층으로 나누고 각 층으로부터 각각 랜덤하게 시료를 뽑는 방법
- 계통 샘플링 : 모집단으로부터 시간적 또는 공간적으로 일정 간격을 두고 샘플링하는 방법
- 집락(취락) 샘플링 : 모집단을 여러 개의 층(집락)으로 나누고, 그 중 몇 개의 층(집락)을 랜덤하게 샘플링한 뒤 해당 층(집락)의 제품을 모두 검사하는 방법
- 2단계 샘플링 : 모집단을 몇 개의 서브 로트(1차 샘플링 단위)로 나누어 1단계로 그 중에서 몇 개의 부분을 시료(1차 시료)로 샘플링한 다음, 2단계로 그 부분 중에서 몇 개의 단위체 또는 단위량을 샘플링하는 방법

58 어떤 공장에서 작업을 하는데 있어서 소요되는 기간과 비용이 다음 표와 같을 때 비용구배는?(단, 활동시간의 단위는 일(日)로 계산한다.)

정상작업		특급작업	
기간	비용	x	비용
15일	150만원	10일	200만원

① 50,000원
② 100,000원
③ 200,000원
④ 500,000원

해설

$$비용구배 = \frac{특급(속성)비용 - 정상비용}{정상시간 - 특급(속성)시간}$$

$$\therefore \frac{2,000,000 - 1,500,000}{15 - 10} = 100,000$$

59 관리도에서 측정한 값을 차례로 타점했을 때 점이 순차적으로 상승하거나 하강하는 것을 무엇이라 하는가?

① 연(run)
② 주기(cycle)
③ 경향(trend)
④ 산포(dispersion)

해설

- 연(run) : 중심선에 대해 점이 한쪽에 연속해서 나타나는 것
- 주기(cycle) : 일정한 패턴으로 상 · 하로 변동하는 것
- 경향(trend) : 점이 순차적으로 상승하거나 하강하는 것
- 산포(dispersion) : 측정한 데이터 값의 퍼짐의 크기를 의미

60 생산보전(PM; productive maintenance)의 내용에 속하지 않는 것은?

① 보전예방
② 안전보전
③ 예방보전
④ 개량보전

해설

설비보전방식(생산보전)

- 사후보전(BM) : 고장, 정지 또는 유해한 성능저하 후 수리를 행하는 것으로 설비나 부품의 고장 결과를 다시 원상태로 회복시키기 위한 설비보전방식
- 예방보전(PM) : 고장, 정지 또는 유해한 성능저하를 가져오는 상태를 발견하기 위한 설비의 주기적인 검사로 초기단계에서 이러한 상태를 제거 또는 복구시키기 위한 설비보전방식
- 개량보전(CM) : 구입 또는 설치된 설비가 사용자의 환경 변화나 요구를 효율적 · 경제적 측면으로 만족시켜 주지 못할 때 설계 또는 부품의 일부를 공학적 또는 기술적인 방법으로 개조시키는 설비보전방식
- 보전예방(MP) : 고장이 없고, 보전이 필요치 않은 설비를 설계 · 제작 또는 구입하는 것으로 기본적으로 새로운 설비일 때부터 고장이 일어나지 않으면서도 보전비가 소요되지 않는 설비로 해야 한다는 신설비의 설비보전방식

정답 14회 – 제57회 가스기능장 기출문제

01 ③	02 ④	03 ④	04 ②	05 ④
06 ③	07 ③	08 ③	09 ④	10 ③
11 ②	12 ②	13 ①	14 ③	15 ①
16 ④	17 ④	18 ④	19 ④	20 ②
21 ④	22 ③	23 ①	24 ②	25 ①
26 ④	27 ①	28 ①	29 ③	30 ④
31 ④	32 ③	33 ③	34 ①	35 ③
36 ③	37 ①	38 ③	39 ③	40 ④
41 ②	42 ②	43 ①	44 ②	45 ④
46 ④	47 ①	48 ④	49 ④	50 ②
51 ②	52 ②	53 ④	54 ④	55 ④
56 ①	57 ①	58 ②	59 ③	60 ②

제58회 가스기능장 기출문제

01 **냉동사이클에서 응축기가 열을 제거하는 과정을 나타내는 선은?**

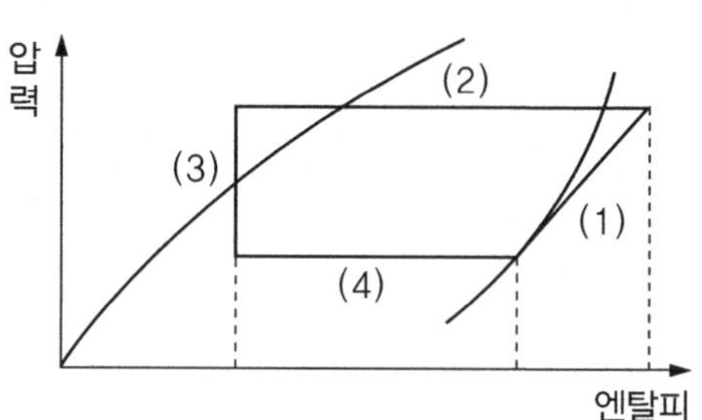

① (1) ② (2)
③ (3) ④ (4)

해설
(1) 압축, (2) 응축, (3) 팽창, (4) 증발

02 **다음 중 가스설비에 주로 사용되는 안전장치가 아닌 것은?**

① 플레어스택(flare stack)
② 스팀트랩(steam trap)
③ 파열판(rupture disk)
④ 가용전(fusible plug)

해설
- 플레어스택 : 가연성가스를 폐기 시 연소시켜 폐기시키는 탑
- 스팀트랩 : 증기를 사용하거나 자주 발생하는 설비에서 증기가 응축수로 되는 경우 배출하여 부식, 설비 등에서 발생하는 문제를 방지하는 역할
- 파열판 : 압력이 급상승할 우려가 있는 장소에 설치 압력상승 시 파열 유체를 배출하여 설비 전체의 위해를 방지
- 가용전 : 압력상승 시 동반 상승된 온도에 의해 가용전이 녹아 내부 가스를 배출시킴으로써 설비 전체의 위해를 방지

03 **30℃, 2atm에서 산소 1mol이 차지하는 부피는 얼마인가?(단, 이상기체의 상태방정식에 따른다고 가정한다.)**

① 6.2L ② 8.4L
③ 12.4L ④ 24.8L

해설
$PV = nRT$에서

$$\therefore V = \frac{nRT}{P} = \frac{1 \times 0.082 \times 303}{2} = 12.4\text{L}$$

04 **$\frac{PV}{T}$가 일정하게 유지되면서 변화하는 어떤 기체가 0℃, 1atm에서 $2.5\text{m}^3 \cdot \text{mol}^{-1}$의 체적을 가지고 있다. 이 기체가 0℃, 1atm에서 25℃, 10atm으로 압축될 때 변화 후의 부피는 약 몇 m^3이 되는가?**

① 0.13m^3
② 0.27m^3
③ 0.48m^3
④ 1.17m^3

해설

$$\frac{P_1V_1}{T_1} = \frac{P_2V_2}{T_2}$$

$$\therefore V_2 = \frac{P_1V_1T_2}{P_2T_1} = \frac{1 \times 2.5 \times (273+25)}{10 \times 273} = 0.27\text{m}^3$$

05 **다음 배관 도시기호 중 관내의 유체가 가스인 것을 나타내는 것은?**

① 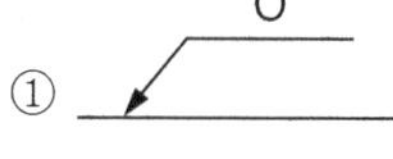

② 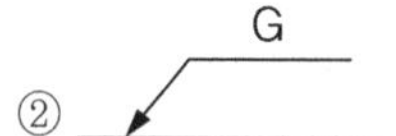

③ 

④ 

해설
유체의 표시 기호

유체종류	기호
공기	A
가스	G
오일	O
수증기	S
물	W

06 **특정 고압가스 사용 신고의 기준에 대한 설명으로 옳지 않은 것은?**

① 저장능력 250kg 이상의 액화가스 저장설비를 갖추고 특정고압가스를 사용하고자 하는 자
② 저장능력 $30m^3$ 이상의 압축가스 저장설비를 갖추고 특정고압가스를 사용하고자 하는 자
③ 배관으로 특정 고압가스를 공급받아 사용하려는 자
④ 액화염소를 사용하고자 하는 자

해설

특정고압가스 사용 신고대상(고법 시행규칙 제46조)

- 저장능력 500kg 이상인 액화가스저장설비를 갖추고 특정고압가스를 사용하려는 자
- 저장능력 $50m^3$ 이상인 압축가스저장설비를 갖추고 특정고압가스를 사용하려는 자
- 배관으로 특정고압가스(천연가스는 제외한다)를 공급받아 사용하려는 자
- 압축모노실란 · 압축디보레인 · 액화알진 · 포스핀 · 셀렌화수소 · 게르만 · 디실란 · 오불화비소 · 오불화인 · 삼불화인 · 삼불화질소 · 삼불화붕소 · 사불화유황 · 사불화규소 · 액화염소 또는 액화암모니아를 사용하려는 자. 다만, 시험용(해당 고압가스를 직접 시험하는 경우만 해당한다)으로 사용하려 하거나 시장 · 군수 또는 구청장이 지정하는 지역에서 사료용으로 볏짚 등을 발효하기 위하여 액화암모니아를 사용하려는 경우는 제외한다.
- 자동차 연료용으로 특정고압가스를 공급받아 사용하려는 자

07 **복합재료 용기는 그 용기의 안전을 확보하기 위하여 최고 충전압력이 얼마 이하이어야 하는가?**

① 15MPa ② 20MPa
③ 30MPa ④ 35MPa

해설

복합용기재료의 안전규정

- 충전하는 고압가스 : 가연성 액화가스가 아닐 것
- 최고충전압력은 35MPa(산소용은 20MPa) 이하일 것

08 **가스배관에 사용되는 금속재료의 성질에 대한 설명으로 틀린 것은?**

① 강재 중 인(P) 함유량이 많으면 연신율과 충격치가 증가된다.
② 압력 배관용 강관의 탄소 함유량은 0.25% 이하를 사용한다.
③ 황동은 구리와 아연의 합금이다.
④ 황은 고온에서 적열취성을 일으킬 수 있다.

해설

강재 중 인(P) 함유량이 많으면 연신율과 충격치가 감소하여 상온취성의 원인이 된다.

09 **발열량 $8000kcal/Nm^3$, 비중이 0.61, 공급압력이 $160mmH_2O$인 가스에서 발열량 $10000kcal/Nm^3$, 비중 0.62, 공급압력 $200mmH_2O$인 LPG로 가스를 변경할 경우의 노즐구경 변경률은 약 얼마인가?**

① 0.75 ② 0.85
③ 1.18 ④ 1.28

해설

$$\frac{D_2}{D_1} = \sqrt{\frac{WI_1\sqrt{P_1}}{WI_2\sqrt{P_2}}}$$

$$\therefore \sqrt{\frac{\frac{8000}{\sqrt{0.61}} \times \sqrt{160}}{\frac{10000}{\sqrt{0.62}} \times \sqrt{300}}} = 0.85$$

10 **가스분석 시 이산화탄소(CO_2)의 흡수제로 주로 사용되는 것은?**

① 수산화칼륨 수용액
② 요오드화수은칼륨 용액
③ 알칼리성 피로카롤 용액
④ 암모니아성 염화 제1구리 용액

해설

흡수제

- CO_2 : 수산화칼륨(KOH) 용액
- O_2 : 알칼리성 피로카롤 용액
- CO : 암모니아성 염화제1구리 용액
- C_2H_2 : 요오드화수은칼륨 용액
- C_2H_4 : 취화수소 용액
- C_3H_6, $n-C_4H_8$: 87% H_2SO_4
- C_mC_n : 발연황산

11 **왕복형 다단 압축기의 중간단에서 토출압력이 낮아지는 원인이 아닌 것은?**

① 중간단의 흡입저항 감소
② 앞단의 피스톤링 마모
③ 앞단의 냉각기 과냉
④ 흡입밸브 언로드의 복귀불량

해설

다단 압축기의 중간단 토출압력

구분	내용
토출압력 저하 원인	• 전단 흡입 토출밸브 불량 • 전단 피스톤링 불량 • 전단 클리어런스밸브 불량 • 전단 바이패스밸브 불량 • 중간단 냉각기능력 과대
토출압력 상승 원인	• 다음단 흡입 토출밸브 불량 • 다음단 피스톤링 불량 • 다음단 클리어런스밸브 불량 • 다음단 바이패스밸브 불량 • 중간단 냉각기능력 과소

12 이상기체를 일정한 온도 조건하에서 상태 1에서 상태 2로 변화시켰을 때 최종 부피는 얼마인가?(단, 상태 1에서의 부피 및 압력은 V_1과 P_1이며, 상태 2에서의 부피와 압력은 각각 V_2와 P_2이다.)

① $V_2 = V_1 \times \frac{P_2}{P_1}$

② $V_2 = V_1 \times \frac{P_1}{P_2}$

③ $V_2 = V_1 \times \frac{T_2}{T_1} \times \frac{P_2}{P_1}$

④ $V_2 = V_1 \times \frac{T_2}{T_1}$

해설

보일의 법칙

$P_1V_1 = P_2V_2$

$\therefore V_2 = \frac{P_1V_1}{P_2}$

13 가스 중의 황화수소 제법 중 알칼리물질로 암모니아 또는 탄산소다를 사용하며, 촉매는 티오비산염을 사용하는 방법은?

① 사이록스법

② 진공카보네이트법

③ 후막스법

④ 타카학스법

해설

습식탈황법

• 시이볼트법 : 3% 탄산소다 용액을 사용 황화합물을 흡수
• 알카지드법 : 진한 석탄산나트륨 용액에 흡수시키는 방법으로 페놀레이트법이라고 함
• 카아볼트법 : 에틸아민 수용액에 의해 저온에서 H_2S를 흡수하고 고온에서 H_2S를 방출하는 성질을 이용하는 방법
• 타이록스(사이록스)법 : 황비산나트륨 용액을 사용 H_2S를 흡수 다시 공기로 산화함으로써 재생하는 방법

14 다음 중 가장 낮은 온도에서 사용이 가능한 보냉제는?

① 폴리우레탄

② 탄산마그네슘

③ 펠트

④ 폴리스틸렌

해설

보냉제 안전 사용 온도

• 폴리우레탄 : 80℃ 이하
• 탄산마그네슘 : 250℃ 이하
• 펠트 : 100℃ 이하
• 폴리스틸렌 : 85℃ 이하
• 유리섬유 : 300℃ 이하
• 그 외에 탄화코르크 : 130℃ 이하

15 액화산소를 저장하는 저장능력 10톤인 저장탱크 2기를 설치하려고 한다. 각각의 저장탱크 최대지름이 3m일 경우 저장탱크 간의 최소거리는 몇 m 이상 유지하여야 하는가?

① 1 ② 1.5

③ 2 ④ 3

해설

두 저장탱크의 최대지름을 합산한 길이의 1/4 이상을 유지하여야 한다.(단, 1m 미만인 경우는 1m 이상의 거리 유지)

$\therefore L = \frac{D_1 - D_2}{4} = \frac{3+3}{4} = 1.5\text{m}$

16 가스화재 시 가장 효과가 높은 소화방법은?

① 제거소화

② 질식소화

③ 냉각소화

④ 희석소화

해설

소화방법

• 제거소화 : 가연성물질(가스)를 차단하는 등 가연물을 제거함으로써 연소를 중단시키는 소화방법
• 질식소화 : 산소공급원을 차단하여 소화하는 방법(공기 중 산소 농도를 15% 이하로 억제)

- 냉각소화 : 가연물로부터 연소를 지속하기 위한 열(에너지)을 빼어 연소물을 착화온도 이하로 내리는 방법
- 억제소화 : 연속적인 산화반응, 즉 연쇄반응을 약화시켜 연소가 계속되는 것을 불가능하게 하여 소화하는 것(화학적 작용에 의한 소화방법)

17 **발열량 24000kcal/m³, 비중이 1.52인 프로판가스와 발열량 10000kcal/m³, 비중 0.61인 천연가스의 웨베지수는 각각 약 얼마인가?**

① 18500, 11800
② 19500, 12800
③ 20500, 13800
④ 21500, 14800

해설

- 프로판가스

$$WI_1 = \frac{Hg_1}{\sqrt{d_1}} = \frac{24000}{\sqrt{1.52}} = 19466$$

- 천연가스

$$WI_2 = \frac{Hg_2}{\sqrt{d_2}} = \frac{10000}{\sqrt{0.61}} = 12803$$

18 **액화천연가스 180ton을 저장하는 저압지하식 저장탱크는 그 외면으로부터 사업소경계까지 몇 m 이상의 안전거리를 유지하여야 하는가?**

① 17 ② 27
③ 34 ④ 71

해설

가스도매사업의 사업소 경계와의 거리

$L = C\sqrt[3]{143000W}$

C : 저압지하식은 0.240, 그밖의 설비는 0.576

W : 저장탱크는 저장능력(톤)의 제곱근, 그 밖의 것은 시설 안의 액화천연가스의 질량(톤)

$\therefore\ 0.240 \times \sqrt[3]{143000 \times \sqrt{180}} \fallingdotseq 29.82\text{m}$

상기 계산식의 안전거리가 50m 미만인 경우 50m 이상 유지하여야 하므로 71m이다.

19 **다음 중 가연성가스이면서 독성가스로만 되어 있는 것은?**

① 브롬화메탄, 산화에틸렌, 벤젠, 트리메틸아민
② 트리메틸아민, 부탄, 석탄가스, 아황산가스
③ 황화수소, 염소, 포스겐, 일산화탄소
④ 아황화탄소, 포스겐, 모노메틸아민, 프로판

해설

가연성이면서 독성인 가스

아크릴로니트릴, 벤젠, 산화에틸렌, 모노메틸아민, 염화메탄, 브롬화메탄, 시안화수소, 일산화탄소, 이황와탄소, 황화수소, 암모니아, 석탄가스, 트리메틸아민 등

20 **다음 중 암모니아의 완전연소반응식을 옳게 나타낸 것은?**

① $2NH_3 + 2O_2 \rightarrow N_2O_2 + 3H_2O$
② $2NH_3 + 1.5O_2 \rightarrow N_2 + 3H_2O$
③ $NH_3 + 2O_2 \rightarrow HNO_2 + H_2O$
④ $4NH_3 + 5O_2 \rightarrow 4NO + 6H_2O$

해설

암모니아는 산소 중에서 황색 불꽃을 내며 연소하고 질소와 물을 생성한다.

21 **액화석유가스 집단공급사업자가 갖추어야 할 수요자시설 점검원의 인원 기준은?**

① 수용가 2000개소마다 1명
② 수용가 3000개소마다 1명
③ 수용가 5000개소마다 1명
④ 수용가 10000개소마다 1명

해설

안전점검자 구분 및 인원

구분	안전점검자	인원
액화석유가스 충전사업자	충전원	충전 소요인력
	수요자시설 점검원	가스배달 및 점검 소요인력
액화석유가스 집단공급사업자	수요자시설 점검원	수용가 3천개소마다 1명
액화석유가스 판매사업자	수요자시설 점검원	가스배달 및 점검 소요인력

22 **초저온장치의 단열법에 대한 설명으로 틀린 것은?**

① 단열재는 습기가 없어야 한다.
② 온도가 낮은 기기일수록 전열에 의한 침입열이 크다.
③ 단열재는 균등하게 충전하여 공동이 없도록 해야 한다.
④ 단열재는 산소 또는 가연성의 것을 취급하는 장치 이외에는 불연성이 아니라도 좋다.

해설

산소, 가연성가스를 취급하는 곳에는 불연성 단열재를 사용하여야 한다.

23 **CH_4, CO_2 및 수증기(H_2O)의 생성열이 각각 17.9, 94.1, 57.8kcal/mol이라 할 때 메탄의 연소열은 약 몇 kcal/mol인가?**

① 39.4 ② 54.2
③ 191.8 ④ 234.7

해설

$CH_4+2O_2 \rightarrow CO_2+2H_2O+Q$
$-17.9=-94.1-2\times57.8+Q$
$\therefore Q=94.1+2\times57.8-17.9=191.8\text{kcal/mol}$

24 **다음 중 제1종 보호시설에 속하지 않는 것은?**

① 학교
② 문화재보호법에 따라 지정문화재로 지정된 건축물
③ 장애인 복지시설로서 10명 이상 수용할 수 있는 건축물
④ 어린이 놀이터

해설

보호시설(고법 시행규칙 별표 2)

구분	시설 내용
제1종 보호시설	• 학교 · 유치원 · 어린이집 · 놀이방 · 어린이놀이터 · 학원 · 병원(의원 포함) · 도서관 · 청소년수련시설 · 경로당 · 시장 · 공중목욕탕 · 호텔 · 여관 · 극장 · 교회 및 공회당(公會堂) • 사람을 수용하는 건축물(가설건축물은 제외)로서 사실상 독립된 부분의 연면적이 1천m^2 이상인 것 • 예식장 · 장례식장 및 전시장, 그 밖에 이와 유사한 시설로서 300명 이상 수용할 수 있는 건축물 • 아동복지시설 또는 장애인복지시설로서 20명 이상 수용할 수 있는 건축물 • 문화재보호법에 따라 지정문화재로 지정된 건축물
제2종 보호시설	• 주택 • 사람을 수용하는 건축물(가설건축물은 제외)로서 사실상 독립된 부분의 연면적이 100m^2 이상 1천m^2 미만인 것

25 **내부용적이 24000L인 액화산소 저장탱크의 저장능력은 몇 kg인가?(단, 비중은 1.14로 한다.)**

① 24624 ② 24780
③ 25650 ④ 27520

해설

$W=0.9dV$
$\therefore 0.9\times1.14\times24000=24624\text{kg}$

26 **산소 가스압축기의 윤활제로 기름 사용을 금하고 있는 가장 큰 이유는?**

① 한 번도 사용한 적이 없으므로
② 산소가스의 순도가 낮아지므로
③ 식품과 접촉하면 위험하기 때문에
④ 마찰로 실린더 내의 온도가 상승하여 연소 폭발하므로

해설

산소는 조연성가스로 유지류와 접촉 시 연소폭발을 일으킬 수 있다.

27 **일반 기체상수 R이 모든 가스에 대하여 같음을 증명하는데 적용되는 법칙은?**

① 줄(Joule)의 법칙
② 아보가드로(Avogadro)의 법칙
③ 라울(Raoult)의 법칙
④ 보일－샤를(Boyle－Charle)의 법칙

해설

아보가드로의 법칙

모든 기체 1mol은 같은 온도, 같은 압력 하에서 22.4L의 체적을 가지며 그때의 질량은 분자량만큼이다.

$PV=nRT$에서

$R=\frac{PV}{nT}$(0℃ 1atm, 1mol 22.4L)을 대입 시

$R=0.082\text{atm}\cdot\text{L/mol}\cdot\text{K}$ 가 된다.

28 **암모니아의 합성법 중 고압합성이라 함은 약 몇 kgf/cm^2 정도인가?**

① 150kgf/cm^2 전후
② 300kgf/cm^2 전후
③ 450kgf/cm^2 전후
④ 600~1000kgf/cm^2 전후

해설

암모니아 합성법

구분	압력	종류
고압합성	600~1000kg/cm^2	클라우드, 카자레

구분	압력	종류
중압합성	$300kg/cm^2$ 전후	뉴파우더, 동공시법, 케미그, IG, 뉴우데
저압합성	$150kg/cm^2$ 전후	켈로그, 구우데

29 안전관리수준 평가기준에서 정한 평가분야 항목이 아닌 것은?

① 재정상태
② 안전관리 리더십
③ 안전교육훈련
④ 가스사고

해설

안전관리수준평가의 분야별 평가항목(도법 시행규칙 별표 7의2)

- 안전관리 리더십 및 조직
- 안전교육 훈련 및 홍보
- 가스사고
- 비상사태 대비
- 운영관리
- 시설관리

30 가연성가스의 설비실 벽은 불연재료를 사용하고, 그 지붕은 가벼운 재료를 사용하여야 한다. 다음 중 가벼운 재료를 사용하지 않아도 되는 대상은?

① 수소가스
② 염소가스
③ 프로판가스
④ 암모니아가스

해설

저장설비재료

- 가연성가스 및 산소의 가스설비실 또는 저장설비실의 벽은 불연재료를 사용한다.
- 가연성가스의 가스설비실 또는 저장설비실의 지붕은 가벼운 불연재료 또는 난연재료를 사용한다.
- 액화 암모니아가스 설비실 및 저장설비실 또는 특정고압가스용 실린더 캐비닛의 보관실 지붕은 가벼운 재료를 사용하지 아니할 수 있다.

31 동일한 부피를 가진 수소와 산소의 무게를 같은 온도에서 측정하였더니 같은 값이었다. 수소의 압력이 2atm이라면 산소의 압력은 약 몇 atm인가?

① 0.0625 ② 0.125
③ 0.25 ④ 0.5

해설

수소 $P_1V_1 = G_1R_1T_1$, 산소 $P_2V_2 = G_2R_2T_2$라 할 때 $G_1 = G_2$ 이므로

$$G_1 = G_2 = \frac{P_1V_1}{R_1T_1} = \frac{P_2V_2}{R_2T_2} \text{ 에서 } (V_1 = V_2)$$

$$P_2 = \frac{R_2}{R_1} \times P_1 = \frac{\frac{848}{32}}{\frac{848}{2}} \times 2 = 0.125\text{atm}$$

32 프로판 4vol%, 메탄 16vol%, 공기 80vol%의 조성을 가지는 혼합기체의 폭발 하한값은 얼마인가?(단, 프로판과 메탄의 폭발하한값은 각각 2.2, 5.0vol%이다.)

① 3.79v% ② 3.99v%
③ 4.19v% ④ 4.39v%

해설

$$\frac{20}{L} = \frac{V_1}{L_1} + \frac{V_2}{L_2} = \frac{4}{2.2} + \frac{16}{5}$$

(∵전체 가연성가스의 부피는 20%)

$$\therefore L = \frac{20}{\frac{4}{2.2} + \frac{16}{5}} = 3.985\%$$

33 고압가스설비를 이음쇠로 접속할 때에는 그 이음쇠와 접속되는 부분에 잔류응력이 남지 않도록 조립하여야 한다. 이때 상용압력이 얼마 이상의 곳의 나사는 나사게이지로 검사하여야 하는가?

① 9.6MPa ② 19.6MPa
③ 29.6MPa ④ 39.6MPa

해설

가스설비의 접속

고압설비를 이음쇠로 접속 시 그 이음쇠와 접속되는 부분에 잔류응력이 남지 않도록 조립하고 이음쇠와 밸브류를 나사로 조일 때에는 무리한 하중이 걸리지 않도록 하며 상용압력이 19.6MPa 이상되는 곳의 나사는 나사게이지로 검사한 것으로 한다.

34 액화염소가스 1250kg을 용량이 47L인 용기에 충전하려면 몇 개의 용기가 필요한가?(단, 가스정수는 0.8이다.)

① 12 ② 22
③ 32 ④ 42

해설

$$1250(kg) \div \frac{47}{0.8} = 21.276 = 22개$$

35 고압가스 공급자의 의무에 대한 설명으로 틀린 것은?

① 고압가스 제조자, 판매자는 가스를 수요자에게 공급 시, 그 수요자의 시설에 대하여 안전점검을 실시하여야 하나, 위해예방에 필요한 사항을 계도할 의무는 없다.

② 고압가스 공급자는 안전점검 실시 결과 개선되어야 할 사항이 있을 때 수요자에게 개선을 명령할 수 있다.

③ 고압가스 공급자는 수요자가 그 시설을 개선하지 아니한 때는 가스공급을 중지하고 지체없이 그 사실을 시장, 군수, 구청장에게 신고한다.

④ 신고받은 군수는 수요자에게 그 시설을 개선 명령한다.

해설

공급자의 의무(고법 제10조)

- 고압가스제조자 또는 고압가스판매자가 고압가스를 수요자에게 공급할 때에는 그 수요자의 시설에 대하여 안전점검을 하여야 하며, 산업통상자원부령으로 정하는 바에 따라 수요자에게 위해 예방에 필요한 사항을 계도하여야 한다.
- 고압가스제조자나 고압가스판매자는 안전점검을 한 결과 수요자의 시설 중 개선되어야 할 사항이 있다고 판단되면 그 수요자에게 그 시설을 개선하도록 하여야 한다.
- 고압가스제조자, 판매자는 고압가스의 수요자가 그 시설을 개선하지 아니하면 그 수요자에 대한 고압가스의 공급을 중지하고 지체 없이 그 사실을 시장 · 군수 또는 구청장에게 신고하여야 한다.
- 신고를 받은 시장 · 군수 또는 구청장은 고압가스의 수요자에게 그 시설의 개선을 명하여야 한다.

36 고압가스 장치로부터 미량의 가스가 대기 중에 누출될 경우 가스의 검지에 사용되는 시험지와 색의 변화상태가 옳게 연결된 것은?

① 암모니아 - KI전분지 – 청색

② 염소 - 적색리트머스 – 청색

③ 아세틸렌 - 염화제1구리 – 적갈색

④ 일산화탄소 -초산연시험지 – 갈색

해설

가스검지 시험지

검지가스	시험지	변색
암모니아	적색리트머스지	청색
염소	KI 전분지	청색
시안화수소	질산구리벤젠지	청색
포스겐	해리슨시험지	심등색
일산화탄소	염화파라듐지	흑색
황화수소	연당지	흑색
아세틸렌	염화제1구리 착염지	적색

37 냉동기에서 냉동이 이루어지는 부분은?

① 응축기

② 압축기

③ 팽창밸브

④ 증발기

해설

증기압축식 냉동기

- 압축기 : 일명 Heat pump이고 압력증대장치로 단열압축을 한다. 엔트로피는 불변이고 압력, 온도, 엔탈피는 증가하고 비체적은 감소한다.
- 응축기 : 열방출장치로서 등압과정이고 온도, 엔탈피, 엔트로피가 감소한다.
- 팽창밸브 : 단열팽창으로 엔탈피는 불변이고 압력, 온도가 감소하며, 엔트로피와 비체적이 증가하고 팽창밸브에서 플래시가스가 발생한다.
- 증발기 : 실제적 냉동이 이루어지는 곳으로 열흡수장치이며 등온등압과정으로 엔탈피, 엔트로피, 비체적, 건조도 등이 증가한다.

38 다음 중 풍압대와 관계없이 설치할 수 있는 방식의 가스보일러는?

① 자연배기식(CF) 단독배기통 방식

② 자연배기식(CF) 복합배기통 방식

③ 강제배기식(FE) 단독배기통 방식

④ 강제배기식(FE) 공동배기구 방식

해설

풍압대를 피하여야 할 가스보일러의 종류

- 자연배기식(CF) 단독배기통 방식
- 자연배기식(CF) 복합배기통 방식
- 자연배기식(CF) 공동배기구 방식
- 강제배기식(FE) 공동배기구 방식

39 **산화에틸렌의 저장탱크 및 충전용기에는 45°C에서 그 내부 가스의 압력이 얼마 이상이 되도록 질소가스 등을 충전하여야 하는가?**

① 0.2MPa　② 0.4MPa
③ 2MPa　④ 4MPa

해설

산화에틸렌(C_2H_4O)의 충전

구분	세부 내용
저장탱크	• 충전 시 질소 탄산가스로 치환하고 5°C 이하 유지 • 45°C에서 내부압력이 0.4MPa 이상 되도록 질소 탄산가스를 충전
용기	• 충전 시 질소 탄산가스로 치환한 후 산 또는 알칼리를 함유되지 않는 상태로 충전

40 **하천의 바닥이 경암으로 이루어져 도시가스배관의 매설깊이를 유지하기 곤란하여 배관을 보호조치한 경우에는 배관의 외면과 하천 바닥면의 경암 상부와의 최소거리는 얼마이어야 하는가?**

① 4m　② 2.5m
③ 1.2m　④ 1.0m

해설

배관의 하천구역 배설

구분	설치기준
하천횡단 설치	교량에 설치
하천수로횡단 매설 시	2중관 방호구조물 안에 설치
배관 외면과 계획 하상 높이와의 거리	하천관리시설 기존계획 중인 기초시설물에 영향이 없고 하상변동, 패임, 닻내림에 영향이 없는 깊이에 매설하되 최소 1.2m 이상 유지
하천구역	4m 이상
소하천 및 수로	2.5m 이상
그 밖의 좁은 수로, 하천바닥이 경암으로 이루어져 배관매설 깊이를 유지하기 곤란한 경우로서 기준에 따른 배관보호조치를 하는 경우	배관 외면과 하천 바닥면의 경암 상부까지 1.2m 이상

41 **일반도시가스사업자의 가스공급시설 중 정압기의 시설 및 기술기준에 대한 설명으로 틀린 것은?**

① 단독사용자의 정압기에는 경계책을 설치하지 아니할 수 있다.
② 단독사용자의 정압기실에는 이상압력통보설비를 설치하지 아니할 수 있다.
③ 단독사용자의 정압기에는 예비정압기를 설치하지 아니할 수 있다.
④ 단독사용자의 정압기에는 비상전력을 갖추지 아니할 수 있다.

해설

일반도시가스사업자 정압기의 시설 · 기술기준

구분	시설현황
정압기	• 건축물 내부 기초 밑에 설치금지. 단, 가스누출경보기와 연동하여 작동하는 기계환기설비의 경우 1일 1회 이상 안전점검 실시 시 내부 설치 가능 • 예비정압기, 과압안전장치, 가스누출검지통보설비 설치
단독사용자에게 공급하기 위한 정압기	• 건축물 내부 설치가능(외부와 환기가 잘 되는 지상층, 기계환기설비를 갖춘 지하층 설치 시) • 예비정압기 과압안전장치를 설치하지 않아도 됨 • 가스누출검시 통보 설비의 경우 그 사용시설의 안전관리자가 상주하는 곳에 통보할 수 있어야 함

42 **화학공업용 원료가스 중에 포함된 불순물을 제거하기 위해 정제할 필요가 있다. 다음 중 회수대상 가스로서 가장 거리가 먼 것은?**

① CO　② CO_2
③ Cl_2　④ H_2S

해설

공업용 가스의 정제대상 가스
- 황화합물 : 수소화탈황, 건식탈황, 습식탈황
- 탄산가스(CO_2) : 고압수 세정, 가성소다 흡수, 암모니아 흡수, 열탄산칼륨, 알킬아민
- 일산화탄소(CO) : 메탄화법, 암모니아성 구리용액 세척법, 액체질소 세척법

43 **고압가스의 종류 및 범위에 대한 설명으로 맞는 것은?**

① 섭씨 35도의 온도에서 압력이 1메가파스칼을 초과하는 아세틸렌가스
② 섭씨 35도의 온도에서 압력이 0파스칼을 초과하는 암모니아
③ 섭씨 15도의 온도에서 압력이 0파스칼을 초과하는 아세틸렌가스
④ 섭씨 15도의 온도에서 압력이 0파스칼을 초과하는 액화시안화수소

해설

고압가스의 종류 및 범위(고법 시행령 제2조)

- 상용(常用)의 온도에서 압력(게이지압력을 말한다. 이하 같다)이 1MPa 이상이 되는 압축가스로서 실제로 그 압력이 1MPa 이상이 되는 것 또는 35℃의 온도에서 압력이 1MPa 이상이 되는 압축가스(아세틸렌가스는 제외한다)
- 15℃의 온도에서 압력이 0Pa을 초과하는 아세틸렌가스
- 상용의 온도에서 압력이 0.2MPa 이상이 되는 액화가스로서 실제로 그 압력이 0.2MPa 이상이 되는 것 또는 압력이 0.2MPa이 되는 경우의 온도가 35℃ 이하인 액화가스
- 35℃의 온도에서 압력이 0Pa을 초과하는 액화가스 중 액화시안화수소 · 액화브롬화메탄 및 액화산화에틸렌가스

44 고압가스용 가스히트펌프에서 항상 물에 접촉되는 부분에 사용할 수 없는 재료는?

① 순도 95.5% 미만의 알루미늄
② 순도 99.7% 미만의 알루미늄
③ 2%를 넘는 마그네슘을 함유한 알루미늄
④ 5%를 넘는 마그네슘을 함유한 알루미늄

해설

고압가스용 가스히트펌프에는 항상 물에 접촉되는 순도 99.7% 미만의 알루미늄의 재료는 사용할 수 없다.

45 관의 절단, 나사절삭, 거스러미(burr) 제거 등의 일을 연속적으로 할 수 있으며, 관을 물린 척(chuck)을 저속 회전 시키면서 나사를 가공하는 동력나사 절삭기의 종류는?

① 다이헤드식
② 호브식
③ 오스터식
④ 피스톤식

해설

강관공작용 기계 동력나사 절삭기

- 다이헤드식 : 관의 절단, 나사 절삭, 거스러미 제거를 연속으로 할 수 있는 공작용 기계
- 호브식 : 호브를 저속으로 회전시켜 어미나사와 척의 연결에 의해 회전에 따라 이동하면서 나사가 절삭되는 나사절삭용 전용 공작 기계
- 오스터식 : 동력으로 작업할 관을 저속으로 회전 나사 절삭기를 밀어 넣은 방법으로 작은 관경의 나사 절삭에 이용

46 산소 1.5mol, 질소 2mol, 수소 1mol, 일산화탄소 0.5mol을 섞은 혼합기체의 전압이 4기압일 때 분압이 0.4기압이 되는 기체는 어느 것인가?

① 산소
② 질소
③ 수소
④ 일산화탄소

해설

$(P_0)\text{분압} = (P)\text{전압} \times \dfrac{\text{성분몰수}}{\text{전몰수}}$

$0.4 = 4 \times \dfrac{x}{(1.5+2+1+0.5)}$

$\therefore x = 0.5\text{mol}$ 이므로 일산화탄소가 된다.

47 고압가스를 제조할 때 압축하면 안 되는 가스는?

① 가연성 가스(아세틸렌, 에틸렌, 수소 제외) 중 산소용량이 전 용량의 5%인 것
② 산소 중 가연성 가스의 용량이 전 용량의 3%인 것
③ 아세틸렌, 에틸렌 또는 수소 중의 산소용량이 전 용량의 1%인 것
④ 산소 중의 아세틸렌, 에틸렌 및 수소의 용량 합계가 전 용량의 1%인 것

해설

고압가스 제조시 압축금지

- 가연성 가스(아세틸렌, 에틸렌, 수소 제외) 중 산소용량이 전 용량의 4%인 것
- 산소 중 가연성 가스(아세틸렌, 에틸렌, 수소 제외)의 용량이 전 용량의 4% 이상인 것
- 아세틸렌, 에틸렌, 수소 중 산소용량이 전 용량의 2% 이상인 것
- 산소 중 아세틸렌, 에틸렌, 수소의 용량 합계가 전 용량의 2% 이상인 것

48 고압가스배관을 지하에 매설할 때에 독성가스의 배관은 그 가스가 혼입될 우려가 있는 수도시설과는 몇 m 이상 거리를 유지해야 하는가?

① 1.8
② 100
③ 300
④ 400

49 외국에서 국내로 수출하기 위한 용기 등(용기, 냉동기 또는 특정설비)의 제조등록 대상 범위가 아닌 것은?

① 고압가스를 충전하기 위한 용기(내용적 3데시리터 미만 용기는 제외한다.)
② 에어졸용 용기
③ 고압가스를 충전하기 위한 용기의 용기용 밸브
④ 고압가스 특정설비 중 저장탱크

해설

외국용기등의 제조등록 · 재등록의 대상범위 및 기준(고법 시행령 제5조의2)

- 고압가스를 충전하기 위한 용기(내용적 3데시리터 미만의 용기는 제외한다), 그 부속품인 밸브 및 안전밸브를 제조하는 것
- 고압가스 특정설비 중 다음 각 목의 어느 하나에 해당하는 설비를 제조하는 것
  - 저장탱크
  - 차량에 고정된 탱크
  - 압력용기
  - 독성가스배관용 밸브
  - 냉동설비(일체형 냉동기는 제외한다)를 구성하는 압축기 · 응축기 · 증발기 또는 압력용기
  - 긴급차단장치
  - 안전밸브

50 배관 내에 가스가 흐를 때 마찰저항에 의해 압력손실이 발생한다. 만약 관경이 $\frac{1}{2}$로 축소된다면 압력손실은 어떻게 변화하는가?

① 4배
② 8배
③ 16배
④ 32배

해설

마찰저항에 의한 압력 손실 $H = \frac{Q^2 \cdot S \cdot L}{K^2 \cdot D^5}$

$H_1 = \frac{1}{D^5}$ 에서 변경시 $H_2 = \frac{1}{(\frac{D}{2})^5} = 32$배

51 가스공급 설비 중 가스필터의 구성 요소가 아닌 것은?

① filter door
② O-ring
③ filter element
④ valve

52 공정 및 설비의 고장 형태 및 영향, 고장형태별 위험도 순위 등을 결정하는 위험성 평가기법은 무엇인가?

① 위험과 운전분석기법
② 이상위험도 분석기법
③ 결함수 분석기법
④ 사건수 분석기법

53 용기에 의한 가스의 운반기준에 대한 설명으로 틀린 것은?

① 충전용기는 이륜차로 적재하여 운반하지 아니한다.
② 독성가스 중 가연성 가스와 조연성 가스는 동일 차량 적재함에 운반하지 아니한다.
③ 밸브가 돌출한 충전용기는 고정식 프로텍터나 캡을 부착시켜 밸브의 손상을 방지하는 조치를 한다.
④ 충전용기와 휘발유를 동일 차량에 적재하여 운반할 경우에는 시 · 도지사의 허가를 받는다.

해설

충전용기와 소방기본법 및 위험물안전관리법에서 정한 위험물과는 동일 차량에 적재하여 운반할 수 없다.

54 스케쥴 번호와 응력의 관계는?(단, P는 kgf/cm², S는 kgf/mm²이다.)

① $SCH = 100 \times \frac{P}{S}$　② $SCH = 10 \times \frac{P}{S}$

③ $SCH = 100 \times \frac{S}{P}$　④ $SCH = 10 \times \frac{S}{P}$

해설

SCH값

- $SCH = 10 \times \frac{P}{S}$ (P : kgf/cm², S : kgf/mm²)
- $SCH = 100 \times \frac{P}{S}$ (P : MPa, S : kgf/mm²)
- $SCH = 1000 \times \frac{P}{S}$ (P : kgf/mm², S : kgf/mm²)

55 **TPM 활동 체제 구축을 위한 5가지 기둥과 가장 거리가 먼 것은?**

① 설비초기 관리체제 구축 활동
② 설비효율화의 개별개선 활동
③ 운전과 보전의 스킬 업 훈련 활동
④ 설비경제성 검토를 위한 설비투자분석 활동

해설

TPM의 5가지 기둥(기본활동)

- 프로젝트팀에 의한 설비효율화의 개별개선 활동
- 설비운전 사용부문의 자주보전 활동
- 설비보전부문의 계획보전 활동
- 운전자 · 보전자의 기능, 기술향상 교육 훈련 활동
- 설비계획부문의 설비 초기관리체제 확립 활동

56 **도수분포표에서 알 수 있는 정보로 가장 거리가 먼 것은?**

① 로트 분포의 모양
② 100단위당 부적합수
③ 로트의 평균 및 표준편차
④ 규격과의 비교를 통한 부적합품률의 추정

해설

도수분포표를 만드는 목적

- 데이터의 흩어진 모양(산포)을 알고 싶을 때
- 원래의 데이터와 비교하고자 할 때
- 평균과 표준편차를 알고 싶을 때
- 규격과 대조하고 싶을 때

57 **자전거를 셀 방식으로 생산하는 공장에서, 자전거 1대당 소요공수가 14.5H이며, 1일 8H, 월 25일 작업을 한다면 작업자 1명당 월 생산 가능 대수는 몇 대인가?(단, 작업자의 생산종합효율은 80%이다.)**

① 10대
② 11대
③ 13대
④ 14대

해설

$$\text{월 생산가능 대수} = \frac{\text{작업자 월 작업시간}}{\text{제품 1대당 소요공수}}$$

$$\therefore \frac{8 \times 25 \times 0.8}{14.5} = 11.03$$

58 **ASME(American Society of mechanical Engineers)에서 정의하고 있는 제품공정 분석표에 사용되는 기호 중 "저장(storage)"을 표현한 것은?**

① ○　　② □
③ ▽　　④ ⇨

해설

제품공정의 기호

KS 원용기호			
ASME식		길브레스식	
기호	명칭	기호	명칭
▽	저장	△	원재료의 저장
		▽	제품의 저장
D	정체	✡	(일시적)정체
		▽	(로트)대기
□	검사	◇	질검사
		□	양검사
○	작업	○	가공
→	운반	○	운반

59 **미리 정해진 일정단위 중에 포함된 부적합 수에 의거하여 공정을 관리할 때 사용되는 관리도는?**

① c 관리도　　② p 관리도
③ X 관리도　　④ np 관리도

해설

계수치 관리도

구분	내용	비고
p 관리도	공정을 부적합품률 p로 관리하는 경우에 사용	이항분포에 따름
np 관리도	공정을 부적합품수 np로 관리하는 경우에 사용	
c 관리도	일정 단위 중 나타나는 부적합수를 관리할 때 사용	푸아송분포에 따름
u 관리도	단위당 부적합수를 관리할 때 사용	

60 **로트에서 랜덤하게 시료를 추출하여 검사한 후 그 결과에 따라 로트의 합격, 불합격을 판정하는 검사방법을 무엇이라 하는가?**

① 자주검사　　② 간접검사
③ 전수검사　　④ 샘플링검사

해설

- 샘플링검사 : 로트에서 빼낸 샘플을 조사한 후 그 결과를 판정 기준과 비교하여 로트의 합격 · 불합격을 결정하는 검사
- 자주검사 : 품질 부서 검사원이 검사를 실시하지 않고 생산 부서에서 자체적으로 실시하는 검사

정답 15회 - 제58회 가스기능장 기출문제

01 ②	02 ②	03 ③	04 ②	05 ②
06 ②	07 ④	08 ①	09 ②	10 ①
11 ①	12 ②	13 ①	14 ①	15 ②
16 ①	17 ②	18 ④	19 ①	20 ②
21 ②	22 ④	23 ③	24 ③	25 ①
26 ④	27 ②	28 ④	29 ①	30 ④
31 ②	32 ②	33 ②	34 ②	35 ①
36 ③	37 ④	38 ③	39 ②	40 ③
41 ②	42 ③	43 ③	44 ②	45 ①
46 ④	47 ①	48 ③	49 ②	50 ④
51 ④	52 ②	53 ④	54 ②	55 ④
56 ②	57 ②	58 ③	59 ①	60 ④

16회 가스기능장 기출문제

CHECK POINT QUESTION

01 1시간의 공기 압축량이 $2000m^3$인 공기액화분리기에 설치된 액화산소통 내의 액화산소통 내의 액화산소 5L 중 아세틸렌 또는 탄화수소의 탄소의 질량이 얼마를 넘을 때 운전을 중지하고 액화산소를 방출하여야 하는가?

① 아세틸렌의 질량이 1mg을 넘을 때
② 아세틸렌의 질량이 3mg을 넘을 때
③ 탄화수소의 탄소의 질량이 5mg을 넘을 때
④ 탄화수소의 탄소의 질량이 500mg을 넘을 때

해설

액화산소 5L 중 C_2H_2이 5mg 이상 시, 탄화수소 중 C의 양이 500mg 이상 시 위험하므로 즉시 운전을 중지하고 액화산소를 방출하여야 한다.

02 1kg의 공기가 일정온도 200℃에서 팽창하여 처음 체적의 6배가 되었다. 이때 소비된 열량은 약 몇kJ인가?

① 128
② 143
③ 187
④ 243

해설

등온팽창의 가열량

$$Q = GRT\ln\frac{V_2}{V_1}$$

$$R = \frac{848}{M}\text{kgf}\cdot\text{m/kg}\cdot\text{K}$$

$$\frac{8314}{M} = \text{J/kg}\cdot\text{K} = \frac{8.314}{M}\text{kJ/kg}\cdot\text{K}$$

$$\therefore 1\times\frac{8.314}{29}\times(200+273)\ln\frac{6}{1} \fallingdotseq 243\text{kJ/kg}$$

03 용접 후 피닝을 하는 주된 이유는?

① 슬래그를 제거하기 위하여
② 용입이 잘 되게 하기 위하여
③ 용접을 잘 되게 하기 위하여
④ 잔류응력을 제거하기 위하여

해설

피닝(Peening)은 용접부위의 잔류응력을 제거하기 위하여 구면상의 특수해머로 타격하여 소성변형을 주는 조작을 말한다.

04 배관 내의 압력손실에 대한 설명으로 틀린 것은?

① 관의 길이에 비례한다.
② 관 내벽의 상태와 관련이 있다.
③ 관 안지름의 4승에 반비례한다.
④ 유체의 점도 및 속도와 관련이 있다.

해설

배관의 압력손실

$$H = \frac{Q^2\cdot S\cdot L}{K^2\cdot D^5}$$

H : 압력손실(mmH_2O)　　Q : 가스유량(m^3/h)
S : 가스비중　　L : 관길이(m)
K : 유량계수　　D : 관내경(cm)
∴관 내경(안지름)의 5승에 반비례한다.

05 독성가스 배관의 접합은 용적으로 하는 것이 원칙이나 다음의 경우에는 플랜지접합으로 할 수 있다. 다음 중 잘못된 것은?

① 신축이음매의 접합 부분
② 호칭지름이 50mm 이하인 배관 접합부분
③ 부식되기 쉬운 곳으로써 수시로 점검이 필요한 부분
④ 정기적으로 분해하여 청소·점검·수리를 하여야 하는 반응기, 탑, 저장탱크, 열교환기 또는 회전기계 전·후의 첫 번째 접합 부분

해설

독성가스의 배관·관이음매 및 밸브의 접합(KGS FP111)

- 배관접합은 원칙적으로 용접으로 한다. 다만, 용접하는 것이 부적당할 때에는 안전상 필요한 강도를 갖는 플랜지 접합으로 갈음할 수 있다.
- 압력계, 액면계, 온도계 그 밖의 계기류를 배관에 부착하는 부분은 반드시 용접으로 한다. 다만, 호칭지름 25mm 이하의 것은 제외한다.

- 다음의 경우 또는 해당 장소에는 플랜지 접합으로 할 수 있다.
  - 수시로 분해하여 청소·점검을 하여야 하는 부분을 접합할 경우나 특히 부식되기 쉬운 곳으로서 수시점검을 하거나 교환할 필요가 있는 곳
  - 정기적으로 분해하여 청소·점검·수리를 하여야 하는 반응기, 탑, 저장탱크, 열교환기 또는 회전기계와 접합하는 곳(해당 설비 전·후의 첫 번째 이음매에 한정한다)
  - 수리·청소·철거 시 맹판설치를 필요로 하는 부분을 접합하는 경우 및 신축이음매의 접합부분을 접합하는 경우

06 아세틸렌은 용기에 충전한 후 온도 15℃에서 압력이 몇 MPa 이하로 될 때까지 정치하여야 하는가?

① 1.5 ② 2.5
③ 3.5 ④ 4.5

해설

아세틸렌 용기 압력
- 충전 중 압력 : 온도와 관계없이 2.5MPa 이하
- 충전 후 압력 : 15℃에서 1.5MPa 이하
- 충전 중의 압력을 2.5MPa 이상으로 할 경우 N_2, CH_4, CO, C_2H_4의 희석제 첨가

07 재검사 용기 및 특정설비의 파기방법에 대한 설명으로 틀린 것은?

① 잔가스를 전부 제거한 후 절단할 것
② 검사신청인에게 파기의 사유, 일시, 장소 및 인수시한 등을 통지하고 파기할 것
③ 절단 등의 방법으로 파기하여 원형으로 재가공이 가능하게 하여 재활용할 수 있도록 할 것
④ 파기하는 때에는 검사장소에서 검사원으로 하여금 직접 실시하게 하거나 검사원 입회하에 용기 및 특정설비의 사용자로 하여금 실시하게 할 것

해설

절단 등의 방법으로 파기하여 원형으로 가공할 수 없도록 하여야 한다.

08 고압가스 저장탱크를 수리하기 위하여 탱크 안의 가스를 배출하고 불활성가스로 치환한 다음 다시공기로 치환하였다. 탱크 안의 기체를 분석한 결과가 다음과 같을 때 작업자가 저장탱크 안에 들어가 작업이 가능한 경우는?

① 산소 15%, 질소 85%
② 산소 8%, 질소 72%, Ar 20%
③ 질소 80%, 산소 19%, 수소 1%
④ 일산화탄소 70ppm, 산소 17%, 나머지 질소

해설

설비 내 작업가능 농도
- 가연성가스 : 폭발하한계의 1/4 미만
- 독성가스 : TLV−TWA 기준농도 미만
- 산소 : 18% 이상 22% 이하

∴보기 ③항의 경우 산소가 작업가능 농도범위에 있고, 수소 폭발범위 4~75%에 해당되지 않으므로 작업자가 저장탱크 안에 들어가 작업이 가능하다.

09 액화석유가스법 시행규칙에서 정한 다중이용시설이란 시·도지사가 안전관리를 위하여 필요하다고 지정하는 시설 중 그 저장능력이 얼마를 초과하는 시설을 말하는가?

① 100kg ② 300kg
③ 500kg ④ 1000kg

해설

다중이용시설(액법 시행규칙 별표 2)
- 대형마트·전문점·백화점·쇼핑센터·복합쇼핑몰 및 그 밖의 대규모점포
- 공항의 여객청사, 여객자동차터미널, 철도 역사(驛舍), 고속도로의 휴게소
- 관광호텔업, 관광객이용시설업 중 전문휴양업·종합휴양업 및 유원시설업 중 종합유원시설업으로 등록한 시설
- 경마장, 청소년수련시설, 종합병원, 종합여객시설
- 그 밖에 시·도지사가 안전관리를 위하여 필요하다고 지정하는 시설 중 그 저장능력이 100kg을 초과하는 시설

10 Dalton의 법칙을 가장 바르게 설명한 것은?

① 혼합기체의 온도는 일정하다.
② 혼합기체의 압력은 각 성분의 분압의 합과 같다.
③ 혼합기체의 체적은 각 성분의 체적의 합과 같다.
④ 혼합기체의 상수는 각 성분의 상수의 합과 같다.

해설

돌턴의 분압의 법칙 : 혼합기체의 전압력은 각 성분기체의 분압의 합과 같다.

$$P=\frac{P_1V_1+P_2V_2}{V}$$

11 **고압가스 안전관리법상의 당해 가스시설의 안전을 직접 관리하는 사람은?**

① 안전관리 부총괄자
② 안전관리 책임자
③ 안전관리원
④ 특정설비 제조자

해설

안전관리 총괄자는 해당 사업자(법인인 경우에는 그 대표자) 또는 특정고압가스 사용신고시설을 관리하는 최상급자로 하며, 안전관리 부총괄자는 해당 사업자의 시설을 직접 관리하는 최고 책임자로 한다.

12 **고압가스 안전관리법에서 규정한 공급자의 의무사항에 대한 설명으로 옳은 것은?**

① 안전점검을 실시한 결과 수요자의 시설 중 개선할 사항이 있을 경우 그 수요자로 하여금 당해 시설을 개선하도록 한다.
② 고압가스 수요자의 사용시설 중 개선명령을 할 수 있는 자는 시 · 도지사이다.
③ 고압가스를 수요자에게 공급할 때는 수요자에게 그 사용시설을 안전점검 하도록 한다.
④ 고압가스 판매자는 고압가스의 수요자가 그 시설을 개선하지 아니할 때는 고압가스의 공급을 중단하고, 그 시설을 시 · 도지사에게 신고한다.

해설

- 고압가스 수요자의 사용시설 중 개선명령을 할 수 있는 자는 시장 · 군수 · 구청장이다.
- 고압가스를 수요자에게 공급할 때는 고압가스제조자 또는 판매자에게 그 사용시설을 안전점검하도록 한다.
- 고압가스 판매자는 고압가스의 수요자가 그 시설을 개선하지 아니할 때에는 고압가스의 공급을 중단하고, 그 사실을 시장 · 군수 · 구청장에게 신고한다.

13 **단열압축에 대한 설명으로 맞는 것은?**

① 공급되는 열량은 0이다.
② 공급되는 일은 기체의 엔탈피 감소로 보존된다.
③ 단열압축 전보다 압력이 감소한다.
④ 단열압축 전보다 온도, 비체적이 증가한다.

해설

단열압축 : 압축 후 그 일량이나 열손실이 전혀 없이 그대로 보존되는 압축으로 공급열량은 0이다.

14 **LP가스의 일반적인 성질에 대한 설명으로 틀린 것은?**

① LP가스의 밀도는 공기보다 적다.
② 순수한 LP가스는 맛과 냄새가 없다.
③ LP가스는 기화 및 액화가 용이하다.
④ 발열량이 크고 연소 시 많은 공기가 필요하다.

해설

- 공기의 밀도 $\frac{29}{22.4} = 1.29\text{g/L}$
- LP가스의 밀도
  - C_3H_8 : $\frac{44}{22.4} = 1.96\text{g/L}$
  - C_4H_{10} : $\frac{58}{22.4} = 2.59\text{g/L}$

15 **열역학 제2법칙에 대한 설명으로 틀린 것은?**

① 밀폐계에서는 어떠한 열현상에 있어서도 그 계 전체의 전 엔트로피는 적어도 보존되거나 증대하는 방향으로 진행한다.
② 작동유체가 사이클에 의해서 연속적으로 일을 발생하기 위해서는 고온 물체와 이보다 낮은 저온물 체가 필요하다
③ 열은 그 자신만으로 저온도의 물체로부터 고온도의 물체로 이동할 수 없다.
④ 제2종의 영구기관의 실현성을 인정하는 법칙이다.

해설

제2종 영구기관은 어떤 열원으로부터 열에너지를 공급받아 지속적으로 일로 변화시키고 외부에 아무런 변화를 남기지 않는 기관으로 열역학 제2법칙에 위배된다.

16 **허용인장응력 10kgf/mm^2, 두께 10mm의 강판을 150mm V홈 맞대기 용접이음을 할 때 그 효율이 80%라면 용접두께 t는 얼마로 하면 되는가?(단, 용접부 허용응력은 8kgf/mm^2이다.)**

① 10mm ② 12mm
③ 14mm ④ 16mm

해설

$$\sigma = \frac{\sigma_0 \times t_2}{t_1 \times \eta}$$

(σ : 허용인장응력, t_1 : 용접두께, σ_0 : 용접부허용응력, t_2 : 강판두께)

$$\therefore t_1 = \frac{\sigma_0 \times t_2}{t_1 \times \eta} = \frac{8 \times 10}{10 \times 0.8} = 10\text{mm}$$

17 수소는 고온, 고압 하에서 강제 중의 탄소와 반응하여 수소취화를 일으키는데 이것을 방지하기 위하여 첨가시키는 금속원소로서 부적당한 것은?

① 몰리브덴 ② 구리
③ 텅스텐 ④ 바나듐

해설

수소 취성방지법 : 5~6% Cr강에 W(텅스텐), Mo(몰리브덴), Ti(티탄), V(바나듐)을 첨가한다.

18 암모니아를 사용하여 질산제조의 원료를 얻는 반응식으로 가장 옳은 것은?

① $2NH_2 + CO \rightarrow (NH_2)_2CO + H_2O$
② $NH_3 + HNO_3 \rightarrow NH_4NO_3$
③ $2NH_3 + H_2SO_4 \rightarrow (NH_4)_2SO_4$
④ $4NH_3 + 5O_2 \rightarrow 4NO + 6H_2O$

해설

④의 반응식에서
$2NO + O_2 \rightarrow 2NO_2$
$2NO_2 + H_2O \rightarrow 2HNO_3 + NO$

19 지름 30mm의 강봉에 40kN의 하중이 안전하게 작용하고 있을 때 이 강봉의 인장강도가 350MPa이면 안전율은 약 얼마인가?

① 2.7 ② 4.2
③ 6.2 ④ 8.1

해설

- 허용응력 $= \dfrac{40 \times 10^3}{\dfrac{\pi}{4} \times 30^2} = 56.58\text{MPa}$
- 안전율 $= \dfrac{\text{인장강도}}{\text{허용응력}} = \dfrac{350}{56.58} = 6.18 = 6.2$

20 공기액화분리장치 중 왕복동식 팽창기에 대한 설명으로 틀린 것은?

① 팽창비가 약 40 정도이다.
② 처리가스에 윤활유가 혼입될 우려가 없다.
③ 흡입압력이 저압부터 고압까지 범위가 넓다.
④ 팽창기의 효율이 약 60~65% 정도로서 낮은 편이다.

해설

왕복동식 팽창기는 처리가스에 윤활류 혼입의 우려가 있으므로 유분리기를 설치하여야 한다.

21 어떤 산소용기에 산소를 충전하고 온도 35℃에서 20MPa로 되도록 하려면 0℃에서는 약 몇 MPa의 압력까지 충전해야 하는가?

① 13.5 ② 17.7
③ 22.6 ④ 26.3

해설

$$\frac{P_1}{T_1} = \frac{P_2}{T_2} \ (\because V_1 = V_2)$$

$$\therefore P_2 = \frac{T_2}{T_1} \times P_1 = \frac{273}{(273+35)} \times 20 = 17.7\text{MPa}$$

22 액화프로판 20kg을 충전할 수 있는 용기의 내용적 L은?(단, 액화프로판의 정수는 2.35이다.)

① 8.5 ② 20
③ 47 ④ 65

해설

$$W = \frac{V}{C} \quad \therefore V = W \times C = 20 \times 2.35 = 47\text{L}$$

23 반데르발스의 식은 $(P + \dfrac{n^2 a}{V^2})(V - nb) = nRT$로 나타낸다. 메탄가스를 150atm, 40L, 30℃의 고압용기에 충전할 때 들어갈 수 있는 가스의 양은 약 얼마인가?(단, $a = 2.26L^2 \cdot atm/mol$, $b = 4.30 \times 10^{-2} L/mol$이다.)

① 30mol ② 154mol
③ 304mol ④ 504mol

해설

$(P + \dfrac{n^2 a}{V^2})(V - nb) = nRT$에서

$(150 + \dfrac{n^2 \times 2.26}{40^2})(40 - n \times 4.30 \times 10^{-2})$

$= n \times 0.082 \times (273+30)$ n에 대한 2차방정식을 풀면
$\therefore n = 304\text{mol}$

24 액화석유가스 용기충전시설의 저장탱크에서 폭발방지장치를 의무적으로 설치하여야 하는 경우는?

① 상업지역에 저장능력 10톤 저장탱크를 지상에 설치하는 경우
② 녹지지역에 저장능력 20톤 저장탱크를 지상에 설치하는 경우
③ 주거지역에 저장능력 5톤 저장탱크를 지상에 설치하는 경우
④ 녹지지역에 저장능력 30톤 저장탱크를 지상에 설치하는 경우

해설

저장설비 폭발방지장치 설치 : 주거지역이나 상업지역에 설치하는 저장능력 10톤 이상의 저장탱크에는 그 저장탱크의 안전을 확보하기 위하여 폭발방지장치를 설치한다. 다만, 안전조치를 한 저장탱크의 경우 및 지하에 매몰하여 설치한 저장탱크의 경우에는 폭발방지장치를 설치하지 않을 수 있다.

25 CO_2의 기체상수 값은 약 몇 N · m/kg · K인가?

① 132 ② 164
③ 189 ④ 225

해설

CO_2의 $R = \frac{848}{44}$kgf · m/kg · K(1kgf = 9.8N)

$\therefore \frac{848}{44} \times 9.8 = 188.87$N · m/kg · K

26 이상기체(ideal gas)의 성질이 아닌 것은?

① 아보가드로의 법칙에 따른다
② 보일-샤를의 법칙을 만족한다.
③ 비열비($k = \frac{C_p}{C_v}$)는 온도에 관계없이 일정하다.
④ 내부에너지는 체적에 무관하며 압력에 의해서만 결정된다.

해설

내부에너지는 체적에 무관하여 온도에 의하여 결정된다.

27 고압배관용 탄소강 강관의 기호는?

① SPPS ② SPPH
③ SPLT ④ SPHT

해설

배관용 강관의 KS 표준 기호
- 배관용 탄소강관 : SPP(KSD 3507)
- 압력 배관용 탄소강관 : SPPS(KSD 3562)
- 고압 배관용 탄소강관 : SPPH(KSD 3564)
- 고온 배관용 탄소강관 : SPHT(KSD 3570, 2013년 폐지됨)
- 저온 배관용 탄소강관 : SPLT(KSD 3569)
- 배관용 아크용접 탄소강관 : SPW(KS D 3583)
- 일반 배관용 스테인리스강관 : STS(KS D 3595)

28 일반도시가스사업자 정압기의 이상압력 상승 시 다음 안전장치의 작동순서로 적합한 것은?

㉠ 이상압력 통보설비 ㉡ 주정압기의 긴급차단장치 ㉢ 안전밸브 ㉣ 예비정압기의 긴급차단장치

① ㉠-㉡-㉢-㉣
② ㉡-㉢-㉣-㉠
③ ㉢-㉣-㉠-㉡
④ ㉣-㉠-㉡-㉢

해설

정압기실 안전장치 설정압력
- 이상압력 통보설비 : 1.2~3.2kPa
- 주정압기의 긴급차단장치 : 3.6kPa 이하
- 안전밸브 : 4.0kPa 이하
- 예비정압기의 긴급차단장치 : 4.4kPa 이하

29 다음 가스 중 색이나 냄새로 가스의 존재 유무를 확인할 수 없는 것은?

① 산소 ② 암모니아
③ 염소 ④ 황화수소

해설

산소(O_2) : 무색, 무취, 무미

30 가스도매사업의 가스공급시설에서 고압의 가스공급시설은 안전구획 안에 설치하고 그 안전구역의 면적은 몇 m^2 미만이어야 하는가?

① 1만 ② 2만
③ 3만 ④ 5만

해설

고압인 가스공급시설은 통로 · 공지 등으로 구획된 안전구역 안에 설치하되 그 안전구역의 면적은 $20000m^2$ 미만으로 한다. 다만, 공정상 밀접한 관련을 가지는 가스공급시설로서 둘 이상의 안전구역을 구분할 때 그 가스공급시설의 운영에 지장을 줄 우려가 있는 경우에는 그 면적을 $20000m^2$ 이상으로 할 수 있다.

31 흡수식 냉동기에서 냉매와 흡수제로 사용되는 것을 옳게 나타낸 것은?

① 암모니아 - 물
② 물 – 염화메틸
③ 물 - 프레온22
④ 물 – 메틸클로라이드

해설

흡수식 냉동기의 냉매 및 흡수제

냉매	흡수제
암모니아(NH_3)	물(H_2O)
물(H_2O)	리튬브로마이드(LiBr)
염화메틸(CH_3Cl)	사염화에탄
톨루엔	파라핀유

32 도시가스품질검사 시 주로 사용되는 방법은?

① GC
② 연소법
③ 중량법
④ 흡광광도법

해설

도시가스품질검사 : GC(가스크로마토그래피)로 성분을 분석

33 저장능력이 10톤인 액화석유가스 저장소 시설에서 선임하여야 할 안전관리자의 기준은?

① 안전관리총괄자 1명, 안전관리부총괄자 1명, 안전관리원 1명 이상
② 안전관리총괄자 1명, 안전관리책임자 1명, 안전관리원 1명 이사
③ 안전관리총괄자 1명, 안전관리책임자 1명 이상
④ 안전관리총괄자 1명, 안전관리원 1명 이상

해설

저장능력에 따른 안전관리자 자격 선임 인원

저장능력	안전관리자별 선임인원			
	안전관리 총괄자	부총괄자	안전관리 책임자	안전 관리원
100톤 초과	1	1	1	2명 이상
30톤 초과 100톤 이하	1	1	1	1명 이상
30톤 이하	1		1	

34 고압가스 안전관리법에 적용을 받는 가스 종류 및 범위의 기준으로 옳지 않은 것은?

① 15℃에서 압력이 0 Pa를 초과하는 아세틸렌 가스
② 35℃에서 압력이 0 Pa을 초과하는 액화시안화수소
③ 상용이 온도에서 압력이 1MPa 이상이 되는 압축가스
④ 상용의 온도에서 압력이 0.1MPa 이상이 되는 액화가스

해설

고압가스의 종류 및 범위(고법 시행령 제2조)

- 상용(常用)의 온도에서 압력(게이지압력을 말한다. 이하 같다)이 1MPa 이상이 되는 압축가스로서 실제로 그 압력이 1MPa 이상이 되는 것 또는 35℃의 온도에서 압력이 1MPa 이상이 되는 압축가스(아세틸렌가스는 제외한다)
- 15℃의 온도에서 압력이 0Pa을 초과하는 아세틸렌가스
- 상용의 온도에서 압력이 0.2MPa 이상이 되는 액화가스로서 실제로 그 압력이 0.2MPa 이상이 되는 것 또는 압력이 0.2MPa이 되는 경우의 온도가 35℃ 이하인 액화가스
- 35℃의 온도에서 압력이 0Pa을 초과하는 액화가스 중 액화시안화수소 · 액화브롬화메탄 및 액화산화에틸렌가스

35 일반도시가스사업의 가스공급시설의 시설기준에 대한 설명으로 틀린 것은?

① 가스정제설비는 그 외면으로부터 제1종 보호시설까지 30m 이상을 유지해야 한다.
② 가스홀더는 그 외면으로부터 사업장의 경계까지의 최고사용압력이 저압인 경우 5m 이상을 유지해야 한다.

③ 가스혼합기는 그 외면으로부터 사업장의 경계까지의 최고사용압력이 고압인 경우 30m 이상을 유지해야 한다.
④ 압송기는 그 외면으로부터 사업장의 경계까지의 최고사용압력이 고압인 경우 20m 이상을 유지해야 한다.

해설

일반도시가스의 가스공급시설 기준

구분	외면에서 유지거리
가스혼합기·가스정제설비·배송기·압송기 그밖에 가스공급시설의 부대설비(배관 제외)의 사업장 경계까지 유지거리	30m 이상(최고사용압력이 고압인 경우 20m 이상 1종보호시설까지는 30m 이상)
가스발생기 가스홀더 사업장 경계까지 유지거리	• 최고사용압력 고압 : 20m 이상 • 최고사용압력 중압 : 10m 이상 • 최고사용압력 저압 : 5m 이상

36 고압가스 취급 장치로부터 미량의 가스가 대기 중에 누출된 것을 검지하기 위하여 사용되는 시험지와 변색이 옳게 짝지어진 것은?

① 암모니아 – KI 전분지 – 적색으로 변화
② 일산화탄소 – 염화팔라듐지 – 청색으로 변화
③ 아세틸렌 – 염화제1동착염지 – 적색으로 변화
④ 염소 – 적색리트머스 – 청색으로 변화

해설

가스검지 시험지

검지가스	시험지	변색
암모니아	적색리트머스지	청색
염소	KI 전분지	청색
시안화수소	질산구리벤젠지	청색
포스겐	해리슨시험지	심등색
일산화탄소	염화파라듐지	흑색
황화수소	연당지	흑색
아세틸렌	염화제1구리 착염지	적색

37 긴급차단장치는 차량에 고정된 탱크 또는 이에 접속하는 배관 외면의 온도가 몇 ℃일 때 자동으로 작동하는가?

① 70 ② 92
③ 110 ④ 140

해설

긴급차단장치는 그 성능이 원격조작으로 작동되고 차량에 고정된 탱크나 이에 접속하는 배관 외면의 온도가 110℃일 때에 자동적으로 작동할 수 있는 것으로 한다.

38 액화석유가스용 압력조정기에 대한 제품검사 항목이 아닌 것은?

① 구조검사 ② 기밀검사
③ 외관검사 ④ 치수검사

해설

액화석유가스용 압력조정기의 제품검사 항목 : 구조검사, 기밀검사, 치수검사, 조정압력시험, 폐쇄압력시험 및 표시의 적합여부 등

39 지름 d인 중심축이 비틀림 모멘트 T를 받을 때 생기는 최대 전단응력을 1이라 하면 비틀림 모멘트 T와 동일한 굽힘 모멘트 M을 받을 때 생기는 최대 전단응력은 얼마인가?

① 1.2 ② $\sqrt{2}$
③ $\sqrt{3}$ ④ 2

해설

상당굽힘모멘트(Me), 상당비틀림모멘트(Te)와 직경의 관계식

$d=\sqrt[3]{\frac{32Me}{\pi \cdot \sigma_a}}$ (σ_a : 굽힘응력) $d=\sqrt[3]{\frac{16Te}{\pi \cdot \tau}}$ (τ : 전단응력)

의 관계식에서 최대 전단응력값은 $\sqrt{2}$ 이다.

40 부식이 특정한 부분에 집중하는 형식으로 부식속도가 크므로 위험성이 높고 장치에 중대한 손상을 미치는 부식의 형태는?

① 국부부식 ② 전면부식
③ 선택부식 ④ 입계부식

해설

부식의 형태

종류	내용
전면부식	전면이 균일하게 부식되는 형태로 부식량은 크나 전면에 파급되므로 대처하기 쉽다.
국부부식	특정한 부분에 집중하는 양식으로 공식, 극간부식, 구식 등이 있으며 부식속도가 커 위험하고 중대한 손상이 있다.
선택부식	합금 중 특정부분만 선택적으로 용출되는 부식이다.
입계부식	결정입자가 선택적으로 부식되는 양식이다.

41 N_2 70mol, O_2 50mol로 구성된 혼합가스가 용기에 7kgf/cm^{2}의 압력으로 충전되어 있다. N_2의 분압은 약 얼마인가?

① 3kgf/cm^2 ② 4kgf/cm^2
③ 5kgf/cm^2 ④ 6kgf/cm^2

해설

$$PN = 전압 \times \frac{성분기체의\ 몰수}{전체\ 몰수}$$

$$\therefore 7 \times \frac{70}{70+50} = 4\text{kgf/cm}^2$$

42 아세틸렌(C_2H_2)가스는 다음 중 무엇으로 주로 제조할 수 있는가?

① 탄화칼슘
② 탄소
③ 카다리솔
④ 암모니아

해설

카바이드(CaC_2, 탄화칼슘)와 물을 접촉시키면 아세틸렌이 발생하며 반응식은 다음과 같다.
$CaC_2 + 2H_2O \rightarrow C_2H_2 + Ca(OH)_2$

43 아세틸렌가스 충전용기의 도색과 아세틸렌 가스명의 문자 색상으로 옳은 것은?

① 용기 : 녹색, 글자 : 흑색
② 용기 : 황색, 글자 : 적색
③ 용기 : 회색, 글자 : 황색
④ 용기 : 황색, 글자 : 흑색

44 수소가스가 발생되기 가장 어려운 경우에 해당되는 반응은?

① 구리와 황산의 반응
② 알루미늄과 염산의 반응
③ 아연과 수산화나트륨의 반응
④ 알루미늄과 수산화나트륨과 물의 반응

해설

이온화 경향 순서는 K Na Mg Al Zn Fe ∋ Sn Pb (H) Cu Hg Ag Pt Au로 수소보다 이온화 경향 서열이 낮은(수소를 기준으로 오른쪽) 금속은 수소가스를 발생하지 못한다.

45 다음 중 암모니아의 용도가 아닌 것은?

① 황산암모늄의 제조
② 요소비료의 제조
③ 냉동 제조의 냉매
④ 금속의 산화제

해설

암모니아(NH_3)의 용도
- 질산 제조
- 비료 제조 : 요소, 유안(황산암모늄), 초안(질산암모늄)
- 냉동기 냉매

46 가스엔진구동 열펌프(GHP)에 대한 설명 중 옳지 않은 것은?

① 부분부하 특성이 우수하다
② 외기온도 변동에 영향이 크다.
③ 구조가 복잡하고 유지관리가 어렵다.
④ 난방 시 GHP의 기동과 동시에 난방이 가능하다.

해설

가스엔진구동 열펌프(GHP)는 외기온도 변동에 따른 영향이 적다.

47 다음 시설 또는 그 부대시설에서 고압가스 특정제조 허가의 대상이 아닌 것은?

① 석유정제업자의 석유정제시설로서 그 저장능력이 100톤 이상인 것
② 비료생산업자의 비료제조시설로서 그 저장능력이 100톤 이상인 것
③ 석유화학공업자의 석유화학공업시설로서 그 처리능력이 1만m^3 이상인 것
④ 철강공업자의 철강공업시설로서 그 처리능력이 1만m^3 이상인 것

해설

고압가스 특정제조허가의 대상(고법 시행규칙 제3조)
- 석유정제업자의 석유정제시설 또는 그 부대시설에서 고압가스를 제조하는 것으로서 그 저장능력이 100톤 이상인 것
- 석유화학공업자(석유화학공업 관련사업자를 포함)의 석유화학공업시설(석유화학 관련시설을 포함) 또는 그 부대시설에서 고압가스를 제조하는 것으로서 그 저장능력이 100톤 이상이거나 처리능력이 1만m^3 이상인 것

- 철강공업자의 철강공업시설 또는 그 부대시설에서 고압가스를 제조하는 것으로서 그 처리능력이 10만m^3 이상인 것
- 비료생산업자의 비료제조시설 또는 그 부대시설에서 고압가스를 제조하는 것으로서 그 저장능력이 100톤 이상이거나 처리능력이 10만m^3 이상인 것
- 그 밖에 산업통상자원부장관이 정하는 시설에서 고압가스를 제조하는 것으로서 그 저장능력 또는 처리능력이 산업통상자원부장관이 정하는 규모 이상인 것

48 고압가스 안전관리법의 적용범위에서 제외되는 고압가스가 아닌 것은?

① 등화용 아세틸렌가스
② 오토크레이브 안의 아세틸렌가스
③ 냉동능력이 3톤 미만인 냉동설비 안의 고압가스
④ 철도차량의 에어콘디셔너 안의 고압가스

해설

오토크레이브 안의 고압가스 중 수소 · 아세틸렌 및 염화비닐은 고압가스 안전관리법이 적용된다.

49 고압가스 냉동제조의 시설 및 기술기준에 대한 설명 중 틀린 것은?

① 냉동제조시설 중 냉매설비에는 자동제어장치를 설치한다.
② 가연성가스를 냉매로 사용하는 수액기의 경우에는 환형유리관 액면계를 사용한다.
③ 압축기 최종단에 설치된 안전밸브는 1년에 1회 이상 점검을 실시한다.
④ 냉매설비의 안전을 확보하기 위하여 압력계를 설치한다.

해설

가연성가스 또는 독성가스를 냉매로 사용하는 수액기의 경우 환형유리관 액면계를 제외한 액면계를 사용하여야 한다.

50 내경이 10cm인 관에 비중이 0.9, 점도가 1.5cP인 액체가 흐르고 있다. 임계속도는 약 몇 m/s인가?(단, 임계 레이놀즈수는 2100이다.)

① 0.025
② 0.035
③ 0.045
④ 0.055

해설

$Re=$ 2100일 경우 임계 레이놀드수이므로

$Re=\frac{\rho DV}{\mu}$에서 $V=\frac{Re\mu}{\rho D}$

$\therefore \frac{2100\times 1.5\times 10^{-2}}{0.9\times 10}=3.5\text{cm/s}=0.035\text{m/s}$

51 도시가스사업법 시행규칙에서 정한 용어의 정의가 잘못된 것은?

① 본관이라 함은 도시가스 제조사업의 부지 경계에서 정압기까지 이르는 배관을 말한다.
② 중압이란 0.1MPa 이상, 1MPa 미만의 압력을 말한다.
③ 처리능력이란 압축, 액화나 그 밖의 방법으로 1일 처리할 수 있는 도시가스의 양을 말한다.
④ 밸브기지란 도시가스의 흐름을 원활하게 하기 위한 시설로서 가스흐름 장치, 방산탑, 배관 등이 설치된 기지를 말한다.

해설

"밸브기지"란 도시가스의 흐름을 차단하기 위한 시설로서 가스차단 장치, 방산탑, 배관 또는 그 부대설비가 설치된 기지를 말한다.

52 다음 보기에서 설명하는 금속의 종류는?

- 약 2~6.7%의 탄소를 함유한다.
- 압축력이 요구되는 부품의 재료에 적합하다.
- 감쇠능(減衰能)이 아주 우수하여 진동에너지를 효율적으로 흡수한다.

① 황동　② 선철
③ 주강　④ 주철

53 도시가스 배관의 굴착으로 인하여 몇 m 이상 노출된 배관에 대하여 누출된 가스가 체류하기 쉬운 장소에 가스누출경보기를 설치하여야 하는가?

① 15　② 20
③ 25　④ 30

해설

굴착으로 20m 이상 노출된 배관은 20m마다 가스누출경보기를 설치하여야 한다.

54 프로판가스 5kg을 완전연소하는데 필요한 공기량은 약 몇 Nm^3인가?(단, 공기 중 산소와 질소의 체적비는 21 : 79이다.)

① 61　② 81
③ 110　④ 121

해설

$C_3H_8 + 5O_2 \rightarrow 3CO_2 + 4H_2O$

44kg : $5 \times 22.4Nm^3$

5kg : xNm^3

$$x = \frac{5 \times 5 \times 22.4}{44} = 12.72Nm^3$$

$$\therefore \text{공기량 } 12.72 \times \frac{1}{0.21} = 60.60Nm^3$$

55 작업측정의 목적 중 틀린 것은?

① 작업개선
② 표준시간 설정
③ 과업관리
④ 요소작업 분할

해설

작업측정 : 작업자가 행하는 활동시간을 매체로 측정하는 것으로 작업 및 관리의 과학화에 필요한 정보 획득, 유휴시간 제거, 작업개선 및 과업관리를 모두 포함하며 주목적은 표준시간의 설정이다.

56 일반적으로 품질코스트 가운데 가장 큰 비율을 차지하는 것은?

① 평가코스트
② 실패코스트
③ 예방코스트
④ 검사코스트

해설

품질코스트

- 개념 : 요구된 품질을 실현하기 위한 원가로 제조원가 부분원가를 의미
- 품질크스트의 구성
  - 예방코스트 : 처음부터 부적합품이 생기지 않도록 방지하는데 소요되는 비용
  - 평가코스트 : 소정의 품질 수준을 유지하기 위해 소요되는 품질 평가 비용
  - 실패코스트 : 품질수준을 실패하였기 때문에 발생되는 부적합품, 부적합 원료에 대한 부실비용으로 가장 큰 비율을 차지함

57 계량값 관리도에 해당되는 것은?

① c 관리도　② u 관리도
③ R 관리도　④ np 관리도

해설

계수치 관리도 : p 관리도, np 관리도, c 관리도, u 관리도

58 계수 규준형 샘플링 검사의 OC곡선에서 좋은 로트를 합격시키는 확률을 뜻하는 것은?(단, α는 제1종 과오, β는 제2종 과오이다.)

① α　② β
③ 1－α　④ 1－β

해설

계수 규준형 샘플링 검사의 OC 곡선

- α : 제1종 과오, 생산자 위험
- β : 제2종 과오, 소비자 위험
- 1－α : 좋은 로트를 합격시킬 확률
- 1－β : 나쁜 로트를 불합격시킬 확률

59 어떤 작업을 수행하는데 작업소요시간이 빠른 경우 5시간, 보통이면 8시간, 늦으면 12시간이 걸린다고 예측되었다면 3점 견적법에 의한 기대 시간치와 분산을 계산하면 약 얼마인가?

① te ＝ 8.0, σ2 ＝ 1.17
② te ＝ 8.2, σ2 ＝ 1.36
③ te ＝ 8.3, σ2 ＝ 1.17
④ te ＝ 8.3, σ2 ＝ 1.36

해설

- $t_e = \dfrac{t_e \times 4t_m \times t_p}{6} = \dfrac{5+(4\times 8)+12}{6} \fallingdotseq 8.2$
- $\sigma^2 = (\dfrac{t_p - t_o}{6}) = (\dfrac{12-5}{6})^2 \fallingdotseq 1.36$

60 정규분포에 관한 설명 중 틀린 것은?

① 일반적으로 평균치가 중앙값보다 크다.
② 평균을 중심으로 좌우대칭의 분포이다.
③ 대체로 표준편차가 클수록 산포가 나쁘다고 본다.
④ 평균치가 0이고 표준편차가 1인 정규분포를 표준정규분포라 한다.

해설

정규분포의 특성

- 정규곡선은 종 모양이다.
- 평균을 중심으로 좌우대칭(평균 = 중앙값 = 최빈값)이다.
- 정규분포의 형태와 위치는 평균과 표준편차가 결정한다.
- 정규곡선은 X축에 닿지 않으며, 정규곡선 밑의 면적은 1이다.

정답 **16회 - 제59회 가스기능장 기출문제**

01 ④	02 ④	03 ④	04 ③	05 ②
06 ①	07 ③	08 ③	09 ①	10 ②
11 ①	12 ①	13 ①	14 ①	15 ④
16 ①	17 ②	18 ④	19 ③	20 ②
21 ②	22 ③	23 ③	24 ①	25 ③
26 ④	27 ②	28 ①	29 ①	30 ②
31 ①	32 ①	33 ③	34 ④	35 ③
36 ③	37 ③	38 ③	39 ②	40 ①
41 ②	42 ①	43 ④	44 ①	45 ④
46 ②	47 ④	48 ②	49 ②	50 ②
51 ④	52 ④	53 ②	54 ①	55 ④
56 ②	57 ③	58 ③	59 ②	60 ①

17회 가스기능장 기출문제

01 가스도매사업의 가스공급시설로서 배관을 지하에 매설하는 경우의 기준에 대한 설명 중 틀린 것은?

① 가스배관 외부에 콘크리트를 타설하는 경우에는 고무관 등을 사용하여 배관의 피복부위와 콘크리트가 직접 접촉하지 아니하도록 한다.
② 배관은 그 외면으로부터 지하의 다른 시설물과 0.3m 이상의 거리를 유지한다.
③ 지표면으로부터 배관의 외면까지의 매설깊이는 산이나 들에서는 1.2m 이상 그 밖의 지역에서는 1.5m 이상으로 한다.
④ 철도의 횡단부 지하에는 지면으로부터 1.2m 이상인 깊이에 매설하고 또한 강제의 케이스를 사용하여 보호한다.

해설

지표면으로부터 배관의 외면까지 매설깊이는 산이나 들에서는 1m 이상 그 밖의 지역에서는 1.2m 이상으로 한다.

02 가스켓 재료가 갖추어야 할 구비조건으로 가장 거리가 먼 것은?

① 충분한 강도를 가질 것
② 유체에 의해 변질되지 않을 것
③ 유연성을 유지할 수 있을 것
④ 내유성, 내후성, 내마모성이 적을 것

해설

가스켓 재료의 구비조건

- 충분한 강도를 가질 것
- 유체에 의해 변질되지 않을 것
- 유연성을 유지할 수 있을 것
- 내유성, 내후성, 내마모성이 있을 것
- 유체의 침투가 없고 접합면에 밀착되기 쉬울 것

03 프로판가스 2.5kg을 완전 연소시키는데 필요한 이론 공기량은 25℃, 750mmHg에서 약 몇 m^3인가?

① 33.45　② 34.66
③ 44.51　④ 57.25

해설

$C_3H_8 + 5O_2 \rightarrow 3CO_2 + 4H_2O$

44kg : $5 \times 22.4m^3$

2.5kg : xm^3

$$x = \frac{2.5 \times 5 \times 22.4}{44} = 6.36m^3$$

공기량은 $6.36 \times \frac{100}{21} = 30.285$

$$\therefore 30.285 \times \frac{(273+25) \times 760}{273 \times 750} \fallingdotseq 33.45m^3$$

04 독성가스를 수용하는 압력용기의 용접부의 전 길이에 대하여 실시하여야 하는 비파괴시험법은?

① 침투탐상시험
② 초음파탐상시험
③ 자분탐상시험
④ 방사선투과시험

05 피셔(fisher)식 정압기의 2차압 이상상승의 원인에 해당하는 것은?

① 정압기 능력 부족
② 필터의 먼지류의 막힘
③ Pilot supply valve에서의 누설
④ 파일럿의 오리피스의 녹 막힘

해설

2차압력의 상승 원인

- 가스 중 수분 동결
- 메인밸브 폐쇄 무
- 메인밸브 먼지류 등으로 인한 차단 불량
- 바이패스 밸브류 누설 등

06 기체연료를 미리 공기와 혼합시켜 놓고 점화해서 연소하는 것은?

① 확산연소　② 혼합기연소
③ 증발연소　④ 분무연소

07 이상기체의 상태변화에서 $Q = H = \int C_p dT$로 나타낼 수 있는 것은?

① 등온변화
② 등적변화
③ 등압변화
④ 단열변화

해설

이상기체 상태변화 가열량(Q)

종류	$Q = \Delta H$
등적	$Q = \int C_v dT$
등압	$Q = \int C_p dT$
등온	$Q = \int p dT$
단열	$Q = 0$
폴리트로픽	$Q = \int p dv$

08 고열원 400℃, 저열원 40℃에서 카르노(Carnot)사이클을 행하는 열기관의 열효율은 약 몇 %인가?

① 40.5 ② 53.5
③ 59.5 ④ 62.5

해설

열효율 $= \frac{T_1 - T_2}{T_1} \times 100(\%)$

$\therefore \frac{(273+400)-(273-40)}{(273+400)} \times 100 = 53.49\%$

09 가스설비 배관의 진동설계 및 시공 시의 주의사항으로 틀린 것은?

① 관내 유체가 공진현상을 일으키지 않도록 설계한다.
② 배관의 고유진동수와 배관 내 유체의 맥동수가 일치하도록 한다.
③ 관내 유체의 압력변동을 가능한 한 적게 한다.
④ 배관 고유진동수와 관내 유체의 진동수와의 비는 약 0.7 이하, 1.3 이상이 되도록 한다.

해설

배관의 고유진동수와 배관 내 유체의 맥동수가 일치하지 않아야 한다.

10 내용적 40L의 용기에 20℃에서 게이지 압력으로 139기압까지 충전된 수소가 공기 중에서 연소했다고 하면 약 몇 kg의 물이 생성되겠는가?(단, 이상기체로 간주하고, 표준상태에서 연소하는 것으로 한다.)

① 2.1 ② 4.2
③ 13 ④ 23

해설

40L, 20℃ 139atm(g)의 수소의 양(kg)

$W = \frac{PVM}{RT} = \frac{140 \times 0.04 \times 2}{0.082 \times 293} = 0.4666\text{kg}$

$H_2 + \frac{1}{2}O_2 \rightarrow H_2O$에서

2kg : 18kg
0.4666 : $x$kg

$\therefore x = \frac{0.4666 \times 18}{2} = 4.19 = 4.2\text{kg}$

11 흡수식 냉동기에서 암모니아 냉매의 흡수제는 무엇인가?

① 파라핀유 ② 물
③ 취화리듐 ④ 사염화에탄

해설

흡수식 냉동기

- 구성(증발기－흡수기－재생기－응축기)
- 냉매 NH_3 － 흡수제 H_2O
- 냉매 H_2O － 흡수제 LiBr(리튬브로마이드)

12 고압가스 안전관리법령에서 정한 고압가스의 범위에 대한 설명으로 옳은 것은?

① 상용의 온도에서 게이지압력이 0MPa이 되는 압축가스
② 섭씨 35℃의 온도에서 게이지압력이 0Pa을 초과하는 아세틸렌가스
③ 상용의 온도에서 게이지압력이 0.2MPa 이상이 되는 액화가스
④ 섭씨 15℃의 온도에서 게이지압력이 0.2MPa을 초과하는 액화가스 중 액화시안화수소

해설

고압가스의 종류 및 범위(고법 시행령 제2조)

- 상용(常用)의 온도에서 압력(게이지압력을 말한다. 이하 같다)이 1MPa 이상이 되는 압축가스로서 실제로 그

압력이 1MPa 이상이 되는 것 또는 35℃의 온도에서 압력이 1MPa 이상이 되는 압축가스(아세틸렌가스는 제외한다)
- 15℃의 온도에서 압력이 0Pa을 초과하는 아세틸렌가스
- 상용의 온도에서 압력이 0.2MPa 이상이 되는 액화가스로서 실제로 그 압력이 0.2MPa 이상이 되는 것 또는 압력이 0.2MPa이 되는 경우의 온도가 35℃ 이하인 액화가스
- 35℃의 온도에서 압력이 0Pa을 초과하는 액화가스 중 액화시안화수소 · 액화브롬화메탄 및 액화산화에틸렌가스

13 액화석유가스 공급자의 의무사항이 아닌 것은?

① 6개월에 1회 이상 가스사용시설의 안전관리에 관한 계도물 작성, 배포
② 수요자의 가스사용시설에 대하여 6개월에 1회 이상 안전점검을 실시
③ 수요자에게 위해예방에 필요한 사항을 계도
④ 가스보일러가 설치된 후 매 1년에 1회 이상 보일러 성능 확인

해설

액화석유가스의 안전관리 및 사업법 시행규칙 제42조(가스공급자의 의무) ① 액화석유가스 충전사업자, 액화석유가스 집단공급사업자 및 액화석유가스 판매사업자(이하 "가스공급자"라 한다)는 법 제30조에 따라 그가 공급하는 수요자의 시설에 대하여 다음 각 호에 따라 안전점검을 실시하고, 수요자에게 위해예방에 필요한 사항을 계도해야 한다.

1. 6개월에 1회 이상 가스사용시설의 안전관리에 관한 계도물이나 가스안전 사용 요령이 적힌 가스사용시설 점검표를 작성 · 배포할 것
2. 수요자(가스공급자의 사업장에서 용기내장형 가스난방기용 충전용기에 충전된 액화석유가스를 직접 구입하는 자와 내용적 15리터 이하의 용기에 충전된 액화석유가스를 사용하는 자는 제외한다)의 가스사용시설(용기가스소비자의 경우에는 소비설비만을 말한다)에 처음으로 액화석유가스를 공급할 때와 그 이후 다음 각 목의 시기에 안전점검을 실시할 것. 다만, 자동차연료용으로 액화석유가스를 사용하는 가스사용시설에 대해서는 수요자가 요청할 때마다 안전점검을 실시해야 한다.
   가. 체적판매방법으로 공급하는 경우에는 1년에 1회 이상
   나. 다기능가스안전계량기가 설치된 시설에 공급하는 경우에는 3년에 1회 이상
   다. 가목 및 나목 외의 「주택법」 제2조 제1호에 따른 주택에 설치된 가스사용시설로서 압력조정기에서 중간밸브까지 강관 · 동관 또는 금속유연호스(금속플렉시블호스)로 설치된 시설의 경우에는 1년에 1회 이상
   라. 가목부터 다목까지 외의 가스사용시설의 경우에는 6개월에 1회 이상
3. 가스보일러 및 가스온수기가 설치(교체 설치를 포함한다)된 후 액화석유가스를 처음 공급하는 경우에는 가스보일러 및 가스온수기의 시공내용을 확인하고 배관과의 연결부에서 가스가 누출되지 아니하는지를 확인할 것

14 다음 중 액화석유가스 용기충전시설의 저장탱크에 폭발방지장치를 의무적으로 설치하여야 하는 경우는?(단, 저장탱크는 저온 저장탱크가 아니며, 물분무장치 설치기준을 충족하지 못하는 것으로 가정한다.)

① 상업지역에 저장능력 15톤 저장탱크를 지상에 설치하는 경우
② 녹색지역에 저장능력 20톤 저장탱크를 지상에 설치하는 경우
③ 주거지역에 저장능력 5톤 저장탱크를 지상에 설치하는 경우
④ 녹색지역에 저장능력 30톤 저장탱크를 지상에 설치하는 경우

해설

폭발방지장치 설치 규정
- 주거 · 상업지역에 설치되는 저장능력 10t 이상의 LPG 저장탱크(지하는 제외)
- 차량에 고정된 LPG 저장탱크

15 대기압(0℃, 101.3kPa)에서 비점이 높은 것에서 낮은 순으로 옳게 나열된 것은?

① CH_4, C_3H_8, C_4H_{10}, Cl_2
② C_4H_{10}, Cl_2, C_3H_8, CH_4
③ Cl_2, C_4H_{10}, C_3H_8, CH_4
④ C_3H_8, Cl_2, CH_4, C_4H_{10}

해설

가스별 비등점

가스명	비점
C_4H_{10}	-0.5℃
Cl_2	-34℃
C_3H_8	-42℃
CH_4	-162℃

16 주울(Joule)의 법칙에 의한 이상기체의 내부에너지는?

① 압력과 온도에만 의존한다.
② 체적과 온도에만 의존한다.
③ 압력과 체적에만 의존한다.
④ 온도에만 의존한다.

해설

주울의 법칙

- 완전기체인 경우 내부에너지는 온도만의 함수 $du = C_v dT$
- 완전기체인 경우 엔탈피는 온도만의 함수 $dh = C_p dT$

17 코크스의 반응성은 가스화율에 영향을 미친다. 다음 중 반응성이 가장 낮은 것은?(단, 900℃, 40s, CO_2로부터 CO 생성%이다.

① 목탄
② 주물용 코크스
③ 제련용 코크스
④ 가스 코크스

18 다음의 반응에서 A와 B의 농도를 모두 2배로 해주면 반응속도는 이론적으로 몇 배가 되겠는가?

A + 3B → 3C + 5D

① 4
② 8
③ 16
④ 32

해설

$V_1 = K[A]^1[B]^3$
$V_2 = K[2A]^1[2B]^3 = 16K[A]^1[B]^3$

19 사업자 등은 그의 시설이나 제품과 관련하여 가스사고가 발생한 때에는 한국가스안전공사에 통보하여야 한다. 사고의 통보 시에 통보내용에 포함되어야 하는 사항으로 규정하고 있지 않은 사항은?

① 피해현황(인명과 재산)
② 시설현황
③ 사고내용
④ 사고원인

해설

사고통보 내용에 포함되어야 할 사항

- 통보자의 소속, 직위, 성명, 연락처
- 사고발생 일시
- 사고발생 장소
- 사고내용(가스의 종류, 양, 확산거리 포함)
- 시설현황(시설의 종류, 위치 포함)
- 피해현황(인명, 재산)

20 압력용기의 적용범위에 해당하기 위해 설계압력(MPa)과 내용적(m^3)을 곱한 값이 얼마를 초과하여야 하는가?

① 0.004　② 0.04
③ 0.002　④ 0.02

해설

압력용기의 정의(KGS AC111)

"압력용기"란 35℃에서의 압력 또는 설계압력이 그 내용물이 액화가스인 경우는 0.2MPa 이상, 압축가스인 경우는 1MPa 이상인 용기를 말한다. 다만, 다음 중 어느 하나에 해당하는 용기는 압력용기로 보지 아니한다.

- 규칙 별표 10 용기 제조의 기술 · 검사 기준의 적용을 받는 용기
- 설계압력(MPa)과 내용적(m^3)을 곱한 수치가 0.004 이하인 용기
- 펌프, 압축장치(냉동용압축기를 제외한다) 및 축압기(accumulator, 축압 용기 안에 액화가스 또는 압축가스와 유체가 격리될 수 있도록 고무격막 또는 피스톤 등이 설치된 구조로서 상시 가스가 공급되지 않은 구조의 것을 말한다)의 본체와 그 본체와 분리되지 않은 일체형 용기
- 완충기 및 완충장치에 속하는 용기와 자동차에어백용 가스충전용기
- 유량계, 액면계, 그 밖의 계측기기
- 소음기 및 스트레이너(필터를 포함. 이하 동일)로서 다음의 어느 하나에 해당되는 것
  - 플랜지 부착을 위한 용접부 이외에는 용접이음매가 없는 것
  - 용접구조이나 동체의 바깥지름(D)이 320mm(호칭지름 12B 상당) 이하이고, 배관접속부 호칭지름(d)과의 비(D/d)가 2.0 이하인 것
  - 압력에 관계없이 안지름, 폭, 길이 또는 단면의 지름이 150mm 이하인 용기

21 독성가스와 제독제가 옳지 않게 짝지어진 것은?

① 시안화수소 – 가성소다 수용액
② 아황산가스 – 가성소다 수용액
③ 암모니아 – 염산 및 질산 수용액
④ 염소 – 가성소다 및 탄산소다 수용액

해설

독성가스와 제독제

가스	제독제
염소	가성소다수용액, 탄산소다수용액, 소석회
포스겐	가성소다수용액, 소석회
황화수소	가성소다수용액, 탄산소다수용액
시안화수소	가성소다수용액
아황산가스	가성소다수용액, 탄산소다수용액, 물

가스	제독제
암모니아	물
산화에틸렌	물
염화메탄	물

22 기체상수(universal gas constant) R의 단위는?

① kgf · m/kg · K
② kcal/kg · ℃
③ kcal/cm^2 · ℃
④ kg · K/cm^2

해설

$R = 0.082\text{atm} \cdot \text{L/mol} \cdot \text{K}$
$= 8.314\text{J/mol} \cdot \text{K}$
$= 1.987\text{cal/mol} \cdot \text{K}$
$= 848\text{kgf} \cdot \text{m/kmol} \cdot \text{K}$
$= \frac{848}{M}\text{kgf} \cdot \text{m/kg} \cdot \text{K}$

23 긴급이송설비에 부속된 처리설비는 이송되는 설비 안의 내용물을 다음 중 한 가지 방법으로 처리할 수 있어야 한다. 이에 대한 설명으로 틀린 것은?

① 독성가스는 제독 조치 후 안전하게 폐기시킨다.
② 벤트스택에서 안전하게 방출시킨다.
③ 플레어스택에서 안전하게 연소시킨다.
④ 액화가스는 용기로 이송한 후 소분시킨다.

24 고온의 물체로부터 방사되는 에너지 중의 특정한 파장의 방사에너지, 즉 휘도를 표준온도의 고온물체와 비교하여 온도를 측정하는 온도계는?

① 열전대 온도계
② 제겔콘 온도계
③ 색온도계
④ 광고온계

25 스크류 압축기에 대한 설명으로 틀린 것은?

① 효율이 아주 높고, 용량조정이 쉽다.
② 흡입, 압축, 토출의 3행정을 갖는다.
③ 무급유식 또는 급유식 방식의 용적형이다.
④ 기체에는 맥동이 적고 연속적으로 압축한다.

해설

스크류(나사) 압축기는 효율이 낮고 용량 조정이 어렵다.

26 가스보일러 설치기준에 따라 반밀폐식 가스보일러의 공동배기방식에 대한 기준 중 틀린 것은?

① 공동배기구의 정상부에서 최상층 보일러의 역풍방지장치 개구부 하단까지의 거리가 5m일 경우 공동배기구에 연결시킬 수 있다.
② 공동배기구 유효단면적 계산식 ($A = Q \times 0.6 \times K \times F + P$)에서 P는 배기통의 수평투영면적(mm^2)을 의미한다.
③ 공동배기구는 굴곡없이 수직으로 설치하여야 한다.
④ 공동배기구는 화재에 의한 피해확산방지를 위하여 방화 댐퍼(damper)를 설치하여야 한다.

해설

공동배기구 및 배기통에는 방화댐퍼(damper)를 설치하지 않는다

27 펌프의 공동현상(Cavitation)에 대하여 설명한 것은?

① 펌프의 토출구 미 흡입구에서 압력계의 바늘이 흔들리는 동시에 유량이 감소되는 현상
② 유수 중에 그 수온의 증기압력보다 낮은 부분이 생기면 물이 증발을 일으키고 수중에 용해하고 있는 증기가 토출하여 작은 기포를 발생하는 현상
③ 저비점 액체를 이송할 때 펌프의 입구 쪽에서 액체에 증발현상이 나타나는 현상
④ 펌프에서 물을 압송하고 있을 때 정전 등으로 급히 펌프가 멈춘 경우 또는 수량조절밸브를 급히 개폐한 경우 관내의 유속이 급변하면 물에 심한 압력변화가 생기는 현상

해설

① 서징현상, ② 공동현상, ③ 베이퍼록현상, ④ 수격작용

28 허가를 받지 않고 LPG 충전사업, LPG 집단공급사업, 가스용품 제조사업을 영위한 자에 대한 벌칙으로 옳은 것은?

① 1년 이하의 징역, 1000만원 이하의 벌금

② 2년 이하의 징역, 2000만원 이하의 벌금
③ 1년 이하의 징역, 3000만원 이하의 벌금
④ 2년 이하의 징역, 5000만원 이하의 벌금

해설

2년 이하의 징역 또는 2천만원 이하의 벌금 주요사항(액법 제66조)

- 허가를 받지 아니하고 액화석유가스 충전사업, 액화석유가스 집단공급사업 또는 가스용품 제조사업을 한 자
- 액화석유가스배관 매설상황의 확인요청을 하지 아니하고 굴착공사를 한 자
- 가스안전 영향평가에 관한 서류(평가서)를 제출하지 아니하고 굴착공사를 한 자
- 협의를 하지 아니하고 굴착공사를 한 자와 정당한 사유 없이 협의 요청에 응하지 아니한 자
- 액화석유가스배관 손상방지기준에 따르지 아니하고 굴착공사를 한 자
- 비상시의 액화석유가스 수급 조정에 관한 명령을 위반한 자

29 고압가스 탱크의 수리를 위하여 내부 가스를 배출하고, 불활성가스로 치환한 후 다시 공기로 치환하여 분석하였더니 분석결과가 보기와 같았다. 다음 중 안전작업 조건에 해당하는 것은?

① 산소 30%
② 수소 10%
③ 일산화탄소 200ppm
④ 질소 80%, 나머지 산소

해설

가스설비 내 작업농도

- 가연성 : 폭발하한값의 1/4 이하
- 독성 : TLV－TWA 기준농도 이하
- 산소 : 18% 이상 22% 이하

∴산소 농도가 20%인 보기 ④항이 안전하다.

30 탄소강의 표준 조직에 대한 설명으로 옳은 것은?

① 탄소강의 주조직을 레데뷰라이트라 한다.
② 아공석강은 α페라이트와 펄라이트의 혼합 조직이다.
③ C 0.8~2.0%를 공석강이라 한다.
④ 공석강은 100% 시멘타이트 조직이다

해설

- 탄소강의 주조직을 펄라이트라 한다.
- 탄소가 0.8% 정도 함유된 강을 공석강이라 한다.
- 공석강은 펄라이트 조직이다.

31 고정식 압축도시가스 자동차 충전시설의 설비와 관련한 안전거리 기준에 대한 설명 중 틀린 것은?

① 저장설비, 압축가스설비 및 충전설비는 그 외면으로부터 사업소경계까지 원칙적으로 5m 이상의 안전거리를 유지한다.
② 저장설비, 충전설비는 가연성 물질의 저장소로부터 8m 이상의 거리를 유지한다.
③ 충전설비는 「도로법」에 따른 도로경계까지 5m 이상의 거리를 유지한다.
④ 처리설비, 압축가스설비 및 충전설비는 철도까지 30m 이상의 거리를 유지한다.

해설

저장설비, 처리설비(충전설비를 제외), 압축가스설비 및 충전설비는 그 외면으로부터 사업소경계까지 10m 이상의 안전거리를 유지한다. 다만, 처리설비(액확산방지시설 안에 설치된 처리설비를 제외한다) 및 압축가스설비의 주위에 방호벽을 설치하는 경우에는 5m 이상의 안전거리를 유지할 수 있다.

32 독성가스 사용설비에서 가스누출에 대비하여 반드시 설치하여야 하는 장치는?

① 살수장치
② 액화방지장치
③ 흡수장치
④ 액회수장치

해설

독성가스의 가스설비실 및 저장설비실에는 그 가스가 누출될 경우 이를 중화설비로 이송시켜 흡수 또는 중화할 수 있는 설비를 설치하여야 한다.

33 밀폐식 보일러의 급·배기설비 중 밀폐형 자연 급·배기식 가스보일러의 설치방식이 아닌 것은?

① 단독 배기통 방식
② 챔버(chamber)식
③ U 덕트(duct)식
④ SE 덕트(duct)식

해설

밀폐형 보일러

- 자연 급·배기식 : 외벽식, 챔버식, 덕트식(u식, SE식)
- 강제 급·배기식 : 단독배기통, 복합배기통, 복합공동배기수

34 **액화석유가스 충전사업자의 안전관리현황 기록부의 보고기한은?**

① 매월 다음 달 15일
② 매분기 다음 달 15일
③ 매반기 다음 달 15일
④ 매년 다음 해 1월 15일

해설

보고사항 및 보고기한(액법 시행규칙 별표21)

보고자와 보고사항	보고기한
LPG 충전사업자 • 거래상황 기록부 • 안전관리현황 기록부	매분기 다음 달 15일
LPG 판매사업자와 충전사업자 (영업소의 설치허가를 받은 자만 해당) • 거래상황 기록부 • 시설개선현황 기록부	매분기 다음 달 15일

35 **어떤 냉동기에서 0°C의 물로 얼음 2톤을 만드는데 50kWh의 일이 소요되었다면 이 냉동기의 성적계수는?(단, 물의 융해잠열은 80kcal/kg이다.)**

① 2.32
② 2.67
③ 3.72
④ 105

해설

성적계수(COP) $= \dfrac{\text{냉동효과}}{\text{압축일량}}$

$\therefore \dfrac{2000 \times 80}{50\text{kWh} \times 860\text{kcal/hr(kW)}} = 3.72$

36 **일산화탄소(CO)의 허용농도가 50ppm이라면 이것을 %로 나타내면 얼마인가?**

① 0.5
② 0.05
③ 0.005
④ 0.0005

해설

$1\text{ppm} = \dfrac{1}{10^6}$, $\% = \dfrac{\text{ppm}}{10^6} \times 100$

$\therefore \dfrac{50}{10^6} \times 100 = 0.005\%$

37 **2kg의 산소를 327°C에서 $PV^{1.2} = C$에 따라 785200J의 일을 하였다. 변화 후의 온도는 약 몇 °C인가?(단, R = 260N · m/kg · K이다.)**

① 20℃ ② 25℃
③ 30℃ ④ 35℃

해설

$PV^k = C$(가역단열변화)

$\dfrac{T_2}{T_1} = (\dfrac{V_1}{V_2})k-1 = (\dfrac{P_2}{P_1})^{\frac{k-1}{k}}$

${}_1W_2 = \int_1^2 pdv = \dfrac{1}{k-1}(P_1V_1 - P_2V_2) = \dfrac{GR}{k-1}(T_1 - T_2)$

$T_1 - T_2 = \dfrac{(k-1)}{GR} \cdot W \qquad T_2 = T_1 - \dfrac{k-1}{GR} \cdot W$

$= (273+327) - \dfrac{(1.2-1)}{2 \times 260} \times 78520$

$= 298\text{K} = 298 - 273 = 25℃$

38 **고압가스 특정제조시설의 사업소외의 배관에 설치된 배관장치에는 비상전력설비를 하여야 한다. 다음 중 반드시 갖추어야 할 설비가 아닌 것은?**

① 폭발방지장치
② 안전제어장치
③ 운전상태 감시장치
④ 가스누출검지 경보설비

해설

배관장치의 비상전력설비

- 운전상태 감시장치
- 안전제어장치
- 가스누출검지 경보장치
- 제독설비
- 통신시설
- 비상조명설비
- 그 밖에 안전상 중요하다고 인정되는 설비

39 **1kg의 공기가 100℃에서 열량 1200KJ을 얻어 등온 팽창 시킬 때 엔트로피 변화량은 약 몇 kJ/kg · K인가?**

① 3.2
② 4.4
③ 12.0
④ 24.0

해설

$$\Delta S = \frac{dQ}{T}$$

$$\therefore \frac{1200}{273+100} = 3.217\text{kJ/kg}\cdot\text{K}$$

40 용기에 의한 액화석유가스 사용시설에서 저장능력이 2톤인 경우 화기를 취급하는 장소와 유지하여야 하는 우회거리는 몇 m 이상인가?

① 2 ② 3
③ 5 ④ 8

해설

LPG 사용시설 화기와의 우회거리

저장능력	화기와의 우회거리
1톤 미만	2m 이상
1톤 이상 3톤 미만	5m 이상
3톤 이상	8m 이상

41 메탄가스에 대한 설명으로 옳은 것은?

① 비점은 약 -162℃이다.
② 공기보다 무거워 낮은 곳에 체류한다.
③ 공기 중 메탄가스가 3% 함유된 혼합기체에 점화하면 폭발한다.
④ 저온에서 니켈촉매를 사용하여 수증기와 작용하면 일산화탄소와 수소를 생성한다.

해설

메탄가스(CH_4)
- 공기보다 가볍다.
- 비점 -162℃
- 폭발범위 5~15%
- 고온에서 니켈촉매를 사용하여 수증기와 작용하면 일산화탄소와 수소를 생성
  $CH_4 + H_2O \rightarrow CO + 3H_2$

42 냉동장치의 점검 · 수리 등을 위하여 냉매계통을 개방하고자 할 때는 펌프 다운(pump down)을 하여 계통 내의 냉매를 어디에 회수하는가?

① 수액기 ② 압축기
③ 증발기 ④ 유분리기

해설

수액기 : 냉매를 회수해 일시 저장하는 곳

43 가스용품을 수입하고자 하는 자는 관련 기관의 검사를 받아야 하는데 검사의 전부를 생략할 수 없는 경우는?

① 수출을 목적으로 수입하는 것
② 시험용 또는 연구개발용으로 수입하는 것
③ 산업기계설비 등에 부착되어 수입하는 것
④ 주한 외국기관에서 사용하기 위하여 수입하는 것으로 외국의 검사를 받지 아니한 것

해설

검사의 전부를 생략할 수 있는 경우(액법 시행령 제18조)
- 산업표준화법에 따른 제품인증을 받은 가스용품(인증심사를 받은 해당 형식의 가스용품으로 한정)
- 시험용 또는 연구개발용으로 수입하는 것
- 수출용으로 제조하는 것
- 주한(駐韓) 외국기관에서 사용하기 위하여 수입하는 것으로 외국의 검사를 받은 것
- 산업기계설비 등에 부착되어 수입하는 것
- 가스용품의 제조자 또는 수입업자가 견본으로 수입하는 것
- 수출을 목적으로 수입하는 것

44 전기방식 중 효과범위가 넓고, 전압 및 전류의 조정이 쉬우나, 초기 투자비가 많은 단점이 있는 방법은?

① 외부전원법
② 전류양극법
③ 선택배류법
④ 강제배류법

45 주철관 이음방법으로서 이음에 필요한 부품이 고무링 하나뿐이며, 온도변화에 따른 신축이 자유롭고, 이음 접합과정이 간편하여 관 부설을 신속하게 할 수 있는 특징을 가진 이음방법은?

① 벨로스 이음
② 소켓 이음
③ 노허브 이음
④ 타이톤 이음

해설

주철관 접합
- 소켓 : 관의 소켓부에 납과 아연을 넣어 접합
- 플랜지 : 플랜지를 이용 볼트와 너트 패킹으로 접합
- 빅토릭 : 빅토리형 주철관을 고무링과 누름판을 사용하여 접합
- 타이톤 : 원형의 고무링 하나만으로 접합하는 방식

46 다음 보기에서 독성이 강한 순서대로 나열된 것은?

㉠ 염소 ㉡ 이황화탄소 ㉢ 포스겐 ㉣ 암모니아

① ㉠ > ㉢ > ㉣ > ㉡
② ㉢ > ㉠ > ㉡ > ㉣
③ ㉢ > ㉠ > ㉣ > ㉡
④ ㉠ > ㉢ > ㉡ > ㉣

해설

각 가스의 허용농도

가스명	ppm	
	TLV-TWA	LC_{50}
포스겐	0.1	5
염소	1	293
이황산탄소	20	–
암모니아	25	7338

47 내경이 10cm인 액체 수송용 파이프 속에 구경이 5cm인 오리피스 미터가 설치되어 있고 이 오리피스에 부착된 수은 마노미터의 눈금차가 12cm이었다. 만일 5cm 오리피스 대신에 구경이 2.5cm인 오리피스 미터를 설치했다면 수은 마노미터의 눈금차는 약 몇 cm가 되겠는가?

① 172 ② 182
③ 192 ④ 202

해설

차압식 유량계의 유량 공식 $Q=C\cdot\frac{\pi}{4}D^2\sqrt{\frac{2gH}{1-m^4}(\frac{Sm}{S}-1)}$ 에서 변경 전후의 유량계수(C), 주관의 비중(S), 교축관의 비중(Sm)은 동일하므로 눈금차 H에 대하여 정리를 하면,

$H=\frac{Q^2\times(1-m^4)}{2g\times\frac{\pi}{4}D^2}$ 이고 교축비 이므로 $m=(\frac{D_2}{D_1})^2$

5cm인 경우의 교축비 $m_1=\frac{5^2}{10^2}=0.25$

2.5cm인 경우 교축비 $m_2=\frac{2.5^2}{10^2}=0.0625$

$$12\text{cm}:\frac{Q^2\times(1-0.25^4)}{(2g\times\frac{\pi}{4}D_1^2)^2}=H:\frac{Q^2\times(1-0.0625^4)}{(2g\times\frac{\pi}{4}D_2^2)^2}$$

$$\therefore H=\frac{12\times\frac{Q^2\times(1-0.0625^4)}{(2g\times\frac{\pi}{4}D_2^2)^2}}{\frac{Q^2\times(1-0.25^4)}{(2g\times\frac{\pi}{4}D_1^2)^2}}$$

$$=\frac{\left[\frac{\pi}{4}D_1^2\right]^2\times Q^2\times(1-0.0625^4)\times12}{\left[\frac{\pi}{4}\left(\frac{D_1}{2}\right)^2\right]^2\times Q^2(1-0.25^4)}$$

$$=\frac{16\times(1-0.00625^4)\times12}{(1-0.25^4)}=192.75\text{cm}$$

48 가스제조소에서 정제된 가스를 저장하여 가스의 질을 균일하게 유지하며, 제조량과 수요량을 조절하는 것은?

① 정압기 ② 압송기
③ 배송기 ④ 가스홀더

49 고압가스 일반제조 시설기준 중 가연성가스 제조설비의 전기설비는 방폭성능을 가지는 구조이어야 한다. 다음 중 제외 대상이 되는 가스는?

① 에탄 ② 브롬화메탄
③ 에틸아민 ④ 수소

해설

암모니아, 브롬화메탄 및 공기 중에서 자기발화하는 가스는 방폭구조에서 제외한다.

50 다음 ( ) 안의 온도와 압력으로 맞는 것은?

아세틸렌을 용기에 충전할 때 충전 중의 압력은 2.5MPa 이하로 하고, 충전 후의 압력이 ( )℃에서 ( ) MPa 이하로 될 때까지 정치하여 둔다.

① 5, 1.0 ② 15, 1.5
③ 20, 1.0 ④ 20, 1.5

해설

아세틸렌 용기 압력

- 충전 중 압력 : 온도와 관계없이 2.5MPa 이하
- 충전 후 압력 : 15℃에서 1.5MPa 이하

51 신축이음(expansion joint)을 하는 주된 목적은?

① 진동을 적게 하기 위하여
② 관의 제거를 쉽게 하기 위하여
③ 팽창과 수축에 따른 관의 정상적인 운동을 허용하기 위하여
④ 펌프나 압축기의 운동에 대한 보상을 하기 위하여

52 용기에 충전하는 작업을 할 때 작업자가 행하는 조작으로 직접적이니 위험이 발생할 수 있는 경우는?

① 잔가스용기에 마개를 했다

② 고압가스 충전용기에 저압가스를 충전했다.

③ 충전밸브 닫는 것을 잊고 용기밸브에서 충전밸브를 분리했다.

④ 충전용기에 충전할 때 저울의 눈금이 틀려 10kg 용기에 9.5kg을 충전했다.

해설

충전밸브를 닫지 않고 분리 시 생가스가 대기로 분출하므로 대형사고의 우려가 있다.

53 불연성 고압가스(독성가스는 제외)의 제조저장자가 정기검사를 받는 주기로서 옳은 것은?

① 1년

② 2년

③ 4년

④ 산업통상자원부장관이 지정하는 시기

해설

정기검사의 대상별 검사주기(고법 시행규칙 별표 19)

검사대상	검사주기
고압가스특정제조자	매 4년
고압가스특정제조자 외의 가연성가스·독성가스 및 산소의 제조자·저장자 또는 판매자(수입업자 포함)	매 1년
고압가스특정제조자 외의 불연성가스(독성가스 제외)의 제조자·저장자 또는 판매자	매 2년
그 밖에 공공의 안전을 위하여 특히 필요하다고 산업통상자원부장관이 인정하여 지정하는 시설의 제조자 또는 저장자	산업통상자원부장관이 지정하는 시기

54 발열량이 20000kcal/Nm^{3}이고, 비중이 1.6, 공급압력이 300mmH$_2$O인 LPG로부터 발열량이 5000kcal/Nm^3, 비중 0.6, 공급압력이 mmH$_2$O인 도시가스로 변경할 경우의 LPG 노즐대비 노즐구경 변경율은 얼마인가?

① 0.54

② 1.54

③ 1.86

④ 2.43

해설

$$\frac{D_2}{D_1}=\sqrt{\frac{WI_1\sqrt{P_1}}{WI_2\sqrt{P_2}}}$$

$$\therefore \sqrt{\frac{\frac{20000}{\sqrt{1.6}}\sqrt{300}}{\frac{5000}{\sqrt{0.6}}\sqrt{150}}}=1.86$$

55 다음은 관리도의 사용 절차를 나타낸 것이다. 관리도의 사용절차를 순서대로 나열한 것은?

㉠ 관리하여야 할 항목의 선정
㉡ 관리도의 선정
㉢ 관리하려는 제품이나 종류 선정
㉣ 시료를 채취하고 측정하여 관리도를 작성

① ㉠ → ㉡ → ㉢ → ㉣

② ㉠ → ㉢ → ㉣ → ㉡

③ ㉢ → ㉠ → ㉡ → ㉣

④ ㉢ → ㉣ → ㉠ → ㉡

해설

관리도의 사용 절차

관리하려는 제품이나 종류 선정 → 관리하여야 할 항목의 선정 → 관리도의 선정 → 시료를 채취하고 측정하여 관리도를 작성

56 이항분포(binomial distribution)에서 매회 A가 일어나는 확률이 일정한 값 P일 때, n회의 독립시행 중 사상 A가 x회 일어날 확률 $P(x)$를 구하는 식은?(단, N은 로트의 크기, n은 시료의 크기, P는 로트의 모부적합품률 이다.)

① $P(x)=\dfrac{n!}{x!(n-x)!}$

② $P(x)=e^{-x}\cdot\dfrac{(nP)^x}{x!}$

③ $P(x)=\dfrac{\binom{NP}{x}\binom{N-NP}{n-x}}{\binom{N}{n}}$

④ $P(x)=\binom{n}{x}P^x(1-P)^{n-x}$

해설

② 포와송분포, ③ 초기하분포, ④ 이항분포

57 다음 내용은 설비보전조직에 대한 설명이다. 어떤 조직의 형태에 대한 설명인가?

> 보전작업자는 조직상 각 제조부문의 감독자 밑에 둔다.
> - 단점 : 생산우선에 의한 보전작업 경시, 보전기술 향상의 곤란성
> - 장점 : 운전자와 일체감 및 현장감독의 용이성

① 집중보전　　② 지역보전
③ 부문보전　　④ 절충보전

해설

설비보전 조직의 유형
- 집중보전 : 책임자 한 사람을 기준으로 하여 조직이 구성되며 모든 보전 요원은 책임자의 지시에 따라 움직이는 집중 관리 시스템이다.
- 지역보전 : 생산 공장에 보전요원을 배치함으로서 설비의 이상 유무, 수리, 검사 등을 직접 처리한다.
- 부문보전 : 생산 제조 부문 책임자 관할 아래 보전요원을 상주시키는 방식이다.
- 절충보전 : 집중보전에 지역보전이나 부분보전을 접목시켜 서로의 장점을 계승하고 단점을 보완하여 운영하는 보전방식이다.

58 다음 표는 어느 자동차 영업소의 월별 판매실적을 나타낸 것이다. 5개월 단순이동평균법으로 6월의 수요를 예측하면 몇 대인가?

월	1월	2월	3월	4월	5월
판매량	100대	110대	120대	130대	140대

① 120대　　② 130대
③ 140대　　④ 150대

해설

5개월 단순이동평균법

$$M_{t=6} = \frac{100+110+120+130+140}{5} = 120$$

59 샘플링에 관한 설명으로 틀린 것은?

① 취락 샘플링에서는 취락 간의 차는 작게, 취락 내의 차는 크게 한다.
② 제조공정의 품질특성에 주기적인 변동이 있는 경우 계통 샘플링을 적용하는 것이 좋다.
③ 시간적 또는 공간적으로 일정 간격을 두고 샘플링하는 방법을 계통 샘플링이라고 한다.
④ 모집단을 몇 개의 층으로 나누어 각 층마다 랜덤하게 시료를 추출하는 것을 층별 샘플링이라고 한다.

해설

계통 샘플링은 모집단으로부터 시간적 또는 공간적으로 일정 간격을 두고 샘플링하는 방법으로 모집단에 주기적인 변동이 있는 것이 예상될 경우에는 사용하지 않는 것이 좋다.

60 표준시간 설정 시 미리 정해진 표를 활용하여 작업자의 동작에 대해 시간을 산정하는 시간연구법에 해당되는 것은?

① PTS법　　② 스톱워치법
③ 워크샘플링법　　④ 실적자료법

해설

작업측정
- 스톱워치법 : 테일러(F.W. Taylor)에 의해 처음 도입된 방법으로 작업시간을 직접 측정하여 표준시간을 설정하는 방법(계측시간 관측법, 반복시간 관측법)
- 표준자료법 : 과거에 측정한 기록을 기준으로 동작에 영향을 미치는 요인들을 검토하여 만든 자료를 토대로 동작시간을 예측
- WS법(워크샘플링법) : 무작위로 작업자를 선정하고 관찰하여 실제 작업에 소요되는 시간의 비율을 추정하여 표준시간을 파악
- PTS법(기정시간표준법) : 이미 정해진 기준 시간치를 적용하여 전체 작업의 정미시간을 구하는 방법으로 워크팩터(Work factor)법과 MTM법을 주로 사용

정답 17회 – 제60회 가스기능장 기출문제

01 ③	02 ④	03 ①	04 ④	05 ③
06 ②	07 ③	08 ②	09 ②	10 ②
11 ②	12 ③	13 ④	14 ①	15 ②
16 ④	17 ②	18 ③	19 ④	20 ①
21 ③	22 ①	23 ④	24 ④	25 ①
26 ④	27 ②	28 ②	29 ④	30 ②
31 ①	32 ③	33 ①	34 ②	35 ③
36 ③	37 ②	38 ①	39 ①	40 ③
41 ①	42 ①	43 ④	44 ①	45 ④
46 ②	47 ③	48 ④	49 ②	50 ②
51 ③	52 ③	53 ②	54 ③	55 ③
56 ④	57 ③	58 ①	59 ②	60 ①

18회 가스기능장 기출문제

CHECK POINT QUESTION

제61회 가스기능장 기출문제

01 대량의 LPG를 얻는 방법이 아닌 것은?

① 유정가스에서 얻는다.
② 개질가스에서 얻는다.
③ 석탄광가스에서 얻는다.
④ 접촉개질 장치에서 발생되는 분해가스에서 얻는다.

해설

LP가스 제조법
- 유정가스에서 회수
- 개질가스에서 회수
- 접촉개질장치에서 발생되는 분해가스에서 회수
- 습성 천연가스 및 원유에서 제조
- 제유소 가스
- 나프타 분해 생성물에서 제조
- 나프타의 수소화 분해 생성물에서 제조

02 표준상태에서 질소 5.6L 중에 있는 질소 분자수는 다음의 어느 것과 같은가?

① 0.5g의 수소분자
② 16g의 산소분자
③ 1g의 산소원자
④ 4g의 수소분자

해설

몰수가 같으면 분자수가 같으므로

몰수 $= \frac{5.6}{22.4} = 0.25\text{mol}$

① $\frac{0.5}{2} = 0.25$, ② $\frac{16}{32} = 2$, ③ $\frac{1}{16} = 0.0625$, ④ $\frac{4}{2} = 2$

03 고압가스안전관리법에서 신규검사 후 경과연수가 15년 미만 된 500리터 이상의 이음매 없는 용기의 재검사 주기는 몇 년마다 하여야 하는가?

① 1　② 2
③ 3　④ 5

해설

용기의 재검사 주기

용기 구분		15년 미만	15년 이상 20년 미만	20년 이상
용접용기 (LPG제외)	500L 이상	5년	2년	1년
	500L 미만	3년	2년	1년
LPG용 용접용기	500L 이상	5년	2년	1년
	500L 미만	5년		2년
이음매 없는 용기	500L 이상	5년		
	500L 미만	신규검사 후 10년 이하는 5년, 10년 초과는 3년		

04 액화석유가스 특정사용자 중 보험가입대상이 되는 자는?

① 전통시장에서 최고 50kg 이상의 LPG를 저장하는 자
② 지하실에서 영업장의 면적이 $50m^2$ 미만인 영업소 경영자
③ 집단급식소로서 상시 1회 30명 이상을 수용할 수 있는 급식소를 운영하는 자
④ 저장능력이 250kg 이상인 저장시설을 갖춘 자

해설

특정가스 사용자 중 보험가입대상자(액법 시행규칙 75조)
- 제1종 보호시설이나 지하실에서 식품접객업소로서 그 영업장의 면적이 $100m^2$ 이상인 업소를 운영하는 자
- 제1종 보호시설이나 지하실에서 집단급식소로서 상시 1회 50명 이상을 수용할 수 있는 급식소를 운영하는 자
- 전통시장에서 액화석유가스의 저장능력이 100kg 초과인 저장설비를 갖춘 자
- 액화석유가스의 저장능력이 250kg(자동절체기 사용시 500kg) 이상인 저장설비를 갖춘 자(다만, 주거용으로 액화석유가스를 사용하는 자는 제외)

05 수소(H_2) 가스의 공업적 제조법이 아닌 것은?

① 물의 전기분해법
② 공기액화분리법
③ 수성가스법
④ 석유의 분해법

해설

공기액화분리법 : 산소(O_2), 아르곤(Ar), 질소(N_2)의 제조법

06 **LPG 공급 시 강제 기화기를 사용할 경우의 특징으로 틀린 것은?**

① 설치장소가 많이 필요하다.
② 공급가스의 조성이 일정하다.
③ 한랭 시에도 충분히 기화된다.
④ 설비비 및 인건비가 절감된다.

해설

강제 기화기를 사용할 경우 설치면적이 적어진다.

07 **안전밸브에 설치하는 가스방출관의 방출구 설치 위치로서 옳은 것은?**

① LPG 저장탱크의 정상부에서 1.5m 또는 지면에서 5m 중 높은 위치 이상
② LPG 저장탱크의 정상부에서 2m 또는 지면에서 5m 중 높은 위치 이상
③ LPG 저장탱크의 정상부에서 2m 또는 지면에서 10m 중 높은 위치 이상
④ LPG 저장탱크의 정상부에서 5m 또는 지면에서 10m 중 높은 위치 이상

해설

안전밸브 방출관의 설치 위치

- 지상에 설치하는 탱크 : 지면에서 5m 또는 탱크 정상부로부터 2m 높이 중 높은 위치
- 지하에 설치하는 탱크 : 지면에서 5m 이상

08 **표준기압 1atm은 몇 kgf/cm^2인가?(단, Hg의 밀도는 $13595.1kg/m^3$, 중력가속도는 $9.80665m/s^2$이다.)**

① 0.9806
② 1.0332
③ 1013.25
④ 10332

해설

$P = \gamma \cdot H$

$\therefore P = 13595.1kg/m^3 \times 0.76m$ ($\because$ 1atm의 수은 높이 76cm)
$= 10332.276kgf/m^2$
$= 1.0332276kgf/cm^2$

09 **이상기체에 대한 설명으로 틀린 것은?**

① 완전탄성체로 간주한다.
② 반데르발스 힘에 의하여 분자가 운동한다.
③ 분자 사이에는 아무런 인력도 반발력도 작용하지 않는다.
④ 분자 자체가 차지하는 부피는 전체 계에 대하여 무시한다.

해설

반데르발스는 실제기체 상태방정식에 해당된다.

10 **도시가스사업 구분에 따라 선임하여야 할 안전관리자별 선임 인원과 선임 가능한 자격의 연결이 틀린 것은?(단, 안전관리자의 자격은 선임 가능한 자격 중 1개만이 제시되어 있다.)**

① 가스도매사업 : 안전관리책임자 – 사업장마다 1인 – 가스기술사
② 가스도매사업 : 안전관리원 – 사업장마다 10인 이상 – 가스기능사
③ 일반도시가스사업 : 안전관리책임자 – 사업장마다 1인 – 가스기능사
④ 일반도시가스사업 : 안전관리원 – 5인 이상(배관길이가 200km 이하인 경우) – 가스기능사

해설

도시가스사업법시행령 별표2 (안전관리자의 자격과 선임 인원(도법 시행령 별표2)

사업 구분	안전관리자의 종류별 선임 인원 및 자격	
	선임 인원	자격
가스 도매 사업	안전관리 총괄자 : 1명	
	안전관리 부총괄자 : 사업장마다 1명	
	안전관리 책임자 : 사업장마다 1명	• 가스기술사 • 가스산업기사 이상 가스업무 실무경력 5년 이상
	안전관리원 : 사업장마다 10명 이상	가스기능사 이상 또는 안전관리자 양성교육을 이수한 사람
	안전점검원 : 배관길이 15km를 기준으로 1명	가스기능사 이상, 안전관리자 양성교육 또는 안전점검원 양성교육을 이수한 사람

일반 도시 가스 사업	안전관리 총괄자 : 1명	
	안전관리 부총괄자 : 사업장마다 1명	
	안전관리 책임자 : 사업장마다 1명 이상	가스산업기사 이상
	안전관리원 : • 배관길이 200km 이하 5명 이상 • 배관길이 200km 초과 1000km 이하인 경우 5명에 200km마다 1명씩 추가한 인원 이상 • 배관길이 1000km를 초과하는 경우 10명 이상	가스기능사 이상 또는 안전관리자 양성교육을 이수한 사람
	안전점검원 : 배관길이 15km를 기준으로 1명	가스기능사 이상, 안전관리자 양성교육 또는 안전점검원 양성교육을 이수한 사람

11 **시간당 $10m^3$의 LP가스를 길이 100m 떨어진 곳에 저압으로 공급하고자 한다. 압력손실이 $30mmH_2O$이면 필요한 최소 배관지름은 약 몇 mm인가?(단, Pole 상수는 0.7, 가스비중은 1.5이다.)**

① 20mm ② 30mm
③ 40mm ④ 50mm

$$D = \left(\frac{Q_2 \cdot S \cdot L}{k^2 \cdot H}\right)^{\frac{1}{5}}$$

$$\therefore \left(\frac{10^2 \times 1.5 \times 100}{0.7^2 \times 30}\right)^{\frac{1}{5}} = 3.997\text{cm} \fallingdotseq 40\text{mm}$$

12 **제조가스 중에 포함된 불순물과 그로 인한 장해에 대한 설명으로 가장 옳은 것은?**

① 황, 질소화합물은 배관, 정압기 기구의 노즐에 부착하여 그 기능을 저하시키거나 저해하게 된다.
② 물은 가스의 승압, 냉각에 의한 물, 얼음, 물과 탄화수소와의 수화물을 생성하여 배관 등의 부식을 조장하고 배관, 밸브 등을 폐쇄시킨다.
③ 나프탈렌, 타르 먼지는 가스 중의 산소와 반응하여 NO_2로 되며 NO_2는 불포화탄화수소와 반응하여 고무가 생성된다.
④ 산화질소(NO), 고무는 연소에 의하여 아황산가스, 아초산, 초산이 발생하여 인체나 가축에 피해를 주며 가스 기구, 배관, 정압기 등의 기물을 부식시킨다.

해설

제조가스의 불순물로 인한 장애

- 산화질소 : NO는 가스 중 산소와 반응 NO_2로 되며 NO_2는 불포화탄화수소와 반응 고무를 생성, 고무는 배관 정압기 등의 공급설비기구 노즐에 부착하여 기능을 저하시킨다.
- 나프탈렌 : 배관 정압기 기구의 노즐에 부착하여 그 기능을 저하시킨다.
- 황화수소 : 연소에 의하여 아황산가스, 아초산, 초산이 발생하여 인체나 가축에 피해를 주며 가스기구 등의 기물을 부식 배관 정압기 공급설비를 부식시킨다.
- 수분(물)에 의한 장애 : 동결, 부식, 동결에 의한 밸브 배관 폐쇄

13 **고압가스 관련 설비에 해당하지 않는 것은?**

① 냉각살수설비
② 기화장치
③ 긴급차단장치
④ 독성가스배관용 밸브

해설

고압가스 관련 설비(고법 시행규칙 제2조)

- 안전밸브 · 긴급차단장치 · 역화방지장치
- 기화장치
- 압력용기
- 자동차용 가스 자동주입기
- 독성가스배관용 밸브
- 냉동설비(일체형 냉동기는 제외)를 구성하는 압축기 · 응축기 · 증발기 또는 압력용기
- 고압가스용 실린더캐비닛
- 자동차용 압축천연가스 완속충전설비
- 액화석유가스용 용기 잔류가스회수장치
- 차량에 고정된 탱크

14 **기체의 압력(P)이 감소하여 압력(P)이 0인 한계상황에서 기체 분자의 상태는 어떻게 되는가?**

① 분자들은 점점 더 넓게 분산된다.
② 분자들은 점점 더 조밀하게 응집된다.
③ 분자들은 아무런 영향을 받지 않는다.
④ 분자들은 분산과 응집의 균형을 유지한다.

해설

기체의 압력이 낮아지면 분자들의 응집력이 감소하므로 분자들은 점점 더 넓게 분산된다.

15 **다음 그림은 공기의 분리장치로 쓰이고 있는 복식 정류탑의 구조도이다. 흐름 C의 액의 성분과 장치 D의 명칭을 옳게 나타낸 것은?**

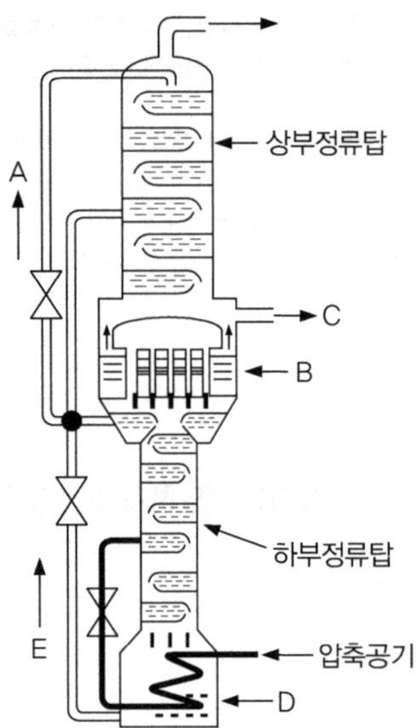

① C : O_2가 풍부한 액, D : 증류드럼
② C : 산소, D : 증류드럼
③ C : N_2가 풍부한 액, D : 응축기
④ C : N_2, D : 증류드럼

해설

- A : N_2가 풍부한 액
- B : 응축기
- C : 산소
- D : 증류드럼
- E : O_2가 풍부한 액

16 **산업통상자원부장관은 도시가스사업법에 의하여 도시가스사업자에게 조정명령을 내릴 수 있다. 다음 중 조정명령 사항이 아닌 것은?**

① 가스검사 기관의 조정
② 도시가스의 열량 · 압력의 조정
③ 가스공급시설 공사계획의 조정
④ 도시가스요금 등 공급조건의 조정

해설

조정명령 사항(도법 시행령 제20조)

- 가스공급시설 공사계획의 조정
- 가스공급계획의 조정
- 둘 이상의 특별시 · 광역시 · 특별자치시 · 도 및 특별자치도를 공급지역으로 하는 경우 공급지역의 조정
- 도시가스 요금 등 공급조건의 조정
- 도시가스의 열량 · 압력 및 연소성의 조정
- 가스공급시설의 공동이용에 관한 조정
- 천연가스 수출입 물량의 규모 · 시기 등의 조정

17 **고압가스 냉동제조시설의 검사기준 중 내압 및 기밀시험에 대한 설명으로 틀린 것은?**

① 내압시험은 설계압력의 1.5배 이상의 압력으로 한다.
② 내압시험에 사용하는 압력계는 문자판의 크기가 75mm 이상으로서 그 최고눈금은 내압시험압력의 1.5배 이상 2배 이하로 한다.
③ 기밀시험압력은 상용압력 이상의 압력으로 한다.
④ 시험할 부분의 용적이 $5m^3$인 것의 기밀시험 유지시간은 480분이다.

해설

기밀시험압력은 설계압력 이상으로 한다.

18 **38cmHg 진공은 절대압력으로 약 몇 $kgf/cm^2 \cdot abs$인가?**

① 0.26
② 0.52
③ 3.8
④ 7.6

해설

절대 = 대기 − 진공 = 76 − 38 = 38cmHg

$\therefore \frac{38}{76} \times 1.0332 = 0.516 = 0.52 kgf/cm^2 \cdot abs$

19 **LPG의 일반적 특징에 대한 설명으로 틀린 것은?**

① 연소속도가 늦고 발화온도는 높다.
② 연소 시 다량의 공기가 필요하다.
③ 액체 상태의 LP가스는 물보다 무겁다.
④ 상온에서 기체로 존재하지만 가압시키면 쉽게 액화가 가능하다.

해설

LP가스 액비중은 0.5로 물보다 가볍우며, 기체 상태의 비중은 공기보다 무겁다.

20 **고압가스사업자는 안전관리규정을 언제 허가관청 · 신고관청 또는 등록관청에 제출하여야 하는가?**

① 완성 검사 시
② 정기 검사 시
③ 허가 신청 시
④ 사업 개시 시

해설

안전관리규정(고법 제11조) : 사업자등은 그 사업의 개시(開始)나 저장소의 사용 전에 고압가스의 제조 · 저장 · 판매의 시설 또는 용기등의 제조시설의 안전유지에 관하여 산업통상자원부령으로 정하는 사항을 포함한 안전관리규정을 정하고 이를 허가관청 · 신고관청 또는 등록관청에 제출하여야 한다. 이 경우 한국가스안전공사의 의견서를 첨부하여야 한다.

21 **안전관리자는 해당분야의 상위 자격자로 할 수 있다. 다음 중 가장 상위인 자격은?**

① 가스기능사
② 가스기사
③ 가스산업기사
④ 가스기능장

해설

상위자격자의 순서

가스기술사 > 가스기능장 > 가스기사 > 가스산업기사 > 가스기능사

22 **냉매의 구비조건 중 화학적 성질에 대한 설명으로 옳은 것은?**

① 부식성이 있을 것
② 윤활유에 용해될 것
③ 증기 및 액체의 점성이 클 것
④ 인화 및 폭발의 위험성이 없을 것

해설

냉매의 구비조건 중 화학적 성질

- 안정성이 있을 것
- 부식성이 없을 것
- 윤활유에 용해되지 않을 것
- 증기 및 액체의 점성이 적을 것
- 인화 및 폭발의 위험성이 없을 것
- 악취 및 독성이 없을 것

23 **공식(孔蝕, Pitting Corrosion)의 특징에 대한 설명으로 옳은 것은?**

① 발견하기가 쉽다.
② 부식속도가 느리다.
③ 양극반응의 독특한 형태이다.
④ 균일부식의 조건과 동반하여 발생한다.

해설

공식(Pitting Corrosion)

국부부식의 일종으로 부식이 착공성 또는 소공상태로 진행되는 현상으로 점식이라고도 하며 양극반응의 형태이다.

24 **고압가스 운반 시 가스누출사고가 발생하였다. 이 부분의 수리가 불가능한 경우 재해발생 또는 확대를 방지하기 위한 조치사항으로 가장 거리가 먼 것은?**

① 착화된 경우 소화작업을 실시한다.
② 상황에 따라 안전한 장소로 운반한다.
③ 비상연락망에 따라 관계업소에 원조를 의뢰한다.
④ 부근의 화기를 없앤다.

해설

누출부분 수리 불가능 시 조치

- 상황에 따라 안전한 장소로 운반
- 누출 부근의 화기를 제거
- 누출 부근의 인원 및 차량 통제
- 독성가스 누출 시 제독조치
- 관계기관에 통보
- 누출가스 착화 시 용기파열의 위험이 없을 때 소화 조치

25 **암모니아 1톤을 내용적 50L의 용기에 충전하고자 한다. 필요한 용기는 몇 개인가?(단, 암모니아의 충전정수는 1.86이다.)**

① 11
② 38
③ 47
④ 20

해설

$$1000\text{kg} \div \frac{50}{1.86} = 37.2$$

∴38개

26 **산소 용기에 산소를 충전하고 용기 내의 온도와 밀도를 측정하였더니 각각 20℃, 0.1kg/L이었다. 용기 내의 압력은 약 얼마인가? (단, 산소는 이상기체로 가정한다.)**

① 0.075기압 ② 0.75기압
③ 7.5기압 ④ 75기압

해설

$PV = \frac{W}{M}RT, \quad P = \frac{WRT}{VM}$

$\therefore P = \frac{100 \times 0.082 \times 293}{1 \times 32} = 75\text{atm}$

27 **역화방지장치를 반드시 설치하여야 할 위치가 아닌 것은?**

① 아세틸렌 충전용 지관
② 아세틸렌의 고압건조기와 충전용교체밸브 사이의 배관
③ 가연성가스를 압축하는 압축기와 오토클레이브와의 사이의 배관
④ 아세틸렌을 압축하는 압축기의 유분리기와 고압건조기와의 사이

해설

역화방지장치 설치 장소
- 가연성가스를 압축하는 압축기와 오토클레이브와의 사이의 배관
- 아세틸렌의 고압건조기와 충전용 교체밸브 사이의 배관
- 수소화염 또는 산호, 아세틸렌화면 사용 시설
- 아세틸렌 충전용 지관

역류방지밸브 설치 장소
- 가연성가스를 압축하는 압축기와 충전용 주관과의 사이 배관
- 아세틸렌을 압축하는 압축기의 유분리기와 고압건조기와의 사이 배관
- 암모니아 또는 메탄올의 합성탑 및 정제탑과 압축기와의 사이 배관

28 **도시가스사업자가 관계법에서 정하는 규모 이상의 가스공급시설의 설치공사를 할 때 신청서에 첨부할 서류 항목이 아닌 것은?**

① 공사계획서
② 공사공정표
③ 공급조건에 관한 설명서
④ 시공관리자의 자격을 증명할 수 있는 사본

해설

공사계획의 신고 또는 변경신고 시 첨부서류(도법 시행규칙 제62조의2)
- 공사계획서
- 공사공정표
- 변경사유서(공사계획을 변경하는 경우에만)
- 법에 따른 기술검토서
- 건설업등록증 사본
- 시공관리자의 자격을 증명할 수 있는 서류
- 공사예정 금액명세서 등 해당 공사의 공사예정 금액을 증빙할 수 있는 서류

29 **아세틸렌을 압축하는 Reppe 반응장치의 구분에 해당하지 않는 것은?**

① 비닐화 ② 에티닐화
③ 환중합 ④ 니트릴화

해설

Reppe 반응장치의 구분 : 비닐화, 에티닐화, 환중합, 카르보닐화

30 **외압이나 지진 등에 대하여 가요성이 가장 우수한 주철관 이음은?**

① 메카니컬 이음
② 소켓 이음
③ 빅토릭 이음
④ 플랜지 이음

해설

주철관의 접합
- 메카니컬 이음(기계적 이음) : 플랜지와 소켓 이음의 장점을 가진 접합으로 지진, 외압 등에 대하여 가요성이 풍부한 이음으로 굴곡이 있어도 누수가 없다. 작업이 간단하고 수중에서도 작업이 가능하다.
- 소켓 이음 : 관의 소켓부에 납과 연을 넣는 방식의 이음이다.
- 빅토릭 이음 : 고무링과 누름판을 사용하여 접합하는 방식으로 가스배관용으로 우수하다.
- 플랜지 이음 : 배관에 플랜지를 만들고 볼트와 너트로 조여 연결하는 이음으로 고압 배관 이음 등에 유효하다.

31 **이상기체 상태방정식과 관련 없는 법칙은?**

① Raoult의 법칙
② Charles의 법칙
③ Avogadro의 법칙
④ Gay-Lusaac의 법칙

해설

- 라울의 법칙 : 혼합 액체의 각 성분이 나타내는 증기압력은 그 성분이 단독으로 있을 때 증기압과 그 액체 속의 몰분율의 합과 같다.
- 샤를의 법칙 : 이상기체는 압력이 일정할 때 부피는 절대온도에 비례한다.
- 아보가드로법칙 : 모든 이상기체는 같은 온도, 같은 압력에서 1mol이 22.4L의 부피를 가지고 그때의 분자수는 6.02×10^{23}개다.
- 게이루삭의 법칙 : 압력이 일정할 때 이상기체의 부피는 온도에 비례한다.

32 고압가스의 제조방법에 대한 설명으로 옳은 것은?

① 아세틸렌을 3.0MPa의 압력으로 압축하여 고압용기에 충전시켰다.
② 산소를 용기에 충전하는 때에는 용기와 밸브 사이에는 가연성 패킹을 사용하지 아니하였다.
③ 시안화수소의 안정제로 물을 사용하였다.
④ 충전용 지관에는 탄소의 함유량이 0.33% 이하의 강을 사용하였다.

해설

- 아세틸렌 총전시 2.5MPa 이하로 충전하며, 2.5MPa 이상으로 충전 시 N_2, CH_4, CO, C_2H_4의 희석제를 첨가한다.
- 시안화수소는 물과 화합시 중합폭발을 일으키며, 이를 방지하기 위해 안정제(황산, 아황산, 동, 동망, 염화칼슘, 오산화인)를 사용한다.
- 충전용 지관에는 탄소 함유량 0.1% 이하의 강을 사용한다.

33 가스 압력게이지가 12atm · g을 가리키고 있을 때 절대압력으로는 약 얼마인가?(단, 이때의 대기압은 750mmHg이다.)

① 1.1MPa
② 1.2MPa
③ 1.3MPa
④ 1.4MPa

해설

절대압력 = 대기압력 + 게이지압력

∴ 750mmHg + 12atm

$$= \frac{750}{760} \times 0.101325 + 12 \times 0.101325 = 1.315\text{MPa}$$

34 다음 그림과 같이 수직하방향의 하중 Q kg을 받고 있는 사각나사의 너트를 그림과 같은 방향의 회전력 P kg을 주어 풀고자 한다. 필요한 힘 P를 구하는 식은?(단, 나사는 1줄 나사이며, 나사의 경사각은 α, 마찰각은 ρ이다.)

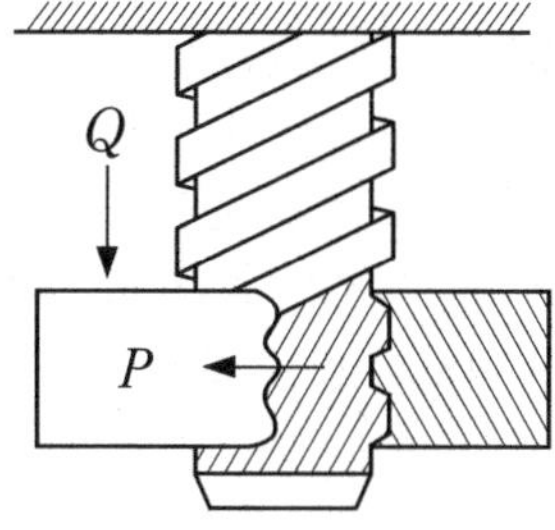

① $P = Q \cdot \tan(\alpha - \rho)$
② $P = Q \cdot \tan(\alpha + \rho)$
③ $P = Q \cdot \tan(\rho - \alpha)$
④ $P = Q \cdot \tan(1 - \frac{\rho}{\alpha})$

해설

- 해체회전력 $(P) = Q \cdot \tan(\rho - \alpha)$
- 조임회전력 $(P) = Q \cdot \tan(\alpha + \rho)$

35 긴급차단장치의 조작 동력원은 차단밸브의 구조에 따라 다음과 같이 분류된다. 다음 중 이에 속하지 않는 것은?

① 액위
② 전기
③ 기압
④ 스프링

긴급차단장치의 동력원 : 액압, 기압, 전기, 스프링

36 암모니아의 성상에 대한 설명으로 틀린 것은?

① 끓는 점은 -33.4℃이다.
② 녹는 점은 -77.7℃이다.
③ 임계온도는 132.5℃이다.
④ 입계압력은 52.5atm이다.

암모니아(NH_3)의 임계압력은 111.3atm이다.

37 **도시가스사업법에서 정의하는 액화가스를 옳게 나타낸 것은?**

① 상용의 온도 또는 35℃의 온도에서 압력이 0.1MPa 이상이 되는 것
② 상용의 온도 또는 35℃의 온도에서 압력이 0.2MPa 이상이 되는 것
③ 상용의 온도 또는 35℃의 온도에서 압력이 1MPa 이상이 되는 것
④ 상용의 온도 또는 35℃의 온도에서 압력이 2MPa 이상이 되는 것

해설

용어의 정의(도법 시행규칙 제2조)

- 액화가스 : 상용의 온도 또는 35℃의 온도에서 압력이 0.2MPa 이상이 되는 것을 말한다.
- 고압 : 1MPa 이상의 압력(게이지압력을 말한다. 이하 동일함)을 말한다. 다만, 액체상태의 액화가스는 고압으로 본다.
- 중압 : 0.1MPa 이상 1MPa 미만의 압력을 말한다. 다만, 액화가스가 기화되고 다른 물질과 혼합되지 아니한 경우에는 0.01MPa 이상 0.2MPa 미만의 압력을 말한다.
- 저압 : 0.1MPa 미만의 압력을 말한다. 다만, 액화가스가 기화되고 다른 물질과 혼합되지 아니한 경우에는 0.01MPa 미만의 압력을 말한다.

38 **저압식 공기액화분리장치에 탄산가스 흡착기를 설치하는 주된 목적은?**

① 공기량 증가
② 축열기 효율 증대
③ 팽창 터빈 보호
④ 정제산소 및 질소 순도 증가

39 **플레어스택 설치기준에 대한 설명 중 틀린 것은?**

① 파일럿버너를 항상 꺼두는 등 플레어스택에 관련된 폭발을 방지하기 위한 조치가 되어 있는 것으로 한다.
② 긴급이송설비로 이송되는 가스를 안전하게 연소시킬 수 있는 것으로 한다.
③ 플레어스택에서 발생하는 복사열이 다른 제조시설에 나쁜 영향을 미치지 않도록 안전한 높이 및 위치에 설치한다.
④ 플레어스택에서 발생하는 최대열량에 장시간 견딜 수 있는 재료 및 구조로 되어 있는 것으로 한다.

해설

파일럿버너 또는 항상 작동할 수 있는 자동점화장치를 설치하고 파일럿버너가 꺼지지 않도록 하거나 자동점화장치의 기능이 완전하게 유지되도록 하여야 한다.

40 **고압 수소용기가 파열사고를 일으켰을 때 사고의 원인으로서 가장 거리가 먼 것은?**

① 용기 가열
② 과잉 충전
③ 압력계 타격
④ 폭발성 가스 혼입

41 **가연성가스(LPG 제외) 및 산소의 차량에 고정된 저장탱크 내용적 기준으로 옳은 것은?**

① 저장탱크의 내용적은 10000L를 초과할 수 없다.
② 저장탱크의 내용적은 12000L를 초과할 수 없다.
③ 저장탱크의 내용적은 15000L를 초과할 수 없다.
④ 저장탱크의 내용적은 18000L를 초과할 수 없다.

해설

차량에 고정된 저장탱크 내용적 기준

- 가연성가스(액화석유가스 제외), 산소 : 18000L 초과 금지
- 독성가스(액화암모니아 제외) : 12000L 초과 금지

42 **가스도매사업의 가스공급시설인 배관을 지하에 매설하는 경우의 기준에 대한 설명으로 옳은 것은?**

① 배관은 그 외면으로부터 수평거리로 건축물까지 1.2m 이상을 유지한다.
② PE배관의 굴곡허용반경은 외경의 30배 이상으로 한다.
③ 지표면으로부터 배관 외면까지의 매설깊이는 산이나 들의 경우에는 1.2m 이상으로 한다.
④ 도로가 평탄할 경우의 배관의 기울기는 1/500~1/1000 정도의 기울기로 설치한다.

해설

- 배관은 그 외면으로부터 수평거리로 건축물까지 1.5m 이상을 유지한다.
- PE배관의 굴곡허용반경은 외경(바깥지름)의 20배 이상으로 한다.
- 배관을 지하에 매설하는 경우에는 노면으로부터 배관의 외면까지의 매설깊이는 산이나 들에서는 1m 이상, 그 밖의 지역에서는 1.2m 이상. 다만, 방호구조물 안에 설치하는 경우에는 그러하지 아니하다.

43 액화석유가스 저장탱크를 지하에 설치할 경우에는 집수구를 설치하여야 한다. 이에 대한 설명으로 옳은 것은?

① 집수구로 가로, 세로, 깊이가 각각 50cm 이상의 크기로 한다.
② 집수관은 직경을 80A 이상으로 하고, 집수구 바닥에 고정한다.
③ 검지관은 직경 30A 이상으로 하고, 집수구 바닥에 고정한다.
④ 집수구는 저장탱크실 바닥면보다 높게 설치한다.

해설

지하설치 LPG 저장탱크 집수구

- 규격 : 가로 30cm, 세로 30cm, 길이 30cm 이상의 크기
- 설치 : 탱크 바닥면보다 낮게 설치
- 집수관의 직경 : 80A 이상
- 검지관 : 40A 이상으로 4개소 이상 설치

44 다음 보기의 특징을 가지는 물질은?

- 무색투명하나 시판품은 흑회색의 고체이다.
- 물, 습기, 수증기와 직접 반응한다.
- 고온에서 질소와 반응하여 석회질소로 된다.

① CaC_2
② P_4S_3
③ $NaOCl$
④ KH

해설

카바이드(CaC_2)

- 시판품은 불순물인 S, P, N, Si가 포함된 흑회색의 고체이다.
- 물, 습기, 수증기와 직접 반응한다.
- 고온에서 질소와 반응하여 석회질소가 된다.
- 순수 카바이드 1kg에서 366L의 아세틸렌이 발생한다.
- 황화수소, 인화수소, 암모니아, 규화수소 등의 유해가스가 발생한다.
- 비중 2.2 정도이다.

45 고압가스 특정제조 시설에서 산소의 저장능력이 4만 m^3를 초과한 경우 제2종 보호시설까지의 안전거리는 몇 m 이상을 유지하여야 하는가?

① 8 ② 12
③ 14 ④ 16

해설

산소의 보호시설별 안전거리

저장능력(kg, m^3)	1종(m)	2종(m)
1만 이하	12	8
1만 초과 2만 이하	14	9
2만 초과 3만 이하	16	11
3만 초과 4만 이하	18	13
4만 초과	20	14

46 비상공급시설 설치신고서에 첨부하여 시장, 군수, 구청장에게 제출해야 하는 서류가 아닌 것은?

① 안전관리자의 배치현황
② 설치위치 및 주위상황도
③ 비상공급시설의 설치사유서
④ 가스사용 예정시기 및 사용예정량

해설

비상공급시설의 설치신고시 첨부서류(도법 시행규칙 제13조의2)

- 비상공급시설의 설치사유서
- 비상공급시설에 의한 공급권역을 명시한 도면
- 설치위치 및 주위 상황도
- 안전관리자의 배치 현황

47 길이 4m, 지름 3.5cm의 연강봉에 4200kgf의 인장하중이 갑자기 작용하였을 때 충격하중에 의하여 늘어나는 인장길이는 약 몇 mm인가?(단, $E = 2.1 \times 10^6 kgf/cm^2$ 이다.)

① 0.83
② 1.66
③ 3.32
④ 6.65

해설

하중작용 시 늘어나는 길이에서$(\lambda) = \dfrac{\sigma \cdot l}{E}$

허용응력$(\sigma) = \dfrac{W}{A} = \dfrac{4200\text{kgf}}{\dfrac{\pi}{4} \times (3.5\text{cm})^2}$

$= 436.539\text{kgf/cm}^2$ 이므로

$\lambda = \dfrac{436.539 \times 4 \times 1000}{2.1 \times 10^6} = 0.831\text{mm}$

∴ 충격하중에 의하여 늘어난 길이는 일반하중의 2배이므로
$(\delta) = 2\lambda = 0.831 \times 2 = 1.66\text{mm}$

48 용기부속품의 기호표시로 틀린 것은?

① LG : 액화석유가스를 충전하는 용기의 부속품
② AG : 아세틸렌가스를 충전하는 용기의 부속품
③ PG : 압축가스를 충전하는 용기의 부속품
④ LT : 초저온용기 및 저온용기의 부속품

해설

- LPG : 액화석유가스를 충전하는 용기의 부속품
- LG : 액화석유가스 이외의 액화가스를 충전하는 용기의 부속품

49 폭굉유도거리(DID)로 길어질 수 있는 조건으로 옳은 것은?

① 압력이 높을수록
② 점화원의 에너지가 클수록
③ 정상연소속도가 느린 혼합가스일수록
④ 관 속에 방해물이 있거나 관경이 가늘수록

해설

폭굉 유도거리가 짧아지는 경우
- 압력이 높을수록
- 관속에 장애물이 있거나 관 내경이 작을수록
- 연소속도가 큰 혼합가스일수록
- 점화원의 에너지가 클수록

50 가스배관 경로 선정 시 고려할 사항으로 가장 거리가 먼 것은?

① 가능한 한 옥외에 설치한다.
② 가능한 한 최단 거리로 한다.
③ 구부러지거나 오르내림을 적게 한다.
④ 건축물 내의 배관은 가능한 한 은폐하거나 매설한다.

해설

건축물 내의 배관은 가능한 노출하여 시공하고 은폐 매설을 피한다.

51 압력 80kPa, 체적 0.37m^3을 차지하고 있는 이상기체를 등온팽창시켰더니 체적이 2.5배로 팽창하였다. 이때 외부에 대해서 한 일은 약 몇 N · m인가?

① 2.71
② 2.71×10^2
③ 2.71×10^3
④ 2.71×10^4

해설

등온팽창 일량(W)

$W = P_1 V_1 \ln\left(\dfrac{V_2}{V_1}\right) = 80 \times 10^3\text{Pa} \times 0.37\text{m}^3 \ln\left(\dfrac{2.5}{1}\right)$

$= 27122.2\text{N} \cdot \text{m} = 2.71 \times 10^4 \text{N} \cdot \text{m}$

52 50kg의 C_3H_8을 기화시키면 약 몇 m^3가 되는가?(단, S.T.P. 상태이고 C, H의 원자량은 각각 12, 1이다.)

① 25.45
② 50.56
③ 75.63
④ 90.72

해설

C_3H_8 분자량 44kg이 22.4m^3이므로

$44 : 22.4 = 50 : x$

$\therefore x = \dfrac{50}{44} \times 22.4 = 25.454\text{m}^3$

53 액화탄산가스 100kg을 용적 50L의 용기에 충전시키기 위해서는 몇 개의 용기가 필요한가?(단, 가스충전계수는 1.47이다.)

① 1　　② 3
③ 5　　④ 7

해설

용기 1개당 충전량 $W = \dfrac{V}{C}$ 이므로

$W = \dfrac{50}{1.47} = 34.01\text{kg}$

$\therefore \dfrac{100}{34.01} = 2.94 = 3$개

54 가스크로마토그래피(Gas Chromatography)의 구성 요소가 아닌 것은?

① 분리관(컬럼)
② 검출기
③ 기록계
④ 파라듐관

해설

가스크로마토그래피의 구성요소

캐리어가스, 압력조정기, 유량조절밸브, 유량계, 압력계, 분리관(컬럼), 검출기, 기록계 등

55 설비배치 및 개선의 목적을 설명한 내용으로 가장 관계가 먼 것은?

① 재공품의 증가
② 설비투자 최소화
③ 이동거리의 감소
④ 작업자 부하 평준화

해설

설비배치 및 개선의 목적

- 설비투자 최소화
- 이동거리의 감소
- 작업자 부하 평준화
- 관리 및 감독의 용이
- 수리, 보수의 용이성 확보
- 생산기간의 단축
- 운반설비의 단순화

56 워크 샘플링에 관한 설명 중 틀린 것은?

① 워크 샘플링은 일명 스냅 리딩(Snap Reading)이라 불린다.
② 워크 샘플링은 스톱워치를 사용하여 관측대상을 순간적으로 관측하는 것이다.
③ 워크 샘플링은 영국의 통계학자 L.H.C. Tippet가 가동률 조사를 위해 창안한 것이다.
④ 워크 샘플링은 사람의 상태나 기계의 가동상태 및 작업의 종류 등을 순간적으로 관측하는 것이다.

해설

워크 샘플링은 무작위로 작업자를 선정하고 관찰하여 실제 작업에 소비되는 시간의 비율을 추정함으로써 표준시간을 파악하는 방법으로 관측도구를 필요로 하지 않는다.

57 설비보전조직 중 지역보전(area maintenance)의 장 · 단점에 해당하지 않는 것은?

① 현장 왕복 시간이 증가한다.
② 조업요원과 지역보전요원과의 관계가 밀접해진다.
③ 보전요원이 현장에 있으므로 생산 본위가 되며 생산의욕을 가진다.
④ 같은 사람이 같은 설비를 담당하므로 설비를 잘 알며 충분한 서비스를 할 수 있다.

해설

지역보전의 장 · 단점

구분	내용
장점	• 작업 일정 조정 용이 • 현장 왕복시간 단축 • 운전과의 일체감 • 현장감독의 용이성 • 특정설비에 대한 습득성 용이
단점	• 인원배치의 유연성이 결여 • 보존용 설비공구의 중복 • 노동력의 유효이용이 곤란

58 부적합품률이 20%인 공정에서 생산되는 제품을 매시간 10개씩 샘플링 검사하여 공정을 관리하려고 한다. 이때 측정되는 시료의 부적합품 수에 대한 기대값과 분산은 약 얼마인가?

① 기대값 : 1.6, 분산 : 1.3
② 기대값 : 1.6, 분산 : 1.6
③ 기대값 : 2.0, 분산 : 1.3
④ 기대값 : 2.0, 분산 : 1.6

해설

- 기대값 $= n \times P = 10 \times 0.2 = 2.0$
- 분산 $= n \times P(1-P) = 2 \times (1-0.2) = 1.6$

59 3σ 법의 $\overline{X}$ 관리도에서 공정이 관리상태에 있는데도 불구하고 관리상태가 아니라고 판정하는 제1종 과오는 약 몇 %인가?

① 0.27　　② 0.54
③ 1.0　　④ 1.2

해설

제1종 과오는 공정의 변화가 없음에도 불구하고 점이 관리한계선을 벗어나는 비율(0.27%)이다.

60 검사의 종류 중 검사공정에 의한 분류에 해당되지 않는 것은?

① 수입검사
② 출하검사
③ 출장검사
④ 공정검사

해설

검사의 분류

- 공정에 의한 분류 : 수입, 공정, 최종, 출하
- 장소에 의한 분류 : 정위치, 순회, 출장
- 성질에 의한 분류 : 파괴, 비파괴, 관능
- 방법에 의한 분류(판정대상에 의한 분류) : 전수, Lot별 샘플링, 관리샘플링, 무검사

정답 18회 – 제61회 가스기능장 기출문제

01 ③	02 ①	03 ④	04 ④	05 ②
06 ①	07 ②	08 ②	09 ②	10 ③
11 ③	12 ②	13 ①	14 ①	15 ②
16 ①	17 ③	18 ②	19 ③	20 ④
21 ④	22 ④	23 ③	24 ①	25 ②
26 ④	27 ④	28 ③	29 ④	30 ①
31 ①	32 ②	33 ③	34 ③	35 ①
36 ④	37 ②	38 ③	39 ①	40 ③
41 ④	42 ④	43 ②	44 ①	45 ③
46 ④	47 ②	48 ①	49 ③	50 ④
51 ④	52 ①	53 ②	54 ④	55 ①
56 ②	57 ①	58 ④	59 ①	60 ③

19회 가스기능장 기출문제

제62회 가스기능장 기출문제

01 고압가스 저장의 기준으로 틀린 것은?

① 충전용기는 항상 40℃ 이하의 온도를 유지할 것
② 가연성 가스를 저장하는 곳에는 방폭형 휴대용 손전등 외의 등화를 휴대하지 아니할 것
③ 상하의 통으로 구성된 아세틸렌발생장치로 아세틸렌을 제조하는 때에는 사용 후 그 통을 분리하거나 잔류가스가 없도록 조치할 것
④ 시안화수소를 저장하는 때에는 1일 1회 이상 피로카롤 등으로 누출시험을 할 것

해설
- 충전용기 24시간 정치 1일 1회 이상 질산구리벤젠지(초산벤젠지)로 누설검사를 한다.
- 충전 후 60일이 경과한 충전용기는 다른 용기에 다시 충전한다.
- 순도는 98% 이상으로 한다.

02 시안화수소에 대한 설명 중 틀린 것은?

① 액체는 무색, 투명하며 복숭아 냄새가 난다.
② 자체의 열로 인하여 오래된 시안화수소는 중합폭발의 위험성이 있기 때문에 충전한 후 60일이 경과되기 전에 다른 용기에 옮겨 충전하여야 한다
③ 액체는 끓는 점이 낮아 휘발하기 쉽고, 물에 잘 용해되며 수용액은 산성을 나타낸다.
④ 염화제일구리, 염화암모늄의 염산 산성용액 중에서 아세틸렌과 반응하여 메틸아민이 된다.

해설
염화제일구리, 염화암모늄의 염산 산성용액 중에서 아세틸렌과 반응하여 아크릴로니트릴이 된다.

03 아세틸렌 충전작업의 기준으로 옳은 것은?

① 아세틸렌을 2.5MPa의 압력으로 압축할 때에는 질소, 에탄, 일산화탄소 또는 에틸렌 등의 희석제를 첨가한다.
② 아세틸렌을 2.5MPa의 압력으로 압축할 때에는 산소와 메탄, 일산화탄소 등을 첨가한다.
③ 아세틸렌을 2.5MPa의 압력으로 압축할 때에는 오존, 일산화탄소, 이황화탄소 등의 희석제를 첨가한다.
④ 아세틸렌을 2.5MPa의 압력으로 압축할 때에는 산화에틸렌, 염소, 염화수소가스 등을 첨가한다.

해설
아세틸렌의 충전 중 압력은 2.5MPa 이하이며 충전 후는 15℃에 1.5MPa가 되게 한다. 충전압력을 2.5MPa 이상으로 충전 시에는 N_2, CH_4, CO, C_2H_4 등의 희석제를 첨가한다.

04 NH_4OH, NH_4Cl, $CuCl_2$를 가지고 가스흡수제를 조제하였다. 어떤 가스가 가장 잘 흡수되겠는가?

① CO　　② CO_2
③ CH_4　　④ C_2H_6

해설
CO의 흡수제는 암모니아성 염화제1구리용액이므로 NH_4OH, NH_4Cl, $CuCl_2$ 등이 해당된다.

05 산업통상자원부장관은 가스의 수급상 필요하다고 인정되면 도시가스사업자에게 조정을 명령할 수 있다. 조정명령 사항이 아닌 것은?

① 가스공급 계획의 조정
② 도시가스 요금 등 공급조건의 조정
③ 가스공급시설 공사계획의 조정
④ 가스사업의 휴지, 폐지, 허가에 대한 조정

해설
조정명령 사항(도법 시행령 제20조)
- 가스공급시설 공사계획의 조정
- 가스공급계획의 조정
- 둘 이상의 특별시 · 광역시 · 특별자치시 · 도 및 특별자치도를 공급지역으로 하는 경우 공급지역의 조정
- 도시가스 요금 등 공급조건의 조정

- 도시가스의 열량 · 압력 및 연소성의 조정
- 가스공급시설의 공동이용에 관한 조정
- 천연가스 수출입 물량의 규모 · 시기 등의 조정

06 **원형 단면의 연강봉에 314kgf의 인장하중이 작용할 때 나타나는 인장응력이 $10kgf/mm^2$일 때 이 봉의 지름은 약 몇 mm인가?**

① 10　② 20
③ 25　④ 30

해설

$$\sigma(\text{응력}) = \frac{W(\text{하중})}{A(\text{단면적})} = \frac{W}{\frac{\pi}{4}d^2}$$

$$d^2 = \frac{4W}{\pi\sigma} = \frac{4\times3140}{\pi\times10} = 399.797$$

$$\therefore d = \sqrt{399.797} = 19.99\text{mm} \fallingdotseq 20\text{mm}$$

07 **이상기체에서 정압비열과 정적비열의 차는 $C_p - C_v = R$이 된다. R은 무엇을 의미하는가?**

① 온도 1℃ 변화 시 기체 1mol의 팽창에 필요한 에너지
② 온도 1℃ 변화 시 기체분자의 회전속도
③ 온도 1℃ 변화 시 기체분자의 운동에너지
④ 온도 1℃ 변화 시 기체분자의 진동에너지의 상승

해설

$$\frac{PV}{T} = C = R(\text{기체상수})$$

$PV = RT$

mol수는 압력에 비례하므로 $PV = RT$(1mol에 대한 값)

∴온도 1℃ 변화 시 1mol 팽창에 필요한 에너지임

08 **산소, 수소, 아세틸렌을 제조하는 경우에는 품질검사를 실시하여야 한다. 다음 설명 중 틀린 것은?**

① 검사는 안전관리원이 실시한다.
② 검사는 1일 1회 이상 가스제조장에서 실시한다.
③ 액체산소를 기화시켜 용기에 충전하는 경우에는 품질검사를 생략할 수 있다.
④ 산소는 용기 안의 가스충전압력이 35℃에서 11.8MPa 이상으로 한다.

해설

검사는 안전관리책임자가 실시하고, 안전관리 부총괄자와 안전관리책임자가 함께 확인 후 서명한다.

09 **상용압력 5MPa로 사용하는 내경 65cm의 용접제 원통형 고압가스 설비 동판의 두께는 최소한 얼마가 필요한가?(단, 재료는 인장강도 $600N/mm^2$의 강을 사용하고, 용접효율은 0.75, 부식여유는 2mm로 한다.)**

① 7mm　② 12mm
③ 17mm　④ 22mm

해설

용접용기 동판두께(t)

$$t = \frac{PD}{2Sn - 1.2P} + C$$

$$= \frac{5\times650}{2\times600\times\frac{1}{4}\times0.75 - 1.2\times5} + 2 = 16.84\text{mm}$$

$\because S$: 허용응력(인장강도) $\times \frac{1}{4}$)

10 **지하에 설치하는 고압가스 저장탱크의 설치기준에 대한 설명으로 틀린 것은?**

① 저장탱크실은 일정 규격을 가진 수밀콘크리트로 시공한다.
② 지면으로부터 저장탱크의 정상부까지의 깊이는 60mm 이상으로 한다.
③ 저장탱크를 2개 이상 인접하여 설치하는 경우에는 상호간에 1m 이상의 거리를 유지한다.
④ 저장탱크의 내면에는 부식방지코팅 등 화학적 부식 방지를 위한 조치를 한다.

해설

저장탱크의 외면에는 부식방지코팅 및 전기적 부식방지 조치를 하여야 한다.

11 **고압가스 냉동제조시설의 냉매설비와 이격거리를 두어야 할 화기설비의 분류 기준으로 맞지 않는 것은?**

① 제1종 화기설비 : 전열면적이 $14m^2$를 초과하는 온수보일러
② 제2종 화기설비 : 전열면적이 $8m^2$ 초과, $14m^2$ 이하인 온수보일러
③ 제3종 화기설비 : 전열면적이 $10m^2$ 이하인 온수보일러

④ 제1종 화기설비 : 정격 열출력이 500000kcal/h를 초과하는 화기설비

해설

냉매설비와 화기설비의 종류

화기설비의 종류	기준화력
제1종 화기설비	• 전열면적이 $14m^2$를 초과하는 온수보일러 • 정격열출력이 500000kcal/h를 초과하는 화기설비
제2종 화기설비	• 전열면적이 $8m^2$ 초과 $14m^2$ 이하인 온수보일러 • 정격열출력이 300000kcal/h 이하인 화기설비
제3종 화기설비	• 전열면적 $8m^2$ 이하인 온수보일러 • 정격열출력 300000kcal/h 이하인 화기설비

12 액화산소 용기에 액화산소가 50kg 충전되어 있다. 용기의 외부에서 액화사소에 대해 매시 5kcal의 열량이 주어진다면 액화 산소량이 1/2로 감소되는 데는 몇 시간이 필요한가?(단, 비점에서의 O_2의 증발잠열은 1600cal/mol이다.)

① 100시간 ② 125시간
③ 175시간 ④ 250시간

해설

1600cal/mol = 1600cal/32g = 50kcal/kg이므로(산소의 분자량 1mol = 32g)

$50kg \times \frac{1}{2} \times 50kcal/kg$: x시간

5kcal : 1시간

$$\therefore x = \frac{50 \times \frac{1}{2} \times 50 \times 1}{5} = 250\text{시간}$$

13 위험성평가 기법 중 결함수분석(FTA)에 대한 설명으로 가장 거리가 먼 것은?

① 귀납적 해석방법이다.
② 정성적 분석이 가능하다.
③ 정량적 해석이 가능하다.
④ 재해현상과 재해원인과의 관련성의 해석이 가능하다.

해설

결함수분석법(FTA)의 특징

- 연역적, 정량적 해석이 가능한 기법
- 톱다운(Top-down) 해석
- 특정사상에 대한 해석
- 논리기호를 사용한 해석
- 컴퓨터로 처리 가능

14 1기압에서 100L를 차지하는 공기를 부피 5L의 용기에 채우면 용기 내의 압력은 몇 기압이 되겠는가?(단, 온도는 일정하다.)

① 10기압 ② 20기압
③ 30기압 ④ 50기압

해설

온도일정(보일의 법칙에서)

$P_1V_1 = P_2V_2$

$$\therefore P_2 = \frac{P_1V_1}{V_2} = \frac{1 \times 100}{5} = 20atm$$

15 다음 중 가장 느리게 진행될 것으로 예상되는 반응은?

① $2H_2(g) + O_2(g) \rightleftarrows 2H_2O(g)$
② $H^+(aq) + OH^-(aq) \rightleftarrows H_2O(L)$
③ $Fe^{2+}(aq) + Zn(S) \rightleftarrows Fe(S) + Zn^{2+}(aq)$
④ $2H^+(aq) + Mg(S) \rightleftarrows H(g) + Mg^{2+}(aq)$

해설

(g) 기체, (S) 고체, (L) 액체, (aq) 수화(수용액에서 이온이 물분자에 둘러싸여 있는)상태로서 보기 ①항과 같은 기체와 기체의 반응은 좌우의 압력평형으로 다른 반응보다 반응속도가 느리다.

16 전성 및 비중이 크고, 부식에 강하고 유연하여 친화성이 좋아 가스켓으로는 양호한 재질이지만 200℃ 이상에서는 크리프가 큰 단점을 가지는 가스켓 재질은?

① 스테인리스
② 납
③ 크롬강
④ 모넬메탈

해설

금속패킹(가스켓)

- 특징 : 탄성이 작고 관의 수축 팽창 진동으로 인한 누설 우려
- 종류
  - 구리 : 연성 및 전성이 풍부하고 전기열의 양도체로 내식성이 우수
  - 연(납) : 연성, 전성이 풍부하고 내식성 우수하나 고온(200℃ 이상)에서 크리프 발생
  - 스테인리스 : 내식성 및 내열성이 우수하나 전성, 연성이 작음
  - 크롬 : Mo, W, V을 소량 첨가한 가스켓으로서 강도 및 내식성 우수

17 **지름 45mm의 축에 보스길이 50mm인 기어를 고정시킬 때 축에 걸리는 최대 토크가 20000kgf · mm일 경우 키(폭 = 12mm, 높이 = 8mm)에 발생되는 압축응력은 약 몇 kgf · mm인가?(단, 키 홈의 높이는 1/2이고, 키의 길이는 보스의 길이와 같다.)**

① 2.4　　② 3.4
③ 4.4　　④ 5.4

해설

축에 걸리는 압축응력

$$\sigma c = \frac{Pc}{A} = \frac{4T}{ldh}$$

$$\therefore \frac{4 \times 20000\text{kgf} \cdot \text{mm}}{50 \times 45 \times 8(\text{mm})^3} = 4.4\text{kgf/mm}^2$$

18 **수소의 성질 중 화재, 폭발 등의 재해 발생 원인이 아닌 것은?**

① 임계압력이 12.8atm이다.
② 가벼운 기체로 미세한 간격으로 퍼져 확산하기 쉽다.
③ 고온, 고압에서 강제에 대하여 수소취성을 일으킨다.
④ 공기와 혼합할 경우 연소범위가 4~75%로서 넓다.

해설

임계압력 및 임계온도는 화재와는 무관하며, 액화의 조건과 관련이 있다.

19 **LP가스의 일반적인 연소 특성이 아닌 것은?**

① 발열량이 크다.
② 연소속도가 느리다.
③ 착화온도가 낮다.
④ 폭발범위가 좁다.

해설

LP가스는 착화(발화)온도가 높다.

20 **고압가스 안전관리법의 적용대상이 되는 가스는?**

① 철도차량의 에어콘디셔너 안의 고압가스
② 항공법의 적용을 받는 항공기 안의 고압가스
③ 등화용의 아세틸렌가스
④ 오토크레이브 안의 수소가스

해설

적용범위에서 제외되는 고압가스(고법 시행령 별표 1)

- 보일러 안과 그 도관 안의 고압증기
- 철도차량의 에어콘디셔너 안의 고압가스
- 선박 안의 고압가스
- 광산에 소재하는 광업을 위한 설비 안의 고압가스
- 항공기 안의 고압가스
- 전기설비 중 발전 · 변전 또는 송전을 위하여 설치하는 전기설비 또는 전기를 사용하기 위하여 설치하는 변압기 · 리액틀 · 개폐기 · 자동차단기로서 가스를 압축 또는 액화 그 밖의 방법으로 처리하는 그 전기설비 안의 고압가스
- 원자로 및 그 부속설비 안의 고압가스
- 내연기관의 시동, 타이어의 공기충전, 리벳팅, 착암 또는 토목공사에 사용되는 압축장치 안의 고압가스
- 오토크레이브 안의 고압가스(수소 · 아세틸렌 및 염화비닐은 제외한다)
- 액화브롬화메탄제조설비 외에 있는 액화브롬화메탄
- 등화용의 아세틸렌가스
- 청량음료수 · 과실주 또는 발포성주류에 혼합된 고압가스
- 냉동능력이 3톤 미만인 냉동설비 안의 고압가스
- 내용적 1L 이하의 소화기용 용기 또는 소화기에 내장되는 용기 안에 있는 고압가스
- 정부 · 지방자치단체 · 자동차제작자 또는 시험연구기관이 시험 · 연구목적으로 제작하는 고압가스연료용차량 안의 고압가스
- 총포에 충전하는 고압공기 또는 고압가스
- 국가기관에서 특수한 목적으로 사용하는 휴대용 최루액 분사기에 최루액 추진재로 충전되는 고압가스
- 35℃의 온도에서 게이지압력이 4.9MPa 이하인 유니트형 공기압축장치(압축기, 공기탱크, 배관, 유수분리기 등의 설비가 동일한 프레임 위에 일체로 조립된 것. 다만, 공기액화분리장치는 제외한다) 안의 압축공기
- 한국가스안전공사 또는 한국표준과학연구원에서 표준가스를 충전하기 위한 정밀충전 설비 안의 고압가스
- 무기체계에 사용되는 용기등 안의 고압가스
- 어선 안의 고압가스
- 그 밖에 산업통상자원부장관이 위해발생의 우려가 없다고 인정하는 고압가스

21 **고압가스 일반제조의 시설, 기술기준 등에 대한 설명으로 틀린 것은?**

① 산화에틸렌의 저장탱크는 그 내부의 질소가스, 탄산가스 및 산화에틸렌가스의 분위기 가스를 질소가스 또는 탄산가스로 치환하고 5℃ 이하로 유지한다.
② 충전용 주관의 압력계는 매월 1회 이상, 그 밖의 압력계는 3월에 1회 이상 표준이 되는 압력계로 그 기능을 검사한다.

③ 산소 중의 가연성 가스(아세틸렌, 에틸렌 및 수소를 제외한다.)의 용량이 전용량의 2% 이상의 것은 압축을 금지한다.
④ 석유류, 유지류 또는 글리세린은 산소압축기의 내부 윤활제로 사용하지 아니한다.

해설

고압가스 제조시 압축금지
- 가연성 가스(아세틸렌, 에틸렌, 수소 제외) 중 산소용량이 전 용량의 5%인 것
- 산소 중 가연성 가스(아세틸렌, 에틸렌, 수소 제외)의 용량이 전 용량의 4% 이상인 것
- 아세틸렌, 에틸렌, 수소 중 산소용량이 전 용량의 2% 이상인 것
- 산소 중 아세틸렌, 에틸렌, 수소의 용량 합계가 전 용량의 2% 이상인 것

22 가스는 최초의 완만한 연소에서 격렬한 폭굉으로 발전될 때까지의 거리가 짧은 가연성 가스일수록 위험하다. 유도거리가 짧아질 수 있는 조건으로 틀린 것은?

① 압력이 높을수록
② 관 속에 방해물이 있을 때
③ 정상 연소속도가 낮을수록
④ 점화원의 에너지가 강할수록

해설

폭굉 유도거리가 짧아지는 경우
- 압력이 높을수록
- 관 속에 장애물이 있거나 관 내경이 작을수록
- 연소속도가 큰 혼합가스일수록
- 점화원의 에너지가 클수록

23 유체의 부피나 질량을 직접 측정하는 기구로서, 유체의 성질에 영향을 적게 받지만 구조가 복잡하고 취급이 어려운 단점이 있는 유량측정 장치는?

① 오리피스 미터 ② 습식 가스미터
③ 벤투리 미터 ④ 로터 미터

24 다음 분해 반응은 몇 차 반응에 해당되는가?

$$2HI \rightarrow H_2 + I_2$$

① 0차 ② 1차
③ 2차 ④ 3차

해설

$V = K[HI]^2$로 2차 반응에 해당된다.

25 일반도시가스사업 제조소에서 배관의 보호포 설치에 적용된 재질 및 규격과 설치기준에 대한 설명으로 틀린 것은?

① 보호포의 폭은 15cm 이상으로 한다.
② 보호포의 두께는 0.2mm 이상으로 한다.
③ 보호포의 바탕색은 최고사용압력이 저압인 관은 적색으로 한다.
④ 일반형 보호포와 탐지형 보호포를 구분한다.

해설

보호포의 바탕색은 저압관은 황색, 중압 이상인 관은 적색으로 한다.

26 산소압축기의 내부 윤활유로 주로 사용되는 것은?

① 석유류
② 화이트유
③ 물
④ 진한 황산

해설

각종가스의 윤활제
- LP가스 : 식물성유
- Cl_2 : 진한 황상
- H_2, C_2H_2, 공기 : 양질의 광유
- O_2 : 물 또는 10% 이하의 글리세린수

27 메탄가스가 완전연소할 때의 화학반응식은 다음과 같다. 2g의 메탄이 연소하면 111.3kJ의 열량이 발생할 때 다음 반응식에서 x는 약 얼마인가?

$$CH_4 + 2O_2 \rightarrow CO_2 + 2H_2O + x$$

① 14kJ ② 890kJ
③ 1113kJ ④ 1335kJ

해설

메탄(CH_4)의 분자량이 16g이므로
$CH_4 + 2O_2 \rightarrow CO_2 + 2H_2O + x$
16g : xkJ
2g : 11.3kJ
$\therefore x = \dfrac{16 \times 111.3}{2} = 890.4\text{kJ}$

28 **압축기에 사용하는 윤활유의 구비조건으로 틀린 것은?**

① 인화점이 낮고, 분해되지 않을 것
② 점도가 적당하고, 항유화성이 클 것
③ 수분 및 산류 등의 불순물이 적을 것
④ 화학적으로 안정하여 사용가스와 반응을 일으키지 않을 것

해설

윤활유의 구비조건
- 인화점이 높을 것
- 점도가 적당할 것
- 불순물이 적을 것
- 화학적으로 안정할 것

29 **암모니아용 냉동기에서 팽창밸브 직전 액냉매의 엔탈피가 110kcal/kg, 흡입증기 냉매의 엔탈피가 360kcal/kg일 때 10RT의 냉동능력을 얻기 위한 냉매 순환량은 약 몇 kg/h인가?(단, 1RT는 3320kcal/h이다.)**

① 65.7
② 132.8
③ 263.8
④ 312.8

해설

냉매순환량$(G) = \dfrac{Q_e}{q_e} = \dfrac{Qe_e}{i_a - i_f}$ kg/h

(Q_e : 냉동능력, q_e : 냉동효과)

$\therefore x = \dfrac{10 \times 3320}{360-110} = 132.8\text{kg/h}$

30 **독성가스라 함은 공기 중에 일정량 존재하는 경우 인체에 유해한 독성을 가진 가스를 말하는데 허용농도가 얼마 이하인 경우인가?(단, 해당가스를 성숙한 흰쥐 집단에게 대기 중에서 1시간 동안 계속하여 노출시킨 경우 14일 이내에 그 흰쥐의 2분의 1 이상이 죽게되는 가스의 농도를 말한다.)**

① 100만분의 20 이하
② 100만분의 200 이하
③ 100만분의 2000 이하
④ 100만분의 5000 이하

해설

독성가스란 아크릴로니트릴 · 아크릴알데히드 · 아황산가스 · 암모니아 · 일산화탄소 · 이황화탄소 · 불소 · 염소 · 브롬화메탄 · 염화메탄 · 염화프렌 · 산화에틸렌 · 시안화수소 · 황화수소 · 모노메틸아민 · 디메틸아민 · 트리메틸아민 · 벤젠 · 포스겐 · 요오드화수소 · 브롬화수소 · 염화수소 · 불화수소 · 겨자가스 · 알진 · 모노실란 · 디실란 · 디보레인 · 세렌화수소 · 포스핀 · 모노게르만 및 그 밖에 공기 중에 일정량 이상 존재하는 경우 인체에 유해한 독성을 가진 가스로서 허용농도(해당 가스를 성숙한 흰쥐 집단에게 대기 중에서 1시간 동안 계속하여 노출시킨 경우 14일 이내에 그 흰쥐의 2분의 1 이상이 죽게 되는 가스의 농도를 말한다. 이하 같다)가 100만분의 5000 이하인 것을 말한다.

31 **다음 중 조연성 가스가 아닌 것은?**

① 오존
② 염소
③ 산소
④ 수소

해설

수소는 폭발범위가 4~75%로 가연성 가스에 해당된다.

32 **질소 1.36kg이 압력 600kPa하에서 팽창하여 체적이 0.01m^3 증가하였다. 팽창과정에서 20kJ의 열이 공급되었고 최종온도가 93℃이었다면 초기온도는 약 몇 ℃인가?(단, 정적비열은 0.74kJ/kg · ℃이다.)**

① 59
② 69
③ 79
④ 89

해설

최종온도 93℃에서 체적 V_2는 이상기체 상태식에서

$$V = \frac{GRT}{P} = \frac{1.36 \times \frac{8.314}{28} \times (273+93)}{600} = 0.24633\text{m}^3$$

$$\frac{P_1V_1}{T_1} = \frac{P_2V_2}{T_2} \quad (P_1 = P_2)$$

$$T_1 = \frac{V_1}{V_2} \times T_2$$

$$= \frac{(0.24633-0.01)}{0.24633} \times (273+93) = 351.4\text{K}$$

$\therefore 351.4\text{K} - 273 = 78.14℃$

33 배관의 수직방향에 의하여 발생하는 압력손실을 계산하려고 할 때 반드시 고려되어야 하는 것은?

① 입상 높이, 가스 비중
② 가스 유량, 가스 비중
③ 가스 유량, 입상 높이
④ 관 길이, 입상 높이

해설

$H = 1.293(S-1)h$
[H : 가스의 압력손실(mmH_2O), h : 입상높이(m), S : 비중]

34 다음 중 암모니아의 누출 식별 방법이 아닌 것은?

① 석회수에 통과시키면 유안의 백색침전이 생긴다.
② HCl과 반응하여 백색의 연기를 낸다.
③ 리트머스시험지를 새는 곳에 대면 청색이 된다.
④ 네슬러시약을 시료에 떨어뜨리면 암모니아의 양이 적을 때 황색, 많을 때 다갈색이 된다.

해설

- $NH_3 + HCl \rightarrow NH_4Cl$(염화암모늄) : 흰 연기
- 누설검지 시험지 : 적색리트머스지(청변)
- 네슬러시약 : 황갈색

35 다음은 고정식 압축도시가스 자동차 충전시설의 가스 누출 검지경보장치 설치상태를 확인한 것이다. 이 중 잘못 설치된 것은?

① 충전설비 내부에 1개가 설치되어 있었다.
② 압축가스설비 주변에 1개가 설치되어 있었다.
③ 배관접속부 8m마다 1개가 설치되어 있었다.
④ 펌프 주변에 1개가 설치되어 있었다.

해설

가스누출 검지경보장치 설치
- 압축설비 주변 또는 충전설비 내부 : 1개 이상 설치
- 압축가스설비 주변 : 2개 이상 설치
- 배관접속부마다 10m 이내에 : 1개 이상 설치
- 펌프 주변 : 1개 이상 설치

36 어떤 장소의 온도를 재었더니 500°R 이었다. 이는 섭씨온도로는 약 몇 ℃인가?

① 3.6 ② 4.6
③ 5.6 ④ 6.6

해설

$500 - 460 = 40°F$

$\therefore ℃ = \frac{F-32}{1.8} = \frac{40-32}{1.8} = 4.44℃$

37 공기액화분리장치에서 공기 중에 아세틸렌가스가 혼합되면 안되는 이유에 대하여 가장 바르게 설명한 것은?

① 산소의 순도가 나빠지기 때문에
② 질소와 산소의 분리가 방해되므로
③ 배관 내에서 동결하여 관을 막을 수 있으므로
④ 분리기 내의 액체 산소 탱크 내에 들어가 폭발적인 작용을 하기 때문에

해설

공기액화분리장치 폭발원인 : 공기취입구로부터 아세틸렌(C_2H_2)의 혼입

38 다음 중 가스저장 용기 내에서 폭발성 혼합가스가 생성되는 주된 원인이 되는 경우는?

① 물 전해조의 고장에 의한 산소 및 수소의 혼합 충전
② 잔류 산소가 있는 용기 내에 아르곤의 충전
③ 잔류 천연가스 용기 내에 메탄의 충전
④ 유기액체를 혼입한 용기 내에 탄산가스의 충전

해설

조연성 가스인 산소와 가연성 가스인 수소를 혼합 충전 시 폭발성 혼합가스가 생성된다.

39 가스용품에 대한 검사가 전부 생략되는 것이 아닌 것은?

① 수출용으로 제조하는 것
② 시험용 또는 연구개발용으로 수입하는 것
③ 산업기계설비 등에 부착되어 수입하는 것
④ 주한 외국기관에서 사용하기 위하여 수입하는 것으로 외국의 검사를 받지 않은 것

해설

검사의 전부를 생략할 수 있는 경우(액법 시행령 제18조)
- 산업표준화법에 따른 제품인증을 받은 가스용품(인증심사를 받은 해당 형식의 가스용품으로 한정)
- 시험용 또는 연구개발용으로 수입하는 것

- 수출용으로 제조하는 것
- 주한(駐韓) 외국기관에서 사용하기 위하여 수입하는 것으로 외국의 검사를 받은 것
- 산업기계설비 등에 부착되어 수입하는 것
- 가스용품의 제조자 또는 수입업자가 견본으로 수입하는 것
- 수출을 목적으로 수입하는 것

40 다음 중 가장 무거운 기체는?

① 헬륨 ② 수소
③ 공기 ④ 산소

해설

각 기체의 분자량

기체	분자량
헬륨(He)	4
수소(H_2)	2
공기	29
산소(O_2)	32

※기체의 비중 = $\frac{\text{분자량}}{\text{공기의 평균분자량(29)}}$이므로 분자량이 클수록 무거운 기체이다.

41 고압가스 냉동제조의 시설 및 기술기준에 대한 설명으로 틀린 것은?

① 냉매설비에는 그 설비가 정상적으로 작동할 수 있도록 자동제어장치를 설치한다.
② 독성가스를 사용하는 내용적이 1만 리터 이상인 수액기 주위에는 액상의 가스가 누출될 경우에 그 유출을 방지하기 위하여 방류둑을 설치한다.
③ 안전밸브 또는 방출밸브에 설치된 스톱밸브는 그 밸브의 수리 등을 위하여 특별히 필요한 때를 제외하고는 항상 닫아 놓는다.
④ 냉매설비에는 그 설비안의 압력이 상용압력 이하로 되돌릴 수 있는 과압안전장치를 설치한다.

해설

가스(냉동)설비 유지관리(KGS FP113)

- 안전밸브 또는 방출밸브에 설치된 스톱밸브는 항상 완전히 열어 놓는다. 다만, 안전밸브 또는 방출밸브의 수리 등을 위하여 특히 필요한 경우에는 열어 놓지 아니할 수 있다.
- 냉동설비의 설치공사 또는 변경공사가 완공된 때에는 산소 외의 가스를 사용하여 시운전 또는 기밀시험을 실시(공기를 사용하는 때에는 미리 냉매설비 중의 가연성가스를 방출한 후에 실시한다)하여 정상인 것을 확인한 후에 사용한다.
- 가연성가스의 냉동설비 부근에는 작업에 필요한 양 이상의 연소하기 쉬운 물질을 두지 아니한다.
- 가연성가스 또는 독성가스가 냉매인 경우 밸브(조작스위치로 개폐하는 것을 제외한다)가 설치되는 배관에는 그 밸브의 가까운 부분에 쉽게 식별할 수 있는 방법으로 배관 내부 냉매의 종류 및 흐름방향을 표시한다.

42 산소 100L가 용기의 구멍을 통해 새나가는데 20분이 소요되었다면 같은 조건에서 이산화탄소 100L가 새어나가는데 걸리는 시간은 약 얼마인가?

① 20.0분 ② 23.5분
③ 27.0분 ④ 30.5분

해설

기체의 확산속도는 일정온도, 일정압력 하에서 기체의 밀도 분자량의 제곱근에 반비례하고, 시간에 반비례한다.

$$\frac{U_2}{U_1} = \sqrt{\frac{d_1}{d_2}} = \sqrt{\frac{M_1}{M_2}} = \frac{t_1}{t_2}$$

$$\therefore t_1 = t_2 \times \sqrt{\frac{M_1}{M_2}} = 20 \times \sqrt{\frac{44}{32}} = 23.45 \fallingdotseq 23.5\text{분}$$

43 고압가스 특정제조시설에서 설치가 완료된 배관의 내압시험 방법에 대한 설명으로 틀린 것은?

① 내압시험은 원칙적으로 기체의 압력으로 실시한다.
② 내압시험은 상용압력의 1.5배 이상으로 한다.
③ 규정압력을 유지하는 시간은 5분에서 20분간을 표준으로 한다.
④ 내압시험은 해당설비가 취성파괴를 일으킬 우려가 없는 온도에서 실시한다.

해설

T_p(내압시험압력)는 수압으로 실시하며, 이때의 압력은 상용압력의 1.5배로 하며 수압시험이 곤란한 경우 공기, 질소 등으로 시험하고 이때의 압력은 상용압력의 1.25배로 한다.

44 고온, 고압 하에서 사용하는 장치에 철재를 사용하면 철카르보닐을 형성하는 가스는?

① 일산화탄소 ② 질소
③ 아르곤 ④ 수소

해설

CO는 고온, 고압 하에서 철, 니켈 등의 금속과 반응 금속 카르보닐을 생성하므로 이를 방지하기 위하여 Ni－Cr계 STS를 사용하거나 장치 내면을 라이닝 하여야 한다.
$Fe + 5CO \rightarrow Fe(CO)_5$ (철 카르보닐)
$Ni + 4CO \rightarrow Ni(CO)_4$ (니켈 카르보닐)

45 상온에서 수소용기의 파열원인으로 가장 거리가 먼 것은?

① 과충전
② 수소취성
③ 용기균열
④ 용기의 취급불량

해설

수소취성은 수소가스가 고온 · 고압 하에서 탄소강을 사용 시 일어나는 부식으로 부식은 수소 용기 파열의 직접적인 원인이 아니며 매우 오랜 시간이 경과하면 파열될 수 있으나 그 확률은 매우 낮다고 할 수 있다.

46 안전관리자를 선임 또는 해임할 때 해임한 날로부터 며칠 이내에 다른 안전관리자를 선임하여야 하는가?

① 7일
② 10일
③ 15일
④ 30일

해설

안전관리자의 선임(고법 제14조)
안전관리자를 선임한 자는 안전관리자를 선임 또는 해임하거나 안전관리자가 퇴직한 경우에는 지체 없이 이를 허가관청 · 신고관청 · 등록관청 또는 신고를 받은 관청(사용신고관청)에 신고하고, 해임 또는 퇴직한 날부터 30일 이내에 다른 안전관리자를 선임하여야 한다. 다만, 그 기간 내에 선임할 수 없으면 허가관청 · 신고관청 · 등록관청 또는 사용신고관청의 승인을 받아 그 기간을 연장할 수 있다.

47 두 축의 축선이 약간의 각을 이루어 교차하고, 그 사이의 각도가 운전 중에 다소 변하더라도 자유롭게 운동을 전달할 수 있는 이음은?

① 기어이음(gear joint)
② 머프 커플링(muff coupling)
③ 플랜지 커플링(Flange coupling)
④ 유니버설 조인트(universal joint)

48 다음 중 고압가스 제조허가의 종류가 아닌 것은?

① 고압가스 특수제조
② 고압가스 일반제조
③ 고압가스 충전
④ 냉동제조

해설

고압가스 제조허가의 종류
- 고압가스 특정제조
- 고압가스 일반제조
- 고압가스 충전
- 냉동제조

49 어떤 기체가 20℃, 700mmHg에서 100mL의 무게가 0.5g이라면 표준상태에서 이 기체의 밀도는 약 몇 g/L인가?

① 2.8
② 3.8
③ 4.8
④ 5.8

해설

20℃ 700㎜Hg 0.1L 0.5g 상태의 분자량(M)

$$PV = \frac{W}{M}RT$$

$$M = \frac{WRT}{PV} = \frac{0.5 \times 0.082 \times 293}{\frac{700}{760} \times 0.1} = 130.42\text{g}$$

∴ STP(표준상태)의 기체의 밀도는

$$\frac{M_g(\text{분자량})}{22.4} = \frac{130.42}{22.4} = 5.82\text{g/L}$$

50 가스배관 설비에 있어 옥내배관은 주로 강관이 사용된다. 강관 이음에서 가장 대표적으로 사용되는 이음 방법은?

① 기계적 이음
② 플레어 이음
③ 나사 이음
④ 소켓 이음

해설

일반적으로 옥내배관의 강관 이음은 나사 이음이 가장 많이 사용된다.

51 고압가스 안전관리법의 적용범위에서 제외되는 고압가스가 아닌 것은?

① 등화용의 아세틸렌가스
② 냉동능력이 2톤인 냉동설비 안의 고압가스
③ 온도 35℃에서 게이지 압력이 5.0MPa인 공기액화분리장치 내의 압축공기
④ 「소방시설설치유지 및 안전관리에 관한 법률」의 적용을 받는 내용적 0.8리터의 소화기에 내장되는 용기 안의 고압가스

해설

적용범위에서 제외되는 고압가스(고법 시행령 별표 1)

- 보일러 안과 그 도관 안의 고압증기
- 철도차량의 에어콘디셔너 안의 고압가스
- 선박 안의 고압가스
- 광산에 소재하는 광업을 위한 설비 안의 고압가스
- 항공기 안의 고압가스
- 전기설비 중 발전 · 변전 또는 송전을 위하여 설치하는 전기설비 또는 전기를 사용하기 위하여 설치하는 변압기 · 리액틀 · 개폐기 · 자동차단기로서 가스를 압축 또는 액화 그 밖의 방법으로 처리하는 그 전기설비 안의 고압가스
- 원자로 및 그 부속설비 안의 고압가스
- 내연기관의 시동, 타이어의 공기충전, 리벳팅, 착암 또는 토목공사에 사용되는 압축장치 안의 고압가스
- 오토크레이브 안의 고압가스(수소 · 아세틸렌 및 염화비닐은 제외한다)
- 액화브롬화메탄제조설비 외에 있는 액화브롬화메탄
- 등화용의 아세틸렌가스
- 청량음료수 · 과실주 또는 발포성주류에 혼합된 고압가스
- 냉동능력이 3톤 미만인 냉동설비 안의 고압가스
- 내용적 1L 이하의 소화기용 용기 또는 소화기에 내장되는 용기 안에 있는 고압가스
- 정부 · 지방자치단체 · 자동차제작자 또는 시험연구기관이 시험 · 연구목적으로 제작하는 고압가스연료용차량 안의 고압가스
- 총포에 충전하는 고압공기 또는 고압가스
- 국가기관에서 특수한 목적으로 사용하는 휴대용 최루액 분사기에 최루액 추진재로 충전되는 고압가스
- 35℃의 온도에서 게이지압력이 4.9MPa 이하인 유니트형 공기압축장치(압축기, 공기탱크, 배관, 유수분리기 등의 설비가 동일한 프레임 위에 일체로 조립된 것. 다만, 공기액화분리장치는 제외한다) 안의 압축공기
- 한국가스안전공사 또는 한국표준과학연구원에서 표준가스를 충전하기 위한 정밀충전 설비 안의 고압가스
- 무기체계에 사용되는 용기등 안의 고압가스
- 어선 안의 고압가스
- 그 밖에 산업통상자원부장관이 위해발생의 우려가 없다고 인정하는 고압가스

52 실제기체가 이상기체처럼 행동하는 경우는?

① 높은 압력과 높은 온도
② 낮은 압력과 낮은 온도
③ 높은 압력과 낮은 온도
④ 낮은 압력과 높은 온도

해설

실제기체가 이상기체 상태방정식을 만족하는 위해서는 압력은 낮고, 온도는 높아야 한다.

53 다음 중 액화석유가스 충전, 판매사업소의 변경허가를 받지 않아도 되는 경우는?(단, 판매시설과 영업소의 저장설비는 제외한다.)

① 사업소의 이전
② 저장설비의 교체설치
③ 저장설비의 용량 증가
④ 사업소 대표자의 주소 변경

해설

변경허가 대상(액법 시행규칙 제7조)

- 사업소의 이전
- 사업소 부지의 확대나 축소
- 건축물 또는 시설 설치 폐지 연면적 변경
- 허가받은 사업소 안의 저장설비를 이용하여 허가받은 사업소 밖의 수요자에게 가스를 공급하려는 경우
- 저장설비나 가스설비 중 압력용기 충전설비 기화장치 또는 로딩암의 위치 변경
- 저장설비(판매시설과 영업소의 저장설비는 제외)의 교체설치
- 저장설비의 용량 증가(판매 영업소의 경우 수량 증가없이 용량만 증가하는 경우 제외)
- 가스설비 중 압력용기, 충전설비, 로딩암 또는 자동차용 가스자동주입기의 수량 증가(액화석유가스 충전사업자의 경우만 해당)
- 집단공급, 가스저장자의 기화장치 수량 증가
- 충전, 판매업자의 벌크로리 수량 증가

54 포화증기를 단열압축하면 어떻게 되는가?

① 포화액체가 된다.
② 과열증기가 된다.
③ 압축액체가 된다.
④ 증기의 일부가 액화된다.

해설

P－i선도 : 냉매 1㎏이 냉동장치를 순환 시 일어나는 물리적 변화를 나타내는 선도

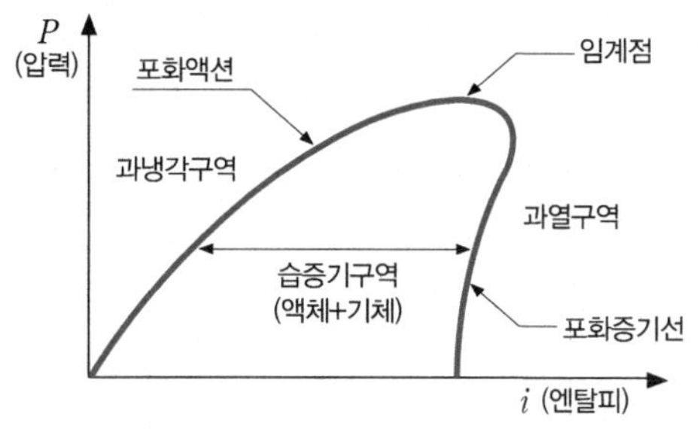

- 과냉각구역 : 동일압력에서 포화온도 이하로 냉각된 구역
- 과열증기구역 : 건조포화증기를 가열 포화온도 이상으로 상승시킨 구역
- 습포화증기구역 : 포화액이 같은 압력에서 같은 온도의 증기와 공존하는 구역
- 포화액 : 포화온도 압력이 일치 비등 직전의 액
- 건조포화증기 : 포화액이 증발 포화온도의 가스로 전환한 상태의 선

55 검사특성곡선(OC Curve)에 관한 설명으로 틀린 것은?(단, N : 로트의 크기, n : 시료의 크기, c : 합격판정개수이다.)

① N, n이 일정할 때 c가 커지면 나쁜 로트의 합격률은 높아진다.
② N, n이 일정할 때 c가 커지면 나쁜 로트의 합격률은 낮아진다.
③ N/n/c의 비율이 일정하게 증가하거나 감소하는 퍼센트 샘플링 검사 시 좋은 로트의 합격률은 영향이 없다.
④ 일반적으로 로트의 크기 N이 시료 n에 비해 10배 이상 크다면, 로트의 크기를 증시켜도 나쁜 로트의 합격률은 크게 변화하지 않는다.

해설

$\frac{c/n}{N}$ 이 일정(%샘플링검사)한 경우 부적절한 샘플링검사 방법으로 품질보증의 정도가 달라져 일정한 품질을 보증하기 힘들다.

56 브레인스토밍(Brainstorming)과 가장 관계가 깊은 것은?

① 특성요인도 ② 파레토도
③ 히스토그램 ④ 회귀분석

해설

특성요인도는 문제가 되는 결과나 특성을 이에 대응하는 요인관계를 알기 위해 그린 그림으로 특성요인도를 작성할 때는 브레인스토밍의 4대 원칙인 비평금지, 자유분방, 대량발언, 수정발언에 따라 전개한다.

57 다음 그림의 AOA(Activ 네트워크에서 E작업을 시작하려면 어떤 작업들이 완료되어야 하는가?

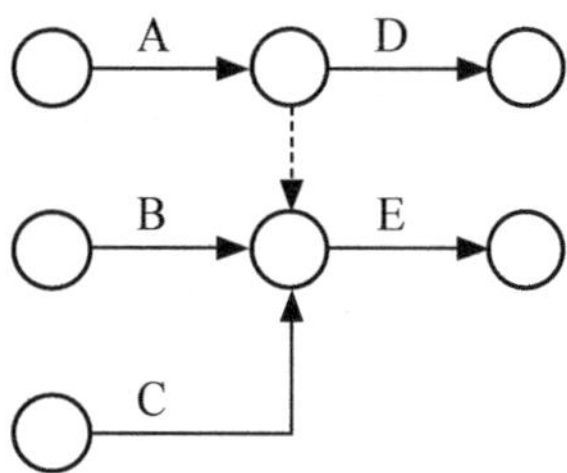

① B ② A, B
③ B, C ④ A, B, C

해설

원(○)은 단계, 화살표(→)는 활동, 점선의 화살표(⋯▸)는 명목상 활동을 나타내므로 E 작업을 시작하기 위해서는 A, B, C 작업들이 완료되어야 한다.

58 표준시간을 내경법으로 구하는 수식으로 맞는 것은?

① 표준시간 = 정미시간 + 여유시간
② 표준시간 = 정미시간 × (1 + 여유율)
③ 표준시간 = 정미시간 × $(\frac{1}{1-\text{여유율}})$
④ 표준시간 = 정미시간 × $(\frac{1}{1+\text{여유율}})$

해설

표준시간의 산출방법
- 외경법 : 표준시간 = 정미시간 × (1 + 여유율)
- 내경법 : 표준시간 = 정미시간 × $\frac{1}{1-\text{여유율}}$

59 다음 데이터로부터 통계량을 계산한 것 중 틀린 것은?

21.5, 23.7, 24.3, 27.2, 29.1

① 범위(R) = 7.6
② 제곱합(S) = 7.59
③ 중앙값(Me) = 24.3
④ 시료분산(s^2) = 8.988

해설

- 중앙값$(Me) = 24.3$ ∵데이터가 홀수인 경우 크기 순서대로 나열 후 중앙에 해당하는 값
- 제곱합 $S = \sum(x_i - \overline{x})^2$
  $(21.5-25.16)^2+(23.7-25.16)^2$
  $+(24.3-25.16)^2+(27.2-25.16)^2$
  $+(29.1-25.16)^2=35.952$
- 시료분산 $s^2 = \dfrac{s}{n-1} = \dfrac{35.952}{5-1} = 8.988$
- 범위 $R = x_{max} + x_{min} = 29.1 - 21.5 = 7.6$
- 범위중앙값 $M = \dfrac{x_{max}+x_{min}}{2} = \dfrac{29.1+21.5}{2} = 25.3$

60 품질특성에서 X관리도로 관리하기에 가장 거리가 먼 것은?

① 볼펜의 길이
② 알코올 농도
③ 1일 전력소비량
④ 나사길이의 부적합부

해설

X관리도는 계량치(길이, 무게, 강도, 온도, 시간 등) 관리도에 해당되며, 보기 중 나사길이의 부적합부는 계수치에 속한다.

정답 **19회 - 제62회 가스기능장 기출문제**

01 ④	02 ④	03 ①	04 ①	05 ④
06 ②	07 ①	08 ①	09 ③	10 ④
11 ③	12 ④	13 ①	14 ②	15 ①
16 ②	17 ③	18 ①	19 ③	20 ④
21 ③	22 ③	23 ②	24 ③	25 ③
26 ③	27 ②	28 ①	29 ②	30 ④
31 ④	32 ③	33 ①	34 ①	35 ②
36 ②	37 ④	38 ①	39 ④	40 ④
41 ③	42 ②	43 ①	44 ①	45 ②
46 ④	47 ④	48 ①	49 ④	50 ③
51 ③	52 ④	53 ④	54 ②	55 ③
56 ①	57 ④	58 ③	59 ②	60 ④

20회 가스기능장 기출문제

제63회 가스기능장 기출문제

01 **Dalton의 법칙에 대한 설명으로 옳지 않은 것은?**

① 모든 기체에 대해 정확히 성립한다.
② 혼합기체의 전압은 각 기체의 분압의 합과 같다.
③ 실제기체의 경우 낮은 압력에서 적용할 수 있다.
④ 한 기체의 분압과 전압의 비는 그 기체의 몰수와 전체 몰수의 비와 같다.

해설

돌턴의 분압의 법칙은 주로 이상기체에 관련된 법칙이며, 저압 · 고온에 적용할 수 있다.

02 **완전가스의 비열비(specific heat ratio)에 대한 설명 중 틀린 것은?**

① 비열비 k는 $\dfrac{C_p}{C_v}$로 나타낸다.
② 비열비는 온도에 관계없이 일정하다.
③ 공기의 비열비는 1.4 정도이다.
④ 단원자보다 3원자 분자 이상 기체의 비열비가 크다.

해설

구분	정압비열(C_p)	정적비열(C_v)	비열비(k)
단원자	$\dfrac{5R}{2}$	$\dfrac{3R}{2}$	1.66
2원자	$\dfrac{7R}{2}$	$\dfrac{5R}{2}$	1.4
3원자 이상	$\dfrac{8R}{2}$	$\dfrac{6R}{2}$	1.33

03 **열역학 제2법칙에 대한 설명으로 옳은 것은?**

① 일을 소비하지 않고 열을 저온체에서 고온체로 이동시키는 것은 불가능하다.
② 열이 높은 쪽에서 낮은 쪽으로 이동하여 마침내 온도의 차가 없는 열평형을 이룬다.
③ 온도가 일정한 조건에서 기체의 체적은 압력에 반비례한다.
④ 절대온도 0도에서는 엔트로피도 0이다.

해설

열역학 2법칙(실제적인 법칙)

- 일을 열로 변환이 가능하나 열은 일로 변환이 불가능하다.
- 열은 스스로 고온에서 저온으로 흐른다.(효율이 100%인 열기관은 존재하지 않는다.)

04 **이상기체 n몰에 대한 상태방정식으로 가장 옳은 것은?**

① $PV=RT$
② $PV=nRT$
③ $PV=R$
④ $\dfrac{V}{T}=R$

05 **산화에틸렌에 대한 설명으로 가장 거리가 먼 것은?**

① 폭발범위는 약 3.0~80%이다.
② 공업적 제법으로는 에틸렌을 산소로 산화해서 합성한다.
③ 액체 상태에서 열이나 충격 등으로 폭약과 같이 폭발을 일으킨다.
④ 철, 주석, 알루미늄의 무수염화물, 산 · 알칼리, 산화알루미늄 등에 의하여 중합 발열한다.

해설

액체 산화에틸렌은 연소하기 쉽지만 폭약과 같은 폭발을 일으키지는 않는다.

06 **다음 각 가스의 성질에 대한 설명 중 옳지 않은 것은?**

① 일산화탄소는 독성가스이고, 또한 가연성가스이다.
② 암모니아는 산이나 할로겐과 잘 화합하고 고온, 고압에서는 강재를 침식한다.
③ 산소는 반응성이 강한 가스로서 가연성 물질을 연소시키는 조연성(助然性)이 있다.
④ 질소는 안정한 가스로서 불활성 가스라고도 하는데 고온하에서도 금속과 화합하지 않는다.

해설

질소(N_2)는 안정된 불활성가스로 고온에서 금속과 화합한다.

07 포스겐($COCl_2$)가스를 검지할 수 있는 시험지는?

① 리트머스시험지
② 염화파라듐지
③ 하리슨시험지
④ 연당지

해설

가스검지 시험지

검지가스	시험지	변색
암모니아	적색리트머스지	청색
염소	KI 전분지	청색
시안화수소	질산구리벤젠지	청색
포스겐	해리슨시험지	심등색
일산화탄소	염화파라듐지	흑색
황화수소	연당지	흑색
아세틸렌	염화제1구리 착염지	적색

08 다음 중 중합폭발을 일으키는 가스는?

① 오존
② 시안화수소
③ 아세틸렌
④ 히드라진

해설

HCN(시안화수소) 특성

- 수분 2% 이상 함유 시 중합폭발을 일으킴
- 충전 후 60일이 경과되기 전 다른 용기에 다시 충전
- 중합방지 안정제로는 동, 동망, 염화칼슘 오산화인 사용

09 1torr는 약 몇 Pa인가?

① 14.5 ② 133.3
③ 750.0 ④ 760.0

해설

1torr = 1mmHg

$\therefore \frac{1}{760} \times 101325 = 133.3\text{Pa}$

10 어떤 기체 100mL를 취해서 가스분석기에서 CO_2를 흡수시킨 후 남은 기체는 88mL이며, 다시 O_2를 흡수시켰더니 54mL가 되었다. 여기서 다시 CO를 흡수시키니 50mL가 남았다. 잔존 기체가 질소일 때 이 시료 기체 중 O_2의 용적백분율(%)은?

① 34% ② 38%
③ 46% ④ 50%

해설

오르잣트 분석 순서

$CO_2 \rightarrow O_2 \rightarrow CO \rightarrow N_2$에서

$O_2 = \frac{CO_2\text{에서 } O_2\text{의 체적감량}}{\text{시료가스량}}$

$\therefore \frac{88-54}{100} \times 100 = 34\%$

11 같은 조건에서 수소의 확산속도는 산소의 확산속도보다 몇 배가 빠른가?

① 2 ② 4
③ 8 ④ 16

해설

$\frac{U_H}{U_O} = \sqrt{\frac{M_O}{M_H}} = \sqrt{\frac{32}{2}} = \frac{4}{1}$

$\therefore U_H : U_O = 4 : 1$

12 다음 중 화학 친화력을 나타내는 것으로서 가장 적절한 것은?

① ΔH ② ΔG
③ ΔS ④ ΔU

해설

열역학적 성질

ΔH : 엔탈피 ΔS : 엔트로피 ΔU : 내부에너지
ΔG : 자유에너지변화로 화학 반응의 자발성을 결정하는 에너지 변화

13 다음 중 가연성이면서 독성가스인 것은?

① 산화에틸렌 ② 아황산가스
③ 프로판 ④ 염소

해설

가연성이면서 독성인 가스 : 아크릴로니트릴, 벤젠, 시안화수소, 산화에틸렌, CO, CH_3, Cl, H_2S, CS_2, 석탄가스, NH_3, CH_3Br

14 **이상기체 상태방정식에서 기체상수(R)값을 J/mol · K의 단위로 나타낸 것은?**

① 0.082 ② 1.987
③ 8.314 ④ 848

해설

$R = 0.08205\ atm \cdot L/mol \cdot K$
$= 82.05\ atm \cdot L/mol \cdot K$
$= 8.314\ J/mol \cdot K$
$= 8.314 \times 10^7\ erg/mol \cdot K$
$= 1.987\ cal/mol \cdot K$

15 **3단 압축기에서 2단 토출도관의 안전밸브가 열렸다. 가장 먼저 점검해야 할 곳은?**

① 1단 압축기의 토출밸브
② 2단 압축기의 흡입밸브
③ 2단 압축기의 토출밸브
④ 3단 압축기의 흡입밸브

해설

구분	내용
토출압력 저하 원인	• 전단 흡입 토출밸브 불량 • 전단 피스톤링 불량 • 전단 클리어런스밸브 불량 • 전단 바이패스밸브 불량 • 중간단 냉각기능력 과대
토출압력 상승 원인	• 다음단 흡입 토출밸브 불량 • 다음단 피스톤링 불량 • 다음단 클리어런스밸브 불량 • 다음단 바이패스밸브 불량 • 중간단 냉각기능력 과소

* 2단의 압력상승의 문제는 다음단

16 **비철금속 중 구리관 및 구리합금관의 특징에 대한 설명 중 틀린 것은?**

① 황산 등의 산화성 산에 의해 부식된다.
② 알칼리의 수용액과 유기화합물에 내식성이 강하다.
③ 산화제를 함유한 암모니아수에 의해 부식된다.
④ 연수에 대하여 내식성은 크나 담수에는 부식된다.

해설

구리관 및 구리합금관은 담수에 대한 내식성은 우수하지만, 연수에는 부식된다.

17 **배관의 수직 방향에 의하여 발생하는 압력손실을 계산하려고 할 때 반드시 고려되어야 하는 것은?**

① 입상 높이, 가스 비중
② 가스 유량, 가스 비중
③ 가스 유량, 입상 높이
④ 관 길이, 입상 높이

해설

$H = 1.293(S-1)h$
H : 가스의 압력손실(mmH_2O)
S : 가스 비중
h : 입상 높이

18 **역화방지장치를 반드시 설치하여야 할 위치가 아닌 것은?**

① 아세틸렌 충전용 지관
② 아세틸렌의 고압건조기와 충전용교체밸브 사이의 배관
③ 가연성가스를 압축하는 압축기와 오토클레이브와의 사이의 배관
④ 아세틸렌을 압축하는 압축기의 유분리기와 고압건조기와의 사이

해설

역화방지장치 설치 장소

- 가연성가스를 압축하는 압축기와 오토클레이브와의 사이의 배관
- 아세틸렌의 고압건조기와 충전용 교체밸브 사이의 배관
- 수소화염 또는 산호, 아세틸렌화면 사용 시설
- 아세틸렌 충전용 지관

역류방지밸브 설치 장소

- 가연성가스를 압축하는 압축기와 충전용 주관과의 사이 배관
- 아세틸렌을 압축하는 압축기의 유분리기와 고압건조기와의 사이 배관
- 암모니아 또는 메탄올의 합성탑 및 정제탑과 압축기와의 사이 배관

19 **다음 중 개스켓의 소재가 아닌 것은?**

① 고무류 ② 오일류
③ 섬유류 ④ 금속류

해설

개스켓의 소재 : 고무류(천연고무, 합성고무), 섬유류(식물성, 동물성), 합성수지류, 금속류 등

20 배관에서 지름이 다른 관을 연결하는데 주로 사용하는 것은?

① 플러그　② 리듀서
③ 플랜지　④ 캡

해설

- 배관의 방향을 전환할 때 : 엘보, 밴드
- 관을 도중에 분기할 때 : 티, 와이, 크로스
- 동일 지름의 관을 연결할 때 : 소켓, 니플, 유니언
- 지름이 다른 관을 연결할 때 : 리듀서, 부싱, 이경 엘보, 이경 티
- 관 끝을 막을 때 : 플러그, 캡

21 순수한 수소와 질소를 고온, 고압에서 다음의 반응에 의해 암모니아를 제조한다. 반응기에서의 수소의 전화율은 10%이고, 수소는 30kmol/s, 질소는 20kmol/s로 도입될 때 반응기에서의 배출되는 질소의 양은 몇 kmol/s인가?

$$3H_2 + N_2 \rightarrow 2NH_3$$

① 3　② 19
③ 27　④ 37

해설

$N_2 + 3H_2 \rightarrow 2NH_3$
1 : 3 : 2
수소의 전화율이 10%이므로 수소는 $30 \times 0.1 = 3$kmol/s이 반응한다. 따라서, 수소 3과 반응하는 질소는 1이고 이때 NH_3 : 2가 생성되고 질소 20 중 19는 반응하지 않고 배출된다.

22 석유를 분해해서 얻은 수소와 공기를 분리하여 얻은 질소를 반응시켜 제조할 수 있는 것은?

① 프로필렌
② 황화수소
③ 아세틸렌
④ 암모니아

해설

하버보시법
$N_2 + 3H_2 \rightarrow 2NH_3$
- 반응온도 : 450~500℃
- 반응압력 : 300atm 이상
- 촉매 : 산화철(Fe_3O_4)에 Al_2O_2, K_2O를 첨가한 것이나 CaO 또는 MgO 등을 첨가한 것

23 배관의 이음방법 중 플랜지를 접합하는 방법이 아닌 것은?

① 나사식　② 노허브식
③ 블라인드식　④ 소켓용접식

해설

접합 방법에 따른 플랜지의 종류
- 소켓용접식
- 맞대기용접식
- 삽입용접식
- 나사식
- 블라인드식
- 랩 조인트식

24 가스시설의 전기 방식(防蝕)에 대한 설명으로 틀린 것은?

① 직류 전철 등에 의한 영향이 없는 경우에는 외부전원법 또는 희생양극법으로 한다.
② 직류 전철 등의 영향을 받는 배관에는 배류법으로 한다.
③ 전위측정용 터미널은 희생양극법에 의한 배관에는 300m 이내의 간격으로 설치한다.
④ 전위측정용 터미널은 외부전원법에 의한 배관에는 300m 이내의 간격으로 설치한다.

해설

전기방식 설치기준
- 직류전철 등에 따른 누출전류의 영향이 없는 경우에는 외부전원법 또는 희생양극법으로 한다.
- 직류전철 등에 따른 누출전류의 영향을 받는 배관에는 배류법으로 하되 방식효과가 충분하지 않을 경우에는 외부전원법 또는 희생양극법을 병용한다.
- 전위측정용 터미널(T/B)은 희생양극법 및 배류법에 의한 배관에는 300m 이내, 외부전원법에 의한 배관에는 500m 이내의 간격으로 설치한다.

25 고압가스를 취급하였을 때 다음 중 가장 위험하지 않은 경우는?

① 산소 10%를 함유한 CH_4를 10.0MPa까지 압축하였다.
② 산소제조장치를 공기로 치환하지 않고 용접 수리하였다.
③ 수분을 함유한 염소를 진한 황산으로 세척하여 고압용기에 충전하였다.
④ 시안화수소를 고압용기에 충전하는 경우 수분을 안정제로 첨가하였다.

해설

- 산소 중 가연성가스 또는 가연성가스 중 산소는 4% 이상 압축하지 못한다.
- 산소는 공기로 치환 후 용접한다.
- 시안화수소는수분 2% 이상 함유 시 중합폭발을 일으킨다.

26 산소압축기에 대한 설명으로 가장 거리가 먼 것은?

① 제조된 산소를 용기에 충전하는 목적에 쓰인다.
② 윤활제로는 기름 또는 10% 이하의 묽은 글리세린수를 사용한다.
③ 압축기와 충전용기 주관에는 수분리기(drain separator)를 설치한다.
④ 최근에는 산소압축기에 래비린스피스톤을 사용하는 무급유를 작동한다.

해설

산소압축기의 내부 윤활유로는 물 또는 10% 이하의 묽은 글리세린수가 사용되며, 석유류나 유지류, 농후한 글리세린은 사용이 금지된다.

27 가스액화분리장치의 구성기기 중 축냉기의 축냉체로 주로 사용되는 것은?

① 구리
② 물
③ 공기
④ 자갈

해설

축냉기는 열교환기로 축냉체로는 주로 자갈이 사용되며, 축냉기에서는 원료공기 중의 수분과 탄산가스가 제거된다.

28 공기를 압축하여 냉각시키면 액화된다. 다음 중 옳은 설명은?

① 질소가 먼저 액화한다.
② 산소가 먼저 액화한다.
③ 산소와 질소가 동시에 액화된다.
④ 산소와 질소의 액화 온도 차이는 약 50℃ 정도이다.

해설

- 액화순서 : $O_2 \rightarrow Ar \rightarrow N_2$
- 기화순서 : $N_2 \rightarrow Ar \rightarrow O_2$

29 압축기의 흡입 및 토출밸브의 구비조건으로 가장 옳은 것은?

① 개폐의 지연이 있어야 좋다.
② 통과 면적은 작고, 유체저항은 커야 한다.
③ 개폐의 지연이 없고 작동이 양호해야 한다.
④ 압축기의 기동 중에도 분해 조립할 수 있어야 한다.

해설

압축기의 흡입 및 토출밸브의 구비조건

- 개폐의 지연이 없고 작동이 양호해야 한다.
- 충분한 통과 면적을 작고 유체저항은 적어야 한다.
- 누설이 없고 마모 및 파손에 강해야 한다.
- 기동 중에는 분해하는 경우가 없어야 한다.

30 터보형 압축기의 특징에 대한 설명 중 틀린 것은?

① 압축비가 크고, 용량조정범위가 넓다.
② 비교적 소형이며, 대용량에 적합하다.
③ 연소토출이 되므로 맥동현상이 적다.
④ 전동기의 회전축에 직결하여 구동할 수 있다.

해설

터보형 압축기는 원심형 무급유식으로 압축비가 작고, 용량 조정이 어렵고 범위는 70~100%로 좁다.

31 다음 중 냉매배관용 밸브가 아닌 것은?

① 팩드밸브
② 팩리스밸브
③ 플랩밸브
④ 플로트밸브

해설

플랩밸브는 주로 하수관로의 방출구에 설치하는 체크밸브로 하천의 수위가 올라가 하수관으로 역류되는 것을 방지할 용도로 사용된다.

32 전기 방식(防蝕) 중 외부전원법에 사용되는 정류기가 아닌 것은?

① 정전류형
② 정전압형
③ 정저항형
④ 정전위형

해설

외부전원법

- 정류기로 정전류형, 정전압형, 정전위형이 사용된다.
- 큰 전류를 인가할 수 있다.
- 한 개의 양극으로도 방식능력이 높다.
- 비저항이 높은 환경에서도 사용할 수 있다.
- 전류, 전압의 출력이 가능하다.
- 표면처리가 불량한 방식체에도 사용할 수 있다.

33 두 축의 축선이 약간의 각을 이루어 교차하고, 그 사이의 각도가 운전 중에 다소 변하더라도 자유롭게 운동을 전달할 수 있는 이음은?

① 기어 이음(gear joint)
② 머프 커플링(muff coupling)
③ 플랜지 커플링(flange coupling)
④ 유니버설 조인트(universal joint)

해설

유니버셜 조인트는 두 축이 비교적 떨어진 위치에 있는 경우나 두 축의 각도(편각)가 큰 경우에 이 두 축을 연결하기 위하여 사용되는 축이음(커플링)이다.

34 NH_3의 냉매번호는 R-717이다. 백단위의 7은 무기물질을 뜻하는데 그 뒤 숫자 17은 냉매의 무엇을 뜻하는가?

① 냉동계수　② 증발잠열
③ 분자량　④ 폭발성

해설

유기 및 무기화합물 냉매 표시

- 유기화합물
  부탄계 : R-60△, 산소화합물 R-61△
  △ : 일련번호
- 무기화합물 냉매 R-7△△
  △ : 분자량

35 차량에 고정된 고압가스 용기 운반 시 운반책임자를 반드시 동승시켜야 하는 경우는?(단, 독성가스는 허용농도가 100만분의 1000인 가스이다.)

① 압축가스 중 용적이 400m³인 산소
② 압축가스 중 용적이 50m³인 독성가스
③ 액화가스 중 질량이 2000kg인 프로판가스
④ 액화가스 중 질량이 2000kg인 독성가스

해설

용기의 운반책임자 동승기준

- 가연성, 조연성 용기

구분	가스종류	규모
압축가스	가연성가스	300m³ 이상
	조연성가스	600m³ 이상
액화가스	가연성가스	3000kg 이상(납붙임용기 및 접합용기의 경우는 2000kg 이상)
	조연성가스	6000kg 이상

- 독성용기

구분	가스종류	규모
압축가스	허용농도가 100만분의 200 이상	100m³ 이상
	허용농도가 100만분의 200 미만	10m³ 이상
액화가스	허용농도가 100만분의 200 이상	1000kg 이상
	허용농도가 100만분의 200 미만	100kg 이상

36 가연성가스 또는 독성가스를 충전하는 차량에 고정된 탱크 및 용기에는 안전밸브가 부착되어야 한다. 그 성능기준으로 옳은 것은?

① 내압시험압력의 10분의 6 이하의 압력에서 작동할 수 있는 것일 것
② 내압시험압력의 10분의 7 이하의 압력에서 작동할 수 있는 것일 것
③ 내압시험압력의 10분의 8 이하의 압력에서 작동할 수 있는 것일 것
④ 내압시험압력의 10분의 9 이하의 압력에서 작동할 수 있는 것일 것

해설

안전밸브 작동압력　$T_p \ \frac{8}{10}$ (T_p : 내압시험압력)

37 도시가스를 사용하는 공동주택 등에 압력조정기를 설치할 수 있는 경우의 기준으로 옳은 것은?

① 공동주택 등에 공급되는 가스압력이 중압 이상으로서 전체 세대수가 150세대 미만인 경우
② 공동주택 등에 공급되는 가스압력이 중압 이상으로서 전체 세대수가 200세대 미만인 경우
③ 공동주택 등에 공급되는 가스압력이 저압으로서 전체 세대수가 200세대 미만인 경우
④ 공동주택 등에 공급되는 가스압력이 저압으로서 전체 세대수가 300세대 미만인 경우

해설

공동주택에 설치할 수 있는 압력조정기 설치 세대수

압력구분	세대수	설치가능 세대수
저압	250세대 미만	249세대
중압	150세대 미만	149세대

38 고압가스 일반 제조시설에서 저장탱크의 가스방출장치는 몇 m^3 이상의 가스를 저장하는 곳에 설치하여야 하는가?

① $3m^3$
② $5m^3$
③ $7m^3$
④ $10m^3$

해설

저장설비 구조(KGS FP112)

- 저장탱크 및 가스홀더는 가스가 누출하지 아니하는 구조로 하고, $5m^3$ 이상의 가스를 저장하는 것에는 가스방출장치를 설치한다.
- 저장능력 5톤(가연성 가스 또는 독성가스가 아닌 경우에는 10톤) 또는 $500m^3$(가연성가스 또는 독성가스가 아닌 경우에는 $1000m^3$) 이상인 저장탱크 및 압력용기(반응 · 분리 · 정제 · 증류를 위한 탑류로서 높이 5m 이상인 것만을 말한다)와 저장탱크 및 압력용기의 지지구조물 및 기초는 KGS GC203(가스시설 및 지상 가스배관 내진설계 기준)에 따라 지진의 영향에 대하여 안전한 구조로 설계 · 제작 · 설치하고, 그 성능을 유지한다.

39 고압가스 운반차량의 기준에서 용기 주밸브, 긴급차단장치에 속하는 밸브 그 밖의 중요한 부속품이 돌출된 저장탱크는 그 부속품을 차량의 좌측면이 아닌 곳에 설치한 단단한 조작상자 내에 설치한다. 이 경우 조작상자와 차량의 뒷범퍼와는 수평거리로 얼마 이상을 이격하여야 하는가?

① 20cm
② 30cm
③ 40cm
④ 60cm

해설

- 주밸브가 후면에 설치한 후부취출식 탱크는 뒷범퍼와의 수평거리 : 40cm 이상
- 후부취출식 이외 탱크는 뒷범퍼와 수평거리 : 30cm 이상
- 조작상자와 뒷범퍼와의 수평거리 : 20cm 이상

40 고압가스 냉동제조시설에서 항상 물에 접촉되는 부분에 사용할 수 없도록 규정된 재료는?

① 순도 61% 미만의 동합금
② 순도 61% 미만의 마그네슘
③ 순도 99.7% 미만의 청동
④ 순도 99.7% 미만의 알루미늄

해설

고압가스용 가스히트펌프에는 항상 물에 접촉되는 순도 99.7% 미만의 알루미늄의 재료는 사용할 수 없다.

41 가연성가스 저온저장탱크에서 내부의 압력이 외부의 압력보다 낮아져 저장탱크가 파괴되는 것을 방지하기 위한 조치로서 적당하지 않은 것은?

① 압력계를 설치한다.
② 압력경보설비를 설치한다.
③ 진공안전밸브를 설치한다.
④ 압력방출밸브를 설치한다.

해설

부압을 방지하기 위한 조치

- 압력계, 압력경보설비
- 진공안전밸브
- 균압관
- 압력과 연동하는 긴급차단장치를 설치한 냉동제어설비 및 송액설비

42 다음 고압가스 중 상용 온도에서 그 압력이 0.2MPa 이상이 되어야 고압가스 범위에 해당하는 것은?

① 액화 시안화수소
② 액화 브롬화메탄
③ 액화 산화에틸렌
④ 액화 산소

해설

고압가스의 종류 및 범위(고법 시행령 제2조)

- 상용(常用)의 온도에서 압력(게이지압력을 말한다. 이하 같다)이 1MPa 이상이 되는 압축가스로서 실제로 그 압력이 1MPa 이상이 되는 것 또는 35℃의 온도에서 압력이 1MPa 이상이 되는 압축가스(아세틸렌가스는 제외한다)
- 15℃의 온도에서 압력이 0Pa을 초과하는 아세틸렌가스
- 상용의 온도에서 압력이 0.2MPa 이상이 되는 액화가스로서 실제로 그 압력이 0.2MPa 이상이 되는 것 또는 압력이 0.2MPa이 되는 경우의 온도가 35℃ 이하인 액화가스
- 35℃의 온도에서 압력이 0Pa을 초과하는 액화가스 중 액화시안화수소 · 액화브롬화메탄 및 액화산화에틸렌가스

43 에어졸 제조기준에 대한 설명으로 틀린 것은?

① 내용적이 $100cm^3$를 초과하는 용기는 그 용기제조자의 명칭 또는 기호가 표시되어 있어야 한다.
② 에어졸 충전용기 저장소는 인화성 물질과 8m 이상의 우회거리를 유지한다.
③ 내용적이 $30cm^3$ 이상인 용기는 에어졸 제조에 재사용하지 아니한다.
④ 40℃에서 용기 안의 가스압력의 1.5배의 압력을 가할 때 파열되지 아니하여야 한다.

해설

용기는 50℃ 용기 안의 가스압력의 1.5배의 압력을 가할 때 변형되지 아니하고, 용기 안의 가스압력의 1.8배 압력을 가할 때 파열되지 않는 것으로 한다. 다만, 1.3MPa 이상의 압력을 가할 때 변형되지 않고 1.5MPa의 압력을 가할 때 파열되지 아니한 것은 그러하지 아니하다.

44 가스공급시설 중 최고사용압력이 고압인 가스홀더 2개가 있다. 2개의 가스홀더의 지름이 각각 20m, 40m일 경우 두 가스홀더의 간격은 몇 m 이상을 유지하여야 하는가?

① 10m
② 15m
③ 20m
④ 30m

해설

가스홀더 최대지름을 합산한 거리의 1/4이 1m 이상일 경우 그 길이를 유지하고, 1m 미만 시에는 1m를 유지한다.

$\therefore L = (20+40) \times \frac{1}{4} = 15\text{m}$

45 흡수식 냉동설비의 냉동능력 정의로 옳은 것은?

① 발생기를 가열하는 24시간의 입열량 6천640kcal를 1일의 냉동능력 1톤으로 본다.
② 발생기를 가열하는 1시간의 입열량 3천320kcal를 1일의 냉동능력 1톤으로 본다.
③ 발생기를 가열하는 1시간의 입열량 6천640kcal를 1일의 냉동능력 1톤으로 본다.
④ 발생기를 가열하는 24시간의 입열량 3천320kcal를 1일의 냉동능력 1톤으로 본다.

해설

냉동능력 산정기준

- 원심식 압축기를 사용하는 냉동설비 : 원동기 정격출력 1.2kW가 1일의 냉동능력 1톤
- 흡수식 냉동설비 : 발생기를 가열하는 입열량 6640kcal/hr이 1일의 냉동능력 1톤
- 그 밖의 것은 다음의 계산식에 따름

$R = \frac{V}{C}$

R : 1일의 냉동능력(톤)
V : 피스톤압출량(m^3/hr)
C : 냉매가스종류에 따른 상수

46 액화석유가스 저장탱크를 지상에 설치하는 경우 냉각살수 장치를 설치하여야 한다. 구형저장탱크에 설치하여야 하는 살수장치는?

① 살수관식
② 확산판식
③ 노즐식
④ 분무관식

해설

살수장치는 다음 중 어느 하나의 방법으로 설치하고 배관재질은 내식성 재료로 한다. 다만, 구형저장탱크의 살수장치는 확산판식으로 설치한다.

- 살수관식 : 배관에 직경 4mm 이상의 다수의 작은 구멍을 뚫거나 살수노즐을 배관에 부착한다.
- 확산판식 : 확산판을 살수노즐 끝에 부착한다.

47 고압가스 시설에 설치하는 방호벽의 높이와 두께로 옳은 것은?

① 높이 1.5m 이상, 두께 10cm 이상의 철근 콘크리트 벽
② 높이 1.5m 이상, 두께 12cm 이상의 철근 콘크리트 벽
③ 높이 2m 이상, 두께 10cm 이상의 철근 콘크리트 벽
④ 높이 2m 이상, 두께 12cm 이상의 철근 콘크리트 벽

해설

고압가스 시설에 설치하는 방호벽이란 높이 2m 이상, 두께 12cm 이상의 철근콘크리트 또는 이와 같은 수준 이상의 강도를 가지는 벽을 말한다.

48 **액화석유가스 저장탱크의 설치에 대한 설명으로 옳지 않은 것은?**

① 지상에 설치하는 저장탱크 및 지주는 내열성의 구조로 한다.
② 저장탱크 외면으로부터 2m 이상 떨어진 위치에서 조작할 수 있는 냉각장치를 한다.
③ 지지구조물과 기초는 지진에 견딜 수 있도록 설계한다.
④ 저장탱크 외면에는 부식방지 조치를 한다.

해설

냉각장치(살수장치) 설치 기준

- 저장탱크, 그 받침대, 저장탱크에 부속된 펌프 · 압축기 등이 설치된 가스설비실에는 외면으로부터 5m 이상 떨어진 위치에서 조작할 수 있는 냉각장치를 설치한다.
- 저장탱크의 표면적 $1m^2$당 5L/min 이상의 비율로 계산된 수량을 저장탱크 전 표면에 분무할 수 있는 고정된 장치로 한다.
- 준내화구조저장탱크는 그 표면적이 $1m^2$당 2.5L/min 이상의 비율로 계산한 수량을 살수하는 고정된 장치로 할 수 있다

49 **액화천연가스의 저장설비 및 처리설비는 그 외면으로부터 사업소경계까지 일정 규모 이상의 안전거리를 유지하여야 한다. 이때 사업소 경계가 ( )의 경우에는 이들의 반대편 끝을 경계로 보고 있다. ( )에 들어갈 수 있는 경우로 적합하지 않은 것은?**

① 산 ② 호수
③ 하천 ④ 바다

해설

저장설비(소형저장탱크는 제외)는 그 외면으로부터 사업소 경계(다만, 사업소경계가 바다 · 호수 · 하천 · 도로 등과 접한 경우에는 그 반대편 끝을 경계로 본다)까지 다음의 표에 따른 거리 이상을 유지한다. 다만, 지하에 저장설비를 설치하는 경우에는 다음 표에 따른 거리의 2분의 1로 할 수 있고, 시장 · 군수 또는 구청장이 공공의 안전을 위하여 필요하다고 인정하는 지역에 대하여는 일정거리를 더하여 정할 수 있다.

저장능력	사업소경계와의 거리
10톤 이하	17m
10톤 초과 20톤 이하	21m
20톤 초과 30톤 이하	24m
30톤 초과 40톤 이하	27m
40톤 초과	30m

※ 동일한 사업소에 두개 이상의 저장설비가 있는 경우에는 그 설비별로 각각 안전거리를 유지하여야 한다.

50 **액화석유가스의 안전관리 및 사업법에서 규정하고 있는 안전관리자의 직무범위가 아닌 것은?**

① 회사의 가스영업 활동
② 가스용품의 제조공정 관리
③ 사업소의 종업원에 대한 안전관리를 위하여 필요한 사항의 지휘 · 감독
④ 정기검사 및 수시검사 결과 부적합 판정을 받은 시설의 개선

해설

안전관리자의 직무 범위(액법 시행령 제16조)

- 액화석유가스 사업자등의 액화석유가스 시설 또는 액화석유가스 특정사용시설의 안전유지 및 검사기록의 작성 · 보존
- 가스용품의 제조공정 관리
- 가스공급자의 의무이행 확인
- 안전관리규정 실시 기록의 작성 · 보존
- 정기검사 및 수시검사 결과 부적합 판정을 받은 시설의 개선
- 사고의 통보
- 사업소 또는 액화석유가스 특정사용시설의 종업원에 대한 안전관리를 위하여 필요한 사항의 지휘 · 감독
- 사업소 또는 액화석유가스 특정사용시설을 개수(改修) 또는 보수하는 사람에 대한 안전관리를 위하여 필요한 사항의 지휘 · 감독
- 정압기 · 액화석유가스배관 및 그 부속설비의 순회점검, 구조물의 관리, 원격감시시스템을 통한 공급시설에 대한 감시, 검사업무 및 안전에 대한 비상계획의 수립 · 관리
- 본관 · 공급관의 누출검사 및 전기방식시설의 관리
- 사용자 공급관의 관리
- 공급시설 및 사용시설의 굴착공사의 관리
- 배관의 구멍 뚫기 작업
- 그 밖의 위해 방지 조치

51 **도시가스사업법의 목적에 포함되지 않는 것은?**

① 공공의 안전을 확보
② 도시가스 사용자의 이익을 보호
③ 도시가스 사업을 합리적으로 조정, 육성
④ 가스 품질의 향상과 국가 기간산업의 발전을 도모

해설

도시가스사업법의 목적(도법 제1조)

이 법은 도시가스사업을 합리적으로 조정 · 육성하여 사용자의 이익을 보호하고 도시가스사업의 건전한 발전을 도모하며, 가스공급시설과 가스사용시설의 설치 · 유지 및 안전관리에 관한 사항을 규정함으로써 공공의 안전을 확보함을 목적으로 한다.

52 **액화석유가스 소형 저장탱크의 설치기준에 대한 설명 중 옳은 것은?**

① 충전질량이 2000kg 이상인 것은 탱크간 거리를 1m 이상으로 하여야 한다.
② 동일 장소에 설치하는 탱크의 수는 6기 이하로 하고 충전질량 합계는 6000kg 미만이 되도록 하여야 한다.
③ 충전질량 1000kg 이상인 탱크는 높이 1m 이상의 경계책을 만들고 출입구를 설치하여야 한다.
④ 소형 저장탱크는 그 바닥이 지면보다 10cm 이상 높게 설치된 콘크리트 바닥 등에 설치하여야 한다.

① 충전질량이 2000kg 이상인 것은 탱크간 거리를 1m 이상으로 하여야 한다.

해설

- 충전질량이 2000kg 미만인 경우 탱크간 거리는 0.3m 이상, 2000kg 이상인 것은 탱크간 거리를 0.5m 이상으로 하여야 한다.
- 동일 장소에 설치하는 탱크의 수는 6기 이하로 하고 충전질량 합계는 5000kg 미만이 되도록 한다.
- 소형저장탱크는 지면보다 5cm 이상 높게 설치된 일체형 콘크리트 기초에 설치한다. 이 경우, 저장능력이 1톤 초과인 소형저장탱크는 일체형 철근콘크리트 기초에 설치하여야 한다.

53 **고압가스 취급소 등에서 폭발 및 화재의 원인이 되는 발화원으로 가장 거리가 먼 것은?**

① 충격
② 마찰
③ 방전
④ 접지

해설

접지 : 스파크 등 발화원의 제거방법

54 **지하에 매몰할 수 없는 배관은?**

① 도시가스용 탄소강관
② 가스용 폴리에틸렌관
③ 폴리에틸렌 피복강관
④ 분말 용착식 폴리에틸렌 피복강관

해설

지하에 매설하는 배관
- KS D 3589(폴리에틸렌 피복강관)
- KS D 3607(분말용착식 폴리에틸렌 피복강관)
- KS M 3514(가스용 폴리에틸렌관)

55 **전수검사와 샘플링검사에 관한 설명으로 맞는 것은?**

① 파괴검사의 경우에는 전수검사를 적용한다.
② 검사항목이 많을 경우 전수검사보다 샘플링검사가 유리하다.
③ 샘플링검사는 부적합품이 섞여 들어가서는 안 되는 경우에 적용한다.
④ 생산자에게 품질향상의 자극을 주고 싶을 경우 전수검사가 샘플링검사보다 더 효과적이다.

해설

- 파괴검사의 경우 샘플링검사를 적용한다.
- 부적합품이 섞여 들어가서는 안 되는 경우에는 전수검사를 적용한다.
- 생산자나 납품 업자에게 품질향상의 자극을 주고 싶을 경우에는 샘플링검사가 효과적이다.

56 **다음 데이터의 제곱합(sum of squares)은 약 얼마인가?**

[데이터]
18.8 19.1 18.8 18.2 18.4
18.3 19.0 18.6 19.2

① 0.129　② 0.338
③ 0.359　④ 1.029

해설

- 평균 : $\bar{x}=\frac{\sum x_i}{n}=\frac{x_1+x_2+\cdots x_{n-1}+x_n}{n}$
- 제곱합 : $S=\sum(x_i-\bar{x})^2=1.029$

57 **Ralph M.Barnes 교수가 제시한 동작경제의 원칙 중 작업장 배치에 관한 원칙(Arrangement of the workplace)에 해당되지 않는 것은?**

① 가급적이면 낙하식 운반 방법을 이용한다.
② 모든 공구나 재료는 지정된 위치에 있도록 한다.
③ 적절한 조명을 하여 작업자가 잘 보면서 작업할 수 있도록 한다.

④ 가급적 용이하고 자연스런 리듬을 타고 일할 수 있도록 작업을 구성하여야 한다.

해설

작업장의 배치에 관한 원칙

- 모든 공구나 재료는 자기 위치에 있도록 한다.
- 공구, 재료 및 제어장치는 사용 위치에 가까이 두도록 한다.
- 중력 이송 원리를 이용하여 부품을 제품 사용 위치에 가까이 보낼 수 있도록 한다.
- 가능하다면 낙하식 운반 방법을 사용하라.
- 공구나 재료는 작업동작이 원활하게 수행되도록 위치를 정해 준다.
- 작업자가 잘 보면서 작업할 수 있도록 적절한 조명을 한다.
- 작업자가 작업 중에 자세를 변경할 수 있도록 작업대와 의자 높이가 조정되도록 한다.
- 작업자가 좋은 자세를 취할 수 있도록 의자는 높이뿐만 아니라 디자인도 좋아야 한다.

58 직물, 금속, 유리 등의 일정 단위 중 나타나는 홈의 수, 핀홀 수 등 부적합수에 관한 관리도를 작성하려면 가장 적합한 관리도는?

① c 관리도
② np 관리도
③ p 관리도
④ $\overline{X}-R$ 관리도

해설

계수치 관리도

구분	내용	비고
p 관리도	공정을 부적합품률 p로 관리하는 경우에 사용	이항분포에 따름
np 관리도	공정을 부적합품수 np로 관리하는 경우에 사용	
c 관리도	일정 단위 중 나타나는 부적합수를 관리할 때 사용	푸아송분포에 따름
u 관리도	단위당 부적합수를 관리할 때 사용	

59 국제 표준화의 의의를 지적한 설명 중 직접적인 효과로 보기 어려운 것은?

① 국제간 규격통일로 상호 이익도모
② KS 표시품 수출 시 상대국에서 품질인증
③ 개발도상국에 대한 기술개발의 촉진을 유도
④ 국가 간의 규격상이로 인한 무역장벽의 제거

60 어떤 회사의 매출액이 80000원, 고정비가 15000원, 변동비가 40000원 일 때 손익분기점은 얼마인가?

① 25000원
② 30000원
③ 40000원
④ 55000원

해설

손익분기점(Break Even Point)

- 한 기간의 매출액이 당해 기간의 총비용과 일치하는 지점으로 이익도 손실도 생기지 않는다. 경우의 매출액을 말한다.

- $BEP = \dfrac{고정비}{1-\dfrac{변동비}{매출액}} = \dfrac{고정비}{1-변동비율} = \dfrac{고정비}{한계이익률}$

$$\therefore \frac{15,000}{1-\dfrac{40,000}{80,000}} = \frac{15,000}{0.5} = 30,000$$

정답 **20회 - 제63회 가스기능장 기출문제**

01 ①	02 ④	03 ①	04 ②	05 ③
06 ④	07 ③	08 ②	09 ②	10 ①
11 ②	12 ②	13 ①	14 ③	15 ④
16 ④	17 ①	18 ④	19 ②	20 ②
21 ②	22 ④	23 ②	24 ④	25 ③
26 ②	27 ④	28 ②	29 ③	30 ①
31 ③	32 ③	33 ④	34 ③	35 ④
36 ③	37 ①	38 ②	39 ①	40 ④
41 ④	42 ④	43 ④	44 ②	45 ③
46 ②	47 ④	48 ②	49 ①	50 ①
51 ④	52 ③	53 ④	54 ①	55 ②
56 ④	57 ④	58 ①	59 ②	60 ②

가스기능장

【필기】

2026년 01월 05일 인쇄
2026년 01월 20일 발행

저자 노진식
발행처 (주)도서출판 책과상상
등록번호 제2020-000205호
발행인 이강복
주소 경기도 고양시 일산동구 장항로 203-191
대표전화 (02)3272-1703~4
팩스 (02)3272-1705

홈페이지 www.sangsangbooks.co.kr
ISBN 979-11-6967-335-8

정가 25,000원